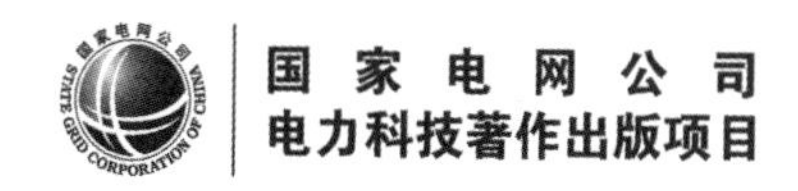

KEY TECHNOLOGY AND APPLICATION FOR
POWER TRANSMISSION AND TRANSFORMATION EQUIPMENT

输变电装备关键技术与应用丛书

变压器 电抗器

主 编 ◉ 宓传龙

参 编 ◉ 韩晓东 陈 荣 王 涛 孙占库 王粉芍
吕建玉 吉 强 罗芳祥 陈敏懋 朱建华
万锋涛 黄建华 徐 徐 杨中利 秦建明
石燕英 邓新峰 刘 平 鲁 佩 王 晨

中国电力出版社
CHINA ELECTRIC POWER PRESS

内 容 提 要

本书包括变压器概论、电力变压器、特高压变压器、换流变压器和电抗器五部分内容。本书系统全面地介绍了近年来国内外变压器的新技术、新工艺和新产品，重点从基础知识、基本原理、主要技术参数、计算方法、典型结构、试验方法、安装与维护要求以及故障分析方法等方面对变压器类产品进行了详细介绍，并给出具体工程示例。

本书可供电力系统从事变压器安装、运维的工程技术人员和管理人员学习使用，也可供从事变压器产品设计、制造的技术人员以及大专院校相关专业的师生参考。

图书在版编目（CIP）数据

变压器、电抗器 / 宓传龙主编．—北京：中国电力出版社，2021.8
（输变电装备关键技术与应用丛书）
ISBN 978-7-5198-5428-7

Ⅰ．①变…　Ⅱ．①宓…　Ⅲ．①变压器②电抗器　Ⅳ．①TM4

中国版本图书馆 CIP 数据核字（2021）第 035856 号

出版发行：中国电力出版社
地　　址：北京市东城区北京站西街 19 号（邮政编码 100005）
网　　址：http://www.cepp.sgcc.com.cn
责任编辑：周　娟　杨淑玲（010-63412602）
责任校对：黄　蓓　朱丽芳　马　宁
装帧设计：王红柳
责任印制：杨晓东

印　　刷：北京盛通印刷股份有限公司
版　　次：2021 年 8 月第一版
印　　次：2021 年 8 月北京第一次印刷
开　　本：787 毫米×1092 毫米　16 开本
印　　张：25.5
字　　数：651 千字
定　　价：108.00 元

《输变电装备关键技术与应用丛书》

编 委 会

总　　序

电力装备制造业是保持国民经济持续健康发展和实现能源安全稳定供给的基础产业，其生产的电力设备包括发电设备、输变电设备和供配用电设备。经过改革开放40多年的发展，我国电力装备制造业取得了巨大的成就，发生了极为可喜的变化，形成了门类齐全、配套完备、具有相当先进技术水平的产业体系。我国已成为名副其实的电力装备大国，电力装备的规模和产品质量已迈入世界先进行列。

我国电力建设在20世纪50～70年代经历了小机组、小容量、小电网时代，80年代后期开始经历了大机组、大容量、大电网时代。21世纪开始进入以特高压交直流输电为骨干网架，实现远距离输电，区域电网互联，各级电压、电网协调发展的坚强智能电网时代。按照党的十九大报告提出的构建清洁、低碳、安全、高效的能源体系精神，我国已经开始进入新一代电力系统与能源互联网时代。

未来的电力建设，将伴随着可再生能源发电、核电等清洁能源发电的快速发展而发展，分布式发电系统也将大力发展。提高新能源发电比重，是实现我国能源转型最重要的举措。未来的电力建设，将推动新一轮城市和乡村电网改造，将全面实施城市和乡村电气化提升工程，以适应清洁能源的发展需求。

输变电装备是实现电能传输、转换及保护电力系统安全、可靠、稳定运行的设备。近年来，通过实施创新驱动战略，已建立了完整的研发、设计、制造、试验、检测和认证体系，重点研发生产制造了远距离1000kV特高压交流输电成套设备、±800kV和±1100kV特高压直流输电成套设备，以及±200kV及以上柔性直流输电成套设备。

为了充分展示改革开放40多年以来我国输变电装备领域取得的许多创新成果，中国电力出版社与中国电工技术学会组织全国输变电装备制造产业及相关科研院所、高等院校百余位专家、学者，精心谋划、共同编写了“输变电装备关键技术与应用丛书”（简称“丛书”），旨在全面展示我国输变电装备制造领域在“市场导向，民族品牌，重点突破，引领行业”的科技发展方针指导下所取得的创新成果，进一步加快我国输变电装备制造业转型升级。

"丛书"由中国西电集团有限公司、南瑞集团有限公司、许继集团有限公司、中国电力科学研究院等国内知名企业、研究单位的100多位行业技术领军人物和行业专家共同参与编写和审稿。"丛书"编写注重创新性和实用性，作者们努力编写出一套我国输变电制造和应用领域中高水平的技术丛书。

"丛书"紧密围绕国家重大技术装备工程项目，涵盖了一度为国外垄断的特高压输电及终端用户供配电设备关键技术及应用，以及我国自主研制的具有世界先进水平的特高压交直流输变电成套设备的核心关键技术及应用等内容。"丛书"共10个分册，包括《变压器 电抗器》《高压开关设备》《避雷器》《互感器 电力电容器》《高压电缆及附件》《换流阀及控制保护》《变电站自动化技术与应用》《电网继电保护技术与应用》《电力信息通信技术与应用》《现代电网调度控制技术》。

"丛书"以输变电工程应用的设备和技术为主线，包括产品结构性能、关键技术、试验技术、安装调试技术、运行维护技术、在线检测技术、故障诊断技术、事故处理技术等，突出新技术、新材料、新工艺的技术创新成果。主要为从事输变电工程的相关科研设计、技术咨询、试验、运行维护、检修等单位的工程技术人员、管理人员提供实际应用参考。

周鹤良

2020年12月

前　　言

变压器和电抗器是输变电工程中的重要设备，随着我国电力工程建设的不断进步，涌现出一大批具有自主知识产权的科研成果和新产品。在变压器和电抗器的计算分析、产品结构、制造工艺及试验方法中，出现了许多新技术、新工艺和新产品。为使电力部门运维人员了解这些新技术、新工艺的应用以及新产品的运输安装、运行维护等方面的知识，特编写了本书。

变压器在发电厂（站）、输变电系统及供配电系统中发挥着重要作用，根据用户需求变换电压、电流及传输电能。变压器的种类繁多，可分为电力变压器，特种变压器和各种设备、仪器仪表、民用电器用变压器。本书主要介绍交直流输电系统中应用的各类变压器和电抗器。

本书依据现行国家标准，融合近年来国内外变压器的新技术、新工艺和新产品，重点介绍了变压器的基本概念、基本理论、主要技术参数、结构特点、产品验收、贮存、安装、运维和故障分析方法等。书中列举的产品结构均为国内工程中已成熟应用的产品，其中公式和图表已经过国内生产企业试验与验证，读者可以在实际工作中参考使用。

希望本书的出版可以帮助读者学习变压器的基础知识，了解各类变压器的新技术、新工艺和新产品，为从事变压器安装、运维的工程技术人员和管理人员提供工作指导，同时也为设计、制造变压器的技术人员以及大专院校相关专业的师生提供学习参考资料。

本书由教授级高级工程师宓传龙担任主编，并负责全书的统稿工作。教授级高级工程师陈荣和高级工程师聂三元、任甄担任本书的审稿工作。朱英浩院士对本书的编写大纲进行了审查，并提出了宝贵的意见和修改建议。韩晓东、陈荣、王涛、孙占库、王粉芍、吕建玉、吉强、罗芳祥、陈敏懋、朱建华、万锋涛、黄建华、徐徐、杨中利、秦建明、石燕英、邓新峰、刘平、鲁佩、王晨等参加了本书的编写工作。

中国西电集团西安西电变压器有限责任公司、西电变压器产业研发中心、中国西电智能电气工程研究院产品开发中心和技术研究中心、西安西变中特电气有限公司、西安西电高压套管有限公司的科技人员对本书的编写给予了大力的支持和帮助，他们提供了大量技术资料，并组织技术人员绘制了插图，在此致以衷心的感谢。

本书汇集了参与编写人员和审稿专家们多年的工作经验和智慧，但限于编者的理论水平和实践经验，本书难免存在不妥之处，恳请读者给予批评指正。

编　者

2021年1月

目　录

第1章　变压器概论

1.1　变压器的用途及分类

变压器在发电厂、输变电系统、供配电系统和用电系统中发挥着重要作用，根据不同用途变换电压、变换电流、传输电能，满足国家建设、各行各业和人民生活用电的需要。

变压器种类繁多，按大类可分为电力变压器、特种变压器以及各种设备、仪器仪表、民用电器用变压器。电力变压器和特种变压器是本书重点介绍的内容。

电力变压器按用途可分为升压变压器、降压变压器、联络变压器、自耦变压器、站用变压器、分裂变压器、高阻抗变压器、串联变压器、油浸式变压器、干式变压器、气体绝缘变压器、配电变压器、调容变压器、地埋式变压器、非晶变压器、箱式变压器、移动变压器、蒸发冷却变压器等，可与单相变压器、三相变压器、双绕组变压器、三绕组变压器、多绕组变压器、有载调压变压器、无载调压变压器、全绝缘变压器、分级绝缘变压器等进行组合。

特种变压器包括直流输电用换流变压器、各类电抗器、电化学与冶炼用各类变流变压器、冶金行业用各类电炉变压器、矿山用各类防爆变压器、铁道电气化用各类牵引变压器、机车牵引与轧机拖动用整流变压器、科研试验用各类试验变压器、舰船用变压器、各类电压互感器、各类电流互感器、各类调压器等。

1.2　变压器的技术条件与标准

每台变压器都有特定的技术条件，是衡量变压器功能、特性、技术水平的准则。技术条件中包含变压器的基本参数，如额定电压、额定电流、绝缘水平、试验电压、额定容量、频率、阻抗、相数、联结组别、空载损耗、负载损耗、空载电流、温升、冷却方式、噪声和振动、机械特性等，还包括运行工况、运行环境及特殊要求等。除特殊要求外，变压器的技术条件应满足相关标准的要求。

我国电力变压器及电抗器的主要标准以及与IEC标准对应的关系，见表1－1。

表1－1　　我国电力变压器及电抗器的主要标准以及与IEC标准对应的关系

国家标准	IEC标准
GB 1094.1《电力变压器　第1部分：总则》	修改采用IEC 60076－1
GB 1094.2《电力变压器　第2部分：液浸式变压器的温升》	修改采用IEC 60076－2
GB/T 1094.3《电力变压器　第3部分：绝缘水平、绝缘试验和外绝缘空气间隙》	修改采用IEC 60076－3

续表

国家标准	IEC 标准
GB/T 1094.4《电力变压器　第 4 部分：电力变压器和电抗器的雷电冲击和操作冲击试验导则》	修改采用 IEC 60076－4
GB 1094.5《电力变压器　第 5 部分：承受短路的能力》	修改采用 IEC 60076－5
GB/T 1094.6《电力变压器　第 6 部分：电抗器》	修改采用 IEC 60076－6
GB/T 1094.7《电力变压器　第 7 部分：油浸式电力变压器负载导则》	修改采用 IEC 60076－7
GB/T 1094.10《电力变压器　第 10 部分：声级测定》	修改采用 IEC 60076－10
GB/T 1094.101《电力变压器　第 10.1 部分：声级测定　应用导则》	修改采用 IEC 60076－10－1
GB 1094.11《电力变压器　第 11 部分：干式变压器》	修改采用 IEC 60076－11
GB/T 1094.12《电力变压器　第 12 部分：干式电力变压器负载导则》	修改采用 IEC 60076－12
GB/Z 1094.14《电力变压器　第 14 部分：采用高温绝缘材料的液浸式变压器的设计和应用》	等同采用 IEC/TS 60076－14
GB 1094.16《电力变压器　第 16 部分：风力发电用变压器》	修改采用 IEC 60076－16
GB/T 1094.18《电力变压器　第 18 部分：频率响应测量》	修改采用 IEC 60076－18

在 GB/T 1094 标准基础上，还有以下的电力变压器及电抗器标准被要求遵照实施或指导性应用：

GB/T 6451《油浸式电力变压器技术参数和要求》
GB/T 10228《干式电力变压器技术参数和要求》
GB/T 17468《电力变压器选用导则》
GB/T 25289《20kV 油浸式配电变压器技术参数和要求》
GB 20052《三相配电变压器能效限定值及能效等级》
GB 24790《电力变压器能效限定值及能效等级》
GB/Z 24843《1000kV 单相油浸式自耦电力变压器技术规范》
GB/T 23755《三相组合式电力变压器》
GB/T 25438《三相油浸式立体卷铁心配电变压器技术参数和要求》
GB/T 18494.1《变流变压器　第 1 部分：工业用变流变压器》
GB/T 18494.2《变流变压器　第 2 部分：高压直流输电用换流变压器》
GB/T 18494.3《变流变压器　第 3 部分：应用导则》
GB/T 20838《高压直流输电用油浸式换流变压器技术参数和要求》
GB/T 20836《高压直流输电用油浸式平波电抗器》
GB/T 20837《高压直流输电用油浸式平波电抗器技术参数和要求》
GB/T 25092《高压直流输电用干式空心平波电抗器》

1.3　变压器的型号

1.3.1　产品型号组成形式

1. 电力变压器产品型号组成

电力变压器产品型号组成如图1－1所示。

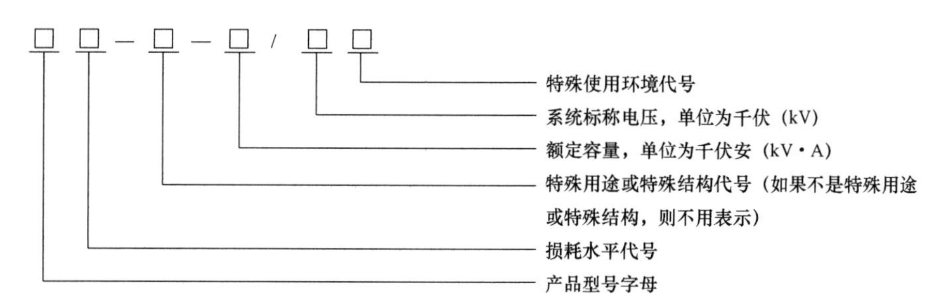

图1－1　电力变压器产品型号组成

2. 特种变压器产品型号组成

特种变压器产品型号组成如图1－2所示。

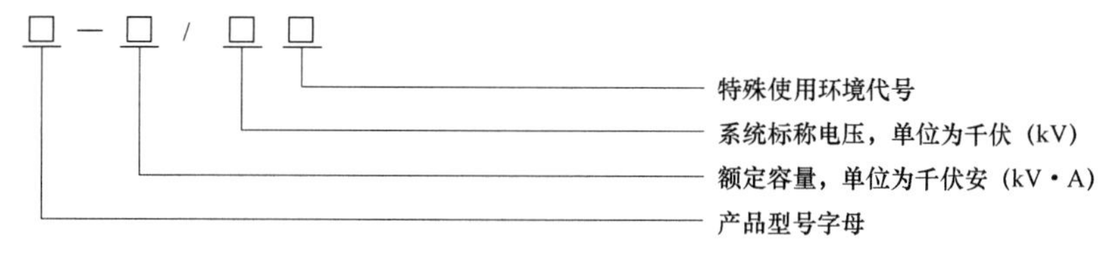

图1－2　特种变压器产品型号组成

3. 并联电抗器产品型号组成

并联电抗器产品型号组成如图1－3所示。

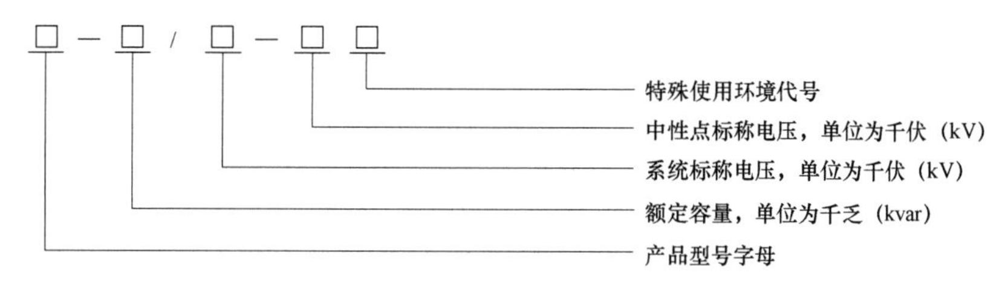

图1－3　并联电抗器产品型号组成

1.3.2　产品型号字母排列顺序及含义

1. 电力变压器

电力变压器产品型号字母排列顺序及含义见表1－2。

表 1－2　　电力变压器产品型号字母排列顺序及含义

<table>
<tr><th>序号</th><th>分类</th><th colspan="2">含义</th><th>代表字母</th></tr>
<tr><td rowspan="2">1</td><td rowspan="2">绕组耦合方式</td><td colspan="2">独立</td><td>—</td></tr>
<tr><td colspan="2">自“耦”</td><td>O</td></tr>
<tr><td rowspan="2">2</td><td rowspan="2">相数</td><td colspan="2">“单”相</td><td>D</td></tr>
<tr><td colspan="2">“三”相</td><td>S</td></tr>
<tr><td rowspan="7">3</td><td rowspan="7">绕组外绝缘介质</td><td colspan="2">变压器油</td><td>—</td></tr>
<tr><td colspan="2">空气（“干”式）</td><td>G</td></tr>
<tr><td colspan="2">“气”式</td><td>Q</td></tr>
<tr><td rowspan="2">“成”型固体</td><td>浇注式</td><td>C</td></tr>
<tr><td>包“绕”式</td><td>CR</td></tr>
<tr><td colspan="2">高“燃”点油</td><td>R</td></tr>
<tr><td colspan="2">植“物”油</td><td>W</td></tr>
<tr><td rowspan="13">4</td><td rowspan="13">绝缘系统温度①</td><td rowspan="7">油浸式</td><td>105℃</td><td>—</td></tr>
<tr><td>120℃</td><td>E</td></tr>
<tr><td>130℃</td><td>B</td></tr>
<tr><td>155℃</td><td>F</td></tr>
<tr><td>180℃</td><td>H</td></tr>
<tr><td>200℃</td><td>D</td></tr>
<tr><td>220℃</td><td>C</td></tr>
<tr><td rowspan="6">干式</td><td>120℃</td><td>E</td></tr>
<tr><td>130℃</td><td>B</td></tr>
<tr><td>155℃</td><td>—</td></tr>
<tr><td>180℃</td><td>H</td></tr>
<tr><td>200℃</td><td>D</td></tr>
<tr><td>220℃</td><td>C</td></tr>
<tr><td rowspan="3">5</td><td rowspan="3">冷却装置种类</td><td colspan="2">自然循环冷却装置</td><td>—</td></tr>
<tr><td colspan="2">“风”冷却器</td><td>F</td></tr>
<tr><td colspan="2">“水”冷却器</td><td>S</td></tr>
<tr><td rowspan="2">6</td><td rowspan="2">油循环方式</td><td colspan="2">自然循环</td><td>—</td></tr>
<tr><td colspan="2">强“迫”油循环</td><td>P</td></tr>
<tr><td rowspan="3">7</td><td rowspan="3">绕组数</td><td colspan="2">双绕组</td><td>—</td></tr>
<tr><td colspan="2">“三”绕组</td><td>S</td></tr>
<tr><td colspan="2">“分”裂绕组</td><td>F</td></tr>
<tr><td rowspan="2">8</td><td rowspan="2">调压方式</td><td colspan="2">无励磁调压</td><td>—</td></tr>
<tr><td colspan="2">有“载”调压</td><td>Z</td></tr>
</table>

续表

序号	分类	含义		代表字母
9	绕组导线材质②	铜线		—
		铜“箔”		B
		“铝”线		L
		“铝箔”		LB
		“铜铝”组合③		TL
		“电缆”		DL
10	铁心材质	电工钢		—
		非晶“合”金		H
11	特殊用途或特殊结构④	“密”封式⑤		M
		无励磁“调”容用		T
		有载“调”容用		ZT
		发电“厂”和变电站用		CY
		全“绝”缘⑥		J
		同步电机“励磁”用		LC
		“地”下用		D
		“风”力发电用		F
		“海”上风力发电用		F（H）
		三相组“合”式⑦		H
		“解体”运输		JT
		内附串联电抗器		K
		光伏发电用		G
		智能电网用		ZN
		核岛用		1E
		电力“机车”用		JC
		“高过载”用		GZ
		卷（“绕”）铁心	一般结构	R
			“立”体结构	RL

①“绝缘系统温度”的字母表示应用括号括上（混合绝缘应用字母“M”连同所采用的最高绝缘系统温度所对应的字母共同表示）。

② 如果调压绕组或调压段的导线材质为铜，其他导线材质为铝时表示铝。

③“铜铝”组合是指采用铜铝组合绕组（如高压绕组采用铜线或铜箔、低压绕组采用铝线或铝箔，或低压绕组采用铜线或铜箔、高压绕组采用铝线或铝箔）的产品。

④ 对于同时具有两种及以上特殊用途或特殊结构的产品，其字母之间用“·”隔开。

⑤ “密”封式只适用于系统标称电压为 35kV 及以下的产品。

⑥ 全“绝”缘只适用于系统标称电压为 110kV 及以上的产品。

⑦ 三相组“合”式只适用于系统标称电压为 110kV 及以上的三相产品。

示例 1：SFZ11－50000/110 表示三相、油浸、绝缘系统温度为 105℃、风冷、自然循环、双绕组、有载调压、铜导线、铁心材质为电工钢、50 000kVA、110kV 级电力变压器。

示例 2：OSFSZ－360000/330 表示自耦、三相、油浸、绝缘系统温度为 105℃、风冷、自然循环、三绕组、有载调压、铜导线、铁心材质为电工钢、360 000kVA、330kV 级电力变压器。

示例 3：DFP－400000/500 表示单相、油浸、绝缘系统温度为 105℃、风冷、强迫循环、双绕组、无励磁调压、铜导线、铁心材质为电工钢、400 000kVA、500kV 级电力变压器。

2. 变流变压器

变流变压器产品型号字母排列顺序及含义见表1-3。

表1-3　　变流变压器产品型号字母排列顺序及含义

<table>
<tr><th>序号</th><th>分类</th><th colspan="2">含义</th><th>代表字母</th></tr>
<tr><td rowspan="9">1</td><td rowspan="9">用途</td><td colspan="2">一“般”工业用（“整”流变压器）</td><td>ZB</td></tr>
<tr><td colspan="2">电“化学”电解用</td><td>ZH</td></tr>
<tr><td colspan="2">“励”磁用</td><td>ZL</td></tr>
<tr><td colspan="2">变频“调”速用</td><td>ZT</td></tr>
<tr><td colspan="2">变“频”电源用</td><td>ZP</td></tr>
<tr><td colspan="2">“牵”引用</td><td>ZQ</td></tr>
<tr><td colspan="2">高压“直”流输电及联网用</td><td>ZZ</td></tr>
<tr><td colspan="2">多晶“硅”用</td><td>ZG</td></tr>
<tr><td colspan="2">传动用</td><td>ZS</td></tr>
<tr><td rowspan="2">2</td><td rowspan="2">网侧相数</td><td colspan="2">“单”相</td><td>D</td></tr>
<tr><td colspan="2">“三”相</td><td>S</td></tr>
<tr><td rowspan="4">3</td><td rowspan="4">绕组外绝缘介质</td><td colspan="2">变压器油</td><td>—</td></tr>
<tr><td colspan="2">空气（“干”式）</td><td>G</td></tr>
<tr><td rowspan="2">“成”型固体</td><td>浇注式</td><td>C</td></tr>
<tr><td>包“绕”式</td><td>CR</td></tr>
<tr><td>4</td><td>绝缘系统温度</td><td colspan="2">见表1-2中序号4</td><td>见表1-2中序号4</td></tr>
<tr><td rowspan="3">5</td><td rowspan="3">冷却装置种类</td><td colspan="2">自然循环冷却装置</td><td>—</td></tr>
<tr><td colspan="2">“风”冷却器</td><td>F</td></tr>
<tr><td colspan="2">“水”冷却器</td><td>S</td></tr>
<tr><td rowspan="2">6</td><td rowspan="2">油循环方式</td><td colspan="2">自然循环</td><td>—</td></tr>
<tr><td colspan="2">强“迫”循环</td><td>P</td></tr>
<tr><td rowspan="2">7</td><td rowspan="2">绕组数</td><td colspan="2">双绕组</td><td>—</td></tr>
<tr><td colspan="2">“三”绕组及以上</td><td>S</td></tr>
<tr><td rowspan="3">8</td><td rowspan="3">调压方式</td><td colspan="2">无励磁调压或不调压</td><td>—</td></tr>
<tr><td colspan="2">有“载”调压</td><td>Z</td></tr>
<tr><td colspan="2">由内附“调”压变压器或串联“调”压变压器（有载调压）</td><td>T</td></tr>
<tr><td>9</td><td>绕组导线材料</td><td colspan="2">见表1-2中序号9</td><td>见表1-2中序号9</td></tr>
<tr><td rowspan="3">10</td><td rowspan="3">内附附属装置</td><td colspan="2">无内附电抗器</td><td>—</td></tr>
<tr><td colspan="2">平衡电“抗”器</td><td>K</td></tr>
<tr><td colspan="2">“饱”和电抗器</td><td>B</td></tr>
</table>

示例1：ZZDFPZ-384200-500-800表示单相、油浸、绝缘系统温度为105℃、风冷、强迫循环、双绕组、有载调压、铜导线、384 200kVA、交流500kV级、直流800kV级直流输电用变流变压器。

示例2：ZHSFPTB-150000/220表示单三相、油浸、绝缘系统温度为105℃、风冷、强迫循环、双绕组、内附调压变压器、铜导线、内附饱和电抗器、150 000kVA、220kV级电化学电解用变流变压器。

3. 电抗器

电抗器产品型号字母排列顺序及含义见表 1－4。

表 1－4　　电抗器产品型号字母排列顺序及含义

序号	分类	含义	代表字母
1	形式	“并”联电“抗”器	BK
		“串”联电“抗”器	CK
		“轭”流式饱和电“抗”器	EK
		“分”裂电“抗”器	FK
		“滤”波电“抗”器（调谐电抗器）	LK
		混“凝”土电“抗”器	NK
		中性点“接”地电“抗”器	JK
		“起”动电“抗”器	QK
		“自”饱和电“抗”器	ZK
		“调”幅电“抗”器	TK
		“限”流电“抗”器	XK
		“换相”电抗器	HX
		试“验”用电“抗”器	YK
		平“衡”电“抗”器	HK
		接 “地”变压器（中性点耦合器）	DK
		“平”波电“抗”器	PK
		“功”率因数补偿电“抗”器	GK
		“消弧”绕组	XK
2	相数	“单”相	D
		“三”相	S
3	绕组外绝缘介质	变压器油	—
		空气（“干”式）	G
		“成”型固体	C
4	冷却装置种类	自然循环冷却装置	—
		“风”冷却器	F
		“水”冷却器	S
5	油循环方式	自然循环	—
		强“迫”油循环	P
6	结构特征	铁心	—
		“空”心	K
		“空”心磁“屏”蔽	KP
		“半”心	B
		“半”心磁“屏”蔽	BP

续表

序号	分类	含义	代表字母
7	绕组导线材料	铜线	—
		“铝”线	L
8	特性	一般型	—
		自“动”跟踪	D
		交流“无”级可“调”节	WT
		交流“有”级可“调”节	YT
		“直”流无级可“调”节	ZT
		其他可“调”节	T

示例 1：CKDGKL－500/66－6 表示单相、干式、空心、自冷、铝导线、额定容量为 500kvar、系统标称电压为 66kV、电抗率为 6%的串联电抗器。

示例 2：XKDGKL－10－1000－4 表示单相、干式、空心、铝导线、系统标称电压为 10 额定电流为 1000A、电抗率为 4%的限流电抗器。

示例 3：BKDFPYT－50000/500 表示单相、油浸式、风冷、强迫循环、铁心式、铜导线、交流有级可调节、额定容量为 5000kvar、系统标称电压为 500kV 可控并联电抗器。

示例 4：BKDFP－200000/1000 表示单相、油浸式、风冷、强迫循环、铁心式、铜导线、额定容量为 20 000kvar、系统标称电压为 1000kV 并联电抗器。

1.4 变压器的主要参数及含义

（1）额定值。标注在变压器类产品上的用来表示该产品在规定条件下运行的一组参数。这些参数的数值是制造保证和试验的基础。

（2）额定参数。用额定参数的数值表示变压器的运行特征，包括额定容量、额定电压、额定电流、额定频率、额定温升等。

（3）额定容量。标注在绕组上的视在功率的指定值，与该绕组的额定电压一起决定其额定电流。双绕组变压器的两个绕组具有相同的额定容量，故按定义就是变压器的额定容量。多绕组应该给出每个绕组的额定容量。

（4）额定电压（绕组的）。在三相变压器或三相电抗器线路端子之间，或者在单相变压器或单相电抗器端子之间，指定施加的或空载时感应指定的电压。

（5）额定电压比（变压器）。一个绕组的额定电压对另一个绕组的额定电压之比，后一绕组的额定电压可以较低也可以与前一绕组相等。

（6）额定电流（绕组的）。流过绕组线路端子的电流，它等于绕组额定容量除以绕组额定电压和相应的系数（单相时相系数为 1，三相时相系数为 $\sqrt{3}$ ）。

（7）额定频率。变压器类产品设计所依据的交流电源的频率。

（8）相数。单相或三相。

（9）联结组标号。用一组字母及时钟序数来表示变压器高压、中压（如果有）和低压绕组的连接方式以及中压、低压绕组对高压绕组相对相位移的通用标号。

（10）绕组联结图。表示变压器各绕组之间或一个绕组的分接头间的电气连接和相对位置关系的示意图。

（11）中性点。对称的电压系统中，通常处于零电位的一点。

（12）缘绝水平。变压器类电气设备的绝缘，设计成能承受规定条件下的一组试验电压值。

（13）阻抗电压（对于主分接）。对双绕组变压器，当一个绕组短路，以额定频率的电压施加于三相变压器另一个绕组的线路端子上，或施加于单相变压器的另一个绕组端子上，并使其中流过额定电流时的施加电压值。

对多绕组变压器（指某一对绕组的），当某一对绕组中的一个绕组短路，以额定频率的电压施加于三相变压器该对绕组中的另一个绕组的线路端子上，或施加于单相变压器该对绕组中的另一个绕组的端子上，并使其中流过与该对绕组中额定容量较小的绕组相对应的额定电流时的施加电压值，此时其余绕组开路。

注：绕组的或各对绕组的阻抗电压是指相应的参考温度下的数值，用施加电压绕组的额定电压值的百分数来表示。

（14）短路阻抗。一对绕组中某一绕组端子的额定频率及参考温度下的等效串联阻抗 $Z=R+jX$，单位为Ω。此时，该对绕组中另一个绕组端子短路，其余绕组（如果有）开路，对于三相变压器，此短路阻抗是指主分接位置上的（等效星形联结）。对于带分接绕组的变压器，短路阻抗是指某一分接位置上的。若无另外规定，则它是指主分接位置上的。短路阻抗标幺值等于该对绕组中的一个绕组短路，在另一个绕组施加的旨在产生额定电流（或分接电流）值的实际电压值与其额定电压值（或分接电压）之比。

（15）调压方式。对恒磁通调压，变压器在不同分接位置时，其不带分接的绕组的分接电压恒定，带分接的绕组分接电压与分接因数成正比。

对变磁通调压，变压器在不同分接位置时，其带分接的绕组的分接电压恒定，不带分接的绕组分接电压与分接因数成反比。

（16）空载损耗。当以额定频率的额定电压（分接电压）施加于一个绕组端子上，其余绕组开路时，变压器所吸收的有功功率。空载损耗主要是铁心损耗，与铁心材料和工艺水平有关，励磁绕组的损耗在此可以忽略不计。

（17）负载损耗。对双绕组变压器（对应主分接），带分接的绕组分接位置处于主分接位置下，当额定电流流过一个绕组且另一个绕组短路时，变压器在额定频率下所吸收的有功功率。

对多绕组变压器（指对应主分接位置的一对绕组），带分接的绕组分接位置处于主分接位置下，当该绕组中的一个额定容量较小的绕组的线路端子上流过额定电流时，另一个绕组短路且其余绕组开路时，变压器在额定频率下所吸收的有功功率。

负载损耗主要包括三部分：一是变压器绕组、引线、电连接的电阻损耗 I^2R；二是交变的漏磁穿过绕组导线产生的涡流损耗；三是变压器负载运行时的杂散漏磁在引线、夹件、油箱以及金属构件中产生的涡流损耗，即杂散损耗。

（18）总损耗。空载损耗和负载损耗之和。对于多绕组变压器，总损耗是指指定的负载组合下的总损耗（辅助设备产生的损耗不包括在总损耗之内，应当单独列出，如冷却油泵、风机等的损耗）。

（19）空载电流。以额定频率的额定电压施加于变压器一个绕组的端子上（当励磁绕组带有分接时，应该接到主分接位置上），其余绕组开路，此时流过施加额定频率、额定电压端子上的电流，通常以该绕组额定电流的百分数表示。

（20）温升。变压器类产品中某一部位的温度与其冷却介质之间的温度差。

（21）热点温升。指变压器各绕组、铁心、油箱及金属构件中的最热点与其冷却介质之间的温度差。

（22）绕组的全绝缘。变压器（电抗器等）绕组各自首、末出线端子具有相同的绝缘水平（如高压绕组首、末端）。

（23）绕组的分级全绝缘。变压器（电抗器等）绕组各自首、末出线端子具有不同的绝缘水平，且出线端的绝缘水平高于接地端（或中性点端）的绝缘水平。

（24）吸收比。绝缘构件在60s时测出的绝缘电阻值与15s时测出的绝缘电阻值之比。

（25）介质损耗因数（$\tan\delta$）。受正弦电压作用的绝缘结构或绝缘材料所吸收的有功功率值与无功功率绝对值之比。

（26）油中气体分析。在油浸式变压器（电抗器等）产品中，通过密封方法抽取一定量的油样，用气相色谱分析方法测出油样中溶解的气体成分和含量。

（27）局部放电。发生在电极之间或电极附近，但未形成贯通放电。这种放电可以发生在电极表面（或附近），也可以发生在绝缘介质表面（或内部），以电晕的形式、弧光形式或其他形式放电。

（28）噪声。变压器（电抗器等）的噪声主要由变压器（电抗器等）本体振动、冷却装置振动而产生的连续性噪声，其大小与产品容量、器身重量、硅钢片材质、铁心磁通密度、风机和油泵等因素有关。

（29）声功率级（L_w）。给出的声功率与基准声功率（$W_0=1\times10^{-12}$W）之比的以10为底的对数乘以10，单位为分贝（dB）。

（30）声压级（L_p）。声压二次方与基准声压（$p_0=20\times10^{-6}$Pa）二次方之比的以10为底的对数乘以10，单位为分贝（dB）。

（31）变压器效率。输出功率与输入功率之比，以百分数表示。

（32）冷却方式。

散热器：油浸式变压器（电抗器等）采用的一种热交换装置，用于自然循环（ON）或风冷（可强迫循环）散热。

冷却器：油浸式变压器（电抗器等）采用的一种强迫油循环的热交换的装置，可以是风冷或水冷方式。

自冷（AN）：变压器（电抗器等）运行时产生的热量通过周围冷却介质的自然循环散发掉的冷却方式。自然油循环自冷（Oil Natural Air Natural，ONAN）。

风冷（AF）：变压器（电抗器等）运行时产生的热量通过吹风装置来散发掉的冷却方式。自然油循环风冷（Oil Natural Air Forced，ONAF）。

强迫油循环风冷（OFAF）：用变压器油泵强迫油循环，油流经风冷却器进行散热的冷却方式。

强迫油循环水冷（OFWF）：用变压器油泵强迫油循环，油流经水冷却器进行散热的冷却方式。

强迫油循环导向冷却（导向风冷 ODAF、导向水冷 ODWF）：用强迫油循环方式，使冷却油沿指定的路径通过绕组内部以提高冷却效率的冷却方式。

1.5　变压器的工作原理

变压器是一种静止的实现电磁转换的电气设备，连接在输电线路或不同电压等级的输变电系统中，利用电磁感应原理，以相同的频率改变电压和电流，将电能从一个电网输送到其他电网，实现电能的传输和分配。变压器一次绕组首先将接收到的电能转化为磁能，然后再由二次绕组（包括第三绕组及其他绕组）将接收到的磁能转化成电能，一次绕组与二次绕组（或其他绕组）之间没有电气连接（除自耦连接外），只有磁的耦合（自耦连接仍然有部分磁的耦合）。

1.5.1　理想变压器工作原理

1. 理想变压器工作状态

假定理想变压器一次绕组、二次绕组的阻抗为零，铁心无损耗，铁心磁导率很大。其工作原理按照空载和负载两种状态分别介绍。

图 1－4 为变压器的工作原理图。变压器在空载状态下，一次绕组接通电源，在交流电压 $\dot{U}_1$ 的作用下，一次绕组产生励磁电流 $\dot{I}_{\mu}$，励磁磁动势 $\dot{I}_{\mu}N_1$，该磁动势在铁心中建立了交变磁通 $\varPhi_0$ 和磁通密度 B_0（$B_0=\varPhi_0/S_C$，S_C 是铁心的有效截面积）。根据电磁感应定理，铁心中的交变磁通 $\varPhi_0$ 在一次绕组两端产生自感电动势 $\dot{E}_1$，在二次绕组两端产生互感电动势 $\dot{E}_2$。

$$E_1=4.44fN_1B_0S_C\times10^{-4} \tag{1-1}$$

$$E_2=4.44fN_2B_0S_C\times10^{-4} \tag{1-2}$$

式中：f 为频率，Hz；N_1 为变压器一次绕组的匝数；N_2 为变压器二次绕组的匝数；B_0 为铁心的磁通密度，T；$\varPhi_0$ 为铁心磁通，Wb；S_C 为铁心的有效截面积，cm^2。

在理想变压器中，一次、二次绕组的阻抗为零，有

$$U_1=E_1=4.44fN_1B_0S_C\times10^{-4} \tag{1-3}$$

$$U_2=E_2=4.44fN_2B_0S_C\times10^{-4} \tag{1-4}$$

得到

$$U_1/U_2=N_1/N_2 \tag{1-5}$$

从上式可见，改变一次绕组与二次绕组的匝数比，也就改变一次侧与二次侧的电压比。

假设将图 1－4 中的开关 S 接通，变压器开始向二次负载供电，二次回路产生负载电流 I_2、

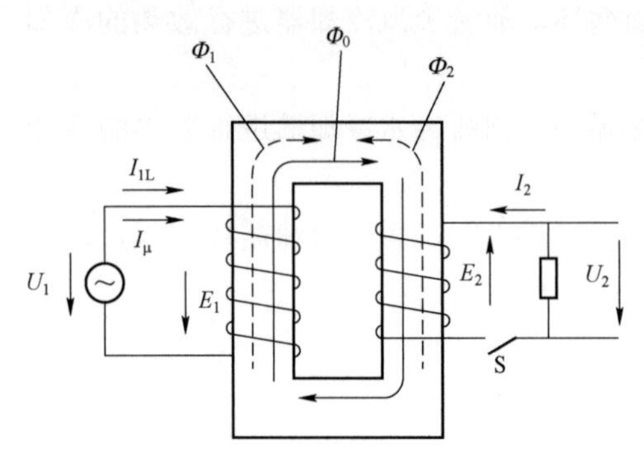

图 1－4 变压器工作原理图

反磁动势 N_2I_2，反磁通 Φ_2，此时，一次回路同时产生一个新的电流 I_{1L}，新的磁动势 N_1I_{1L}，新的磁通 Φ_1，与 N_2I_2、Φ_2 相平衡。此时有

$$\Phi_1+\Phi_2=0 \quad (1-6)$$

$$N_1I_{1L}+N_2I_2=0 \quad (1-7)$$

由此得到

$$I_{1L}=-\frac{N_2}{N_1}I_2 \quad (1-8)$$

2. 变压器实际工作状态

实际工作的变压器，一次绕组、二次绕组有电阻和漏抗，铁心有损耗，漏磁通不与一次和二次绕组全部交链。

假设一次绕组、二次绕组的阻抗为 Z_1、Z_2，则相应的阻抗压降为

$$\Delta U_1=I_1Z_1 \quad (1-9)$$

$$\Delta U_2=I_2Z_2 \quad (1-10)$$

ΔU_1 使一次绕组感应电压降低，$E_1=U_1-\Delta U_1=U_1-I_1Z_1$；$\Delta U_2$ 使二次绕组降低，$U_2=E_2-\Delta U_2=E_2-I_2Z_2$；导致匝数比不等于一次侧与二次侧的电压比，而等于感应电动势之比

$$\frac{E_1}{E_2}=\frac{N_1}{N_2}=k \quad (1-11)$$

式中，k 为变压器的电压比。

变压器正常工作时铁心要产生空载损耗 P_0，铁心损耗的能量由电源侧供给，其影响相当于在理想变压器的一次侧并联一个铁心损耗的等效电阻 r_m，在一次回路中引入一个铁损电流 I_{Fe}，此时，铁损电流 I_{Fe} 和励磁电流 I_μ 合成为空载电流 I_0。空载电流 I_0 与一次电流负载分量 I_{1L} 合成为一次电流 I_1。

实际变压器一次、二次绕组所产生的磁通，并没有全部通过主磁路铁心，也没有全部与一次和二次绕组交链，这部分磁通经过非铁磁物质闭合，称为漏磁通 Φ_σ，漏磁链与产生该漏磁通的电流 I 之比称为漏感 L_σ。

$$L_\sigma=\frac{N}{I}\Phi_\sigma \quad (1-12)$$

因此，漏磁通的影响相当于在理想变压器的一次、二次回路中引入漏电感 $L_{\sigma1}$、$L_{\sigma2}$，乘以角频率 $\omega=2\pi f$ 后得到相应的漏电抗 $x_{\sigma1}$、$x_{\sigma2}$。

将电压、电流和阻抗均用复数表示时，变压器在负载条件下的一次、二次电动势平均方程可以写为

$$\dot{U}_1=-\dot{E}_1+\dot{I}_1\dot{Z}_1 \quad (1-13)$$

$$\dot{U}_2=\dot{E}_2-\dot{I}_2\dot{Z}_2 \quad (1-14)$$

式中：Z_1 为变压器一次侧的漏阻抗 $Z_1=r_1+jx_{\sigma1}$；Z_2 为变压器二次侧的漏阻抗 $Z_2=r_2+jx_{\sigma2}$。

1.5.2 空载特性

磁路是变压器的一个重要组成部分，在“电—磁—电”的能量转换中发挥导磁的作用。闭合的铁心构建了变压器的主磁路，为磁通流动提供低磁阻的路径，变压器运行时，励磁磁通几乎全部在铁心内部流动。变压器的空载特性主要体现为磁路（即变压器的铁心）所表征出的特性，反映变压器空载性能的指标主要有励磁电流（空载电流）、空载损耗和空载噪声，这些指标可以通过变压器的空载试验获得。

变压器铁心所使用的材料大多数为硅钢片，硅钢片材料性能从低到高排列主要有无取向型、热轧晶粒取向（HRGO）、冷轧晶粒取向（CRGO）、高磁导率冷轧晶粒取向（$H_{\mathrm{i}}-B$）、机械刻痕和激光刻痕等级别。铁心片的厚度越薄，其在交变的磁场中产生的涡流损耗就越小。变压器通常采用的具有高导磁性能的硅钢片厚度小于 0.3mm（特殊需要除外）。

1. 铁心作用

铁心构成变压器（电抗器等）的磁路和器身的骨架，通常分为心式结构和壳式结构两大类。

心式结构的铁心被绕组环绕的部分称之为铁心柱，没有被绕组环绕的部分称之为铁轭，其中位于铁心上、下端没有被绕组环绕的部分称为上铁轭和下铁轭，位于铁心两侧没有被绕组环绕的部分称为旁轭。心式铁心的优点是构造简单、易于制造、冷却较好、维修方便等。通常采用心式铁心结构的变压器称为心式变压器。

壳式结构的铁心将绕组大部分围住，高压绕组和低压绕组交叠式布置。这种结构的优点是适用于阻抗值要求较低的产品，产品运行时产生的杂散损耗较低。采用壳式铁心结构的变压器称为壳式变压器。

铁心的各种类型如图 1－5 所示。铁心由硅钢片叠制（或卷绕）而成，铁心中的磁通密度和硅钢片自身性能是决定变压器空载损耗的主要因素，铁心运输、保管、剪切、叠制方式和

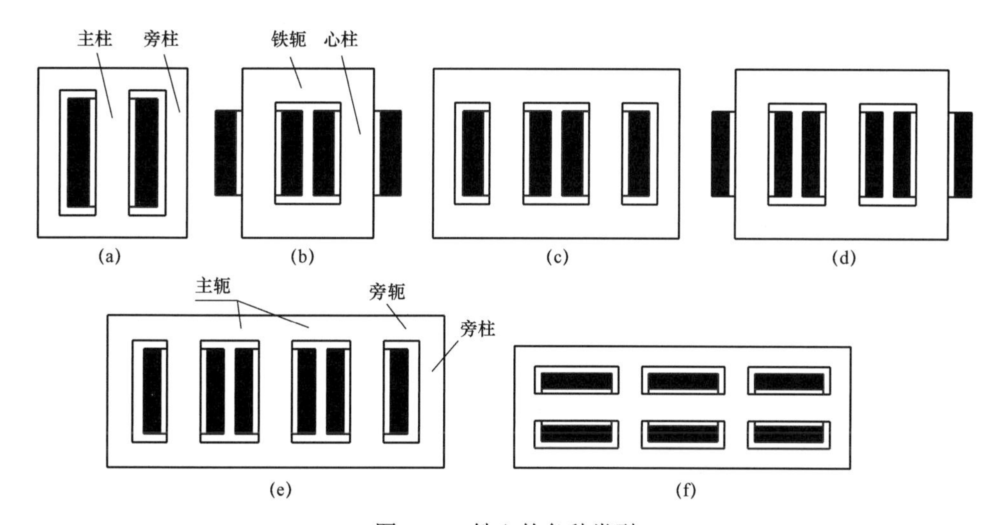

图 1－5　铁心的各种类型

（a）单相三柱式；（b）双柱式；（c）单相四柱；（d）三相三柱；（e）三相五柱式；（f）三相壳式

叠制过程等中的工艺因数将影响变压器的空载损耗；铁心叠制过程中硅钢片接缝处的缝隙和接缝方式是影响变压器空载电流的主要因素；铁心中的磁通密度、铁心整体性（紧固程度）、铁心重量影响变压器的噪声水平。卷绕式铁心可以是封闭式结构，也可以是开口结构，卷绕式铁心没有硅钢片叠制接口（或极少的接口），并且在卷制完成后整体退火，因此，具有空载损耗和空载电流小的特点，常被配电变压器和容量较小的电力变压器采用。

2. 空载损耗

变压器空载损耗主要由铁心材料磁滞损耗和涡流损耗组成。在额定电压（或允许的长期运行电压）下，励磁的主磁通集中于铁心中，对其他金属构件的影响微乎其微，因此，空载电流在励磁绕组中产生的损耗和附近金属结构件中产生的损耗可以忽略不计。

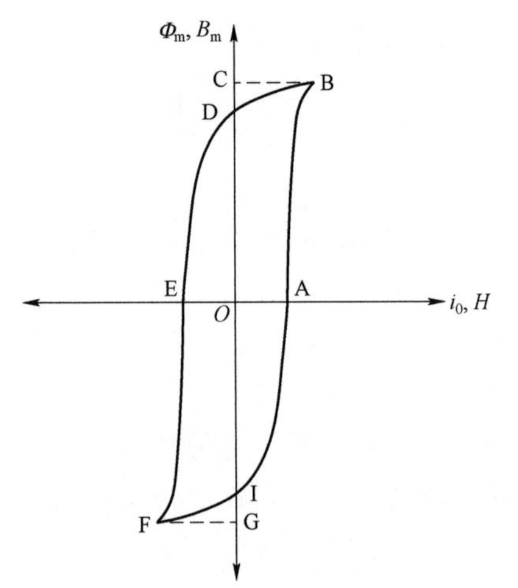

图 1－6 典型的磁滞回线

Φ_m—磁通（Wb）；B_m—磁通密度（T）；i_0—空载电流（%）；H—磁场强度（A/m）

当铁心被某一频率下的正弦电压源激励，在反复磁化过程中产生磁滞损耗和涡流损耗。磁滞损耗由硅钢片材料本身磁化特性，磁畴在交变磁场中反复翻转克服阻力而产生的损耗；涡流损耗是由硅钢片响应交流磁通感应的电压时产生的损耗，它和叠片厚度的二次方、频率的二次方和磁通密度有效值（方均根值）的二次方成正比。

磁滞损耗和磁滞回线的面积成正比，图 1－6 给出典型的磁滞回线。

先看磁滞回线的第一象限部分，面积 *O*ABCD*O* 代表电源所提供的能量。对于路径 AB，感应电压和电流为正值，对于路径 BD，感应电压和电流方向与路径 AB 两个量的符号相反，能量为负值，因此，由 BCD 包围的面积所代表的能量返回到电源。这样，图中 *O*ABD*O* 所包围的面积代表了第一象限的磁滞损耗。而面积 ABDEFIA 则代表了一个周期内磁滞损耗的总和，磁滞损耗与磁滞回线所包围的面积成正比。一个周期内的磁滞损耗为常值，意味着磁滞损耗与频率成比例关系，频率越高，其损耗就越高。

空载损耗的计算通常有两种方法可以用，分别见式（1－15）和式（1－16）。基于试验结果/实验数据，不管是确定整个铁心的工艺系数还是获得经验系数，都需要分别考虑角重的影响

$$P_0 = W_t K_b w \tag{1-15}$$

$$P_0 = \left(W_t - W_c\right) w + W_c w K_c \tag{1-16}$$

式中：P_0 为空载损耗，W；w 为供应商提供的特定工作磁通密度峰值下的硅钢片爱泼斯坦铁心单位损耗，W/kg；W_t 为铁心总重，kg；K_b 为工艺系数；W_c 为角重，kg，为总重 W_t 的一部分；K_c 为柱轭连接处产生的额外损耗系数。

3. 空载电流

变压器空载运行时，由空载电流建立主磁通。空载电流可分解为两部分：一部分为励磁

电流 I_μ；另一部分为铁损电流 I_{Fe}。励磁电流 I_μ 起着磁化作用，是空载电流的无功分量；铁损电流 I_{Fe} 对应于铁心片的磁滞损耗和涡流损耗，是空载电流的有功分量，如图 1－7 所示变压器空载时电流相量图。通常电力变压器 $I_\mu \gg I_{Fe}$，故可近似地用 $I_0 = I_\mu$ 来分析空载电流的性质，忽略铁心材料的磁滞损耗和涡流损耗对空载电流影响极小。

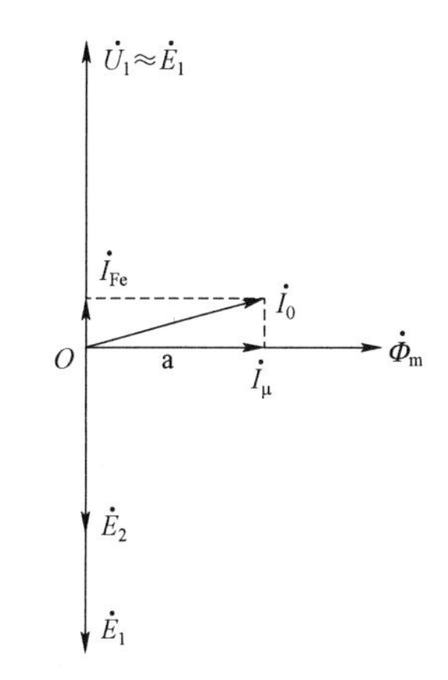

图 1－7　变压器空载时电流相量图

U—交流电压；E—感应电动势；Φ_m—主磁通

由于导磁材料（磁化曲线）的非线特性，变压器铁心被磁化时产生交变的励磁电流，其大小取决于铁心被磁化的饱和程度，即取决于铁心中磁通密度 B_m 的大小。当施加电压 U_1 为正弦波时，和它相平衡的感应电动势 E_1 以及感应该电动势的主磁通 $\boldsymbol{\Phi}_m$ 也是正弦波（铁心未饱和），由于非线性关系，励磁电流畸变成非正弦的尖顶波，此时感应电动势 E_1 超前主磁通 $\boldsymbol{\Phi}_m$90°，I_μ 与 $\boldsymbol{\Phi}_m$ 同相位，因为I_{Fe}超前 $\boldsymbol{\Phi}_m$90° 与感应电动势 E_1 同相位，所以 I_0 超前 $\boldsymbol{\Phi}_m$ 一个铁损角度 α。

铁心饱和程度越高，励磁电流的波形畸变得越厉害。畸变的磁化电流中有很多谐波，对于 CRGO 材料，各种谐波范围如下：若基波分量为标幺值，3 次、5 次和 7 次谐波分量分别为 0.3～0.5 标幺值、0.1～0.3 标幺值和 0.04～0.1 标幺值。总空载电流的方均根值为

$$I_0 = \sqrt{I_1^2 + I_3^2 + I_5^2 + I_7^2 + \cdots} \qquad (1-17)$$

式中：I_1 是基波分量（50Hz 或 60Hz）的方均根值；而 I_3、I_5 和 I_7 分别为 3 次、5 次和 7 次谐波的方均根值，幅度逐渐减小的高次谐波分量通常不是很重要，对合成空载电流的方均根值影响很小。由于空载电流通常为满载电流的 0.2%～2%，除了在铁心极端饱和的情况下，谐波电流不会明显地增加励磁绕组中的 I^2R 损耗。如果输入的电压 U 为正弦波形且不使铁心饱和，则空载电流 I_0 中的谐波分量不会产生铁损。

改变谐波电流或谐波电流受到某种抑制时铁心中的磁通密度会改变。例如，3 次谐波电流被中性点隔离而受到抑制，对于正弦励磁电流，磁通波形成平顶形状，如图 1－8 所示正弦磁化电流、磁通和电压波形（为了简化，忽略磁滞现象）。这种情况下，磁通可以表达为

$$\Phi_m = \Phi_{mp1}\sin\omega t + \Phi_{mp3}\sin 3\omega t + \Phi_{mp5}\sin 5\omega t + \cdots \qquad (1-18)$$

式中，Φ_{mp1}、Φ_{mp3} 分别表示基波和谐波分量的峰值。

绕组每匝的感应电压为

$$e = \frac{d\Phi}{dt} = \omega\left(\Phi_{mp1}\cos\omega t + 3\Phi_{mp3}\cos 3\omega t + 5\Phi_{mp5}\cos 5\omega t + \cdots\right) \qquad (1-19)$$

如图 1－8 所示，3 次谐波分量的存在使感应电压波形出现明显的峰值（为便于理解这里只显示 3 次谐波分量的波形）。可见即使来自正弦性质的磁通波形有很小的偏差，也会使电压波形中包含明显的谐波分量。通常 15%的 3 次谐波电流分量，就会导致 45%的 3 次谐波电压分量，由此导致铁心涡流损耗增加，但随着磁通密度波形的最大值降低，磁滞损耗将减少。

对铁心总损的影响取决于涡流损耗和磁滞损耗的相对变化。

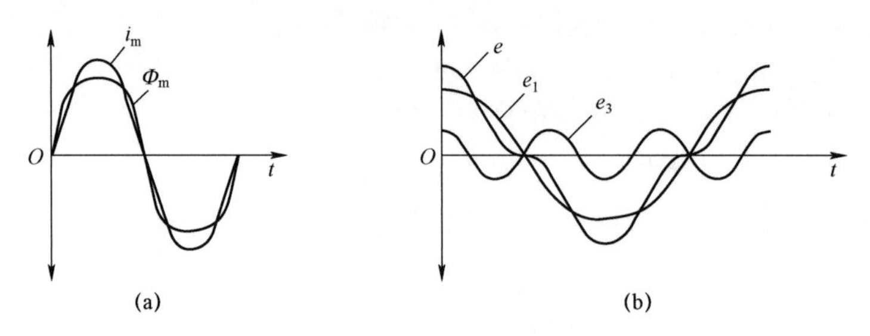

图 1－8 正弦磁化电流、磁通和电压波形

（a）正弦磁化电流、磁通波形；（b）电压波形

i_m—正弦磁化电流；Φ_m—主磁通；e—合成感应电压；e_1—基波感应电压；e_3—三次谐波感应电压

空载电流的计算，根据试验得到的铁心硅钢片材料磁感应强度（B）与硅钢片单位重量需要的励磁功率（VA/kg）的关系曲线，得到某一磁通密度下对应的 VA/kg 值，此值乘以一个经验系数 K_j，这个经验系数与铁心结构、接缝处需要额外的励磁功率和制造水平密切相关，一般三相变压器空载线电流可用下式计算

$$\text{空载电流}I_0 = K_j \frac{\text{单位重量铁心的励磁功率(VA / kg)}\times\text{铁心重量(kg)}}{\sqrt{3}U_e\text{(V)}} \qquad (1-20)$$

4. 空载时的等效电路

变压器空载运行时，从电磁感应关系来看，空载电流 I_0 建立主磁通 Φ_m，交变的主磁通 Φ_m 在一次绕组内感应电动势 E_1，可引入一个阻抗参数 Z_m 把 E_1 和 I_0 联系起来，此时感应电动势 E_1 的作用可以看作是电流 I_0 流过 Z_m 时产生的阻抗压降，即

$$-\dot{E}_1 = \dot{I}_0 Z_m \qquad (1-21)$$

式中：$Z_m = R_m + jX_m$ 称为变压器的励磁阻抗；X_m 为对应铁心励磁阻抗无功分量，称为励磁电抗；R_m 为对应于铁心损耗的等效电阻，称为励磁电阻；$I_0^2 R_m$ 为铁耗。

变压器空载运行时的等效电路如图 1－9 所示，式（1－21）对应的空载等效电路图如 1－9a 所示。

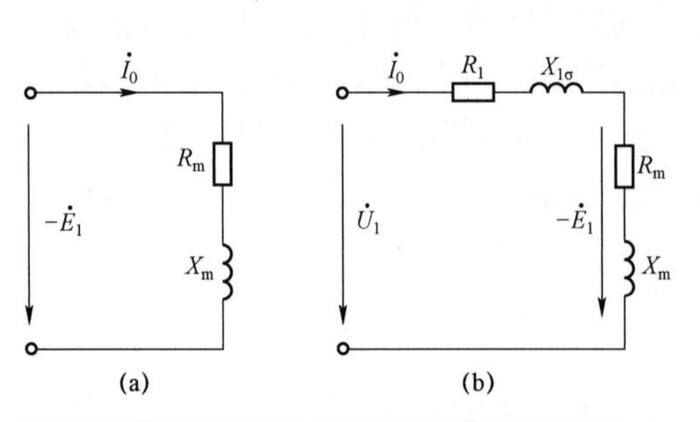

图 1－9 变压器空载运行时的等效电路

若考虑绕组的电阻和漏抗，结合式（1－21），可得下式

$$\dot{U}_1 = -\dot{E}_1 + \dot{I}_0 Z_1 = \dot{I}_0 Z_m + \dot{I}_0 Z_1 = \dot{I}_0 (Z_1 + Z_m) \qquad (1-22)$$

式中：Z_1 为绕组电抗，$Z_1 = R_1 + jX_{1\sigma}$；R_1 为绕组电阻；$jX_{1\sigma}$ 为绕组漏抗。

式（1－22）对应的空载等效电路如图 1－9b 所示。

从图 1－9b 可见空载运行的变压器可以看成由两个电抗组成的串联的电路，一部分由一次绕组的电阻和漏抗组成 $Z_1 = R_1 + jX_{1\sigma}$，其中，$X_{1\sigma}$ 反映了漏磁通的作用；另一部分由铁心

励磁阻抗组成 $Z_m = R_m + jX_m$，X_m 反映了主磁通的作用，R_m 反映了铁心中的铁耗。

1.5.3　负载特性

变压器的一次绕组接电源，二次绕组接负载，称为负载运行。从变压器的二次侧看，变压器相当于一台发电机，向负载输出电功率。变压器的负载运行特性主要有：

（1）外特性：是指一次侧外施电压和二次侧负载功率因数不变时，二次侧端电压随负载电流变化的规律，即 $U_2 = f(I_2)$。

（2）效率特性：是指一次侧外施电压和二次侧负载功率因数不变时，变压器的效率随负载电流变化的规律，即 $\eta = f(I_2)$。

变压器的电压调整率和效率体现了这两个特性，而且是变压器的主要性能指标。

1. 负载时的等效电路

在负载情况下，通过折算法，将二次侧折算到一次侧，即可把变压器的电磁关系用电路的方式表现出来，即所谓“把场化作路”。

折算后的变压器负载运行的基本方程式组为

$$\left.\begin{aligned} \dot{U}_1 &= -\dot{E}_1 + \dot{I}_1 Z_1 \\ \dot{U}_2' &= \dot{E}_2' - \dot{I}_2' Z_2' \\ \dot{I}_m &= \dot{I}_1 + \dot{I}_2' \\ \dot{E}_1 &= \dot{E}_2' \\ -\dot{E}_1 &= \dot{I}_m Z_m \\ \dot{U}_2' &= \dot{I}_2' Z_L' \end{aligned}\right\} \tag{1-23}$$

式中：$\dot{U}_2'$ 为二次侧电压的折算值；$\dot{E}_2'$ 为二次侧感应电动势的折算值；$\dot{I}_2'$ 为二次侧电流的折算值；Z_2' 为二次侧阻抗的折算值；Z_L' 为负载阻抗的折算值。

根据折算后的基本方程式组（1－23），绘出变压器负载运行时的相量图能够清楚地表明各物理量之间的相位关系和大小，感性负载时变压器的相量图如图 1－10 所示。

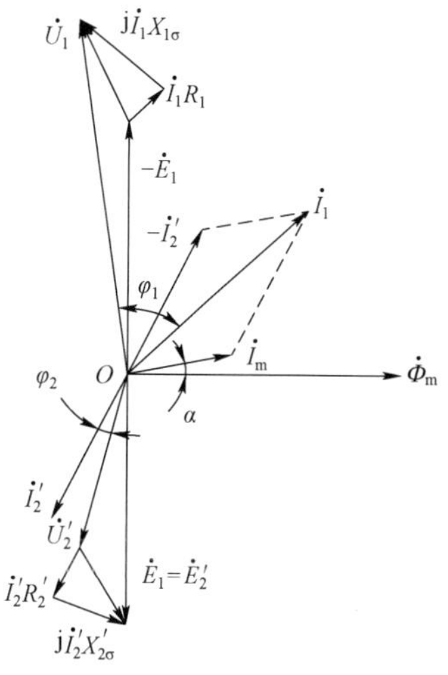

图 1－10　感性负载时变压器的相量图

从变压器的一次侧，也就是变压器所接电网侧来看，变压器只不过是整个电力系统中的一个元件。有了等效电路，就很容易用一个等效阻抗接在电网上来代替整个变压器及其所带负载，这为研究和计算电力系统的运行情况带来很大的方便。

（1）“T”形等效电路。“T”形等效电路可从基本方程式（1－24）导出，如图 1－11 变压器“T”形等效电路的演变过程所示。需要注意的是在图 1－11c 中，

$-\dot{I}_2'$就是一次侧电流$\dot{I}_1$的负载分量$\dot{I}_{1L}$，$\dot{I}_1=\dot{I}_m+\dot{I}_{1L}$。

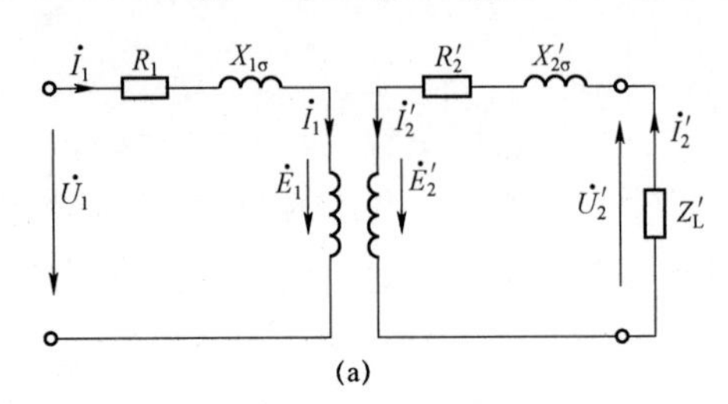

(a)

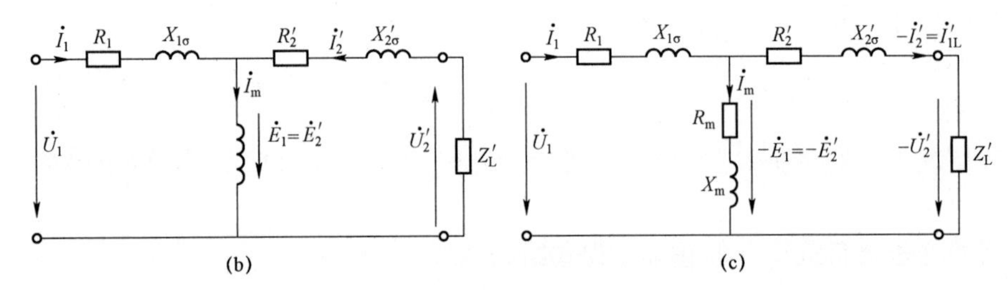

(b)　(c)

图 1-11　变压器“T”形等效电路的演变过程

“T”形等效电路用数学的方法导出，即解联立方程组（1-23）便可求得一次侧电流

$$\dot{I}_1=\frac{\dot{U}_1}{Z_1+\cfrac{1}{\cfrac{1}{Z_m}+\cfrac{1}{Z_2'+Z_L'}}}=\frac{\dot{U}_1}{Z_d} \tag{1-24}$$

$$Z_d=Z_1+\frac{1}{\cfrac{1}{Z_m}+\cfrac{1}{Z_2'+Z_L'}} \tag{1-25}$$

Z_d就是从一次侧电网看变压器时变压器的等效阻抗，根据这个等效阻抗画变压器“T”形等效电路就是图 1-11 所示的变压器的简化等效电路。

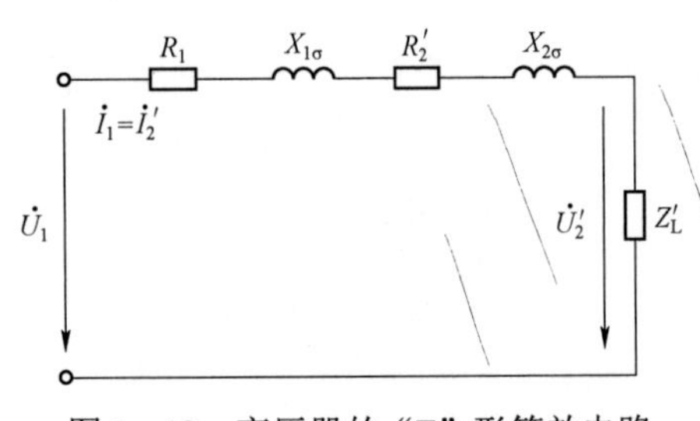

图 1-12　变压器的“Γ”形等效电路

（2）“Γ”形等效电路。在电力变压器中，由于$Z_m=R_m+jX_m$数值很大，而I_m的百分值很小，所以在对变压器负载运行和短路状况进行定量分析时往往认为励磁支路断开，这样得到一个更加简单的串联电路，称为变压器的“Γ”形等效电路，使计算和分析更加简便而不影响结果。图 1-12 给出变压器的“Γ”形等效电路。

在“Γ”形等效电路中，可将一、二次侧的参数合并起来使计算更加简化和方便。

$$R_k=R_1+R_2' \tag{1-26}$$

$$X_k=X_{1\sigma}+X_{2\sigma}' \tag{1-27}$$

$$Z_k=R_k+jX_k=Z_1+Z_2' \tag{1-28}$$

式中：Z_k 为变压器的短路阻抗；R_k 为短路电阻；X_k 为短路电抗。

"Γ" 形简化等效电路对应的电压方程为

$$\dot{U}_1 = \dot{I}_1(R_k + jX_k) - \dot{U}_2' = \dot{I}_1 Z_k - \dot{U}_2' \tag{1-29}$$

从变压器的"Γ"形等效电路中可分析到，当变压器发生稳定的短路（图 1-12 中的 $Z_L' = 0$）时，短路电流 $I_k = U_1 / Z_k$，此时的短路电流 I_k 值很大，可达额定电流的 10～20 倍。

2. 变压器的电压调整率

电压调整率是表征变压器运行性能的重要数据之一，它反映了变压器供电电压的稳定性。

当变压器负载运行时，由于其内部的漏阻抗产生电压降，因此二次侧实际输出的电压 U_2 与空载时的电压 U_{20} 是不相等。也就是说当变压器一次侧绕组接入电网，接收额定频率和额定电压下的功率，此时二次绕组中的额定二次电流流经负载产生与该负载功率因数相适应的额定二次电压 U_2。通常以电压调整率 U_{20} 与 U_2 的算术差与二次绕组额定电压之比来表示。所谓电压调整率就是指变压器负载时二次侧电压与空载时的二次电压相比的变化程度。

$$\Delta U = \frac{U_{20} - U_2}{U_{2N}} = \frac{U_{1N} - U_2'}{U_{1N}} \tag{1-30}$$

式中，U_2' 为 U_2 折算到一次侧的电压。

电压调整率 ΔU 与变压器参数和负载电流性质有关，表达式为

$$\Delta U = \left[u_{kr}\cos\varphi_2 + u_{kx}\sin\varphi_2 + \frac{1}{200}(u_{kx}\cos\varphi_2 - u_{kr}\sin\varphi_2)^2 \right] \tag{1-31}$$

式中：u_{kr} 为短路阻抗的电阻分量；u_{kx} 为短路阻抗的电抗分量；$\cos\varphi_2$ 为负载功率因数；$\sin\varphi_2$ 可由 $\cos\varphi_2$ 计算得出。

式（1-31）反应变压器带不同负载时的不同结果。当变压器带感性负载时，电流滞后于电压，$\varphi_2 > 0$，ΔU 为正值，说明变压器二次侧电压比空载时电压低。当变压器带容性负载时，电流超前于电压，$\varphi_2 < 0$，$\sin\varphi_2$ 为负值，ΔU 可能为负值，说明变压器二次侧电压会比空载时电压高。

式（1-31）是在 $I_2 = I_{2N}$ 的条件下得出的，如果负载电流不是额定值，则式（1-31）的计算结果得出的 ΔU 还应乘以 I_2 / I_{2N}。

图 1-13 给出了用于推导 ΔU 计算公式的变压器相量图，详细推导过程从略。

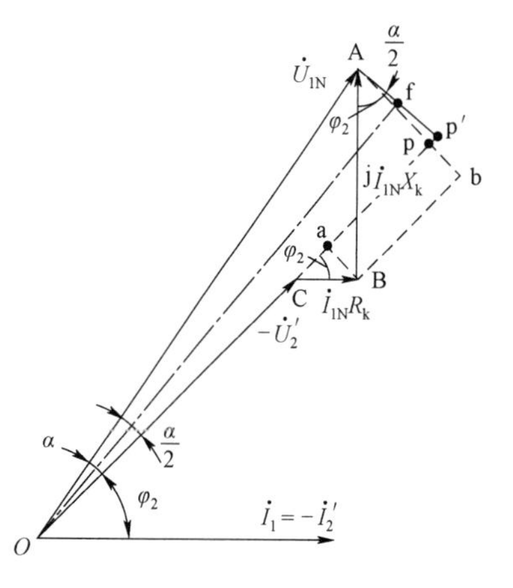

图 1-13　ΔU 的计算相量图

由前述可知，变压器负载运行时其二次侧电压将随负载变化而变化，当二次电压变化范围很大，将对电网安全运行带来很大影响。为了保证变压器二次侧电压在一定范围内变化且可控，必须进行电压调整。通常是在变压器的高压绕组中设置调压抽头（即分接头），或设置与高压绕组有电气连接的独立调压绕组，用以调节高压绕组的电气匝数，改变二次绕组的感应电压，实现调节二次绕组输出电压的目的。

3. 变压器的损耗和效率

变压器在能量转换过程中会产生损耗，包括绕组损耗（简称铜耗，包括引线等的损耗）和铁心损耗（简称铁耗，包括磁路中的其他有功损耗），铜损和铁损的存在使变压器的输出功率小于其输入功率，将输出功率与输入功率之比称为变压器效率。变压器效率的高低反映了变压器运行的经济性，是变压器运行性能的一个重要指标。通常中小型变压器效率在95%～98%之间，大型变压器效率则可达99%以上。

（1）变压器中的能量传递过程。变压器的能量传递过程可从图1－11变压器“T”形等效电路清楚地看出。变压器的一次侧绕组从电网吸取有功功率$P_1=U_1I_1\cos\varphi_1$，其中有很小一部分消耗于一次绕组电阻R_1上（$I_1^2R_1$）和铁心上（$I_m^2R_m$），其余部分通过电磁感应关系传递给二次侧绕组，称为电磁功率。在二次侧绕组获得的电磁功率$P_{em}=E_2I_2\cos\psi_2$（ψ_2为$\dot{E}_2$与$\dot{I}_2$间的相位差）中，又有很小一部分消耗于二次侧绕组的电阻上（$I_2^2R_2$），其余的能量全部传递给负载，此时输出功率$P_2=U_2I_2\cos\varphi_2$，这就是变压器中有功功率的平衡关系。

（2）变压器的损耗。前述已说明变压器的损耗分为铁损和铜损两大类。铁损是专指空载损耗，而铜损则包括基本铜损和附加铜损两部分。基本铜损是指变压器绕组、引线等的直流电阻引起的损耗，以流经绕组电流、引线流经的电流的二次方与其关联的直流电阻的乘积表示，计算时电阻应换算到工作温度（75℃）下的电阻值。附加铜损包括绕组多根导线并联绕制不完全换位产生内部环流引起的损耗、引线在交变的漏磁场中发生集肤效应使导线有效电阻变大而增加的损耗，以及处在交变的漏磁场中的金属结构件和油箱壁等产生的涡流损耗。通常中小型变压器的附加铜损约为其基本铜损的1%～5%，而大型变压器的附加铜损可达其基本铜损的10%～30%，有时甚至会更大。附加铜损和基本铜耗损一样，与绕组内流经的负载电流的二次方成正比。

（3）变压器的效率。变压器的效率按定义为

$$\eta=\frac{\text{输出功率}}{\text{输入功率}} \tag{1－32}$$

变压器效率关乎变压器的性能与品质，因此对其效率有很高的精度要求。以变压器的输出功率与输入功率的测量值来确定其效率，会受其他因素的影响而产生较大误差。因此，变压器效率应该由检测精度很高的空载试验和短路试验测得的损耗值来确定，其效率由下式计算

$$\eta=\frac{\text{输出功率}}{\text{输出功率}+\text{损耗}} \tag{1－33}$$

所以

$$\eta=\frac{U_2I_2\cos\varphi_2}{U_2I_2\cos\varphi_2+P_{Fe}+P_{Cu}} \tag{1－34}$$

式中：P_{Fe}为变压器的空载损耗（铁耗）；P_{Cu}为变压器的负载损耗（铜耗）。

虽然变压器负载时的功率因数对互磁通有一些影响，但对空载损耗的影响可以忽略，因此可以将空载损耗作为一个常量。假设常量为P_{Fe}和U_2，就可以推导出给定负载功率因数条

件时的最大效率，即推导公式为η对I_2的微分等于0。

$$\frac{d\eta}{dI_2}=\frac{d}{dI_2}\left(\frac{U_2I_2\cos\varphi_2}{U_2I_2\cos\varphi_2+P_{Fe}+P_{Cu}}\right)=0 \tag{1-35}$$

进一步计算，得到$P_{Cu}=P_{Fe}$。

通过计算可以看出，当负载损耗等于空载损耗（常量）时，可得到最大效率。因此，变压器最大效率时的负载标幺值为

$$\eta_{max}=\frac{I_2}{I_{2FL}}=\sqrt{\frac{P_{Fe}}{(P_{Cu})_{FL}}} \tag{1-36}$$

1.5.4 阻抗

变压器的阻抗（即变压器的短路阻抗）是变压器设计中的重要参数之一，对产品性能及设计有重要影响。变压器的阻抗包含电阻和电抗两个分量，由于大型变压器的电阻值远远小于其电抗值，则变压器的阻抗大小主要由电抗（漏阻抗）值决定，通常认为变压器的电抗就等于变压器的阻抗。电阻值由变压器的负载损耗测量值确定，电抗值由变压器短路测试结果得到。

变压器的阻抗值的大小将直接影响变压器的运行特性和成本，阻抗值较小时，变压器的经济性较好，但短路电流和短路电动力将会较大。对变压器能否承受突发短路力的能力有着严格、苛刻的要求。为了提高变压器承受突发短路的能力，从产品结构上讲，需要绕组具有较低的电流密度值，这样绕组的导线材料用量就会增加；另一方面，就是提高变压器的短路阻抗值，短路阻抗值的提高又使变压器的电压调整率增大，不仅影响系统电压的稳定性，同时还会增加绕组中的涡流损耗和结构部件中的杂散损耗，由此引起变压器负载损耗增加，绕组和冷却油的温升提高，进而要求设计者增加绕组导线的截面或采用更复杂的漏磁控制技术和冷却方式等，这些因素都关乎变压器的性能和经济性。对于配电变压器，标准规定的变压器短路阻抗低至2%；对于大型电力变压器，为了限制变压器的短路电流，常常要求变压器的短路阻值高于20%；对于特殊的用户，在特定使用条件下，要求变压器的短路阻抗值远远超出标准要求的范围。

变压器稳定运行时，忽略励磁磁动势，一次和二次绕组的磁动势总是处于平衡状态。也就是说变压器一次、二次绕组的磁动势建立在绕组自身相交链的漏磁场中。变压器的漏磁通流通的路径中，较大部分是非铁磁物质，故变压器漏磁通对应的漏磁导近似为常量，漏电抗计算可以采用线性磁路的计算方法。对双绕组变压器而言，就是计算它的短路漏电抗；而对多绕组变压器来说，除计算各对绕组的短路漏电抗外，还要计算绕组在各种运行组合下的等效漏电抗。

1. 高度相等磁动势均布的双绕组心式变压器的短路阻抗计算

图1－14为双绕组心式变压器的漏磁分布示意图。在一次、二次绕组之间的主漏磁空道上磁力线平行于铁心柱轴线，只在绕组端部发生弯曲。当绕组高度h与其径向尺寸λ（$\lambda=a_1+a_{12}+a_2$）具有相同数量级时，需引入一个修正系数，以考虑绕组高度以外的磁阻，即

认为等效漏磁高度区段上消耗了绕组的全部磁动势，假定$h_x = h/\rho$，h_x称为等效漏磁高度，ρ称为洛果夫斯基系数。这个系数使得在变压器的漏磁计算中，以等效漏磁场代替实际漏磁场成为可能。洛果夫斯基系数的计算公式为

$$\rho = 1 - \frac{\lambda}{\pi h}\left(1 - e^{-\pi\frac{h}{l}}\right) \approx 1 - \frac{\lambda}{\pi h} \tag{1-37}$$

图 1－15 为同心式绕组漏抗计算图，可以得到变压器的漏电抗计算为

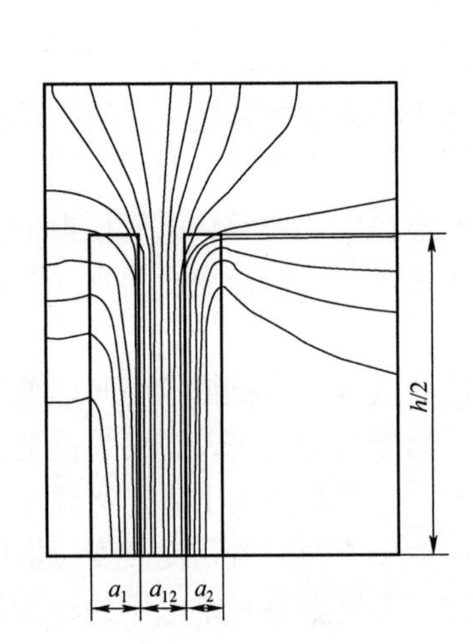

图 1－14　双绕组心式变压器的漏磁分布示意图

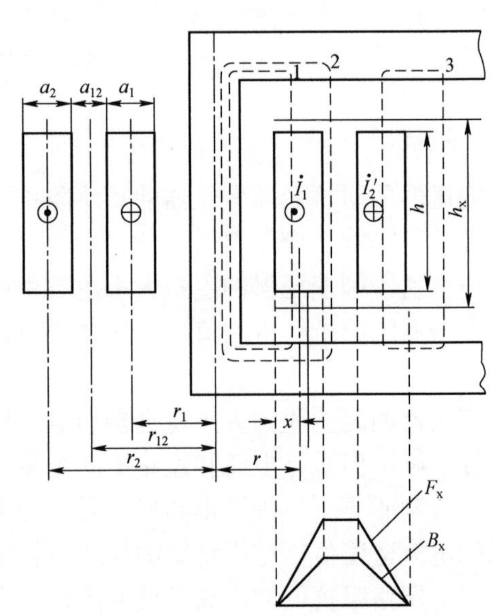

图 1－15　同心式绕组漏抗计算图

$$x_k = \frac{4\pi^2 \mu_0 f N^2 \rho}{h} \times \left(\frac{1}{3}a_1 r_1 + a_{12} r_{12} + \frac{1}{3}a_2 r_2\right) \quad (\Omega) \tag{1-38}$$

式中：μ_0为真空磁导率，$\mu_0 = 4\pi\times10^{-7}$ H/m；f为频率，Hz；N为一次、二次绕组匝数；h为1、2 次绕组平均电抗高度，cm；a_1为绕组 1 的幅向尺寸，cm；a_2为绕组 2 的幅向尺寸，cm；a_{12}为绕组 1 与绕组 2 之间主漏磁通道的尺寸，cm；r_1为绕组 1 的平均半径，cm；r_2为绕组 2 的平均半径，cm；r_{12}为绕组 1 与绕组 2 之间主漏磁通道的平均半径，cm。

将$\mu_0 = 4\pi\times10^{-7}$ H/m 代入式（1－38），并且写成短路漏电抗百分数的形式，则得到双绕组变压器短路电抗百分数计算式为

$$U_x = \frac{IX_k}{U}\times100 = \frac{49.6 f I N \rho}{h e_t}\left(\frac{1}{3}a_1 r_1 + a_{12} r_{12} + \frac{1}{3}a_2 r_2\right)\times10^{-6} \tag{1-39}$$

式中：I为变压器额定相电流，A；U为变压器额定相电压，V；e_t为变压器绕组匝电动势，$e_t = \frac{U}{N}$V。

当短路阻抗计入为电阻分量U_r时，变压器的短路阻抗计算式为

$$U_{\mathrm{k}}=\sqrt{U_{\mathrm{x}}^{2}+U_{\mathrm{r}}^{2}} \tag{1-40}$$

2. 变压器并联运行的阻抗

变压器并联运行是指在同一地点接入同一电网的两台以上的变压器，它们之间采取端子并联连接的方式运行。变压器并联运行的主要优点是，可以根据电网负荷需求的大小调整投入运行的变压器台数，以提高供电质量和用电的可靠性。

变压器实现安全并联运行除了必须满足具有相同的联结组别、相同的电压比、相同的电压调整范围、调压级数以及电压比的偏差在允许偏差的范围内外，还必须满足具有相同的短路阻抗百分数及偏差在允许偏差范围内以及在相同的分接位置上具有相同的在允许偏差内的阻抗变化。

并联运行的变压器的容量相差不能太大，因为容量差别很大的变压器，即使短路阻抗相同，但由于电抗电压分量与电阻电压分量不相同，使变压器的电压调整率不同或出现较大偏差，参与并联运行的变压器中将产生不平衡电流，会增大变压器的损耗和温升，在产品内部发生局部过热现象。通常参与并联运行的变压器容量比不应大于 1:3。

1.5.5　绝缘

变压器绝缘是变压器的重要组成部分。变压器绝缘的耐电强度，是决定变压器能否可靠长期安全运行的主要指标之一，耐电强度与变压器的绝缘结构及其所选用绝缘材料的正确性、合理性、可靠性密切相关。绝缘结构在很大的程度上影响着变压器的重量、外形尺寸以及现有运输等条件下确定单台变压器最大容量等重要指标。变压器运行可靠性，就是保证变压器在整个生命周期长期承受电、磁、热、力的作用下，无因绝缘故障影响变压器的安全可靠运行。因此，合理地优化绝缘结构，正确地选用绝缘材料，对于变压器的技术性能和经济意义具有重大作用。

变压器在运行中不仅要承受工作电压，还要承受各种操作过电压、大气过电压等的作用。变压器内部电极形状比较复杂，受绝缘组合方式、绝缘材料等各种因素的影响，其绝缘结构设计是变压器结构设计中一项重要而又复杂的技术工作。为保证变压器绝缘设计的可靠性，确保变压器安全运行，制定了变压器试验验收标准。变压器的绝缘水平取决于绝缘配合与试验电压，在 GB/T 1094.3《电力变压器标准　第 3 部分：绝缘水平、绝缘试验和外绝缘空气间隙》中有明确规定，变压器必须能够承受各种试验电压的考验，达到绝缘试验验收的标准。

变压器绝缘涉及变压器的主绝缘和纵绝缘，电场的解析在绝缘设计中已成为十分重要的手段。开展对变压器绝缘结构中的电场分布、绕组饼间的电位梯度与分布、纵横引线与相邻部件间的电场强度等进行分析和试验研究，对确定变压器绝缘结构具有十分重要的意义，有时还需要通过建立不同的模型对复杂绝缘结构进行试验研究和验证。

变压器在运行中会遭受雷电过电压的作用，冲击试验正是模拟大气过电压对变压器纵绝缘进行考核。冲击试验作用于绕组上，沿绕组的起始电压分布与绕组的结构形式有关，饼式绕组中的纠结式绕组、内屏蔽式绕组、纠结连续式绕组等具有较好的承受冲击电压的特性，在超、特高压变压器中广泛采用。层式绕组在改善雷电过电压作用下沿绕组的起始电压分布具有极好的效果，因为高压多层层式绕组的层间电容（纵向电容）很大，而且仅第一层和最后一层具有对地电容，故层间电容比对地电容大得多，因此，沿绕组的起始电压分布基本上达到均匀分布。但多层层式绕组制造工艺要求较高，一般厂家难以完成，同时与饼式绕组相比，其机械稳定性较差，故在超高压以上电压等级大容量变压器中应用较少。

工频耐压试验用以考核变压器的主绝缘，按照 GB/T 1094.3 中规定，对于 110kV 及以上电压等级的变压器必须进行局部放电试验，考核变压器长期最高工作电压下运行的可靠性。变压器内部发生局部放电，将在油中产生气泡，由于气泡的介电常数较小，在较低的电场下即可被击穿，进而继续分解变压器油和固体绝缘，影响绝缘寿命或发生绝缘故障。变压器长期运行寿命与其绝缘中有无局部放电密切相关，局部放电量越小其正常寿命越高，因此，广大用户要求变压器无局部放电。局部放电试验还可以检查冲击试验后变压器绕组的匝绝缘是否有损伤。

应该关注，变压器绝缘结构的电气强度除了与其绝缘结构中最大电场强度、电场分布及结构的合理性有关之外，还与变压器制造过程中的工艺技术、真空干燥技术和真空注油等工艺密切相关。

1. 变压器绝缘分类

油浸式变压器绝缘可分为在油中（在油箱内）的内部绝缘（包括在套管油内的内部绝缘）和在空气中的外部绝缘。内部绝缘可分为主绝缘和纵绝缘：主绝缘为每一绕组对接地部分或对其他绕组间的绝缘；纵绝缘为绕组的匝间、层间、线段间的绝缘。引线及分接开关的绝缘也可以用同样方法划分。图 1－16 给出变压器的绝缘分类。

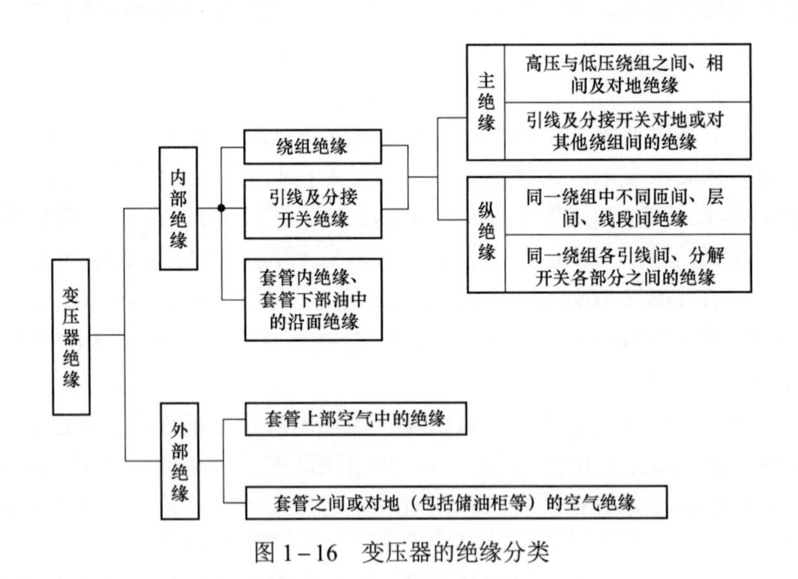

图 1－16　变压器的绝缘分类

2. 变压器内典型电极形状

在电压作用下，不同电极形状的带电体之间的电场分布及强度是不同的，电极之间发生放电和击穿时的情况也是有差别的。为了解变压器各个部位的绝缘特性和安全可靠程度，必须清楚地了解变压器各部件内与各部件之间电场的基本类型。因变压器内部结构的特殊性，通常将变压器内部电场形式归纳为基本均匀电场和不均匀电场两大类，理想化的均匀电场在变压器内部难以实现。变压器典型电极如图 1－17 所示。

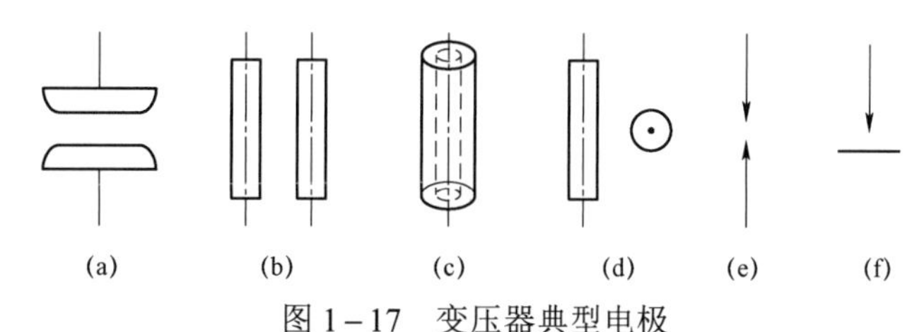

图 1－17　变压器典型电极

（a）平板形电极；（b）圆柱形电极；（c）同轴圆柱形电极；（d）圆柱相交形电极；（e）尖端相对形电极；（f）尖端对平板形电极

同一铁心柱上的不同电压等级的绕组之间是同轴圆柱形电极，忽略绕组端部的影响，同轴绕组之间的电场是均匀电场；同一铁心上相邻两相绕组之间是轴平行圆柱形电极，外侧绕组外经的曲率半径都较大，相邻两相绕组之间的电场是均匀电场（忽略绕组端部的影响）；铁心柱与最内侧绕组之间也是同轴圆柱形电极，忽略绕组端部的影响，铁心柱与最内侧绕组之间的电场视为均匀电场，通常内绕组电压等级超过 110kV 电压等级，铁心柱有接地屏或其他类似屏蔽时，使内铁心电极形状更加完美；外绕组与光滑的油箱内壁之间类似于圆柱对平板形电极，绕组外径曲率半径大，油箱内壁光滑平整，因此它们之间也是均匀电场；曲率半径较大的光滑电极与光滑的平板电极之间都可以视为均匀电场，如较粗较长、并行排列较长的同相调压引线对油箱壁等。

不均匀电场存在于绕组端部对没有电屏蔽的铁心柱和铁轭棱角处，绕组端部对压钉，引线对夹件、金属夹持件等结构件的边缘棱角，引线对油壁上安装屏蔽的结构件，升高座与油箱连接处的边缘，交叉的引线之间，引线穿越绕组辐向等容易发生电场集中的场合。

实际中，变压器内部各个电极之间的电场都是不均匀的，相对均匀电场的部位也存在着不均匀，比如绕组沿其轴向高度是有电位差的，S 弯换位处是有空隙和凸凹不平的。所以要重视对各部分电场进行计算和仿真，采取各种措施加强不均匀部位电极的绝缘强度，保证变压器各部绝缘在试验电压的作用下，在运行期间各种电压作用下不会发生放电故障和击穿事故。

3. 变压器内部典型绝缘结构形式

油浸式变压器内部采用油、纸、纸板、层压绝缘板、绝缘纸浆覆盖等组合成复合绝缘结构，以适应各种电压的作用。根据不同的电场状况，油浸式变压器内部绝缘形式及组合方式有纯油间隙绝缘、全固体绝缘、油－固体复合绝缘等形式，变压器内部典型绝缘结构形式如图 1－18 所示。

在图 1－18 中：

图 1－18a 为圆柱状纯油间隙，一般在电压等级很低的产品引线中使用，直径较小，电场不均匀，在现代产品中很少采用。

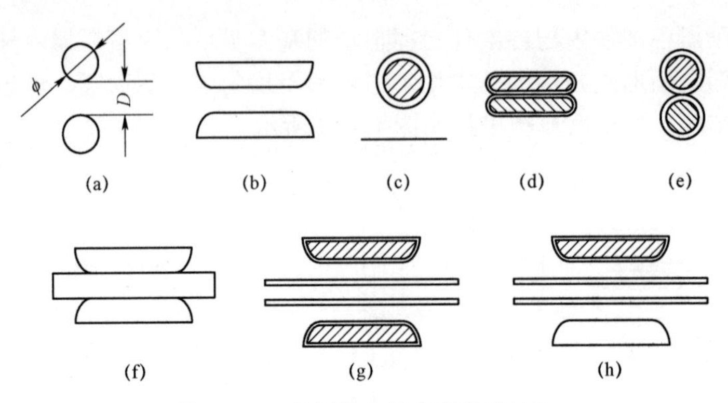

图 1－18 变压器内部典型绝缘结构

（a）圆柱状纯油间隙；（b）光滑电极纯油间隙；（c）绝缘覆盖圆形导体对平板油隙；（d）匝间绝缘覆盖；（e）导线绝缘覆盖；（f）固体绝缘；（g）电极覆盖油－纸板绝缘；（h）部分电极覆盖油－纸板绝缘

图 1－18b 为光滑电极纯油间隙，一般用作电压等级小于 1200V 的大电流汇流排结构，导线间电场比较均匀，制作简单。

图 1－18c 为绝缘覆盖圆形导体对平板油隙，一般为引线对油箱或对其他较大平面积且表面光滑的电极结构。特点为导线直径越大，电场越均匀，导线覆盖绝缘越厚需要的绝缘距离越小。

图 1－18d 为匝间绝缘覆盖，该结构没有油间隙，如层式绕组紧邻线匝导线之间、饼式绕组同一线饼紧邻导线之间等；如果两个绝缘覆盖电极之间有油隙，就成为绕组饼间绝缘结构。总之，这种电极之间可以是绝缘纸、绝缘纸板或绝缘油，电极之间承担电压的能力分别与绝缘覆盖的厚度、间隙的大小、间隙中绝缘介质的特性有关，以及它们综合起来的特性有关。比如，线匝不同厚度的绝缘覆盖取决于电压等级和匝电压的大小等。

图 1－18e 为导线绝缘覆盖，该结构体现在电压等级较低、小容量的变压器引线结构中以及高电压等级变压器调压引线结构中，导线外绝缘厚度除了与电压等级和调压引线级电压有关，还与绝缘材料的特性有关。

图 1－18f 为固体绝缘，固体绝缘用来固定电位差较低的裸电极，如不同电位的接线柱或引线，当电极外有绝缘覆盖时，可以隔开电位差较大的引线，两电极尖端固体绝缘还可以看作是线饼间的垫块。

图 1－18g 为电极覆盖油－纸板绝缘，油－纸板绝缘通常的薄纸筒小油道绝缘结构，如绕组与绕组之间的主绝缘结构，异相绕组之间绝缘屏障等，是变压器器身的主要绝缘结构。

图 1－18h 为部分电极覆盖油－纸板绝缘，该结构也是薄纸筒小油道绝缘结构，如绕组于铁心柱之间、绕组对旁轭之间、绕组对油箱的绝缘屏障、绕组端部对上下铁轭的绝缘结构等，是变压器油箱内部使用最多的绝缘结构。

4. 变压器的绝缘水平

变压器的绝缘结构除了要求能够承受变压器长期运行时的工作电压和各种过电压外，还要能够耐受绝缘试验时施加的各种试验电压，如工频试验电压、雷电冲击电压、操作冲击电压、感应局放试验电压等。用于直流输电系统的换流变压器和平波电抗器还要能够承受直流试验时的长时直流耐受电压和极性反转试验电压。

变压器的绝缘水平，是指变压器必须能够承受规定的绝缘耐受强度。

（1）变压器绕组及引出线的绝缘水平。变压器绕组及引出线的绝缘水平见表 1－5。

表 1－5　　变压器绕组及引出线的绝缘水平　　单位：kV

系统标称电压（方均根值）	设备最高电压 U_m（方均根值）	雷电全波冲击电压（LI）（峰值）	雷电截波冲击电压（LIC）（峰值）	操作冲击电压（SI）（峰值，相对地）	工频耐压（AV）或线端交流耐压电压（LTAC）（方均根值）
—	≤1.1	—	—	—	5
3	3.6	40	45	—	18
6	7.2	60	65	—	25
10	12	75	85	—	35
15	18	105	115	—	45
20	24	125	140	—	55
35	40.5	200	220	—	85
66	72.5	325	360	—	140
110	126	480	530	395	200
220	252	850	950	650	360
		950	1050	750	395
330	363	1050	1175	850	460
		1175	1300	950	510
500	550	1425	1550	1050	630
		1550	1675	1175	680
750	800	1950	2100	1550	900
1000	1100	2250	2400	1800	1100

（2）分级绝缘与全绝缘。分级绝缘是指变压器绕组末端的绝缘水平比绕组首端的绝缘水平低，即变压器绕组首末端具有不同的绝缘水平，又称为半绝缘。全绝缘是指变压器绕组首、末端绝缘具有相同的绝缘水平。

实施分级绝缘要求的变压器主要用于具有大电流接地系统的 110kV 及以上电压等级的输变电系统，采用分级绝缘的变压器内绝缘尺寸相对减小，有利于缩小变压器整体尺寸，降低造价和减少占地面积。分级绝缘变压器在电网中，按规定只允许绕组中性点直接接地或经小电抗接地，在此情况分级绝缘变压器才能安全投入运行。表 1－6 分级绝缘变压器中性点端的绝缘水平。

表 1－6　　分级绝缘变压器中性点端的绝缘水平　　单位：kV

系统标称电压（方均根值）	中性点端的设备最高电压 U_m（方均根值）	中性点接地方式	雷电冲击电压（LI）（峰值）	外施耐压（AV）（方均根值）
110	52	不直接接地	250	95
	72.5		325	140
220	40.5	直接接地	185	85
	126	不直接接地	400	200
330	40.5	直接接地	185	85
	145	不直接接地	550	230
500	40.5	直接接地	185	85
	72.5	经小电抗接地	325	140
750	40.5	直接接地	185	85
1000	40.5	直接接地	185	85
	72.5		325	140

（3）变压器外部绝缘水平。变压器外部绝缘主要是套管对地、不同相套管之间、不同电压等级套管之间的绝缘。这些绝缘所对应的电场多为尖对尖电场和尖对板电场。变压器外部绝缘是空气绝缘，除此之外还有外绝缘表面的沿面爬电。表 1－7 给出变压器套管（绕组线端）的最小空气间隙。

表 1－7　　变压器套管（绕组线端）的最小空气间隙

系统标称电压（方均根值）/kV	设备最高电压 U_m（方均根值）/kV	雷电全波冲击电压（峰值）/kV	操作冲击电压（峰值）/kV	最小空气间隙	
				相对地/mm	相对相/mm
—	≤1.1	—	—	—	—
3	3.6	40	—	60	60
6	7.2	60	—	90	90
10	12	75	—	125	125
15	18	105	—	180	180
20	24	125	—	225	225
35	40.5	200	—	340	340
66	72.5	325	—	630	630
110	126	480	395	950	950
220	252	850	650	1600	1800
		950	750	1900	2250
330	363	1050	850	2300	2650
		1175	950	2700	3100

续表

系统标称电压（方均根值）/kV	设备最高电压 U_m（方均根值）/kV	雷电全波冲击电压（峰值）/kV	操作冲击电压（峰值）/kV	最小空气间隙	
				相对地/mm	相对相/mm
500	550	1425	1050	3100	3500
		1550	1175	3700	4200
750	800	1950	1550	5800	6700
1000	1100	2250	1800	7200	—

注：上述最小空气间隙可以根据用户要求适当加大，对于高海拔要求还需进行修正。

表 1－8 给出中性点套管带电部分对地最小空气间隙。

表 1－8　中性点套管带电部分对地最小空气间隙

系统标称电压（方均根值）/kV	中性点端的设备最高电压（方均根值）/kV	中性点接地方式	中性点雷电全波冲击电压（峰值）/kV	中性点外施耐压（方均根值）/kV	最小空气间隙/mm
110	52	不直接接地	250	95	450
	72.5		325	140	630
220	40.5	直接接地	185	85	340
	126	不直接接地	400	200	760
330	40.5	直接接地	185	85	340
	145	不直接接地	550	230	1050
500	40.5	直接接地	185	85	340
	72.5	经小电抗接地	325	140	630
750	40.5	直接接地	185	85	340
1000	40.5	直接接地	185	85	340
	72.5		325	140	630

注：上述最小空气间隙可以根据用户要求适当加大，对于高海拔要求还需进行修正。

5. 变压器的主绝缘

（1）变压器主绝缘结构的选择原则。变压器的同相绕组之间、异相绕组之间、绕组对油箱、绕组对铁心柱、绕组对轭、绕组对引线、异相引线之间以及带电体对接地体之间的绝缘都属于主绝缘范围。同相绕组之间、异相绕组之间、绕组对油箱以及绕组对铁心柱等，其绝缘结构基本处在比较均匀的电场之中，因此，采用电工绝缘纸板将大油隙成分割小油隙的油—隔板结构。油隙分割有两种类型，一种是大油隙与厚绝缘纸筒结构，这种结构的特点是允许油隙在工频电压和冲击电压下存在局部放电现象，全部电压由厚纸筒所承受，但不能被击穿。这种配合下的绝缘结构不能保证在试验电压下绝缘介质发生局部放点时固体绝缘不受损伤。因此，在较高电压等级的变压器上不允许采用大油隙和厚纸板筒的绝缘结构。另一种类型是薄纸筒小油隙绝缘结构，这种结构利用了减小油体积可以提高油隙耐电强度的特点，一般在电压等级比较高的变压器主绝缘结构中采用。需要注意的是，不同绝缘材料具有不同的介电常数ε，比如变压器油的介电常数$\varepsilon_y \approx 2.2$，而电工压纸板的介电常数$\varepsilon_z \approx 4.1$，因此，需要合理的配置绝缘纸板和油间隙。在设计变压器主绝缘时，其原则就是使被分割后的油间隙在任何电压作用下不发生局部放电，即油间隙在承受各种电压下其允许电场强度不能超过油间隙起始局部放电的电场强度。

（2）薄纸筒小油隙结构。薄纸筒小油隙（油间隙）结构是目前高压变压器采用的主绝缘结构。这种主绝缘结构绝缘纸筒的厚度不超过 4mm，油隙的宽度不超过 12mm。通常认为，变压器主绝缘击穿主要是油隙先发生击穿，而油隙一旦被击穿，绝缘纸筒也就丧失了绝缘能力而被击穿，单独的绝缘纸筒难以承受住高于其所能够承受的电压。在电场比较均匀的情况下，根据变压器油的距离效应，即油隙耐电强度随油隙的减小而增大的特点，在相同的主绝缘距离、相同绝缘纸板（或筒）总厚度下，油隙被分割的宽度越小，绝缘纸板（或筒）分割数越多，主绝缘承受高电场的能力也越强。图 1－19 表示绕组间距离及绝缘纸板分割数与击穿电压的关系，图中绝缘纸板筒的总厚度占绕组间距离的 30%～40%，图示曲线上的标号为绝缘纸筒个数。

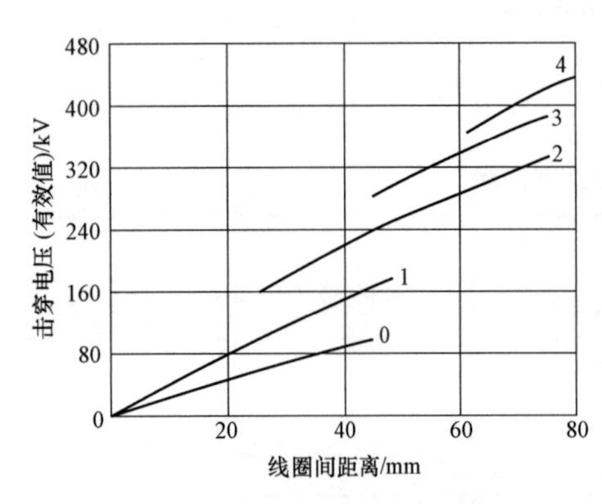

图 1－19　绕组间距离及绝缘纸板分割数与击穿电压的关系

薄纸筒小油隙结构中，由于纸筒只起分隔油隙的作用，不宜过厚。同时，绕组的覆盖对油隙的绝缘强度有很大影响。该绝缘结构的最小击穿电压可按式（1－41）计算。

$$U_{\min} = \sum d_y + \frac{\varepsilon_y}{\varepsilon_z} \sum d_z \quad (1-41)$$

式中：$\sum d_y$为油间隙的总和；$\sum d_z$为所有纸筒厚度的总和，包括电极绝缘；ε_y为油的相对介电常数，一般取 2.2；ε_z为绝缘纸板的相对介电常数，一般取 4.1；$\sum d_z$为紧靠低压或高压绕组表面油道的实际许用场强，考虑电场集中和结构工艺等影响因素后给出综合修正系数K，则$E_y = E_{\text{bmin}} / K$，其中$E_{\text{bmin}}$为油隙最小击穿场强，$K$的取值为 1.25 左右，$K$值适用于绕组中部出线、电场比较均匀且沿绕组轴向电位梯度不大的主绝缘结构。当绕组采用端部出线时，则K的取值在 1.35 左右。另外，绝缘纸筒的总厚度约占整个主绝缘距离的 1/5 左右，每个绝缘纸筒的厚度为 3mm 或以下，考虑绕组绕制骨架和承受短路机械力的强度要求，绕组内经侧的绝缘纸筒（绕制筒）应适当增加厚度。

在设置绕组之间的绝缘纸筒（又称绝缘隔板或绝缘隔障）时，一般将计算得到的最低击穿场强的油隙放在整个主绝缘的中间，即靠近绕组的油隙尺寸小一些，而绝缘纸筒之间的油隙尺寸稍大一些。

（3）绕组间主绝缘电场的计算方法。绕组间的主绝缘电场可按圆柱式同心电容电场计算，此时其中任一点距轴心距离为r处的电场强度为

$$E_r = U / \varepsilon_x r \left(\frac{1}{\varepsilon_y} \sum_1^{n/2} \ln \frac{r_{2i}}{r_{2i-1}} + \frac{1}{\varepsilon_z} \sum_1^{\frac{n}{2}-1} \ln \frac{r_{2i+1}}{r_{2i}} \right) \tag{1-42}$$

式中：U 为电极施加电压，kV；ε_x 为由 r 处的介质决定，即油的介电常数 ε_y 或纸板的介电常数 ε_z；N 为计算电场时 r 的总数。

在实际计算中，常采用等效油距来代替油—纸板绝缘结构，以求取油中电场强度 E_{yT}，或采用等效纸板厚度取代纸板中的电场强度 E_{zT}，这样式（1－42）可以简化为

$$E_r = \frac{U}{\varepsilon_x r \left[\frac{1}{\varepsilon_y} \sum_1^{n/2} (r_{2i} - r_{2i-1}) \frac{\ln(r_{2i} / r_{2i-1})}{r_{2i} - r_{2i-1}} + \frac{1}{\varepsilon_z} \sum_1^{n/2-1} (r_{2i+1} - r_{2i}) \frac{\ln(r_{2i+1} / r_{2i})}{r_{2i+1} - r_{2i}} \right]} \tag{1-43}$$

在电压等级较高的变压器绕组主绝缘结构中，纸板厚度一般为 3mm 及以下，油隙宽度一般为 9～12mm，而且绕组的辐向尺寸也较大，即 r_1 比（$r_n - r_1$）要大得多，因此有

$$\frac{\ln(r_{2i} / r_{2i-1})}{r_{2i} - r_{2i-1}} > \frac{\ln(r_n / r_1)}{r_n - r_1}, \quad \frac{\ln(r_{2i+1} / r_{2i})}{r_{2i+1} - r_{2i}} > \frac{\ln(r_n / r_1)}{r_n - r_1} \tag{1-44}$$

如果令 $d_{yi} = r_{2i} - r_{2i-1}$ 代表某一油隙宽度，$d_{yi} = r_{2i+1} - r_{2i}$ 代表某一层纸板厚度，则式（1－43）可以近似为

$$E_r \approx \frac{U}{\varepsilon_x r \left(\frac{1}{\varepsilon_y} \sum d_y + \frac{1}{\varepsilon_z} \sum d_z \right) \frac{\ln(r_n / r_1)}{r_n / r_1}} = \frac{r_n / r_1}{r \ln(r_n / r_1)} \frac{U}{\varepsilon_x \left(\frac{1}{\varepsilon_y} \sum d_y + \frac{1}{\varepsilon_z} \sum d_z \right)}$$

$$= K_r \frac{U}{\varepsilon_x \left(\frac{1}{\varepsilon_y} \sum d_y + \frac{1}{\varepsilon_z} \sum d_z \right)} \tag{1-45}$$

式中，K_r 为电场集中系数。

实际上，由于纸板的绝缘强度比油高，所以绕组表面的油隙是整个绝缘结构中的弱点，因此通常只需调整和计算绕组表面（第一个油隙），使其场强小于允许值。

当 $r = r_1$ 时，即表示内绕组外表面处的油隙场强为

$$E_{yr1} = \frac{r_n / r_1}{r_1 \ln(r_n / r_1)} \bullet \frac{U}{\varepsilon_y \left(\frac{1}{\varepsilon_y} \sum d_y + \frac{1}{\varepsilon_z} \sum d_z \right)} = K_{r1} \frac{U}{d'_y} = K_{r1} E_{yp} \tag{1-46}$$

式中：E_{yp} 为绕组间油隙平均场强；d'_y 为等效油隙宽度；K_{r1} 为内绕组表面的电场集中系数。

由于实际变压器绕组并非光滑的圆柱体，线饼之间的油道会引起电场呈波纹状的附加集中，特别是线饼圆角处的电场发生畸变，增加了局部电场。对此引用波纹系数来表示此种附加电场集中，所谓的波纹系数，即表示距绕组表面 L 处的电场强度 E_L 与相同结构尺寸的光滑同轴圆筒形电极（即线饼间无油隙）L 处电场强度 E_0 之比，即 $K_E = E_L / E_0$。图 1－20 绕组表面波纹系数表达了波纹系数与有关参数间的关系，由此可见，波纹系数主要与线饼间油道高

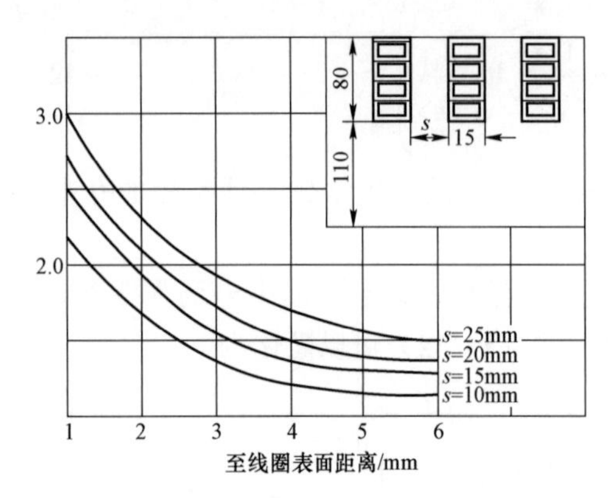

图 1－20　绕组表面波纹系数

度有关，距绕组表面越近，波纹系数越大。

综合考虑绕组油道、撑条、垫块以及工艺因素等的影响，需增加一个系数 K'，则式（1－46）可改写为

$$E_{yr1} = K'K_{r1}E_{yp} \tag{1-47}$$

上式即为内绕组表面处油隙电场强度的计算公式。对于中部进线的变压器，$K' \approx 1.25 \sim 1.3$；对于端部进线的变压器，由于电场分布要复杂得多，$K' = 1.35 \sim 1.5$。

6. 变压器的纵绝缘

绕组的纵绝缘结构主要由绕组上作用的雷电冲击电压决定的。由于冲击电压在波前部分和波头部分的等效频率很高，在这种情况下，绕组各线饼之间和线饼对地之间的电容都不能忽略其作用。绕组的电容和电感不仅要贮存能量，而且在波过程中进行能量交换，所以会发生电位振荡。由于串联电容（即线饼和线匝之间的电容）和并联电容（即线饼对地电容）数值不同和分布规律的差别，在冲击电压作用下，在频率很高的波头区同样要发生电位振荡。

（1）起始电压分布。起始电压分布是指当冲击电压作用到绕组上的瞬间（$t=0_+$时）绕组上的电压分布，亦称为电容分布。为定性分析，一般规定作用在绕组上的波形为无限长的直角波，可采用图 1－21 所示的单绕组（$t=0$）的简化等效电路图，图中忽略了绕组的电阻和绝缘中的电导，同时因为直角波波头的等效角频率 ω 极高，绕组的等效感抗 ωL 极大，相当于开路，此时绕组的电感效应可以忽略不计。

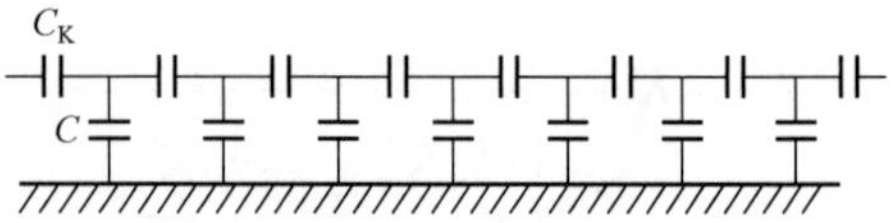

C_K
C

图 1－21　单绕组（$t=0$）的简化等效电路

C—绕组单位长度的对地电容；C_K—绕组单位长度的串联电容

按图 1－21 电容分布进行推导，得到绕组各点在施加冲击电压瞬间（$t=0_+$时）的电压。

当绕组中性点接地时，有

$$U_x\big|_{t=0_+} = \frac{U_0 \sinh \alpha(l-x)}{\sinh \alpha l} \tag{1-48}$$

式中：α 为绕组的空间因数，$\alpha = \sqrt{\frac{C}{K}} = \frac{1}{1}\sqrt{\frac{C_0}{C_K}}$；$l$ 为绕组总长度；C_0 为绕组总对地电容；C_K 为绕组总串联电容；U_0 为入波电压。

绕组上 x 点的电场强度为

$$E_x = -\frac{\mathrm{d}U_x\big|_{t=0}}{\mathrm{d}x} = U_0\alpha\frac{\cosh\alpha(l-x)}{\sinh\alpha l} \tag{1-49}$$

最大电场强度出现于绕组的首端 $x=0$ 处，有

$$E_{max} = \left(-\frac{\mathrm{d}U_x\big|_{t=0}}{\mathrm{d}x}\right)_{x=0} = U_0\alpha\coth\alpha l \tag{1-50}$$

当绕组的中性点绝缘时，有

$$U_x\big|_{t=0_+}=U_0\frac{\cosh\alpha(1-x)}{\cosh\alpha l} \tag{1-51}$$

绕组上 x 点的电场强度为

$$E_x=-\frac{\mathrm{d}U_x\big|_{t=0}}{\mathrm{d}x}=U_0\alpha\frac{\sinh\alpha(1-x)}{\cosh\alpha l} \tag{1-52}$$

最大电场强度出现于绕组的首端 $x=0$ 处，有

$$E_{\max}=\left(-\frac{\mathrm{d}U_x\big|_{t=0}}{\mathrm{d}x}\right)_{x=0}=U_0\alpha\tanh\alpha l \tag{1-53}$$

电力变压器的 αl 值一般在 5～30 之间，而当 $\alpha l=3$ 时，有

$$\begin{cases}\cosh\alpha l\approx\sinh\alpha l\approx\dfrac{\mathrm{e}^{\alpha l}}{2}\\ \tanh\alpha l\approx\coth\alpha l\approx 1\end{cases} \tag{1-54}$$

因此，无论中性点接地与否，起始电压分布的不均匀情况很接近，只在绕组的末端有差别。在绕组首端的电场强度二者均为

$$E_{\max}=U_0\alpha=\frac{U_0}{l}\alpha l \tag{1-55}$$

即绕组首端的电位梯度是平均梯度的 αl 倍。

图1-22 所示为沿绕组长度起始电压和不同的 αl 值的分布曲线及绕组中沿各点自由振荡的驻波。

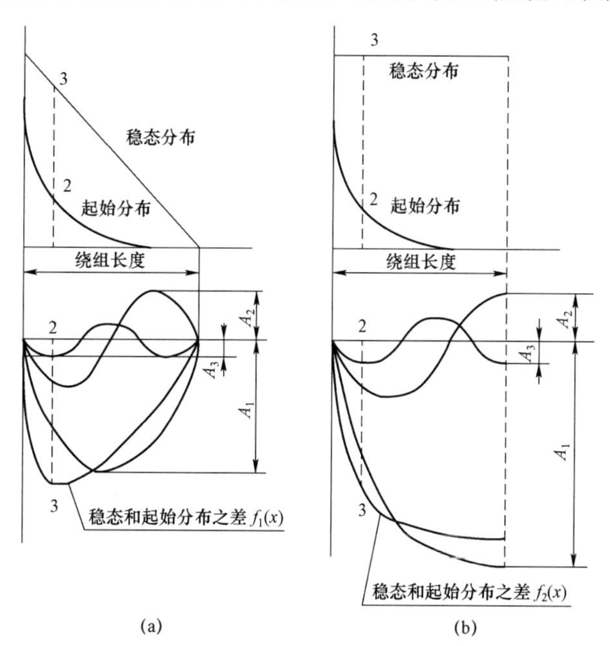

图 1-22　沿绕组长度起始电压和不同的 αl 值的分布曲线及绕组中沿各点自由振荡的驻波

（a）中性点接地；（b）中性点绝缘

（2）稳态电压分布。当无限长直角波进入变压器绕组后，电压沿绕组的最终分布（即稳态分布）只取决于绕组的电阻。当中性点接地时，它是一条斜的直线，其方程式为

$$U_x\big|_{t=\infty}=U_0\left(1-\frac{x}{l}\right) \tag{1-56}$$

中性点绝缘时，电压沿绕组的最后分布为一条平行横坐标的直线，其方程式为

$$U_x\big|_{t=\infty}=U_0 \tag{1-57}$$

（3）自由振荡过程。知道了电压的起始分布和稳态分布，也就知道了它们之间的差。这个差就是振荡过程的自由分量，用 $f_1(x)$ 表示中性点接地情况，用 $f_2(x)$ 表示中性点绝缘情况，其方程式为

$$f_1(x)=U_x\big|_{t=0_+}-U_x\big|_{t=\infty}=U_0\left[\frac{\sinh\alpha(1-x)}{\sinh\alpha l}-\left(1-\frac{x}{l}\right)\right] \tag{1-58}$$

$$f_2(x)=U_x\big|_{t=0_+}-U_x\big|_{t=\infty}=U_0\left[\frac{\cosh\alpha(1-x)}{\cosh\alpha l}-1\right] \tag{1-59}$$

图 1－22a 表示中性点接地时，变压器绕组的起始电压分布、稳态电压分布和自由振荡分量；图 1－22b 表示中性点绝缘时，变压器绕组的起始电压分布、稳态电压分布和自由振荡分量。A_1、A_2、A_3 分别表示 1、2、3 次电压谐波的振幅。起始分布和稳态分布相差越大，则自由振荡分量越大，振荡越强烈，由此产生的对地电位和梯度电压也越大。

图 1－23 在无限长直角波的作用下变压器连续式绕组中各个时刻的典型电压分布，表示变压器绕组各点的对地电位从 t=0 开始，由起始分布经过振荡而达到稳态分布的过程。图上表示出了 t=0、t_1、t_2、t_3、t_4 和 t=∞等各个时刻的对地电位分布曲线。由图 1－23 可见，绕组

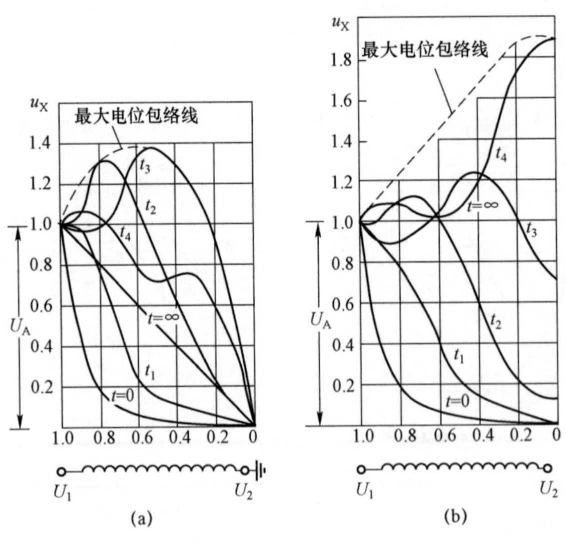

图 1－23　在无限长直角波的作用下变压器连续式绕组中各个时刻的典型电压分布

（a）中性点接地；（b）中性点绝缘

上各点电压是时间和空间的函数，即在某一固定时间 t，有一条电压随绕组各点位置而变化的曲线，而对于一个固定点，其电压则随时间而变化。

根据绕组各点电压随时间变化的曲线，可以找出各点的最大电位，然后在坐标系上把各点的最大电位连接起来，如图 1－23 的虚线，就是绕组的最大电位包络线。由图 1－23 可见，中性点接地的最大电位比中性点绝缘的小。前者可达 1.4 倍外加电压，出现的地点在绕组中部；后者可达 2.0 倍外加电压，出现的地点在绕组末端。由于变压器有损耗，实际的最大值低于上述数值。

（4）变压器绕组结构的选择。高电压等级的变压器需要承受更高的大气过电压和工频过电压，为使绕组的结构和绕组的绝缘强度得到合理的配合，首要解决的是使绕组各线饼的对地电位和各线饼之间的梯度电压得到合理控制和分配，降低电位和电位梯度的有效办法是抑制或者消除在绕组内部发生的电位振荡，而要抑制和消除电位振荡，实质上就是要降低绕组的起始电压分布与稳态电压分布之间的差值，理想要求是达到一致。绕组稳态电压分布与绕组线饼和匝数分布有关，其规律不会变化；绕组的起始电位分布则与绕组自身相关的电容有关。因此，改善起始电位分布，也就是改善绕组自身相关的电容分布。要使电容分布得到改善，就得减小绕组对地电容或加大绕组串联电容（饼间电容和匝间电容），即减小 α 值。

通常绕组具有相对较大的对地电容值，尤其是连续式绕组，它的串联电容数值较小，因此冲击电压分布较差。为了减小 α 值，采取增大绕组串联电容数值的措施就是改变绕组结构，具体做法有如下两类：

1）纠结式绕组。图 1－24 给出纠结式绕组线饼结构示意图。由于线匝连接排列方式的变化，使线匝之间电容的储能大为增加，相当于增加匝间电容，使 α 值下降，冲击电压分布得到改善。

2）插入屏蔽式绕组。图 1－25 给出绕组两段屏线饼插入屏蔽线匝示意图。由于在工作线匝之间插入了与工作线匝没有电气连接的屏线，增加绕组线饼之间的等效串联电容，因此使 α 值下降，冲击电压分布得到改善。正常工作时屏线通过与工作线匝之间的电容获得邻近工作线匝的电位，没有工作电流流过，而在冲击电压作用下才有高频电流通过匝间电容传递。

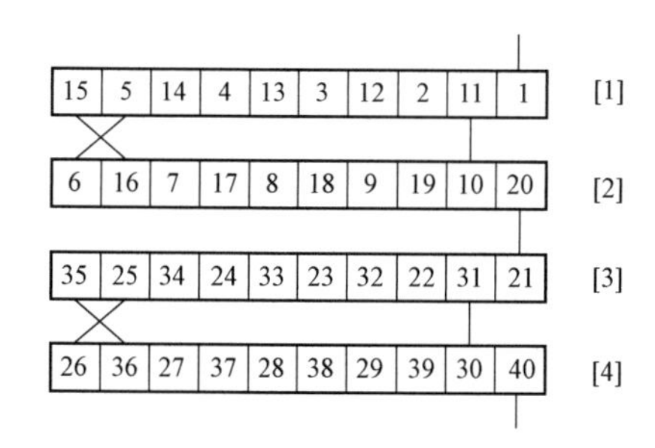

图 1－24　纠结式绕组线饼结构示意图

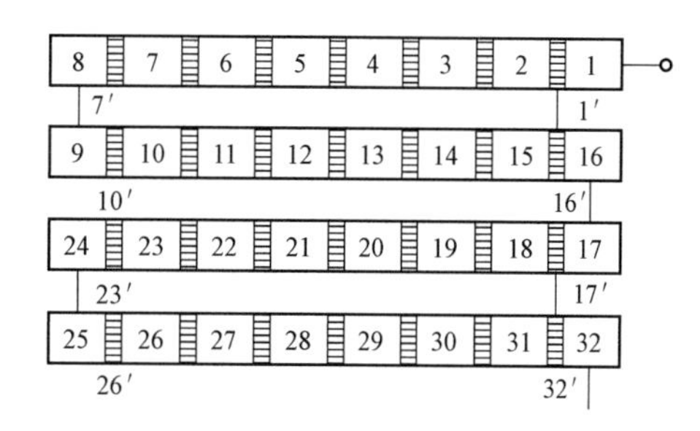

图 1－25　绕组两段屏线饼插入屏蔽线匝示意图

1.5.6　短路电流与承受能力

1. 变压器的短路电流计算

变压器在运行过程中出现的短路是多种多样的（如三相短路、相间短路、两相短路或单相接地等)，对变压器抗短路能力分析，主要步骤有：确定短路的类型及短路点距变压器出口的距离；计算系统阻抗、变压器阻抗、短路电流、短路力；分析短路应力和承受短路的能力。

运行实践证明，对三相双绕组变压器，以低压侧出口三相对称短路对绕组的损伤最为严重；对自耦变压器，常以中压侧单相对地短路时对绕组的损伤最为严重。

变压器短路电流计算是分析变压器抗短路能力的前提。

(1) 三相稳态短路电流。三相稳态短路电流（对称短路电流)，是指短路过渡过程结束以后的对称短路电流的方均根值，故又称作对称短路电流。三相稳态短路电流的长时间作用会对绕组、引线、分接开关和套管等产生热效应，使其绝缘老化而损坏。

按 GB 1094.5《电力变压器　第 5 部分：承受短路的能力》的计算方法，三相稳态短路电流 I_d（A）的计算取决于变压器的短路阻抗 Z_t 与系统的短路阻抗 Z_s 之和。

$$I_d = \frac{U}{\sqrt{3}(Z_t + Z_s)} = \frac{I_N}{\dfrac{U_k}{100} + P / P_s} = I_N \frac{100}{U_k + \dfrac{P}{P_s} \times 100} \tag{1-60}$$

式中：U 为额定线电压，V；Z_t 为变压器的短路阻抗，Ω/相；Z_s 为系统的短路阻抗，Ω/相，可由 U^2 / P_s 计算得出；U_k 为折算到参考温度时，额定电流下的变压器短路阻抗百分数（%)；I_N 为变压器一次侧的额定电流，A（有效值)；P 为三相变压器或三相组变压器的额定容量，MVA；P_s 为系统短路表观容量，MVA，具体数值见表 1-9 系统短路表观容量。

表 1-9　　系统短路表观容量

电压等级/kV	750	500	330	220	110	66	35	6/10/20
系统短路表观容量/MVA	83 500	60 000	32 000	18 000	9000	5000	1500	500

(2) 瞬变短路电流。瞬变短路电流（非对称短路电流)，是指整个短路过渡过程期间逐渐衰减的非对称短路电流。当电压波形过零的瞬间发生短路时，瞬变（非对称）短路电流的第一个峰值最大，其峰值可达稳态（对称）短路电流方均根值的 $\sqrt{2}K$ 倍。通常把 $\sqrt{2}K$ 称为非对称短路电流的冲击系数。

瞬变短路电流的峰值按指数曲线衰减，其衰减时间的长短，取决于时间常数 $T=L/R$（L 为变压器与系统的电感之和，R 为变压器与系统的电阻之和)。通常变压器的容量越大，其瞬变短路电流衰减的时间就越长。变压器的容量越大，在整个短路电流的过渡过程期间，绕组遭受到峰值很大的非对称短路电流冲击的次数也就越多。因此，变压器保护宜采用快速继电器在短暂时间内使断路器动作，将短路电流切除。

GB 1094.5 规定按下面公式计算三相双绕组变压器非对称短路电流的第一个峰值

$$I_{dmax} = \sqrt{2}KI_d \tag{1-61}$$

式中：I_d 为对称短路电流，A（有效值)，其值由式（1-58）求出；$\sqrt{2}K$ 为非对称短路电流的冲击系数，其大小取决于 X/R；X 为变压器的电抗 X_t 和系统阻抗 X_s 之和，即 $X = X_t + X_s$

（Ω）；R 为变压器的电阻 R_t 和系统阻抗 R_s 之和，即 $R = R_t + R_s$（Ω）。

变压器的容量越大，电压等级越高，比值 X/R 就越大，其变化范围可从 1 到 50，通常标准中只给出了与此比值 X/R=1～14 相对应的 $\sqrt{2}K$ 的数据见表 1－10 冲击系数的 $\sqrt{2}K$ 数值。

表 1－10　　冲击系数的 $\sqrt{2}K$ 数值

X/R	1	1.5	2	3	4	5	6	8	10	14
$\sqrt{2}K$	1.51	1.64	1.76	1.95	2.09	2.19	2.27	2.38	2.45	2.55

注：1. 在 1～14 之间的其他 X/R 值对应的冲击系数 $\sqrt{2}K$ 的值用线性插值法确定。

2. 当 X/R=14 时，$\sqrt{2}K$ 的数值为 2.55，对于大型变压器来说，考虑到相应的系统特性，X/R 的比值可能达到 30～50，这时冲击系数就将达到 2.7～2.75。

2. 短路情况下的电动力

当变压器绕组中有电流通过时，由于电流在漏磁场的作用下在绕组内产生电磁机械力，力的大小决定于漏磁场的磁通密度与导线的乘积，导线每单位长度受力的计算公式为

$$f = Bl_i \tag{1-62}$$

式中：f 为导线每单位长度受力；B 为漏磁场磁通密度；l_i 为导线单位长度。

力的方向由左手定则决定。当变压器在正常负载下运行时，作用在导线上的力是很小的。但当发生突然短路时，最大短路电流将为额定电流的 25～30 倍甚至更大，而短路时产生在绕组上的电磁力又和短路电流的二次方成正比（因为单位长度的电磁力 $f = BI$，而漏磁密度 B 又与电流 I 成正比，故 $f \propto I^2$），所以变压器发生突发短路时绕组承受的短路机械力约为正常变压器运行时绕组上的机械力的几百倍甚至更大。在巨大的短路力的作用下，可能使变压器绕组和许多构件等遭到损坏，因此在设计变压器时，必须研究变压器对突发短路电动力的耐受能力，以及对绕组等构件在突发短路情况下做机械强度校核。

为了处理问题方便起见，常将漏磁场分解为轴向（纵向）漏磁与横向（辐向）漏磁。根据左手定则，轴向漏磁将产生辐向力 F_x，而横向漏磁将产生轴向力 F_y，绕组的漏磁与电动力如图 1－26 所示。

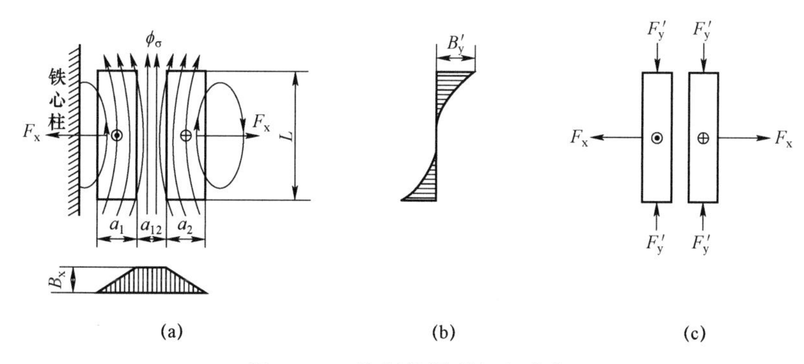

图 1－26　绕组的漏磁与电动力

（a）轴向漏磁分布；（b）横向漏磁分布；（c）轴向力与辐向力

B_x —轴向漏磁密度；B_y' —横向漏磁密度；F_x —辐向力；F_y' —轴向力

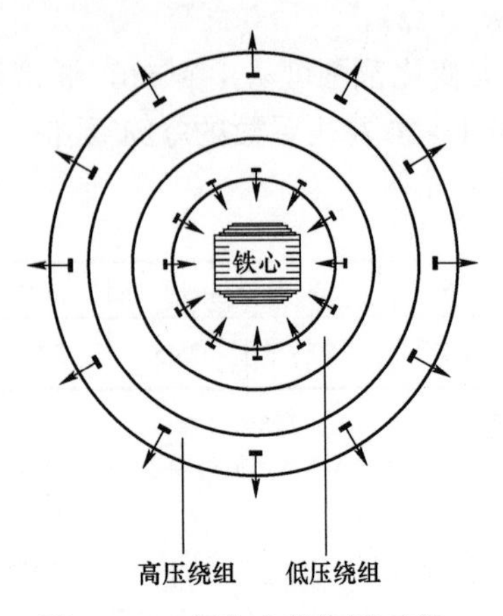

图 1－27　辐向力的作用下高、低压绕组的受力方向

（1）辐向力的计算。绕组的辐向力是由轴向漏磁与电流的相互作用产生，在辐向力的作用下高、低压绕组的受力方向如图 1－27 所示。由于高低压绕组中的电流方向相反，突然短路时作用在两个绕组上的辐向力方向亦相反，对内绕组承受的是向内的压力，对外绕组承受的是向外的张力，即内、外绕组的辐向力是将两个绕组推开。

根据洛伦兹力计算公式，线饼单位长度的辐向力 F_x

$$F_x = B_{xmax} I_{dmax} \tag{1-63}$$

式中：B_{xmax} 为变压器突发短路时轴向漏磁密度最大值；I_{dmax} 为突发短路时最大短路冲击电流。

对外绕组而言，辐向力所引起每根导线上的拉应力（对内绕组而言为压缩应力）的计算公式为

$$\sigma_x = \frac{F_x l_{pj}}{2\pi m A_k} \tag{1-64}$$

式中：σ_x 为每根导线的拉应力（压应力）；F_x 为单位长度上的辐向力；l_{pj} 为每匝导线的平均周长；m 为每匝导线的并联根数；A_k 为每根导线的截面积。

（2）轴向力的计算。轴向力由横向漏磁与短路电流的相互作用产生。横向漏磁的影响因素：一是绕组端部的磁力线发生弯曲；二是沿绕组高度上安匝分布不平衡产生的横向漏磁。与辐向力的计算相似，根据洛伦兹力，线饼单位长度的轴向力 F'_y 为

$$F'_y = B'_{ymax} I_{dmax} \tag{1-65}$$

式中，B'_{ymax} 为变压器突发短路时辐向漏磁通密度最大值。

3. 变压器承受突发短路力的能力校核

变压器绕组承受突发短路时自身机械强度不够是造成变压器损坏故障的主要原因。为防止和减少变压器在承受突发短路事故时不受损坏，或者说变压器具有承受突发短路机械力的能力，必须对变压器所承受的突发短路力进行校核。

（1）辐向故障时的临界条件。在 GB 1094.5《电力变压器　第 5 部分：承受短路的能力》中规定了心式变压器绕组中的平均压缩应力及拉伸应力的校核方法及要求。

连续式绕组、螺旋式绕组及多层式绕组中每一层的平均环形拉伸应力应满足下式

$$\sigma'_{c,act} \leqslant 0.9\sigma_{0.2} \tag{1-66}$$

连续式绕组、螺旋式绕组及单层式绕组上的平均环形压缩应力应满足以下要求：

常规导线和非自粘性的连续换位导线

$$\sigma'_{c,act} \leqslant 0.35\sigma_{0.2} \tag{1-67}$$

对于自粘性的连续换位导线

$$\sigma'_{c,act} \leqslant 0.6\sigma_{0.2} \tag{1-68}$$

式中：$\sigma'_{c,act}$ 为变压器绕组中导线的平均环形拉伸应力或压缩应力；$\sigma_{0.2}$ 为导线发生永久变形为 0.2%时的应力。

（2）轴向故障临界力。根据 GB 1094.5《电力变压器　第 5 部分：承受短路的能力》中的规定，对于采用自粘性的连续换位导线绕制的连续式、螺旋式和层式绕组，由于其具有良好的抗倾斜特性，不需要对其进行校验。

对于采用导线或者非自粘性的连续换位导线绕制的连续式、螺旋式和层式绕组，需要对绕组线饼的极限倾斜力按下式进行计算

$$F_{tilt}^{*}=\left(K_1E_0\frac{nb_{eq}h^2}{D_{mw}}+K_2\frac{nXb_{eq}^3\pi D_{mw}\gamma}{h}\right)K_3K_4\times10^{-3} \tag{1-69}$$

式中：F_{tilt}^{*} 为极限倾斜力，kN；K_1 为扭曲项系数为 0.5；E_0 为铜的弹性模量为 1.15×10^5MPa；K_2 为分层叠置项系数，当为单根或双根导线时为 45，当为非自粘性连续换位导线时为 22；n 为用扁导线时为绕组辐向宽度中导线数或组合导线数，在用连续换位导线时，为 $g(f-1)/2$，其中 g 为绕组辐向宽度中的连续换位导线数，f 为单根连续换位导线中的导线根数；b_{eq} 为导线的辐向宽度，mm，用扁导线时为导线的辐向宽度，mm；用自粘性组合导线时，为单根导线辐向宽度的 2 倍，mm；用非自粘性的连续换位导线时，为单根导线的辐向宽度，mm；D_{mw} 为绕组的平均直径，mm；$X=\frac{cz}{\pi D_{mw}}$ 为连续式、螺旋式绕组的垫块覆盖系数；其中 c 为辐向垫块宽度（沿圆周方向），mm，z 为圆周上的辐向垫块数，X 对于层式绕组，取值为 1；h 为如果导线为扁线，则为导线的高度，mm；如果是两根轴向并排且用纸包为一体的导线，则为单根导线高度的 2 倍，mm；如果是连续换位导线，则为单根导线的高度，mm；γ 为导线的形状常数，标准圆角半径导线为 1.0，全圆角半径导线为 0.85；K_3 为与铜工作硬度等级有关的系数，系数 K_3 值见表 1-11；K_4 为动态倾斜系数，系数 K_4 值见表 1-12。

表 1-11　　系数 K_3 值

$\sigma_{0.2}$/MPa	K_3
退火的	1.0
150	1.1
180	1.2
230	1.3
＞230	1.4

表 1-12　　系数 K_4 值

导线类型	绕组形式	
	连续式、螺旋式	层式
单根或双根导线	1.2	1.1
非自粘性的连续换位导线	1.7	1.3

1.5.7 温升与散热

1. 变压器温升、过载和绝缘老化

（1）负载条件下变压器的温升和工作温度。变压器在实现功率转换的同时，在铁心和绕组（以及结构件）中产生损耗并发热。油浸式变压器绕组和铁心中的热量先散发到冷却油中，再由受热的油散发到空气（或其他冷却介质）中。吸收了热量的油从油箱上部进入散热器/冷却器，冷却以后又从油箱下部回到油箱进入绕组和铁心，由此完成热交换的一个循环。在强迫油循环方式下，冷却油的循环由油泵来完成。变压器绕组的温升由两部分组成，一是绕组对油的温差，二是油对周围环境的温升。

绕组对油的温差并不是均匀的，但有一个平均值称为线—油温差$\Delta\theta_{w-o}$；油对环境的温升也不是均匀的，其平均温升称为油的平均温升$\Delta\theta_m$；油顶层温升也称油面温升$\Delta\theta_0$，也是油的最高温升；绕组对环境的平均温升则称为绕组平均温升$\Delta\theta_w$。绕组平均温升加上环境温度θ_a即为绕组的工作温度。绕组的工作温度影响绝缘材料的寿命，变压器的寿命主要取决于绕组最热点处匝绝缘的寿命，绕组最热点处温升称为热点温升$\Delta\theta_h$。

所谓绝缘寿命，是指变压器从开始投运，在正常运行条件下因热老化而致绝缘失效，导致变压器运行中恶性事故进入高发阶段的全部时间。

（2）标准中对额定负载下绕组平均温升和热点温升的规定。虽然油浸纸绝缘的寿命除了工作温度外，还受水分含量及氧气含量的影响，但温度仍然是最重要的因素。绝缘中的水分含量及氧气含量可以通过采取措施予以防范，但随着温度的升高，绝缘中的水分含量及氧气含量对变压器绝缘的影响也随之加大。

通常认为普通油浸纸（木浆纸）长期在98℃下运行可以有合理的预期寿命。在此温度上下，寿命符合6K定则，即温度每增加6K寿命降低一半，温度每降低6K寿命延长一倍。以98℃下的老化结果值为1.0，则在其他温度下绝缘的相对老化率，用公式表达为

$$V = 2^{(\theta_h - 98)/6} \tag{1-70}$$

按GB/T 1094.2《电力变压器　第2部分：油浸式电力变压器的温升》规定：额定负载下绕组平均温升$\Delta\theta_w$（电阻法测定）不超过65K，油顶层温升$\Delta\theta_o$不超过60K，而绕组热点温升$\Delta\theta_h$不超过78K。

绕组平均温升和油顶层温升都可在温升试验中得到验证，绕组热点温升则必须在温升试验前在绕组中预埋光纤才能测得。为得到真正的热点，应在不同位置埋设多个光纤，光纤的埋设在GB 1094.7中有相关规定。

对于热改性纸（含氮量1%～4%，也称热升级纸），美国标准ANSI/IEEC C57.100取110℃为合理预期寿命下的工作温度，热改性纸同样也符合6K定则。用公式表达（以110℃下的老化结果为1.0）为

$$V = e^{\left(\frac{15\,000}{110+273} - \frac{15\,000}{\theta_h + 273}\right)} \tag{1-71}$$

由式（1－70）和式（1－71）计算得到的基于热点温度$\Delta\theta_h$的相对老化率见表1－13。

表 1－13　　热点温度引起的相对老化率

θ_h/℃	普通油浸纸（木浆纸）	热改性纸绝缘	θ_h/℃	普通油浸纸（木浆纸）	热改性纸绝缘
80	0.125	0.036	116	8.0	1.83
86	0.25	0.073	122	16.0	3.29
92	0.5	0.145	128	32.0	5.8
98	1.0	0.282	134	64.0	10.1
104	2.0	0.536	140	128.0	17.2
110	4.0	1.0			

（3）标准中关于温度和温升的说明。在 GB 1094.2《电力变压器　第 2 部分：液浸式变压器的温升》中对于变压器的温度和温升进行了详细的说明。

1）关于油顶层温度 θ_0、油底部温度 θ_b、油平均温度 θ_m 及温升的说明。所有温度减去环境温度 θ_a 即为温升，分别用 $\Delta\theta_0$、$\Delta\theta_b$ 和 $\Delta\theta_m$ 来表示。

$\Delta\theta_0$ 为顶层油温升。由箱盖上的温度计座中的温度传感器测得，根据容量大小取 1～3 个平均值，根据供需方协议可取箱盖上温度计座中测得之值与冷却器进油口测得之值的平均值。

$\Delta\theta_b$ 为底部油温升。底部是指进入绕组处，实际上由冷却装置回到箱体中的联管处的温度传感器测定，取多组冷却装置测得平均值。

$\Delta\theta_m$ 为油平均温度。原则上指绕组内部油温升的平均值，实际上取油顶层温升和油底部温升的算术平均值，$\Delta\theta_m = 0.5(\Delta\theta_0 + \Delta\theta_b)$。

温升试验时环境温度 θ_a 的测量：自然循环冷却时在离散热器 2m 左右处取值，风冷时在离进风口 0.5m 左右处测量，取 4～6 个点的数据的平均值。

2）关于热点温升 $\Delta\theta_h$ 的说明。热点是指绕组绝缘系统中的最热点。通常认为：① 绕组各线饼对油平均温差 $\Delta\theta_{w-o}$（标准中用符号 g）沿绕组高度方向不变；② 热点通常出现在油温最高处。

标准规定每相容量大于或等于 20/3MVA 的变压器，绕组热点温升应以温升试验结果为基础，采用制造方和用户同意的方法通过计算确定。为此制造方应提交一份关于热点位置及其温升估算值的报告，除温升试验结果外还应包括：有关确定附加损耗分布的漏磁场方面的资料；绕组内部油循环规律模式。

热点温升 $\Delta\theta_h$ 可以由下式估算

$$\Delta\theta_h = \Delta\theta_0 + H\Delta\theta_{w-o} \tag{1-72}$$

式中：H 为热点系数，为两项之乘积，$H=QS$；Q 为绕组端部因漏磁通方向偏转造成涡流损耗超过整个绕组涡流损耗的平均值；S 为绕组端部因油流通道变异而使局部温升增加。

对于三相不超过 150MVA（单相 50MVA）的 50Hz 变压器，若阻抗在 10%～14%之间，Q 值可参考图 1－28 额定容量和导线宽度 W（mm）数的 Q 系数值选取，图中 W 为导线轴向尺寸（对于换位导线为股线宽）。

对于无导向隔板的绕组，可认为 S=1；对于有导向隔板的绕组，S>1。图 1－29 给出饼式绕组中典型的液体流动路径示意图，图 1－29a 所示的隔板布置，S=1；图 1－29b 所示缺少最后一道隔板的情况，出口处有分流，S=1.1；图 1－29c 所示静电压与第一线饼间油道变窄，S=1.1；图 1－29d 所示兼具图 1－29b 和图 1－29c 的特点，S=1.2。

标准中关于热点系数 H 的说明，H 值与变压器的容量、阻抗和绕组结构有关，研究结果表明 H 值在 1.0～2.1 之间时，H 值可以由损耗和热传递规律为基础来确定，并经由直接测定来验证。在计算实例中，对配电变压器取 H=1.1，对大型电力变压器取 H=1.3。

热点温升是影响变压器寿命的关键，特别是负荷大而稳定的特大型升压变压器，要求使用寿命 60 年的核电站主变压器，除了必须满足绕组平均温升外，还必须认真对待热点温升。对于热点系数较大的大容量升压变压器，低压绕组采用 CTC 导线，股线轴向尺寸应特别慎重选择，不能过大。

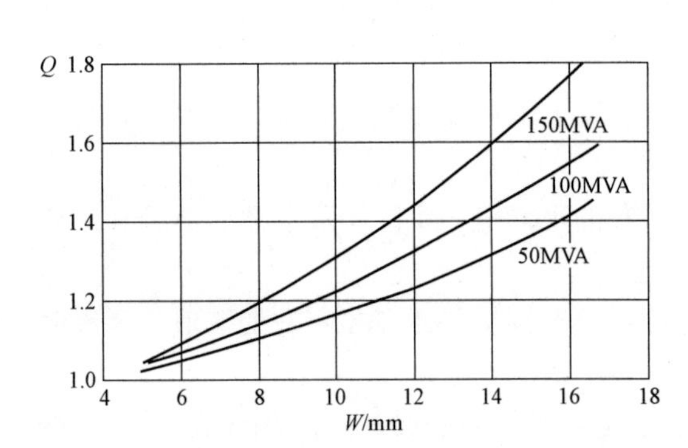

图 1－28　额定容量和导线宽度 W 数的 Q 系数值

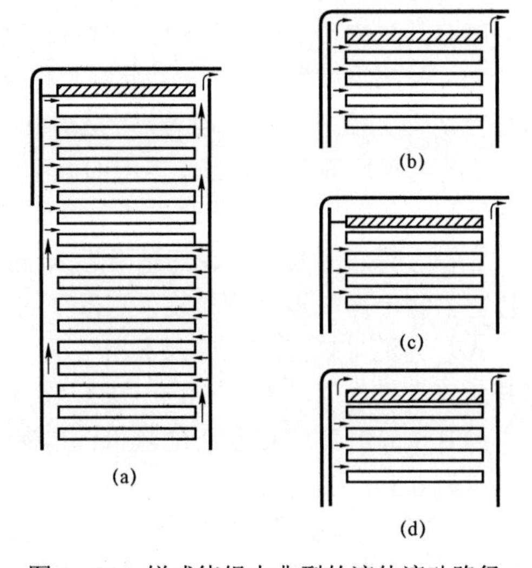

图 1－29　饼式绕组中典型的液体流动路径

2. 变压器的冷却方式

油浸式变压器有多种冷却方式，选择何种冷却方式与变压器的容量有关，冷却方式均标注在变压器的铭牌上。油浸式变压器的冷却方式的标志方法见表 1－14。

表 1－14　　油浸式变压器冷却方式标志方法

冷却方式	标志方法	标志字母及意义			
		变压器内部绕组和铁心冷却方式		变压器外部冷却装置冷却方式	
		第 1 字母（冷却介质）	第 2 字母（循环方式）	第 3 字母（冷却介质）	第 4 字母（循环方式）
油浸自冷	ONAN	油	热虹吸自然循环	空气	自然对流循环
油浸风冷	ONAF	油	热虹吸自然循环	空气	风扇吹风强迫空气循环
强油风冷	OFAF	油	油泵强迫油循环	空气	风扇吹风强迫空气循环
强油水冷	OFWF	油	油泵强迫油循环	水	水泵强迫冷却水循环
强迫导向风冷	ODAF	油	油泵强迫油按导向结构进入绕组内部循环	空气	风扇吹风强迫空气循环

通常，油浸自冷方式主要适用于容量在 6300kVA 及以下的变压器；油浸风冷方式适用于 8000～40 000kVA 或电压为 110～220kV 级的大型变压器；一般采用自然冷却方式的变压器加上吹风冷却装置后，其功率可提高 40%～50%。强迫油循环风冷及强迫油循环水冷方式主要适用于容量在 63 000kVA 以上的大容量变压器，水冷却方式较风冷却方式的冷却效率更高，但冷却器结构比较复杂且耗水量大，适用于水源充足的地区。强迫油循环导向风冷或水冷却方式适用于容量大于 120 000kVA 以上的变压器。

随着变压器负载的变化，同一台变压器可以根据运行负荷变化采用两种不同的冷却方式，例如，变压器运行在 60%以上容量时，采用油浸风冷冷却方式（ONAF），而运行在 60%以下额定容量时，采用油浸自冷冷却方式（ONAN），在变压器铭牌上应分别标出 ONAF/ONAN 两种不同冷却方式时所对应的变压器运行时的容量。

对于强迫油循环导向冷却方式（OD），变压器油是经过冷却器冷却以后由油泵输入到变压器油箱内器身油路中，并按照各绕组和铁心损耗的比例控制进入各绕组和铁心导向冷却结构中的油量。由于油在导向装置的引导下，流动速度较快，当油流经绕组各部分的固体绝缘件（匝绝缘、绝缘板等）时，将因相互间的强力摩擦作用而产生静电，由于静电电荷的不断积累，会引起局部电场升高或电场畸变，以致发生绝缘内部或表面发生局部放电。这种局部放电随静电荷聚集量的增加而增大，影响变压器绝缘系统和整体可靠性下降，危机变压器安全运行甚至发生事故。这种现象称为油流带电，在导向冷却且油流速度较快时发生。油流带电对 500kV 及以上电压等级、容量较大的超、特高压变压器是必须引起重视和解决的问题。早期油流带电问题曾是困扰超特高压变压器安全运行可靠性的难题之一，经过多年的研究以及结构改进，运行实践验证，对于油流带电问题，只要采用正确的方法，就能得到很好的解决。

第2章 电力变压器

电力变压器是电力系统中的主要电气设备，将一个系统的交流电压和电流变为另一个系统的不同交流电压和电流，借以输送电能。各种类型发电厂用的升压变压器、输电线路中的各级变压器、电力负荷中心的各级降压变压器、发电厂内的各种用途的厂用变压器、联络两种不同电压的输供电网络的联络变压器、将电压降低到电气设备工作电压的配电变压器等统称为电力变压器。

2.1 电力变压器的用途及分类

电力变压器按用途分类包括单相变压器、三相变压器、双绕组变压器、三绕组变压器、多绕组变压器、发电机变压器、升压变压器、降压变压器、联络变压器、自耦变压器、有载调压变压器、无励磁调压变压器、发电厂用变压器、分裂变压器、组合式变压器、现场组装式变压器和配电变压器等。

1. 单相变压器

在三相输变电系统中，单相变压器不能够独立运行，必须与另外两个相同规格的单相变压器连接成三相变压器组才能够运行。单相变压器适合于电压等级比较高、容量比较大、运输受到限制、安装场地和条件受限、方便设立备用相以及特殊需要场合。三个单相变压器磁路彼此独立，互不影响，连接成三相变压器组与三相一体变压器相比。缺点是总损耗较高、材料消耗多且成本高、占地面积较大、建设投资高等。优点是设置备用的成本较低，变压器发生事故时便于隔离，影响范围小和方便更换等。

2. 三相变压器

三相变压器是电力系统中使用最多的变压器，可以是三相一体式结构或由三个单相变压器组成三相变压器组。三相变压器在对称负载下运行时，各相的电压、电流的大小相同，相位彼此间相差 120°，在进行某一相分析时，分析方法同单相变压器。三相一体变压器各相磁路彼此相关，每相的主磁路都要借另外两相的磁路才能闭合，由于三相铁心一字排开，A、B、C 三相的主磁路长度并不相同，中间 B 相的磁路最短，A、C 相磁路相对较长，因此三相的磁阻也不相同。当变压器施加三相对称电压时，实际的三相空载电流也不相同，其中 B 相空载电流最小，A、C 相空载电流略大一些。由于变压器的空载电流很小，它的不对称性对于三相一体变压器的负载运行影响极小，可以忽略不计。

3. 双绕组变压器

具有两个独立绕组，分别连接两个电压等级的输变电路的变压器称为双绕组变压器。双绕组变压器一般多用于发电厂的升压变压器。

4. 三绕组变压器

三绕组变压器具有独立的高、中、低三个绕组，又分为升压结构与降压结构两种类型，升压结构的变压器低压绕组在高压和中压两个绕组中间，降压结构的变压器中压绕组在高压和低压两个绕组中间。

5. 多绕组变压器

多绕组变压器是指具有多个独立绕组（多于3个独立绕组）的变压器。

6. 发电机变压器

发电机变压器是将发电机电压等级上升到另一种电压等级的变压器。一般指在发电厂连接在发电机与输电线路之间，将发电机发出的较低电压直接上升到与其连接的输电线路的高电压的变压器，又称发电机升压变压器。

7. 升压变压器

在输电系统或者变电站中与输电线路连接的变压器，如果其二次侧输出电压高于一次侧输入电压的变压器称为升压变压器。简言之，升压变压器就是将较低电压升到较高电压等级的变压器。

8. 降压变压器

降压变压器是将一种电压等级降低到另一种电压等级的变压器。一般指将输电线路的高电压降低至较低电压等级的输电线路的电压，或直接降至城市供电网络电压等级的变压器。简言之，变压器的二次侧电压低于一次侧电压的变压器即为降压变压器。

9. 联络变压器

联络变压器用以连接两个或三个不同电压等级输电网络，可根据电力潮流的变化进行能量交换，任一绕组都可以作为一次或二次绕组使用变压器。除其他绕组外，联络变压器的高压、中压和低压绕组参与能量交换（包括自身所属的调压绕组），联络变压器可制作成自耦连接的变压器。

10. 自耦变压器

自耦变压器是指至少有两个绕组具有公共部分，或者说一次绕组和二次绕组具有电的连接，其中连接高电压的绕组为串联绕组，连接低电压的绕组为并联绕组，二者为自耦联结绕组，都不是独立绕组的变压器。

11. 有载调压变压器

有载调压变压器是指装有有载调压开关、能在空载和负载运行下进行电压调节的变压器。

12. 无励磁调压变压器

无励磁调压变压器是指装有无励磁调压开关、只能在无励磁的情况下进行电压调节的变压器。

13. 发电厂用变压器

发电厂用变压器是指为发电厂（变电站、所）自身用的动力、控制、照明和生活等提供电源的变压器。

14. 分裂变压器

分裂变压器是指将二次绕组分裂为两个独立部分，可以与一次绕组单独运行或同时运行的变压器。分裂变压器的两个低压绕组之间短路阻抗约为高压绕组对低压绕组每部分的短路阻抗之和。

15. 组合式变压器

这里所说组合式变压器是指三个单相变压器共用一个安装基础、油路相通、低压引线在同一个封闭油盒中连接（或单独引出在外部连接）、共用一套冷却系统的变压器，用于偏远山区运输困难、安装条件较差的变电站或发电厂。组合式变压器通常在制造厂内就已完成三个单相变压器的组合装配与例行试验、型式试验、特殊试验，然后拆解成三个单相变压器运至现场（公用组附件等单独包装运输）。

16. 现场组装式变压器

现场组装式变压器是指变压器在制造厂完成整体制造、例行试验和型式试验后进行拆解，将按部件拆解的变压器部件进行严格的包装，运输至变电站，在现场安装基础上重新装配，完成整体装配再经干燥处理等工艺过程，最终通过现场绝缘试验后交付使用的变压器。现场组装式变压器的制造还可以通过现场搭建临时装配厂房（或移动厂房）来完成。

17. 配电变压器

配电变压器是指由较高电压降至最末级电压，二次侧直接连接用户，提供使用电能的变压器。配电变压器用途广泛，城市小区生活用电、农网用电、生产用电、工矿企业动力用电等都离不开配电变压器。

2.2　电力变压器的主要部件与结构

电力变压器结构比较复杂，按功能分为铁心、绕组、器身、引线、油箱、总装与组附件。各部分功能不同，共同完成电压变换、能量传递以及系统和自身的各种保护。

2.2.1　铁心

铁心是变压器的主磁路，为主磁通提供磁阻最小的闭合通道。铁心由主柱和铁轭两部分构成。主柱是绕组套装的骨架，也是变压器器身的骨架。铁轭分为旁轭和上、下铁轭。旁轭是为了解决变压器运输高度限制，采取降低上、下铁轭的高度而缩小了上、下铁轭截面积后仍要保证铁心导通主磁通流通能力而设置的补偿磁路。

铁心作为变压器的主要部件，由导磁材料、夹紧装置、绝缘部件和接地部件等组成。图 2-1 三相五柱式变压器铁心示意图。

变压器采用的导磁材料主要是硅钢，硅钢经热轧、冷轧等工艺制成晶粒取向电工钢带，即冷轧硅钢片。首先将硅钢热轧成硅钢带，经过酸洗清除表面氧化物。再将厚度为 2～2.5mm 热轧硅钢带冷轧成厚度约 0.6mm 的硅钢带，进行退火使冷轧时形成的晶粒结构再结晶，之后再次冷轧到小于 0.3mm 厚度。冷轧硅钢带表面涂有一层薄薄的氧化镁（MgO），在 1200℃高温下退火 24h，使冷轧硅钢带进一步纯化并进行二次再结晶，此时氧化镁与硅钢带表面发生化学反应，生成硅酸镁层，又称之为玻璃涂层或镁橄榄石层。最后对冷轧电工钢片进行矫平退火、去除多余的氧化镁，涂上磷酸盐涂层。磷酸盐和硅酸镁起化学反应，生成一层牢固且

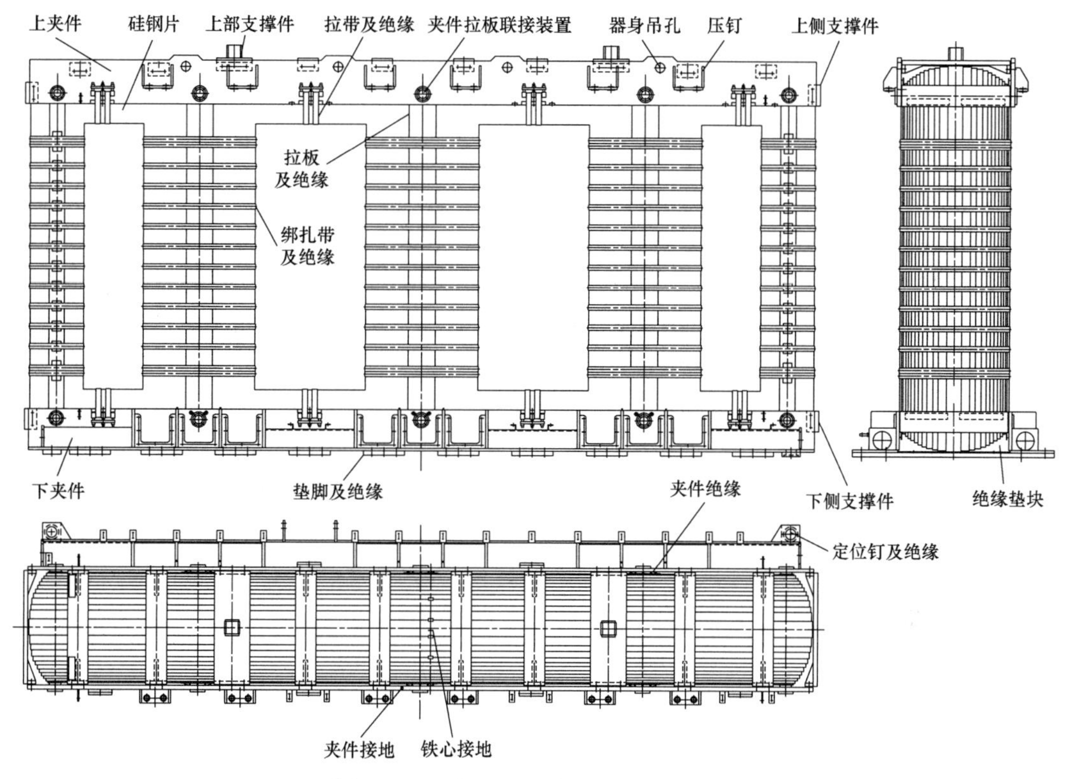

图 2-1　三相五柱式变压器铁心示意图

绝缘性能优良的薄膜，对冷轧硅钢带起到保护的作用。硅钢片具有高质量的绝缘薄膜，可以防止铁心内部片间产生涡流，减少铁心损耗。冷轧硅钢带是固定宽度的卷料，经过纵向剪切成不同宽度的带状卷料，再经过横向剪切成规定长度并切出 45°（或不切角）的片状板料的硅钢片。

剪切好的硅钢片板料在铁心叠装台上叠制，为了充分利用圆形绕组的内部空间，铁心柱叠制后的横截面是由多级矩形组成阶梯状的近似圆形，铁心柱截面示意图如图 2-2 所示。铁心柱的叠制级数因变压器铁心直径的大小而异，级数太少，铁心柱圆截面的填充率较低；级数太多，虽然铁心柱圆截面的填充率提高了，但材料消耗较多，工艺复杂，生产效率降低，制造成本增加。因此，铁心柱截面经过优化计算，确定合理的叠片级数，通常铁心柱圆截面的填充率可达 93%～96%，铁心直径越大，铁心柱圆截面的填充率也越高。影响铁心柱圆截面填充率的因素还有铁心片的剪切毛

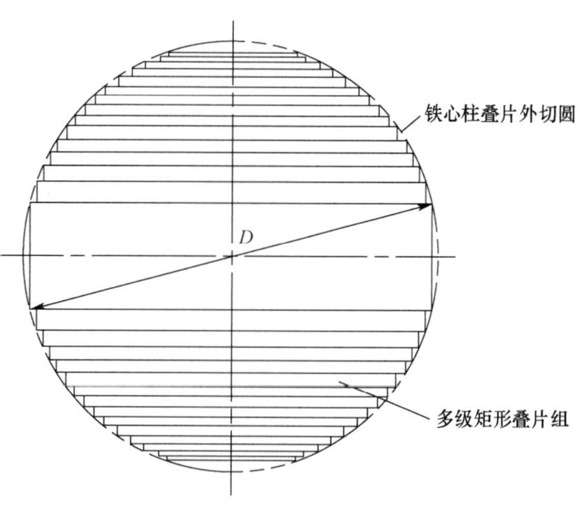

图 2-2　铁心柱截面示意图

刺，而且过大的剪切毛刺还会引起铁心片边缘短路，增加铁心损耗和过热，甚至烧损铁心引发事故。现代剪切工艺技术较之以前有了极大的提高，铁心片的剪切毛刺已经控制很好，最好的剪切设备剪切毛刺可以控制在小于 0.02mm。

通常，对于容量较小的变压器来说，铁轭的截面积和形状原则上与铁心柱的截面积和形状（叠积形状）一样。但是，随着变压器电压等级升高、容量增大，运输愈加困难。为此产品铁心结构发生了变化，由主轭分解出了旁轭，依此降低铁轭高度，满足运输和铁窗高度的要求。还可以进一步降低铁心高度，即在不改变铁轭横截面积的条件下改变铁轭的形状，压低铁轭高度，实现降低铁心高度的目的。同时还可以通过改变铁轭形状，不增加铁轭高度来增加铁轭横截面积，以满足降低损耗的要求。综上原因，铁轭形状有多种，比如椭圆形铁轭、D 形铁轭、T 形铁轭、矩形铁轭、不规则形状铁轭等。铁轭的横截面积约为铁心柱横截面积的 46%～55%，应根据损耗、空载电流、噪声等的要求经过优化选取。铁轭截面示意图如图 2–3 所示。

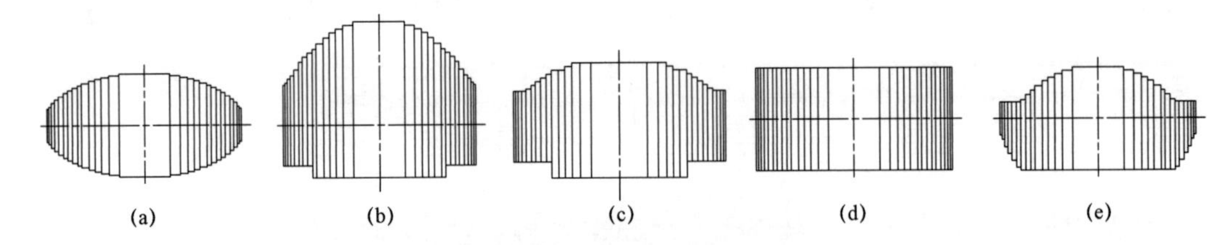

图 2–3 铁轭截面示意图

（a）椭圆形铁轭；（b）D 形铁轭；（c）T 形铁轭；（d）矩形铁轭；（e）不规则形状铁轭

旁轭的截面形状一般为椭圆形、D 形和矩形。旁轭选用 D 形截面时，D 形轭的平面需面向绕组侧并且没有台阶，保持平面光滑。旁轭的截面积一般与铁轭截面积相同。

铁心由硅钢片叠积而成，每一叠 2～4 张硅钢片，特殊情况下每一叠 6～8 张硅钢片。每一叠的片数多少将影响变压器的铁损、空载电流和噪声。每叠片数越少，铁心性能越好，但影响生产效率，最佳的每一叠的片数是 2～3 张。每一叠的片数多了，也就是每一叠的厚度增加，容易在铁心接缝处产生过热，同时噪声也会增大。

为了减少铁心柱与铁轭交界处因磁通偏离硅钢片磁畴方向而引起的附加铁损和空载电流增加和降低铁心噪声，人们发明了硅钢片切角技术，由直角交叠叠积演变成 45° 交叠叠积。第一种是半直半斜交叠叠积方式，俗称半斜接缝叠积，铁心半直半斜接缝叠积图如图 2–4 所示。这种叠积方法工艺比较简单，容易加工和操作，空载损耗、空载电流和空载噪声较直角交叠方式都有所改善，一般在小型变压器中使用。

第二种是 45° 交叠叠积方式，俗称全斜接缝叠积，图 2–5 铁心全斜接缝叠积图。全斜接缝叠积方法适用于大、中、小型变压器的铁心叠积，采用最为广泛。为了保证叠片质量，有的企业采用在硅钢片上充定位孔的方法来保证铁心叠积质量，但工艺水平较高的企业通常采用定位装置来保证铁心叠积的质量。无定位孔叠积铁心，较好地保证了硅钢片的导磁特性，尤其对大型变压器来说，减少硅钢片的加工过程也就减少了硅钢片的特性的损失，有利于提高变压器的空载特性。为了减少铁心接缝处的附加损耗，降低空载电流和噪声，全斜接缝由两级叠片发展到多级叠片。多级叠片时，铁轭边角硅钢片的尖角突出较多，必要时可以在硅

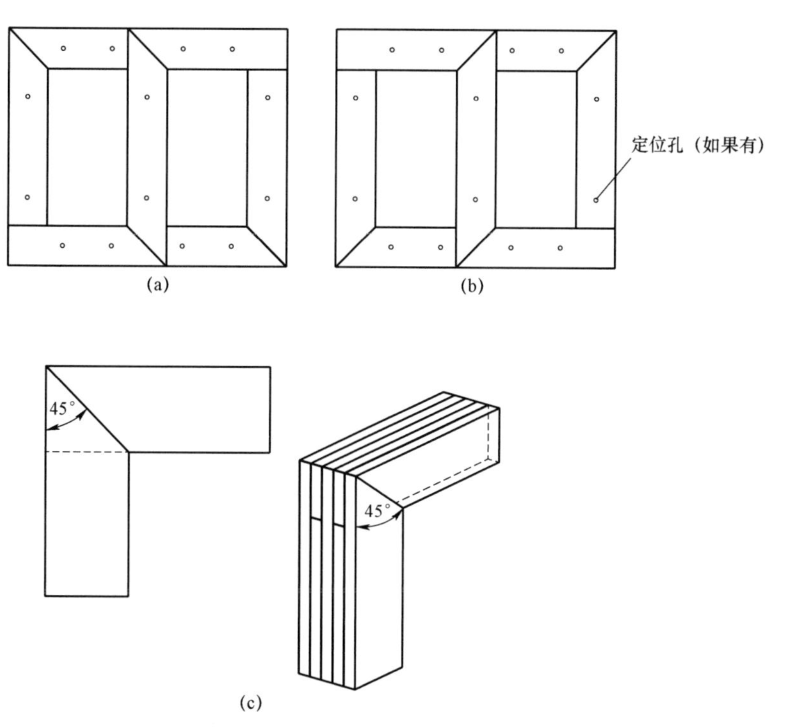

图 2–4 铁心半直半斜接缝叠积图

（a）单数叠层；（b）偶数叠层；（c）45° 交叠叠积

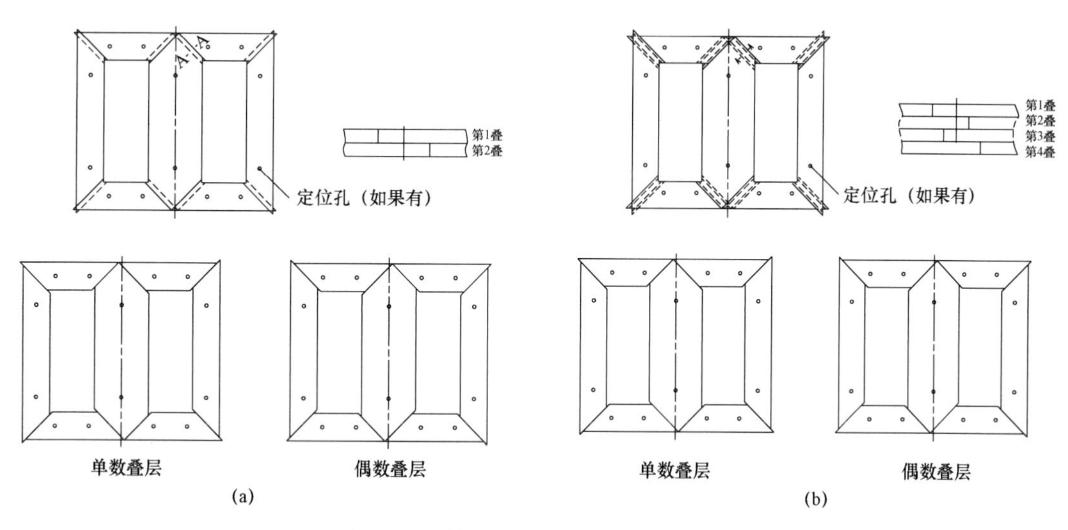

图 2–5 铁心 45° 交叠叠积图（一）

（a）两级叠片；（b）四级叠片

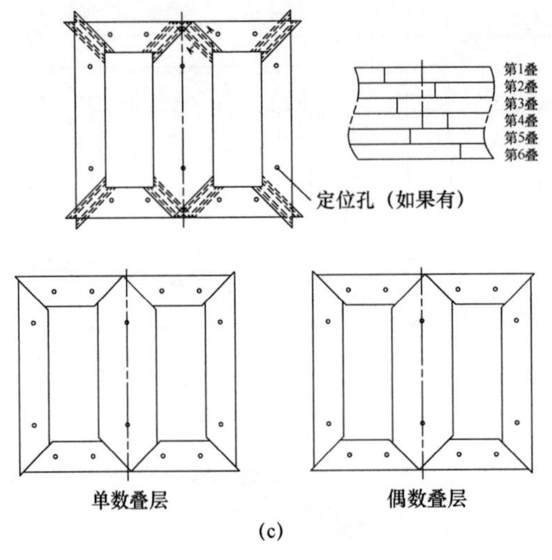

单数叠层　　偶数叠层

(c)

图 2-5 铁心 45° 交叠叠积图（二）

（c）六级叠片

钢片剪切时将其剪掉。

1. 铁心结构形式

变压器最常用的是三相三柱式铁心，因为在任意时刻由平衡三相电压系统所产生的三相磁通的相量和都等于零，所以在三相铁心中不需要提供供磁通返回的旁柱，而且心柱和铁轭的截面可以相等。三相三柱式铁心结构只适用于三相变压器的铁心。由于变压器受铁路和公路运输限界的限制，大容量三相一体的变压器已不能运输，因此单相变压器发挥了运输优点。对于单相变压器，其铁心必须包括供磁通返回的通路，构成磁通回路的铁心有各种形式，比如两个心柱，一个心柱加两个旁柱等。

心式变压器的铁心结构形式主要有以下类型：

（1）单相双柱式铁心。单相双柱式铁心有两个主柱，主柱截面与上下铁轭的截面相同，一般用于小型单相配电变压器。单相双柱式铁心示意图如图 2-6 所示。

（2）单相三柱式铁心。单相三柱式铁心有两种形式：一种是有一个主柱和两个旁柱；另一种是有一个主柱、一个调柱和一个旁柱。这种结构的铁轭截面与旁轭截面相同，约为铁心柱截面的 45%～52%，主要用于容量不小于 250MVA 的超高压以上电压等级的单相变压器。单相三柱式铁心示意图如图 2-7 所示。

（3）三相三柱式铁心。三相三柱式铁心有三个主柱，铁轭截面积与铁心柱截面积相同，一般用于中、小型电力变压器和容量小于 180MVA 的高压和超高压变压器。三相三柱式铁心示意图如图 2-8 所示。

（4）三相五柱式铁心。三相五柱式铁心有三个主柱和两个旁柱，铁轭截面与旁轭截面相同，约为铁心柱截面的 45%～52%，一般用于容量不小于 180MVA 高压、超高压变压器。需要注意的是，采用三相五柱式铁心结构的变压器，要求变压器的零相序阻抗值与正相序阻抗值相当。三相五柱式铁心示意图如图 2-9 所示。

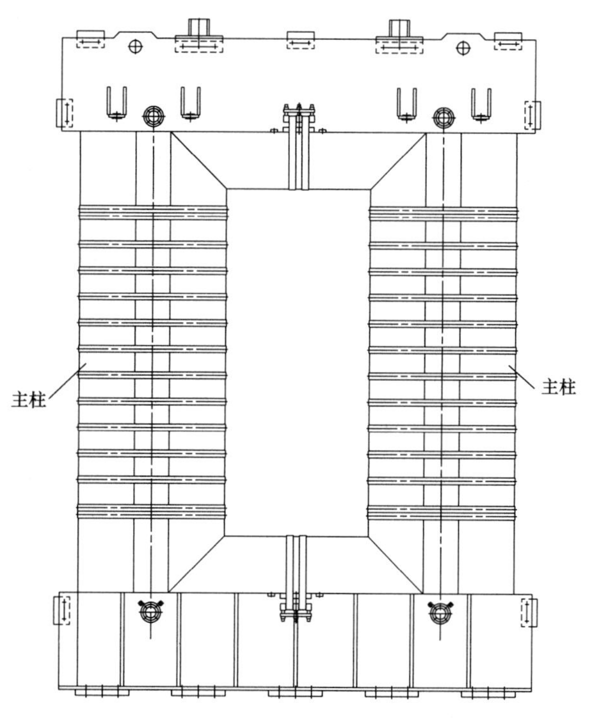

图 2-6　单相双柱式铁心示意图

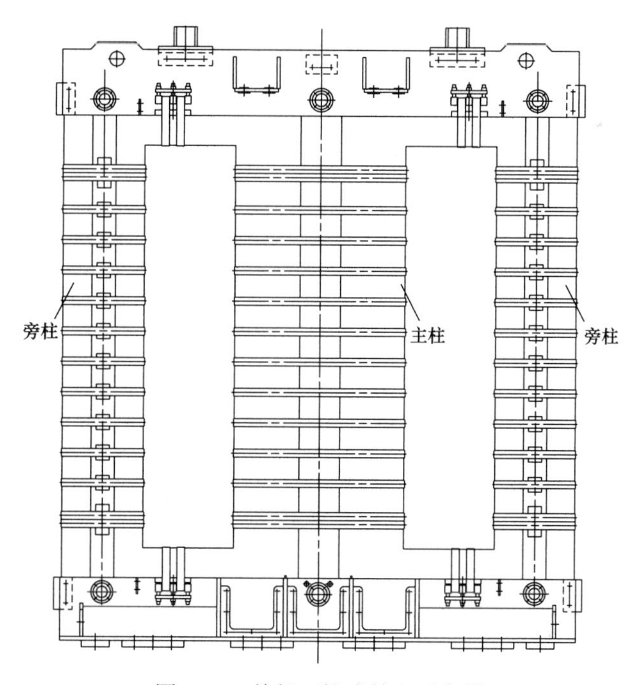

图 2-7　单相三柱式铁心示意图

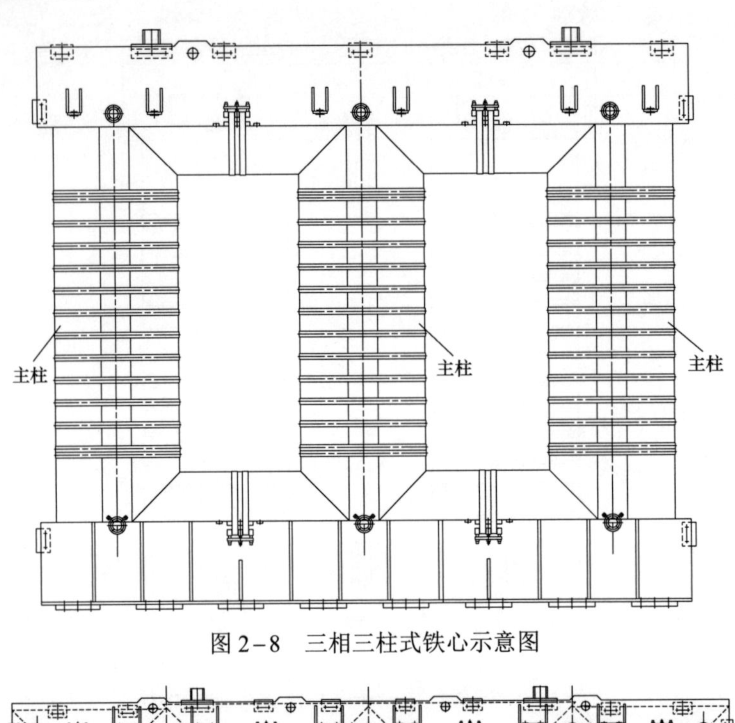

图 2-8 三相三柱式铁心示意图

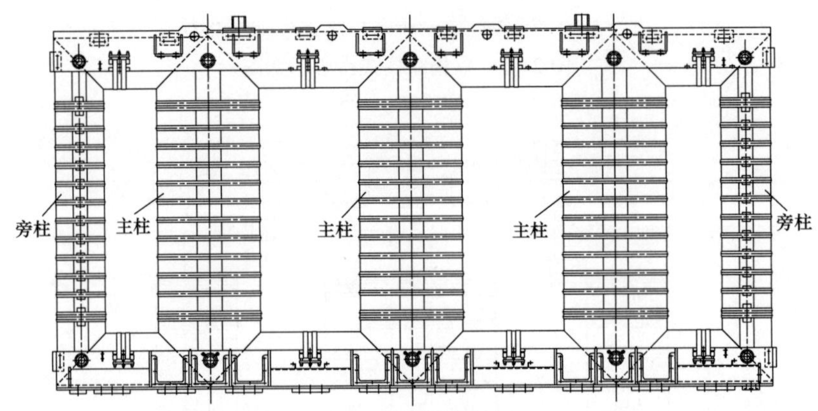

图 2-9 三相五柱式铁心示意图

2. 铁心夹紧

铁心是在水平状态下叠制而成的，除了壳式变压器之外，心式变压器铁心叠制完成后需要直立起来。直立的铁心一定要对铁心片实施固定，必须借助框架结构将铁心夹紧，增加刚性。完整的铁心近似为一个刚性整体，防止变压器运行时硅钢片松动产生较大的噪声和振动，同时还要承受绕组压紧时的机械力和变压器器身起吊时的重量，更重要的是能够承受绕组短路时作用在铁心上的巨大电动力。铁心夹紧框架结构包括上夹件、下夹件、拉板、上支撑件、垫脚、两端支撑件等。上夹件用于夹紧和固定上铁轭，与上支撑件和铁轭拉带（或穿心螺杆）等组成夹紧和固定上铁轭的框架。下夹件用于夹紧和固定下铁轭，与垫脚和铁轭拉带（或穿心螺杆）等组成夹紧和固定下铁轭的框架。拉板用于夹紧和固定铁心柱，与上、下铁轭夹紧和固定框架组成完整的铁心夹紧和固定框架。垫脚安装在下铁轭的下部，除了作为下铁轭夹紧和固定框架中的部件外，还担负着支撑铁心和器身重量的底座，与定位钉一起在油箱中固定器身的作用。

（1）铁心柱夹紧。拉板作为铁心柱的骨架安放在铁心柱硅钢片叠积的两侧（铁心片平面侧），拉板的几何位置必须放在铁心柱横截面外切圆内，以便于套装绕组。拉板的厚度和宽度根据所选材料的性能和强度计算来确定，包括器身重量、绕组压紧力、绕组承受短路轴向机械力等。根据穿过拉板的漏磁通量，确定拉板材料的选用为普通高碳钢板还是高强度低导磁钢板，为了减少拉板上的涡流损耗，可以在拉板上开有局部或贯通全长的隔磁槽，不仅降低涡流损耗还有利于拉板和铁心的散热。拉板与上、下夹件连成一体承担铁心所承受的各种机械力，因此在拉板机械力计算和校核时，应充分考虑拉板因开槽对其承载机械力能力的影响。拉板与铁心柱硅钢片的夹紧方式有穿心螺杆紧固紧、绑带绑扎紧固等。

1）穿心螺杆夹紧铁心柱。首先在铁心柱硅钢片上冲孔、拉板上钻孔，为防止穿心螺杆、螺母、垫片、蝶形弹簧等与铁心片、拉板等形成短路或短路环，拉板与铁心片之间需要绝缘，穿心螺杆外需加装绝缘管、套或直接包裹绝缘材料（如电缆纸、皱纹纸、浸有树脂的玻璃纤维等），还要对穿心螺杆的一端用绝缘垫圈实施螺杆、螺母、垫片、蝶形弹簧等金属零件对拉板绝缘。这种结构在硅钢片上冲孔使铁心有效截面减少，硅钢片冲孔周围的磁畴有所破坏，磁通经过冲孔处路径发生弯曲，使铁心损耗和空载电流增大。另外硅钢片冲孔时如果毛刺较大，还会造成铁心片片间短路，仅增加损耗，还会因片间短路产生较大的环流而造成铁心过热甚至烧坏铁心。这种夹紧结构铁心制造工艺比较简单，硅钢片冲孔便于铁心叠制过程中的定位，一般用于小型变压器的制造。穿心螺杆夹紧铁心柱示意图如图2-10所示。

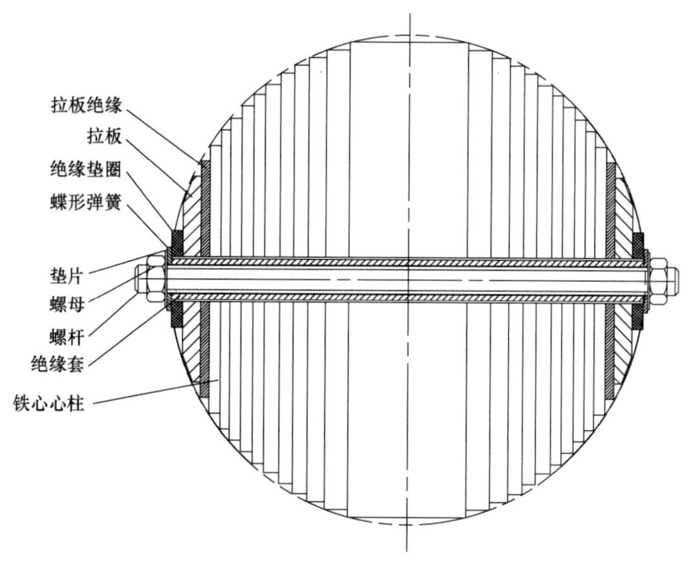

图2-10 穿心螺杆夹紧铁心柱示意图

2）绑带绑扎夹紧铁心柱。采用绑带绑扎夹紧技术是现代变压器铁心制造所采用的主要手段，克服了铁心片冲孔带来的各种不利因素，提高了铁心性能、质量和工作效率。在大型变压器的铁心制造中，提高了对制造工艺、工艺装备和操作人员的要求。

铁心柱用绑带绑扎有不同的方式，图 2－11 所示为环氧无纬玻璃丝粘带绑扎铁心柱示意图。一种是用环氧无纬玻璃丝粘带分道绑扎，如图 2－11a 所示分道绑扎铁心柱。环氧无纬玻璃丝粘带的宽度为 25～50mm，厚度 0.17～0.3mm，由无纬玻璃丝带浸渍半固化环氧树脂胶而成。用环氧无纬玻璃丝粘带绑扎的数道和绑扎的厚度根据强度计算确定，绑扎时铁心柱横截面矩形棱角需用圆形绝缘撑棒按铁心柱横截面外切圆撑圆，并在环氧无纬玻璃丝粘带下垫一张 0.5mm 纸板条，对环氧无纬玻璃丝粘带进行保护。还可以用环氧无纬玻璃丝粘带将铁心柱上下通绑，如图 2－11b 所示上下通绑扎铁心柱。绑扎厚度由计算确定，绑扎时同样要用圆形绝缘撑棒按铁心柱横截面外切圆撑圆。用这种绑扎方法铁心柱，环氧树脂中还可以添加半导体材料，常在电压等级较高的大型变压器中采用。

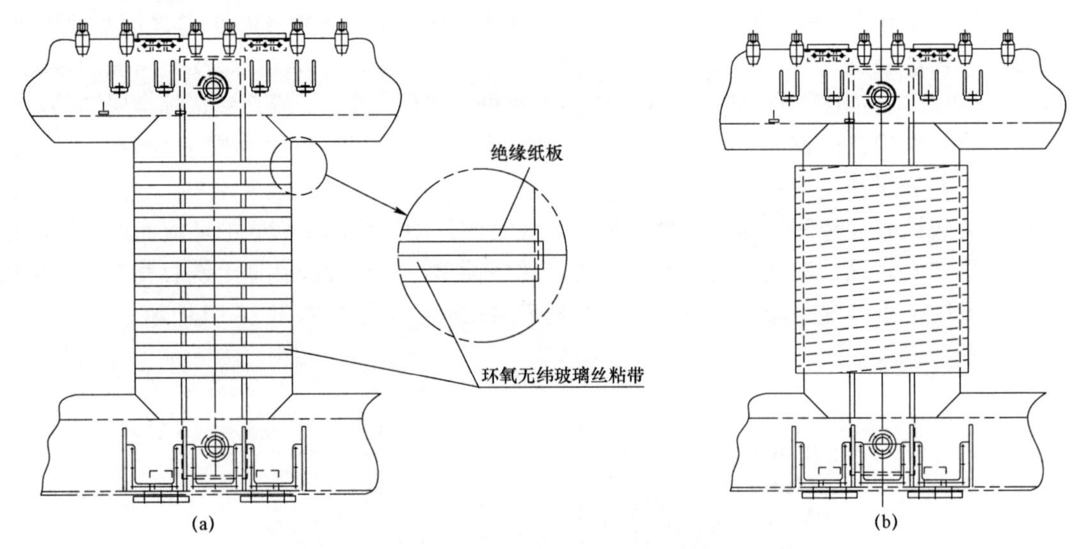

图 2－11　环氧无纬玻璃丝粘带绑扎铁心柱示意图

（a）分道绑扎铁心柱；（b）上下通绑扎铁心柱

（2）铁轭夹紧。夹件是上、下铁轭的骨架，位于铁轭的两个侧面，与支撑件（或方铁）、底脚、拉带（或穿心螺杆）紧固件等将铁轭夹紧成为刚体。上夹件上有起吊铁心整体和器身的起吊装置和压紧绕组的压钉装置，下夹件上有承载绕组与绕组绝缘重量的支板和防止产品在运输过程中因转弯、刹车和颠簸等原因使器身与油箱之间发生位移的器身定位装置（或在底脚上），定位装置还起到防止产品在运行中因振动或地震等发生器身与油箱之间的位移。支撑件位于上铁轭上部和上、下铁轭的两端头，垫脚位于下铁轭的下方，支撑件、底脚、拉带等与夹件构成加紧铁轭的框架。垫脚除了承担变压器器身与油箱之间的定位作用外，还要承担整个器身的重量，要求有较高的强度。对于大容量变压器，上、下夹件的腹板和支板（如果有）处于绕组端部漏磁场较强的区域，因此需要根据计算获得穿过上、下夹件腹板和支板的漏磁通量，决定上、下夹件腹板和支板选择高强度普通钢板还是高强度低导磁钢板来制造，必要时还会在夹件支板上加装磁屏蔽或铜屏蔽，防止夹件过热和降低杂散损耗。

穿心螺杆夹紧铁心。这种结构铁轭硅钢片需要冲孔，夹件腹板需要钻孔，为防止穿心螺杆、螺母、垫片、蝶形弹簧等与夹件等形成短路或短路环，夹件与铁轭硅钢片之间需要绝缘，穿心螺杆外需加装绝缘管、套或直接包裹绝缘材料（如电缆纸、皱纹纸、浸有树脂的玻璃纤维等），还要对穿心螺杆的一端用绝缘垫圈实施螺杆、螺母、垫片、蝶形弹簧等金属零件对夹件的绝缘。铁轭两端的拉螺杆不需外套绝缘管，但必须与铁心端头的硅钢片之间留有一定的空隙，防止与铁心端头的硅钢片发生接触，但与夹件的连接必须有一端保持绝缘。带有旁轭的铁心，旁轭的夹紧方式与铁心柱的夹紧方式相同。穿心螺杆夹紧铁轭示意图如图2-12所示。

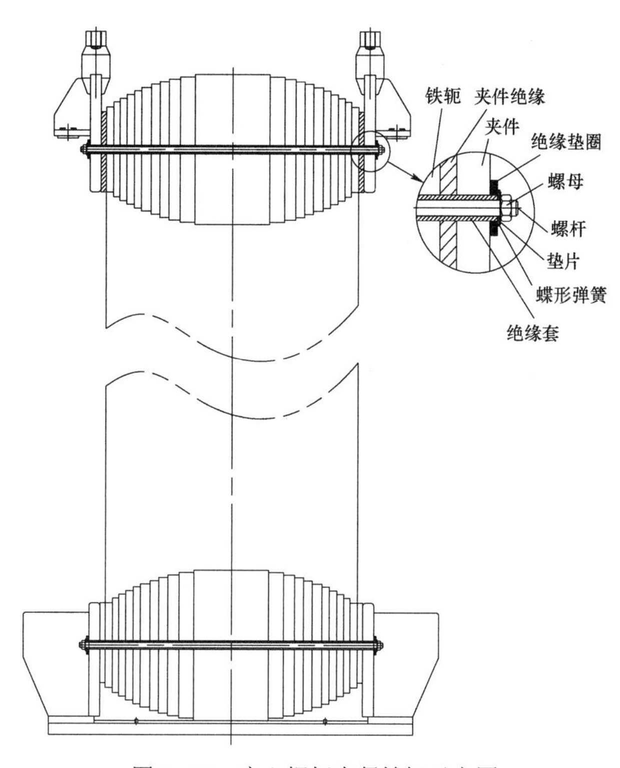

图2-12 穿心螺杆夹紧铁轭示意图

拉带夹紧铁轭。铁心夹紧拉带主要用在铁窗内将夹件拉紧，起到夹紧铁轭的作用。拉带有钢拉带和绝缘拉带两种，钢拉带的材质一般为强度高的弹簧钢，拉带的根数、宽度和厚度由拉紧力确定。钢拉带两端焊有高强度拉螺杆，钢带需要根据铁轭形状事先成型，夹紧铁心时需用绝缘纸板、螺杆绝缘套、绝缘垫圈等将钢拉带与铁轭，夹件绝缘开，防止发生短路形成环流损坏产品。钢拉带夹紧铁轭示意图如图2-13所示。

绝缘拉带夹紧铁轭。绝缘拉带的材料为环氧无纬玻璃丝粘带或环氧有纬玻璃丝粘带，事先将其卷绕成型，两端连接U形高强度拉螺杆，环氧玻璃丝拉带的根数、宽度和厚度根据需要的拉紧力计算强度来确定，夹紧铁轭时粘带与铁轭之间需垫1～2mm绝缘纸板。绝缘拉带夹紧铁轭示意图如图2-14所示。

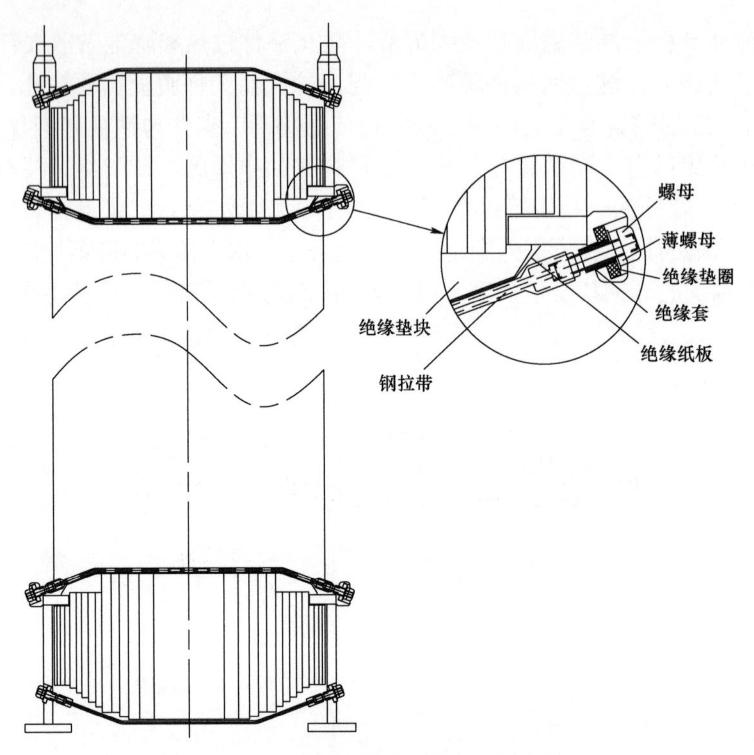

图 2-13 钢拉带夹紧铁心示意图

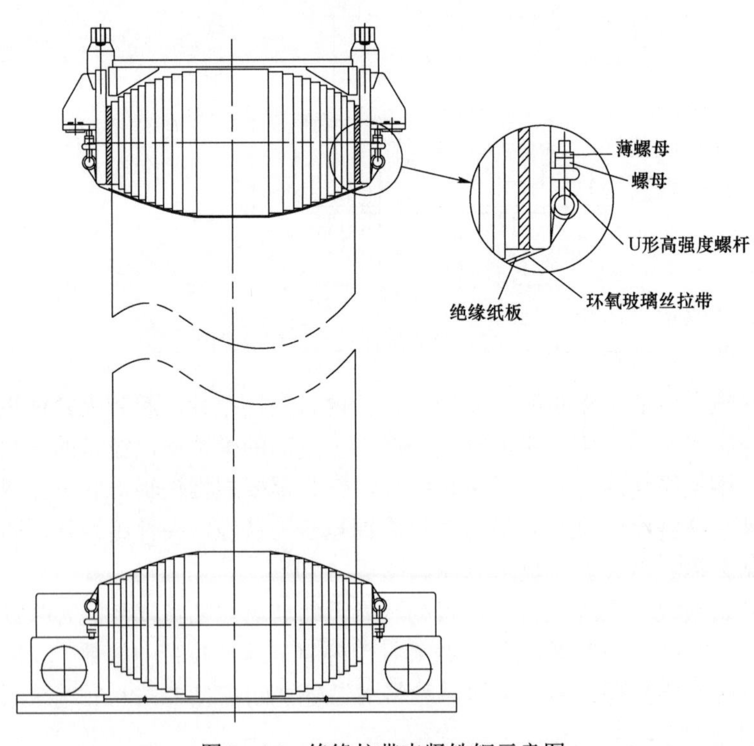

图 2-14 绝缘拉带夹紧铁轭示意图

3. 铁心绝缘

铁心绝缘是变压器绝缘的一部分，占有重要地位，铁心绝缘不好将影响变压器安全运行。铁心绝缘包括铁心片间绝缘、铁心片与铁心结构件之间以及铁心片与其他结构件之间的绝缘。

（1）铁心片间绝缘。当主磁通在铁心中流通时，铁心片自身的绝缘发挥作用，阻隔铁心片间形成大的涡流，每一片硅钢片感应出的涡流很小，产生的涡流损耗也很小。如果铁心片自身没有绝缘保护，当主磁通在铁心中流通时，在铁心截面中感应很大的涡流，铁心截面增加 1 倍，涡流损耗增加 4 倍，不仅增加了附加损耗，还将引发铁心过热。因此，铁心片间绝缘包括两部分，一是铁心片间的绝缘，由冷轧硅钢片轧制时产生的无机磷化膜承担，当铁心叠至一定厚度时，为防止铁心片间形成大的环流，人为地铺设一张小于或等于 0.25mm 电缆纸，分割较大的铁心截面。二是在铁心总叠厚中设置绝缘油道，兼顾分割铁心截面和铁心散热。铁心截面经绝缘分割后，铁心片间绝缘增大，铁心各部分就不是等电位了，因此，必须用短接铜片将其连接起来构成等电位体，否则变压器运行时不同电位的铁心片间就会放电，危及变压器安全运行。

（2）铁心片与其他金属构件的绝缘。铁心片与铁心结构件之间的绝缘以及铁心与其他结构件之间的绝缘包括夹件绝缘、拉板绝缘、拉带绝缘、紧固绝缘、垫脚绝缘、支撑件绝缘等。所有这些绝缘都是用来防止铁心片与夹持件、结构件、夹持件与结构件，以及结构件与结构件之间发生短接或形成闭合的短路环，在漏磁通的作用下产生环流，增加损耗产生过热，严重时烧损铁心和紧固件等，发生事故影响产品安全运行。铁心与结构件之间绝缘示意图如图 2-15 所示。

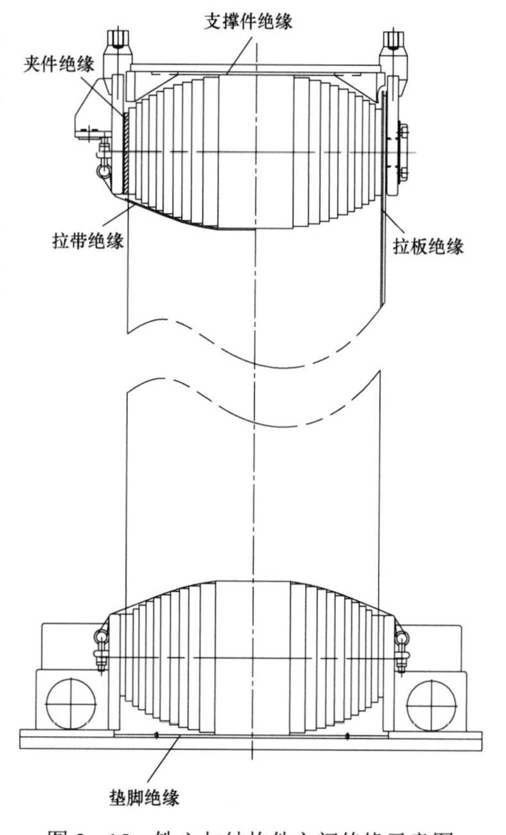

图 2-15　铁心与结构件之间绝缘示意图

4. 铁心接地

变压器在运行或带电试验时绕组直接接受外部输入的高电压，铁心、油箱和金属部件都处在高电场中，由于电磁感应，这些金属部件带有不同的电位，在电位差的作用下发生连续的放电，这种火花或电弧放电会导致绝缘和变压器油的击穿，使变压器油分解产生可燃性气体，从而引起气体继电器动作。或由于掩盖了某些更严重的内部故障而引起油中气体监测结果的混乱，有可能给运行中的变压器带来很大麻烦。另外过热和放电使固体绝缘老化丧失绝缘性能，诱发绝缘故障，为了避免上述危及变压器安全运行和试验的情况发生，铁心必须可靠地接地连接。

变压器运行时，内部存在复杂的漏磁场，在闭环连接的金属构件中形成循环电流的通路，即环流，因此也需要将铁心及其夹件与油箱进行有效绝缘，而且铁心和夹件之间也需要有效绝缘。为了避免变压器在运输过程中发生铁心移位和损伤，铁心要在油箱内部可靠定位，因此，在油箱箱底或箱盖等部位设置铁心定位装置，这些定位装置与油箱之间也必须设有绝缘，由于铁心和绕组的重量很大，这些绝缘必须非常牢靠。由于金属构件之间的绝缘，等电位连接又是十分必要的。

铁心接地（包括铁心金属构件）必须满足三个要求：一是等电位联结和接地连接必须保证可靠的电气接触，并且在变压器整个寿命期内都要保证接地的可靠性；二是铁心金属构件等电位联结只允许单线连接，任意两点之间的连接不得形成闭合回路，闭合回路形成的短路环将感应出电动势，引起循环电流，即产生环流，不仅增加了附加损耗，还会发生局部过热，烧损等电位联结引起电弧放电，甚至烧损铁心等故障；三是铁心整体只允许一点接地，同样是为了防止产生环流、烧损铁心等故障，危及变压器安全运行。

对于大型等重要的变压器，铁心及其夹件是要求接地的最大金属部件，通常需要分别通过 3.3kV 的纯瓷小套管引出到油箱外面进行单独接地，对于检测变压器内部接地绝缘的状态，以及检测、判断铁心和夹件是否有多点接地十分方便，而且在变压器后续维护过程中的检测也十分方便，不需要打开手孔或排油就可以检查铁心和夹件的绝缘电阻。

铁心接地片须有一定的强度要求和流通接地电流的截面，一般采用厚度为 0.3～0.5mm，宽度为 20～30mm 的镀锡紫铜带，插入铁轭硅钢片的深度因铁心大小而异，小型配电变压器插入硅钢片的深度不小于 40mm，中型变压器插入硅钢片的深度不小于 80mm，大型变压器插入硅钢片的深度不小于 150mm。等电位联结线可以选用厚度为 0.3mm，宽度为 20～30mm 的镀锡紫铜带，还可以选用ϕ6～ϕ10mm 的铜软绞线，除连接接触部位外，其他部分须外包绝缘皱纹纸，包裹厚度一般单边不小于 1mm。

接地片插入铁轭的位置通常设置在器身的低压侧，铁心接地线或夹件接地线（通常只有大型变压器夹件需要单独接地）引向油箱接地点或引出油箱连接套管，均需外包绝缘皱纹纸，单边厚度不小于 2mm。

2.2.2　绕组

绕组是构成与变压器、电抗器、调压器等变电设备标注规定电压值相对应的电气线路的一组线匝。绕组环绕在铁心柱外部，构成变压器的电气回路，是变压器的核心部件。

绕组的功能是将一个交流系统的电压和电流转化成另一个交流系统的电压和电流，两个交流系统的电压和电流的转化关系，即电压比和电流比是由成对绕组之间的匝数比确定的。

变压器的绕组按功能分为高压绕组、中压绕组、低压绕组、分接（调压）绕组、一次绕组（从电源处接受电能的绕组）、二次绕组（向负载侧供给电能的绕组）、自耦绕组（公共绕组与串联绕组之和）、励磁绕组、补偿绕组、移相绕组、网侧绕组、阀侧绕组、附加绕组等，由带绝缘的铜（或铝）导线和绝缘零部件组成，都是圆筒形且与套装绕组的铁心柱同心。

绕组的绕向（导线缠绕的方向）包含左绕向和右绕向两种，绕向决定着变压器一次绕组和二次绕组、三次（如果有）绕组之间的相位关系。除电抗器外，成对的绕组组成一次和二次工作关系，三相绕组的出线端头以适当的方式连接起来，构成星接和三角形或其他连接形式。绕组的结构十分紧凑，既有绝缘要求、机械强度要求，还有散热要求等。

变压器绕组产生的损耗就是变压器的负载损耗，不同工况下的负载损耗是指各工况下参与运行的绕组的损耗之和（含引线损耗）。负载损耗包括以下三部分：绕组直流电阻损耗 I^2R；交变漏磁通穿过绕组导线时产生的涡流损耗；处在绕组漏磁场的引线、夹件、油箱等金属部件中产生的杂散损耗，这三部分损耗绕组自身的损耗最大，即绕组直流电阻损耗占比最大。降低变压器负载损耗的主要手段就是寻找减少电阻损耗的方法，比如：寻找电阻率较低（或电导率较高）的导线材料，减少绕组的线匝数，加大每匝导线的横截面积等，但这些措施都应该考虑与其他参数配合、与其他材料的消耗相协调。变压器类产品使用的导线都是外包绝缘或漆包的导线。

1. 绕组分类

绕组主要分为层式、饼式和箔式三大类。

（1）层式绕组。层式绕组俗称圆筒式绕组，层式绕组的绝缘导线沿绕组轴向一匝一匝连续绕制、按平面紧密排列，形似一个圆筒。层式绕组分为单层层式绕组和多层层式绕组，多层层式绕组层与层之间设有冷却油道或以绝缘纸隔开，相邻层绕制紧密。层式绕组的绝缘导线可以沿绕组轴向多根并绕，也可以沿绕组辐向多根并绕，但辐向并绕的绝缘导线根数一般不超过两根。为防止并联绕制的绝缘导线间因匝链漏磁通差异产生环流，必要时还需对并绕的绝缘导线采取换位措施。层式绕组结构简单，连续绕制，操作方便，对绝缘水平较低的多个绕组可以一起绕制，不需分开绕制，如配电变压器，电压等级较低、容量较小的电力变压器普遍采用。对于绝缘水平低于 110kV 等级、且容量不大的变压器，可以采用多层圆筒式绕组绕制高压绕组；调压绕组经常采用轴向并绕的单层层式绕组或多层层式绕组；有记录记载，国外 500kV 250MVA 电力变压器的高压绕组也曾采用过多层层式绕组，不过高压绕组采用多层层式绕组时层间绝缘需要根据层间电压进行加强和特殊处理。层式绕组的特点是结构紧凑，生产效率高，耐受冲击过电压性能好，但其机械强度差。层式绕组如图 2-16 所示。

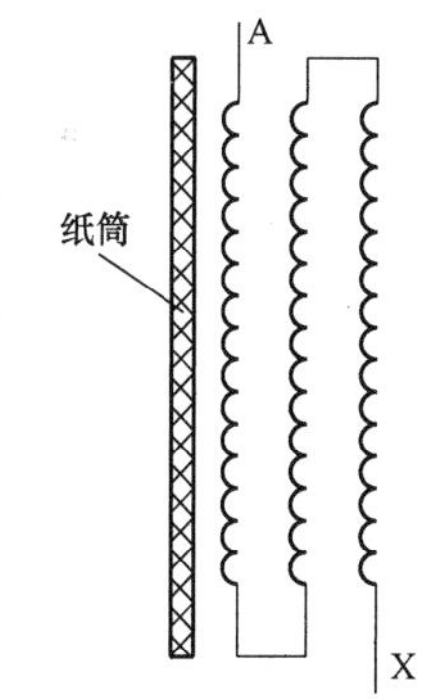

图 2-16　层式绕组

（2）饼式绕组。饼式绕组又称盘式绕组，饼式绕组由导线一匝接一匝的沿绕组辐向（径向）连续绕制，形似一个空心圆饼（圆环），绕好一饼后连续绕制第二个饼，线饼的线匝由里向外连续绕制的称为正饼，由外向内连续绕制的称为反饼，正饼和反饼成对排列，许多个正饼和反饼沿绕组轴向排列就组成了饼式绕组。饼式绕组的每饼线匝数和绕组的总饼数与产品容量、电压等级、阻抗电压、线匝并联导线数等有关，由设计工程师确定。饼式绕组散热性能好，机械强度高，适用范围大，但耐受冲击过电压性能较圆筒式绕组要差。饼式绕组包括连续式绕组、纠结式绕组、插入屏绕组、螺旋式绕组等，应用于各种电压等级的产品。连续式绕组、纠结式绕组、插入屏绕组还可以做成全绝缘和分级绝缘两种形式，全绝缘绕组的匝绝缘从第一匝到最后一匝厚度是一样的；分级绝缘的绕组匝绝缘根据绕组电位梯度和场强分布情况分区域选择不同厚度的匝绝缘，电位梯度大、电场强度高的区域选择厚绝缘，电位梯度小且均匀的区域选择薄一些的匝绝缘。饼式绕组如图 2-17 所示。

（3）箔式绕组。箔式绕组由金属箔（铜箔或铝箔）或金属薄板（铜或铝）沿绕组辐向（径向）一层层连续绕制而成，每一层为一匝，层与层之间用绝缘薄膜隔开，金属箔的宽度等于绕组轴向的电抗高度，箔式绕组可以是单匝，也可以是多匝。箔式绕组如图 2-18 所示。

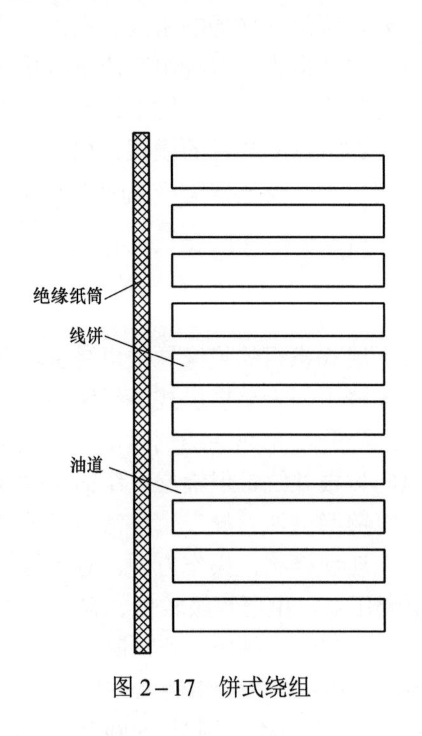

图 2-17　饼式绕组

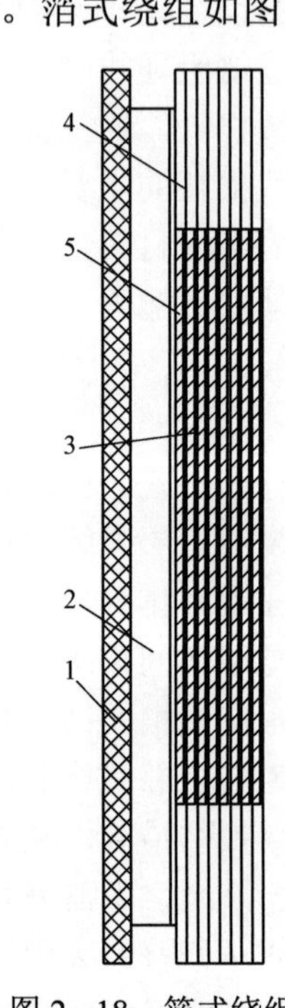

图 2-18　箔式绕组

1—纸筒；2—油隙撑条；3—绝缘薄膜；4—绝缘端圈；5—金属箔

2. 绕组形式

绕组形式主要根据绕组容量、电流、绝缘水平、冲击水平、绕组匝数、机械强度、温升等来选择，导线种类、并联根数、截面形状等，对选择绕组形式有一定影响。

变压器的绕组按照它们之间的安排方式分为同心式和交叠式两种基本形式。同心式绕组的排列方式按绕组由内向外排列的顺序同心地套在铁心柱上，绕组与铁心之间、绕组与绕组之间以同心绝缘纸板筒和撑条隔开，同心式绕组如图 2-19 所示。

交叠式绕组其排列方式，是沿铁心高度方向将高压绕组和低压绕组交替排列，并且是沿绕组总高度中心线对称排列，高压绕组与低压绕组之间用绝缘纸板圈和绝缘垫块隔开，整个绕组与铁心之间用绝缘纸筒的撑条隔开。交叠式绕组也是同心圆形绕组，只是绕组的排列方式不是同心排列而已。交叠式绕组如图 2-20 所示。

（1）圆筒式绕组。圆筒式绕组又称层式绕组，是典型的同心式绕组，由单根或多根导线并联沿绕组轴向连续绕制而成；沿绕组的辐向（又称径向）方向，根据绕制的层数不同分为单层式、双层式、多层式及分段式圆筒式绕组。

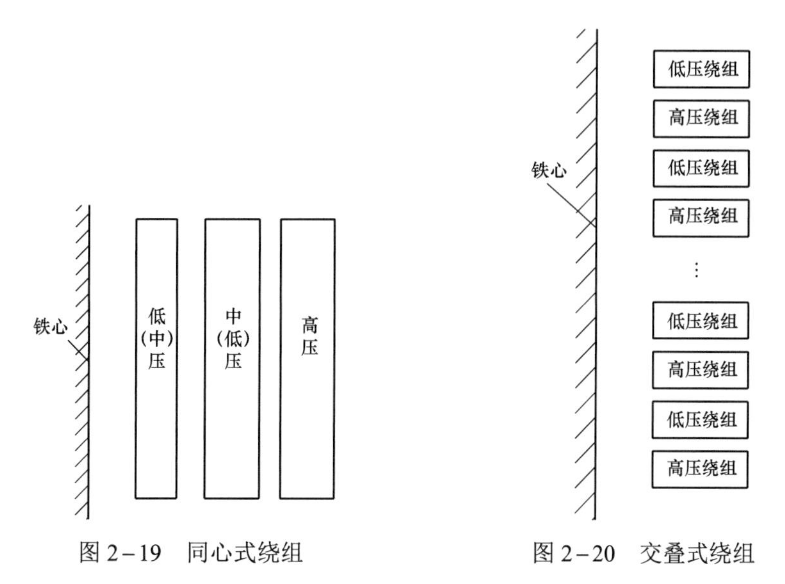

图 2-19　同心式绕组　　　　图 2-20　交叠式绕组

多根并联的导线可以是沿绕组轴向并联排列，也可以是沿绕组辐向并联排列，轴向并联的导线在绕制单层圆筒式绕组时不需进行换位，在连续绕制多层圆筒式绕组时可在层间过渡位置处换位；辐向并联的导线在绕组绕制过程中必须换位，导线换位的次数和换位的位置与并联的导线根数有关。

为了满足多层绕组之间的绝缘要求，层与层之间设置分级绝缘或不分级绝缘。分级绝缘是指连续绕制的两层绕组之间，在内层向外层升层位置附近的电位差小，层间绝缘要求薄一些，而在绕组的另一端层与层之间的电位是两层之间的电位差，需要较强的绝缘，因此层间绝缘的截面是一个三角形；层间绝缘厚度一样则是不分级绝缘。还有特殊的多层绕组分段式结构，除了层间绝缘外还有分段间的段间绝缘。层式绕组绝缘示意图如图 2-21 所示。

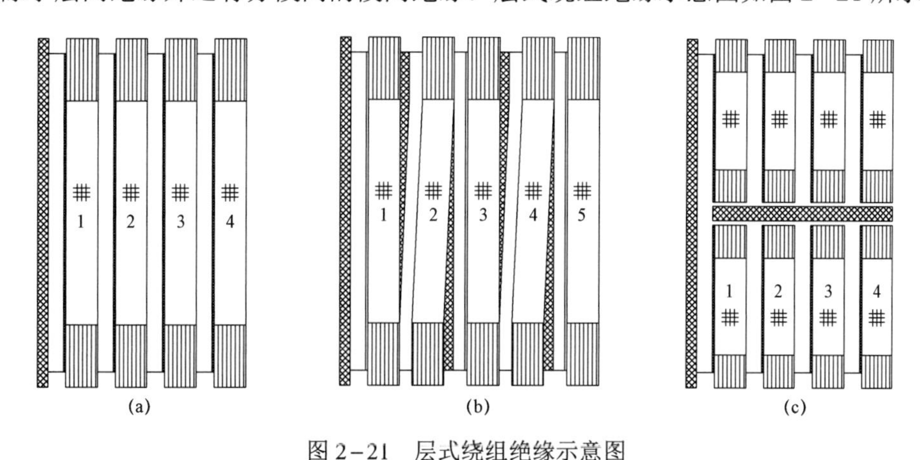

图 2-21　层式绕组绝缘示意图

(a) 层间不分级绝缘；(b) 层间分级绝缘；(c) 分段式多层绕组段间绝缘

为了使多层绕组内部具有较好的散热性能，在线层之间需要设置纵向冷却油隙。对于电压不高、容量不大的变压器，高、低压绕组可以一起绕制，不需分开绕制后再装配。圆筒式绕组适合于配电变压器、小型电力变压器、特殊变压器和调压绕组的绕制。

（2）箔式绕组。箔式绕组是以铝箔或铜箔作为导体绕制成的绕组，是圆筒式绕组的特殊形式。一层一匝的箔式绕组，金属箔的宽度等于绕组轴向的电抗高度，一层一匝连续绕制多匝箔式绕组，层与层之间是匝与匝之间的关系。每层单匝的多层箔式绕组适用于电压低、匝数少、电流大的绕组。还有一种用于匝数较多的高压绕组的箔式绕组，金属箔的宽度由箔式绕组轴向电抗高度和沿绕组轴向分配的串联连接的线饼饼数以及线饼与线饼之间的绝缘高度来确定，多个线饼可以同时绕制，饼间有绝缘垫块构成饼间绝缘，绕制完成再进行串联连接，多饼箔式绕组是饼式绕组的特殊形式。箔式绕组金属箔的厚度由绕组承载的电流、金属箔宽度和导线截面积确定。当箔式绕组承载更大的电流时，需要采用金属板（铜板或铝板）绕制箔式绕组。箔式绕组空间利用率高，可自动绕制，生产效率高，而被干式变压器、配电变压器、容量较小的中小型电力变压器、工业用动力变压器等的低压绕组和干式变压器的高压绕组变压所采用。箔式绕组如图 2-22 所示。

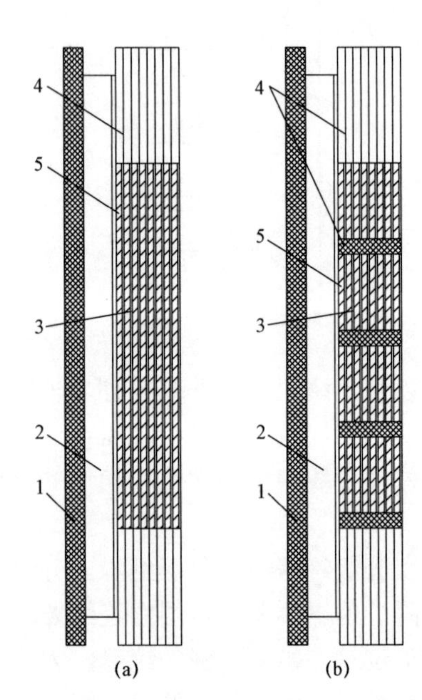

图 2-22　箔式绕组

（a）多层箔式绕组；（b）多饼箔式绕组

1—纸筒；2—油隙撑条；3—绝缘薄膜；4—绝缘端圈；5—金属箔

（3）连续式绕组。连续式绕组是由多个线饼沿绕组轴向串的同心式绕组，奇数线饼的导线从外侧向内侧依次排列，称为反饼；偶数线饼的导线从内侧向外侧依次排列，称为正饼。一个反饼和一个正饼成对组成一个双饼单元，多个成对的双饼单元串联，构成完整的连续式绕组。连续式绕组的线饼数必须是偶数，正、反饼之间通过翻绕法实现饼与饼之间的过渡。连续式绕组示意图如图 2-23 所示。

连续式绕组由两根或两根以上导线并联绕制时，为避免并联导线之间因匝链的漏磁通量不同产生环流引起绕组过热，需在反饼内侧和正饼外侧两个线饼过渡连接处进行换位，换位跨过两个线饼之间用于饼间绝缘和散热的油隙垫块隔开的空间。两根导线并联绕制时可以做到完全换位，超过两根以上导线并联绕制时则不能完全换位，大容量连续式绕组并联导线数一般不超过 8 根。在绕组设计和制造中，尽可能地实现并联导线完全换位，尤其是超过 4 根以上并联导线的场合，不完全换位要控制住最小范围内，连续式绕组并联导线换位如图 2-24 所示。

连续式绕组的变化形式有半连续式绕组和双连续式绕组。半连续绕组的一对正、反饼之间，或相邻的两个双饼单元之间不设冷却油道，用 1mm 厚的绕组隔开起到绝缘作用。半连续式绕组一般用在绝缘水平要求不高、绕组匝数和线饼较多、绕组温升不高的场合，半连续式绕组可以多根导线并联绕制，换位原理和方法同连续式绕组换位相似。

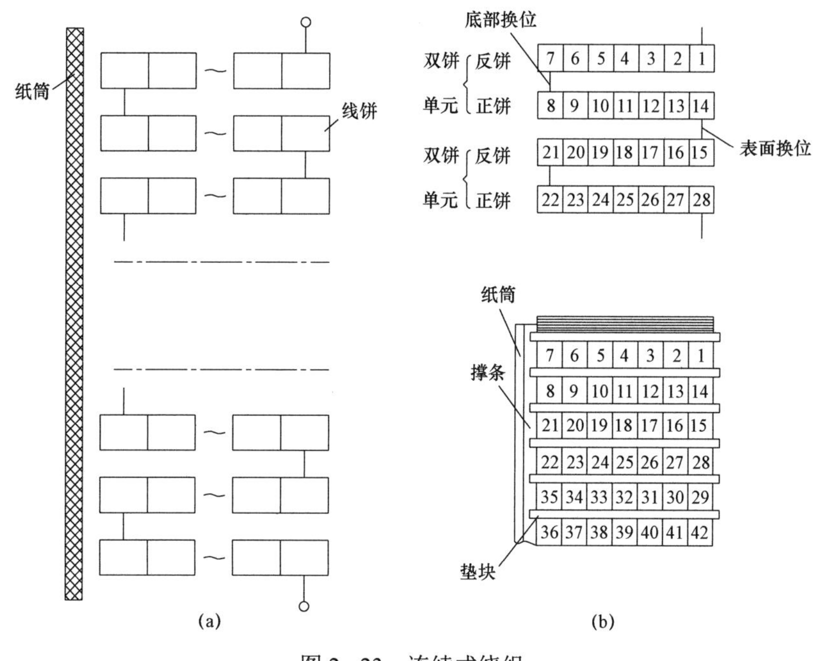

图 2-23　连续式绕组

（a）连续式绕组线匝排列；（b）连续式绕组断面图

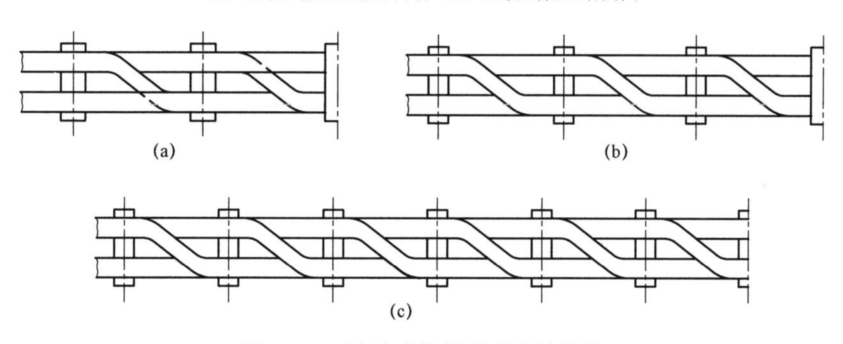

图 2-24　连续式绕组并联导线换位

（a）两根导线并绕；（b）三根导线并绕；（c）六根导线并绕

双连续式绕组由两个电压、电流、导线、匝数、线饼数相同的连续式绕组并联组成，两个并联的绕组必须同时绕制，并联绕制的两个线饼具有相同的电位和相同的阻抗。双连续式绕组适用于绕组匝数和单个连续式绕组线饼不多、电流比较大、绕成一个绕组时线饼温升较高的场合。当绕组温升允许的情况下，为了提高铁窗填充率，两个并联线饼之间可以同半连续绕组一样放置绝缘纸圈而省去一个散热油道。双连续式绕组如图 2-25 所示，双连续式绕组可以多根导线并联绕制，换位原理和方法与连续式绕组换位相似。

连续式绕组具有较好的机械强度和散热性，但承受冲击过电压的能力较差，连续式绕组的纵向电容较小，耐受雷电冲击过电压的性能较低，当受到雷电冲击时起始电压分布很不均匀，首端部分的线饼电位梯度较高，容易发生匝间或饼间击穿事故。连续式绕组适用于 110kV

以下电压等级的高压绕组。

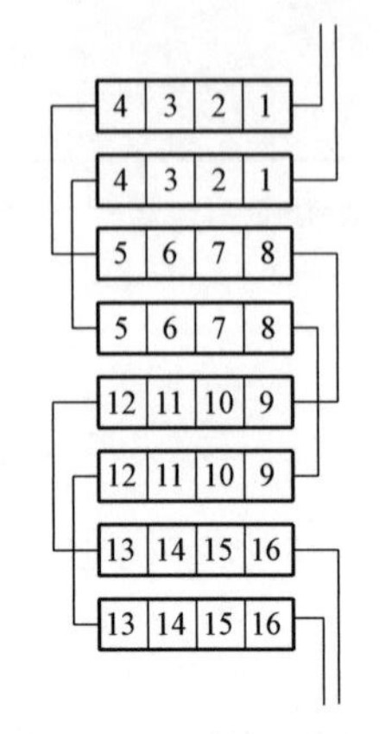

图 2-25 双连续式绕组

（4）纠结式绕组。当变压器的绕组受到雷电冲击过电压的作用时，人们总希望在雷电冲击电压作用的初始阶段，绕组的起始电压能够比较均匀地分布于绕组的各个线匝和线饼上，尤其是绕组端部数个线饼的电位分布，将影响整个绕组的性能乃至变压器的安全。为使绕组具有较好的耐受雷电冲击过电压的性能，人们发明了纠结式绕组。

纠结式绕组的线饼中，两个相邻的线匝之间不是电气上直接串联连接的关系，而是经过若干个线匝或间隔若干个线匝后再串联连接的特殊线饼，与连续式绕组一样由一个反饼和一个正饼成对组成一个双饼单元，多个成对的双饼单元串联，构成完整的纠结式绕组。纠结式绕组的外形和连续式绕组极为相似，是连续式绕组的特殊形式。

纠结式绕组线饼匝间电压差较大，提高了匝间电容，能够较好地对线饼的对地电容电流进行补偿，使冲击电压沿绕组线饼尤其是绕组端部线饼的电位分布比较均匀，提高了绕组纵绝缘承受冲击过电压的能力和安全。成对的纠结式绕组线饼底部（线饼内侧）连接线是连续的不需要剪断，称之为“连线”。线饼外部（线饼外侧）连线需要剪断重新连接，称为“纠线”，在连线和纠线位置可以对并联导线进行换位。

纠结式绕组的导线可以多根并联，由两根单导线绕制时称之为“1+1”纠结，由两根以上紧邻排列的并联导线绕制时，仍然是“1+1”纠结，只是此时线匝间的电容量变小，耐受冲击的能力下降，“1+1”纠结式绕组如图 2-26 所示。

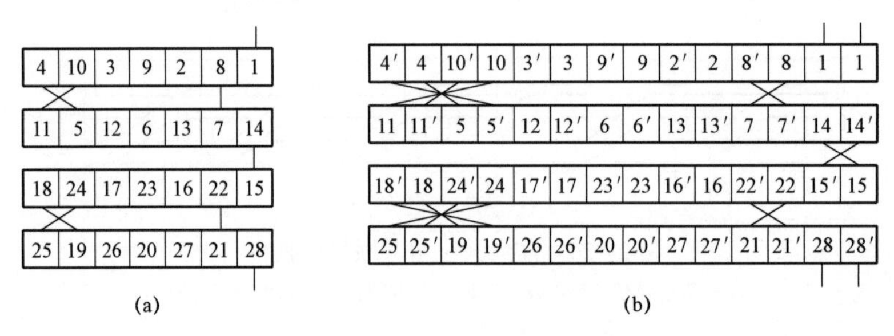

图 2-26 “1+1”纠结式绕组

（a）单根导线“1+1”纠结；（b）2 根导线并联“1+1”纠结

（5）纠结连续式绕组。纠结连续式绕组是纠结式绕组和连续式绕组的组合，为了降低线圈首端部分线饼的电位梯度，在绕组首端设置数饼纠结式线饼，而后接续绕制连续式绕组至完整的绕组，这样不仅满足了绕组电气强度的要求，又降低了绕组制造难度和制造成本，纠结连续式绕组如图 2-27 所示。纠结连续式绕组一般用在 330kV 及以下绝缘水平的绕组中。

（6）插入屏蔽式绕组。插入屏蔽式绕组又称插入电容式绕组，是在绕组的全部线饼或部分线饼的指定线匝间插入增加绕组纵向电容而不承担负载电流的导线。增加纵向电容的导线又称为屏线，屏线跨线饼插入绕组，通常有双饼屏、四饼屏、六饼屏等，插入屏蔽式绕组如图2-28所示。由于屏线无工作电流，因此通常采用厚度很薄、截面很小的导线。屏线的匝绝缘与所跨接的绕组匝数有关，跨接的线匝越多、电位差越大，需要的匝绝缘相对越厚。屏线的一端与紧邻的两根工作线匝中的一根连接，另一端悬空，为防止绕组工作时屏线悬空端发生局部放电，在包扎绝缘之前首先将断口处理光滑，再用半导体材料做好屏蔽，最后按要求包裹绝缘。

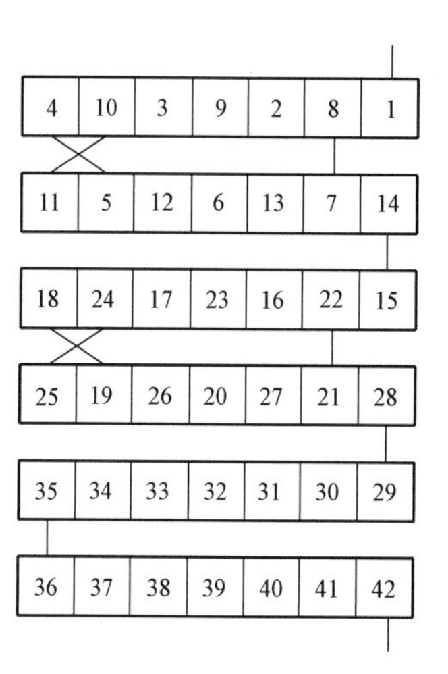

图2-27 纠结连续式绕组

插入屏蔽式绕组的纵向电容更大，耐受冲击电压的能力更强，同连续式绕组一样连续绕制，绕制时剪断线和连接焊线工作量小，绕制工艺比纠结式绕组简单，可靠性和工作效率高，最适合于用换位导线绕制的对冲击耐受水平要求高的绕组，尤其是用大截面换位导线绕制的超、特高压变压器高、中压绕组。根据波分布计算结果，确定绕组是全插入屏蔽或部分插入屏蔽。

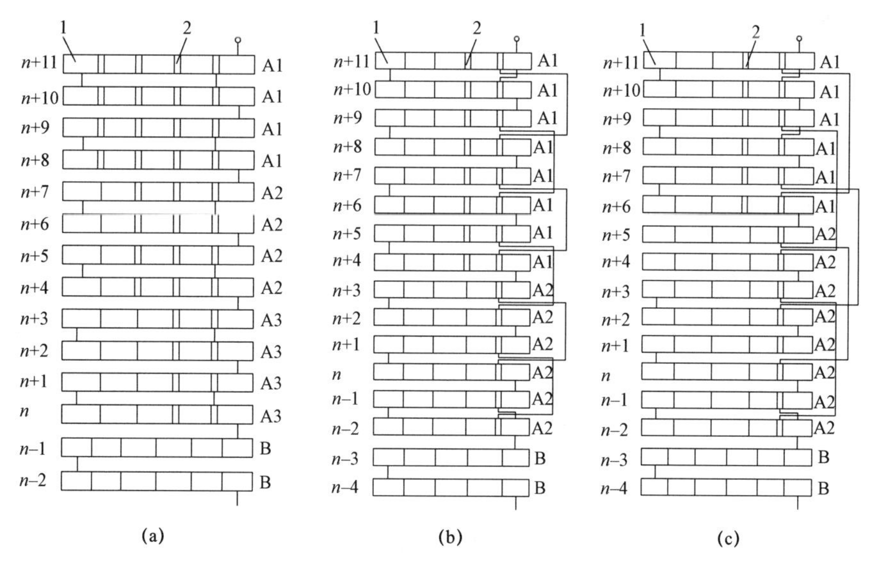

图2-28 插入屏蔽式绕组

（a）双饼屏蔽；（b）四饼屏蔽；（c）六饼屏蔽

1—线匝；2—屏蔽线

（7）螺旋式绕组。螺旋式绕组是由多根沿绕组辐（径）向并列排列的并联扁导线或换位导线，沿绕组轴像螺旋螺纹一样连续绕制而成。螺旋式绕组的显著特点是所有并联导线每绕一圈就称为一匝，即每一个线饼只有一匝电气匝数。每个线饼之间由绝缘垫块隔开，构成线饼（线匝）绝缘和散热通道。为了避免并联导线因匝链不等量的漏磁通而在并联导线中产生循环电流，产生较大的附加损耗，并联导线之间需要换位，而且尽可能做到完全换位。螺旋式绕组可以是单螺旋或多螺旋，多螺旋一定并联绕制，各螺旋之间电气上是并联关系（除调压绕组)。也可以“半螺旋”绕制，如单半螺旋式绕组、双半螺旋式绕组等。半螺旋式绕组与半连续式绕组的“半”含义相似，在满足绕组温升的前提下，两个匝线饼之间可以不设油道，仅用绝缘绕组隔开或设置只起绝缘而忽略散热作用小油道，以利于降低绕组高度，充分利用空间，螺旋式绕组如图 2-29 所示。

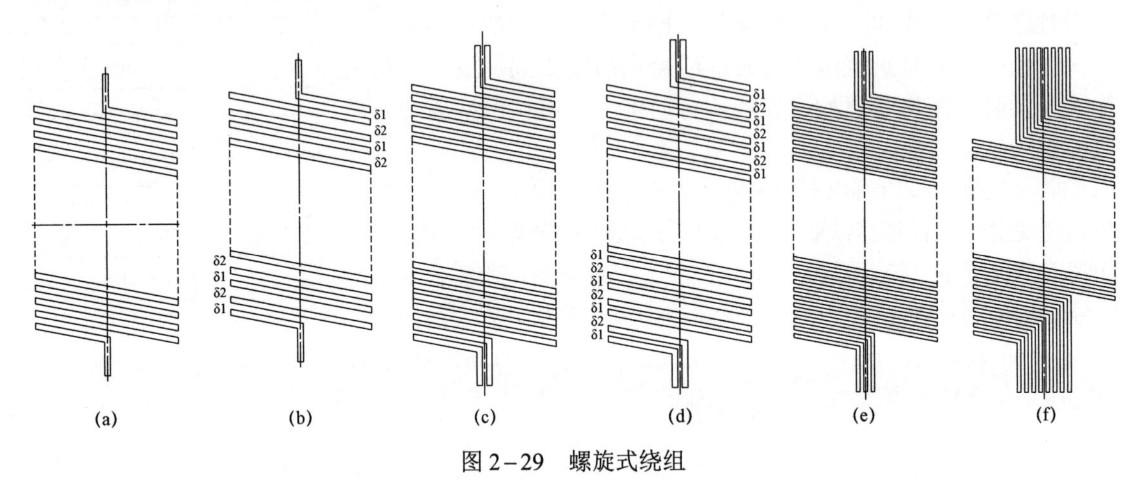

图 2-29 螺旋式绕组

(a) 单螺旋式绕组；(b) 单半螺旋式绕组；(c) 双螺旋式绕组；(d) 双半螺旋式绕组；(e) 三螺旋式绕组；(f) 八螺旋式绕组

为了满足绕组输出大电流的需要，多螺旋式绕组特别适合于绕制低电压、大电流或特大电流的低压绕组，有时也使用在调压绕组中。当变压器绕组中通过较大电流时，为了减少绕组自身的电阻损耗，采用截面较大的导线。单根大截面导线的尺寸即厚度和高度（或宽度）较大，在纵向漏磁通的作用下，导线厚度方向产生较大的涡流，使绕组的附加损耗大大增加；在横向漏磁场的作用下，绕组端部导线的高度方向产生更大的涡流损耗，因为涡流损耗与导线的厚度有关，当厚度增加一倍时，涡流损耗要增加四倍，通常绕组导线的高度尺寸是厚度尺寸的三倍以上，因此产生的涡流损耗远远大于导线厚度方向产生的涡流损耗。几何尺寸较大的导线不仅仅是增加附加损耗的问题，更重要的是引起绕组过热，尤其是绕组端部过热将引起导线匝绝缘的老化损坏引发绕组匝间短路故障。另外用几何尺寸较大的导线绕制绕组，对设备的要求较高，绕制者操作十分困难。为避免上述问题，最好的办法就是采多根导线并联的技术，在不降低总截面的情况下，减小导线截面，减小单根导线尺寸，尤其是导线厚度尺寸。

多根导线并联绕制绕组带来的问题是并联导线之间的循环电流。由于并联的每根导线在绕组中所处的位置不同，各根并联导线的长度不一样，电阻不相等，负担的电流不均匀，对应绕组的漏磁场不同，所产生的感应电动势不相同，使并联的导线之间产生循环电流。这个循环电流增加了变压器绕组损耗，提高了绕组的温升，加速了匝绝缘老化，易诱发运行事故。解决这一问题的最好办法就是多根并联导线在绕制绕组时进行换位，通过换位使并联导线在整个绕组辐向中的位置基本相同，实现对称分布，尽可能地使每根导线的长度一样、电阻相等、交链的漏磁通相等，每根导线分配的负载也电流相等。螺旋式绕组并联导线根数比较多，因此换位的方法也较多。

1）单螺旋式绕组换位方法有三种，即一次标准换位法（又称交叉换位法）、“212”换位法和“424”换位法。为使以下分析更加简明，从理想状态出发，忽略了绕组端部磁力线弯曲对换位效果的影响。

① 一次标准换位法，是在单螺旋式绕组电抗高度的中心（一半）处、绕组总匝数的 1/2 匝数处进行一次换位，这种换位使两根并绕的导线在绕组漏磁中的位置完全对称，基本实现了完全换位，单螺旋式绕组一次标准换位如图 2－30 所示。从图 2－30a 可以看出，两根并联导线在漏磁场中的位置基本相同，换位完全；从图 2－30b 中可以看出，三根并联导线在漏磁场中的位置不相同，1 号和 2 号导线匝链的漏磁通相同，而与 3 号导线匝链的漏磁通不相等，它们与 3 号导线之间存在循环电流，因此一次标准换位对超过三根以上并联导线是不完全换位，不适用三根以上并联导线的换位。用每根导线在漏磁场中的全部位置来判断并联导线是否完全换位的方法，可以用来分析多根并联导线绕制螺旋式绕组的换位情况。

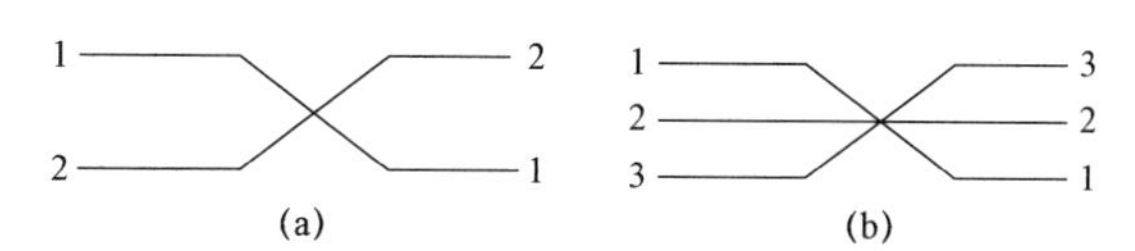

图 2－30　单螺旋式绕组一次标准换位

（a）两根并联导线一次标准换位；（b）三根并联导线一次标准换位

② “212”换位法，是将并联导线分成两组，在绕组总匝数的 1/2 处进行一次标准换位，在总匝数的 1/4 和 3/4 处各进行一次特殊换位。标准换位是将所有并联的小导线进行交叉换位；特殊换位是将两组并联导线的位置互位，每组并联导线中的小导线之间不换位，单螺旋式绕组“212”换位如图 2－31 所示。

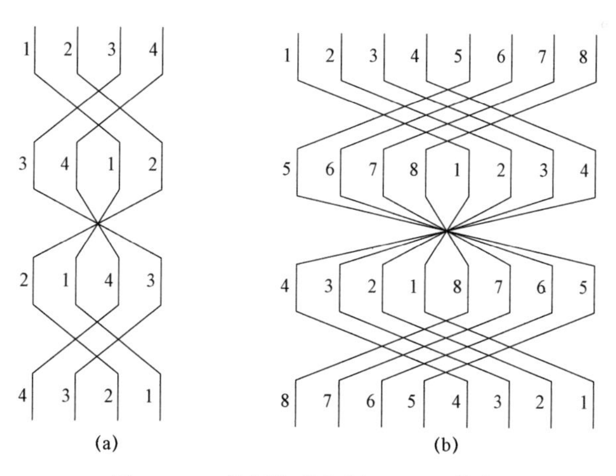

图 2－31　单螺旋式绕组“212”换位

（a）4 根并联导线；（b）8 根并联导线

“212”换位对 4 根导线并联绕制的单螺旋式绕组是完全换位，由图 2－31a 可以看出，4 根并联导线在漏磁场中的位置相同，导线长度相等，直流电阻相等，漏磁感应电动势相等，实现完全换位。对 5 根及以上并联导线绕制的单螺旋式绕组来说则是不完全换位，现以 8 根并联导线为例说明，如图 2-31b 所示 8 根并联导线。8 根并联导线绕制单螺旋式绕组采用“212”换位时，编号 1、4、5、8 的导线与编号 2、3、6、7 的导线在漏磁场中的位置不同，因此各并联导线感应的电动势不相等，它们之间会有循环电流，换位不完全。如果 8 根并联导线能进行两个“212”换位，便可以实现完全换位。通常采用“212”换位的单螺旋式绕组，并联绕制的导线根数不宜超过 16 根。

“212”换位法并联导线数是 2 的倍数，总匝数的 1/2 处、1/4 处和 3/4 处，也是绕组电抗高度的 1/2 处、1/4 处和 3/4 处，绕组以电抗高度 1/2 为中心，匝数、线饼数、油道数、油道高度等完全对称。

③“424”换位法，是将并联导线分为根数相同的 4 组，首先在总匝数的 1/4（或 3/4）处，以每组并联导线相对位置不变的方式进行一次标准换位；再在总匝数的 1/2 处，将分为根数相同的两组并联导线分别进行一次标准换位；最后在总匝数的 3/4（或 1/4）处以每组并联导线相对位置不变的方式再进行一次标准换位，单螺旋式绕组“424”换位示意图如图 2-41 所示。“424”换位法并联导线数一定是 4 的倍数，总匝数的 1/2 处、1/4 处和 3/4 处也是绕组电抗高度 1/2 处、1/4 处和 3/4 处，绕组以电抗高度 1/2 为中心，匝数、线饼数、油道数、油道高度完全对称。从图 2-32a 看出，8 根并联导线采用“424”换位尽管也不是完全换位，但效果比采用“212”完全换位要好得多，实际上“424”换位法是对“212”换位法的改进，更适合超过 16（4 的倍数）根并联导线的场合绕制单螺旋式绕组。图 2-32b 为 16 根并联导线“424”换位。

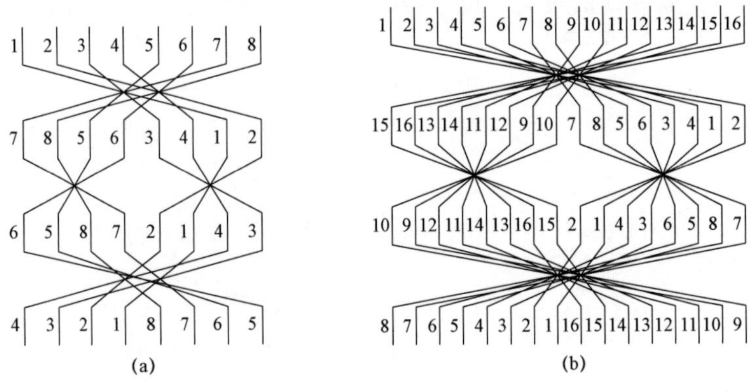

图 2-32 单螺旋式绕组“424”换位

（a）8 根并联导线；（b）16 根并联导线

“424”换位可以演变出另一种换位方式，两种 12 根并联导线“424”换位，如图 2-33 所示。图 2-33a 为方法一，标准的“424”换位；图 2-33b 为方法二，是演变的“424”换位。在方法二中，将并联导线分为根数相同的 2 组，首先在总匝数的 1/4（或 3/4）处将两组并联导线分别进行一次标准换位；然后在总匝数的 1/2 处将并联根数相同 4 组导线，以组内并联位置不变进行一次标准换位；最后在总匝数的 3/4（或 1/4）处将两组并联导线分别再进行一次标准换位。

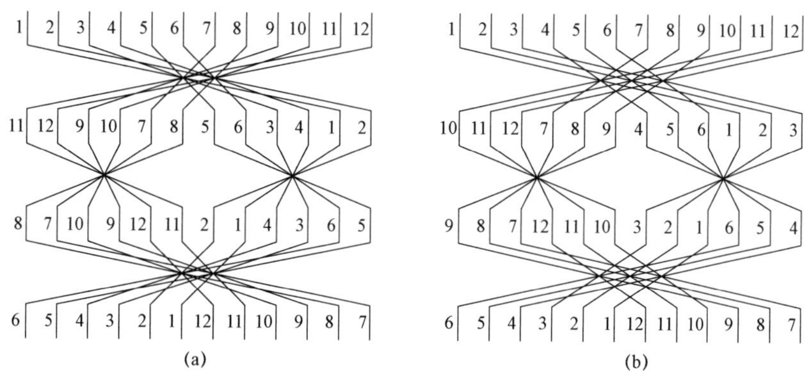

图 2-33　两种 12 根并联导线“424”换位

（a）方法一；（b）方法二

2）双螺旋式绕组的换位可以按每个螺旋像单螺旋式绕组一样换位，但这样做对于并联导线较多的场合不仅难于实现完全换位，同时绕制异常困难，为此人们针对双螺旋式绕组的特点，推出了均布交叉（又称均匀交叉）换位法。均布交叉换位法，是将两个并联导线数相同的单螺旋式绕组总的并联导线数作为换位次数均匀地分配在绕组总的并联匝数中。换位在两个螺旋并联线匝（饼）之间进行，其中将第一个螺旋线饼最外侧的一根并联导线转移到第二个螺旋线饼的最外侧，同时将第二个螺旋线饼最内侧的一根并联导线转移到第一个螺旋线饼的最内侧，这样就完成了第一个交叉换位，如此按照均匀的节距继续进行交叉换位，最终完成一次均布交叉的全部换位，均布交叉换位如图 2-34 所示。

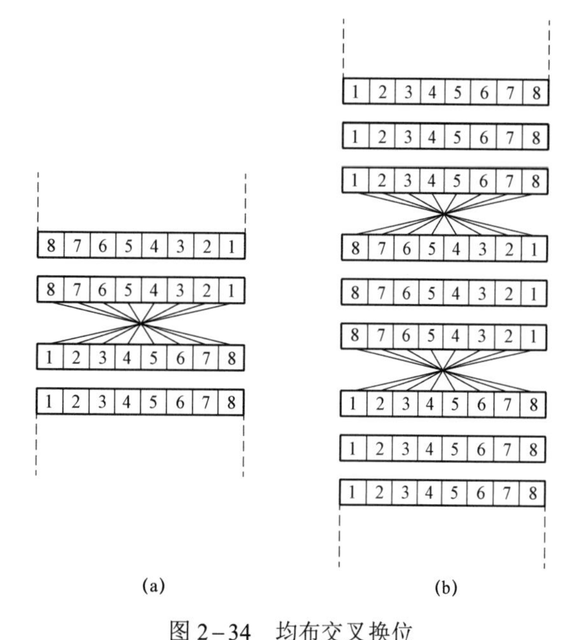

图 2-34　均布交叉换位

（a）8 根导线一次均布交叉换位；（b）8 根导线两次均布交叉换位

一次均布交叉换位的换位效果比“424”换位法要好得多，重复一次均布交叉换位成两次均布交叉换位，两次均布换位的效果比一次均布换位的效果又好了一些，但仍然不是完全换位。

由于磁力线在绕组端部弯曲，影响了完全换位的效果，因此采用了多次均布交叉换位的方法，尽可能地将换位效果做得更好。这里通过介绍改良了的三次均布交叉换位法来说明提高完全换位的效果，三次均布交叉换位如图 2-35 所示。在三次均布交叉换位中，第二次均布交叉换位时两个并联线饼之间的单根导线换位转移设定的节距比第一次和第三次均布交叉换位要大一些，也就是说完成第二次均布交叉换位需要的匝数比完成第一次和第三次均布交叉换位所需的匝数要多，通常第一次和第三次均布交叉换位各占用绕组总匝数的五分之一，第二次均布交叉换位占用绕组总匝数五分之三。如果工艺许可，多次均布交叉换位是双螺旋绕组最好的换位方法，尤其是在并联铜扁线根数比较多的场合，更适宜采用多次均布交叉换位的方法。当均布交叉换位次数比较多时，绕组两端的换位匝数分区不需要特殊处理，按整个绕组匝数均匀分区就可以了。使用多根换位导线并联绕制双螺旋式绕组时，均布交叉换位次数最多不超过三次，不仅可以满足均流的效果，还使绕制绕组的效率大大提高。

3）多螺旋式绕组每一个螺旋有相同数量的扁导线并联，这种多螺旋式绕组（螺旋为 2 的倍数）的换位十分复杂。为了简化绕制工艺，可将相邻的螺旋两两分组，根据计算确定采用“212”换位或“424”换位，在“212”换位或“424”换位的每个换位区间内，两个螺旋之间进行均布交叉换位，这种组合的换位方法将产生较好的换位效果，同时也简化了复杂的工艺。

用换位导线绕制多螺旋式绕组最适合于调压绕组，如果每一螺旋只有一根换位导线（一个螺旋是一个调压级），多螺旋之间不需要换位；单螺旋并联绕制的换位导线，每根换位导线是一个调压级时并联导线之间也不需要换位；只有每一级调压由多根导线并联时才考虑使用最简洁的换位方法，这种现象只有在特大容量变压器中，且调压绕组电流特大的情况下才可能出现。

螺旋式绕组还有一种双层式结构，如双层单螺旋式绕组、双层双螺旋式绕组和双层多螺旋式绕组，双层螺旋式绕组如图 2-36 所示。双层螺旋式绕组的换位方法与单层螺旋式绕组的换位相同，只是又重复了一遍。对于轴向并联的导线，可以在第一层螺旋向第二层螺旋升层时对两组轴向并联的导线进行一次轴向换位，双螺旋式绕组也可以采取同样的方法对双螺旋进行一次轴向换位。

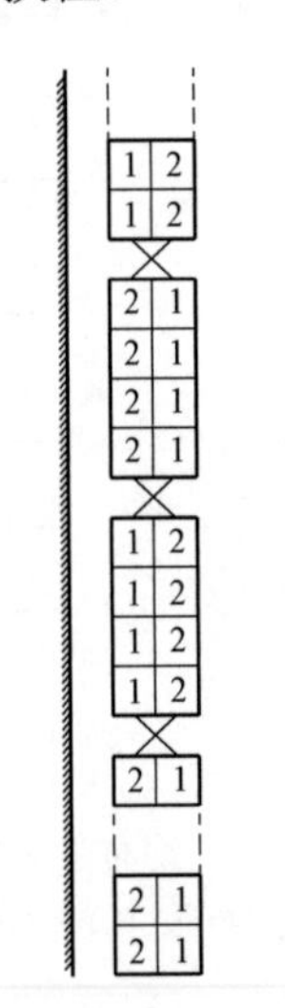

图 2-35　三次均布交叉换位

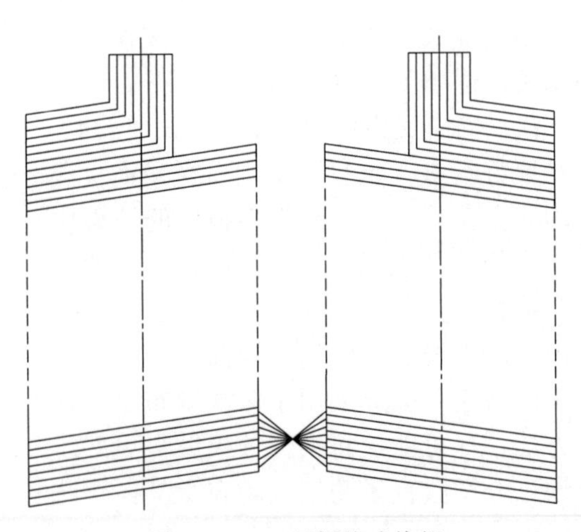
图 2-36　双层螺旋式绕组

（8）移相绕组。用作改变连接组相位的绕组称之为移相绕组。将一个绕组分为两个相互独立的部分，一部分作为基本绕组，另一部分则作为改变相位的移相用绕组。移相绕组本身不能自己独立改变连接组相位，必须经过改变三相绕组首、末端引线之间的连接关系来实现移相。例如，某相移相绕组的一个接线端并不与本相电源相连接，而是与其他相电源相连接，或者不与本相另一个绕组相连接，而与其他相绕组相连接。移相后三相绕组再连接成曲折星形连接或曲折三角连接实现连接组相位角的变化，相位角变化的大小由相互连接的两相绕组的匝数比决定，相位角变化的方向由相连接的两相电压组合决定，移相绕组连接如图2-37所示。移相绕组常用于多脉波整流的变流变压器，可以根据电压等级、电流大小、试验要求等选择绕组形式。

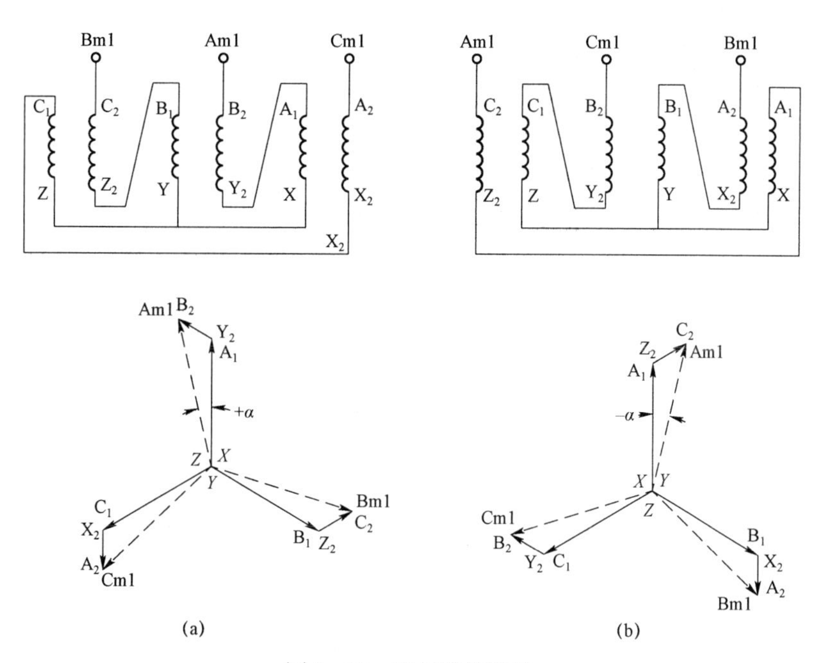

图2-37　移相绕组连接

(a) 正相位移连接；(b) 负相位移连接

(9) 交叠式绕组。交叠式绕组适合于电压等级比较低、电流比较大、匝数比较少、承受短路能力要求比较高的场合，常用于电炉变压器结构中，尤其是电弧炉、钢渣炉等运行在反复短路的工作环境下。分段的高压绕组基本是串联连接，多段低压绕组是并联连接。交叠式绕组也可以是多根导线并联连续绕制，换位方法与连续式绕组相同，在正、反饼底部或表面进行。

3. 绕组导线

变压器绕组用导线种类很多，单根导线不仅可以单独使用，还是各种组合导线的单元线。导线的材料为铜和铝，铜导线电阻率较小，强度较高，应用的场合十分普遍；铝导线电阻率较高，强度较差，应用范围较窄，适用于浇注式干式变压器和电抗器等产品。单根导线的形状为圆形或矩形，圆导线用于容量较小的配电变压器，表面漆包或者丝包，有时外包电话纸；矩形导线又称扁线，几乎所有变压器都可以使用，是组合导线、换位导线的素线，表面可以涂绝缘漆或包电缆纸，通常称为漆包铜扁线或纸包铜扁线。纸包铜扁线如图2-38所示。

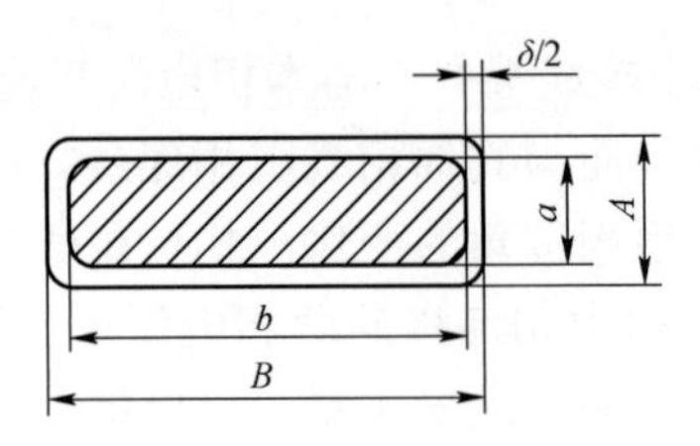

图 2-38 纸包铜扁线

a—裸铜扁线导体厚度标称尺寸；b—裸铜扁线导体宽度标称尺寸；

δ—导线绝缘两边厚度；A—包绝缘后纸包铜扁线厚度尺寸；B—包绝缘后纸包铜扁线宽度尺寸

（1）组合导线。组合导线（又称复合导线）是目前广为采用的一种导线。组合导线是将两根及以上数量的纸包扁线经辐向或轴向组合、重叠排列的一组导线。由于并联小导线具有相同的电位，导线间的绝缘要求较低，因此单根小导线的外包绝缘较薄。小导线经组合后再统包公共绝缘，统包公共绝缘的单边厚度加上单根小导线外包绝缘的单边厚度等于正常导线的单边绝缘厚度。可见组合导线能够缩小导线总尺寸，提高变压器铁窗填充系数，降低成本和损耗，组合导线如图 2-39 所示。

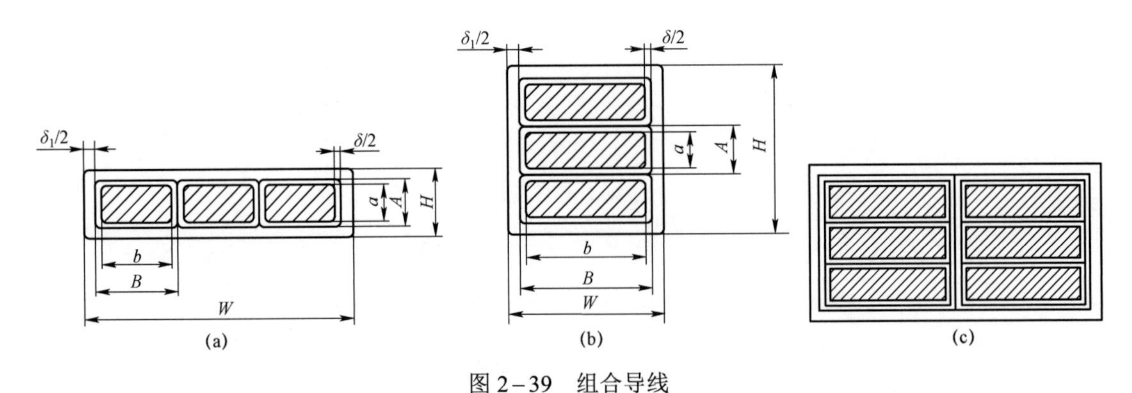

图 2-39 组合导线

（a）辐向组合导线；（b）轴向组合导线；（c）多重组合导线

由于沿绕组整个高度和辐向并联小导线所处的漏磁不同，匝链到的漏磁通量不同，将在它们之间产生循环电流，危及变压器安全运行，所以并联的小导线必须换位。通过换位，可以确保各并联导线所交链的漏磁通总量尽可能接近相等。为使绕组绕制方便，减少单根组合导线换位次数，其辐向并联小导线数不宜超过 3 根，轴向并联小导线数不宜超过 4 根，换位节距由设计确定。单根组合导线轴向有并联小导线，同时辐向也有并联小导线时，辐向组合最多两列，两个方向同时组合的组合导线称为多重复合导线。单根组合导线中的小导线（辐向并联）之间换位，通常称之为小换位，小换位是在换位点将组合导线的公共绝缘打开，剪断小导线进行换位焊接，将焊点打磨光滑对小导线重新包绝缘至规定的匝绝缘厚。

组合导线可以多根并联。由于并联导线在绕组端头不可避免地要与外部引线连接在一起，因此并联的组合导线之间也需要换位，换位可以仿照单根导线并联换位的方式进行换位，换位时不需将线剪断，也不需打开绝缘，并联的组合导线之间换位通常称之为大换位。假如绕组线匝辐向宽度上用（比如说）4 根导线并联，则在绕组整个轴高度上就需要分出 4 个或 8

个等距离的线段，在分段处进行换位。

单根组合导线小导线之间换位和并联的组合之间换位必须结合起来，已取得更好的换位效果。组合导线制造工艺简单，成本不高，广泛用于高压绕组、中压绕组的绕制。

（2）换位导线。绕组处在复杂的漏磁场中，尤其端部由于磁力线弯曲和不平衡引起的横向漏磁对绕组的换位效果、损耗、发热等影响更大。之前所述的单螺旋、双螺旋和多螺旋式绕组的换位方法，实际上都不能做到完全换位，特别是对特大型变压器的低压绕组，由不完全换位带来的附加损耗（涡流损耗和环流损耗）可达基本损耗的 30%甚至更高。人们在研究绕组换位技术中，发明了换位导线。

换位导线中的小导线为漆包扁线，节省了并联小导线的纸包绝缘，使绕组结构更加紧凑，提高了铁窗的填充率，缩小了铁窗尺寸，整机尺寸和重量都有所降低，节省材料，降低了成本。由于换位导线并联根数较少，因此绕制工艺简便，生产效率高，质量易于控制。

换位导线是将一组并联的小导线在绕制绕组之前就预先完成多次换位，原理同电缆线一样向一个方向绞合，只不过铜扁线的绞合是由两列导线通过上、下两个不同方向的 S 弯同时交叉换列而成，绞合后的换位导线基本保持矩形形状，外部由网包袋或电缆纸固定。换位导线小导线的换位节距是根据小导线的宽度、绕组的最小直径等因素确定的，换位导线如图 2-40 所示。换位导线制绕组，因为每一根并联的小导线在整个绕组中重复数十次甚至数百次两列位置、上下循环换位，使得并联小导线受绕组漏磁的影响最小。单根换位导线中并联小导线的数量最少为 5 根，最多已经超过 121 根。

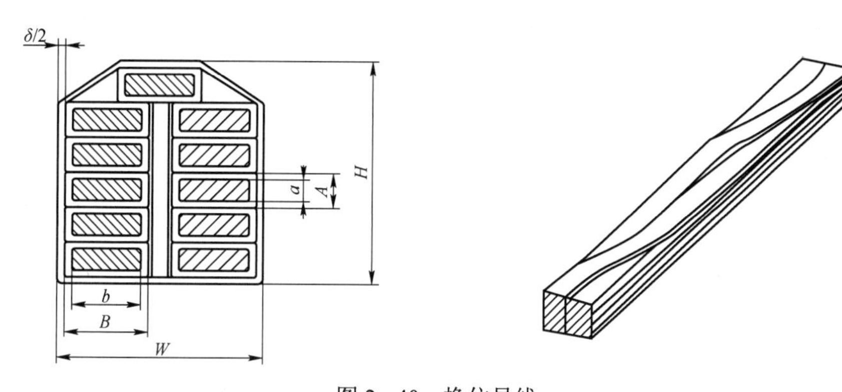

图 2-40　换位导线

对大电流绕组仍然需要用多根换位导线并联绕制，但换位导线的并联根数远少于用普通扁线绕制大电流绕组的并联根数。并联的换位导线之间也需要换位，其原理和方法与之前介绍的并联扁线换位原理和方法相同。多根小导线绞合成的换位导线，大大降低了导线在绕组漏磁中的纵向和横向涡流损耗，并联换位导线间的换位解决了多根并联导线因换位不完全带来的环流损耗，二者结合获得完全换位的效果。并联的换位导线也可以做成组合换位导线。

换位导线中的并联小导线尺寸较小，自身强度不高，以及绞合成型的换位导线整体性相对较差是换位导线的弱点。为了提高普通换位导线的强度，研制出了自粘换位导线。自粘换位导线的小导线表面涂有自粘漆，经热固化将绞合的并联小导线粘合成一体，使得换位导线刚性强度在常温下达到非自粘换位导线的 4 倍以上，大大提高了换位导线整体抗弯强度，克服了自身不足。

自粘换位导线以其优越的综合性能，广泛应用于变压器绕组，但是长时间处在工作温度高于 100℃环境下，自粘换位导线的刚性和机械强度会有所下降，降低自粘效果。为弥补自粘换位导线的不足，使自粘换位导线能够在变压器最高运行温度 120℃下长期运行保持整体刚度和较高的机械强度，又研制出耐热自粘换位导线。耐热漆包扁线的自粘漆膜具有优良的耐热性能，在 120℃条件下粘结强度仍能保持在常温粘结强度的 60%以上，刚性强度（固化系数）保持在非自粘换位导线的 4 倍以上。耐热自粘换位导线绕制成绕组后的干燥固化特性曲线适应电力变压器制造工艺，并且与变压器油保持良好的相容。

为了进一步提高变压器绕组承受突发短路的能力，要求变压器绕组使用的导线具有极好的抗拉强度和抗弯强度，为此，经特殊冷加工工艺处理的半硬导线（又称硬化导线）得到广泛使用，硬化后的导线屈服强度比普通导线提高 2 倍以上，抗弯强度提高 3 倍以上。

导线硬化技术可以在各种导线中使用。

特大截面的换位导线需要解决导线的散热问题，为了提到特大截面换位导线的散热效果，以网格绝缘带捆绑技术取代了绕包绝缘纸固定换位导线，网包换位导线的漆包扁线直接与变压器油相接触，可以改善散热界面，降低热阻，提高绕组的散热效率，同时也提高了铁窗填充率，降低了产品重量。

硬化导线、耐热自粘漆（含自粘漆）可以同时用于换位导线的制作，网格带捆绑型换位导线仅适用于电压较低的低压绕组。综合各种技术，可以根据技术要求选择不同的换位导线，如纸绝缘耐热自粘缩醛漆包换位导线、纸绝缘耐热自粘缩醛漆包硬化换位导线、捆绑型耐热自粘缩醛漆包换位导线、捆绑型耐热自粘缩醛漆包硬化换位导线等。

4. 绕组绝缘

根据绕组首端和末端（中性点端）的绝缘水平是否相同，绕组绝缘分为全绝缘和分级绝缘两种结构。绕组首末端绝缘水平相同时称为全绝缘，不相同时则称为分级绝缘。分级绝缘的绕组首末端采用不同的绝缘，可以简化绝缘结构，提高铁窗填充率，节省材料，降低成本，制造业相对容易一些。分级绝缘的绕组只在 110kV 以上电压等级、中性点接地的绕组中采用。

变压器运行中除了要承受工作电压的作用，还要承受工频过电压、大气过电压和操作过电压等作用，首当其冲绕组接受、承担和传递了这些电压，这些电压需要绕组绝缘来承担。绕组绝缘包括了主绝缘和纵绝缘。主绝缘指每个绕组对接地部分绝缘，如绕组与铁心柱和旁轭之间的绝缘（包括铁心拉板）、绕组端部对铁轭之间的绝缘（包括夹件、压钉等金属构件等）；绕组与本相其他绕组之间和与其他相绕组（包括引线）之间的绝缘。纵绝缘是指绕组自身线匝之间、线饼之间、线层之间、线段之间的绝缘。

绕组常用绝缘材料包括绝缘漆、绝缘纸和绝缘纸板等。

（1）绝缘漆。绝缘漆是漆类中的特种漆，以高分子聚合物为基础，是成膜物质溶解于溶剂中的胶体溶液，涂覆在导线表面并在一定条件下固化成膜，构成绕组并联导线间的绝缘，如换位导线、复合导线的单根导线，以及配电变压器的漆包圆线等（以电缆纸作为匝绝缘的单根导线可以不涂漆）。绝缘漆按耐温能力分为七个等级，包括 Y 级：90℃；A 级：105℃；E 级：120℃；B 级：130℃；F 级：155℃；H 级：180℃；C 级：180℃以上。变压器常用的漆包铜扁线有 120 级缩醛漆包线，130 级聚酯漆包线和聚氨酯漆包线，155 级改性聚酯漆包线，180 级聚酯亚胺漆包线，200 级聚酰胺酰亚胺漆包线，220 级聚酰亚胺漆包线等。

（2）绝缘纸。油浸式变压器常用的绝缘纸包括电话纸、皱纹纸、金属皱纹纸、点胶绝缘纸等。

电缆纸的热稳定性比电话纸要好，主要用作变压器绕组导线绝缘、层间绝缘、覆盖绝缘、引线绝缘等。电缆纸有普通电缆纸、高密度电缆纸、耐热纸、NOMEX 纸等，除 NOMEX 纸厚度较厚外，其他电缆纸的厚度在 0.045～0.125mm。不同特性的电缆纸适应不同的工作环境，高密度电缆纸通常用在 330kV 电压等级以上的产品中；耐热纸用在温升要求较高的工作环境下；NOMEX 纸则用在温度更高的工作环境下，尤其是干式变压器应用最多。

1）电话纸，主要用在电压等级较低的配电变压器绕组导线绝缘、绕组的端绝缘、引线绝缘等。

2）皱纹纸，由电缆纸经起皱工艺处理后获得，伸长率为 15%、20%、30%、50%、100%、200%和 300%的皱纹纸具有较好的拉伸强度，常用于油浸式变压器的绕包绝缘，如绕组出头、引线及静电屏的绝缘包扎等；覆盖绝缘，如层式绕组、静电屏、接地屏的端部包裹、反折角环、异形覆盖等。由于使用的基纸不同，皱纹纸分为普通和高密度两种，高密度皱纹纸适用于单方向拉伸和承受电压较高的要求。普通皱纹纸适用于双方向拉伸的场合，由于其垂直于长度方向拉伸率约为 20%，所以特别适用于厚绝缘且需弯折的引线绕包绝缘。

3）金属皱纹纸，是皱纹纸的特殊种类，由基纸和 0.0075mm 的铝箔复合而成（粘贴或喷涂）然后起皱成金属皱纹纸。金属皱纹纸的伸长率约为 60%，是包裹任意形状、表面光滑的电屏蔽材料。

4）点胶绝缘纸，是电缆纸的特殊种类，由电缆纸的单面或双面涂以环氧树脂胶点而成。点胶绝缘纸作绕组的匝绝缘和层绝缘，在 105～120℃下烘焙 80～40min 后胶层固化，与导线或各层层间纸粘结在一起，增加机械强度，提高层式绕组承受短路机械力的能力，常在中小型变压器和特种变压器中使用。

（3）绝缘纸板。绝缘纸板是油浸式变压器绝缘结构中的主要固体绝缘材料，包括电气用压纸板和薄纸板。压纸板是用完全由高化学纯的植物性原料构成的纸浆制成的板，其特点在于密度较高、厚度均匀、表面光滑、机械强度高、柔韧性、抗老化性和电绝缘性好，表面可以是光滑的或有网纹的。薄纸板是用完全由高化学纯的植物性原料构成的纸浆制成的多层纸，其特点在于密度和厚度均匀、表面光滑、机械强度高、柔韧性、抗老化性和电绝缘性好。采用的高化学纯的植物性原料主要是木质纤维或掺有适量棉纤维的混合纸浆，掺入一定比例的棉纤维后纸板抗张强度好，容易吸入较多的变压器油。根据不同的原材料配比和使用要求，绝缘纸板可分为 50/50 型纸板及 100/100 型纸板两种型号。压纸板经热压工艺成型，薄纸板经连续滚压成型，根据不同的工艺过程压纸板和薄纸板还可制成预压纸板、压光纸板和上光纸板。

压纸板在变压器绝缘中作为主绝缘的隔板（纸筒）、分割油隙的撑条、垫块、绕组端部绝缘、铁轭绝缘、压制绝缘、支撑绝缘等广泛用途。

（4）绝缘纸筒。为了提高绕组抗短路能力，通常将内绕组直接绕在绝缘纸筒上，既是绕组的支撑骨架，又是绕组主绝缘的一部分。用于绕组骨架的绝缘纸筒必须有足够的机械强度，因此需要预先制成整体成型的绝缘筒，圆筒式绕组和辐向尺寸较小的调压绕组也需要绕在绝缘纸筒上，绝缘纸筒的厚度由设计计算确定，通常选择压纸板的厚度在 3～8mm 之间，但不得小于 3mm（配电变压器除外）。成型绝缘筒有时也用来支撑带有高电位的部件，部件较重时需要较厚的绝缘纸筒才能确保支撑强度。

变压器内部广泛采用薄纸筒小油隙绝缘结构，一是将较大的油隙分割成耐受电压较高的小油隙，以提高油纸绝缘的性能；二是隔断变压器油中杂质在电场作用下形成的小桥，防止小桥构成放电通道；三是为变压器内部部件冷却形成变压器油流通的散热通道。用作分割油隙的薄纸筒起到绝缘隔障的作用，由厚度在 1～3mm 压纸板预先滚制成型的开口筒（直径较小时）或分片纸筒（直径较大时），由人工在使用时直接围绕成型并用绝缘带固定，搭接口处重叠长度因压纸板厚度而异，一般不小于 30mm。

（5）撑条。撑条将绝缘纸板隔开形成油隙，与绝缘纸板共同组成薄纸筒小油隙绝缘结构，同时也构成绕组和器身的纵向冷却油道。用于绕制绕组的撑条通常用热压纸板经分切、铣削成型，横截面形状为 T 形、梯形和矩形，撑条截面如图 2-41 所示。

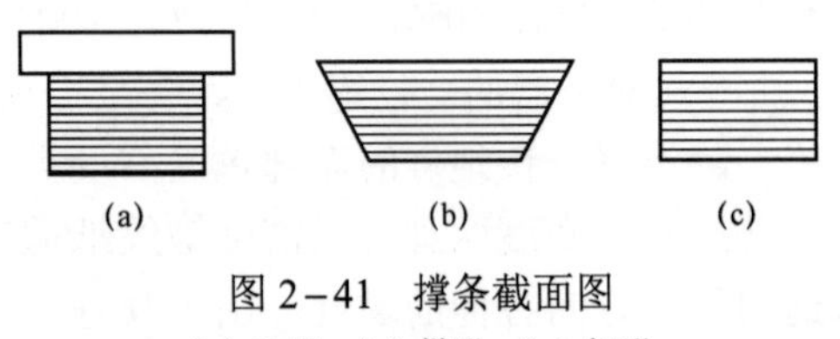

图 2-41 撑条截面图

（a）T 形；（b）梯形；（c）矩形

用于分割油隙的撑条为矩形，可以由热压纸板加工成型，也可由 1～3mm 厚的压纸板分切成条状，再根据需要组合厚度。

（6）垫块。垫块是绕组纵绝缘的一部分，同时构成绕组的横向冷却油道。垫块的厚度一般在 1～6mm，特殊需要时超过 6mm，由单层压纸板或多层压纸板组合而成。垫块厚度和沿绕组纵向分布由纵绝缘计算和温升计算确定，宽度由绕组温升计算其横截面一周需要的个数和绕组轴向机械力计算确定。垫块单边或双边开槽，开槽形状为 T 形、鸽尾形，垫块位于绕组辐向外侧用于固定撑条时缺口常开成 U 形，垫块开槽如图 2-42 所示。垫块周边不应有毛刺，用于超高压、特高压变压器的绕组时，垫块不仅需要倒角去毛刺，表面还需要铣削掉压纸板表面的网纹。

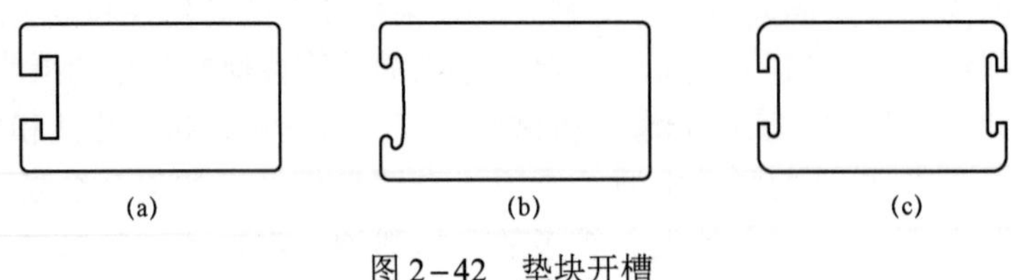

图 2-42 垫块开槽

（a）T 形槽；（b）鸽尾槽；（c）双侧槽

（7）绕组端部绝缘。绕组端部绝缘包括绕组端圈、静电板等。

没有静电板的绕组两端均设有绕组端圈，端圈用于绕组端部找平，保护绕组端部线饼，提高绕组端部的机械稳定性，是绕组端部主绝缘的一部分。端圈有裹制端圈、热压纸板加工端圈等配电变压器。裹制端圈适用于辐向较小的绕组端部找平，如调压绕组、圆筒式绕组等。层压端圈应用较广，只要绕组辐向稍大一些就可以方便制作，平端圈用于饼式绕组，斜端圈用于螺旋式绕组等，不同绕组端圈如图2-43所示。

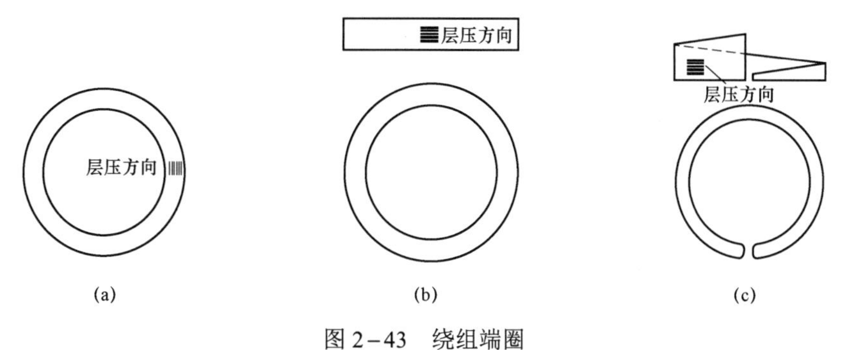

图2-43 绕组端圈

（a）裹制斜端圈；（b）层压平端圈；（c）层压斜端圈

静电板用来屏蔽和均匀绕组端部电场，以改善绕组端部电场分布，同时还可以改善冲击电压作用时绕组端部的起始电压分布和首端几个线饼的电位梯度。

静电板的环形骨架材料是层压纸板，骨架面朝铁轭面的棱角倒角较大，面向绕组面的棱角倒角较小。环形骨架上饶有薄铜带、铜网带或铝箔屏蔽纸。每匝薄铜带之间需要绝缘，每隔几匝需用一段短接铜带将薄铜带连接起来，目的是减少冲击电压作用时绕制薄铜带的电感效应。用铝箔屏蔽纸绕制静电板时需用两层，第一层铝箔朝外，第二层铝箔朝内，两层铝箔屏蔽纸之间夹等位线或带。绕制一周的电屏不能形成闭合的环，起始端与结束端必须绝缘，起始端绝缘后结束端还必须对起始端进行覆盖，覆盖长度不小于50mm。绕制电屏需用外包绝缘的电位连线引出，以便与绕组引出端连接。静电板绕制完电屏后，外部用绝缘纸包裹至规定的厚度，表面保持光滑，无折皱或凹凸不平，经压制后定型，静电板如图2-44所示。

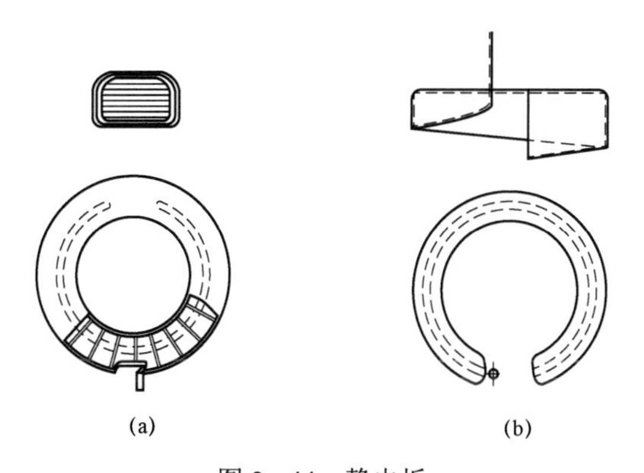

图2-44 静电板

（a）薄铜带绕制；（b）铝箔屏蔽纸绕制

辐向较小的绕组如调压绕组，静电板的形状略有不同，但制作原理和要求相同。有时为加强静电板的强度和屏蔽效果，直接用异型金属棒制作静电板，此时常称之为静电环，异型开口金属环周边不得有尖角毛刺，开口端必须倒角进行圆滑处理，电位线必须牢固焊接去毛刺后包绝缘引出，静电环外包绝缘必须均匀、紧实、光滑，异型均压环如图 2-45 所示。

层式绕组的静电环一般用金属棒（如圆铜棒）制作，制作方法和要求与异形金属环制作相似，所不同的是除第一层和最后一次的静电环引出线与绕组的出线端连接外，中间各层的静电环必须与其紧邻的第一个线匝连接，并包好匝绝缘，不需引出连接，圆筒式绕组均压环如图 2-46 所示。

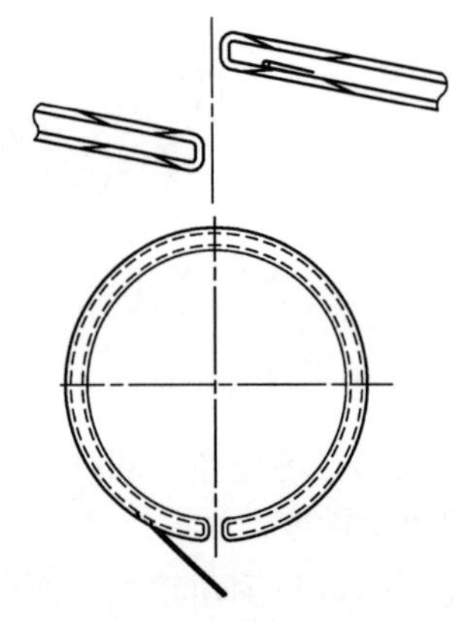

图 2-45　异型均压环（异形金属棒）

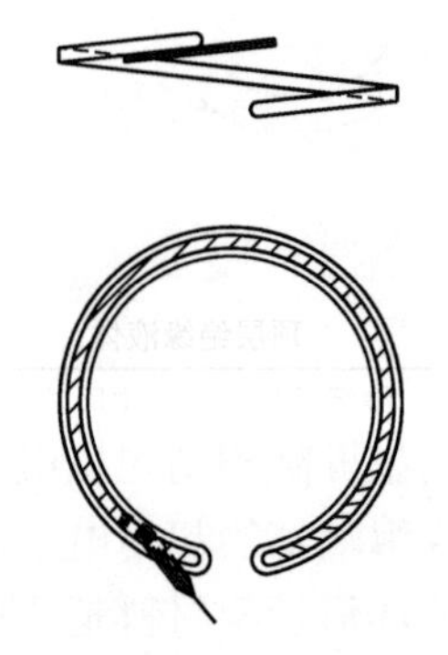

图 2-46　圆筒式绕组均压环

（8）层式绕组绝缘。在层式绕组中，撑条既是层间绝缘的一部分，又是冷却绕组的油道。层式绕组用撑条由厚压纸板或层压绝缘纸板经分割、倒角制成，通常为矩形，宽度和厚度在 3～8mm 之间，层间绝缘通常由宽幅电缆纸绕制而成，其厚度由两层绕组间最大电位差确定。

5. 绕组温升

变压器在运行时，绕组中流通的电流作用在绕组电阻上产生电阻损耗，漏磁作用在绕组导线上产生涡流损耗，多根并绕的导线换位不均匀产生环流损耗等，这些损耗在绕组内部转变为热使绕组温度升高，绕组温度高出变压器内部冷却油的平均温度部分称为绕组的温升。

（1）绕组绝缘的热寿命。在长期运行中，由于绕组发热的作用使绕组绝缘材料逐渐老化，电气性能和机械性能逐渐下降，一是影响绕组绝缘的寿命和机械性能，二是绝缘老化降低了绝缘材料的性能，将引起绕组匝间短路故障等。变压器绕组的使用寿命与变压器长期运行的温度密切相关，绕组的绝缘寿命与变压器的寿命相同，一般要求不低于 30 年，对于特高压电压等级或重大工程的变压器，其寿命要求为 50 年，可以认为绕组的寿命决定了变压器的寿命。通常温度每升高 6℃，绝缘材料的寿命降低一半；反之，温度每降低 6℃，绝缘材料的寿命提高一倍，这就是温度作用下的绝缘寿命 6℃定则。

绝缘材料的耐热等级分为七个级别，每一级别规定的温度值表示该等级的绝缘材料最高许用温度，在规定的许用温度下，可以保证绝缘材料在变压器的使用年限中的绝缘性能和机械性能，从而保证变压器的使用寿命。绝缘材料耐热等级见表 2-1。

表 2-1　　绝缘材料耐热等级

绝缘材料耐热等级	Y	A	E	B	F	H	C
最高许用温度/℃	90	105	120	130	155	180	＞180

油浸式变压器常用绝缘材料为 A 级，特殊部位可使用 B 级绝缘材料应对局部许用的热点和环境，以保证变压器内部正常的色谱值。

（2）绕组温升限值。变压器温升计算中的绕组温升是一个平均值，绕组热点温升是绝对值，绕组温升和热点温升与绕组（变压器）的使用寿命密切相关，因此在标准中对其取值有明确规定。油浸式变压器中使用的最低耐温等级的绝缘材料为 A 级，最高许用温度为 105℃，当变压器在额定容量下连续运行，外部冷却介质年平均温度为 20℃时的稳态条件下，GB 1094 中规定的温升限值见表 2-2。

表 2-2　　温　升　限　值

要求	温升限值/K
顶层绝缘液体	60
绕组平均温升（电阻法） ON 及 OF 冷却方式 OD 冷却方式	 65 70
绕组热点温升	78

根据表 2-2 中规定，在 ON 及 OF 冷却方式下绕组的年平均温度为（65+20）℃=85℃，在 OD 冷却方式下绕组的年平均温度为（70+20）℃=90℃，无论哪种冷却方式绕组的最热点温度为（78+20）℃=98℃。需要说明的是，绕组的平均温升和绕组热点温升中都包括了油的平均温升，即油的平均温升加上绕组对油平均温升的温升为绕组对环境温度的平均温升，油的平均温升加上绕组热点对油平均温升的温升为绕组对环境温度的热点温升。油的平均温升是由散热器的散热能力根据环境温度变化调节得到（OF、OD 冷却方式）。

特殊运行条件下推荐的温升限值修正值见表 2-3。

表 2-3　　特殊运行条件下推荐的温升限值修正值

环境温度/℃			温升限值修正值/K
年平均	月平均	最高	
15	25	35	+5
20	30	40	0
25	35	45	-5
30	40	50	-10
35	45	55	-15

对于安装场所的海拔高于 1000m，而试验场所的海拔低于 1000m 时，试验时允许的温升限值应予以修正。对于自冷式变压器顶层液体温升、绕组平均温升、绕组热点温升，应按安装场所的海拔高于 1000m 的部分，每增加 400m 时降低 1K；对于风冷式变压器，则按安装场

所的海拔高于 1000m 的部分，每增加 250m 时降低 1K；对于试验场所海拔高于 1000m，而安装场所的海拔低于 1000m 时，则应做相应的逆修正。

（3）绕组散热。过高的温度将损坏绕组绝缘，油浸式变压器绕组发热通过变压器油（或其他绝缘冷却液体）带出绕组，再经散热装置散发到自然界中，干式变压器的绕组发热通过空气（或其他绝缘气体）带出绕组。

为了保证绕组内部产生的热量能够快速、有效地带出绕组，绕组中布置了水平和垂直散热油道，这些散热油道独立或组合成无导向散热和有导向散热结构。绕组仅有垂直油道时为无导向散热，垂直与水平油道组合自然冷却时为无导向散热，绕组无导向散热是指冷却液在有外力或无外力时，均按自然规律无阻力、无定向的在绕组中流动散热，无导向散热油流如图 2-47 所示。无导向散热适用于各种绕组。

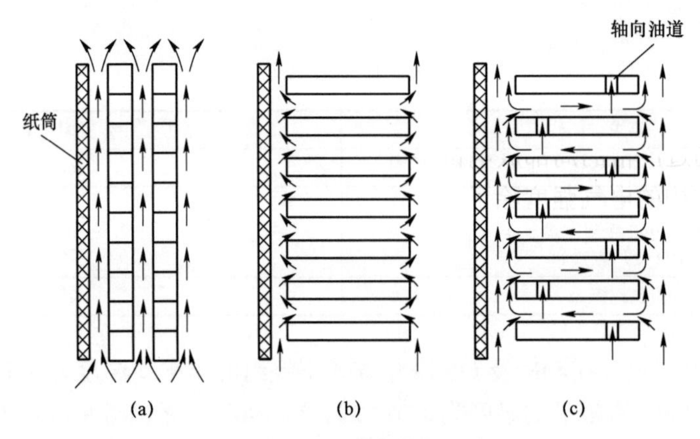

图 2-47　无导向散热油流

（a）层式绕组油流方向；（b）饼式绕组油流方向；（c）线饼有垂直油道油流方向

导向散热是指冷却液按认为规定的路径有规律地流动对绕组进行散热，导向散热油流如图 2-48 所示。绕组采用导向冷却结构适用于大容量变压器，也适用于特殊要求和特殊环境下使用的变压器。

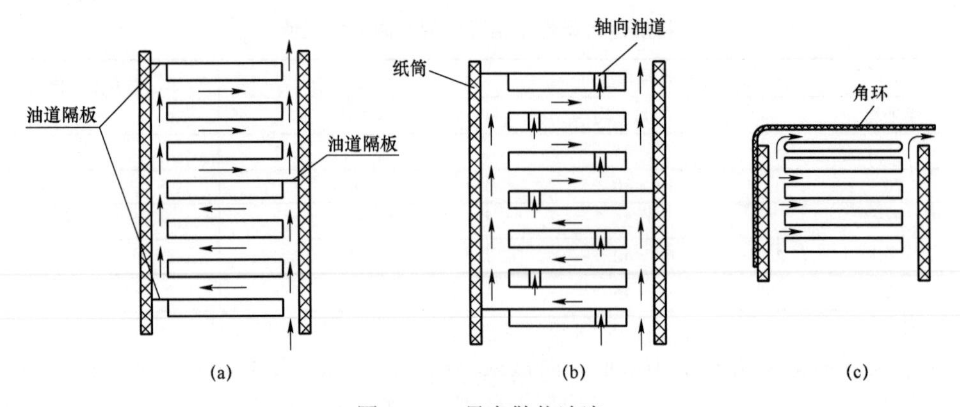

图 2-48　导向散热油流

（a）曲折导向油流；（b）线饼有垂直油道油流；（c）绕组端部油流出口

2.2.3　器身

器身是变压器的心脏，由铁心、绕组、器身绝缘、引线和调压开关等组成。

对于 110kV 及以上的电力变压器，按照 GB 1094.3 规定需要进行局部放电试验，考核在长期最高工作电压下产品运行可靠性。高压、超高压、特高压变压器油箱内部的局部放电主要发生在器身和引线中，分为金属性放电、固体绝缘放电、气泡性放电和油中放电等。金属性放电主要由电极表面电场过高、金属表面尖角毛刺、接触不良等原因引起；固体绝缘放电主要由固体表面缺陷、内部缺陷、表面污染、受潮等原因引起；气泡性放电主要由器身内部油路不畅局部窝气、固体绝缘内部含气泡、变压器油中含气量过高等原因引起；油中放电主要由变压器油中含有较多的杂质、油中含水量过高在电场作用下被分解电离、油老化变质等原因引起。任何形式的放电都会产生气泡，由于气泡的介电系数较小，在不太高电场下即可击穿，从而加速或恶化其他介质的放电，影响绝缘寿命，最终导致更大的破坏性放电事故。

排除外部因素的影响，变压器的运行寿命与其内部绝缘中有无局部放电密切相关，即局部放电量越弱，正常寿命越高。现代超高压、特高压电力变压器内外绝缘设计多要求为无局部放电设计，并通过严格的局部放电试验进行考核。

当然，绝缘结构的电气强度除了与绝缘结构中最大电场强度、电场分布及结构的合理性有关之外，还与变压器制造过程中的质量控制、工艺条件、真空干燥处理、真空注油等工艺水平有关。

1. 器身绝缘

器身绝缘归属变压器的主绝缘，同相不同电压等级绕组之间、与异相绕组之间、绕组对油箱、绕组对铁心柱、绕组对上、下铁轭和旁轭等都属于主绝缘，大部分属于比较均匀的电场。图 2-49 为器身绝缘结构示意图。

器身端部绝缘包括托板、角环、铁轭屏蔽、压钉绝缘和压板等。辐向绝缘主要是纸筒、围屏、铁心屏蔽、静电屏等。托板是绕组的下部支撑；角环为增加绕组端部爬电距离而设置；铁轭屏蔽在超高压以上电压等级的变压器中用得较多，主要是绕组端部电场比较高，用以屏蔽铁轭的尖角；压钉绝缘提高器身端部绝缘强度；压板将压钉的压力均匀地分配到每一个绕组；纸筒、围屏构成绝缘隔障，与变压器油组成薄纸筒小油道绝缘结构；铁心屏蔽屏蔽铁心柱尖角；静电屏提高绕组接地电容，提高承受冲击电压的能力。

（1）绕组的排列位置。绕组排列与变压器的具体参数和性能要求有关。通常变压器的低压绕组紧靠铁心柱布置，因为它具有较低的绝缘水平，由此向外，绕组按电压等级由低向高依次排列，独立的调压绕组排列在最外侧。由于绕组排列位置不仅与绕组绝缘水平有关，还与变压器阻抗电压和损耗等有关。因此，在实际的器身结构中，绕组排列有着多种变化，尤其是调压绕组的位置根据调整的需要会更加灵活。

1）绝缘水平对绕组排列位置的影响。靠近铁心的内绕组，其引出线需要从绕组两端引出，当绕组的绝缘水平较高时，要求绕组端部距离铁轭的绝缘距离较大，有时甚至较难引出。因此，低压绕组靠近铁心布置绝缘是可靠和经济的。由内向外初次提高绕组的绝缘水平（多绕组变压器）不仅仅利于绕组出头的引出，还有利于主绝缘的调整，提高铁窗利用率，绕组

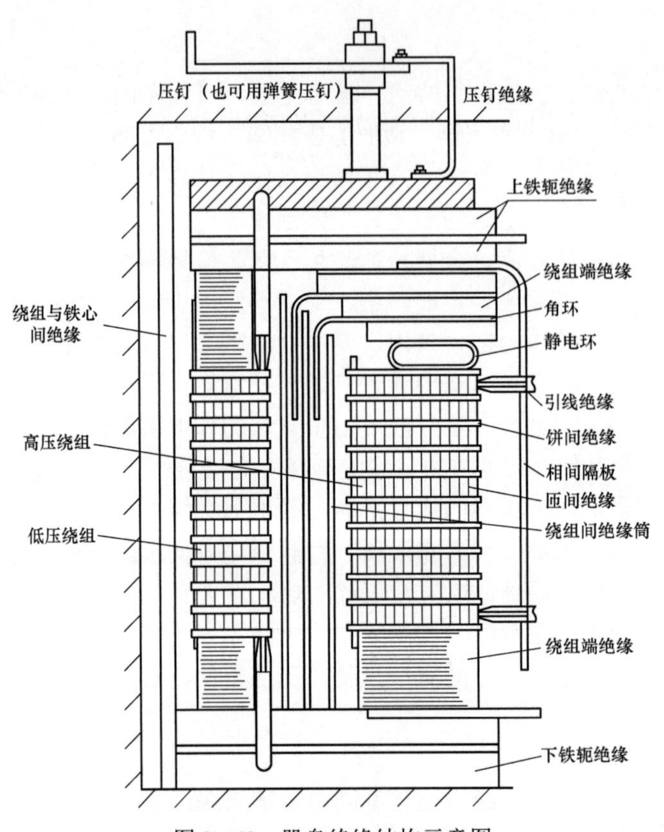

图 2-49 器身绝缘结构示意图

端部距离铁轭的距离越小，铁心外部的漏磁也越少，有利于降低杂散损耗。对于超高压以上绝缘水平的变压器，高压绕组一般选择分级绝缘结构，放在最外侧采用中部出线方式，不仅方便了超高压引出线，还可以缩小绕组首端距铁轭的距离。

2）调压绕组的位置因调整绕组之间的阻抗而比较灵活。无励磁调压变压器调压范围比较小，调压级数比较少，通常调压段设置在主绕组的中部（全绝缘绕组）或靠近主绕组的末端（分级绝缘绕组或中性点端），不设独立的调压器绕组。对超高压大容量变压器和特种变压器，会为无励磁调压设置单独的调压绕组，比如调压部分可以设置在串联绕组的末端或并联绕组的首端。

大部分有载调压变压器采用中性点调压，分为变磁通调压和不变磁通调压两种方式，无论哪种方式其调压范围大、调压级数多，需要设置独立的调压绕组。当需要调节阻抗时，调压绕组往往放置在绕组排列的中间，也可以靠近铁心。超高压自耦变压器采用串联绕组末端调压或并联绕组的首端调压，通常为中压线端的绝缘水平。无论调压绕组怎样排列，除特殊情况外，调压绕组的位置一定紧邻需要调压的主绕组。

（2）绕组的主绝缘电场。同相绕组之间、绕组对油箱、绕组对铁心柱以及异相绕组之间的绝缘都是主绝缘，就其结构而言，基本上属于比较均匀的电场。对于均匀电场，通常采用把大油隙分割成小油隙的油-纸绝缘结构。

对大油隙的分割有两种类型：一种类型是大油隙加厚纸筒结构，它的特点是在工频和冲击试验电压下大部分电压由厚纸筒来承担且不发生击穿，但这种配合下不能保证油隙可能发生放电而不损伤固体绝缘。因此，这种绝缘结构在电压等级较高的变压器上已不再采用。但是，由于其制造上比较简单，省工、省时且比较经济，所以在电压等级不高的配电变压器或绝缘距离很大的产品中可以选择使用。另一种类型是薄纸筒小油道结构，其基本特点是根据油体积减小时油的承受电场的能力提高，与其配合的纸筒共同分担所承受的电场。因此，在电压等级比较高的变压器上广泛采用。由于变压器油与电工压纸板属于不同种类的绝缘材料，具有不同的介电常数ε，因此需要做合理的油隙分割，做均匀的电场分配，其设计原则是使油隙在局部放电试验电压下，其承担电场强度不超过油隙起始局部放电的电场强度。

1）大油隙厚纸筒绝缘结的计算。对于中部出线且电场比较均匀的绝缘结构，大油隙宽度大于 20mm，厚纸筒厚度一般取 6mm 及以上，在工频和冲击电压作用下，其最小击穿电压与距离之间的关系可用下列公式计算

50Hz 时：
$$U=28.5\left(1+\frac{2.14}{\sqrt{S}}\right)S \tag{2-1}$$

冲击全波：
$$U=82.5\left(1+\frac{2.14}{\sqrt{S}}\right)S \tag{2-2}$$

冲击截波：
$$U=93.2\left(1+\frac{2.14}{\sqrt{S}}\right)S \tag{2-3}$$

式中：U 为最小击穿电压，kV；S 为主绝缘距离，cm。

当绕组为端部出线时，式（2-1）～式（2-3）的主绝缘距离需放大 30%以上。

2）薄纸筒小油道绝缘结构的计算。对于中部出线电场比较均匀的绝缘结构，且沿绕组轴向电位梯度不大的结构，纸筒厚度一般为 2～4mm，油隙宽度小于 15mm，在工频和冲击电压作用下，其最小击穿电压可以按多层介质平板电容器的公式做近似计算

$$U_{\min}=E_{\text{omin}}\left[\sum d_0+(\varepsilon_0/\varepsilon_{\text{p}})\sum d_{\text{p}}\right] \tag{2-4}$$

式中：$U_{\min}$ 为最小击穿电压，kV；$\sum d_0$ 为油间隙总距离，mm；$\sum d_{\text{p}}$ 为纸板总厚度，mm；ε_0 为油的介电常数，取 2.2；ε_{p} 为纸板的介电常数，取 4.5；E_{omin} 为油隙分割后的油隙最小击穿场强。

薄纸筒小油道绝缘结构在工频电压作用下的电场强度还可以用同轴圆柱形电场串联电容法进行近似计算

$$E_{\text{k}}=UK_1/\{r_{\text{k}}\varepsilon_{\text{k}}[\ln(r_2/r_1)/\varepsilon_0+\ln(r_3/r_2)/\varepsilon_{\text{p}}+\cdots]\} \tag{2-5}$$

式中：U 为作用电压有效值，kV；r_{k} 为第 A 层的半径，cm；ε_{k} 为第 A 层的介电常数；K_1 为考虑撑条、段间油隙、工艺等因素的综合修正系数，取 1.25。

用式（2-5）可以计算每一层纸筒和每一个油隙在工频电压作用下的电场强度。

对于冲击电压作用下的薄纸筒小油隙电场强度计算，当绕组的轴向电压梯度不大时，先将冲击电压折算成工频电压然，后再用式（2-5）计算

$$冲击电压折算工频试验电压=\frac{全波冲击电压}{\sqrt{2}冲击系数} \tag{2-6}$$

式中，引入了冲击系数，冲击系数一般取1.6～1.8。

由于油的电气强度远低于绝缘纸板的电气强度，因此在薄纸筒小油隙结构中，为保证薄纸筒小油隙绝缘结构的可靠，必须对油的电气强度给予特别的重视。图2-50给出四种状态下的油隙的起始局部放电电场强度。

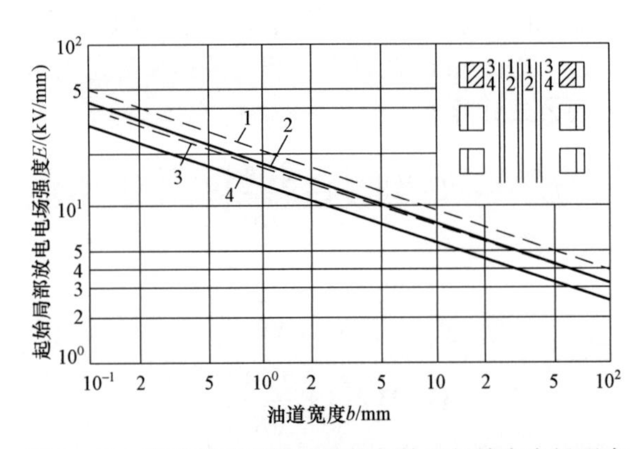

图2-50　四种状态下的油隙的起始局部放电电场强度

1—绝缘电极（浸油后脱气的绝缘隔板、纸筒）；2—绝缘电极间含饱和气的油；3—非绝缘电极之间脱气后的油；4—非绝缘电极间含饱和气的油（指绕组和纸筒之间）

图2-50曲线是50Hz，1min工频试验电压下以均匀电场为基础的油隙起始局部放电电场强度，对不均匀电场中需要加一个小于1的因数，这个因数是一个经验系数，根据电场不均匀程度约为0.6～0.9之间。

在实际产品中，紧靠绕组的垂直油道的电场并不均匀，由于绕组轴向高度上存在着电位差，尤其是在冲击电压的作用下其轴向电位差很大，因此，该处是一个复合电场。对于这种复合电场需要通过电子计算机进行建模计算分析，才能比较准确地了解绕组主绝缘中的电场分布，采取一些必要的措施进行控制。由于固体介质和液体介质的分界面是一个复合电场，绕组沿面存在着发生滑闪的风险。所以对于绕组端部绝缘的电气强度需要引起特别重视，可以增加必要的绝缘覆盖和增加绝缘爬电距离等结构措施，减小绕组端部的电场强度轴向分量，提高该处的耐受电压。

2. 变压器典型的器身绝缘结构

（1）110kV电压等级变压器器身绝缘结构。

1）110kV三相三绕组无载励磁调压电力变压器器身示意图（分级绝缘）如图2-51所示。

产品特征：110kV绕组端部平出线，三相三绕组，高压绕组分级绝缘，高压无励磁调压，调压线段设在高压绕组中，曲折导向ONAN或ONAF冷却方式。

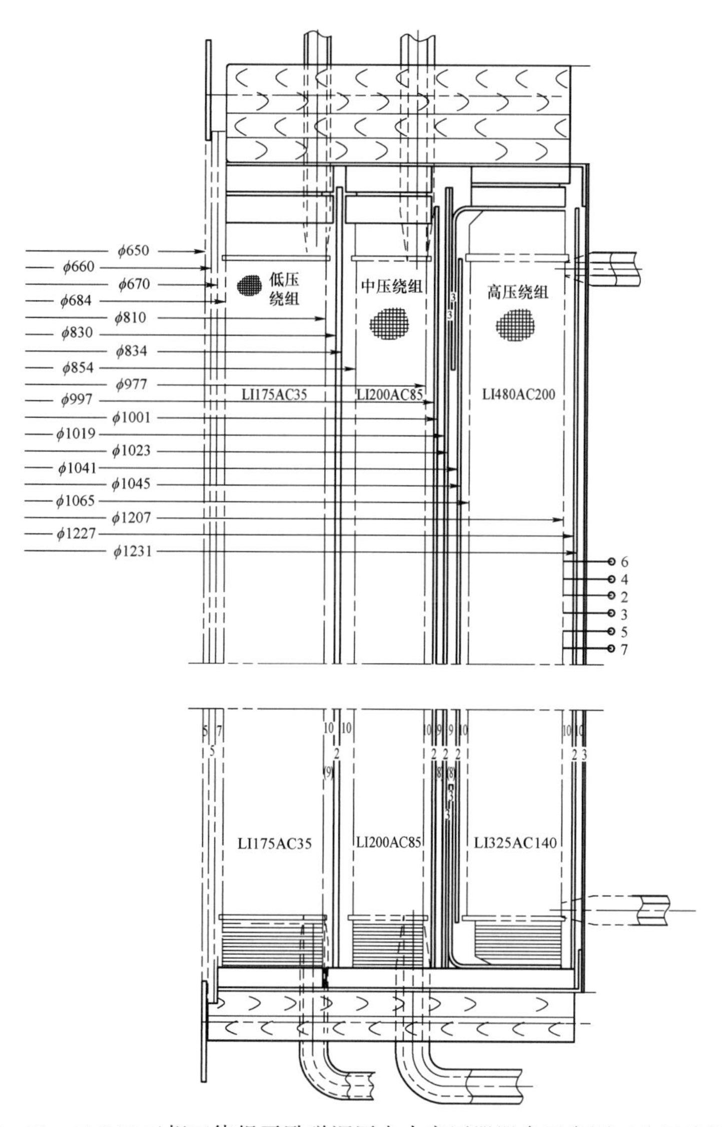

图 2-51　110kV 三相三绕组无励磁调压电力变压器器身示意图（分级绝缘）

2）110kV 三相三绕组有载调压电力变压器器身示意图（分级绝缘）如图 2-52 所示。

产品特征：110kV 绕组端部直出线，三相三绕组，高压绕组分级绝缘，高压有载调压，中压无励磁调压，独立的高压和中压调压绕组排在高压绕组外侧，其中高压调压绕组位置在上、下两端，中压调压绕组位置在上、下两部分高压调压中间，曲折导向 ONAN 或 ONAF 冷却方式。

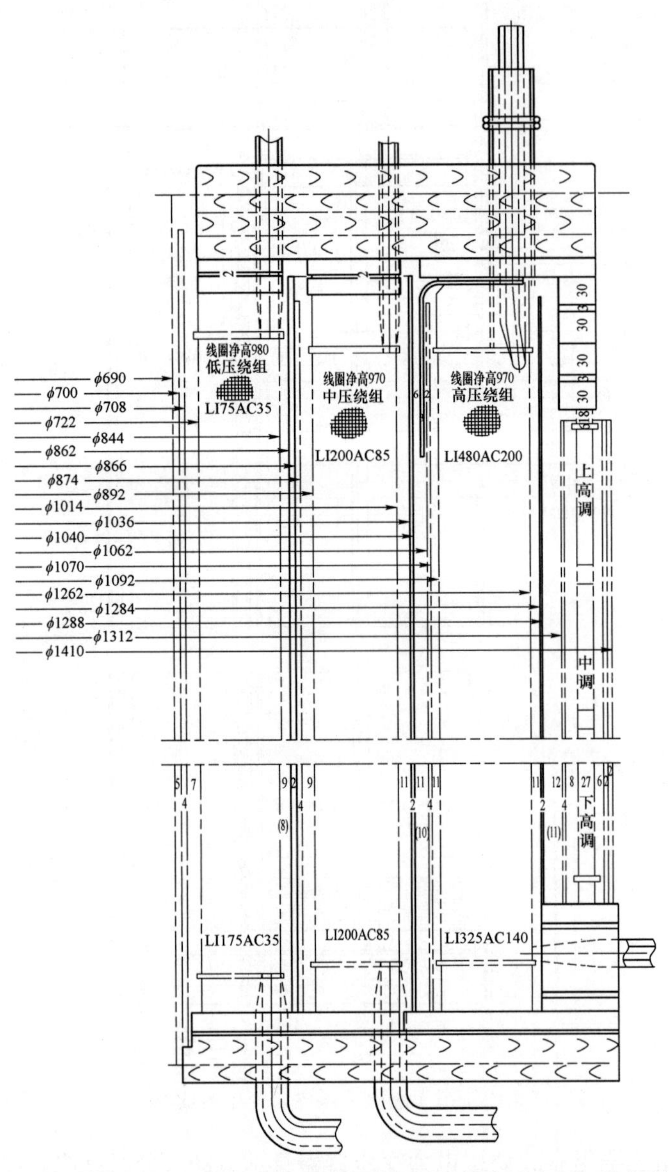

图 2-52　110kV 三相三绕组有载调压电力变压器器身示意图（分级绝缘）

（2）220kV 电压等级变压器器身绝缘结构。

1）220kV 三相双绕组无励磁调压电力变压器器身示意图（中部出线）如图 2-53 所示。

产品特征：220kV 绕组中部出线，双绕组，高压绕组分级绝缘，高压无励磁调压，调压线段设在高压绕组中，曲折导向 ODAF 冷却方式。

2）220kV 三相双绕组有载调压电力变压器器身示意图（端部水平出线）如图 2-54 所示。

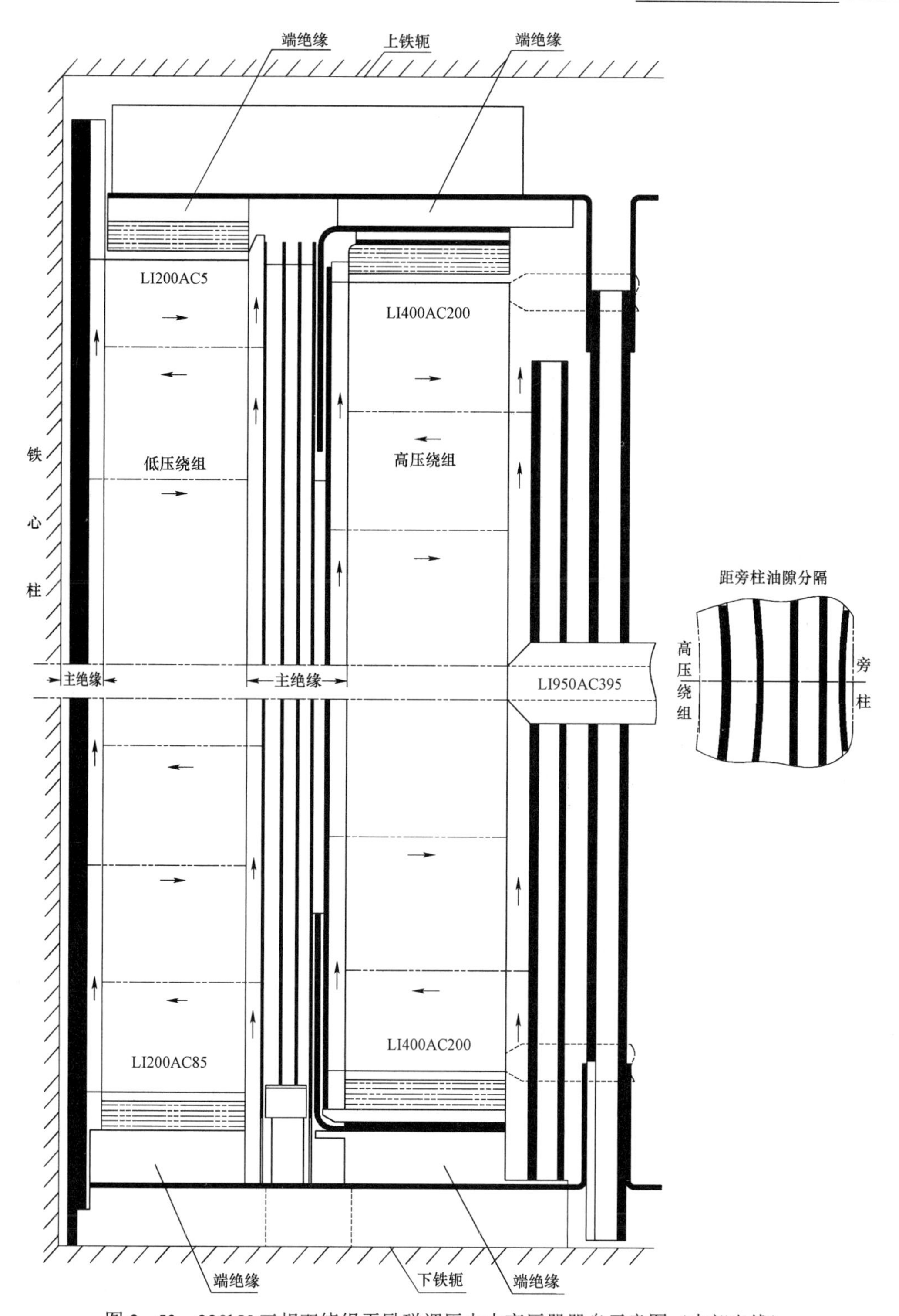

图2-53　220kV三相双绕组无励磁调压电力变压器器身示意图（中部出线）

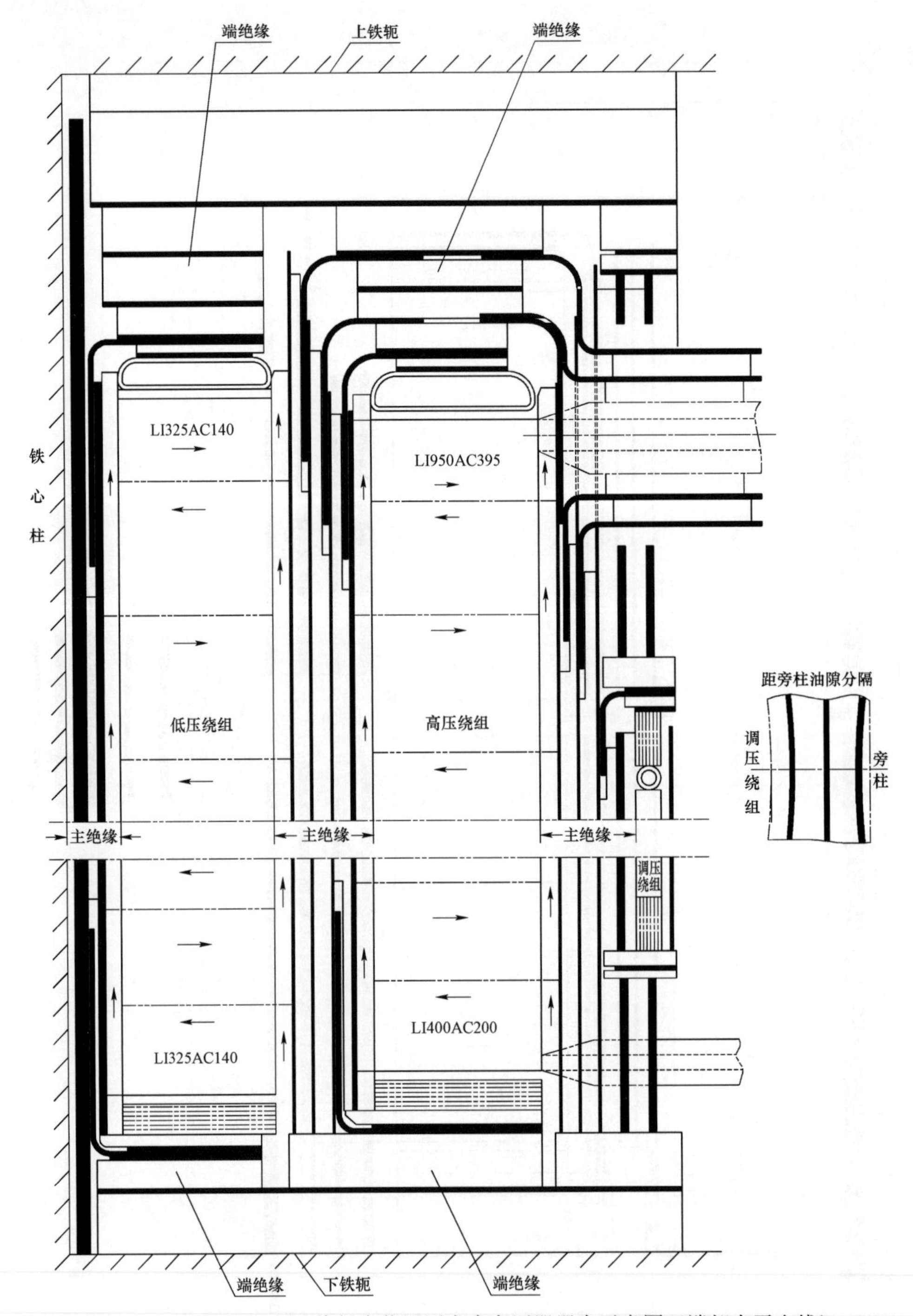

图 2-54 220kV 三相双绕组有载调压电力变压器器身示意图（端部水平出线）

产品特征：220kV 绕组端部水平出线，双绕组，高压绕组分级绝缘，高压中性点有载调压，独立的调压绕组排在高压绕组外侧，曲折导向 ONAN 冷却方式。

3）220kV 三相三绕组有载调压电力变压器器身示意图（端部直出出线）如图 2-55 所示。

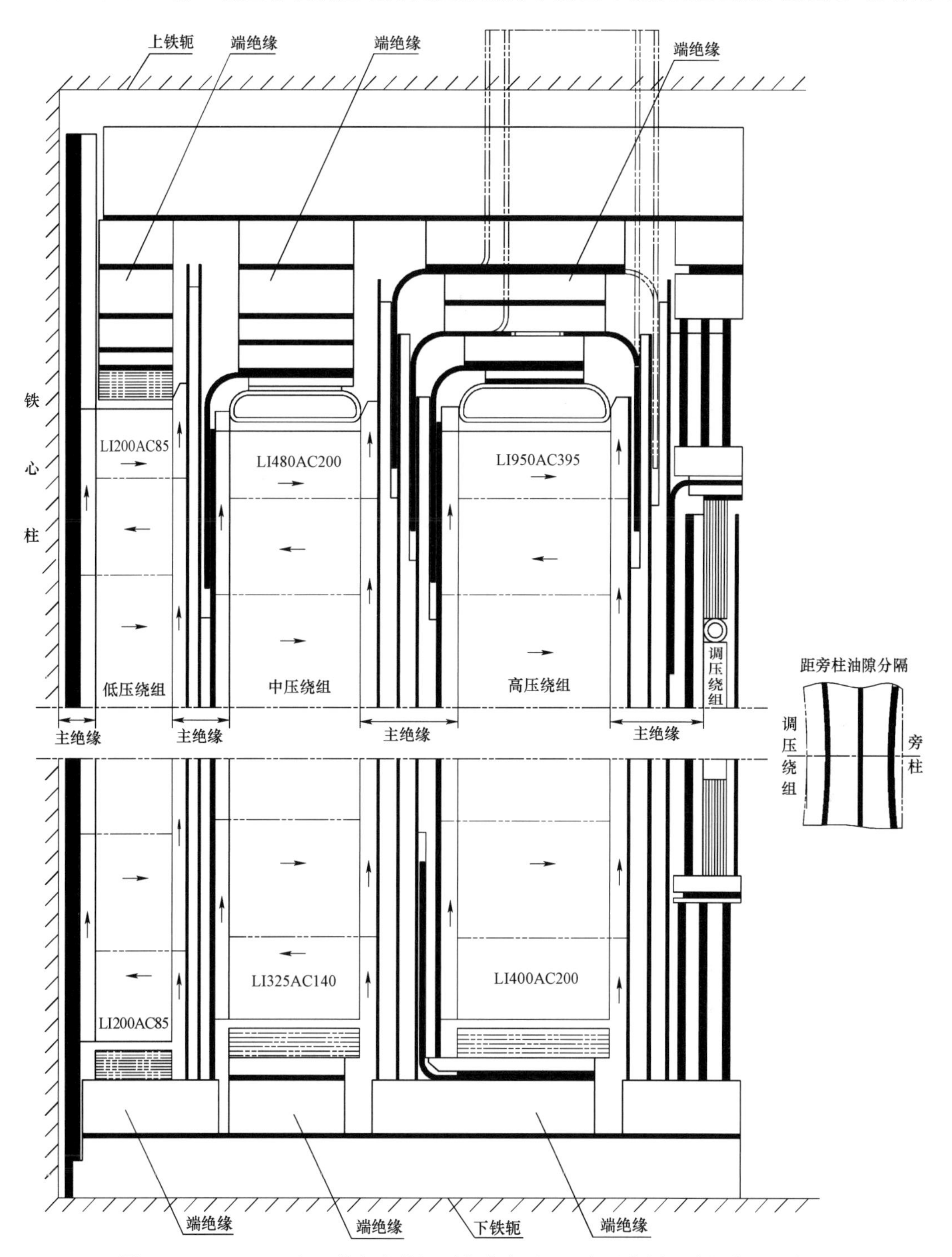

图 2-55　220kV 三相三绕组有载调压电力变压器器身示意图（端部直出出线）

产品特征：220kV 绕组端部直出出线，三绕组，高压绕组分级绝缘，高压中性点有载调压，独立的调压绕组排在高压绕组外侧，曲折导向 ONAN 冷却方式。

4）220kV 三相三绕组有载调压电力变压器（中部出线）器身示意图如图 2–56 所示。

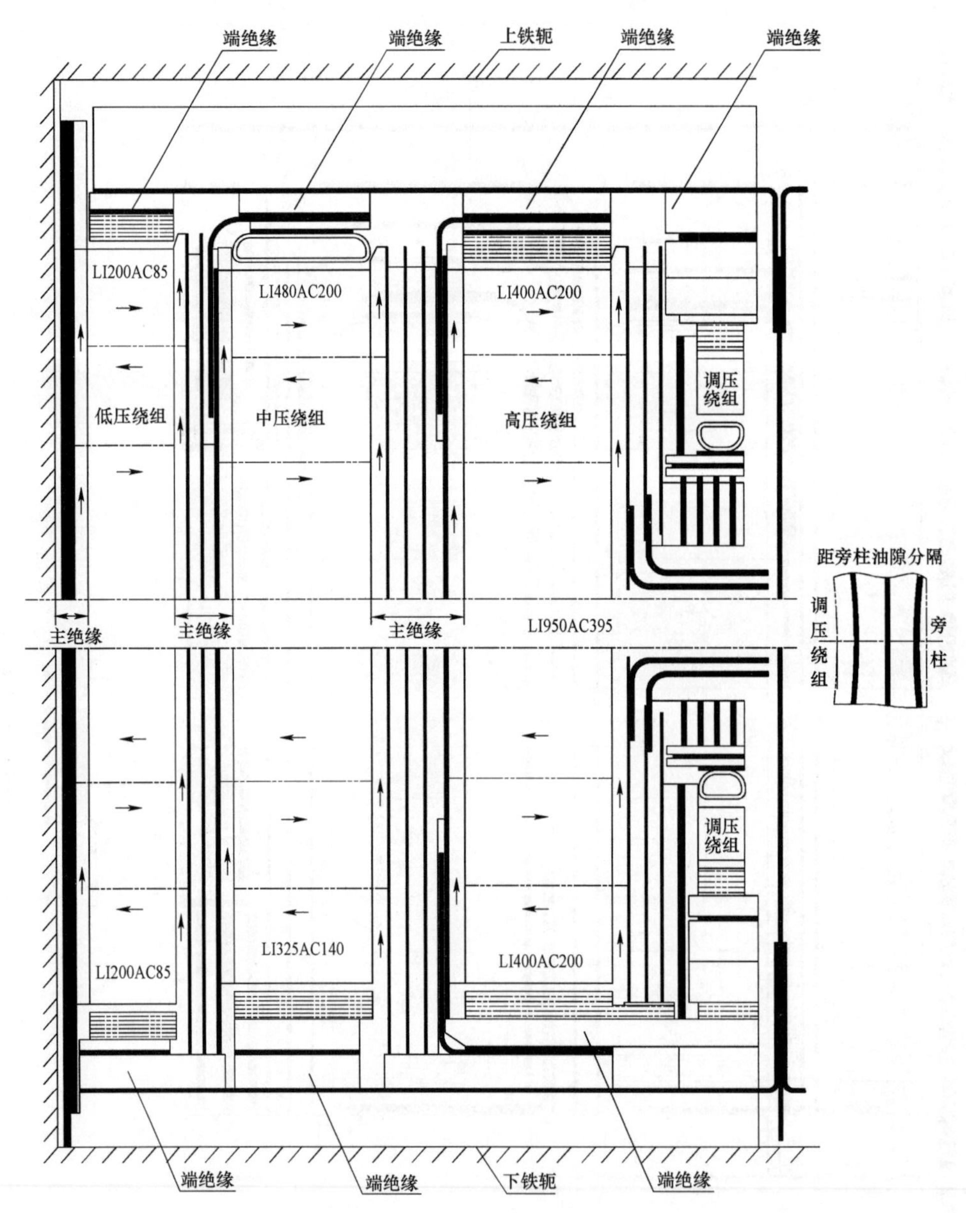

图 2–56　220kV 三相三绕组有载调压电力变压器器身示意图（中部出线）

产品特征：220kV 绕组中部出线，三绕组，高压绕组分级绝缘，高压中性点有载调压，独立的调压绕组分上、下两部分排在高压绕组外侧，曲折导向 ONAN 冷却方式。

（3）330kV 电压等级变压器器身绝缘结构。

1）330kV 三相双绕组无励磁调压电力变压器器身示意图（中部出线）如图 2-57 所示。

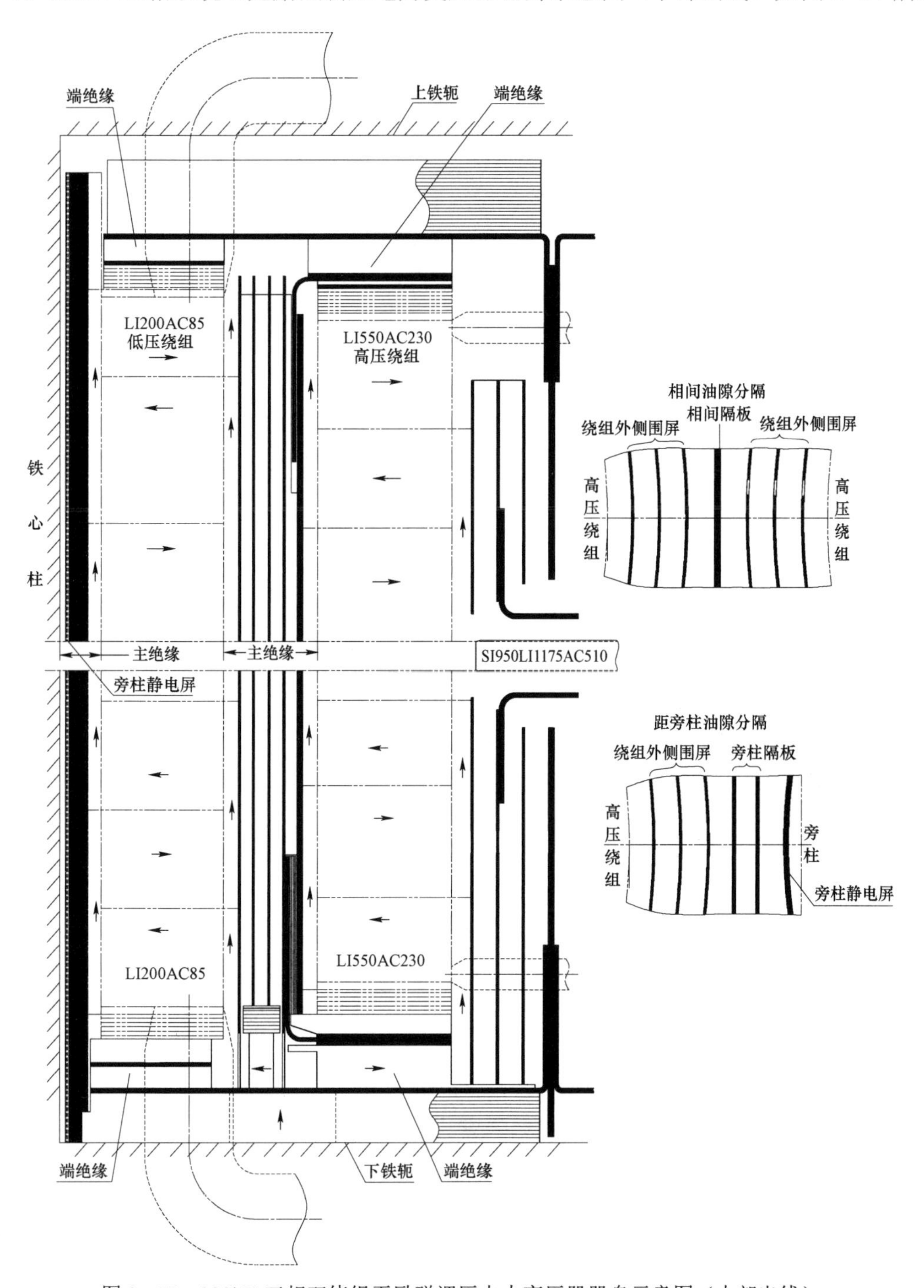

图 2-57　330kV 三相双绕组无励磁调压电力变压器器身示意图（中部出线）

产品特征：330kV 绕组中部出线，双绕组，高压绕组分级绝缘，高压无载调压，调压线段设置在高压绕组中，曲折导向 ODAF 冷却方式。

2）330kV 三相双绕组有载调压电力变压器器身示意图（中部出线）如图 2-58 所示。

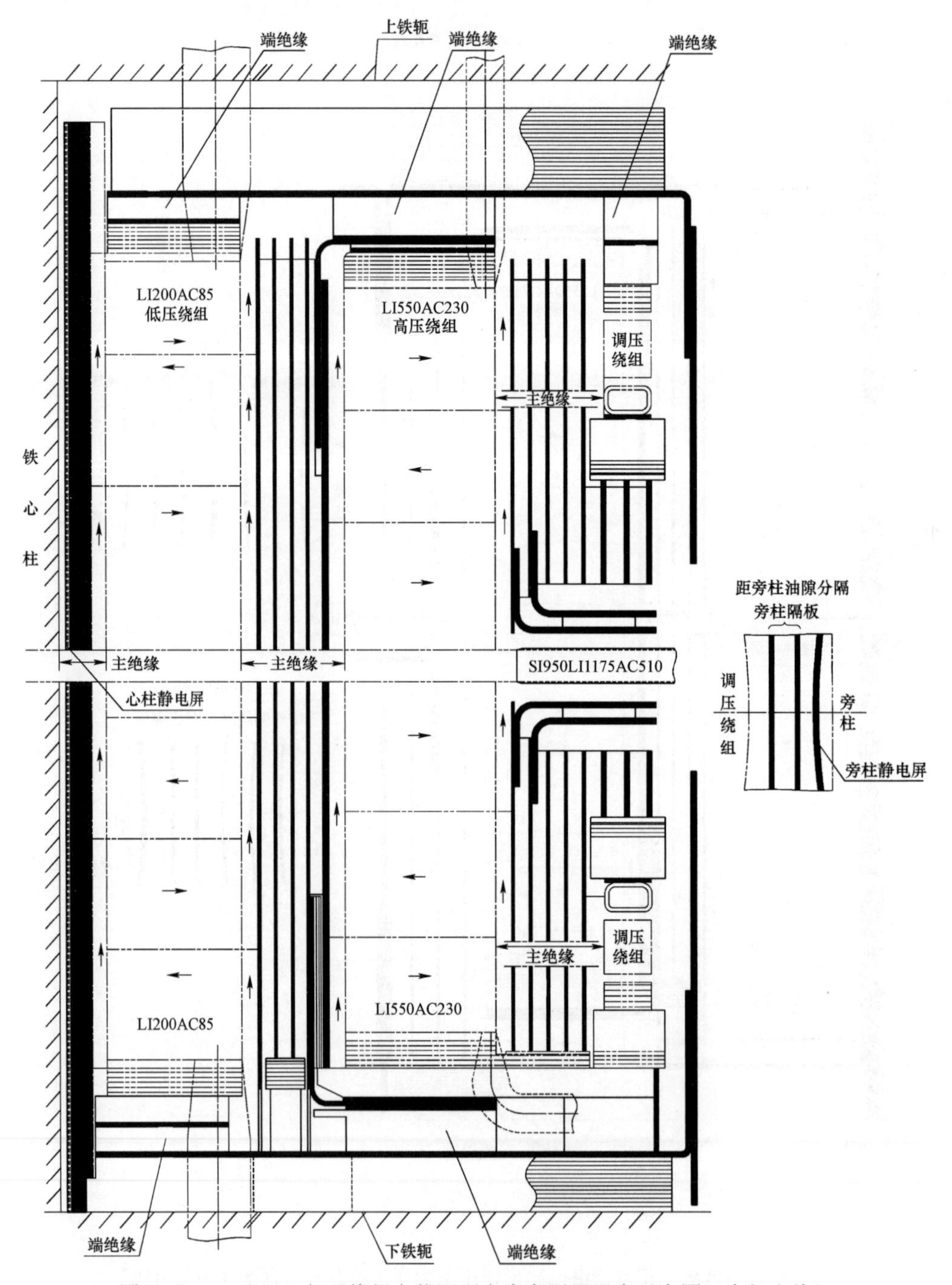

图 2-58 330kV 三相双绕组有载调压电力变压器器身示意图（中部出线）

产品特征：330kV 绕组中部出线，双绕组，高压绕组分级绝缘，高压有载调压，独立的调压绕组分上、下两部分排在高压绕组外侧，曲折导向 ODAF 冷却方式。

3）330kV 三相三绕组有载调压电力变压器器身示意图（中部出线）如图 2-59 所示。

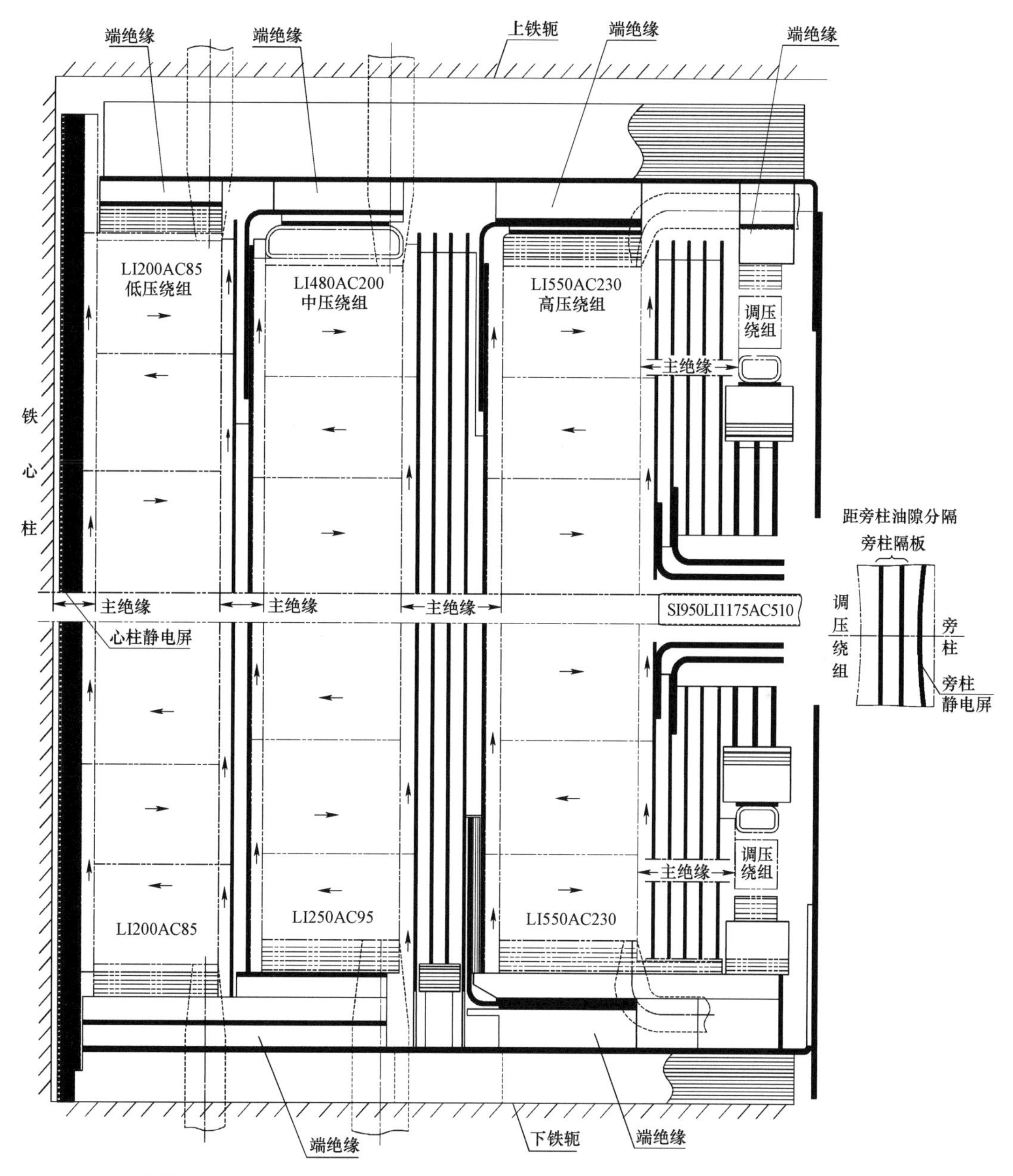

图 2-59　330kV 三相三绕组有载调压电力变压器器身示意图（中部出线）

产品特征：330kV 绕组中部出线，三绕组，高压绕组分级绝缘，高压有载调压，独立的调压绕组分上、下两部分排在高压绕组外侧，曲折导向 ODAF 冷却方式。

4）330kV 三相三绕组有载调压自耦电力变压器器身示意图(中部出线)如图 2-60 所示。

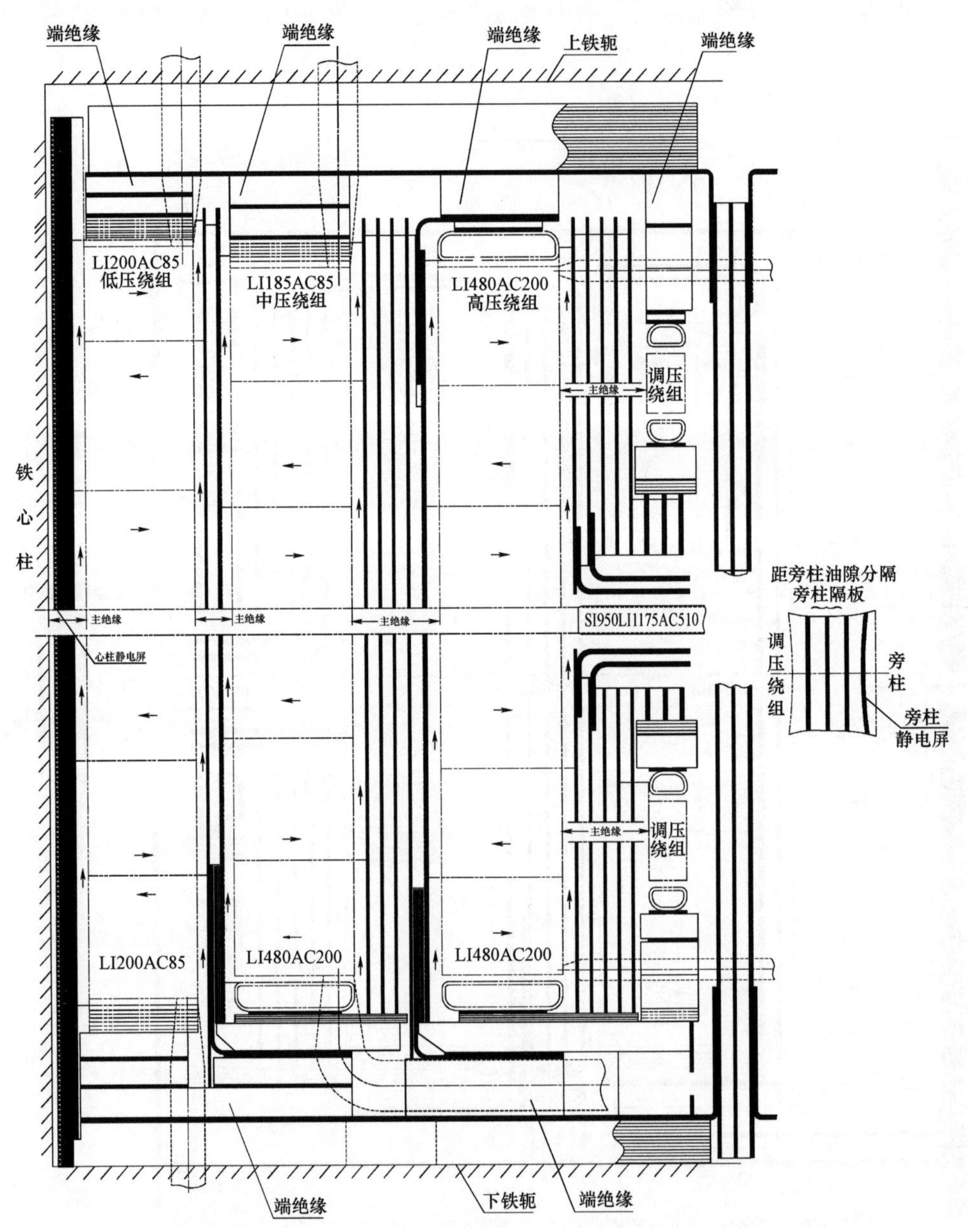

图 2-60　330kV 三相三绕组有载调压自耦电力变压器器身示意图（中部出线）

产品特征：330kV 绕组中部出线，三绕组，高、中压绕组自耦联结分级绝缘，串联绕组末端有载调压，独立的调压绕组分上、下两部分排在高压绕组外侧，曲折导向 ODAF 冷却方式。

（4）500kV 电压等级变压器器身绝缘结构。

1）500kV 三相双绕组无励磁调压电力变压器器身示意图（中部出线）如图 2-61 所示。

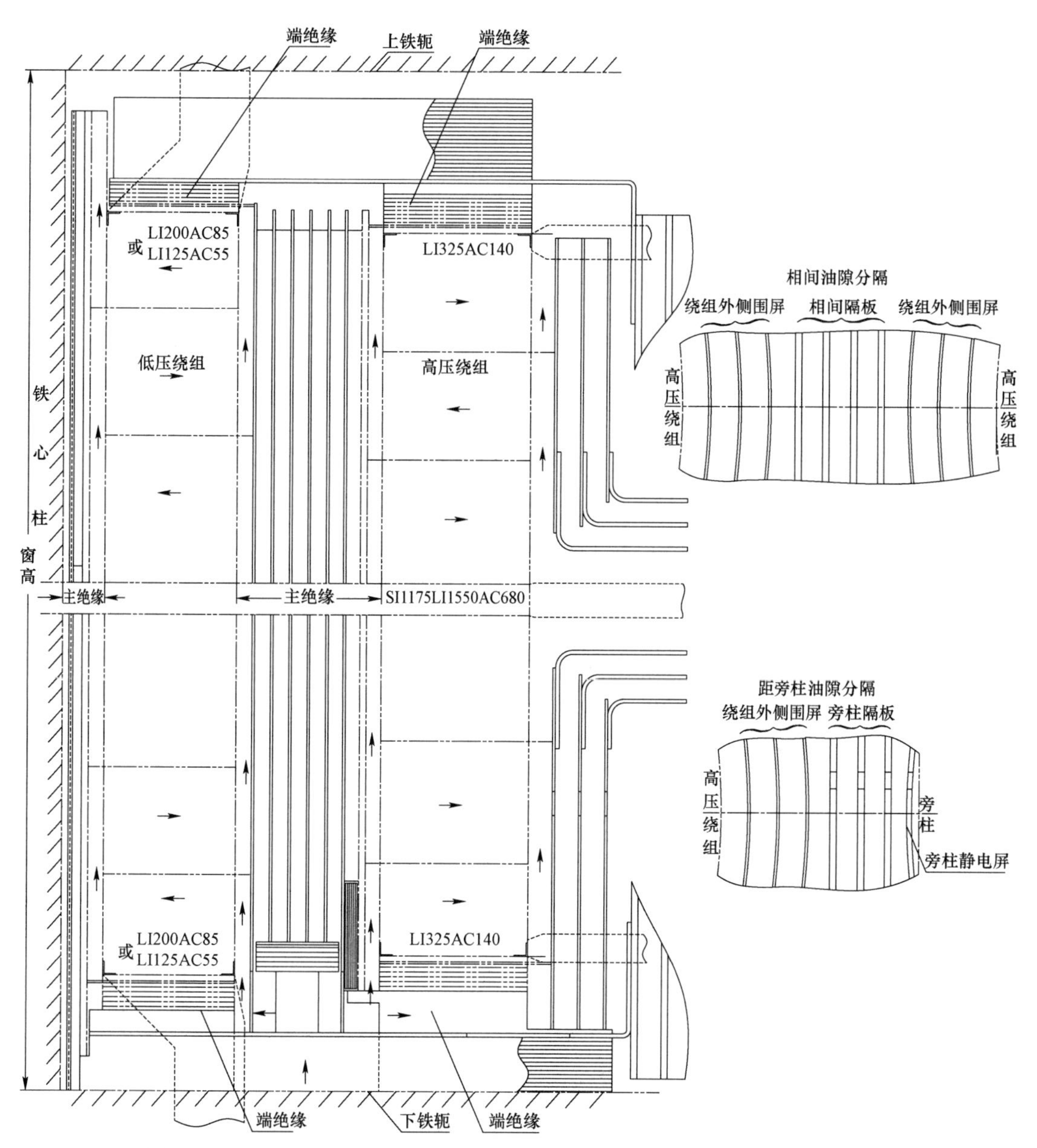

图 2-61　500kV 三相双绕组无励磁调压电力变压器器身示意图（中部出线）

产品特征：500kV 绕组中部出线，双绕组，高压绕组分级绝缘，高压无励磁调压，调压线段设置在高压绕组中，曲折导向 ODAF 冷却方式。

2）500kV 单相三绕组无励磁调压自耦电力变压器器身示意图（中部出线）如图 2-62 所示。

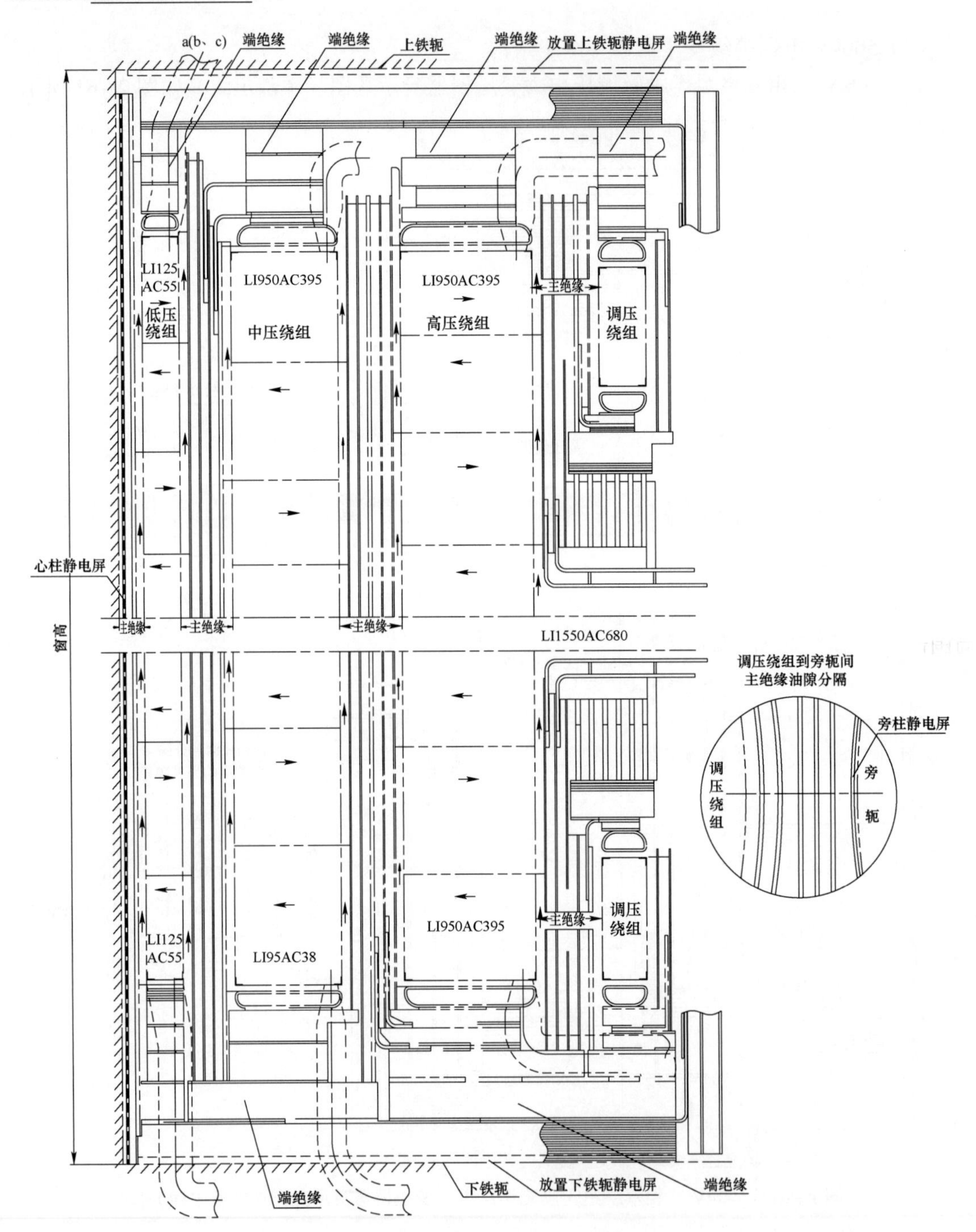

图 2-62 500kV 单相三绕组无励磁调压自耦电力变压器器身示意图（中部出线）

产品特征：500kV 绕组中部出线，三绕组，高、中压绕组自耦联结分级绝缘，串联绕组末端无励磁调压，独立的调压绕组分上、下两部分排在高压绕组外侧，曲折导向 ONAF 冷却方式。

2.2.4 引线

电网中的电能通过变压器一次侧引线输入到变压器内部，又通过变压器二次侧（包括三次侧）引线将电能传输到变压器外部其他电网。变压器内部各部分之间通过引线实现电气连接，如绕组之间的连接、调压绕组与调压开关的连接、绕组与套管的连接（或通过套管与外部的连接）、金属构件的等位线联结、接地连接等。引线由导线、接线端头与绝缘组成。

变压器引线必须具有可靠的电气性能，足够的机械强度和良好的耐温性能。可靠的电气性能是指良好的导电性能和绝缘性能，在保证绝缘特性的条件下，可以优化油箱尺寸，降低产品重量和材料成本；足够的机械强度是要求引线能够承受变压器长期运行中的振动、短路电动力的冲击、长途运输颠簸以及地震灾害而不松动和损坏；良好的耐温性能则要求引线能够承受变压器长期满负荷运行的温升、短路故障时短路电流引起的高温和漏磁在大平面引线上产生的局部过热。

变压器引线与之相连接的绕组引出端线、分接引出端线具有相同的电位和绝缘水平，绕组不同位置的引出端线具有不同的电位，引线有不同的要求，因而由于导线的种类和形状不同，与周围其他物体之间的电场也不同，带来引线绝缘结构的差异。

（1）引线电场。低电压等级小容量变压器的油箱内部空间很小，引线结构需要简单可靠，使用圆形导线或圆铜棒作为引线是首选。由于电压比较低、圆形导线的电极形状比较好，与周围部件之间的电场不高，引线绝缘处理比较容易。对于容量较大的变压器，低压绕组的电压等级比较低，但通过的工作电流却很大，需要较大截面的引线，比如采用铜排作为引线。铜排引线具有两个较大的平面，不同相的引线电场基本上是一个板对板均匀电场，在铜排平板的边缘做圆滑处理，比如说倒角或加工圆角，以改善边角处的场强集中或场强畸变，可以较好地解决低电压铜排与周边其他部件之间的绝缘。可见在引线的绝缘结构的布置中，充分考虑和消除电场发生畸变是解决引线绝缘的重要原则。值得注意的是铜排引线的两个窄边对油箱及其他相绕组的电场，可以看作是尖对板的极不均匀的电场，对接地的金属构件，则有可能是尖对尖的极不均匀电场，因此在引线结构布置时需要格外注意，尽可能地避开尖角电极，如果无法避开时，应采取必要的加强绝缘的措施。

对于电压等级高的引线，不仅需要考虑改善引线表面电极形状，消除各种引起电场集中的因素，还要兼顾制作时的工艺和操作上的方便，由于多股铜软绞线制作方便，成为首选引线材料。对于更高电压等级的引线，需要更大的表面积和曲率半径来改善表面电极，降低表面电场强度，因此可以采用外径较大的空心圆铜管作为引线材料。

综上所述，最差的引线电场应该是尖对尖、尖对板的极不均匀的电场。因此，在变压器引线结构设计时，应以这类电场为重点考核对象，同时兼顾其他沿面放电等情况。

（2）变压器引线绝缘结构特点。变压器内部的每一条引线都有各自固定的电位，引线的电位越高，对其他部分的电场要求越严，电极形状越差，对引线绝缘的要求越高，不只是考虑增加绝缘距离或加包绝缘厚度的问题，而是需要综合各种因素采取最佳的绝缘结构，确保变压器安全运行。此外，还要考虑尽可能地提高变压器内部有限空间的利用率，优化引线对各部分的距离，在保证绝缘强度的前提下减小变压器的体积，尤其是对超高压大容量变压器，必须满足运输限界的要求。

除了小于 1200V 的大电流汇流母线，变压器内部油中不允许有裸露的引线。没有绝缘覆盖的裸露引线，其表面电场强度超过油隙许用电场时，将因油的放电而发生事故。大部分引线所处空间位置的电场是极不均匀电场，因此应采用不同的方法降低引线表面的电场强度，提高油隙的放电电压。

一是采用增加绝缘覆盖厚度的办法降低绝缘层外表面油中的电场强度。二是通过加大引线带电部分直径来降低引线表面的电场强度。比如，采用大直径的圆铜杆或空心圆铜杆做引线，在多股铜软绞线外造大直径电极等。多股铜软绞线外造大直径电极的工艺相对复杂，适用于制作超高压和特高压的引线，其方法是先用绝缘皱纹纸将多股铜软绞线统包在一起成为一个整体，根据所需的电极直径包足绝缘厚度成圆滑的圆柱形，再在绝缘层的外面包铝箔皱纹纸，铝箔皱纹纸金属面紧贴一根裸的等电位线，等电位线与引线牢固焊接，之后在新造大电极外用绝缘皱纹纸包需要的绝缘厚度。三是在引线外采用油隙–隔板，分割引线表面油隙成薄纸筒小油隙结构，进一步提高绝缘表面油中的耐电强度和放电电压。四是对与引线相对应的尖角电极进行屏蔽，通过构建光滑的屏蔽层改善不均匀电场为均匀电场。以上方法可以组合采用，控制引线在承受各种试验电压时其绝缘表面的油中电场强度不发生局部放电。

变压器运行时，引线处在复杂的漏磁场中，引线中流动的电流在漏磁场中产生电动力，电动力直接作用在引线上。为了保证引线在电动力的作用下保持稳定的位置和形状，需要采用机械夹持的办法固定引线，固定引线的部件称为导线夹。用导线夹夹持引线需要考虑四方面：一是必须选择具有良好的绝缘特性和机械特性材料制作导线夹；二是能够承受短路故障时引线强大的机械力而不损坏，起到增加引线强度的作用；三是合理分配分段夹持引线的间隔，防止引线在电动力的作用下因颤动或共振改变不同相或不同电位引线之间的距离，引起引线间放电造成变压器短路事故；四是导线夹要有良好表面绝缘特性，在多根不同电位的引线或不同相引线共用一个导线夹时，不能因导线夹沿面爬电引起引线短路放电，特别是高电压大容量变压器的三相低压引线，往往采用裸铜排且被同一个导线夹所夹持，必须充分考虑在各种情况下沿导线夹表面的沿面放电。

（3）引线绝缘距离。引线绝缘距离主要取决于与之相连接绕组的电压等级、试验电压、自身电极形状及所对应的电极形状、外包绝缘材料的电气性能、绝缘结构组合的方式等。传统的引线绝缘距离大多来自实验数据，经典电场计算公式的计算结果与经验结合，现代则多为计算机计算和仿真的结果。

引线绝缘厚度的确定要结合引线的电流强度、发热与散热等因素，加厚引线绝缘需同时考虑电场和温升要求。一般 220kV 及以下电压等级的引线外包绝缘厚度，单边不超过 20mm。

1）引线对引线之间的绝缘距离，同相高压绕组引线与低压绕组引线之间的绝缘距离、非同相引线之间的绝缘距离，由引线承受的工频试验或雷电冲击全波试验电压（折合成工频试验电压）中较高的一个来确定。高压引线与同相分接引线之间的绝缘距离，由主绕组雷电冲击电位与调压绕组各分接雷电冲击电位来确定。同相分接引线之间的绝缘距离由调压绕组各分接间的雷电冲击全波梯度来确定。

2）引线对平面之间的绝缘距离，最典型的结构就是引线对变压器油箱内壁的绝缘距离，这种结构的电场可以近似地看作同轴圆柱电场。首先设定引线外包绝缘为普通电缆纸，变压器油的耐电强度为 40～50kV/2.5mm，在干燥的情况下，用同轴圆柱电场的计算公式计算引线绝缘表面的电场强度，确定引线外包绝缘厚度。

油中最小的工频击穿电场强度近似计算式

$$E_{\min} = \frac{72 \sim 84}{\sqrt{r_2}} \tag{2-7}$$

式中：$E_{\min}$ 为油中最小的工频击穿电场强度，kV/cm；r_2 为引线绝缘半径，cm，不真空浸油静放 24h 时取 72，真空浸油时取 84。

式（2-7）仅适用于油间隙距离与 r_2 之比在 5～15 范围内，超过此范围须以试验数据为准。

3）引线对尖角之间的绝缘距离，最典型的结构是引线对铁轭夹件等的绝缘距离，这类电场强度的校核通常按工频试验电压或雷电冲击全波试验电压折合到工频后的试验电压，选取较大者进行计算，其工频最小击穿电压为

$$U_{\min} = 40S^{0.62} \tag{2-8}$$

式中：$U_{\min}$ 为工频最小击穿电压，kV；S 为油中引线对尖角的距离，cm。

引线直径为 3～25mm，绝缘厚度为 5～50mm，50Hz 1min 的绝缘引线对尖角的油中距离与击穿电压关系曲线如图 2-63 所示。

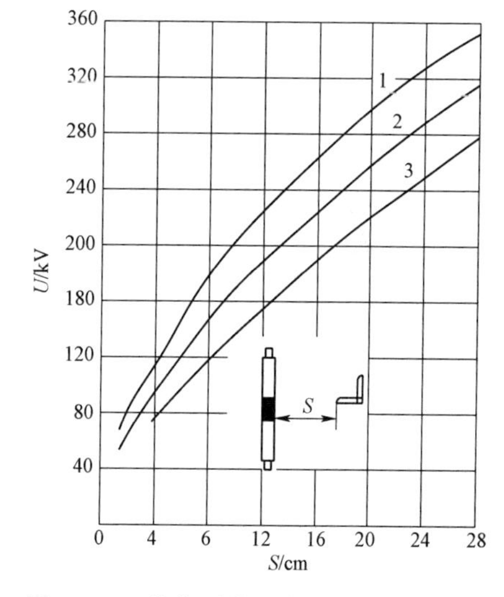

图 2-63 绝缘引线对尖角的油中距离与击穿电压关系曲线

1—击穿电压平均值曲线；2—最小击穿电压曲线；3—虚线为尖对尖的击穿曲线

4）引线对绕组之间的绝缘距离按照绕组或引线的工频（包括感应试验）试验电压或者雷电冲击全波试验电压折合到工频后的试验电压较高者来确定。本相绕组首、末端引线对自身的绝缘距离由它们试验电压的电位差来确定；全绝缘变压器引线对绕组的绝缘距离由雷电冲击全波试验电压来确定；分级绝缘变压器引线对绕组的绝缘距离由感应试验电压来确定。

2.2.5 油箱

油浸式变压器的油箱是保护变压器器身的外壳，盛冷却液的容器，装配变压器外部、附件的骨架，同时将变压器内部损耗所产生的热量中一小部分以对流和辐射方式散发至大气中。

油箱作为盛冷却液容器，承载高液位的压力、真空压力、热胀冷缩应力等的作用，必须具备不漏、不渗良好的密封性能。首先油箱选用的钢材应具备良好的材质和焊接性能；二是具有合理焊接结构和焊接工艺规范；三是机械连接处具有合理可靠的密封结构和密封材料。

油箱作为外壳和骨架应具备良好的机械强度，对选用的钢板必须具有良好的机械性能。

一是油箱要能承受变压器总体重量或器身和冷却液及油箱自重之和的起吊重量；二是承载变压器所有组、附件（如套管、储油柜、散热器或冷却器等）的总重量而不变形；三是在运输中或地震时能够承受冲击加速度的破坏作用；四是对高电压大型变压器而言，油箱应能承受器身真空干燥、真空注油时的压力而不开裂、不变形；五是承受高液位的压力，当变压器内部发生故障时能够承受内部压力而不炸裂。

油箱表面散热能力与油箱表面积的大小和油箱的结构形式有关。将油箱表面积作为散热能力的一部分适用于中小型变压器，一是中小型变压器内部发热量较少，二是散热方式是自然冷却，靠油箱表面积散出的热量约占其内部产生热量的 15%～40%，因此，在计算变压器温升时可以考虑油箱表面积的散热能力，不足的散热能力采取改进油箱结构的措施来补充，比如常见的波纹式油箱、瓦楞式油箱、管式油箱等。当变压器容量增大后，由于电磁损耗与产品容量的 3/4 次方成正比，而油箱外表面积的增加却与产品容量的 1/2 次方成正比，即损耗的增加速度超过了油箱表面积的增加速度。为保持大容量变压器与小容量变压器具有同一水平的绕组温升和油温升，靠改进油箱结构来提高自身散热能力的措施已经不能满足散热的要求，必须在提高散热能力上采取措施，比如在油箱上加装专用散热器、冷却器、吹风装置、水冷装置，以及增加冷却液循环散热能力的冷却泵和导向冷却等措施。总之，油箱结构形式随变压器容量的增大而有所改变，对于容量较大的变压器来说，油箱表面积的散热能力与产品总的散热能力相比所占比例相当小，在产品散热能力计算时不再计入。

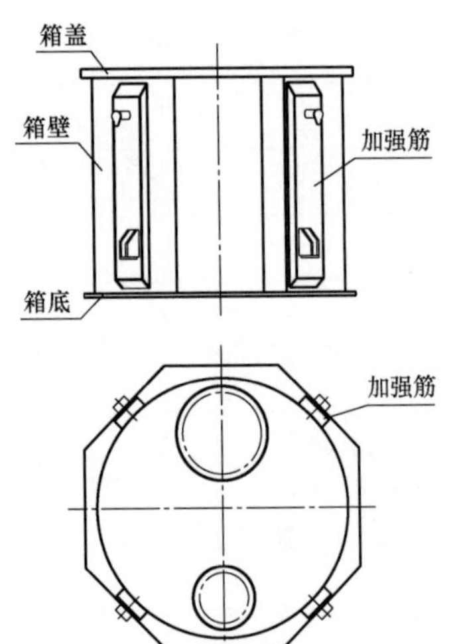

图 2－64　圆柱式油箱示意图

1. 按油箱结构分类

（1）圆柱形油箱的形状犹如带盖的圆筒，箱盖和箱底采用较薄的钢板拉伸成型，重量轻而力学性能好，多用于柱上式配电变压器。该种变压器的高压套管一般在箱盖上引出，低压套管多在箱壁侧面上安装。为适应安装的要求，油箱壁上一般焊有标准形状的安装“挂钩”。圆柱式油箱示意图如图 2－64 所示。

（2）筒式油箱。箱底与箱壁为一体，箱体为长方形、多边形或椭圆形结构，箱盖平板型（中小型产品）或拱形结构，箱盖和油箱主体通过箱沿用螺栓连接成整体，器身直接装入油箱或与箱盖连接（中小型变压器）。这种油箱的主密封在油箱上面，运行现场没有起吊设备能力的限制时，安装和检查维修十分方便，适用于容量较小的变压器，尤其是器身连箱盖的结构。筒式油箱示意图如图 2－65 所示。

（3）钟罩式油箱。由下节油箱和上节油箱两部分组成，上节油箱类似于钟罩，截面为长方形、多边形或椭圆形，箱顶为平板型、梯形结构，下节油箱是槽型结构或平板结构。钟罩式油箱是大型变压器常用的一种结构形式，将上节油箱吊开之后，变压器器身的绝大部分将暴露出来，为现场检修带来了极大方便。

钟罩式油箱的特点是适用于大型折板设备加工，制造工艺简单，机械强度高，对油箱进行真空强度和正压试验时的力学性能较好。

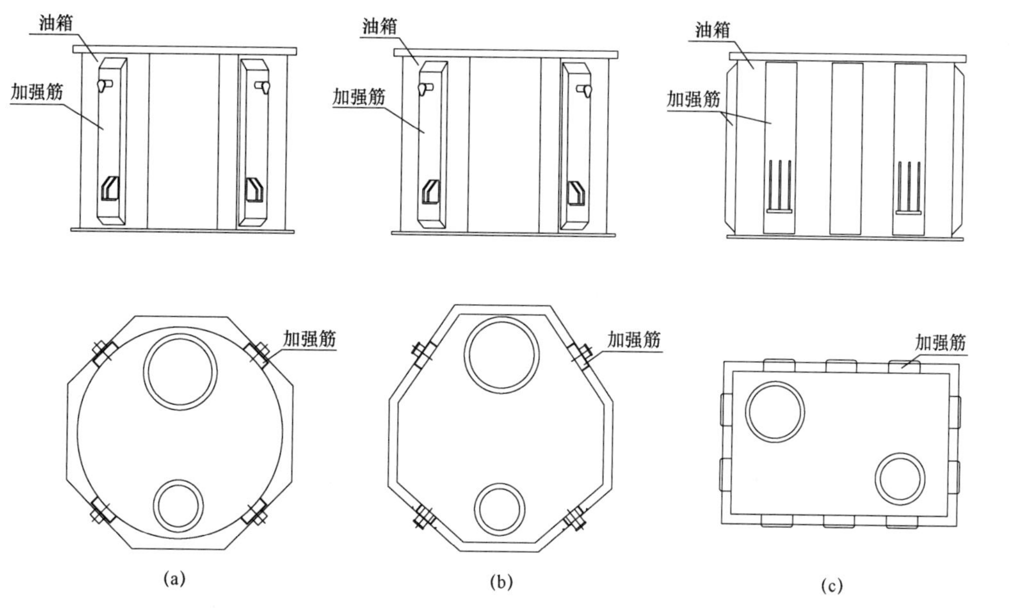

图 2-65　筒式油箱示意图

（a）圆弧形；（b）多边形；（c）矩形

当变压器容量较大时，平顶钟罩和槽型箱底满足不了运输界限的要求，除了将箱顶做成梯形或拱形外，槽型箱底也做成梯形结构。钟罩式油箱示意图如图 2-66 所示。

（4）抬轿式油箱和钳夹式油箱。它是适应铁路和公路运输限界约束，满足特大型或巨型变压器运输要求的油箱。采用抬轿式油箱运输时，油箱壁上的承载支架被固定在运输横梁，整个产品如同抬在轿子上运输，油箱底面与公路表面或铁轨表面最小距离可达 100mm，抬轿式油箱示意图如图 2-67 所示。抬轿式油箱的箱底采用较厚钢板承载变压器器身重量，油箱壁及承载部件不仅具有较高的机械强度，还必须保证接焊强度。抬轿式油箱在特高压变压器、并联电抗器、换流变压器产品中广泛应用。钳夹式油箱适应于铁路运输，在公路运输尚不发达的年代，钳夹式运输是铁路运输特大型变压器的主要手段。钳夹式油箱如同一节没有车轮的列车，由前后两辆钳夹车的两对大钳子将变压器油箱夹起来脱离车轨道后运输，钳夹式油

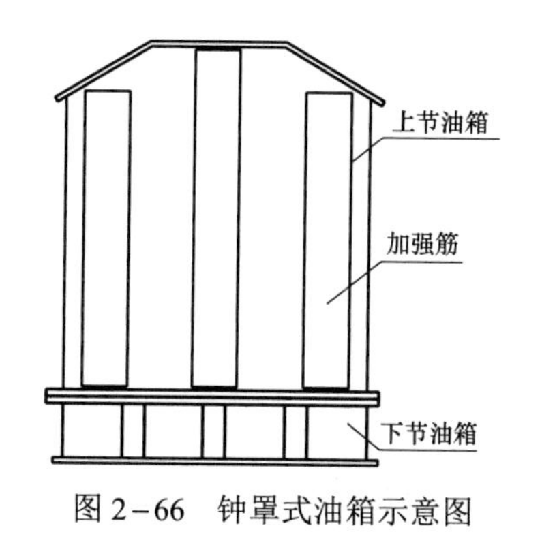

图 2-66　钟罩式油箱示意图

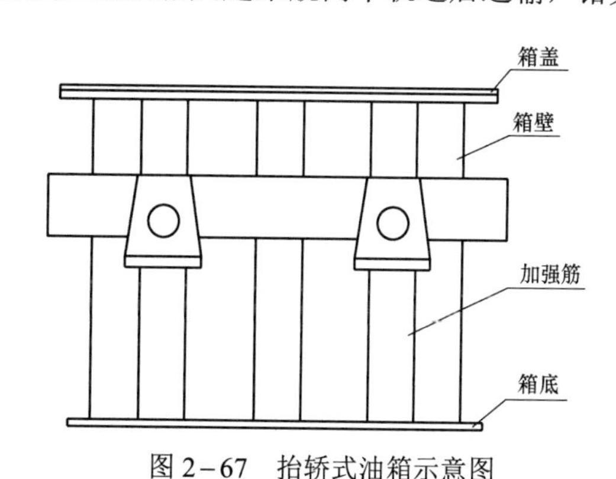

图 2-67　抬轿式油箱示意图

箱的机械强度比抬轿式油箱还要高，它不仅要承载变压器器身的重量，还要承受钳夹的巨大压力。目前除特殊情况外，钳夹式油箱已经很少使用，钳夹式油箱示意图如图 2−68 所示。

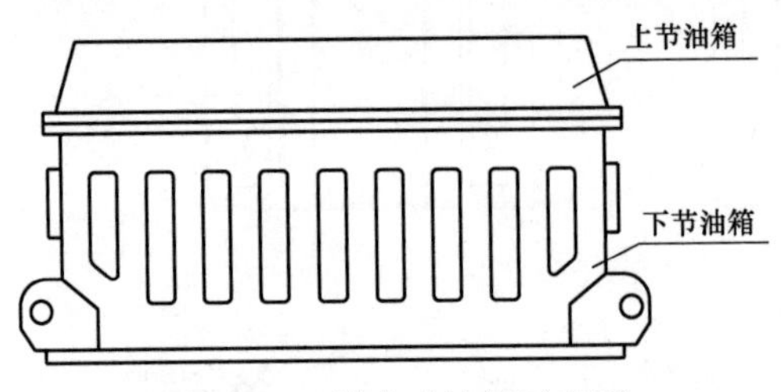

图 2−68 钳夹式油箱示意图

（5）特殊油箱。它是指为特殊产品或专用产品设计的油箱，上、中、下三节式油箱就是为壳式变压器和特大型变压器设计的特殊油箱；电炉变压器、变流变压器要求的低电压、大电流、油箱侧壁引出线的油箱，电缆引出线的油箱，组合式变压器油箱，下节槽式油箱等。

2. 油箱结构要点

变压器油箱需要承载产品器身和冷却液的重量，应具有良好的密封性能，并承受各种工况下的正、负压力，适应于各种运输条件和自然环境等。必须按不同电压等级和容量对油箱的具体要求选择优质钢板材料、焊接材料、必要的加强结构、可靠的焊接结构、先进的加工与焊接工艺等，以确保油箱的机械性能。

1）采用折板式箱壁结构，适用于制作中小型变压器油箱。其特点是结构简单，焊接工作量少，外形美观。折板式箱壁示意图如图 2−69 所示。

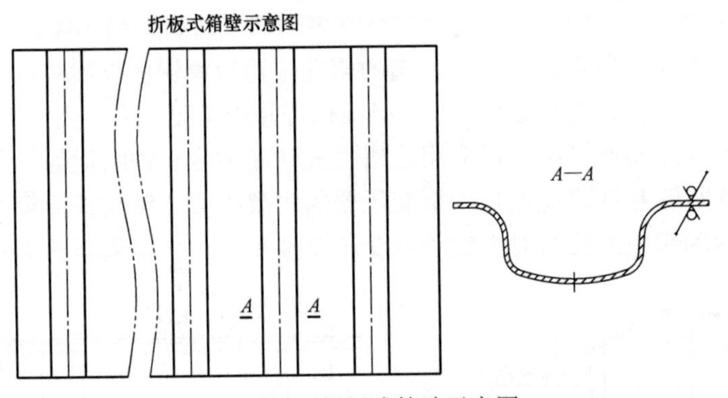

图 2−69 折板式箱壁示意图

2）采用板式加强筋加强结构，适用于制作大中型变压器油箱。虽然结构简单，但焊接工作量大，加强筋的宽度尺寸较大，影响油箱外形尺寸，板式加强筋箱壁示意图如图 2−70 所示。

3）采用槽式加强筋加强结构，适用于制作大型和超大型变压器油箱，根据加强筋的槽宽可以调整箱壁加强的间隔，加强效果比较好，焊接工作量比板式加强筋要少。槽式加强筋箱壁示意图如图 2−71 所示。

4）采用框架形加强结构，它是由板式加强筋或槽型加强筋纵横排布组成网格式框架焊接在箱壁上，特别适用于制作超大型或巨型变压器油箱。框架式加强箱壁示意图如图2-72所示。

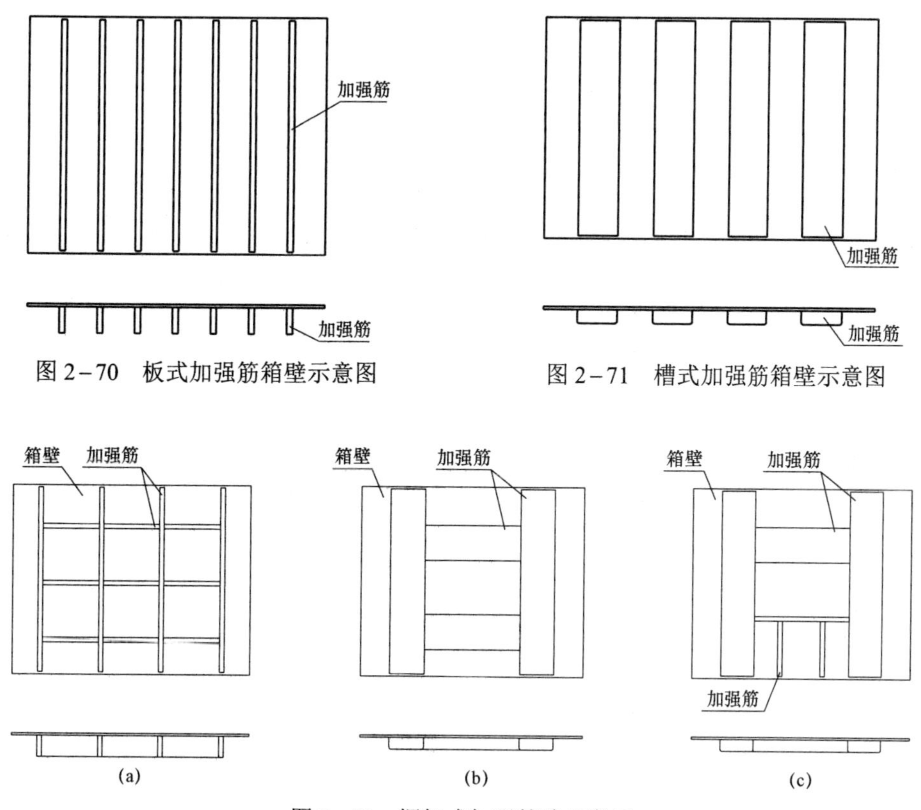

图2-70　板式加强筋箱壁示意图

图2-71　槽式加强筋箱壁示意图

图2-72　框架式加强箱壁示意图

（a）板式加强筋框架；（b）槽型加强筋框架；（c）组合式加强框架

箱盖加强根据箱盖上安装的组部件位置合理的布置，一般采用平板加强筋与槽型加强筋的组合加强结构。箱盖加强示意图如图2-73所示。

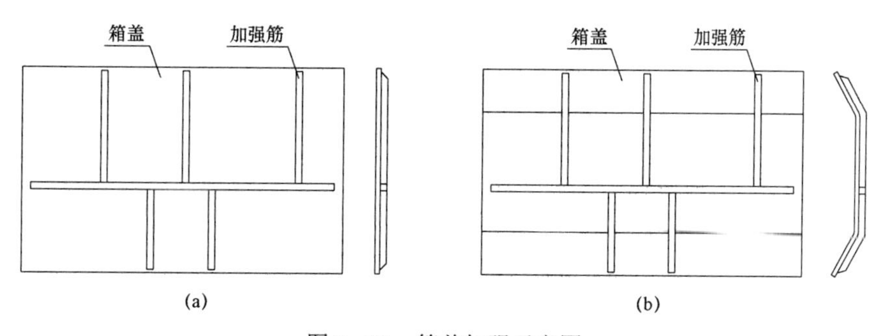

图2-73　箱盖加强示意图

（a）平箱盖；（b）梯形箱盖

2.2.6 总装

总装是将变压器器身等部件装入油箱，同时将组件、附件安装到油箱上，完成所有的工艺过程，注入绝缘的冷却介质，成为完整的变压器。中小型变压器的总装过程和制造工艺比较简单，高电压大型变压器的总装过程和制造工艺要求比较复杂。

1. 油箱准备

器身进入油箱前需将油箱准备好，包括油箱内部的清洁，磁屏蔽的安装，箱底绝缘和箱壁绝缘的安装，所有连接法兰、管接头、升高座密封连接面的清洁等。

磁屏蔽安装需将上节油箱放倒，用干净的白布擦净油箱内壁及磁屏蔽板，先放好绝缘垫板，再将磁屏蔽安放其上，在磁屏蔽与油箱固定板之间放置 1～2mm 角形绝缘纸板，从每块屏蔽板中部开始向两端依次将固定板打弯敲平，将磁屏蔽固定好。用 500V 绝缘电阻表测量磁屏蔽对油箱（地）绝缘性能应良好，然后将每块磁屏蔽接地线用螺栓与油箱牢固连接并锁紧，用万用表测量每块磁屏蔽与油箱之间的电阻应为零。按照相同的工艺安装另一侧油箱壁上的磁屏蔽。

2. 器身准备

（1）铁心是器身的骨架，绕组的压紧力、故障时的机械力都直接作用在铁心上，对于干燥后的器身，首先检查铁心紧固与锁紧是否紧实、牢固；检查铁心与夹件之间各部分绝缘是否完好，不允许有破损和联通现象，等位线和接地线一定要可靠连接。

（2）绕组通过压钉、压板压紧。110kV 及以下电压等级的电力变压器绕组均采用公共压板，经夹件上的螺纹压钉压紧。配电变压器和小型电力变压器通常借助拉板的强度在压板或端圈与上夹件下肢板之间打入绝缘垫块对绕组压紧。220kV 级以上大容量变压器器身可以采用公共压板多点压紧，也可以采用独立压板对高、低压绕组单独压紧。压钉选用具有补偿功能的油缸压钉，或者在上铁轭与压板之间放置油压管或小气囊，利用油压或气压先将绕组压紧，然后在间隙中填实绝缘垫块后抽出油压管或小气囊，完成对绕组的压紧。器身压紧示意图如图 2－74 所示。

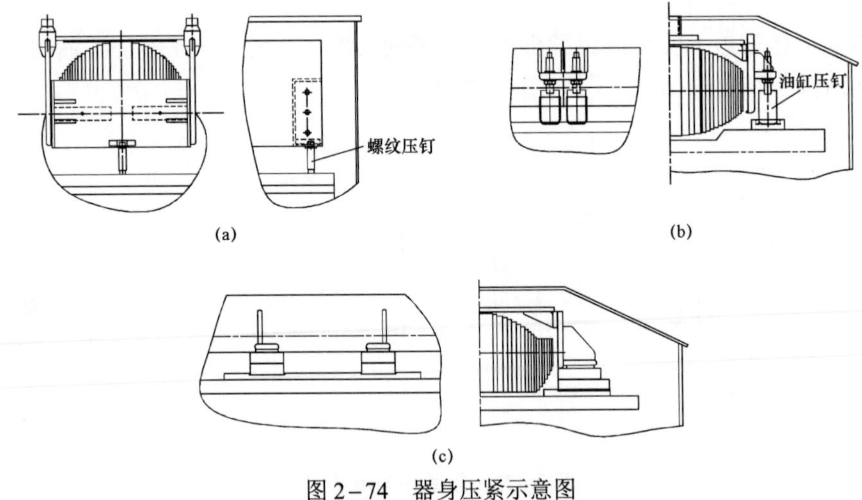

图 2－74 器身压紧示意图

（a）螺纹压钉；（b）油缸压钉；（c）绝缘垫块

（3）检查引线绝缘、副绝缘，固定引线的支架和导线夹的螺栓重新紧固、锁紧，固定引线的绑扎带或绳收紧并点胶，按编号将调压引线正确地与调压开关接线端相连接。

3. 器身进入油箱

安装好箱沿密封胶条，摆放和固定好铁心底脚绝缘，将清洁的器身吊进油箱并固定好底脚，连接导油联管（如果有），罩上上节油箱或盖上箱盖，紧固箱沿螺栓。按要求安装并连接油箱外部组件和附件，如套管（高、中、低压）、调压开关、储油柜、冷却器、释压器、联管、继电器、在线监测装置等。

4. 升高座与测量装置的安装

升高座是变压器绕组引线和套管连接的过渡空间和结构件，通常与变压器油箱直接连接。升高座内可以安装测量和保护用的套管型电流互感器，用于测量变压器绕组的电流，或提供保护信号。套管型电流互感器可以按相组成独立部件，称为测量装置。测量装置可以单独安装在油箱盖下，也可以在独立的升高座里直接安装在油箱盖上，或安装在套管升高座的最上端。升高座示意图如图 2-75 所示，套管型电流互感器安装示意图如图 2-76 所示。

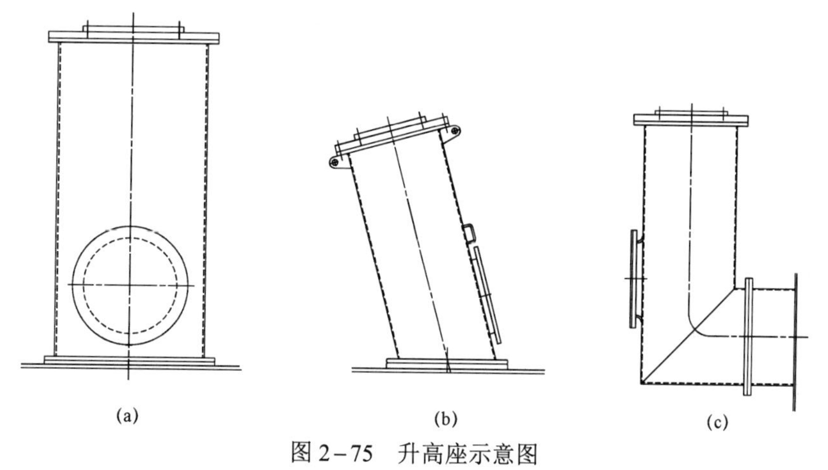

图 2-75　升高座示意图

（a）竖直升高座；（b）倾斜升高座；（c）L 形升高座

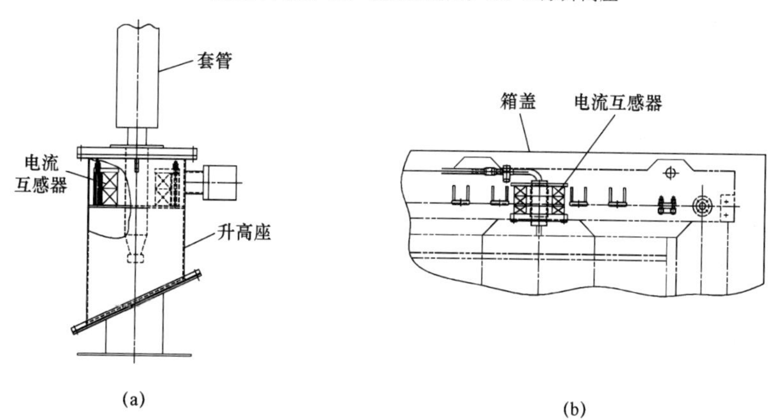

图 2-76　套管型电流互感器安装示意图（一）

（a）升高座内；（b）箱盖下

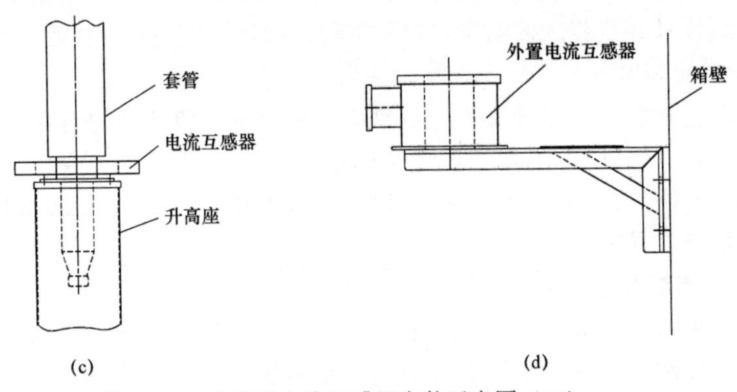

图 2-76 套管型电流互感器安装示意图（二）
（c）升高座上端；（d）箱盖上

测量装置内配置的电流互感器分为测量级和保护级两种形式，安装的数量根据测量和保护的要求而定。测量装置装配时需要清洁的环境，按要求安装绝缘、电流互感器、撑板、连接二次引线等，压紧并干燥后检测绝缘电阻、直流电阻、电流比等，检测合格后安装在油箱或升高座上。

5. 套管安装

套管是将变压器内部的高、中、低压引线引到油箱外部并与线路连接的部件。由于电压等级的区别、电流大小的不同、测量装置中电流互感器配置的差异以及安装要求等因素的影响，变压器的引出线选用套管的形式和连接方式不同。

（1）纯磁套管，由导电杆和外绝缘磁套等组成，多用于 35kV 及以下低电压等级小容量变压器，特点是导电杆上没有电容芯。绕组引线直接与导电杆下部接线端相连，导杆与外绝缘套通过导杆上的螺纹、螺母密封连接，直接安装在油箱盖上或安装在升高座上，套管内部的变压器油来自变压器本体。

（2）导杆式套管，由导电杆、外绝缘套等组成，但导电杆绕制了电容芯体，35kV 及以上电压等级的引出线多采用这类套管。导杆式套管自成整体，内部充满变压器油，端部有储油柜，通常在变压器制造厂不允许拆开。绕组引线直接与套管导电杆下部接线端相连，220kV 及以上电压等级的套管尾端配有均压球。导杆式套管特别适用于高电压、大电流引线的引出，在高电压大容量变压器中使用较多。

（3）穿缆式套管，没有导电杆，电容芯体在卷制管上，外绝缘套、套管芯体通过弹簧机构、密封件等安装在安装管上成为整体，内充变压器油，端部有储油柜。安装管为空心管，变压器引线外包绝缘，穿过安装管在套管顶端与套管密封连接为一体，220kV 及以上电压等级的套管尾端配有均压球。由于穿缆式套管安装比较方便，因此在各电压等级变压器适应较广。

（4）提拉式套管，它是穿缆式套管的另一种结构，提拉式套管的结构除了安装管与载流管合为一体之外，与穿缆式套管的结构基本相同。安装时将变压器引线与提拉杆下部的载流端相连接，然后将提拉杆穿过载流管与套管端部连接。与此同时，提拉杆下部载流端导电平面与套管安装底座导电平面紧密相连（套管安装底座与）。提拉式套管的另外一种导电方式，是将提拉杆下端的导锥与绕组引线相连接，当提拉杆经导电管向上安装时，将导锥拉入导电管中，此时导锥上的接触弹簧环与导电管内壁紧密接触，实现导电的目的，提拉杆在套管顶端与套管密封连接。套管与引线连接示意图如图 2-77 所示。

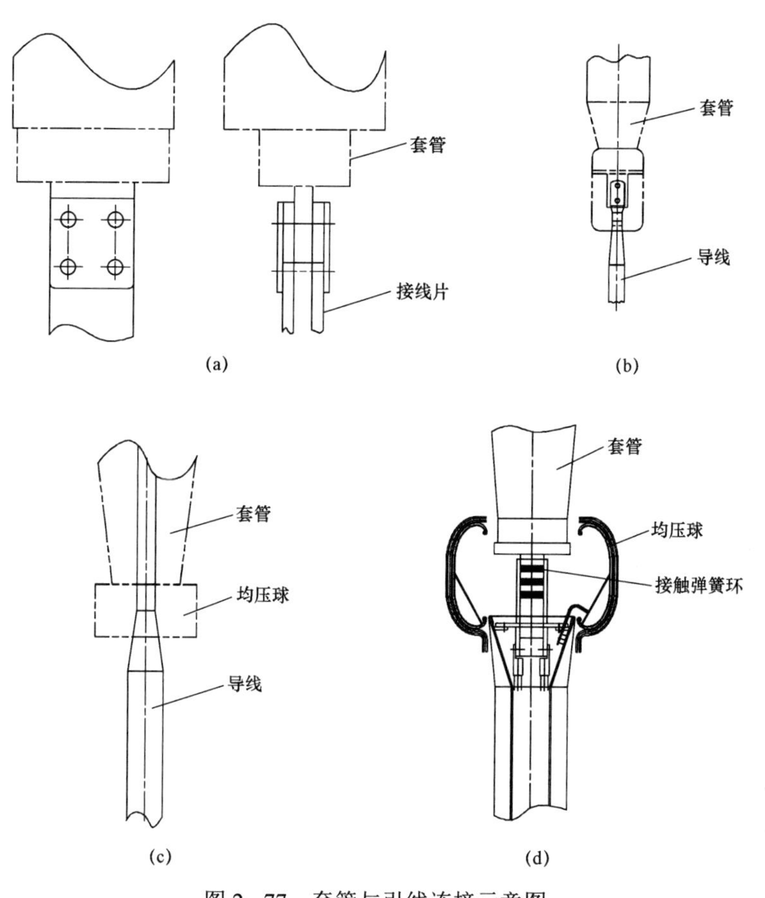

图 2-77　套管与引线连接示意图

（a）纯磁套管；（b）导杆式套管；（c）穿缆式套管；（d）导锥连接

（5）套管安装时绕组引线需要与套管连接部位之间配置长度，由于受到拉扯应力，引线不能太短也不能太长，弯曲垂落会影响与其他部件之间的绝缘。均压球的安装位置必须正确，并且牢固，如有等位线一定要可靠连接，均压球不能悬浮。套管自身整体密封不能随意打开，以确保变压器长期安全运行。穿缆式引线与套管顶部密封连接，严防雨水沿套管的导管内壁渗入到绕组引线根部使绕组受潮，诱发绕组短路或绝缘放电事故。

（6）油纸或胶纸电容式套管的末屏用于测量套管的介质损耗，引出线与接线板上的小套管应可靠连接，变压器做试验或正常运行时小套管应可靠接地，只有在测量套管介质损耗或局部放电时才能打开接地连接与测量线路连接。

（7）套管在安装和拆卸起吊时，角度的调整与升高座倾斜角度应一致，缓慢升降进入或吊出升高座，避免发生碰撞，损坏测量装置、套管和其他部件。套管就位时注意观察油表的方向应朝下，以便运行时观察套管油位指示标。电容式套管起吊方法如图 2-78 所示。

6. 散热器、冷却器的安装

除配电变压器和小型电力变压器的波纹式油箱外，受运输条件约束的变压器，其散热装置或冷却装置是可以拆卸的。变压器安装的散热器不带其他辅助装置的为自然油循环冷却方式，附带吹风装置的是自然油循环风冷却方式，既有吹风装置又有潜油泵时为强迫油循环风冷却方式或强迫油循环导向（变压器油直接导入器身）风冷却方式。冷却器不同于散热器可以选择不同冷却方式的组合，是集散热管、风扇和潜油泵为一体的强迫油循环风冷却设备，与变压器连接分为导向和非导向两种结构。

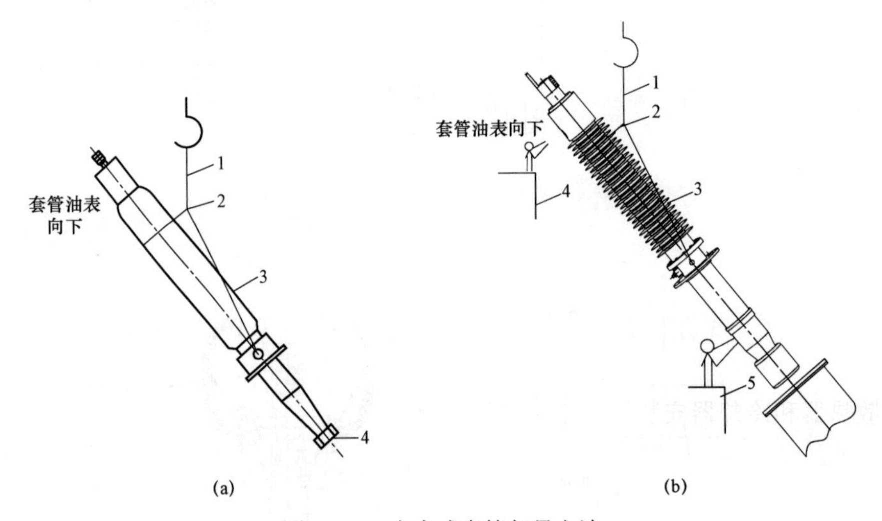

图 2-78 电容式套管起吊方法

（a）中小型电容式套管起吊

1—尼龙吊带；2—尼龙绑扎带；3—高压套管；4—M10 吊环；5—拽线尼龙绳

（b）大型电容式套管起吊

1—尼龙吊带；2—尼龙绑扎带；3—高压套管；4—安转平台；5—安装平台

自然油循环冷却方式的散热器可以直接与油箱的管接头相连接，适用于中小型变压器。

自然油循环风冷却方式是在自然油循环冷却方式的基础上加装吹风装置，适用于大中型变压器，吹风装置直接安装在散热器上，既提高了散热效率，又节省了散热器的数量和安装面积。对于容量较大的变压器，配置的散热器组数比较多，通常是将框架式联管与变压器油箱上的联管相连接，然后再将散热器安装在框架式联管上，根据需要可配置不同形式的吹风装置。吹风装置可以选择侧吹风、对吹风或底吹风方式。

对于需要配置更多散热器的大型变压器，通常将散热器集中安装在整体框架上，成为独立的散热器组，配置潜油泵和吹风装置，实现强迫油循环导向或非导向风冷却方式。导油联管将散热框架、散热器、潜油泵等与变压器连接。这种组合的散热方式，可以实现 ONAN、ONAF、OFAF 或 ODAF 几种冷却方式的组合。集中安装的散热器组示意图如图 2-79 所示。

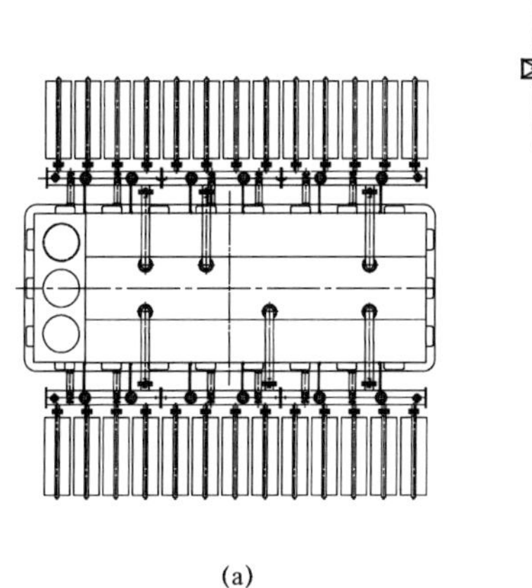

(a)

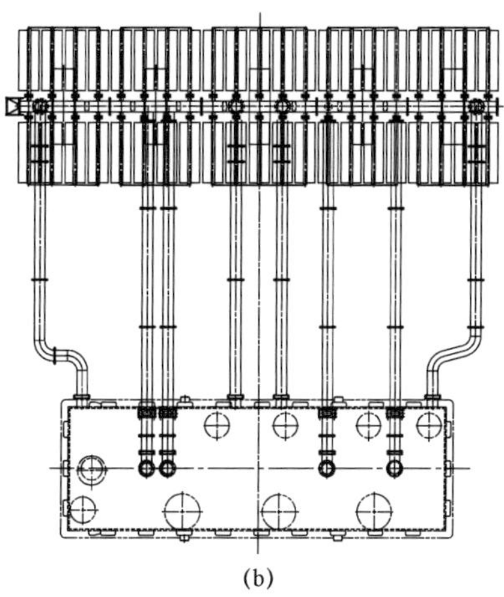

(b)

图 2－79 集中安装的散热器组示意图

（a）框架式联管安装散热器；（b）独立式散热器组

冷却器可以独立安装在变压器本体上，也可以通过框架与变压器连接。冷却器散热功率大，效率高，占地面积小，根据变压器负荷和温度变化调整冷却器投入的风扇数，实现调节冷却功率，节省能源。冷却器在 220kV 及以上超、特高压大容量变压器和特种变压器中应用较多，其噪声水平较散热器高。

在散热器和冷却器安装时，必须认真检查散热器、冷却器、导油框架、连接管，以及各种阀门的内部清洁情况，避免在变压器油循环时将杂物带入油箱和器身而引发事故。

7. 储油柜安装

储油柜分为开启式和密封式两大类。开启式储油柜用于电压等级较低、容量较小的变压器和工业用户特殊用途的变压器，由于开启式储油柜不利于变压器的密封，冷却液容易受潮和氧化，现在已很少采用了。密封式储油柜分为隔膜式、胶囊式和金属膨胀式三种形式。配电变压器采用波纹式油箱无须配置储油柜，具有随温度变化自主膨胀或收缩功能油箱，或具有压缩气腔当油箱，因而不需配置储油柜。

通常储油柜由柜脚通过紧固螺栓安装在油箱盖上，油箱盖上安装位置不够时，柜脚可以安装在油箱的箱壁上，对于超高压电压等级以上的变压器，为了保证油箱顶部接地的金属构件与套管带电部分的绝缘距离，储油柜可以独立安装在高台上或集中散热的散热器组上。储油柜通过储油柜联管、气体继电器、阀门等与变压器箱盖密封相连接，安装时需要清洁储油柜、储油柜联管内部，充气检查隔膜或胶囊，并检查膨胀器有无破损和漏气，检查油位指示器、浮球和气体继电器是否完好，能否正确指示等。

8. 其他组件安装

其他组件包括电阻温度计、释压器、吸湿器、在线监测装置（包括传感器）、取油样装置、各类闸阀、放油阀等，均应按要求正确安装到位。将所有具有信号传出功能的组件、附件通过二次引线将信号线、控制线等整齐地排列接引入接线端子箱和就地控制柜。

9. 真空注油

变压器在试验前需要真空注油，通常油浸式电力压器器身在本体油箱内真空注油，特殊产品可在真空罐或真空烘房中注油。利用油箱真空注油，对不同电压等级产品略有区别，比如 110kV 及以下电压等级的产品，要求油箱能够承受全真空，残压为 133.3Pa 以下的压力。220kV 及以上电压等级的产品，要求油箱能够承受全真空，残压为 13.3Pa 的压力。

真空注油前需做好各项准备工作，如变压器装配各组部件时，应将紧固件紧固到位，密封良好；将油箱内部、注油管路等清理干净，无杂质和水；接好储油柜气囊内外连通管；准备好合格的变压器油；准备好真空机组、滤油机组、各类表计等，变压器真空注油设备与管路连接示意图如图 2-80 所示。

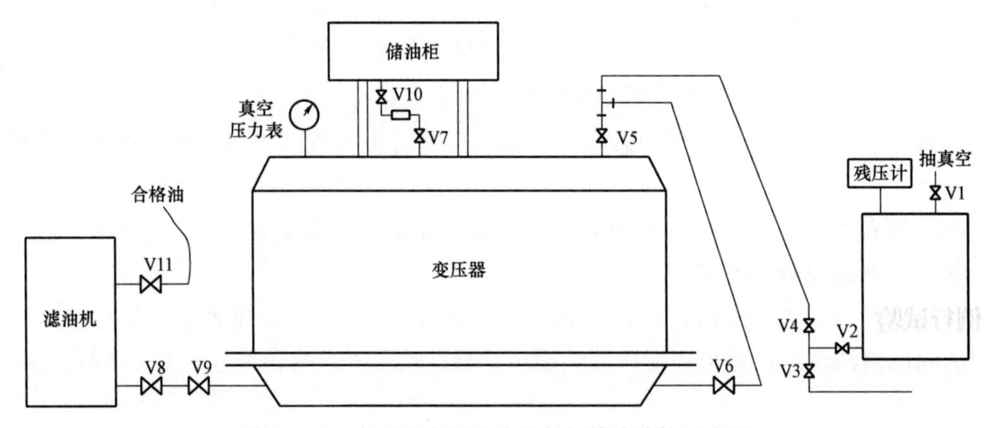

图 2-80　变压器真空注油设备与管路连接示意图

变压器注油真空度控制和维持时间见表 2-4。

表 2-4　　变压器注油真空度控制和维持时间

电压等级/kV	≤220	330	500
真空度（残压）/Pa	133	133	13
维持时间/h	≥6	≥16	≥24
注油过程中真空度/Pa	300	200	133

变压器器身抽真空达到规定的真空度后按要求时间维持真空度，之后打开注油阀开始缓慢注油。待油面升至距箱顶约 200mm 时停止注油，但注油高度最低应浸过器身的固体绝缘部分。此时关闭注油阀门继续抽真空对油脱气，在规定的真空度下维持不少于 2h。对于超高压大容量变压器，通常在注油后立即进行补油，直接进行热油循环工艺，此时可不进行 2h 的真空脱气过程，因热油循环时滤油机自带真空，待热油循环完成，变压器按要求静放后放气。

2.3 电力变压器的试验

变压器试验是验证变压器性能是否符合有关标准或技术条件的规定，发现变压器结构和制造上是否存在影响变压器正常运行的缺陷。GB 1094.1《电力变压器 第 1 部分：总则》中规定了变压器要进行例行试验、型式试验和特殊试验三种试验项目。原则上，各种试验都应在制造厂内完成。

110～750kV 三相及单相（包括自耦变压器）油浸式电力变压器的例行试验、型式试验和特殊试验，共涵盖 20 多个项目的试验方法，其中短路耐受能力试验一般委托有资质的第三方进行试验。其他试验项目，例如：绝缘油试验、内装电流互感器变比和极性试验、变压器压力密封试验、变压器真空变形试验、变压器压力变形试验、绝缘油中溶解气体测量等可参见相关标准。

通过试验可以验证变压器的性能，以及能够承受预计的各种过电压或过电流的作用，能够在额定条件下长期正常运行。变压器的种类繁多，电气、结构特点各不相同，在变压器设计前就应根据技术协议制定产品试验大纲，明确执行技术标准和技术性能参数，以确保产品符合执行标准和技术协议要求。

其他类型变压器的试验也可参照本节内容。

2.3.1 例行试验

例行试验是每台变压器出厂前都必须进行的试验，目的是检查变压器的设计、工艺、制造质量，根据国家标准和产品技术条件完成规定的试验项目，检验变压器的主要技术性能。

1. 例行试验项目（适用所有变压器）

（1）绕组电阻的测量。

（2）电压比测量和联结组标号的检定。

（3）短路阻抗和负载损耗的测量。

（4）空载损耗和空载电流的测量。

（5）绕组对地及绕组间直流绝缘电阻的测量。

（6）绝缘例行试验包括：

1）外施耐压试验；

2）短时感应耐压试验（ACSD）：$U_m \leqslant 170kV$；

3）长时感应电压试验（ACLD）：$U_m > 170kV$；

4）线端雷电全波冲击试验（LI）：$U_m > 72.5kV$；

5）操作冲击试验（SI）：$U_m > 170kV$，当 $170kV < U_m < 300kV$ 时，如果规定了短时感应耐电试验，则不要求线端操作冲击试验；

6）有载分接开关试验；

7）变压器绝缘油试验。

2. 设备最高电压 U_m＞72.5kV 的变压器的附加例行试验

（1）绕组对地和绕组间电容的测定。

（2）绝缘系统电容的介质损耗因数（tanδ）的测量。

（3）变压器绝缘油中溶解气体的测量。

（4）在 90%和 110%额定电压下的空载损耗和空载电流的测量。

2.3.2 型式试验

型式试验是国家标准和产品技术条件规定的试验项目，在一台具有代表性的变压器上进行，对产品结构做鉴定的试验，目的在于检查产品电气和结构设计的合理性，验证产品性能是否符合国家标准和产品技术条件的规定。

型式试验项目包括：

（1）温升试验。

（2）绝缘型式试验项目：

1）线端雷电全波冲击试验：U_m≤72.5kV。

2）线端雷电截波冲击试验（LIC）。

3）中性点雷电全波冲击试验（中性点直接引出）。

（3）对每种冷却方式的声级测定。

（4）风扇和油泵电机功率的测量。

（5）在 90%和 110%额定电压下的空载损耗和空载电流的测量。

2.3.3 特殊试验

特殊验证试验是根据产品使用或结构特点，在例行试验项目和型式试验项目之外另行增加的试验项目，具体试验项目由用户提出，并与制造厂协商确定。

（1）绝缘特殊试验项目包括：

1）短时感应耐压试验（ACSD）：U_m＞170kV。

2）长时感应电压试验（ACLD）：72.5kV＜U_m≤170kV。

3）中性点雷电全波冲击试验：对全绝缘的三相变压器，中性点不引出时。

（2）绕组对地和绕组间的电容测定：U_m≤72.5kV。

（3）绝缘系统电容的介质损耗因数测量：U_m≤72.5kV。

（4）短路承受能力试验。

（5）三相变压器零序阻抗的测量。

（6）频率响应测量。

（7）变压器绝缘油中溶解气体测量：U_m≤72.5kV。

（8）暂态电压传输特性测定。

（9）其他试验。其他试验是指除例行试验、型式试验、特殊试验之外，与用户协商、在协议中规定，由制造企业执行的试验项目，原则上是属于特殊试验项目。

1）无线电干扰水平测量。

2）长时间空载试验。

3）空载电流谐波测量。

4）油流静电试验。

5）转动油泵时的局部放电测量。

6）过电流试验。

2.3.4　试验的一般要求

国家标准规定，变压器必须按要求完成各个试验项目，对变压器实施每个试验项目都应满足规定的一般要求。

（1）作为温升试验试品的变压器在做温升试验前，自身的温度应接近于试验场所的环境温度，试验场所的环境温度应介于 5℃与变压器设计所依据的最高环境温度之间。除温升试验外，其他试验项目应在 5～40℃之间的环境温度下进行；试验环境相对湿度应小于 85%。

（2）油浸式变压器的负载试验、绕组直流电阻测量、短路阻抗测量时的参考温度取 75℃。

（3）试验电源电压波形应为正弦波，总谐波含量不超过 5%，偶次谐波含量不超过 1%。

（4）施加的负载电流总谐波含量不超过额定电流的 5%。

（5）三相电源电压应对称，最高相间电压比最低相间电压不应大于 1%，施加到每个相绕组的最高电压比最低电压不应超过 3%。

（6）测量及试验时的工频电源频率与变压器额定频率的偏差应在 1%内。

（7）试验测量系统应按 GB/T 19001 的规定进行检定、定期校准，其准确度具有可追溯性。

（8）绝缘试验的规定：

1）变压器绕组按其 U_m 值以及相应的绝缘水平进行检验的，规定见表 2－5。

2）当一台变压器中不同绕组的试验规则之间有矛盾时，则该变压器应采用适合于具有最高 U_m 值的绕组的试验规则。

3）如果分接范围小于或等于±5%，则绝缘试验应在变压器绕组处于主分接的情况下进行。

4）如果分接范围大于±5%，对分接的选择：

① 对于感应耐压和操作冲击试验，所要求的分接选择由试验条件来决定。

② 对于雷电冲击试验，除协议规定外，有分接的绕组应在两个极限分接和主分接位置上，每相各使用其中的一个分接进行试验。

③ 当分接位于绕组中性点端子附近时，如协议无其他要求，中性点端子的冲击试验应选择在具有最大匝数比的分接连接下进行。

5）如果适用且无其他协议规定时，绝缘试验应按下述顺序进行。线端的操作冲击试验（SI）→线端的雷电全波和截波冲击试验（LI、LIC）→中性点端子的雷电全波冲击试验（LI）→外施耐压试验（AC）→短时感应耐压试验（ACSD）→长时感应电压试验（ACLD）。

6）重复的绝缘试验要求。

① 对正在运行和经检修后或曾运行过的变压器，且内绝缘未曾变更，其重复的绝缘试验按标准规定或按协议进行，若无其他协议规定，试验电压值应为原额定耐压值的 80%。

② 长时感应电压试验（ACLD）的重复试验，通常应在 100%试验电压下进行。

③ 为验证在制造厂已按标准试验过的新变压器是否符合标准要求而进行的重复性试验，

通常应在100%试验电压下进行。

（9）每台产品均应进行例行试验，只有产品通过全部例行试验项目才能出厂。

（10）新产品鉴定大纲有要求时、全新结构产品的第一台产品、结构改进后已影响到产品某些性能的改进产品、结构虽然没有改进但使用了新材料或新工艺的产品、生产周期已超过五年的老产品均需进行型式试验。

（11）用户技术协议有要求时、新产品鉴定大纲有要求时应进行型式试验、特殊试验或其他项目试验。

（12）同型号一批多台产品，若已在一台产品上进行全部例行试验、型式试验及特殊试验，且用户技术协议无要求时，其他产品仅进行例行试验，不再做型式试验及特殊试验。

表2-5给出不同绝缘类型的变压器要求的试验项目。

表2-5　　不同绝缘类型的变压器要求的试验项目

设备最高电压范围	U_m≤72.5 kV	72.5 kV<U_m≤170 kV		U_m>170 kV
绝缘类型	全绝缘	全绝缘	分级绝缘	全绝缘和分级绝缘
线端雷电全波冲击试验（LI）	型式（包括在LIC中）	例行试验	例行试验	例行试验
线端雷电截波冲击试验（LIC）	型式试验	型式试验	型式试验	型式试验
中性点端子雷电全波冲击试验（LIN）	型式①试验	型式①试验	型式试验	型式试验
线端操作冲击试验（SI）	不适用	特殊试验	特殊试验	例行试验
外施耐压试验（AV）	例行试验	例行试验	例行试验	例行试验
感应耐压试验（IVW）	例行试验	例行试验	例行试验	不适用
带有局部放电测量的感应电压试验（IVPD）	特殊②试验	例行②试验	例行②试验	例行试验
线端交流耐压试验（LTAC）	不适用	特殊试验	例行③试验	特殊试验
辅助接线的绝缘试验（AvxW）	例行试验	例行试验	例行试验	例行试验

注：如果用户另有要求，不同类别绕组的绝缘要求与试验可参照GB/T 1094.3附录表E.1的有关规定，但需要在订货合同中注明。

① 对全绝缘的三相变压器，当中性点不引出时，中性点端子雷电全波冲击试验（LIN）为特殊试验。

② IVW的试验要求包括在IVPD试验中，因此只需要一个试验；此外，U_m=27.5kV且额定容量为10 000kVA及以上的变压器IVPD试验为例行试验。

③ 经用户与制造方协商一致，该类型变压器的LTAC试验可由SI试验代替。

2.3.5 试验方法

除特殊规定110～750kV油浸式电力变压器的例行试验、型式试验和特殊试验遵循通用试验方法，特定产品除遵循相关标准外，依据产品电气和结构特点以及具备的试验设备、仪器仪表的能力制定适宜的试验方法。

1. 绕组直流电阻测量

（1）绕组直流电阻测量是检查绕制绕组所用导线的技术参数是否符合设计要求；绕组内部导线之间连接、与引线之间连接的焊接质量；引线与分接开关、套管等载流部分的连接是否良好；三相绕组的直流电阻是否平衡。

（2）试验依据 GB 1094.1 第 11.2 条规定。

（3）使用仪器为直流电阻测试仪。

（4）试验方法。

1）图 2-81 为绕组直流电阻测量接线原理图。

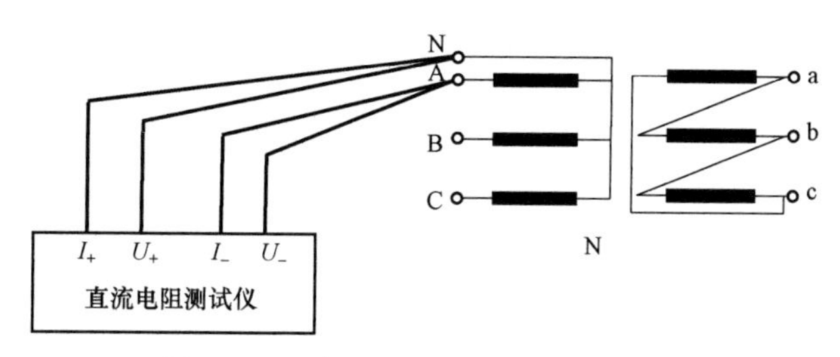

图 2-81 绕组直流电阻测量接线原理

2）变压器各绕组的直流电阻应分别在各绕组的线端上测量，三相绕组为星形联结，有中性点引出线的分别测量三相绕组的直流电阻，没有中性点引出线（全绝缘）的分别测量线直流电阻。

3）带有分接段的绕组，应分别测量每个分接位置的绕组直流电阻。

4）自耦联结的绕组，应分别测量串联绕组和公共绕组的直流电阻。

5）在绕组直流电阻测量的同时，应用不低于 1 级的酒精温度计或热电偶等测量并记录绝缘油平均温度，绝缘油的顶层温度与底部温度之差不应超过 5℃。

6）绕组直流电阻不平衡率要求见表 2-6。

表 2-6　绕组直流电阻不平衡率要求

电压等级/kV	额定容量/kVA	允差的绕组直流电阻不平衡率（%）	
		相（有中性点引出时）	线（无中性点引出时）
6，10	—	4	2
35	—	4①	2①
	—	2②	1②
66	≤1600	4	2
	≥2000	2	1
110，220，330，500，750	—	2	1

① 对于配电变压器。

② 对于电力变压器。

7）如果因导线材质或引线结构引起的绕组直流电阻不平衡率超出表 2-6 中规定时，需在试验报告中注明引起这一偏差的原因。

8）用于测量绕组直流电阻的测试仪精度应不低于 0.2 级，应在测量直流电阻数值稳定后记录或打印其测试结果。

（5）测量结果计算。

1）三相绕组直流电阻不平衡率计算，以实测三相绕组直流电阻结果中的最大值减去最小值作为分子，以三相绕组直流电阻实测值的平均值作为分母计算，即

$$\beta = \frac{R_{最大} - R_{最小}}{R_{三相平均}} \times 100\% \tag{2-9}$$

2）在温度为 t（℃）时测量的绕组直流电阻换算到其他温度 θ（℃）时的电阻值。

铜导线绕组：

$$R_{\theta} = R_{t}\frac{235+\theta}{235+t} \tag{2-10}$$

铝导线绕组：

$$R_{\theta} = R_{t}\frac{225+\theta}{225+t} \tag{2-11}$$

式中：R_{θ} 为温度为 θ（℃）时的直流电阻值计算值；R_{t} 为温度为 t（℃）时的直流电阻测量值。

2. 电压比测量及联结组标号的检定

（1）电压比测量是验证变压器产品能否达到预期的电压变换效果；确定并联绕组或线段的匝数是否相同；检查变压器分接开关内部所在位置的电压比与外部指示位置是否一致。

连接组标号检定是检查绕组的绕向、连接及线端标志是否正确。

（2）试验依据 GB 1094.1 第 11.3 条。

（3）使用仪器为变压比测试仪。

（4）试验方法。

1）图 2-82 为电压比测量级连接组标号检定接线原理图。

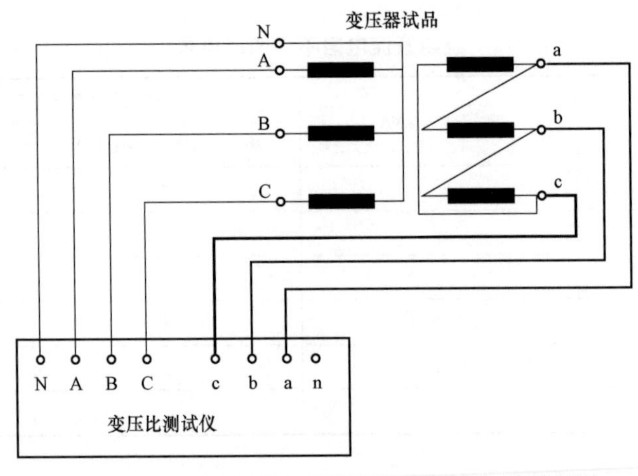

图 2-82 电压比测量级连接组标号检定接线原理图

2）必须在每相、每对绕组上进行线电压或相电压的电压比测量；具有调压线段或绕组的变压器，应在其一对主绕组的所有分接位置进行电压比测量。

3）应对每对绕组进行连接组标号的检定，检定结果应与设计值完全相同。

4）依据 GB 1094.1 中规定，变压器空载电压比偏差的规定见表 2-7。

5）测量电压比的测试仪精度应不低于 0.2 级，通常为 0.1 级。

6）根据电压比实测值，按照式（2–12）进行空载电压比偏差 ε 的计算，计算结果应满足表 2–7 变压器空载电压比偏差的要求。

$$\varepsilon=\frac{\text{电压比实测值}-\text{电压比规定值(或匝数比设计值)}}{\text{电压比规定值(或匝数比设计值)}}\times 100\% \tag{2-12}$$

表 2–7　　变压器空载电压比偏差的要求

项目		空载电压比偏差
规定的第一对绕组	主分接或极限分接	下列值中较低者 （1）规定电压比的 ±0.5% （2）主分接上实际阻抗百分数的 ±1/10
	其他分接	匝数比设计值的 ±0.5%
其他绕组对		

3. 短路阻抗和负载损耗测量

（1）变压器的短路阻抗和负载损耗是运行的重要参数，通过测量验证这两项指标是否满足标准或用户技术协议的要求，并且从中发现绕组设计与制造及载流回路中的结构缺陷和制造缺陷。

（2）试验依据 GB 1094.1 第 11.4 条。

（3）使用仪器和设备：功率分析仪、电压互感器、电流互感器、中间变压器、补偿电容器组、工频发电机组。

（4）试验方法：

1）图 2–83 为变压器短路阻抗和负载损耗测量接线原理图。

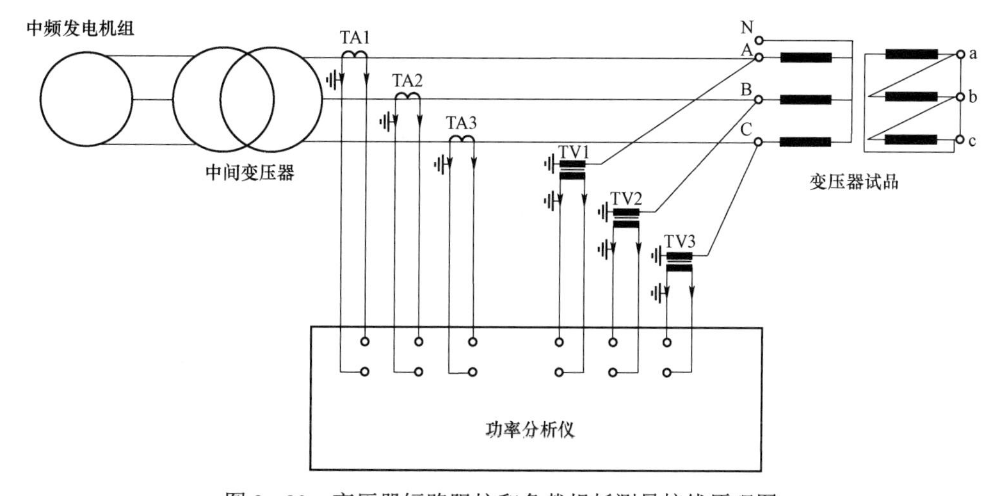

图 2–83　变压器短路阻抗和负载损耗测量接线原理图

2）一对绕组的短路阻抗和负载损耗测量应在额定频率下，对变压器的一个绕组（通常为电压较高的绕组）施加近似正弦波的电压，另一绕组（电压较低绕组）短路，其他绕组（如果有）开路。

3）测量应在50%～100%的额定电流（或分接额定电流）下进行。

4）对不同容量绕组之间进行测量时，应以较小额定容量为基准进行试验。

5）分接范围不超过±5%时，只测量主分接下的负载损耗和短路阻抗。如产品后续试验包括温升试验，则还要进行两个极限分接的负载损耗和短路阻抗测量，以便给温升试验提供数据。

6）分接范围超过±5%时，短路阻抗应分别在主分接和极限分接进行。

7）试验应尽量快速进行，以减少因绕组温升引起的测量误差。

8）应正确记录产品的绝缘油的平均温度。

9）校正到参考温度（75℃）下的短路阻抗及负载损耗允许偏差以及短路阻抗及负载损耗允许偏差，或按用户技术协议（试验方案）的要求。

10）短路阻抗及负载损耗试验方式：双绕组变压器试验时，通常为高压进电低压短路；三绕组变压器试验时，通常为高压进电中压短路、高压进电低压短路和中压进电低压短路，分三次进行。

11）测试所使用电压、电流互感器精度不低于0.02级，测量用仪表精度不低于0.2级。

12）为减少试验线路对负载损耗测量结果的误差影响，应测量绕组端子处的电压。

13）对容量较大、功率因数较低的大型变压器，准确测量负载损耗的关键是如何减小或校正整个测量系统中或系统内各个元件的相位角。因此，为准确测量负载损耗，应采用先进的测量系统，即包含双级或零磁通电流互感器、常规的电容分压器电路、电子闭塞式放大器、可调式误差补偿线路和数字式电子功率转换器等。

14）短路阻抗和负载损耗测试的记录包括被测绕组对、三相电压（有效值）的平均值、三相电流、负载损耗、绝缘油平均温度、分接位置、折算到参考温度下的负载损耗值和短路阻抗值。

15）测量结果计算：

① 不同容量绕组对之间负载损耗的计算应以较小额定容量为基准，短路阻抗计算应以较大额定容量为基准。

② 测试的负载损耗值应按负载损耗与电流二次方成正比的关系折算到额定电流下的负载损耗值，然后按负载损耗中的直流电阻损耗与温度系数成正比以及其他损耗与温度系数成反比的关系折算到参考温度下的负载损耗值。折算公式为

$$P_{\mathrm{K}}=\frac{P_{\mathrm{Kt}}+\Sigma I_{\mathrm{r}}^{2}R_{\mathrm{t}}(K^{2}-1)}{K} \tag{2-13}$$

$$P_{\mathrm{Kt}}=\left(\frac{I_{\mathrm{r}}}{I_{\mathrm{t}}}\right)^{2}P_{\mathrm{t}} \tag{2-14}$$

式中：P_{K}为参考温度下的负载损耗值；P_{Kt}为试验温度下的额定电流（或分接额定电流）时测得的负载损耗值；$\Sigma I_{\mathrm{r}}^{2}R_{\mathrm{t}}$为试验温度$t$下额定电流（或分接额定电流）时的总直流电阻损耗；$I_{\mathrm{r}}$

为额定电流（或分接额定电流）；I_t 为试验施加电流；P_t 为在温度下施加试验电流时测得的负载损耗；K 为温度系数，对于铜绕组有 $K=\dfrac{235+T_{ref}}{235+t}$，对于铝绕组 $K=\dfrac{225+T_{ref}}{225+t}$；$T_{ref}$ 为参考温度，t 为试验温度。

③ 绕组 t（℃）时的直流电阻损耗 $\Sigma I_r^2 R_t$ 计算：

当绕组为 Y 或 YN 联结时，有

$$\Sigma I_r^2 R_t = 1.5 I_r^2 R_{线} \tag{2-15}$$

$$\Sigma I_r^2 R_t = 3 I_r^2 R_{相} \tag{2-16}$$

当绕组为 D 联结时，有

$$\Sigma I_r^2 R_t = 1.5 I_r^2 R_{线}$$

$$\Sigma I_r^2 R_t = I_r^2 R_{相} \tag{2-17}$$

当绕组为 YNa0 联结时，有

$$\Sigma I_r^2 R_t = 3[I_{r高压}^2 R_{串联} + (I_{r中压} + I_{r高压})^2 R_{公共}] \tag{2-18}$$

④ 短路阻抗是指在额定频率及参考温度下，一对绕组中某一绕组端子之间的等效串联短路阻抗，$Z=R+\mathrm{j}X$。对于三相变压器，表示为每相的阻抗（等效星形联结）。此参数可用无量纲的相对值表示，有两种表示方法：

第一种方法表示为一对绕组中同一绕组的参考阻抗 Z_{ref} 的百分数，即

$$e_{kt} = \frac{Z_t}{Z_{ref}} \times 100\% \tag{2-19}$$

$$Z_{ref} = \frac{U^2}{S_r} \tag{2-20}$$

式中：e_{kt} 为测试温度时的短路阻抗，%；Z_t 为测试温度下的短路阻抗（等效星形联结），Ω；U 为 Z_t 和 Z_{ref} 所属绕组的额定电压或分接额定电压，kV；S_r 为额定容量基准值，MVA。

式（2-19）与式（2-20）不仅适用于三相变压器，也适用于单相变压器。

第二种方法表示为负载试验中当试验电流达到额定电流（或分接额定电流）时，所施加的电压与额定电压（或分接额定电压）之比，即

$$e_{kt} = \frac{I_r}{I_t}\frac{U_t}{U_r} \times 100\% \tag{2-21}$$

式中：U_t、I_t 为在测试温度下负载试验时施加的试验电压（kV）和试验电流（A）的测量值；U_r、I_r 为在测试温度下负载试验时施加试验电压一侧绕组的额定电压（或分接额定电压），kV 和额定电流（或分接额定电流），A。

⑤ 短路阻抗由有功分量和无功分量组成，其中有功分量 U_{rt} 与温度成正比，无功分量 U_x 与温度无关。在测量温度下的短路阻抗 e_{kt} 应按下式校正到参考温度，即测量温度 t（℃）下的短路阻抗有功分量 U_{Rt}（%）

$$U_{Rt} = \frac{P_{kt}}{10 S_r} \times 100\% \tag{2-22}$$

式中：P_{kt}为测量温度下额定电流（或分接额定电流）时的负载损耗，kW；S_r为额定容量基准值，MVA。

测量温度t（℃）下的短路阻抗无功分量U_x（%）为

$$U_x = \sqrt{e_{kt}^2 - U_{Rt}^2} = \sqrt{e_{kt}^2 - \left(\frac{P_{kt}}{10S_r}\right)^2} \tag{2-23}$$

参考温度75℃下的短路阻抗e_{k75}（%）为

$$\begin{aligned} e_{k75} &= \sqrt{(U_{Rt}K)^2 + U_x^2} = \sqrt{\left(\frac{P_{kt}}{10S_r}K\right)^2 + e_{kt}^2 - \left(\frac{P_{kt}}{10S_r}\right)^2} \\ &= \sqrt{e_{kt}^2 + -\left(\frac{P_{kt}}{10S_r}\right)^2 (K^2 - 1)} \end{aligned} \tag{2-24}$$

式中，K为温度系数。

⑥ 对于大型电力变压器，由于短路阻抗中的有功分量所占比例非常小，因此可以不进行短路阻抗的温度校正，认为参考温度下的短路阻抗等于测量温度下的短路阻抗。

16）总损耗、负载损耗及短路阻抗允许偏差见表2-8。

表2-8　　总损耗、负载损耗及短路阻抗允许偏差

<table>
<tr><th>序号</th><th colspan="3">项目</th><th>偏差</th></tr>
<tr><td rowspan="2">1</td><td colspan="3">总损耗</td><td>+10%</td></tr>
<tr><td colspan="3">负载损耗</td><td>+15%（总损耗不超过+10%）</td></tr>
<tr><td rowspan="5">2</td><td rowspan="5">短路阻抗</td><td rowspan="2">（1）有两个独立绕组的变压器
（2）多绕组变压器中规定的第一对独立绕组</td><td>主分接</td><td>当阻抗值≥10%时，±7.5%
当阻抗值<10%时，±10%</td></tr>
<tr><td>其他分接</td><td>当阻抗值≥10%时，±10%
当阻抗值<10%时，±15%</td></tr>
<tr><td rowspan="2">（1）自耦联结的一对绕组
（2）多绕组变压器中规定的第二对绕组</td><td>主分接</td><td>规定值的±10%</td></tr>
<tr><td>其他分接</td><td>设计值的±10%</td></tr>
<tr><td colspan="2">其他绕组对</td><td>按协议，但绝对值不小于15%</td></tr>
<tr><td>3</td><td colspan="3">空载电流</td><td>设计值的+30%</td></tr>
</table>

4. 空载损耗和空载电流的测量

（1）空载损耗和空载电流是变压器运行的重要参数，通过测试和验证这两项指标是否满足标准及用户技术协议的要求，可以检查和发现变压器磁路中的局部缺陷和整体缺陷。

（2）试验依据GB 1094.1第11.5条。

（3）使用仪器和设备为功率分析仪、电压互感器、电流互感器、中间变压器和工频发电机组。

（4）试验方法：

1）图 2－84 为空载损耗和空载电流的测量接线原理图。

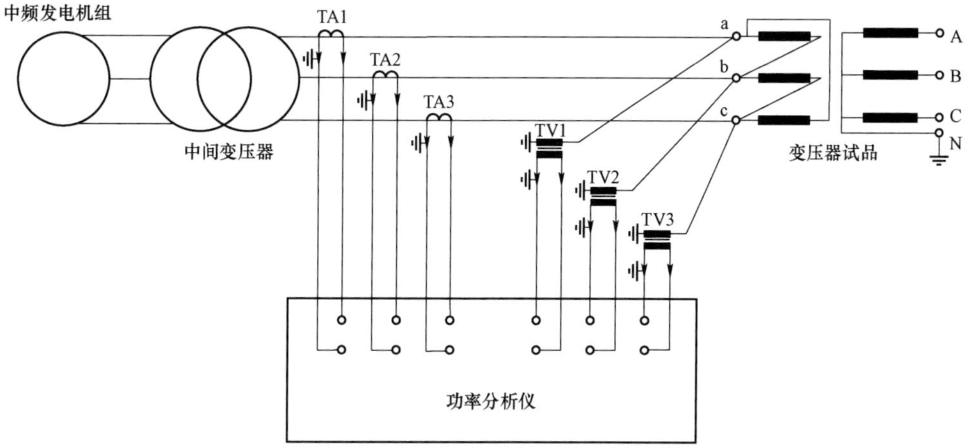

图 2－84　空载损耗和空载电流的测量接线原理图

2）将额定频率下的额定电压（主分接）或相应分接电压（其他分接）施加在选定的绕组上（通常为额定电压较低的绕组），其余绕组开路（如果有中性点，应直接接地），但开口三角联结的绕组（如果有）应闭合。

3）选择接到试验电源的绕组及连接方式应使三个心柱上出现对称的正弦波电压。

4）试验电压应以平均值电压表（有效值刻度）读数 U' 为准，同时记录有效值电压表读数 U 和空载损耗 P_0 以及空载电流 I_0。如果两个读数 U' 和 U 之差不超过 3%，则试验电压波形满足要求；若超过 3%，则试验的有效性按技术协议确定。在高于额定电压的挡位，可以接受超过 3%的要求，但测量值属于保证值的情况除外。

5）如果无特殊要求，应分别在绝缘强度试验前后进行 $0.9U_r$、$1.0U_r$、$1.1U_r$ 下的空载损耗和空载电流测量，两次空载数据应无明显变化。

6）如果空载试验在电阻测量和/或冲击试验后进行，应对变压器按过励磁后进行充分去磁，然后进行空载损耗和空载电流的测量。

7）空载损耗和空载电流允差参照相关要求，或按用户技术协议（试验方案）要求。

8）测试所使用的电压、电流互感器的精度不低于 0.02 级，测量用仪表精度不低于 0.2 级。

9）空载损耗和空载电流测量的记录应包括施加电压的绕组、三相电压（平均值及有效值）的平均值、三相电流、损耗及经波形校正后的额定电压下的空载损耗。

10）在对产品进行故障分析时，可以对三相变压器实施单相空载试验。根据绕组连接方式和铁心的结构形式，选择合适的单相进电方式，可由测量结果有效判断是哪一个铁心柱上的绕组存在匝间短路问题。此外，在没有合适的三相试验电源时，也可以对三相变压器（仅对三铁心柱）实施单相空载试验，并按式（2－25）～式（2－30）计算出空载损耗和空载电流，与三相空载试验实测结果相比。空载损耗偏差不大，空载电流偏差较大。

11）测量结果计算：

① 校正后的空载损耗 P_0 按下式计算

$$P_0 = p_m(1+d) \tag{2-25}$$

$$d = \frac{U'-U}{U'} \tag{2-26}$$

式中，d 通常为负值。

② 空载电流和空载损耗在同一绕组同时测量，对于三相变压器应取三相空载电流的平均值。空载电流百分数按下式计算

$$I_0 = \frac{I_a + I_b + I_c}{3I_r} \times 100\% \tag{2-27}$$

式中，I_r 应折至变压器额定容量下。

③ 三相变压器（三铁心柱）单相试验时折算到三相的空载损耗按下式

$$P_0 = \frac{P_{0ab} + P_{0bc} + P_{0ca}}{2} \tag{2-28}$$

式中：P_0 为三相空载损耗；P_{0ab} 为 ab 相单相空载损耗（c 相短路）；P_{0bc} 为 bc 相单相空载损耗（a 相短路）；P_{0ca} 为 ca 相单相空载损耗（b 相短路）。

当励磁绕组为三角形联结时，折算到三相的空载电流按下式计算

$$I_0 = \frac{\sqrt{3}}{2}\frac{I_{ab} + I_{bc} + I_{ca}}{3I_r} \times 100\% \tag{2-29}$$

当励磁绕组为星形联结时，折算到三相的空载电流按下式计算

$$I_0 = \frac{I_{ab} + I_{bc} + I_{ca}}{3I_r} \times 100\% \tag{2-30}$$

空载损耗的偏差小于+15%（总损耗不超过+10%），空载电流的偏差小于设计值的+30%。

5. 绕组对地及绕组间绝缘电阻、电容、介质损耗因数 $\tan\delta$ 的测量

（1）试验目的是确定变压器在制造过程中绝缘的质量状态，发现可能出现的绝缘整体或局部缺陷，并作为产品是否可以继续进行绝缘强度试验的一个辅助判断手段。对产品在不同阶段或时期的测量结果进行对比，可以判断产品在运输、安装、运行中是否由于受潮、老化或其他原因引起的绝缘劣化程度。

（2）试验依据 GB 1094.1。

（3）使用仪器为绝缘电阻表、高压介质损耗测试仪。

（4）试验方法：

1）测试应在环境温度 5～40℃和相对湿度小于 85%下的环境进行。如果对产品试验无特殊要求，按表 2-9 绝缘电阻和介质损耗因数的要求进行测试，并提供实测值。

表 2-9　　产品需要测量绝缘电阻和介质损耗因数

电压等级 /kV	容量 /kVA	绝缘电阻			介质损耗因数 $\tan\delta$
		R_{60s}	R_{60s}/R_{15s}	R_{10min}/R_{1min}	
6、10	所有	测量	—	—	—

续表

电压等级/kV	容量/kVA	绝缘电阻			介质损耗因数 tan δ
		R_{60s}	R_{60s}/R_{15s}	R_{10min}/R_{1min}	
35	＜4000	测量	—	—	—
	≥4000	测量	测量	—	—
	≥8000	测量	测量	—	测量
66～110	所有	测量	测量	—	测量
≥220	所有	测量	测量	测量	测量

2）电压等级为 35kV、容量 4000kVA 及以下和 10kV 电压等级的变压器，绕组绝缘电阻测试使用 DC 2500V、指示量限不低于 10 000MΩ的绝缘电阻表；其他变压器绕组绝缘电阻测试使用 DC 5000V、指示量限不低于 100 000MΩ的绝缘电阻表；铁心、夹件绝缘电阻测试使用 DC 2500V 的绝缘电阻表。

3）介质损耗因数的测量电压：额定电压低于 10kV 的绕组，试验电压取被试绕组额定电压；额定电压为 10kV 及以上的绕组试验电压取 10kV。

4）吸收比为 60s 与 15s 绝缘电阻的比值，极化指数为 10min 与 1min 绝缘电阻的比值。

5）应正确记录产品的油平均温度，在记录介质损耗因数（tanδ）值时，应同时记录相应的电容量 C_x。

6）变压器产品在试验中，各绕组端子应分别短接，铁心、夹件、油箱可靠接地，严格按照仪器使用说明书进行测试。

7）绕组对地及绕组间直流绝缘电阻和绝缘系统电容的介质损耗因数（tanδ）的测量项目如下：

① 对双绕组变压器需进行三次测试，分别为：高压绕组对其余绕组及地；低压绕组对其余绕组及地；高压和低压绕组对地。

② 对三绕组变压器需进行五次测试，分别为：高压绕组对其余绕组及地；中压绕组对其余绕组及地；低压绕组对其余绕组及地；高压和中压绕组对其余绕组及地；高压、中压和低压绕组对地。

③ 对绕组数比较多或比较特殊的产品，可参照①、② 确定测试项目。

8）对有铁心、夹件引出的产品，应提供铁心对地和夹件对地的绝缘电阻 R_{60s}，其值应不小于 500MΩ（20℃）。

9）绕组对地和绕组间电容的测量，针对不同的高压介质损耗测试仪，其测试方法不尽相同，应根据所用的高压介质损耗电桥使用说明书进行测试，同时记录所测电容量和介质损耗因数（tanδ）。应测量每个绕组对之间的电容和每个绕组单独对地的电容，并提供介质损耗实测值。

10）测量时要注意高压连线可能的支撑物及产品外绝缘污秽、受潮等因素会对测量结果带来较大误差，应采取措施予以消除。

11）当测量温度不同时，绝缘电阻可按下式换算

$$R_2 = R_1 \times 1.5^{(t_1 - t_2)/10} \tag{2-31}$$

式中：R_1为温度t_1时的绝缘电阻；R_2为温度t_2时的绝缘电阻。

12）当测量温度不同时，介质损耗因数（$\tan\delta$）的换算对油浸式变压器是不可靠的。一般对同一产品，应用温度接近时的介质损耗测量值进行比较。

6. 外施耐压试验

（1）外施耐压试验用来验证绕组线端和中性点端子及它们所连接绕组对地及对其他绕组之间绝缘的耐受强度。

（2）试验依据 GB 1094.3 第 11 条。

（3）使用仪器和设备为工频分压器、峰值电压表、工频试验变压器和工频发电机组。

（4）试验方法：

1）应采用不小于 80%额定频率的任一合适的频率，且波形尽可能接近于正弦波的单相交流电压进行。

2）应测量电压的峰值，试验电压应是测量电压的峰值除以$\sqrt{2}$。

3）对于分级绝缘的绕组，仅按中性点端子规定的试验电压进行。

4）对 U_m≤1.1kV 的低压绕组，应承受 5kV 外施耐压试验。

5）外施耐压试验时，全试验电压值应施加于被试绕组的所有连接在一起的端子与地之间，加压时间 60s，在此过程中试验电压的测量值应保持在规定电压值的±1%以内。非被试绕组所有端子应短接直接接地，铁心、夹件、油箱等都要可靠接地。

6）外施耐压试验采用分压器、峰值电压表直接测试其试验电压。

7）试验从不大于规定试验值的 1/3 的电压开始，并与测量相配合尽快地增加到试验值。试验过程中，如果电压没有突然下降，电流指示不摆动，没有异常放电声，则认为试验合格。

8）试验达到规定时间后，应将电压迅速地降低到试验电压值的 1/3 以下，然后切断电源。

9）产品若未通过外施耐压试验，必要时应在试验结束的若干小时后取变压器内部的绝缘油做色谱分析，以协助判断试品内部是否发生放电或击穿。

10）试验注意事项：

① 根据被试产品的参数（绕组对地电容值等）和工频耐压值来判断电源的容量，试验变压器的额定电压、额定电流是否满足试验的要求，是否要用电抗器进行补偿。

② 选择合适的满足准确度要求的测量仪器，分压器和峰值电压表应相匹配。

③ 试品连线正确，接地可靠；电容式套管末屏应接地；器身型电流互感器二次接线端子必须短接接地，必要时套管型电流互感器二次接线端子也应短接接地。

④ 试验前应对变压器油箱内可能存气的部位进行充分放气。

7. 短时感应耐压试验（ACSD）

（1）短时感应耐压试验（ACSD）是验证每个绕组线端和它们连接的绕组对地、对其他绕组的绝缘耐受强度以及相间和被试绕组纵绝缘的绝缘耐受强度。

（2）试验依据 GB 1094.3。

（3）使用的仪器和设备为局部放电测试仪、分压器、峰值电压表、电压互感器、电压表、中间变压器、补偿电抗器和发电机组。

（4）试验方法：

1）总的要求：

① 对于 U_m≥72.5kV 的变压器，在做 ACSD 试验时通常要进行局部放电测量，也可根据用户协议要求不进行局部放电的测量。

② 应测量感应试验电压的峰值，施加的试验电压应为测量电压的峰值除以 $\sqrt{2}$ 。

③ 在有一个或多个分级绝缘绕组的变压器中，短时感应耐受试验电压是按具有最高 U_m 相应的试验电压施加，这种差异一般是可接受的。如果绕组间的匝数比是靠分接开关改变时，应选择合适的分接开关，使 U_m 值较低绕组上的试验电压值尽可能接近其应该耐受电压值。

④ 在变压器一个绕组端子上施加试验电压，其波形应尽可能接近正弦波。试验时的电源频率应适当大于额定频率。除非另有规定，当试验电压频率等于或小于 2 倍额定频率时，其全电压下的试验时间应为 60s。当试验频率超过两倍额定频率时，试验时间应按下式计算，但施加试验电压的时间不得小于 15s。

$$t = 120\frac{\text{额定频率}}{\text{试验频率}} \quad \text{(s)} \qquad (2-32)$$

⑤ 试验采用分压器、峰值电压表直接测试其试验电压，或用分压器、峰值电压表、电压互感器对施加电压进行校核（校核到额定耐受水平的 50%以上），并以此为准推算至规定试验电压。

⑥ 局部放电测量采用电测法，每次测试之前用方波发生器对所用每个端子的测量通道进行校准，并记录校准结果和测量端子之间的局部放电量传输关系。

⑦ 感应耐压（ACSD）试验，绕组的试验电压水平见表 2–10 和分级绝缘变压器中性点端的试验电压水平见表 2–11。

表 2–10　　绕组的试验电压水平

系统标称电压（方均根值）	设备最高电压（方均根值）	雷电全拨冲击（峰值）	雷电截波冲击（峰值）	操作冲击（峰值、相对地）	外施耐压或线端交流耐压（方均根值）
—	≤1.1	—	—	—	5
3	3.6	40	45	—	18
6	7.2	60	65	—	25
10	12	75	85	—	35
15	18	105	115	—	45
20	24	125	140	—	55
35	40.5	200	220	—	85
66	72.5	325	360	—	140
110	126	480	530	395	200

续表

系统标称电压（方均根值）	设备最高电压（方均根值）	雷电全拨冲击（峰值）	雷电截波冲击（峰值）	操作冲击（峰值、相对地）	外施耐压或线端交流耐压（方均根值）
220	252	850	950	650	360
	—	950	1050	750	395
330	363	1050	1175	850	460
	—	1175	1300	950	510
500	550	1425	1550	1050	630
	—	1550	1675	1175	680
750	800	1950	2100	1550	900

注：1. 对于系统标称电压为750kV级的产品，制造方与客户也可结合具体工程的实际情况，协商确定表中规定值以外的其他试验电压水平。

2. 如果用户另有要求，则试验电压水平也可按GB/T 1094.3附录表E.2的有关规定选取，但需要在订货合同中注明。

表2-11　　分级绝缘变压器中性点端的试验电压水平

系统标称电压/kV（方均根值）	中性点端的设备最高电压/kV（方均根值）	中性点接地方式	雷电全波冲击/kV（峰值）	外施耐压/kV（方均根值）
110	52	不直接接地	250	95
	72.5		325	140
220	40.5	直接接地	185	85
	126	不直接接地	400	200
330	40.5	直接接地	185	85
	145	不直接接地	550	230
500	40.5	直接接地	185	85
	72.5	经小电抗接地	325	140
750	40.5	直接接地	185	85

注：1. 表中U_m=52和U_m=145是参照GB/T 1094.3—2017附录E2的相关规定确定的，用户也可以另行确定中性点端的设备最高电压及相应的试验电压水平，但需要在订货合同中注明。

2. 其他中性点端U_m的标准可由用户规定（可参考GB/T 1094.3附录E的有关规定通过计算来确定）。

2）高压绕组为全绝缘的变压器短时感应耐压试验（ACSD）的要求。

① 所有三相变压器应使用对称三相电源（通常为低压励磁的方式）进行试验，试验期间应将中性点端子可靠接地；对具有全绝缘绕组的变压器，只进行相间试验。

② 相间试验电压应不超过各绕组所规定的额定感应耐受电压，通常在变压器不带分接绕组两端之间的试验电压应尽可能接近额定电压的2倍。

③ 对不要求进行局部放电测量时，试验应从不大于规定试验电压值1/3的电压开始，并应与测量相配合尽快地增加到试验值。试验时间除非另有规定，当试验电压频率等于或小于2

倍额定频率时，其全电压下的试验时间应为 60s。当试验频率超过 2 倍额定频率时，试验时间按相关要求计算，但施加试验电压的时间不得小于 15s。当试验达到规定的时间，应将电压迅速降低到试验电压的 1/3 以下，然后切断电源。

④ 在试验过程中，如果试验电压不出现突然下降，电压指示不摆动，没有异常放电声，则认为试验合格。

⑤ 对如果要求同时进行局部放电测量时，试验应按图 2-85 所示的施加对地感应电压的时间顺序来检测局部放电性能。

3）高压绕组为分级绝缘的变压器短时感应耐压试验（ACSD）。高压绕组为分级绝缘的变压器短时感应耐压试验，对于单相变压器只要求做相对地试验；对三相变压器本试验是在中性点端子接地的情况下进行。如感应倍数（绕组两端试验电压与其额定电压之比）大于 2 倍的较多，或要求多个分级绝缘绕组首端对地试验电压同时达到各自的额定短时感应耐受电压值时，可以通过选择分接位置、低压支撑高压中性点、辅助变压器支撑高压中性点等接线方式来实现，但此时要注意中性点绝缘水平应满足试验要求。对于三相变压器有两种方式的试验，分级绝缘变压器进行单相感应耐压试验（ACSD）的接线方法如图 2-86 所示。

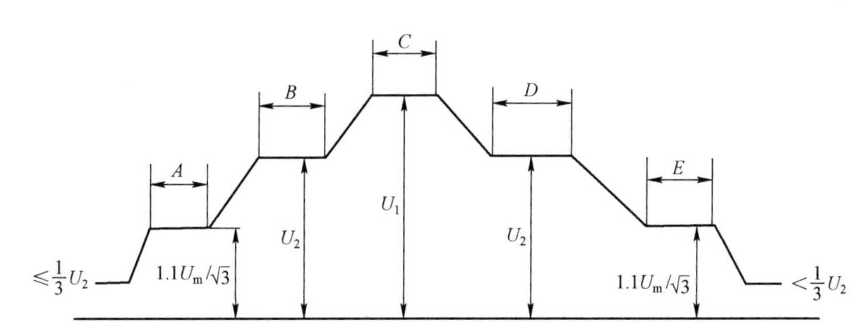

图 2-85　施加对地感应试验电压的时间顺序

A=5min，B=5min，C=试验时间，$D\geqslant$5min，E=5min

说明：1. 为不超过规定的相间额定耐受电压值，局部放电测量电压 U_2 应为：相对地 $1.3U_m/\sqrt{3}$；相间 $1.3U_m$。

2. 施压顺序及时间（以下电压为对地）：

(1) 在不大于 $U_2/3$ 的电压下接通电源。

(2) 上升到 $1.1U_m/\sqrt{3}$ 保持 5min。

(3) 上升到 U_2，保持 5min。

(4) 上升到 U_1，其持续时间按③的规定。

(5) 试验后立刻不间断地降低到 U_2，并至少保持 5min，以便测量局部放电。

(6) 降低到 $1.1U_m/\sqrt{3}$，保持 5min，当电压降低到 $U_2/3$ 以下时，方可切断电源。

3. 试验背景噪声水平应小于或等于 100pC，记录升、降电压过程中出现的局部放电的起始电压和熄灭电压。

4. 如果试验符合以下情况，则试验合格：

(1) 试验电压不出现突然下降。

(2) 在 U_2 下第二个 5min.期间，所有测量端子上的局部放电量的连续水平不超过 300pC。

(3) 局部放电特性无持续上升的趋势。

(4) 在 $1.1U_m/\sqrt{3}$ 下的局部放电量的连续水平不超过 100pC。

5. 当实测的局部放电值不能满足要求时，应进一步调查协商。还可以进行长时感应电压试验（ACLD），如果试验结果满足 ACLD 试验要求，应认为试验合格。

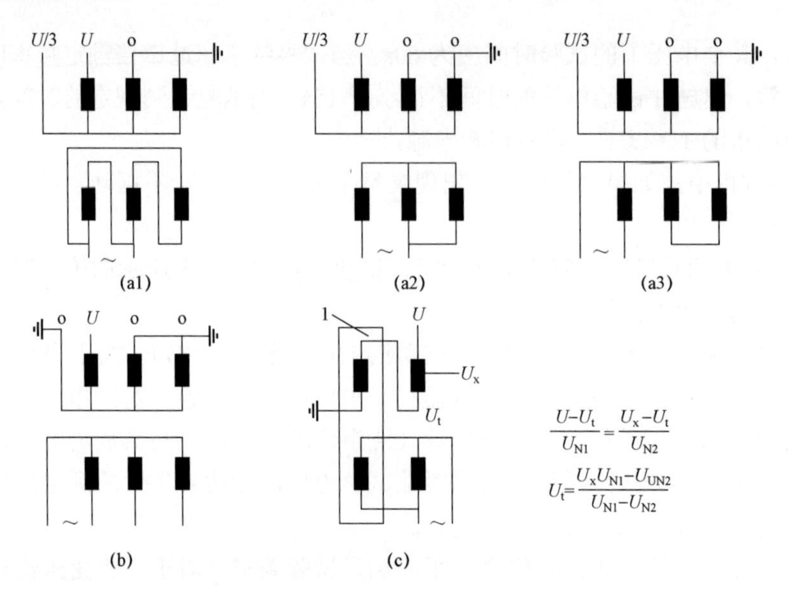

图 2-86　分级绝缘变压器进行单相感应耐压试验（ACSD）的接线方法

1—辅助变压器；U—规定的相对地感应试验电压

带有局部放电测量的相对地短时感应耐压试验：

① 试验顺序包括三次逐相施加单相试验电压，每次绕组接地点不同。试验时，感应倍数随试验连接法不同，所达到的值也不相同。在保证高压绕组首端对地试验电压达到要求值的前提下，选择合适的试验接线方法和分接位置，尽量使感应倍数接近 2 倍，同时使其他分级绝缘绕组首端对地的试验电压尽可能达到其额定短时感应耐受电压值。

② 施加试验电压的时间顺序应按图 2-85 施加感应试验电压的时间顺序进行，其中 $U_2=1.5U_m/\sqrt{3}$，U_1 下的试验时间同图的说明。

③ 如果试验电压不出现突然下降，电压指示不摆动，没有放电声，且又满足在 U_2 下所有测量端子上的局部放电量的连续水平在第二个 5min 期间不超过 500pC，则试验合格。

④ 分级绝缘变压器单相感应耐压试验常用的连接方法如图 2-86 所示。

⑤ 当中性点端子设计成至少可耐受 $U/3$ 的电压时，可采用图 2-86a 三种发电机连接到低压绕组的典型接线，但不限于此。如果变压器器身有不套绕组的磁回路（如壳式或五柱式铁心），则只有图 2-86a1 可采用。

⑥ 如果三相变压器具有不套绕组且作为被试铁心柱磁通流过的磁回路，则推荐使用图 2-86b 方式。

⑦ 如果变压器有三角形联结的绕组，则试验期间三角形联结的绕组必须打开连接。

⑧ 图 2-86c 表示一台辅助变压器对被试自耦变压器的中性点端子给予支撑电压 U_t，两个自耦连接的绕组额定电压为 U_{N1}、U_{N2}，相应的试验电压为 U、U_x。这种连接也可用于一台套有绕组磁回路且其中性点绝缘小于 $U/3$ 的三相变压器。

带有局部放电测量的中性点接地的相间试验：

① 所有三相变压器应使用对称三相电源（通常为低压励磁的方式）进行试验，试验期间

应将中性点端子可靠接地；对具有全绝缘绕组的变压器，只进行相间试验。

② 相间试验电压应不超过各绕组所规定的额定感应耐受电压，通常在变压器不带分接绕组两端之间的试验电压应尽可能接近额定电压的 2 倍。

③ 如果要求同时进行局部放电测量时，应按图 2-85 所示的施加对地感应电压的时间顺序来检测局部放电性能。

④ 应在 U_2 进行局部放电的测量。对于 $U_m \leqslant 363$kV 的变压器，$U_2=1.3U_m$；对于 $U_m=550$kV 的变压器，$U_2=1.2U_m$。

⑤ 如果试验电压不出现突然下降，电压指示不摆动，没有放电声，同时满足在 U_2 下，所有测量端子上的连续局部放电量在第二个 5min 时间不超过 300pC，则试验合格。

8. 长时感应电压试验（ACLD）

（1）长时感应电压试验（ACLD）不是验证设计的试验，是验证变压器在运行条件下无局部放电，而是涉及在瞬变过电压和连续运行电压下的质量控制试验。在试验过程中同时进行局部放电测量，可以发现变压器绝缘系统在发生击穿之前的局部缺陷。

（2）试验依据 GB 1094.3。

（3）使用仪器和设备为局部放电测试仪、分压器、峰值电压表、电压互感器、电压表、中间变压器、补偿电抗器和发电机组。

（4）试验方法：

1）本试验方法适用于高压绕组为分级绝缘和（或）全绝缘变压器的长时感应电压试验（ACLD）。在整个试验期间，全程对所有分级绝缘绕组的线路端子进行局部放电测量，对自耦连接的一对绕组较高电压和较低电压的线路端子应同时测量。

2）一台三相变压器，用单相连接的方式逐相地将电压施加在线路端子上进行试验，星形或 D 联结的三相变压器逐相试验的接线如图 2-87 所示，也可采用对称三相连接方式进行试验，此时应特别注意：

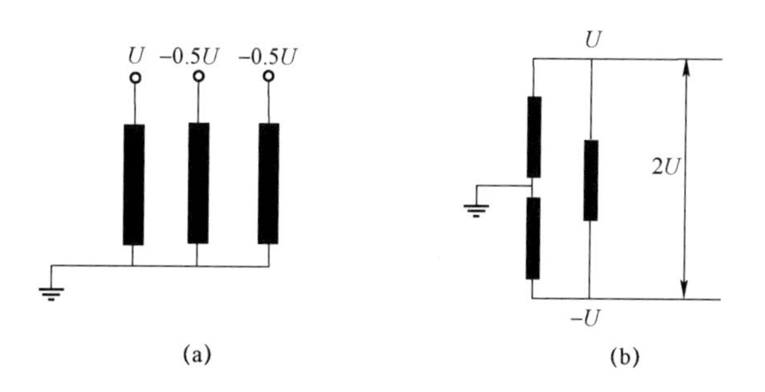

图 2-87　星形或三角形联结的三相变压器逐相试验的接线

（a）Y 联结；（b）D 联结

① 星形联结的变压器用三相连接法进行试验时，相间试验电压要高于单相连接法。这可能影响内部相间绝缘，同时又要求套管有较大的外部相间距离。

② D 联结的变压器用单相连接法进行试验时，相间试验电压高于三相连接法。

③ 高压绕组为 D 联结的变压器用三相连接法进行试验时，高压绕组的对地电压值完全取

决于对地及对其他绕组的相电容，如果一个线端出现任何对地闪络，由于瞬时的高电压，可能导致其他两相受到较大的损伤。因此，对此类变压器（尤其是 U_m≥245kV），建议采用单相连接法进行试验。

3）被试绕组的中性点端子（如果有）应接地，其他的独立绕组如果为星形联结，也应将其中性点端子接地；如果为三角形联结，应将其任一个端子接地，或通过电源的中性点接地。除非另有规定，带分接的绕组应连接到主分接。

4）长时感应电压试验施加试验电压的时间顺序如图 2－88 所示，其中 $U_1=1.7U_m/\sqrt{3}$，持续时间按相关标准要求中的规定；$U_2=1.5U_m/\sqrt{3}$。

5）测量时应注意：

① 在施加试验电压的前后，应记录所有测量通道上的背景噪声水平，其值应不大于 100pC。

② 在电压上升到 U_2 及由 U_2 下降的过程中，应记录可能出现的局部放电的起始电压和熄灭电压。应在 $1.1U_m/\sqrt{3}$ 下测量视在放电荷量。

③ 在电压 U_2 的第一阶段中应读取并记录一个读数。对该阶段不规定其视在电荷量。

④ 在施加 U_1 期间内不要求给出视在电荷量值。

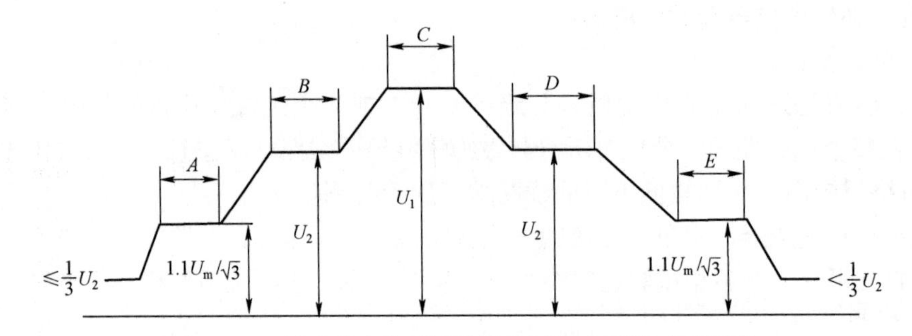

图 2－88　长时感应电压试验施加试验电压的时间顺序

A=5min，B=5min，C=试验时间，

D≥60min（对于 U_m≥300kV）或 30min（对于 U_m<300kV），E=5min

⑤ 在电压 U_2 的第二个阶段的整个期间，应连续地观察局部放电水平，并每隔 5min 记录一次。

6）满足下列要求则试验合格：

① 试验电压不产生突然下降。

② 在 U_2 下的长时试验期间，局部放电量的连续水平不大于 500pC。

③ 在 U_2 下，局部放电不呈现持续增加的趋势，偶然出现的较高幅值脉冲可以不计入。

④ 在 $1.1U_m/\sqrt{3}$ 下，视在电荷量的连续水平不大于 100pC。

当局放测试不能满足协议和标准要求时，应进分析调查，并采取相应措施。

9. 冲击试验

（1）总的要求。

1）冲击试验电压通常为负极性，以减少试验线路中出现异常的外部闪络。试验期间，套管的火花间隙可以拆除或将其距离增大，避免意外闪络。

2）测量被试绕组端子处的冲击试验电压，试验电压允许偏差为±3%。

3）记录冲击试验电压和示伤电流波形图，并记录试验时的环境温度、湿度和大气压。为取得最好的灵敏度，通常应记录被试绕组流向地中的中性点电流或传递到非被试短路绕组的电容电流的示波图。

4）可以在不大于50%全电压下进行多次冲击调波，并不必在试验报告中指出。

5）冲击电压发生器本体、截波装置、冲击电压分压器、试品试验端子、负荷电容器等带电物体各自对地和之间的距离应满足试验电压的要求，保证试验过程中不发生外绝缘闪络。

6）所有冲击试验连接线应使用不带毛刺的光滑铜线，接线应牢靠。非被试绕组端子如接地，应直接接在试品油箱的专用接地点上，不允许通过油箱或铁心夹件间接接地。油箱在整个试验过程中应可靠接地。

7）冲击试验记录波形的扫描时间，见表2-12。

表2-12　冲击试验记录波形的扫描时间

通道	记录波形的扫描时间/μs			
	全波		截波	操作
	满量程	波头放大		
电压	100	10	10	3000
电流	150		20	3000

注：在特殊情况下（如诊断性试验时），记录波形的扫描时间可根据实际需求进行设定。

冲击试验线路原理图如图2-89所示。

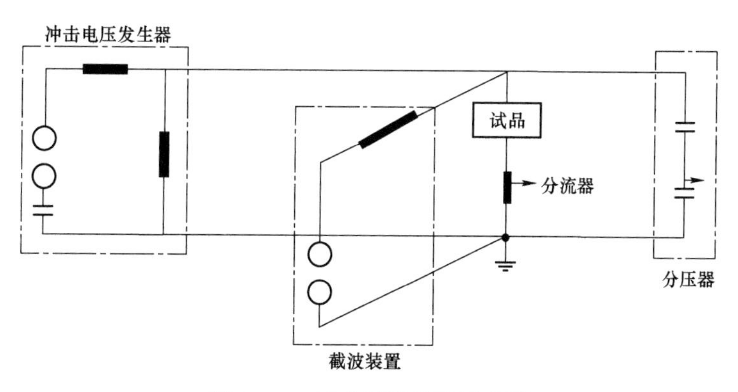

图2-89　冲击试验接线原理图

（2）线端操作冲击试验（SI）。

1）线端操作冲击试验用来验证线端和它所连接的绕组对地及对其他绕组的操作冲击耐受强度，同时也验证相间和被试绕组纵绝缘的操作冲击耐受强度。

2）试验依据 GB 1094.3，GB 1094.4。

3）使用仪器和设备为冲击电压发生器、冲击电压分压器、负荷电容器、分流器、瞬态记录仪。

4）试验方法。

① 变压器应处于空载状态，从高压绕组被试相线端直接施加冲击电压，另一端子经分流器直接接地，其余所有非被试绕组端子悬空，并取一点牢固接地。

② 三相变压器高压绕组的另两个非被试相线端应连接在一起，并通过高阻值电阻接地。在被试端 50%调波时，同时测量被试端和非被试端的对地电压，通过调整高阻值电阻的数值，使非被试端对地电压达到被试端对地电压的 50%。调整结束后，应去掉非被试端所接的冲击电压分压器，然后再开始正式试验。

③ 试验分接的选择：在进行操作冲击试验时，不同绕组的两端之间所产生的电压大致与其匝数比成正比。额定操作冲击耐受电压只针对高压绕组进行，应选择合适的分接，使其他 U_m>170kV 的绕组中所产生的试验电压值尽可能接近其额定操作冲击耐受电压，其他 U_m≤170kV 的绕组中所产生的试验电压值应不超过其规定的雷电冲击耐受电压值的 80%。

④ 试验电压波形的要求：波前时间 T_1≥100μs；超过 90%规定峰值的时间 T_d≥200μs；从视在原点到第一个过零点的时间 T_z≥500μs，如有可能最好大于 1000μs；反极性电压峰值应小于或等于 50%的施加电压。

⑤ 试验顺序：50%～75% SI 一次，100% SI 三次；如果根据调波波形参数估计 100%全电压时，T_z 有可能小于 500μs，因此每次全电压冲击试验之前，应进行一次波形类似但极性相反的较低电压的冲击试验，以增加全电压下的 T_z 时间，使其达到规定的要求。

⑥ 试验判断准则：如果示波图没有指示电压突然下降或电流中断，则试验合格。试验期间可用辅助观察（如变压器内部是否有异常声响等）来验证示波图。

（3）雷电全波（LI）和截波（LIC）冲击试验。

1）本试验用来验证线端或中性点端和它所连接的绕组对地及对其他绕组以及绕组纵绝缘的雷电冲击耐受强度。

2）试验依据 GB 1094.3，GB 1094.4。

3）使用仪器和设备为冲击电压发生器、冲击电压分压器、截波装置、负荷电容器、分流器和瞬态记录仪。

4）试验方法。

① 试验接线方式。

a. 线端雷电冲击试验应从被试绕组的线端直接施加冲击波，另一端子经分流器直接接地，其余所有非被试端子短接接地。

b. 中性点端子雷电全波冲击试验：通常直接将冲击波施加在中性点端子上，此时与之对应的所有线端应短接经分流器直接接地，其余所有非被试端子短接接地。

c. 为使在被试端上较好地获得标准的冲击波形，有时需要在被试相的非被试端或其他非被试绕组端子通过电阻接地（此电阻应不大于 400Ω），此时，必须对这些端子上产生的对地电压进行计算或实测，以确保其在全电压试验时的对地电压不大于其额定雷电冲击耐受电压的 75%（对星形联结绕组）或 50%（对三角形联结绕组）。

d. 在进行雷电截波冲击试验时，为限制冲击波的反极性峰值不大于截波冲击峰值的 30%，通常采用在截断回路中接入阻抗来实现。

② 试验分接的选择。

a. 分接范围不大于±5%时，在主分接进行。

b. 分接范围大于±5%时，应在两个极限分接和主分接位置进行，每相各使用其中的一个分接进行试验。

③ 试验电压波形的要求。

a. 线端雷电全波：波前时间 T_1 为 1.2μs±30%，半峰值时间 T_2 为 50μs±20%，过冲值应与波前时间兼顾，且应小于或等于 10%，此时允许有较长的波前时间。

b. 中性点端子雷电全波：0.84μs≤T_1≤13μs，T_2：50μs±20%。

c. 线端雷电截波：截断时间 T_c 为 2～6μs，反极性峰值小于或等于 30%。

④ 试验顺序。

a. 无雷电截波冲击试验时，50%～75%LI 一次，100%LI 三次。

b. 有雷电截波冲击试验时，50%～75%LI 一次，100%LI 一次；50%～75%LIC 一次，100%LI 两次。

c. 当被试绕组连接非线性元件或避雷器时，应在全电压冲击试验前后进行两个或更多的不同电压值下的降低电压全波冲击试验。

⑤ 试验判断准则。

a. 如果在降低的试验电压和全电压下记录的雷电全波电压和电流波形示波图无明显差异和异常的变化，则认为试验合格。

b. 当被试绕组连接非线性元件或避雷器时，如果在相同的试验电压下记录的雷电全波电压和电流波形示波图无明显差异和异常的变化，则认为试验合格。

c. 如果对示波图之间可能存在差异的解释有疑问时，应再施加三次全电压的冲击波，或者在该端子上重做全部冲击试验。如果没有发现差异扩大，则应认为试验合格。

d. 试验期间可用辅助观察（如变压器内部是否有异常声响等）来验证示波图，但这些辅助观察本身不能作为直接的证据。

10. 有载分接开关试验

（1）有载分接开关试验主要检验切换装置、有载分接开关整体功能及控制系统的可靠性。

（2）试验依据 GB 1094.1 第 11.7 条。

（3）使用仪器和设备为有载分接开关操作低压交流和/或直流控制电源、万用表。

（4）在变压器装配完成后，有载分接开关应承受如下顺序的操作试验，且不应发生故障，试验方法如下：

1）变压器不励磁，完成 8 个操作循环（一个操作循环是从分接范围的一端到另一端，并返回到原始位置）。

2）变压器不励磁，且操作电压降到其额定值的 85%时，完成一个操作循环。

3）变压器在额定频率和额定电压下，空载励磁时，完成一个操作循环。

4）将一个绕组短路，并尽可能使分接绕组中的电流达到额定值，在粗调选择器或极性选择器操作位置处或在中间分接每一侧的两个分接范围内，共完成10次分接变换操作（分接开关经过转换位置20次）。

11. 温升试验

（1）温升试验的目的是检验变压器在规定的额定工作状态下，冷却系统能否将由最大总损耗所产生的热散发出去，达到热平衡后，油顶层温升、绕组平均温升、绕组热点温升是否满足国标或用户技术协议的要求；油箱、磁屏蔽、引线连接、套管、铁心和结构件等是否有局部过热。

（2）试验依据GB 1094.2。

（3）使用仪器和设备为温度巡检仪、直流电阻测试仪、功率分析仪、热像仪、电压互感器、电流互感器、中间变压器、补偿电容器组和工频发电机组。

（4）试验方法。

1）温升试验的地点应清洁宽敞，试品周围2～3m处不得有杂物等干扰，室内可有自然的通风，但不应引起显著的空气回流。

2）以空气为冷却介质的试品，试验场地的冷却空气温度宜介于5℃与变压器设计所依据的最高环境温度之间，以水为冷却介质的试品，入口水温宜介于5℃与变压器设计的最高冷却水温度之间。

3）温升试验应在额定容量、最大电流分接位置进行，并施加最大总损耗。

4）液体温度的测定。

① 顶层液体温度是用一个或多个浸入油箱内顶层液体中的温度传感器确定的，温度传感器可置入箱盖上测温用的支座内，或置入油箱到散热器（或冷却器）的联管处，对于大型变压器应用不少于3个温度传感器，取温度读数的平均值，作为代表性的温度值。

② 底部液体温度指从底部进入绕组的液体，即是用从冷却设备回到油箱内的液体的温度来表示，由安装在散热器（或冷却器）回到油箱中的联管处的温度传感器测定的。

③ 液体平均温度是绕组内部冷却液体的平均温度。作为试验估算目的，一般取顶层液体温度和底部液体温度的平均值作为液体平均温度。

5）冷却介质的温度。

① 环境温度的测量应避开吹风及热辐射，为了避免变压器温度变化与冷却空气变化之间因滞后而引起的误差，温度计（热电偶）应插入不少于500mL的悬空的油杯中。

② 对于ONAN的变压器，温度计应沿油箱四周分布，至少采用4个（对于大型变压器宜采用6个），距油箱或冷却器约2m的距离，位于冷却表面高度的一半。对于强迫风冷的变压器，温度计应放置在距冷却器进风口处约0.5m的位置。如果独立的冷却设备放置在距变压器油箱至少3m处，则冷却设备周围的环境温度应按上面的方法测量。试验期间应注意热空气的再循环，宜采取措施，以减小冷却空气温度的变化。

③ 冷却水温度应在冷却器入口处测量，最好每个冷却器均测量，取其平均温度作为冷却介质温度。

6）当顶层液体温升的变化率小于每小时1K，并维持3h，认为顶层液体温升已达到稳定。

取最后一个小时内读数的平均值作为试验的结果值（第一个试验阶段）。

7）顶层液体温升测定后，降低输入电流至（该分接）额定电流，持续1h，断电测量绕组热电阻，用于确定绕组平均温度（第二个试验阶段）。

8）温升前后应取油样进行色谱分析。

9）温升限值不允许有正偏差。

10）温升试验通常主要采用短路法（与负载损耗和短路阻抗测量时相同）。

11）为了缩短温升试验的过程，试验开始时，采用恶化冷却条件（关闭一些蝶阀或风机停止运行，但油泵应正常运行）或提高输入功率的办法，使温度迅速升高，当顶层液体温升及各监视点温升达到70%预计温升时，恢复额定冷却及发热状态。温升试验开始后1h左右应在带电状况下，用热像仪检查各个油箱表面和大电流（3000A以上）瓷套周围有无局部过热。

12）试验中应维持输入功率恒定，每半小时记录一次监视部位的温度，液浸式变压器监视顶层液体温度和底部液体温度；干式变压器监视铁心温度及表面温度，同时记录环境温度和入口水温（如果是水冷却器）。另外，对于大型变压器，还要监测油箱各点的温度，并将最热点的温度（升）记录下来。

13）温升试验第一个试验阶段结束，顶层液体温升确定后，记录各监视部位的温度，然后降低输入电流至额定电流，进入第二个试验阶段，持续1h后，断电测量绕组热电阻。

14）如果对其他绕组进行温升试验需重复送电时，应维持额定电流1h，然后断电测量热电阻。

15）温升试验中热电阻测量应与冷热电阻测量处于同一状态，应采取措施，使电阻的稳定时间尽可能减少。热电阻应在断电后迅速测量，断电的同时冷却设备宜保持不变，并以最快的速度打开短路工具，接通电源测量热电阻。由断电到测得的第一个有效热电阻的时间一般不宜超过：额定容量小于100MVA的变压器为2min；额定容量不小于100MVA至小于500MVA的变压器为3min；额定容量大于500MVA的变压器为4min。

16）三相变压器中，热电阻的测量通常在中柱上进行。对于星形联结或低电压且大电流绕组，热电阻的测量应在线路端子间进行，以便将中性点引线从试验回路中排除。

17）绕组热电阻的测量时间一般对中型变压器为30min，同时应记录断电瞬间和热电阻测量结束时各个测点的温度。

18）铁心温度的测量通常采用校准的测温光纤，光纤测温点探头应嵌入铁轭表面1～2cm，在上铁轭设置3～5个测量点，取其最高温度计算温升（有特殊要求时进行）。

19）温升试验持续时间一般应维持在预估最终温升值80%以上至少8h。

20）如果变压器有多种冷却方式（对应多种额定容量值），则原则上温升试验应在每种冷却方式下进行，但经制造方与用户协议，试验的数量可以减少。

21）测量结果计算：

① 总损耗下油顶层温升$\Delta\theta_0$、油平均温度θ_{0m}、油平均温升$\Delta\theta_{0m}$的计算

$$\Delta\theta_0 = \theta_0 - \theta_a \quad (2-33)$$

$$\theta_{0m}=\frac{\theta_0+\theta_b}{2} \tag{2-34}$$

$$\Delta\theta_{0m}=\theta_{0m}-\theta_a \tag{2-35}$$

式中，θ_0、θ_b、θ_a 分别为施加总损耗的试验阶段结束时测得的油顶层温度、油底部温度和外部冷却介质温度的平均值。

② 断电瞬间绕组平均温度 θ_{wo} 的计算，由断电瞬间测量出的一组绕组热电阻数据，采用 GB 1094.2 附录 B 中 B.3 冷却（下降）曲线数值外推法用计算机程序计算出断电瞬间绕组平均温度 θ_{wo}，某一时刻测得的绕组热电阻 R_i 对应的绕组平均温度 θ_{wi} 按下式计算

对铜导线

$$\theta_{wi}=\frac{R_i}{R_{冷}}(235+\theta_{冷})-235 \tag{2-36}$$

对铝导线

$$\theta_{wi}=\frac{R_i}{R_{冷}}(225+\theta_{冷})-225 \tag{2-37}$$

式中，$R_{冷}$、$\theta_{冷}$ 为绕组直流电阻测量时测出的绕组电阻和相应的绕组平均温度。

③ 断电瞬间绕组平均温度对油平均温度梯度 g 的计算

$$g=\theta_{wo}-\theta_{0m-start} \tag{2-38}$$

式中，$\theta_{0m-start}$ 为断电瞬间油的平均温度。

④ 断电瞬间绕组平均温升 $\Delta\theta_w$ 的计算

$$\Delta\theta_w=\Delta\theta_{0m}+g \tag{2-39}$$

⑤ 绕组热点温升 $\Delta\theta_h$ 的计算

$$\Delta\theta_h=\Delta\theta_0+Hg \tag{2-40}$$

式中，H 为绕组热点系数，应由设计提供。

用光纤温度传感器直接测量绕组内部被认为是最热点位置的温度时，绕组热点温升 $\Delta\theta_h$ 按下述公式计算

$$\Delta\theta_h=\theta_h+\Delta\theta_{0f}-\theta_a \tag{2-41}$$

式中：θ_h 为断电瞬间的绕组热点温度；$\Delta\theta_{0f}$ 为额定电流 1h 试验期间油顶层温度的降低值；θ_a 为施加总损耗试验结束时的外部冷却介质温度平均值。

⑥ 温升试验如果不能施加规定的总损耗或电流时，可对其测量结果按下述方法进行修正。修正的有效范围是施加的总损耗与规定的总损耗之差在±20%之内；施加的电流与规定的电流之差在±10%之内。

通过协商，也可扩大修正的适用范围，但施加的总损耗不应低于规定的总损耗的 70%，施加的电流不应低于规定的电流的 85%。

a. 施加总损耗结束时油顶层温升 $\Delta\theta_0$、油平均温升 $\Delta\theta_{0m}$ 应乘以 $\left(\frac{总损耗}{试验损耗}\right)^x$。

b. 断电瞬间，绕组的线油温升应乘以 $\left(\frac{额定电流}{试验电流}\right)^y$。

c. 断电瞬间，高于油顶层温度的绕组热点温升应乘以$\left(\frac{额定电流}{试验电流}\right)^{z}$。

d. 温升试验结果修正指数见表 2－13。

表 2－13　**温升试验结果修正指数**

修正指数	配电变压器	大、中型电力变压器			
	冷却方式标志为 ONAN	冷却方式标志为 ONAN	冷却方式标志为 ONAF	冷却方式标志的前两个字母为 OF	冷却方式标志的前两个字母为 OD
油顶层 x	0.8	0.9	0.9	1.0	1.0
绕组平均 y	1.6	1.6	1.6	1.6	2.0
绕组梯度 z	—	1.6	1.6	1.6	2.0

注：表中的配电变压器是指额定容量不大于 2500 kVA 的变压器。

12. 三相变压器零序阻抗测量

（1）零序阻抗是指同相的三相电流在三相绕组中流过所产生的阻抗。向用户提供该数据，是为了准确地计算输电线路事故状态下短路电流的零序分量，以便调整继电保护。

（2）试验依据 GB 1094.1 第 11.6 条。

（3）使用仪器和设备为功率分析仪、电压互感器、电流互感器、中间变压器、补偿电容器组、工频发电机组。

（4）试验方法

1）对于运行中有零序回路的绕组（YN 联结）按要求进行零序阻抗的测量。试验时应在额定频率下，从短接的三相线端与中性点端子之间供电，以电流为准，测量电压。

2）有平衡安匝的零序阻抗测量：

① 该类变压器的零序阻抗是线性的，一般测量一个点，通常测量三个点，试验电流应不大于中性点引线的额定电流，受试验能力限制时，应不低于 25%额定电流。

② 如无特殊要求，零序阻抗的测量按下列测量组合进行。

a. 对于 YNd11 的试品，只测量高压绕组，试验时 ABC－O 供电，低压开路。

b. 对于 YNyn0d11 的试品，测量组合见表 2－14 中 YNyn0d11 试品的测量组合。

c. 对于其他有平衡安匝试品的测量组合，可参照以上两种测量组合的部位进行测量。

表 2－14　**YNyn0d11 测量组合**

顺序	供电端子	开路端子	短路端子
1	ABC—O	AmBmCm—Om	—
2	ABC—O	—	AmBmCm—Om
3	AmBmCm—O	ABC—O	—
4	AmBmCm—O	—	ABC—O

3）无平衡安匝的零序阻抗的测量，YNyn0yn0 测量组合见表 2-15。

表 2-15　　YNyn0yn0 测 量 组 合

序号	供电端子	开路端子	短路端子
1	ABC—O	AmBmCm—Om abc—o	—
2	ABC—O	abc—o	AmBmCm —Om
3	ABC—O	AmBmCm —Om	abc—o
4	ABC—O	—	AmBmCm —Om abc—o
5	AmBmCm —Om	ABC—O	abc—o
6	AmBmCm —Om	ABC—O abc—o	—
7	AmBmCm —Om	abc—o	ABC—O
8	AmBmCm —Om	—	ABC—O abc—o
9	abc—o	AmBmCm —Om	ABC—O
10	abc—o	ABC—O AmBmCm —Om	—
11	abc—o	—	ABC—O AmBmCm —Om
12	abc—o	ABC—O	AmBmCm —Om

① 对于所有联结组合中无闭合三角形的试品，均属此类。

② 无平衡安匝的试品其零序阻抗为非线性，每个测试组合均需测量 4～5 点的零序阻抗，试验电流应尽量接近但不超过中性点的额定电流，如果阻抗很大，应控制其试验电压不超过额定相电压。以该试验电流为 100%，等差值递减分别测量各点的零序阻抗。

③ 对于 YNyn0yn0 的试品，测量组合见表 2-15。其中序号 1、6、10 是空载零序阻抗，在测量时应监视试品油箱各部位，避免由于零序磁通集中而引起箱壁局部过热。

4）对于自耦变压器，应看成是具有两个星形联结绕组的常规变压器，高压端与中性点一起构成一个测量电路，中压端与中性点构成另一个测量回路，试验电流应不超过中压侧与高压侧额定电流之差。

5）对于其他同类型试品可参照以上测量组合进行测量。

6）零序阻抗通常是以每相的欧姆数来表示，计算方法如下

$$Z_0 = 3\frac{U}{I} \tag{2-42}$$

式中：Z_0 为零序阻抗，Ω/相；U 为试验电压，V；I 为试验电流，A；

每相的试验电流是 $I/3$。

13. 声级测定

（1）变压器噪声是变压器极为重要的技术参数之一，主要由铁心的磁滞伸缩变形和绕组、

油箱及箱壁上的磁屏蔽内的电磁力和油箱的振动（包括共振）等引起的。声级测量的目的是为了测定变压器在额定运行状态下的声级和声功率级，并检验其结果是否满足用户技术协议的要求。

（2）试验依据 GB 1094.10。

（3）使用仪器和设备为声级计、功率分析仪、电压互感器、电流互感器、中间变压器和工频发电机组。

（4）试验方法。

1）在测量即将开始前和测量刚结束后对测量设备进行校准，如果校准变化超过 0.3dB，则本次测量结果无效，应重新进行测量。

2）声压测量和声强测量均可用来确定声功率级数值，如果协议无特殊要求，均采用 A 计权声压测量的方法。

3）对于带或不带冷却设备的试品，在进行声级测量时，均应在空载状态下，以额定电压、额定频率的正弦波对试品进行励磁，分接开关应处于主分接。

4）若协议要求或判断出变压器负载电流下的声功率级较高，则应进行负载电流下的声级测量。

5）若额定负载电流下的声功率级 $L_{WA,IN}$ 值比保证的声功率级低 8dB 或低得更多时，则负载声级测量不必进行。

6）在风冷却设备（如果有）停止运行进行声级测量时，规定的轮廓线应距基准发射面 0.3m。在风冷却设备投入运行进行声级测量时，规定轮廓的线应距基准发射面 2m。

7）对于油箱高度小于 2.5m 的变压器，规定轮廓线应位于油箱高度 1/2 处的水平面上。对于油箱高度为 2.5m 及以上的变压器，应有两个轮廓线，分别位于油箱高度 1/3 处和 2/3 处的水平面上，若由于安全的原因，则选择位于油箱高度更低处的轮廓线。

8）传声器应位于规定轮廓线上，彼此间距大致相等，且间隔不得大于 1m。至少应设有 6 个传声器位置（测点）。传声器应在规定轮廓线上做近似于均匀速度的移动，测点不得少于规定的点数。

9）应使变压器位于一个基本不受邻近物体或该环境边界反射干扰的声场内，反射物体应尽可能远离试品。

10）由于测量在户内，应对环境修正值 K 进行计算，具体计算方法参见 GB/T 1094.10。通常情况下，如果实验室足够大，则 K 值近似为 0dB。

11）应在背景噪声值近似恒定时进行测量。在即将对试品进行声级测量前，应先测出背景噪声的 A 计权声压级。测量背景噪声时，传声器所处的高度应与测量试品噪声时其所处的高度相同，背景噪声的测点应在规定的轮廓线上。当测量点总数超过 10 个时，允许只在试品周围呈均匀分布的 10 个测量点上测量背景噪声。如果背景噪声的声级明显低于试品和背景噪声的合成声级（即差值大于 10dB），则可在一个测量点上进行背景噪声测量，且不需对所测出的试品的声级进行修正。

12）按照用户技术协议对试品进行供电，所允许的供电组合如下：

① 变压器供电，冷却设备及油泵不运行。

② 变压器供电，冷却设备及油泵投入运行。

③ 变压器供电，冷却设备不运行，油泵投入运行。

④ 变压器不供电，冷却设备及油泵投入运行。

当试品供电时，最好是经过一段时间，待试品达到稳定的运行状态后，再进行声级测量，并尽可能缩短测量时间，以避免因变压器温度变化而导致声级变化。

13）使用仪器的快速响应指示，以便确认和避免由于暂态背景噪声而引起的测量误差。

14）测量完毕且在切除试品电源后，应立即重复测量背景噪声。

15）测量结果的计算。

① 测量声级时变压器测量表面面积的计算见表 2-16。

表 2-16　　测量表面面积的计算

距基准发射面/m	0.3	2	1	考虑安全距离超过基准发射面
测量表面积/m²	$1.25hl_m$	$(h+2)l_m$	$(h+1)l_m$	$\frac{3}{4\pi}l_m^2$

注：h—变压器油箱高度（m）；l_m—规定轮廓线的周长（m）。

② 平均声压级计算。

a. 未修正的平均 A 计权声压级 $\overline{L}_{PAO}$ 按下式计算

$$\overline{L}_{PAO}=10\lg\left(\frac{1}{N}\sum_{i=1}^{N}10^{0.1L_{PAi}}\right) \tag{2-43}$$

式中，N 为测量点总数。

b. 背景噪声的平均 A 计权声压级 $\overline{L}_{bgl}$ 按下式进行计算

$$\overline{L}_{bgA}=10\lg\left(\frac{1}{M}\sum_{i=1}^{m}10^{0.1L_{bgAi}}\right) \tag{2-44}$$

式中，M 为测量点总数。

c. 修正的平均 A 计权声压级 $\overline{L}_{PA}$ 应按下式计算

$$\overline{L}_{PA}=10\lg(10^{0.1\overline{L}_{PAO}}-10^{0.1\overline{L}_{bgA}})-K \tag{2-45}$$

d. 试验接受准则见表 2-17。

表 2-17　　试 验 接 受 准 则

$\overline{L}_{PAO}$ 与较高的 $\overline{L}_{bgA}$ 之差	试验前的 $\overline{L}_{bgA}$ 与试验后的 $\overline{L}_{bgA}$ 之差	结论
≥8dB	—	接受
＜8dB	＜3dB	接受
＜8dB	＞3dB	重新试验（见注）
＜3dB	—	重新试验（见注）

注：如果 $\overline{L}_{PAO}$ 小于保证值，则认为试品符合声级保证值的要求，这种情况应在试验报告中予以记录。

③ 声功率级计算。

试品的 A 计权声功率级由修正的平均 A 计权声压级 $\overline{L}_{WA}$ 按下式进行计算

$$L_{WA}=\overline{L}_{PA}+10\lg\frac{S}{S_0} \tag{2-46}$$

式中：S_0 为基准参考面积，$1m^2$；S 为测量表面面积。

对于冷却设备直接安装在油箱上的变压器，其冷却设备的声功率级 L_{WA0} 按下式计算

$$L_{WA0}=10\lg(10^{0.1L_{WA1}}-10^{0.1L_{WA2}}) \tag{2-47}$$

式中：L_{WA1} 为变压器和冷却设备的声功率级；L_{WA2} 为变压器声功率级。

对于冷却设备为单独安装的变压器，变压器和冷却设备的声功率级 L_{WA1} 按下式计算

$$L_{WA1}=10\lg(10^{0.1L_{WA0}}-10^{0.1L_{WA2}}) \tag{2-48}$$

式中：L_{WA2} 为变压器声功率级；L_{WA0} 为冷却设备的声功率级。

④ 负载电流下声功率级。

a. 为了判断负载电流下的声级测量是否必要，可先通过下式粗略地估算额定负载电流下声功率级。

$$L_{WA,IN}\approx 39+18\lg\frac{S_r}{S_p} \tag{2-49}$$

式中：$L_{WA,IN}$ 为变压器在额定电流、额定频率及短路阻抗电压下的 A 计权声功率级；S_r 为额定容量，MVA；S_p 为基准容量，1MVA。

对于自耦变压器和三绕组变压器，用一对绕组的额定容量 S_t 代替 S_r。

b. 降低的负载电流声功率级折算，如果只能在降低的电流下进行声级测量，则在额定电流下的声功率级应按下式计算

$$L_{WA,IN}=L_{WA,IT}+40\lg\frac{I_N}{I_T} \tag{2-50}$$

式中：$L_{WA,IN}$ 为额定电流下的 A 计权声功率级；$L_{WA,IT}$ 为降低电流下的 A 计权声功率级；I_N 为额定电流；I_T 为降低电流。

式（2-50）只在降低电流为额定电流的 70%及以上时适用。

⑤ 对于在额定电压和额定电流下运行的变压器，其 A 计权声功率级可由 A 计权空载声功率级和 A 计权额定负载电流声功率级相加按下式计算

$$L_{WA,SN}=10\lg(10^{0.1L_{WA,UN}}-10^{0.1L_{WA,IN}}) \tag{2-51}$$

式中：$L_{WA,SN}$ 为变压器在额定电压、额定电流及额定频率下的 A 计权声功率级；$L_{WA,UN}$ 为变压器在额定电压、额定频率下的 A 计权声功率级；$L_{WA,IN}$ 为变压器在额定电流下的 A 计权声功率级；

如果需要，应考虑将冷却设备的噪声也包括在 $L_{WA,UN}$ 或 $L_{WA,IN}$ 内。严格地说，式（2-51）只适用于各个独立的声源。由于空载噪声和负载电流噪声之间的相互影响，运行中的实际声功率级要比用上式计算出的值小。

14. 空载电流谐波分量的测量

（1）空载电流谐波测量是为满足用户对变压器谐波分量的要求进行的。变压器铁心的磁化曲线是非线性的，励磁电压越高，铁心中的磁通密度越高，励磁电流就越大，其波形畸变就越严重。把这一波形分解成基波（50Hz）和基波以外的各项谐波，并测出它们各自占基波分量的百分数。

（2）试验依据 GB 1094.1。

（3）使用仪器和设备为功率分析仪、谐波分析仪、电压互感器、电流互感器、中间变压器和工频发电机组。

（4）试验方法：应在额定空载状态下（或按协议要求），用谐波分析仪或功率分析仪（带有谐波分析功能）在额定电压或110%额定电压下测量三相空载电流中的谐波分量，用基波百分数表示各次谐波分量的幅值。同时测量施加电压的谐波，一般从基波（50Hz）测量到 19 次谐波，其幅值用基波分量的百分数表示。

15. 风扇和油泵电机功率的测量

（1）风扇和油泵电机功率测量是为满足用户对冷却设备吸收功率的要求而进行的。

（2）试验依据 GB 1094.1。

（3）使用的仪器和设备为功率分析仪、交流三相调压器和电流互感器。

（4）试验方法：测量前应检查油泵和风扇的转向，使其符合要求。用交流三相调压器分别对每个风扇、每个油泵电机施加其额定电压、额定频率，用功率分析仪测量其功率。

16. 无线电干扰水平测试

（1）变压器作为交流输电高压电气设备，其无线电干扰特性日益被电力部门和环保部门所重视，为了减少或降低其在运行中对其他设施、环境造成的危害等，在采取相应的屏蔽措施外，还应根据技术规范和用户要求，对变压器进行无线电干扰水平的测试。

（2）试验依据 GB/T 11604。

（3）使用仪器和设备为无线电干扰场强仪、功率分析仪、电压互感器、电流互感器、中间变压器和工频发电机组。

（4）试验方法：试验应保证未施加试验电压时试验回路背景噪声电平至少比试品干扰电平低 10dB。如果无特殊要求，无线电干扰水平一般应在 $1.1U_r$ 空载下逐相测试，在测量中测量频率取 0.5MHz±10%（或按协议要求如 1MHz），即对干扰信号的 0.5MHz（1MHz）频率分量进行测量，且无线电干扰水平应不大于 2500μV，或按协议要求。

1）被试品试验加压回路同空载试验线路（试验电压 $1.1U_r$）。

2）无线电干扰水平测量接线原理如图 2-90 所示。

3）干扰水平测量。

① RR_2 型干扰场强测量仪调零：

a. 接通 220V 电源，输入线不接通。

b. 转换盒放置测量位置，增益关掉，Ⅰ放 20dB，Ⅱ放 10dB，调零（非零分贝）。

c. 转换盒放置校正位置，Ⅰ放 10dB，Ⅱ放 20dB，调增益至零分贝（0dB），频率对准 0.5MHz（或 1MHz）。

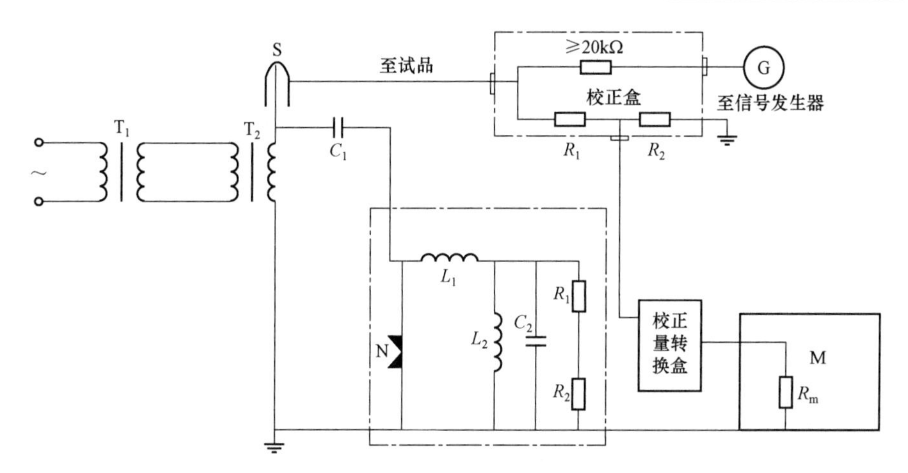

图 2-90　无线电干扰水平测量接线原理图

T_1—试验变压器；T_2—被试品；S—防晕帽；N—保护间隙；C_1—耦合电容；L_1—低电压调谐电感；R_1—串联电阻（262.5Ω）；R_2、R_m—匹配电阻（75Ω）；L_2、C_2—并联谐振回路；M—RR_2 型无线场强测量仪

d. 转换盒放回测量位置准备测量。

② 如同局部放电测试，无线电干扰在测试之前，要对回路进行校准（校准时不得加高压）。

a. 将校正盒接到试品高压端，并通过一个转换盒接入干扰仪，转换盒放置校正位置，调节信号发生器使其输出 0.5MHz（或 1MHz），幅值一定的正弦信号，由 RR_2 型无线场强测量仪 M 读出一读数 R'（dB），在保持信号发生器的频率，幅值不变的情况下，将转换盒放置测量位置，在由 RR_2 型无线场强测量仪 M 读出另一读数 R''（dB），二者之差为回路校正系数 $R_3(R_3 = R'' - R')$，R_3 读数不应太大，否则更换合适的输入单元。校正完毕，关掉信号发生器，将校正盒取下，放置安全处。

b. 将转换盒放置测量位置，同时给被试品加压达到测量电压（$1.1U_r$），由 RR_2 型无线场强测量仪 M 读出在测量频率 0.5MHz（或 1MHz）下的干扰水平 R_1（dB），在读取稳定的读数之后测试结束，切断电源。

4）测量数据计算，试品的最终无线电干扰水平 $R_{总}$应为：

① 以分贝（dB）为单位时，有

$$R_{总} = R_1 + R_2 + R_3 \quad \text{(dB)} \tag{2-52}$$

式中：$R_{总}$ 为测试结果；R_1 为测试时仪表读数；R_2 为电阻分压系数 $R_2 = 18$（dB）；R_3 为回路校正系数（校验结果）。

② 以电压（μV）为单位时，有

$$R_{总} = 10^{R_{总}(\text{dB})/20} \tag{2-53}$$

式中：$R_{总}$ 关联的电阻分压系数 R_2 的确定：在测量线路中，RR_2 型无线场强测量仪 M 仅仅测出 300Ω负荷电阻中的 37.5Ω电阻上的干扰电压，所以 RR_2 型无线场强测量仪 M 读数应再加上 18dB 才是 300Ω电阻上干扰电压的分贝数，即电阻分压系数 R_2 应为 18dB。

$$R_2 = 20\lg\frac{300}{37.5}\text{dB} = 18\text{dB} \tag{2-54}$$

17. 频率响应测量

（1）该项试验是根据用户要求进行测试的。绕组频率响应特性试验主要为变压器长途运输前后及产品在长期运行过程中，或运行中的变压器发生事故前后绕组间的相对位置是否发生微小变化提供主要参考，经过长期积累经验可以成为判定变压器器身是否良好的一种有效手段。

（2）试验依据 GB 1094.1。

（3）使用仪器为绕组变形测试仪。

（4）试验方法。

1）绕组频率响应特性测量通常在产品出厂前按要求进行。对于非一次合格的产品，返修之前可以不测试，返修之后完成所有试验项目且合格后则需测试该项目。

2）绕组频率响应特性测量必须在直流电阻试验项目之前或在试品充分去磁（如空载或感应耐压试验）后进行。

3）测试前应拆除与试品套管端子相连的所有接线，使所有套管端子悬空。对带有分接开关的绕组，应将分接开关位置放置在最正分接。

4）必须使用测量仪器的专用线，严禁使用任何代用线或过渡线等。

5）试品外壳应可靠接地，输入单元（输入端、激励端）和检测单元（测量端、响应端）的接地线应共同连接在试品的铁心接地处，并防止输入单元和检测单元的外壳与套管端子接触，且所有连接应可靠，避免由于接触不良造成对测试结果产生不良影响。

6）在进行某一个绕组的测试时，应将被试绕组一端接输入端，另一端接测量端，其余非被试绕组端子应悬空。不同连接方式绕组频率响应特性的测试方法见表 2-18。

表 2-18　　不同连接方式绕组频率响应特性的测试方法

绕组连接方式	测试相	输入端	测量端
星形带中性点引出	A	N	A
	B	N	B
	C	N	C
三 角 形	A	C	A
	B	A	B
	C	B	C
星形不带中性点引出	A-B	A	B
	B-C	B	C
	C-A	C	A

注：1. 如有稳定绕组，在进行其他绕组测试时，应将其短接并可靠接地。

2. 对稳定绕组也应进行绕组频率响应特性测量：x1 为激励端，c1 为响应端。

18. 长时间空载试验

（1）根据用户要求进行该项目的测试，并在试验前后进行油色谱分析。

（2）试验依据 GB/T 6451 附录 A 中 A.1。

（3）使用的仪器和设备为变压器油色谱仪、局部放电测试仪、功率分析仪、电压互感器、电流互感器、中间变压器和工频发电机组。

（4）试验方法。

1）对变压器施加 1.1 倍额定电压，开启正常运行时的全部油泵，运行 12h。如果用户要求在此试验过程中监测局部放电，应使用局部放电仪对分级绝缘绕组的线路端子进行局部放电测量（通常每 1h 记录一次），测试结果应无明显的局部放电信号，并与长时感应电压试验（ACLD）局部放电测试结果相比无明显变化。试验前后应进行油的色谱分析，油中应无乙炔，总烃含量应无明显变化。

2）该项试验应在绝缘试验后进行。

3）在该项试验前后应进行 90%、100%、110%额定电压下的空载损耗和空载电流的测量，二者测量结果应无明显变化。如有空载励磁特性测量的要求，应在长时间空载试验结束后进行。

4）用户有特殊要求的，应按用户技术协议进行。

19. 油流静电试验

（1）带有油泵的变压器，由于油流的扰动，在变压器内绝缘件的表面形成静电，它严重威胁超高压变压器运行的安全性。该试验项目可以检查变压器是否存在油泵转动时带来的潜在危险。

（2）试验依据 GB/T 6451。

（3）使用仪器为电流表或直流电流测试仪。

（4）试验方法。

1）变压器在不励磁情况下，打开铁心、夹件接地，开启所有油泵，运行时间不少于 4h，用纳安表或直流电流测试仪分别测量各个绕组、铁心和夹件对地的泄漏电流，每小时记录一次数据，直到电流达到稳定值。

2）试验前、后应进行油的色谱分析，油中应无乙炔，总烃含量应无明显变化。

20. 转动油泵时的局部放电测量

（1）该项试验的目的与上节“油流静电试验项试验”相同。

（2）试验依据 GB/T 6451。

（3）使用仪器为纳安表或直流电流测试仪、局部放电测试仪、电压互感器、电压表、中间变压器、补偿电抗器和发电机组。

（4）试验方法：启动全部油泵运行 4 h，其间连续测量中性点、铁心对地的泄漏电流，并监测有无放电信号。然后再不停油泵的情况下进行局部放电试验（对低压线端施加电压，使高压绕组线端电压为 $1.5U_{\mathrm{m}}/\sqrt{3}$，并持续 60min，其间连续观察测量局部放电量），与油泵不运转时的试验相比，内部放电量应无明显变化。试验前后应进行油的色谱分析，油中应无乙炔，总烃含量应无明显变化。

21. 短路耐受能力试验

短路耐受能力试验按 GB 1094.5《电力变压器 第 5 部分：承受短路能力》规定，可用计算和试验两种方法分别验证变压器承受短路的动、热稳定性能力。

本节简单介绍双绕组变压器短路耐受能力试验方法，对于多绕组变压器和自耦变压器，试验方法可参考三绕组变压器。短路耐受能力试验通常由生产企业委托有资质的第三方试验机构完成试验。

（1）被试变压器应是一台各项试验都合格的变压器，试验前必须备有全部例行试验项目的报告。不影响变压器短路试验性能的组件如冷却装置等，试验时可不安装在变压器上。必须测量短路阻抗，必要时还要测量短路电阻（指进行短路试验时所处分接位置上的短路阻抗）。

（2）为了取得标准规定的试验短路电流值，短路试验电源的空载电压应高于被试绕组的额定电压。既可在变压器一侧绕组上施加电压之后，再对另一侧绕组实施短路连接；也可在施加电压以前预先将另一侧绕组短路。按前一种方法试验时的试验电压不得超过 1.15 倍绕组额定电压。当变压器采用绕组单同心排列结构并按预先短路方法试验时，试验电压应施加于远离铁心柱的绕组上，并应预先将靠近铁心柱的绕组短路。否则将产生过大的励磁电流，并叠加到前几个周期内的短路电流中去，从而造成铁心饱和现象。当变压器采用绕组交错排列结构或采用双同心排列结构时，须经协商方可确定是否采用预先短路连接方法进行短路试验。

为了在被试相绕组内取得瞬态短路电流的最大第 1 个峰值，必须采用同步开关调节控制短路合闸时间在电压过零时合闸，同时用示波器记录电流波形以检查瞬态短路电流 i_{SC} 和稳态短路电流 I_{SC} 数值。

如果无特殊规定，三相和单相变压器短路试验次数按下述规定，它不包括小于 70%规定电流进行预先调整试验的次数。

对于Ⅰ类和Ⅱ类的单相变压器，试验次数为 3 次。如无另行规定，带有分接开关的单相变压器的三次试验，是在不同的分接位置上进行的，即一次是在最大电压比的分接位置上，另一次是在主分接的位置上，一次是在最小电压比的分接位置上。

对于Ⅰ类和Ⅱ类的三相变压器，总的试验次数为 9 次，即每相进行 3 次试验。如无另行规定，带有分接开关的三相变压器的 9 次试验是在不同的分接位置上进行的，即在旁侧的一个心柱上的 3 次试验是在最大电压比的分接位置上进行；在中间心柱上的 3 次试验是在主分接的位置进行；在另一个旁侧的心柱上的 3 次试验是在最小电压比的分接位置上进行。

对于Ⅲ类变压器，其试验次数和试验所在分接位置通常需由制造厂与用户协商确定。GB 1094.5 推荐的试验次数如下：

1）对单相变压器为 3 次。

2）对三相变压器为 9 次。

至于分接的位置和试验程序，建议与Ⅰ类和Ⅱ类变压器相同。

每次试验的持续时间为：

1）对Ⅰ类变压器为 0.5s。

2）对Ⅱ类和Ⅲ类变压器为 0.25s。

其允许偏差为±10%。

变压器短路试验后可吊心检查，并重复全部例行试验，包括在100%规定试验电压下的绝缘试验。如果规定了雷电冲击试验，也应在短路试验后进行。但是对于Ⅰ类变压器，除绝缘试验外，其他重复例行试验可以不做。

22. 暂态电压传输特性测定

（1）该试验一般只是在电压比大的发电机变压器和具有低电压第三绕组的高电压系统用的大容量变压器上进行的。其目的是为发现变压器是否存在由于冲击传递过电压过高而造成低电压绕组损伤，以便采取相应的措施予以预防。

（2）试验依据 GB 1094.3。

（3）使用的仪器和设备为低电压冲击发生器、冲击分压器和瞬态记录仪。

（4）试验方法。

1）变压器处于空载状态下，且输入较低电压。

2）从高压绕组端施加标准雷电全波或截波冲击电压，同时测量高压绕组和低压绕组的电压波形和幅值并记录实测值。

2.4　电力变压器的安装与维护

变压器运输至用户现场安装是一项重要工作，安装质量的好坏决定了变压器能否安全、正常的工作。

2.4.1　现场检查

变压器运抵安装现场，首先检查变压器油箱所有密封和焊缝有无渗漏、变压器本体中气体压力是否在正常范围内，收集运输记录，检查外观有无严重划痕、碰撞痕或损坏等，分析运输记录中有无超出规定的冲击加速度及加速度方向，供安装人员制订安装计划时参考。

变压器本体下车使用液压式千斤顶和枕木等工具。由于液压千斤顶工作行程比较短，在变压器顶升和下落的反复过程中需要用枕木支架并进行调整。通过顶起、平移使变压器本体离开车板，再经多次顶起、下落的过程，使变压器安全着陆完成卸车。注意卸车过程中需要保持变压器平衡，不要倾斜，避免发生意外倾覆。

1. 变压器本体检查

（1）带绝缘油运输的变压器检查冲撞记录仪的记录，确认变压器在装车、运输和卸车各个环节中三维方向的冲击控制在 3*g* 以下，取绝缘油样检查变压器内部油品的含水量及耐压水平，判断器身绝缘是否受潮。

（2）充气运输的变压器检查冲撞记录仪的记录，确认变压器在装车、运输和卸车各个环节中三维方向的冲击控制在 3*g* 以下，检查油箱内的气体压力应保持在 0.01～0.03MPa 范围内，如有运输过程中的补气和气体压力记录，应仔细审查。检查油箱内气体的露点，初步判断器身绝缘是否受潮。

（3）变压器现场完成接收检查，由于种种因素不能够及时安装变压器，需要在现场露天存储，有时存储的时间较长。无论注油运输的变压器还是充气运输的变压器，在现场长期存储均存在绝缘受潮的风险。因此，如果变压器不急于安装，必须做好现场贮存工作。

尽管变压器油箱的泄漏率可以做到小于1000Pa·L/s，但是在长时间存储过程中，许多密封连接在热胀冷缩过程中，仍然会出现泄漏点，空气中的水分通过交换渗透的方式进入变压器内部，使变压器器身绝缘受潮，降低了绝缘性能。

对于变压器在安装现场长时间贮存，各个厂家都有不同但相似的要求和规定，通常变压器充气存储的时间不允许超过 12 个月。如果超过存储时限要求，则需要对变压器进行注油存储。

充气存储的变压器必须注入干燥气体，露点小于或等于−45℃。必须定时检测、记录变压器油箱内部的正压力，如果没有安装自动补气装置，必须在油箱压力下降接近 0.01MPa 时人工手动补气至0.03MPa。注意：人工操作时油箱的压力不能低于0.01MPa，也不能高于0.03MPa。

变压器注油存储时需要为变压器安装呼吸系统，即储油柜，储油柜按照现场安装要求进行安装，抽真空注油不仅要保持冷缩时的补充油量，还要留有热胀时的空间，储油柜的呼吸管必须安装吸湿器。储油柜安装后需要对变压器进行泄漏率检测，以确保安装储油柜时所有的法兰连接面的密封性能。注油存放的变压器每间隔一段时间就要进行一次油品检验，主要检测油中微水含量和耐压，以确保变压器不受潮。如果检查结果不满足现场油品的标准，则需要对变压器做热油循环和滤油处理。

2. 安装前检查

变压器安装前的验收及检查均为强制性检查，只有在检查合格后才能进行后续工作，否则将对产品造成极大的质量隐患。

（1）核查变压器的运输记录及冲击记录仪，如果有异常情况应予核实。检查油箱上的附件、连接法兰、各类阀门、塞子的密封，不能有渗漏油痕迹，外观不能有碰撞痕迹。

（2）对于充干燥空气的变压器，应检查气体压力保持在规定范围内。

（3）按制造厂的装箱单验收变压器的组、附件，检查装箱单中所列的零部件是否齐全，以及在运输后的状态，特别注意以下几点：

1）用包装箱运输的零部件以包装箱的完整性来衡量零部件的状态。

2）不带包装运输的组、附件，如冷却器、储油柜、联管等盖板密封是否完好，外部不应有机械损伤。其他不包装运输的小车、梯子等，也应外观良好。

3）对于单独运输的电流互感器，检查出线装置等密封是否完好，有无渗漏油痕迹和碰撞痕迹。

4）充绝缘油运输的变压器油位计应显示有油，取油样检测耐压、介质损耗和微水含量，不能超出相关标准要求。

5）套管是变压器附件中最脆弱的部件，是安装前检查项目中的重中之重，根据套管类型的不同，检验方式略有差异。对于单独包装运输的套管，应检查冲击记录仪在整个运输过程中的记录，包装箱是否有磕碰、撞击、变形和破损；对于干式充气套管，需要检查内部气体压力，接线端子和伞裙有无损坏；对于充油套管和油气混合绝缘套管，需要检查套管储油器的油位是否正常，耐压及微水是否合格，气体压力（油气混合绝缘）值是否正常，运输筒内部油品耐压值及微水含量是否合格，套管伞裙及釉面是否完好，瓷件与法兰密封是否良好，导电杆及其他附件有无缺失。

6）检查产品技术文件是否齐全、完整。

7）检查校验随产品带来的仪器仪表。

8）做好验收记录，参与检查、验收的各方签字确认，对于检查中发现的问题应及时联系制造厂家处理。

2.4.2　安装

在检查、验收变压器及其组、附件后，变压器的安装流程为：安装前准备→设备安装→真空及油处理。

（1）变压器安装多在露天环境下进行，器身绝缘暴露在气体中。环境对变压器安装过程的质量控制至关重要，比如环境温度、空气湿度等直接关乎器身的暴露时间。因此，必须严格控制和观察天气情况，雨、雪天气和扬沙天气严禁安装变压器。当安装现场不具备干燥空气发生器时，不允许安装 220kV 以上电压等级的变压器产品；对于 220kV 及以下电压等级的变压器，允许在天气和环境符合要求的条件下安装，但器身直接与大气接触，需要格外注意防潮。一些组、附件如气体继电器、油泵、油流继电器、温控器、套管以及一些电子元器件等，也要注意防潮。

（2）再次检查变压器内部是安装前的首要工作。检查之前，对于充油运输的变压器，要进行放油，放油时充干燥空气。对于充气运输的变压器，需要先解除油箱内的压力，使油箱内、外压力平衡；如果是充氮运输的变压器，则要先抽真空，再抽净油箱内部的氮气，然后注入干燥空气达到微正压时，用含氧仪检测气体中的含氧量，油箱内空气的含氧量大于 18% 的安全规定标准后，方可进行后续进箱检查工作。

进入变压器油箱进行内部检查，目的是发现运输过程中或存储过程中可能出现的问题。检查项目包括器身状态有无移位、定位装置有无损坏、接地部件的接地状态、铁心对地绝缘检测、夹件对地绝缘检测、箱底残油检测分析，并按照国家标准 GB/T 50148、GB/T 50150 判定变压器有无受潮。

（3）变压器安装前准备工作包括工具、工装、设备以及辅助消耗材料的准备。确保工具、工装、设备完好、清洁；确保辅助消耗材料充足、清洁，绝缘材料耐压和微水含量符合要求，保持干燥。安装用大型设备包括真空机组、滤油机、注油冲洗设备、干燥空气发生器、起重设备、高空作业设备、电源设备等。

1）真空机组是电力变压器、换流变压器、各类特种变压器安装过程中的必备设备。在变压器安装过程中，每天按规定的器身暴露时间开展工作，然后密封油箱对其抽真空，通常真空时间保持到第二天开始继续安装工作，并不间断注入干燥空气。通过抽真空可以及时排出器身绝缘表面或浅层吸附的潮气和水分，避免绝缘受潮和绝缘结构集气的情况发生。一般要求真空机组的极限真空达到 1Pa 以下，抽速以 V（L/s）进行计算，保持抽速以变压器油重 $A(t)\times 3.33=V$ 的方法确定。

2）干燥空气发生器是变压器安装必不可少的一种设备。通常使用的瓶装干燥空气露点一般在 −45℃以下，但干燥空气发生器的设计结构及工作方式多采用冷干＋压缩＋吸附的方式，因此对吸附剂的功效需要控制，建议将干燥空气发生器露点控制在−60℃左右。在天气条件良好，环境湿度小于或等于 60%的情况下，110kV 及以下电压等级变压器的安装过程可以不使用干燥空气发生器。

3）滤油机除了滤油和注油的功能外，还具备加热、抽真空、过滤的功能，可以对变压器进行热油循环和冲洗操作。滤油机在使用前一定要进行自循环、自冲洗，检测滤芯能不能满足变压器现场工艺要求，不符合要求时，需及时更换滤芯。滤油机的加热功率要使加热温度与流量相匹配，否则温度过高将破坏油品，过低又达不到变压器现场处理的工艺要求。

4）套管起吊应有专用工装，在安装前需要仔细阅读套管安装使用说明书，掌握正确使用工装和吊具的方法。

5）准备常规工具，如说扳手、套筒、吊带、卸扣、压线钳等。

6）准备常规辅消材料，如真空硅脂、导电膏、无水酒精、脱脂棉、电工绝缘胶带、生料带等；准备特殊的辅消材料，如套管内部充气所用的 SF_6气体等。

（4）变压器的安装主要分为以下几个部分，变压器的引出线系统安装、冷却系统安装、储油柜系统安装和二次控制回路安装。

1）变压器引出线系统，安装包括升高座安装、套管安装与引线连接。

升高座在套管安装之前先安装在油箱上。升高座内的套管型电流互感器需要单独安装，带有套管型电流互感器的升高座又称为测量装置，测量装置内部的绝缘件需要防潮。测量装置安装时要注意正确的方向，升高座下法兰与油箱盖法兰连接安装在箱盖上，升高座的上法兰用于安装套管。

套管的安装主要有穿缆式结构、拉杆式结构和导电杆式结构三种结构，应按照套管厂家提供的安装使用说明书正确安装。对于需要充 SF_6气体的套管，安装完成后充气达到安装要求的压力，持续观察套管内部压力变化情况，判断是否有泄漏。对于低压大电流的注油套管，安装前需要仔细阅读套管使用说明书，如果安装有倾斜角度，应注意保持起吊角度，避免损伤套管。穿缆式套管的引线在制造厂已经配好，安装时应检查引线外包绝缘完好无损，穿过套管在其头部与接线端连接，与此同时下节套管随引线提升慢慢落入油箱盖内或升高座内，与法兰、螺栓的安装应牢固。拉杆式安装时，先将下节拉杆接线端与绕组引出线连接，再与上节拉杆连接并调整好长度，拉杆穿过套管导电管，在套管头部连接，用专用油压千斤顶按规定压力拉紧并紧固，此时拉杆下部接线端必须与套管导电杆下部平面紧密接触，不得错位、倾斜；在拉杆穿入导电杆时，套管也慢慢落入油箱盖内或升高座内，与法兰、螺栓的安装应牢固。导电杆式套管通常先牢固安装在油箱盖内或升高座内，然后再将引线的接线片以套管尾部的接线端连接，或通过油箱壁上、升高座上的手孔操作接线连接。对于 35kV 及以下电压等级的纯瓷套管，通常先将导电杆与绕组引线接线端（片）连接，然后穿过套管在套管头部紧固，此时套管就位安装在箱盖或升高座法兰上。

2）变压器冷却设备安装，指散热器或冷却器的安装。散热器安装主要有直装式和集中式两种方式。直装式是将散热器直接安装在油箱壁上，安装时每台散热器的上、下管接头与油箱管接头连接之间装有蝶阀，便于变压器维修或更换散热器，风扇（如果有）安装在散热器的侧面（侧吹）或散热器下部（底吹）。集中式是将散热器安装在上、下汇油联管上，上、下汇流联管再与油箱连接，每台散热器与上、下联管配有蝶阀，汇流管与变压器本体联管之间也配有蝶阀。如果配有油泵，则油泵与油流继电器安装在下汇流联管与变压器油箱联管对接口处，注意油流继电器的方向不能装反。风扇按要求安装在散热器的侧面或散热器下部。集中式安装的散热器可以紧挨变压器的一侧或两侧，也可以在距变压器本体稍远的地方集中放置。

冷却器的安装也有直装式和集中式两种。直装式也是将冷却器直接安装在油箱本体的连接管上，每台冷却器的上、下管接头与油箱管接头连接之间装有蝶阀，以便于维修或更换冷却器。冷却器下端联管处装有油泵，自带吹风装置不需额外装配。集中式装配的冷却器安装在临近变压器本体的汇流管，上、下汇流管做成框架支撑在地面的基础上，汇流管与油箱联管连接处加装蝶阀，便于维修或更换，同时在下部联管连接处安装油流继电器，安装油流继电器时注意提前判断其方向，不能装反。

水冷却器结构相对复杂，需仔细阅读安装使用说明书后方可安装。独立的水路、油路、管路连接不能装错，如果安装出现错误，将酿成事故。所有的管路连接均需安装蝶阀或闸阀，以便于维护或更换。

3）储油柜系统安装，包括储油柜的安装及其连接管路的安装。储油柜有隔膜式、胶囊式和波纹管式三种类型，使用较多的是胶囊式和波纹管式。

胶囊式储油柜安装过程中需要注意是胶囊的密封性能和油位表的安装，有一些胶囊式储油柜会同时安装两种油位计和隔膜泄露报警装置，需要仔细阅读安装使用说明书后方可进行安装，避免安装过程中损坏这些附件。胶囊密封性能检测在胶囊安装到储油柜内后进行，向胶囊内部充气至规定的压力后检测压力维持情况。胶囊良好的密封确保绝缘油与外部空气隔绝，避免绝缘油在变压器运行过程中吸潮、氧化。

波纹管式储油柜又称为金属隔断式储油柜，这种储油柜自带油位计，不必再安装。波纹管式储油柜分为内油式和外油式两种，无论是内油式还是外油式结构都采用负压的方式进行排气，即将波纹联管收紧或膨胀，避免内部残余气体影响变压器的安全运行。安装时还需注意，必须在安装前将油位指示标调整到零位。

4）二次控制回路安装，即控制线路的安装，安装需注意走线以及布线规则，其中涉及一些特殊工艺必须保障安装质量。

① 温控器的毛细管安装过程中弯型半径需要保障不小于 R_{50}。

② 在安装测量装置安装罩时要注意接线方式，避免内部进水。

（5）变压器完成安装后，进行现场试验前的工艺处理。

1）绝缘油的滤制与脱气，滤好的绝缘油微水含量、油品耐压、油品气体色谱、介质损耗正切角等内容必须达到产品电压等级规定的标准，并密封保管。对有特殊要求的绝缘油，需对颗粒度等方面内容进行检测。

2）变压器真空处理是根据产品电压等级施以规定的真空度和维持时间。

① 交流产品：330kV 及以下电压等级的产品，在真空度达到 100Pa 后维持 24h，极限真空达到 25Pa 满足注油需求。对于 750kV 以下电压等级的产品，在真空度达到 100Pa 后维持 48h，极限真空达到 25Pa 满足注油需求。对于 1000kV 及以上电压等级的产品，在真空度达到 25Pa

后维持 72h，极限真空达到 13.3Pa 满足注油需求。

② 直流产品：网侧电压小于 750kV 级以下、阀侧电压等级小于±800kV 时，在真空度达到 25Pa 后维持 72h，极限真空达到 13.3Pa 满足注油需求。网侧为 750kV 级、阀侧电压等级小于±800kV 时，在真空度达到 25Pa 后维持 96h，极限真空达到 13.3Pa 满足注油需求。阀侧电压等级超过±800kV～±1100kV 时，在真空度达到 25Pa 后维持 96h，极限真空达到 13.3Pa 满足注油需求。

③ 需要注意：在抽真空过程中要根据国家标准对安装法兰、连接部位等进行泄漏率检测，以确保密封无泄漏。

3）必须用真空滤油机向产品注油，注油时滤油机加热，待真空为绝缘油进一步脱气，油温控制在 50～70℃，流速控制在 4～6t/h。

4）热油循环在产品注满绝缘油后进行，目的是通过滤油机加热，循环绝缘油，逐步升高器身温度，除去器身表层潮气，提高器身绝缘性能和绝缘油的品质。通常热油进入变压器油箱时的温度控制在小于或等于 75℃，热油循环方式为上进下出，管路与油箱接口呈对角线。变压器出口油温即滤油机的进口油温控制在 55～65℃，只有达到规定的出口油温，才能够认为变压器内部达到了加热要求。

变压器内部达到了加热要求后开始正式记录热油循环的时间，即热油循环的持续时间。热油循环的持续时间与变压器本体绝缘油量有关系，通常变压器热油循环的持续时间按下式计算

$$T = (3\sim5)\frac{G/P}{Q} \tag{2-55}$$

式中：T 为热油循环时间，h；G 为变压器油总重，kg；ρ 为变压器油密度，kg/m^3；Q 为滤油机流量，m^3/h。

一般情况，220～330kV 电压等级的变压器热油循环的时间取 24h，500kV 及以上电压等级变压器热油循环的时间按照式（2-55）估算。

热油循环结束后需要对变压器内部油样进行取样化验，根据油样化验结果及各个电压等级变压器对油样要求，分析、判断变压器是否具备运行条件。

在环境恶劣的高寒地区，如我国东北、西北等地区冬季气温降到-40℃以下，利用滤油机加热无法达到升温的要求，就要采用保温、增温等措施，比如在变压器油箱外增加保温覆盖，搭设保温房，低频加热辅助升温等。

5）低频加热辅助升温适用于大容量变压器，这类变压器的特点：一是铁心结构能够流通直流磁通；二是变压器本体绝缘油量较大；三是器身和铁心的质量较大；四是器身为强油导向冷却结构，不易造成内部绝缘损伤。

低频加热采用 0.1～1Hz 的低频方波向变压器绕组供电，通过变压器绕组电阻损耗和铁心损耗转化的热量提高变压器器身温度和绝缘油温度。这种由器身内向器身外的升温方法，对操作人员有较高要求，不仅要求对低频加热设备有深入了解，同时对产品的相关参数也要有深入了解，比如绕组连接组别、额定电压、额定电流、空载损耗、负载损耗等，通过计算确定输入的电压和电流。

（6）完成热油循环的产品进入现场试验前的静放阶段，静放时间按制造企业根据不同电压等级产品和现场安装具体情况确定的现场工艺时间，最短 24h，多则 250h 不等，或按照国家标准和电力行业标准的中的规定。电压等级越低，变压器的静放时间越短。静放过程中要不断通过变压器高位集气点放气。

2.4.3　现场交接试验项目（110～750kV）

（1）依据 GB 50150《电气装置安装工程　电气设备交接试验标准》和电力变压器使用说明书。

（2）试验项目包括：

1）绝缘油试验。

2）安装前测量套管的绝缘电阻。

3）安装前测量套管的介质损耗因数和电容。

4）有载调压切换装置的检查和试验。

5）频率响应测量。

6）电压比测量和联结组标号检定。

7）绕组连同套管的直流电阻测量。

8）绕组连同套管的绝缘电阻、吸收比、极化指数测量。

9）铁心对地、夹件对地、铁心对夹件的绝缘电阻测量。

10）绕组绝缘系统介质损耗因数和电电容测量。

11）低电压（AC 380V）空载电流测量。

12）低电流（AC 5A）短路阻抗测量。

13）外施耐压试验（AV）。

14）长时感应电压试验同时局部放电测量（ACLD）。

15）其他调试项目（按现场交接试验项目要求进行）。

2.4.4　运行维护

经现场安装、试验、验收合格的变压器在投入运行后仍然会发现某些缺陷，因此，需要及时发现并及时处理，避免小的缺陷在运行中累积引发运行故障。

1. 渗漏油

渗漏油问题发生的原因有很多种，比如焊缝缺陷、连接密封缺陷、各类阀门缺陷和组件缺陷等。

（1）变压器油箱焊缝缺陷的修复不宜带油焊接操作。虽然变压器油属于高燃点油，但是为了确保安全，一般情况下可用堵漏胶棒临时封堵，堵漏胶棒对微小缺陷能够起到快速有效的封堵。对于较严重的焊接缺陷，一定要将变压器退出运行后，做好防火措施后才能进行焊接封堵，封堵后检查变压器油色谱，必要时要对变压器油进行滤油处理。

（2）连接密封缺陷的修复主要可以分为两种情况：一种是安装过程中联管对接时密封圈偏移或长时间运行密封圈老化失效；另一种情况是变压器在长期运行中的振动使密封连接螺

栓松动，密封失效而泄漏。

第一种情况在变压器投运前发现，可以采取排油、注干燥空气，打开局部管路密封圈进行更换；如果发现运行中的变压器局部密封失效，应尽可能保护变压器整体密封，采取局部关闭蝶阀或阀门的方法断开局部油路，松开联管连接进行更换密封圈。更换密封圈后应先开启局部关闭的阀门，使变压器油缓慢进入补油空间，尽可能不让气体进入变压器油箱内部。更换密封圈时只要动了油路，产品恢复后一定要静放和排气处理，静放过程应按照不同电压等级变压器安装使用说明书的规定，在变压器高位排净气体后方可投入运行。如果更换位置在高于变压器箱盖的位置，并且不会影响到套管和升高座的状态，如储油柜集气管，修复后打开阀门即可直接投入运行。

第二种情况处理方式比较简单，只要重新拧紧连接处的螺栓即可。

（3）加工盲孔螺纹渗漏缺陷多发在变压器油箱本体加工深度较深的盲孔上，由于运输、运行中振动的积累或螺纹长时间受力不均使盲孔底部发生泄漏，出现这种情况通常需要通过排油才能进行处理。由于螺纹孔内部螺纹不便于焊接修补，同时也为避免焊接过程中造成变压器内部污染，因此可以根据螺纹尺寸配制密封橡胶垫，将其放入螺孔底部，然后重新安装部件，通过螺栓的旋紧压力将密封橡胶垫顶紧密，达到泄漏盲孔密封缺陷的修复。

套管与升高座盲孔连接或测量装置与油箱间盲孔连接等，修复过程中要严格控制清洁度和温湿度，避免因为修复盲孔渗漏造成污染变压器器身或使引线、器身绝缘受潮。

（4）部分阀门、油泵等的壳体是铸钢件，在变压器长期运行中，因振动或较大的不均匀集中压力将铸造壳体的缺陷放大而渗漏油，严重时壳体开裂损坏，出现这种情况就必须更换受损阀门、联管及组、部件。更换两端的蝶阀或阀门的组、部件时，可以采用更换密封圈的方法将两端阀门关闭进行更换和排气操作。对于两端没有安装阀门的组、部件，或直接与油箱本体联通的组、部件更换时，当管径小于 DN50 的阀门时，可用真空机组连接储油柜呼吸口，同时打开储油柜旁通油箱本体的阀门，对储油柜实施抽真空，用真空吊住油箱内的变压器油，在变压器油不外泄的情况下进行快速完成更换，更换后缓慢解除真空并经过静放和排气处理后投入使用；如果管径大于 DN50 时，必须采取注入干燥空气排油后进行更换。

（5）冷却器和散热器无论是独立安装或集中安装，其上、下连接处均设有真空蝶阀，集中框架主联管与变压器油箱连接处也同样设有真空蝶阀。如果需要更换问题冷却器及附件或散热器及附件，只需关闭与问题冷却器或散热器连接的蝶阀，打开其顶部放气塞和下部放油塞进行局部排油后更换。更换后采用独立真空注油的方式对于更换后的冷却器或散热器进行单独注油，注满油静放、排气后打开关闭的蝶阀。这种更换或修复方法可以避免变压器整体排油、重新真空注油的工艺过程，缩小维修更换时间。

2. 变压器运行初期的监控

变压器运行初期的监控，它包括变压器油温、变压器油品稳定性、变压器油位、变压器油品气体含量、变压器附件的运行状态等。这些监控有助于早期发现变压器的质量和安装隐患，正常运行期间为运行人员提供变压器安全运行状态信息。当然，变压器运行监控还包括其他项目，如运行电压与电流、三相线路平衡与中性点电流、电流互感器信息监测等，电网公司有完整的变压器运行状态的监控手段，包括在线监测系统。

（1）变压器油温的监控是监控变压器运行状态中是否存在缺陷的最简单以及最直接的方法。通过检测变压器上、中、下部的油温，可以确定变压器在运行过程中内部存在冷却不畅的死油区，冷却装置的冷却容量是否满足变压器正常运行散热的需求。油温监控除了温度计量部件外，还可采用红外点温枪进行测量油箱表面温度，或用热成像仪进行变压器整体的高温点的查找。热成像方法还可以观察到变压器油箱漏磁集中处的温度，观察到接地不良局部温度升高的现象。绕组温度监测系统，可以直观地监测运行中变压器绕组温度，由此判断绕组是否过热或存在故障隐患等。现代技术的发展使光纤测温元件在变压器中得以使用，利用光纤测温系统可以对变压器器身内部的铁心、绕组等实施在线测温。

（2）变压器油品稳定性监控。它是一项重要工作，通过油品稳定性检测可以发现变压器安装过程中是否受到外界污染，判断变压器运行中暴露的缺陷。油品稳定性检测主要包括介质损耗因数$\tan\delta$值、酸酯、水溶性酸和碱以及油的闪点值，按常规在运行前、试运行中、试运行结束、正常投运前、投运10天、投运1个月分别进行取样检测，通过对检测结果进行比对分析，判断油品品质是否存在异常，必要时还可以对油品的界面张力、糠醛含量等项目进行检测，判断油品是否存在劣化趋势等。

（3）变压器油位监控。它是将储油柜油位表和温度曲线进行对比，判断储油柜的呼吸功能是否正常。储油柜内油位过高或随变压器运行温度升高变压器油体积膨胀超出储油柜正常存储油量，轻则造成变压器的压力释放阀误动作而泄油，重则变压器二次控制信号反馈错误信息，误发故障跳闸信号，甚至损坏变压器上的其他附件，造成火灾隐患等。

（4）变压器油品气体含量的监控内容。包括氧气、氢气、一氧化碳、二氧化碳、甲烷、乙炔、乙烯等气体检测。变压器油中气体检测数据用“三比值法”进行故障的初步判断，通常称为变压器油色谱分析。三比值法主要通过各种气体含量的增量与固定搭配的比值获得故障代码，由故障代码判断变压器内部发生低能放电、电弧放电、高温过热，还是相互交织的故障问题。

（5）变压器配套组、附件的监控。冷却器运行状态监控包含油泵、风机、油流继电器以及二次控制回路继电器的监控等，呼吸器的吸湿剂状态、免维护吸湿器的运行状态和监控等，调压开关连杆机构和电机运行状态的监控等，确保在调压过程中旋转传动机构的传动杆连接可靠，万向轴转动灵活，不会发生卡死或咬死情况。通过气体压力密度仪检测充气套管内SF_6气体，也是目前检测套管内部SF_6气体含量的唯一手段，可以及早发现SF_6气体泄漏，预防套管芯体绝缘性能下降而引发事故。

3. 变压器长期运行的日常监控

变压器长期运行的日常监控是变电站、发电厂长期稳定运行、安全输送电能的基本保障。巡视是日常监控的主要手段之一，巡视分为定期巡视、不定期巡视、特殊巡视和交接班巡视。

（1）定期巡视是指按规定的巡视线路定时地巡视和检查设备及相关内容。变电站日常定期巡视的主要内容包括控制保护设备的巡视、一次设备的巡视、二次线路端子箱及汇控柜的巡视、变压器整体运行状态、油位有无异常、红外监控温度和主控楼内信号反馈有无偏差等。

（2）不定期巡视对常规变压器来说无特殊项目的要求，只是对定期巡视的一种补充，通过不定时的交叉作业，发现定期巡视中的漏洞。不定期巡视适用于对特殊变压器的巡视，比如特高压变压器和换流变压器等，巡视内容和要求更多。

1）检查油箱外部，主要寻找变压器的泄漏点，发现变压器运行振动、噪声有无异常，检查事故排油口的状态等。

2）查看充气套管内部绝缘气体压力是否在安全运行范围内，充油套管油位是否在安全运行范围内。

3）检查各种表计上的显示有无异常，记录数据与控制室反馈数据进行比对。

4）检查有载调压开关滤油机的滤芯压力是否正常。

5）检查储油柜油位高度是否正常，结合油温核对油面高度是否正常并与控制室反馈数据进行比对。

6）检查冷却器运行状态是否正常，风机开动数量是否正确，运转有无异响；潜油泵开启数量是否正确，油流方向是否正确，运转有无异响，冷却器控制系统状态是否正常等。

7）检查储油柜呼吸器的干燥剂颜色变化是否在安全干燥线范围内，免维护呼吸器的加热系统是否正常工作。

8）检查有载分接开关控制箱内显示挡位和动作次数。

9）用红外线成像仪检查变压器整体温度，寻找有无异常局部过热点。

10）检查变压器油箱接地电流，并控制室监控数据比对等。

（3）特殊巡视是针对特殊运行工况和恶劣运行环境而设立的巡视。

1）特殊工况包括：

① 长时间满负荷运行下的过负荷运行，且过负荷容量和持续时间超出产品的技术规范。

② 正常运行的产品突遇线路跳闸或异常工况。

③ 变压器或线路遭受雷击。

④ 经历短路的变压器。

⑤ 经过大修和改造的变压器重新投入运行、或备用变压器投运初期阶段。

⑥ 重要节假日和迎峰度夏阶段。

2）恶劣环境包括：大风、暴雨天气；风沙、重雾霾天气；长时雨雪天气等。

2.4.5　66～110kV 级电力变压器的安装与维护

1. 变压器本体牵引及起重

（1）变压器本体牵引时牵引点应在重心以下，钢丝绳应挂在专用牵引孔上（或用钢丝绳捆绑在变压器油箱上），严禁将钢丝绳挂在不能受力的组件或管接头上。

（2）使用小车或滚杠牵引运输变压器时，速度应小于或等于 100m/h。

（3）在斜坡上装卸变压器主体时，应注意斜坡角度应小于或等于 10°，并有防滑措施；对于带油运输的变压器，应特别注意避免油箱内部油的晃动，预防变压器重心偏移而产生的突然下滑。

（4）千斤顶应放在指定的油箱千斤顶位置，在升起和降落变压器本体时须保持同步同速，千斤顶必须有防止打滑的措施。

2. 验收

（1）按订货合同核对产品型号、规格、数量。货物验收按下列事项检查，做好记录，若发现问题应立即与制造厂和运输部门联系，共同查明原因并妥善处理。

1）运输部门提供的运输记录。

2）本体及附件在运输车上有无移位、碰撞等现象。

3）对于充油运输的变压器，检查密封是否严密、有无渗漏油的现象，并检查油面高度。

4）对于充气运输的变压器，检查气体压力是否保持正压。

5）附件包装箱有无破损和丢失。

（2）开箱检查、验收附件。

1）通知制造厂销售人员或发运部门派人到现场共同清点、交接附件。

2）按“产品装箱一览表”查对到货箱数是否相符，有无错或遗漏现象。

3）按“分箱清单”，核对箱内零部件的种类、数量是否与装箱清单内容一致，有无遗漏，检查零部件有无损坏并做好记录。

4）核对出厂文件、技术资料、合格证书是否齐全。

5）检查、验收后，办理签收手续、制造厂依据签收证明提供现场服务。

3. 保管及贮存

（1）本体与附件的检查与保管。

1）经开箱检查后的零部件、组件按其功能、特性分别进行保管。密封运输的应继续保持其密封状态，采取措施防止雨水、雪、腐蚀性气体直接浸入，预防金属材料锈蚀。仪器仪表及带有电气元件（如开关传动机构、总控制柜等）的组件，采取防潮措施放置在通风干燥的室内保管。

2）带油运输的变压器到达现场后，若在三个月内不安装，必须从第四个月起将安装储油柜（包括有载调压开关储油柜）及干燥的吸湿器，将合格的变压器油从储油柜补充到变压器中，注油至储油柜的油位计显示的油面与本体变压器油的温度相适应的高度时停止。若没有条件及时安装储油柜，应在油箱上部最高点抽真空，充入压力为 0.025～0.03MPa、露点小于 −40℃的干燥气体。

3）充气运输的变压器应做残油试验，变压器油的耐压应大于 40kV/2.5mm，微水小于或等于 30×10^{-6}，介质损耗因数小于或等于 0.5%。若残油试验值达不到上述要求时，应向制造厂咨询，确认是否受潮并妥善处理。继续充气存放产品时，必须安装气体压力监视装置，保证油箱内气体压力始终大于 0.02MPa，当油箱内气体低于 0.02MPa 时，应及时补气或自动补气。充气贮存超出三个月仍不安装的变压器，必须及时改为注油贮存。注油贮存时先安装储油柜，在对变压器排气的同时注入合格的变压器油，注油至储油柜的油位计显示的油面与变压器本体温度相适应的高度时停止。

4）油纸电容式套管存放期大于 6 个月时，必须将包装箱套管接线端一侧抬高，与地面水平夹角大于或等于 15°，或从包装箱内取出，垂直安放在套管专用贮存架上，并用塑料布包封套管两端。

5）变压器与组附件存放期间，应经常检查本体及组件有无渗漏、锈蚀，油位是否正常等，每 6 个月取一次油样进行耐压、微水、介质损耗检查。

（2）变压器油的检查与保管。

1）变压器油运抵现场后应核查油的牌号和数量，取样做简化分析，必要时可做全分析。取样应参照 GB 7597《电力用油（变压器油、汽轮机油）取样》，气体分析应参照 GB 7252《变压器油中溶解气体分析和判断导则》。对有污染的变压器油，安装单位应予以过滤。

2）合格的变压器油应贮存在密封、清洁的专用油罐或容器内，密封的油罐或容器需要安装干燥的呼吸器。不同牌号的变压器油应分别贮存，做好明显的牌号标识，不能混放。

3）严禁在雨、雪、雾等恶劣的天气滤油和倒罐。变压器油经过滤注入油罐时，须防止杂质、潮气的进入。66～110kV 电压等级产品用油存储要求见表 2-19。

表 2-19　　66～110kV 电压等级产品用油存储要求

电压等级/kV	66 及 110
击穿电压/kV	≥45
介质损耗因数 $\tan\delta$（90℃时）	≤0.005
微水含量（10^{-6}）	≤20

4）应使用制造厂提供的变压器油，如需补充其他来源的变压器油，应经试验确定混油性能符合 GB 7595《运行中变压器油质量标准》的规定，否则严禁使用。其他种类绝缘油的性能指标参照 GB 2536《电工流体变压器和开关用的未使用过的矿物质绝缘油》。

4. 安装前的检查

（1）阅读产品出厂技术资料和技术文件，了解变压器本体及组件的结构和工作原理，查阅制造厂提供的《安装使用说明书》，制定安装程序、施工方案和安全措施。

（2）按照组件使用说明书，测试、检验所有组件的性能指标，做好安装前的各项准备工作。

（3）测量套管式电流互感器的绝缘电阻、变比、极性等，要求与铭牌或技术文件相符合。

（4）认真清洁所有零部件和附件，切勿将不清洁的零部件和附件安装在变压器上。

（5）检查所有连接法兰密封面有无损伤，保持清洁、平整，确认联管等部件的编号，核对、检查密封衬垫，确保使用合格的密封衬垫。

（6）备足过滤合格的变压器油。

（7）准备好起吊装置、抽真空装置、滤油机、照明安全灯以及其他必要的工具等，同时做好人员分工。

（8）安全措施要点：

1）做好安装现场分界标识及安全标识，安装变压器的人员和其他施工人员互不干扰。

2）按高空作业安全规定进行高空作业，佩戴安全带和安全帽。

3）变压器油箱内氧气含量不少于 18%，否则人员不得入内。

4）组、部件的起重和搬运按有关规定和产品说明书要求进行。

5）现场明火作业时，必须有防范措施和灭火措施。

6）高电压试验应有试验方案，并在试验方案中明确安全措施。

7）拆卸、装配零部件时不得少于 2 人。

8）上、下传递物件，必须系绳传递，严禁抛掷。

9）其他事宜参照现场安装安全要求及相关规定执行。

5. 器身检查

器身检查方式有两种：一是通过人孔或观察孔进入油箱内进行器身检查；二是进行吊罩检查。

（1）当满足下列条件之一时，可不进行器身检查。

1）制造厂或技术协议中已明确规定无需进行器身检查的产品。

2）短途运输（不包括船舶运输）的变压器，并且在运输过程中进行了有效监督，确认运输过程无异常的产品。

（2）进箱检查可节省起吊、回装上节油箱的工作，降低器身受潮、受污染的风险。进箱检查应注意安全，避免发生人身伤害。进箱检查时变压器油箱内应具备供操作人员活动空间的条件，检查人员通过观察和触摸对器身、引线、调压开关及零部件进行仔细检查。

（3）吊罩检查时现场环境必须满足吊罩的要求。

1）当环境温度应大于 0℃时，器身温度须高于环境温度；当器身温度低于周围环境温度时，需先将器身加热至高于环境温度 10℃以上。

2）吊罩场地四周应有保证清洁并具备防尘、紧急防雨的措施。

3）器身在空气中的暴露时间从开始放油（充气运输的变压器从排出气体）或开启第一个盖板或油塞算起，到封闭油箱开始抽真空或开始注油时为止。

① 当现场相对湿度小于或等于 65%时，器身在空气中暴露时间应小于 14h；当现场相对湿度大于 65%并小于或等于 75%时，器身在空气中暴露时间应小于 10h；当现场相对湿度大于 75%时，禁止器身直接暴露在空气中。

② 当器身温度高于空气温度时，暴露时间可延长 2h。

③ 若在条件许可的工作日中当天不能完成复装产品时，必须及时采取抽真空的办法对器身进行脱湿处理。器身暴露时间不允许按几个工作日累计时间计算，当班完成工作即使时间没有超出允许的时间，也必须抽真空对器身进行脱湿处理。

④ 有载分接开关的切换装置吊出检查时应采取防潮、防尘措施，并尽快复装。

⑤ 当遇到特殊情况或露空时间超过规定时间时，应及时采取防护措施对绝缘进行检测，确保绝缘不得受潮，否则应停止工作，处理受潮的绝缘。

（4）器身检查的准备工作及注意事项。

1）吊罩检查起吊上节油箱前，应仔细识读总装图及相关组件的使用说明书，在拆卸与上节油箱连接的部件时，要为复装做好标记。须拆除变压器油箱内的电流互感器与油箱连接的接线盒连线，并做好复装标识。起吊上节油箱时，吊绳与铅垂线的夹角应小于或等于 30℃，必要时使用吊梁。吊攀应同时受力，保持平衡起吊，防止油箱壁与器身碰撞或卡挂等。

2）检查人员应穿干净的防护服和防滑鞋，身上不得带无关物品，尤其是金属物品如钥匙、硬币等，避免发生异物掉入器身及油箱内。

3）带入油箱的检查工具必须擦洗干净，并由专人做好入箱工具的登记。

4）带入变压器油箱使用的绝缘材料、纯瓷套管的导电杆绝缘套等必须先经过干燥处理，干燥温度为 95℃±5℃，持续时间不少于 24h。

5）器身检查用梯子及带有尖角的踩踏工具不得搭在引线、绝缘件及导线夹上，不允许借助固定引线的支架或引线在器身上攀爬。

6）严禁在油箱内更换照明灯泡或修理检查工具。

（5）器身检查内容。

1）铁心是否松动、窜片、位移、变形，紧固紧螺栓是否松动。

2）铁心、夹件、铁压板（如果有）及旁轭屏蔽（如果有）的接地状态是否良好。

3）器身定位螺栓是否松动、有无移位，器身端绝缘垫块、端圈是否松动、有无位移，压钉是否松动。

4）引线绝缘是否完好，是否保持正常状态，没有垂落、弯折，拆除为运输固定引线用的临时支架或绑扎等。

5）三相分接开关的三相触头位置是否一致，出厂的整定位置有无变化。

6）油箱内壁及箱壁屏蔽（如果有）是否平整，固定屏蔽用紧固件（如果有）是否牢靠。

7）所有紧固件是否紧固，若有松动应加以紧固。

8）清除油箱内所有异物（包括非金属异物），再用变压器油冲洗箱底。注意冲洗油箱的变压器油应与变压器使用的油同牌号，不得使用未经过滤合格的变压器油冲洗油箱，冲洗后的变压器油必须过滤合格才能重新使用。

9）器身检查试验项目：

① 检查接地是否牢靠，打开铁心接地，用 500V 绝缘电阻表测量铁心对地电阻，其值应大于或等于 200MΩ。

② 测量绕组绝缘电阻、吸收比。

③ 必要时测量绕组直流电阻（含引线）。

（6）器身检查完毕，立即罩上油箱，将分接开关复位。

6. 安装程序、方法及注意事项

（1）变压器本体就位应符合下列要求：

1）变压器本体就位时，套管中心应与其相连的封闭母线、GIS 等装置的位置对应。

2）变压器基础轨道（如果有）应保持水平，轨距与轮距配合良好。

3）对于装小车的变压器，滚轮应转动灵活，变压器本体就位后，应将小车滚轮固定。

4）对于无小车的变压器，安装基础应保证水平且平整，变压器与基础的预埋件可靠连接。

5）使用千斤顶时，千斤顶必须放在制造厂规定的位置上。

6）牵引变压器本体按本节“变压器本体牵引及起重”部分。

（2）安装密封应符合下列要求：

1）密封圈（垫）应无扭曲、变形、裂纹和毛刺，有搭接的密封圈（圆形橡胶棒）或垫，搭接处的厚度应与正常段的厚度相同，选择密封圈（垫）的面积应与法兰密封面尺寸相配合，通常密封圈（垫）的压缩变形量不超过其厚度的 1/3。

2）法兰密封面应平整、清洁。

3）密封垫应擦拭干净，安装位置准确。

（3）安装升高座。

1）升高座内安装合格的电流互感器并防松紧固，其引出线与端子板的接线柱可靠连接，端子板绝缘良好，端子板固定紧固密封良好无渗漏油，接线螺栓可靠接地。

2）电流互感器中心应与升高座中心保持一致，四周用绝缘撑条撑紧，不允许偏斜。

3）穿过电流互感器的引向套管的变压器引线绝缘可靠，位置正确。

4）安装升高座。

（4）导油管路按照总装图及储油柜装配图安装。安装时应注意管路上编号，不得随意更换；同时装上导油管用波纹管、阀门和蝶阀。

（5）安装冷却装置。

1）冷却装置安装前，应按使用说明书规定的压力用气压或油压对其进行密封试验，散热器、强油循环风冷却器应持续 30min 无渗漏；强迫油循环水冷却器应分别对其水冷却系统和油系统应进行压力密封试验检查，持续 1h 无渗漏。

2）片式散热器安装前应检查管路是否有脏污、异物，必要时可用合格的变压器油经滤油机对散热器进行循环冲洗，冲洗后将残油排尽。安装宽片式散热器时，应防止散热器之间互相碰撞，不得硬性安装，避免拉伤散热器造成渗漏油。需要说明，冲洗散热器的用油量不包括在产品需要注入的变压器油总油量中，需要另行安排。

3）强油循环冷却器，先将集油或导油框架与变压器本体导油管连接并固定好，然后按编号吊装冷却器，同时安装油流继电器、油泵和固定拉螺杆。

4）冷却装置安装完毕后，应随变压器本体同时真空注油。

5）风扇电动机及叶片应安装牢固、转动灵活，无卡阻现象；试转时检查有无异常无振动和过热现象；风机叶片无扭曲变形，转向正确，不能与风筒接触摩擦；电动机的电源配线应采用耐油、耐户外气候的绝缘导线。

6）冷却油管路中的阀门应操作灵活，按规定方向正确开闭，阀门与法兰连接处应密封良好。

7）安装水冷却器的外接油管路前，应将管路内部彻底除锈并清洗干净；管路安装后导油管路应涂黄色油漆，水管路应涂黑色油漆，所有管路应标出流向指示。

8）按出厂文件中电气控制原理图、接线图，连接冷却器控制柜的控制回路，并逐台起动风扇电动机和潜油泵，检查风扇电动机吹风方向及油泵转向、油流方向，转动时应无异常噪声、振动或过热现象。其密封应良好，无渗漏油或进气现象。

9）油流继电器应校验合格、密封良好、动作可靠。油流继电器指针应动作灵敏、反应迅速；如果出现油流继电器指针不动或出现抖动、反应迟钝的现象，则可判定为潜油泵电源相序接反，应予以纠正。

10）如用户需要自行改造或制作冷却器管路时，应征得制造厂同意，确保冷却效率。

11）凡在现场重新切割配制的管路和焊接管路，均应清洗干净。

（6）安装储油柜。

1）储油柜安装前，应清洗干净。

2）隔膜式储油柜的隔膜应完整无破损，经 20kPa 气压试验无漏气现象。

3）隔膜沿长度方向与储油柜长轴保持平行，不得有扭曲。

4）油位表动作应灵活，油位表指示应与储油柜的真实油位相符，不得出现假油位。油位表的信号接点位置正确、绝缘良好。

（7）安装套管。

1）套管安装前先进行以下内容的检查：

① 瓷套表面应无裂缝合伤痕。

② 套管、法兰颈部及均压球内壁应干净、无杂物。

③ 套管试验合格。

④ 油纸电容式套管应无渗漏现象，油位指示正常。

2）套管引出线和接线柱根部不得硬拉、扭曲、打折，引出线外包绝缘应完好。

3）穿缆套管的引出端头与套管顶部接线柱连接处应擦拭干净，接触紧密。

4）套管顶部结构的密封垫应安装正确，密封良好；连接引出线时，不应使顶部结构松扣。

5）充油套管的油表面向外侧，以便观察套管油位，套管末屏应接地良好。

（8）安装分接开关。

1）确认操动杆是否正确进入安装位置，三相指示位置是否一致，正确安装定位螺钉及防雨罩。

2）操作机构中的传动机构、电动机、传动齿轮和传动杆应固定牢固、连接位置正确、操作灵活、无卡阻现象；传动机构的摩擦部分应涂以适合当地气候条件的润滑脂。

3）开关触头接触良好，连接引线的绝缘应完好无损，限流电阻完好、无断裂现象。

4）切换装置在极限位置时，其机械联锁、极限开关的电气联锁动作应正确。

5）检查开关动作程序，正反转偏差应不大于 3/4 圈；单相开关三相联动时，三相不同步不大于 3/4 圈。

6）有载分接开关油室内应保持清洁，对油室做密封试验，确定密封良好后，注入经测试合格的变压器油。

7）将有载分接开关油室的注、放油管沿箱壁向下引并安装阀门。

（9）安装气体继电器。

1）安装前应经检验其整定值。

2）应水平安装气体继电器，其顶盖上标志的箭头应指向储油柜，与联管的连接应密封良好。

3）带集气盒的气体继电器，应将集气管路连接好。

（10）安装释压器。

1）释压器的安装方向必须正确。

2）阀盖和升高座内部擦拭干净、密封良好，电气接点动作正确、绝缘良好。

3）释压器泄油导管沿油箱壁引向下部油池。

（11）安装测温装置。

1）安装前应进行校验，信号接点动作正确、导通良好。

2）将温度计安装在油箱箱盖上的温度计座内，座内注入干净的变压器油。

3）确保温度计座密封性良好、无渗油现象。

4）对于未使用的温度计座，应做好密封防止进水。

5）膨胀式温度计的金属软管不得受压变形，不得急剧扭曲，如需弯折，弯曲半径不得小于150mm（或按其使用说明书规定）。

（12）所有附件的安装都应阅读制造厂提供的出厂文件，遵照装配图及使用说明书。

（13）按出厂文件中控制线路安装图安装，并检查和测试控制回路。

7. 真空注油

（1）现场产品用变压器油必须事先滤制，并按GB 7595《运行中变压器油质量标准》的规定进行试验，合格后密封保管，做好注入变压器的准备。如有以下情况必须做混油试验，试验合格才可使用。

1）不同牌号的变压器油混合，记录混合比和混油试验结果。

2）同牌号不同厂家变压器油或新油与运行过的油混合，记录混油试验结果。

（2）当日能完成器身检查和整体复装的变压器，应立即真空注油。

（3）当日不能完成整体复装的变压器，应及时注入合格的变压器油，复装完成后再进行真空注油。

（4）有载调压开关油室内的存油应与变压器本体油一同放出，用联管将有载调压开关油室与变压器油箱连通，使开关与变压器本体同时抽真空。如果抽真空连接管路点设在储油柜时，可将有载开关放油管与抽真空管路连接，通时接好注油管路，便于与本体和储油柜同时抽真空、同时注油。

（5）抽真空前必须将不能承受真空压力的附件的阀门关闭，如储油柜、有载开关储油柜阀门等，除此其他阀门应处于开启位置。

（6）储油柜抽真空时，参照储油柜使用说明书连接抽真空管路，需将气体继电器拆下，改用可承受真空的联管连接。对于不具备抽真空条件储油柜，应关闭与其联通的管路阀门。在油箱顶部ϕ50mm蝶阀处或在气体继电器联管法兰处，安装抽真空管路和真空表计。

（7）在下节油箱的放油阀处安装注油管路，通过滤油机与油罐相连接。

（8）起动真空泵后应均匀提高真空度至−0.05MPa，保持真空时间大于或等于24h。在真空状态下注入合格的、油温为50～60℃的变压器油，注油速度应小于4t/h。

（9）通过储油柜进行真空注油时，可直接将油注到储油柜底部。当油注到气体继电器高度时，解除真空，拆下此处真空联管，连接好气体继电器。根据油面高度逐一打开冷却器集油盒（或散热器）、升高座、导油管等组件的放气塞进行排气；当放气塞中冒出油后，立即旋紧放气塞。

（10）不通过储油柜真空注油时，油注至箱盖下100～200mm时停止注油，保持真空4h以上，同时给有载调压开关注油；注油后拆除有载调压开关与油箱连接的联管，安装气体继电器。

（11）补充注油，在油箱盖上的ϕ50mm蝶阀设置补油管路进行，补油注至储油柜油位指示在相应温度的高度时，同时打开油管路、储油柜及其他高点上的排气阀门进行排气，排气后关闭所有排气阀门。

（12）热油循环。

1）解除真空后取油样试验，如果试验结果表明油品发生变化且不符合GB 7595的规定时，应对变压器进行热油循环处理，最终使油质达到GB 7595的规定。

2）如果记录变压器贮存或器身检查过程中有轻微受潮时，注油后应进行热油循环。

3）热油循环的油温保持在60～70℃，按油量计算至少循环3～4次。

（13）注油完毕（不需热油循环）或热油循环后，变压器静置时间应大于或等于48h。

8. 投运前的检查

（1）常规检查。

1）检查变压器本体、冷却装置及所有附件应无缺陷、无渗漏现象；小车的制动装置应牢固；油漆应完整，相色标志正确；变压器顶盖无遗留物、套管清洁无异物。

2）检查事故排油设施完好、消防设施齐全。

3）检查所有阀门的开启或关闭状态是否正确。

4）检查所有接地连接是否可靠，例如：电容式套管末屏，自耦变压器公共中性点，铁心、夹件一点接地，油箱接地等。

5）储油柜与充油套管的油位应正常；储油柜油位应正常，吸湿器的油封及硅胶颜色应正常。

（2）试验检查。

1）检查分接开关三相位置是否一致，有载调压变压器还应检查操纵箱与远程位置显示器的显示是否一致。

2）检查变压器外部空间绝缘距离（海拔小于1000m时），66～110kV电压等级外部空间绝缘距离见表2-20。

表2-20　66～110kV电压等级外部空间绝缘距离

系统标称电压 U_r /kV（方均根值）	设备最高电压 U_m /kV（方均根值）	全波雷电冲击耐受电压 /kV（峰值）	最小空气间隙 /mm
66	72.5	325	630
110	126	480	950

3）检查所有分接位置的电压比。

4）检查电气连接正确无误，电动机的旋转方向（风扇、泵、有载开关）应正确，控制、保护和信号系统运行应可靠，整定位置应正确。

5）再次排气，包括气体继电器、套管末端、电缆盒、有载开关顶部、泵、冷却器、升高座和联管等，排气装置应开闭灵活。

6）电流互感器二次闭合回路和它的接地端子连接应正确。

（3）交接试验。

1）各绕组绝缘电阻、吸收比应满足电力系统运行规程要求。

2）变压器绝缘介质损失角正切（$\tan\delta$）不大于出厂值的130%，若现场测试值小于0.5%，可不与出厂值比较。

3）测量各绕组的直流电阻，并与出厂试验值比较。

4）测量联结组标号，开关动作各分接位置是否正确。

5）本体取油样试验分析，结果应符合现场运行标准。

（4）相关检查。

1）检查周围金属物体是否已可靠接地。

2）检查各保护装置和断路器整定情况和动作灵敏度是否良好。

3）检查继电保护是否正确。

4）检查强油循环冷却器（如果有）控制系统的自动投入、退出是否正确。

5）检查储油柜吸湿器是否畅通。

6）检查保护装置整定值是否正确。当系统电压不稳定时，应正确调整系统整定值，以便有效地保护变压器。

（5）空载试运行。

1）变压器中性点应可靠接地。

2）母线保护断路器分闸时，三相同步时差不应大于 0.01s。

3）合闸送电之前，应使散热器风机或冷却器处于切除状态，以检查有无异常声响。

4）变压器第一次投入时，可全电压冲击合闸，如有条件可从零点升压；冲击合闸时，变压器宜由高压侧投入；发电机变压器组与变压器连接中间无操作断开点时，可不做冲击合闸试验（见 GB 50150《电气装置安装工程　电气设备交接试验标准》）。

5）冲击合闸电压为系统额定电压，合闸次数最多为 5 次，第一次受电后持续时间应大于或等于 10min。

6）冲击合闸时，如果有一次合闸电压达到设备最高电压值，可不再进行冲击合闸。

7）合闸结束后，应将气体继电器的信号接点接至报警回路，调整过电流保护限值。

8）再次打开放气塞排气。

9）抽取变压器油样，检查油色谱。

（6）负载试运行。

1）空载运行 48h 无异常后，可转入带负载运行，应按 25%、50%、75%、100%逐步增加负载。随着变压器温度升高，陆续起动冷却装置。

2）经常检查油面温度油面变化，储油柜有无冒油或油位下降现象。

3）仔细听变压器运行声音是否正常，有无爆裂等杂音；观察冷却装置运转是否正常，对冷却器、备用冷却器及辅助冷却器自动切换是否正确。

4）在负载运行 24h（其中满载运行 2h）中变压器无异常，变压器即可转入正式运行。

5）变压器在投运的第一个月内，应进行大于或等于 5 次取油样试验，如果耐压值下降快，应对变压器油进行过滤；如果下降到 35kV/2.5mm 时，应停止运行；如果发现油内有碳化物时，必须停电吊罩检查。

9. 运行及维护

变压器的运行维护按照 DL/T 572《电力变压器运行规程》、DL/T 573《电力变压器检修导则》和电力部门的有关规定进行。不停电检查的周期、项目及要求见表 2-21，停电的检查周期、项目及要求见表 2-22。变压器安装、检修常用工具及材料见表 2-23。

表 2-21　　不停电检查的周期、项目及要求

序号	检查部位	检查周期	检查项目	要求
1	变压器本体	必要时	温度	（1）顶层油温度计、绕组温度计的外观完整，表盘密封良好，温度指示正常 （2）测量油箱表面温度，无异常现象
			油位	（1）油位计外观完整，密封良好 （2）对照油温与油位的标准曲线检查油位指示正常
			渗漏油	（1）法兰、阀门、冷却装置、油箱、油管路等密封连接处，应密封良好，无渗漏痕迹 （2）油箱、升高座等焊接部位质量良好，无渗漏油现象
			异声和振动	运行中的振动和噪声应无明显变化，无外部连接松动及内部结构松动引起的振动和噪声；无放电声响
			铁心接地	铁心、夹件外引接地应良好，接地电流宜在 100mA 以下
2	冷却装置	必要时	运行状态	（1）风冷却器风扇和油泵的运行情况正常，无异常声音和振动；水冷却器压差继电器和压力表指示正常 （2）油流指示正确，无抖动现象
			渗漏油	冷却装置及阀门、油泵、管路等无渗漏
			散热情况	散热情况良好，无堵塞、气流不畅等情况
3	套管	必要时	瓷套情况	（1）瓷套表面应无裂纹、破损、脏污及电晕放电等现象 （2）采用红外测温装置等手段对套管，特别是装硅橡胶增爬裙或涂防污涂料的套管，重点检查有无异常
			渗漏油	（1）各部密封处应无渗漏 （2）电容式套管应注意电容屏末端接地套管的密封情况
			过热	（1）用红外测温装置检测套管内部及顶部接头连接部位温度情况 （2）接地套管及套管电流互感器接线端子是否过热
			油位	油位指示正常
4	吸湿器	必要时	干燥度	（1）干燥剂颜色正常 （2）油盒油位正常
			呼吸	（1）呼吸正常，并随着油温的变化油盒中有气泡产生 （2）如发现呼吸不正常，应防止压力突然释放
5	无励磁 分接开关	必要时	位置	（1）挡位指示器清晰、指示正确 （2）机械操作装置应无锈蚀
			渗漏油	密封良好，无渗油
6	有载 分接开关	必要时	电源	（1）电压应在规定的偏差范围之内 （2）指示灯显示正常
			油位	储油柜油位正常
			渗漏油	开关密封部位无渗漏油现象
			操作机构	（1）操作齿轮机构无渗漏油现象 （2）分接开关连接、齿轮箱、开关操作箱内部等无异常
			气体 继电器	（1）应密封良好 （2）无集聚气体

续表

序号	检查部位	检查周期	检查项目	要求
7	开关在线滤油装置	必要时	运行情况	（1）在滤油时，检查压力、噪声和振动等无异常情况 （2）连接部分紧固
			渗漏油	滤油机及管路无渗漏油现象
8	压力释放阀	必要时	渗漏油	应密封良好，无喷油现象
			防雨罩	安装牢固
			导向装置	固定良好，方向正确，导向喷口方向正确
9	气体继电器	必要时	渗漏油	应密封良好
			气体	无集聚气体
			防雨罩	安装牢固
10	端子箱和控制箱	必要时	密封性	应密封良好，无雨水进入、潮气凝露
			接触	接线端子应无松动和锈蚀、接触良好无发热痕迹
			完整性	（1）电器元件完整 （2）接地良好
11	在线监测装置	必要时	运行状况	（1）无渗漏油 （2）工作正常

表 2-22　停电检查的周期、项目及要求

序号	检查部位	检查周期	检查项目	要求
1	套管	1～3 年或必要时	瓷件	（1）瓷件应无放电、裂纹、破损、脏污等现象，法兰无锈蚀 （2）必要时校核套管外绝缘，应满足污秽等级要求
			密封及油位	套管本体及与箱体连接密封应良好，油位正常
			导电连接部位	（1）应无松动 （2）接线端子等连接部位表面应无氧化和过热现象
2	无励磁分接开关	1～3 年或必要时	操作机构	（1）限位及操作正常 （2）转动灵活，无卡涩现象 （3）密封良好 （4）螺栓紧固 （5）分接位置显示应正确一致挡位指示器清晰、指示正确
3	有载分接开关	1～3 年或必要时	操作机构	（1）两个循环操作各部位的全部动作顺序及限位动作，应符合技术要求 （2）各分接位置显示应正确一致
			绝缘测试	采用 500V 或 1000V 绝缘电阻表测量辅助回路绝缘电阻应大于 1MΩ
4	其他	1～3 年或必要时	气体继电器	（1）密封良好、无渗漏现象 （2）轻、重瓦斯动作可靠，回路传动正确无误 （3）观察窗清洁，刻度清晰
			压力释放阀	（1）无喷油、渗漏油现象 （2）回路传动正确 （3）动作指示杆应保持灵活

续表

序号	检查部位	检查周期	检查项目	要求
4	其他	1～3年或必要时	绕组温度计	（1）温度计内应无潮气凝露 （2）检查温度计接点整定值是否正确
			油位计	（1）表内应无潮气 （2）浮球和指针的动作是否同步 （3）应无假油位现象

表 2－23　　变压器的安装、检修常用工具及材料

名称	规格
油罐	容积 20m³，带干燥呼吸器
烘箱	调节式，最高温度＋150℃
滤油机	≥200×10⁻³m³/min，并可加温
真空设备	抽气速度 3m³/min，真空度 133.3Pa
小型干燥空气压缩机	可送干燥空气露点不大于－30℃
千斤顶	按变压器重量选取
起重设备	按变压器重量选取
照明设备	带有防护罩
真空表	最小值小于 133.3Pa
量具	卷尺、卡尺、直尺
手动工具	套筒扳手、榔头、锉刀等
绝缘电阻表	500～2500V
绝缘纸板	
酚醛纸板	
铁红环氧底漆	
耐油橡胶板	
电工收缩带	
皱纹纸	

2.4.6　220～500kV 级电力变压器的安装与维护

1. 要求

（1）变压器在起吊、运输、验收、贮存、安装及投入运行等过程中，须按产品使用说明书指导操作，避免发生意外，影响产品的质量和可靠性，每一过程都要做好相关的记录。

（2）安装与使用部门应按照制造方所提供的各类出厂文件、产品使用说明书、各组件的使用说明书进行施工，若有疑问或不清楚之处，须直接与制造厂联系，以便妥善解决。

（3）产品使用说明书的内容为变压器安装、使用要求的通用部分，如果有未包含的内容，视具体产品情况，及时与制造厂联系获取，或参见产品补充说明书。若产品补充说明书中的内容与产品使用说明书中的要求不相符时，则以产品补充说明书为准。

2. 变压器本体的起吊、顶升

（1）起吊设备、吊具及装卸地点的地基必须能承受变压器起吊重量（即运输重量）。

（2）起吊前须检查箱沿螺栓紧固状态。

（3）吊索与铅垂线间的夹角应小于或等于30°，否则应使用平衡梁起吊。起吊时必须同时使用规定的吊具，几根吊绳长度应匹配，变压器整体起吊时，应将钢丝绳系在专供整体起吊的吊攀上，严防变压器主体翻倒。

（4）用液压千斤顶顶升变压器时，千斤顶应顶在油箱标志千斤顶专用底板处，为了保证变压器抬升或降低时的安全，四个（或多个）位置上的千斤顶严禁在四个方向同时起落。允许在短轴方向的两点同时均匀地受力，在短轴两侧交替起落，每次交替起落行程高差不得超过20mm，每个完整起落高度不得超过120mm。受力之前应及时垫好枕木及垫板，做好防止千斤顶打滑或变压器本体闪动、偏移的措施。

（5）千斤顶使用前应检查千斤顶的行程要保持一致，防止变压器本体单点受力。

3. 检查验收

（1）变压器本体验收。

1）变压器运到现场，收货人核实到货产品的型号是否与合同相符，卸车清点裸装大件和包装箱数，与运输部门办理交接手续。

2）妥善保管三维冲撞记录仪和运输过程中完整的冲撞记录，直到变压器本体就位，办理交接签证手续才可拆除冲撞记录仪并交还制造厂。

3）检查运输押运记录，了解运输中有无异常发生；检查冲击记录仪的记录，止常运输发生的三维方向冲撞值应在 3*g* 以下，如果发现有超出 3*g* 以上的记录时，需详细询问运输路途发生的异常，并于运输部门确认，详情及时通告制造厂。

4）开箱先拆开文件箱，按变压器“产品出厂文件目录”查对产品出厂文件、合格证书、现场用安装图纸、技术资料等，如果不完整，应及时向制造厂询问或要求补充完整。

5）检查变压器本体与运输车之承载面间有无移位，固定用钢丝绳有无拉断，箱底限位件的焊缝有无崩裂，并做好记录；检查本体油箱有无损伤、变形、开裂等，如发现本体油箱有不正常现象，同时冲撞记录有异常记录，收货人应及时向承运人交涉，立即停止卸货，并将情况通知制造厂，及时妥善处理。

6）依据变压器总装图、运输图，拆除用于运输过程中起固定作用的固定支架及填充物，注意不要损坏其他零部件和引线。

7）采用带油运输的变压器，检查油箱箱盖或钟罩密封以及法兰密封有无渗漏油，有无锈蚀及机械损伤。

8）充气运输的变压器，变压器本体内压力应保持在 0.01～0.03MPa 范围内，现场办理交接签证时同时移交压力监视记录。

9）充油或充气运输的附件，检查装设的运输压力监视装置有无渗漏，盖板的连接螺栓齐全，紧固良好。

（2）附件验收。

1）现场开箱应提前与制造厂联系，告知开箱检查时间，与制造厂共同进行开箱检查工作。

2）收货人应按“产品装箱一览表”检查到货箱数是否相符，有无漏发、错发等现象。若发现到货箱数与“产品装箱一览表”不符，应立即与制造厂联系，查明原因，及时补发。

3）检查包装箱有无破损，做好记录；按各“分箱清单”核对箱内零件、部件、组件型号数量等是否与分箱清单相符，有无损坏、漏发等，做好记录，及时与运输单位和制造厂澄清、补发。

（3）如果合同规定有备品备件或附属设备时，应按制造厂“备品备件装箱单”检查验收，如有遗漏、损坏或错发，要求制造厂及时予以纠正。

（4）上述各类检查验收过程中发现的损坏、缺失或不正常现象等，应做详细记录，进行现场拍照，经供需双方签字确认。照片、缺损件清单及检查记录副本应及时提供给制造厂及运输单位，以便迅速解决问题并查找原因。

（5）全部检查验收完成后，收货单位与制造厂签收接收证明一式二份，制造厂依据签收证明提供现场服务。

（6）需要回收的包装箱收货人应妥善保存，避免丢失和损坏，及时交给制造厂处理。

4. 变压器油的验收与保管

（1）由制造厂提供到现场的变压器油应有出厂检验报告和相关记录。现场检查变压器油的牌号是否与生产厂家提供的产品用变压器油牌号相同，不得将不同牌号的变压器油混合存放，以免发生意外。

（2）检查运油罐的密封和呼吸器的吸湿情况，并做好记录。

（3）用测量体积或称重的方法核实油的数量。

（4）抽取到货油样，依据 GB 2536《电工流体 变压器和开关用的未使用过的矿物变压器油》标准中规定进行检测，检测结果作为验收依据。

（5）未注入变压器的绝缘油应妥善保管。

1）按 GB/T 7595《运行中变压器油质量标准》过滤需保管的变压器油。

2）验收过滤后的变压器油技术指标应达到 GB/T 7595《运行中变压器油质量标准》的规定，注入产品的变压器油必须达到表 2-24 投运前变压器油的技术指标。

表 2-24　投运前变压器油的技术指标

序号	内容	指标		
		220kV	330kV	500kV
1	水溶性酸（pH 值）	＞5.4	＞5.4	＞5.4
2	酸值（以 KOH 计）/（mmg/g）	≤0.03	≤0.03	≤0.03
3	闪点（闭口）/℃	≥135	≥135	≥135
4	水分/（mg/L）	≤15	≤15	≤15
5	介质损耗因数 $\tan\delta$（90℃）	≤0.005	≤0.005	≤0.005
6	击穿电压/kV	≥45	≥55	≥65

续表

序号	内容		指标		
			220kV	330kV	500kV
7	油中含气量（%）（体积分数）		≤1	≤1	≤1
8	油泥与沉淀物		—	—	—
9	腐蚀性硫		非腐蚀性	非腐蚀性	非腐蚀性
10	油中溶解气体含量的色谱分析/（μL/L）	总烃	≤20		
		氢气	≤10		
		乙炔	≤0.1		

3）过滤变压器油注入油罐时须防止混入潮气、杂质或污染物。

（6）进口变压器油按相关国际标准或按合同规定标准进行验收保管。

（7）用户自行购置的变压器油或由炼油厂直接发来变压器油，都须按技术协议要求检验和记录。

（8）使用密封清洁的专用油罐或容器存储变压器油，不同牌号的变压器油应分别贮存与保管，并做好标识。

（9）严禁在雨、雪、雾天进行倒罐滤油。

（10）变压器油对环境、安全和健康的影响及其防护措施。

1）变压器油可能对健康造成危害。

① 变压器油若长时间和重复与皮肤接触可能导致脱脂且并发刺激反应。

② 眼睛接触变压器油会引起发红和短暂疼痛。

③ 有口服毒性。

④ 吸入高温下产生的油蒸气或油雾会刺激呼吸道，个别体质会导致恶心、腹泻，甚至呕吐。

⑤ 大量油蒸气吸入肺中会引起肺损伤，过高的油蒸气浓度可引起呼吸困难等缺氧症状。

2）特殊环境下变压器油有燃爆特性。

① 在通常环境下变压器理化特性状态稳定，当较高浓度的油蒸气与空气混合，可形成爆炸性混气体，一旦遇明火、高热极易发生爆炸。

② 与氧化剂接触发生氧化反应，反映强烈会引起燃烧。

③ 变压器油蒸气比空气重，能在较低处扩散到较远的地方，遇明火会引着回燃。

3）对环境污染危害，变压器油在自然状态下会缓慢生物降解，在自然环境中保留期间，存在污染地表水、土壤、大气和饮用水的风险。

4）急救措施。

① 眼睛若不慎接触变压器油，应及时用大量的清水或生理盐水冲洗。

② 皮肤接触会发生过敏反应，应尽快脱下被污染的衣物，用肥皂和流动的清水冲洗身体。

③ 不慎吸入变压器油蒸气，应迅速脱离现场至空气新鲜处自然缓解。

5）消防措施。一旦变压器油发生燃烧，应使用干粉、二氧化碳或泡沫灭火剂，尽可能地将容器从火场移至空旷处，喷水保持容器冷却，直至安全。

6）泄漏应急处理。

① 发生变压器油大量泄漏，应组织无关人员迅速撤离泄漏污染区至安全区域。

② 隔离泄漏区，切断火源，严格限制出入。

③ 进入泄漏现场的应急处理人员佩戴自给正压式呼吸器，穿消防防护服。

④ 尽可能切断泄漏源，防止溢出的变压器油进入或蔓延到排水沟、下水道或土壤中。

⑤ 小量泄漏，应及时采用黏土、沙土或其他不燃材料进行吸附或吸收；大量泄漏时，应构筑围堤或挖坑收容。

⑥ 用泡沫覆盖，降低蒸汽灾害；用防爆泵将汇集的变压器油收集到槽车或专用容器内，回收或运至废物处理场所处置，同时及时通知当地环境保护部门。

7）防护措施及其他事项。

① 如有皮肤反复接触变压器油的场合，工作人员应佩戴耐油保护手套和穿防护衣进行保护；佩戴安全防护镜，避免飞溅的变压器油进入眼睛。

② 避免变压器油发生过热和遭遇明火，严禁与氧化剂、卤素、食用化学品等混装、混运及混合存放，装运变压器油的容器应密封，运输槽车应配有接地链。

③ 对于废弃的变压器油，应及时回收，不得随意燃烧处理环境污染；无特殊处理手段，不得重复利用。

5. 变压器本体移动就位

（1）将变压器本体移动到安装位置需要用铰链或钢丝绳牵引，铰链或钢丝绳必须与本体油箱的牵引攀连接，牵引速度小于或等于 2m/min。

（2）牵引到位的本体，使用千斤顶顶升本体，抽出滚杠或滑轨，然后下落至基础上。

（3）使用千斤顶升或下落变压器本体必须注意安全，四个（或更多）千斤顶的行程要一致，防止主体意外单点受力。

（4）千斤顶放置在油箱标志千斤顶专用底板处，顶紧顶实，不得打滑；四点千斤顶（或多点）必须同时均匀地受力，短轴两侧缓慢交替顶升或下落，保持本体平衡，防止失稳滑落；单次完整的顶升或下落的高度不得超过 120mm，不能一次行程完成变压器本体顶升或下落时，可组织、协调多次顶升或下落直至安装就位。

（5）变压器本体使用油箱底小车就位。

1）变压器基础轨道应水平，轨距与变压器轮距轨距相一致；滚轮灵活转动，箱底每侧安装的滚轮应成一条直线。

2）按千斤顶顶升、下落变压器的操作要求操作。

3）先将变压器本体顶起至可安装小车的高度，垫好枕木或垫板，将变压器本体下落在垫实的枕木，安装箱底小车。

4）箱底小车安装完成，小车轴间进行润滑，经检查无误，再次顶升本体（约 20～30mm）脱离箱底下部枕木。

5）经确认小车轨距与基础轨距配合准确后，拆除枕木或防落支撑，松千斤顶徐徐下落至小车安全落在轨道上。

6）将本体以小于或等于 2m/min 牵引速度移动到安装位置，安装可拆卸的制动装置固定小车，防止运行振动或地震时引起变压器移位。

（6）无小车变压器安装就位后，油箱底脚或地板与基础的预埋件应可靠连接（焊接或螺栓紧固）。

（7）变压器本体就位时应注意套管中心与其相连的封闭母线，GIS 等装置的中心线对齐对应，以满足后续安装需要。

（8）变压器油箱顶盖、联管已按照标准要求设置了聚气的坡度，故变压器在水平基础安装时无需另加倾斜。

（9）变压器箱底与基础之间设有减振垫、底座支架等装置时，在本体就位前应提前将减振震垫、底座支架等安放在基础上。

6. 贮存及保管

变压器运到现场后应立即检查产品运输中是否受潮，在确认产品未受潮的情况下才能进行安装和投入运行。当产品在现场不能在 3 个月内实施安装时，必须在 1 个月之内完成产品未受潮判定和完善现场充气或注油贮存工作。产品未受潮的初步验证值见表 2–25。

表 2–25　　产品未受潮的初步验证值

序号	运输方式		带油			充气		
			220kV	330kV	500kV	220kV	330kV	500kV
1	气体压力（常温）/MPa		—	—	—	≥0.01～0.03		
2	油样分析	耐压值/kV	≥35	≥45	≥55	≥30	≥30	≥40
3		含水量/（mmg/L）	≤15	≤10	≤10	≤30	≤30	≤30

注：1. 充气运输的变压器所取分析油样是指油箱内的残油。
2. 耐压值是用标准试验油杯做的试验值。

如果实验数据与表 2–25 中的三项数据中有一条不符合，则变压器不能继续充气或充油贮存，需要按表 2–26 产品最终未受潮的判断依据进一步对产品是否受潮做出判断，若确定产品受潮，则需经干燥处理达到要求后，再按要求完成充气或注油贮存。

表 2–26　　产品最终未受潮的判断

序号	内容		指标	
1	电压等级/kV		220～330kV	500kV
2	绝缘电阻 R_{60} 不小于出厂值的（用 2500V 绝缘电阻表测量）		70%	85%
3	吸收比 R_{60}/R_{15} 不小于		与出厂值应无明显变化	85%
4	介质损耗因素 $\tan\delta$ 不大于出厂值 （若 20℃时 $\tan\delta$＜0.5%时可不与出厂值做比较）	同温度时	130%	120%
5	铁心绝缘电阻		＞10MΩ	同出厂值

（1）充气运输产品的贮存。

1）充气运输的产品，运到现场后应立即检查变压器本体内部的气体压力是否符合 0.01～

0.03MPa 的要求。符合要求的产品允许继续充气短期贮存，但存放时间不得超过 3 个月；现场充气存储期超出 3 个月的产品必须注油贮存。

变压器本体内部的气体压力不符合要求的产品不能继续充气贮存，必须判断产品是否受潮后决定贮存方式。

2）产品充气存放应继续充与原气体相同的气体，气体露点应低于－45℃。装设压力检测装置，保持油箱内部压力在 0.01～0.03MPa。

3）充气贮存过程中，每天至少巡查产品压力两次，做好压力及补入气体量的记录。如油箱内部压力降低很快，气体消耗量增大，说明油箱有泄漏，应及时查找漏气原因并处理，严防变压器器身受潮。

4）现场充气贮存期超出 3 个月的产品改为注油贮存时应按以下要求。

① 排尽箱底残油，严禁将未经处理合格的残油再充入变压器中使用。

② 注油从油箱下部注油阀门注入符合表 2－24 规定技术指标要求的变压器油，同时打开箱盖上的蝶阀（应注意防止潮湿空气、水及杂物落入油箱内）排气。注意，注油排的是氮时，任何人不得在排气孔附近停留。

③ 注油时需临时装上储油柜系统（包括吸湿器、油位表），将油面调整到稍高于储油柜正常油面位置，并按储油柜使用说明书排出储油柜中的空气。

④ 注油存放过程必须有专人监控，如果吸湿器中硅胶颜色发生变化，需及时更换吸湿器。

⑤ 注油存放期间必须将油箱的专用接地点与接地网牢靠连接。

⑥ 产品现场贮存每隔 10 天需要对其外观进行检查，查看有无锈蚀、渗漏等；油箱等金属部件如果有锈蚀需及时清理、补漆；每隔 30 天要从本体油箱内抽取油样进行试验，其性能必须符合表 2－24 中要求，并做好记录。

（2）带油运输的变压器现场存放。

1）带油运输的变压器运到现场后从变压器本体取油样进行检验，其性能应符合表 2－24 的要求时允许注油贮存。

① 注油时需临时装上储油柜系统（包括吸湿器、油位表），将油面调整到稍高于储油柜正常油面位置，并按储油柜使用说明书排出储油柜中的空气。

② 注油存放过程必须有专人监控，如果吸湿器中硅胶颜色发生变化，需及时更换吸湿器。

③ 注油存放期间必须将油箱的专用接地点与接地网牢靠连接。

④ 产品现场贮存每隔 10 天要对其外观进行检查，查看有无锈蚀、渗漏等；油箱等金属部件有锈蚀，需及时清理、补漆；每隔 30 天要从本体油箱内抽取油样进行试验，其性能必须符合表 2－24 中要求，并做好记录。

2）油样经检验不符合表 2－24 中要求不能注油贮存，也不能安装，继续按表 2－26 中的条件对产品做受潮判断，同时与制造厂联系。如果确定产品受潮，应立即与制造厂联系进行干燥处理，处理合格后按程序继续注油贮存。

3）对于带油运输到达现场 3 个月内不进行安装的变压器，在 1 个月内必须装上储油柜（包括有载调压开关储油柜和吸湿器），注入合格的变压器油至储油柜相应温度的油面高度。补充油必须从箱盖上或储油柜的蝶阀进油，避免空气进入器身。

4）如果不能及时安装储油柜，且油箱盖下有无油区空间，应抽真空并充以露点低于-45℃，压力 0.01～0.03MPa 的干燥空气临时保存，临时保存期限不宜超出 1 个月。

（3）储油柜、散热器、冷却器、导油联管、框架等组附件可以在户外贮存，放置地面应平整，垫高防止水浸，必须有防雨、防尘、防污等密封措施，不能发生锈蚀和污秽污染。

（4）套管运输装卸和保存期间的存放应符合套管说明书的要求，贮存在干燥通风的室内立式支撑架上或水平垫高的地面上。

（5）充油或充干燥气体贮存的出线装置、套管式电流互感器等，贮存在干燥通风的室内，水平地面垫高、垫平，竖直安放，不得倾斜或倒置放置，采取措施防止内部绝缘受潮。

（6）其他附件如测温装置、仪器仪表、控制柜、有载开关操作机构、小组件、导线、电缆、密封件、绝缘材料和在线监测等，保持原包装贮存在干燥通风的室内。

（7）充油贮存的组、附件同本体一样每隔 30 天抽取油样进行试验，其性能必须符合要求，并做好记录。每隔 10 天需要对其外观进行检查，发现渗漏、锈蚀等应及时处理。

7. 现场安装

（1）变压器安装工作流程如图 2-91 所示。

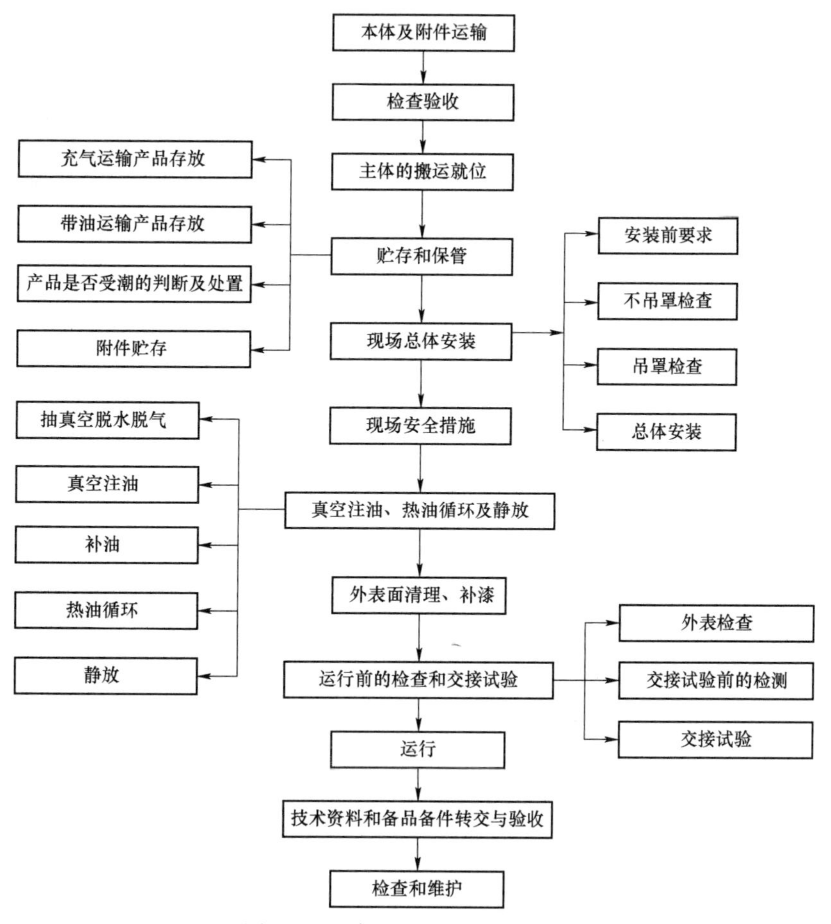

图 2-91　变压器安装工作流程图

（2）现场安装安全。

1）认真制定安全措施，确保安装人员和设备的安全，安装现场和其他施工现场应有明显的分界标志。变压器安装人员和其他施工人员不得互相干扰。

2）进入安装现场应穿工作服、工作鞋、戴安全帽。

3）按高空作业的安全规定进行高空作业，特别注意使用安全带，高空拆卸、装配零件，必须不少于 2 人配合进行。

4）油箱内氧气含量少于 18%，不得进入作业。

5）起重和搬运按有关规定和产品说明书规定进行，防止在起重和搬运中设备损坏和人身受伤。

6）现场明火作业必须有防范措施和灭火措施。

7）高电压试验应有试验方案，并在方案中明确安全措施。

（3）安装变压器使用的主要设备和工具（见表 2–27）。

表 2–27　　安装变压器使用的主要设备和工具

类别	序号	名称	数量	规格及说明
起重设备	1	起重机（吊车）	1 台	25t
	2	起重葫芦	各 1 套	1～3t、5t 各两台
	3	千斤顶及垫板	4 只	不少于主体运输重量的一半
	4	枕木和木板	适量	
注油设备	5	真空滤油机组	1 台	标称流量：（6000/12 000）L/h，工作压力不大于 50Pa，过滤精度 1μm
	6	二级真空机组	1 台	抽速不小于 150L/s，残压低于 5Pa
	7	真空计（电子式或指针式）	1 只	3～700Pa
	8	干燥空气机或瓶装干燥空气	1 台 若干瓶	干燥空气露点低于 –45℃以下
	9	储油罐	1 套	根据油量确定，约为变压器总油量的 1.2 倍
	10	干湿温度计	1 只	测空气湿度，RH0～100%
	11	抽真空用管及止回阀门	1 套	
	12	耐真空透明注油管及阀	1 套	接头法兰按总装图给出的阀门尺寸配做
登高设备	13	梯子	2 架	5m，3m
	14	脚手架	若干副	
	15	升降车	1 台	
	16	安全带	若干副	
消防用具	17	灭火器	若干个	防止发生意外
保洁器材	18	优质白色棉布、次棉布	适量	
	19	防水布和塑料布	适量	
	20	工作服	若干套	

续表

类别	序号	名称	数量	规格及说明
保洁器材	21	塑料或棉布内检外衣（绒衣）	若干套	绒衣冬天用
	22	高筒耐油靴	若干双	
一般工具	23	套管定位螺母扳手	1 副	
	24	紧固螺栓扳手	1 套	M10～M48
	25	手电筒	3 个	小号 1 个、大号 2 个
	26	力矩扳手	1 套	M8～M16，内部接线紧固螺栓用
	27	尼龙绳	3 根	ϕ8mm×20m　绑扎用
	28	锉刀、布砂纸	适量	锉、磨
消耗材料	29	直纹白布带/电工皱纹纸带	各 3 盘	需烘干后使用
	30	密封胶	1kg	401 胶
	31	绝缘纸板	适量	烘干
	32	硅胶	5kg	粗孔粗粒
	33	无水乙醇	2kg	清洁器皿用
备用器材	34	气焊设备	1 套	
	35	电焊设备	1 套	
	36	过滤纸烘干箱	1 台	
	37	高纯氮气	自定	有需要
	38	铜丝网	2m^2	每平方厘米 30 目，制作硅胶袋用
	39	半透明尼龙管	1 根	ϕ8mm×15m，用作变压器临时油位计
	40	刷子	2 把	刷油漆用
	41	现场照明设备	1 套	带有防护面罩
	42	筛子	1 件	每平方厘米 30 目，筛硅胶用
	43	耐油橡胶板	若干块	
	44	空油桶	若干	
测试设备	45	万用表	1 块	MF368
	46	电子式含氧表	1 块	量程：0～30%
	47	绝缘电阻表	各 1 块	2500V/2500MΩ；500V/2000MΩ；1000V/2000MΩ

（4）安装前的清洁要求。

1）对零部件的清洁要求，凡是与油接触的金属表面或瓷绝缘表面，均应采用不掉纤维的白布拭擦，直到白布上不见脏污颜色和杂质颗粒。

套管的导管、冷却器、散热器的框架、联管等与油接触的管道内表面，凡是看不见摸不着的地方，必须用白布来回拉擦，直到白布上不见脏污颜色和杂质颗粒。即使出厂时已清理干净且密封运输，到现场后也应进行拉擦，确保其内部是洁净的。

2）密封面、槽及密封材料的要求。

① 所有大小法兰的密封面或密封槽，在安放密封垫前，均应清除锈迹和其他沾污物；用布沾无水乙醇将密封面擦洗干净，直到白布上不见脏污颜色和杂质颗粒；仔细检查、处理每一个法兰连接面，保持平整、光滑。

② 凡是在现场安装时使用或需更换新的密封垫、圈，不得有变形、扭曲、裂纹、毛刺、失效或不耐油等缺陷，擦拭干净备用。凡不符合要求的密封圈、垫一律不能使用。

③ 密封垫、圈的尺寸应与密封槽或密封面尺寸相配合，尺寸过大或过小的密封垫、圈都不能使用，圆截面胶棒密封圈在其搭接处搭接面应平整、光滑，粘接后的直径必须与密封胶棒直径相同，粘结口必须与密封槽平行放置并做好标记，保证粘接口在平面上均匀受压，不允许粘接口立式粘接。

④ 无密封槽的平面法兰用密封垫，先将密封胶涂在平法兰有效密封面上，再将环形密封垫粘在其上。当拧紧螺栓紧固以后发现密封垫未处于有效密封面上，应松开螺栓扶正。密封圈的压缩量应控制在正常的 1/3 范围之内。

⑤ 紧固法兰时用力矩扳手，取对角线方向交替逐步拧紧各个螺栓，最后再统一拧紧一次，保证各个平行方向压紧度相同、适宜。

3）所有用螺栓连接的电气接头都要确保可靠的电接触。

① 连接处的接触表面应平整、擦净，不得有脏污、氧化膜等覆盖以及妨碍电接触的杂质存在。

② 连接片应平直，无毛刺、飞边。

③ 用力矩扳手拧紧螺栓，螺栓配有蝶形垫圈，利用蝶形垫圈的压缩量，保持足够的压紧力，以确保可靠连接。

（5）现场进箱检查是由检查人员通过油箱壁人孔进入油箱进行内部的检查。若无特殊要求，高电压、大型产品在现场均不吊罩检查。

凡遇雨、雪、风沙（4 级以上）天气和相对湿度大于 75%以上的天气，不能进行产品内部检查和接线；对于充氮运输的产品，在氮气没有排净前，含氧量在 18%以下时严禁任何人进入油箱作业。

进箱检查打开人孔或视察孔之前，须在人孔外部搭建临时防尘罩。

1）充气产品内部检查工作程序见表 2-28。

表 2-28　　充气产品内部检查工作程序

工作项目及流程		工作内容要点及要求
注油排氮	准备好合格的变压器油及清洁的输油管	（1）油性能指标应符合表 2-24 投运前变压器油的技术指标要求 （2）真空滤油机滤油时，加热油温度控制在 65℃±5℃范围内 （3）输油管内部必须清洁，无异物
	检查油箱内气体压力	检查变压器油箱内的气体压力应符合 0.01～0.03MPa
	检查油箱底部残油	（1）使用靠近箱底的放油塞子将残油放入单独的油容器中，取油样化验，油指标应符合表 1-115 投运前变压器油的技术指标要求 （2）抽出的残油未经处理不准重新注入变压器中 （3）如果检测油样结果不符合表 2-24 的要求，按表 2-26 产品最终未受潮的判断条件判断器身是否受潮

续表

工作项目及流程		工作内容要点及要求
注油排氮	注油排气（充氮运输）	（1） 将变压器油从储油罐中经过真空滤油机、油过滤装置注入油箱主体 （2）注油速度不宜大于 100L/min （3）所有外露的可接地部件及变压器外壳和滤油设备都可靠接地 （4）注油油位高度以油箱箱顶，且将氮气排净为原则 （5）注油应从进油口注入
	用干燥空气置换油	（1）准备好清洁的储油罐 （2）将干燥空气从产品上部阀门注入油箱，干燥空气露点不高于 –45℃，保证油箱内部微正压（压力为 0.005～0.01MPa） （3）连接拉油管路，通过放油阀将变压器内的油全部经油过滤装置放回储油罐 （4）为了避免油箱出现异常情况，应打开油箱上部的放气塞 （5）连接充气及拉油管路、滤油机，对产品边充气边拉油（干燥空气露点不高于 –45℃）
抽真空排氮	排氮要求	（1）采用抽真空排氮时，排氮口应装设在空气流通处，破坏真空时应注入干燥空气 （2）充入干燥空气气体露点不高于 –45℃。气体压力应为 0.02～0.03MPa
检查	内部检查	（1）在本体人孔外绑挂温度、湿度计进行温度、湿度的测定，大气相对湿度在 75%以下 （2）内检和内部接线的过程中，需要持续充入露点不高于 –45℃，流量维持在 1.5m³/min 左右的干燥空气，以保持含氧量不得低于 18%，油箱内空气的相对湿度不大于 20% （3）整个内部作业过程中人孔处要有防尘措施，并设专人守候，以便与作业人员联系 （4）依据变压器组总装图、拆卸运输图，拆下各零部件相应位置的安装盖板，拆除用于运输过程中起固定作用的固定支架及填充物，注意不要损坏其他零部件和引线 （5）进入变压器内的人员所携工具，进行编号登记，严禁将一切尘土、杂物带入油箱内 （6）依照安装使用说明书规定器身是否移位、引线支架有无松动、绝缘件是否脱落断裂等内部检查和内部接线是否良好等工作，并做好记录 （7）测量铁心对地、夹件对地、铁心对夹件绝缘电阻做好记录 （8）作业完毕后，作业人员确认箱内无杂物后即可出油箱按编号校对工具，然后封好人孔盖板

2）充油产品内部检查工作程序见表 2–29。

表 2–29　　充油产品内部检查工作程序

工作项目及流程	工作内容要点及要求
化验变压器油，准备输油管	（1）从变压器本体中取油样化验，性能指标应符合表 2–24 投运前变压器油的技术指标要求；如果不符合要求，按表 2–26 产品最终未受潮的判断条件判断器身是否受潮 （2）输油管内部必须清洁，无异物
用干燥空气置换油	（1）准备好清洁的储油罐 （2）将露点不高于 –45℃干燥空气从产品上部阀门注入油箱，保持油箱内部微正压（0.005～0.01MPa） （3）连接拉油管路，通过放油阀将变压器内的油全部经油过滤装置收入储油罐 （4）为了避免油箱出现异常情况，应打开油箱上部的放气塞
内部检查	（1）通过安装在油箱内的温度、湿度记录仪表测定箱内温度、湿度 （2）油箱内相对湿度应在 20%以下，外部大气相对湿度应在 75%以下 （3）进入变压器内人员所携的工具，应编号登记，严禁将一切尘土、杂物带入油箱内 （4）检查器身是否移位、引线连接是否良好、引线支架有无松动、绝缘件是否撕裂或脱落等，做好内部检查记录 （5）在进行内部检查和接线过程中，始终注入露点低于 –40℃的干燥空气，流量维持在 1.5m³/min 左右，确保持油箱内空气含氧量不得低于 18%，油箱内空气相对湿度不大于 20% （6）整个内部检查和作业过程中，人孔处要有防尘措施，并设专人守候，便与内部作业人员联系 （7）检查和作业完毕后，作业人员确认箱内无杂物后即可退出油箱，按编号核对带入油箱内的工具，确认油箱内无遗漏工具和杂物后密封好人孔盖板

（6）现场吊罩检查。当产品运输发生意外，比如三维冲撞记录仪记录的运输、装卸中有超出 3*g* 加速度的记录，进箱检查发现疑点且无法查明原因，或因用户有特殊要求时，经与制造厂家协商同意后方可安排现场吊罩检查。对于高电压、大容量变压器来说，现场吊罩检查是特殊要求，协商制造厂不同意时不可实施现场吊罩检查。对于运输装卸没有异常的正常产品，在现场尽量不安排吊罩检查。为确保操作人员的人身安全，充氮运输产品在氮气没有排尽前不得实施现场吊罩操作。

1）产品现场吊罩检查的要求。

① 吊罩检查应选择晴天，避开风沙、雨、雪、雾、刮风（4 级以上）的天气，环境温度不低于 0℃，相对湿度不得高于 60%的条件下进行，避免器身受潮或受到污染。

② 由于吊罩破坏了变压器密封，器身在空气中停留的时间应尽可能缩短，以避免器身吸收潮气。

③ 器身露空和调压开关切换装置吊出检查、调整时间限制，当空气相对湿度不大于 50%时，不得超过 24h；当空气相对湿度在 50%～60%时，不得超过 20h；当空气相对湿度中 60%～70%时，不得超过 16h；当空气相对湿度在 70%～75%时，不得超过 12h。

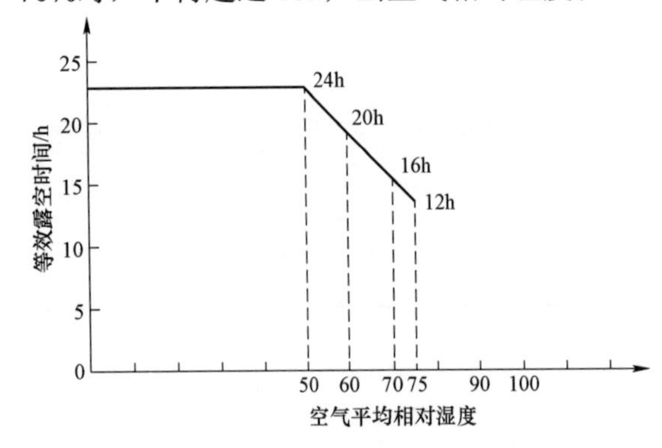

图 2－92 产品露空作业时间控制

④ 露空时间是以吊罩检查时间与产品复装时时间合并计算的，从开始放油或开启本体任何一个盖板或油塞时算起，到封闭油箱开始抽真空时为止。按图 2－92 产品露空作业时间控制和管理。若预计总露空时间将超出图 2－92 中所给出的时间范围，必须严格按照等效露空时间进行控制和处理，具体由制造厂派人员指导。

⑤ 在油箱内作业时需不断吹入干燥空气，以保持油箱内的相对湿度不大于 20%。

⑥ 当内部工作停止，或完成，或吊罩结束上节油箱安装复位后，应立刻封闭人孔或其他通口。

⑦ 依据产品露空时间对产品抽真空并充入干燥空气，保持内部压力在 0.01～0.03MPa 之间。

⑧ 现场作业由于某种原因超出总露空时间规定，可按等效露空时间进行控制，在作业中途以抽真空并维持一段时间的方式予以处理，如白天作业，晚间抽真空保管等，具体由制造厂派出安装技术指导人员进行指导。

⑨ 夜间不允许进行吊罩作业。

2）产品吊罩前准备见表 2－30。

表 2－30　　　　产品吊罩前准备

工作项目	工作内容要点及要求
化验变压器油、清洗输油管	（1）从变压器本体中取油样化验，油品性能应符合表 2－24 中规定；如果不符合表 2－24 中规定的要求，应按表 2－26 中数据判断产品是否受潮 （2）在吊罩前用真空滤油机滤油时加热脱水缸中油的温度控制在 65℃±5℃范围内 （3）输油管用尼龙管或钢管，内部必须清洁，无异物 （4）连接充气管、拉油管以及滤油机

续表

工作项目	工作内容要点及要求
放出本体中的油（带油运输）	（1）准备好清洁的储油罐 （2）排油的同时将干燥空气（露点不高于 −45℃）从本体上部阀门注入油箱 （3）保证油箱内部微正压力（0.005～0.01MPa） （4）放油管路连接在油箱下部最低的阀门上，尽可能地将油放尽
吊罩准备	（1）吊罩前必须解开箱盖式开关与器身的连接引线，拆除上部运输定位的定位件，解开器身上电流互感器的连接线 （2）打开人孔盖板，人孔处设置防尘罩，设专人守候，以便与进箱人员进行联系

3）吊罩检查注意的事项。

① 检查前应统计工具的种类及数量，检查完毕后再次统计工具的种类和数量，以免工具遗忘在产品中。

② 吊罩场地四周应清洁，并应有防尘措施及紧急防雨雪措施。

③ 必须拆除器身上部与油箱之间定位的定位件，拆除分接开关（有载、无励磁）与油箱的连接；开关连箱盖结构还需在油箱内部解开开关与器身之间连接的调压引线。

④ 有载分接开关吊罩前，应事先设置在额定分接位置。如果需要拆卸开关，具体要求及先后顺序见开关使用说明书中的相关规定。

⑤ 利用上节油箱吊攀起吊上节油箱。起吊上节油箱时，吊绳与铅垂线的夹角不应大于 30°，必要时采用吊梁平衡起吊，起吊时所有吊攀必须同时受力，注意防止油箱倾斜或油箱晃动造成油箱壁与器身相碰撞，或卡住等不正常现象。

⑥ 起吊后上节油箱应放置在水平敷设的枕木或木板上，防止箱沿密封面碰伤或污染；选择油箱放置地点不得不妨碍后面工序的操作，同时又便于回装时快速起吊。

⑦ 观察运输支撑和器身各部位无移位现象，拆除运输用的临时防护装置及临时支撑，经过清点后妥善保管以备查或后用。

⑧ 器身检查时所用梯子及带有尖角的支撑物品，不得搭靠在引线、绝缘件及导线夹上，不允许在导线支架及引线上攀登。

4）吊罩检查主要项目及要求。

① 铁心检查应符合以下要求：

a. 无变形、移位，铁轭与夹件间的绝缘垫应良好，无多点接地。

b. 铁心有单独引出的接地线，解开与接地点的连接，测量铁心对地绝缘应良好。

c. 解开夹件与铁轭之间的接地连接，测量铁心与夹件、铁心与拉板间的绝缘应良好。

d. 铁轭采用钢带绑扎时，钢带对铁轭的绝缘应良好。

e. 打开铁心屏蔽（如果有）接地引线，检查屏蔽绝缘应良好，连接测量应无悬浮。

f. 器身采用钢压板结构，打开夹件与钢压板之间的电位连线，检查压钉绝缘应良好。

g. 铁心拉板及铁轭拉带应紧固，绝缘应良好。

其中 b、c、d、e、f 条款在接地连接无法打开时可不做测量。

② 绕组检查应符合以下要求：

a. 绕组绝缘层应完整，无缺损和位移。

b. 绕组排列整齐，间隙均匀，油路无堵塞。

c. 绕组的压钉可靠压紧，防松螺母可靠锁紧。

③ 器身绝缘围屏绑扎牢固，围屏上所有绕组引出线开口处的封闭良好。

④ 引线外包绝缘包扎牢固，无折损或破损；引排布整齐、无拧弯，引线绝缘距离应符合相关要求；引线支架安装牢固，引线固定牢靠；引线端部焊接应良好，裸露部分无毛刺或尖角；引线与套管的连接应正确牢靠。

⑤ 分接开关检查在器身检查完成、罩上节油箱前，或检查人员确认完成器身检查退出油箱之前进行；详细检查引线连接是否正确，检验开关动作是否正确，检查方法是一面操作，一面观察，内外共同确认分接位置与指示位置是否统一、正确，触头接触是否良好。

a. 无励磁调压切换装置各分接头与绕组的连接应紧固正确，转动接点应正确地停留在各个分接位置上，并且与指示器所指位置一致；切换装置的拉杆、分接头凸轮、小轴、销子等应完整无损；转动盘应动作灵活，密封良好。

b. 有载调压切换装置的选择开关的动、静触头间接触应良好，分接引线连接应正确、牢固，切换开关部分密封应良好；必要时可抽出切换开关心子进行检查。

⑥ 所有绝缘屏蔽应完好，且固定牢固，无松动现象。

⑦ 强油循环管路与下铁轭绝缘接口部位的密封良好。

⑧ 检查、紧固所有螺栓，确认防松措施；绝缘螺栓应无损坏，防松绑扎应完好。

⑨ 最后将箱底所有异物（包括非金属异物）都应彻底清除干净，无可见杂质后用合格的变压器油冲洗。

（7）完成吊罩检查进入总装配前的各项检测。

1）打开铁心接地片测量铁心对地绝缘电阻值不小于 200MΩ，铁心接地线与接地点连接后铁心对地保持通路。

2）器身检查项目。

① 铁心与夹件之间的绝缘电阻检测，330kV 以上产品的夹件必须单独接地。

② 心柱和边柱的屏蔽接地检测（指装有接地屏蔽的产品），检测完毕接地屏蔽必须重新接地。

③ 夹件对铁心及油箱间的绝缘电阻检测，检测完毕，铁心与油箱必须重新接地。

④ 发现油箱内有进水或其他部件有受潮现象时，测试器身在空气中的全部或局部绝缘特性（绝缘电阻、泄漏电流及 $\tan\delta$ 等），以便找出受潮点，并做妥善处理。

⑤ 器身为导向冷却结构的应检查和清理进油管接头和联管。器身检查完毕整理检查记录，如实记载所发现的故障、缺陷及处理方法和处理结果，存档备查。

（8）器身检测完毕应尽快将上节油箱回装。回装时先将上、下箱沿的密封面擦干净，再将箱沿胶条摆正，用专用工具夹好，待上节油箱平稳地下落至正确位置并用定位棒，取出专用夹具，均匀地紧固好每一个箱沿螺栓。油箱安装完毕，检查油箱管接头上的阀门开闭是否灵活，指示是否正确。如果不继续进行总装配工作，应及时封闭油箱，油箱顶部若有上部定位件，应进行检查并按技术要求进行定位和密封，对本体抽真空或真空注油保管。

（9）总体安装。总体安装前再次清理油箱外的异物、污物等，以确保油箱外表面清洁。安装附件应边拆盖板边装附件，减少装配孔长时间开启，避免器身吸潮和防止尘埃进入变压器内部。

当工作环境湿度在 75%以下时，每天装附件的工作时间不大于 12h；当工作环境湿度在 75%～85%之间时，每天装附件的工作时间不大于 8h；当工作环境湿度大于 85%时，不允许进行作业。当本体暴露时，应对油箱充入不高于−45℃的干燥空气。

为缩短现场安装时间，冷却装置、储油柜等不需在露空状态安装的附件可先行安装，不吊罩检查的产品在进箱检查时可进行部分外部部件的安装，但在安装过程中不得扳动或打开本体油箱的其他密封或任一阀门。

结束当天工作应及时封闭油箱，抽真空至 133Pa，并维持至下一次继续安装工作开始。

1）整体安装前的准备工作见表 2−31。

表 2−31　　整体安装的准备工作

准备项目	工作内容要点及要求
准备好合格的变压器油清洗输油管	（1）油性能指标应符合 GB/T 7595《运行中变压器油质量标准标准》要求 （2）用真空滤油机滤油时，加热脱水缸中油的温度，控制在 65℃±5℃范围内 （3）输油管内部必须清洁，无异物
准备好配套零部件	（1）核对套管升高座装配用密封件 （2）核对所有连接管路、法兰对接标志及密封件 （3）核对储油柜支持柜脚等 （4）核对散热装置连接框架、支撑等。连接连管及密封件 （5）核对小组件、小部件及其附件
清洁变压器附件	（1）将所有管路及附件（包括套管）外表面的油污、尘土等杂物清理干净 （2）检查变压器油管路（如冷却器、储油柜联结的管路等）、各种升高座内表面是否清洁，用干净白布擦至表面无明显的油污及杂物为止 （3）检查合格的管路及附件用塑料布临时密封好

2）安装升高座。

① 升高座安装前电流互感器（如果有）已经做试验。

② 确认电流互感器的中心与升高座的中心一致，压紧垫块安装牢固。

③ 电流互感器接线端子板安装密封良好，无渗漏油；引出线外包绝缘可靠，无破损；接线端与接线柱连接紧固并锁紧。

④ 升高座内如有绝缘筒，器身引向套管的引线不应与之相碰，盘好引出线以便安装套管。

⑤ 升高座安装法兰面必须与油箱法兰面平行装配，连接处的密封间隙均匀，确认升高座的水平度与垂直度。

⑥ 电流互感器的名牌应该面向油箱外侧，放气塞位置在升高座最高处。

⑦ 测量互感器分接头核对接线端子的连接，用 2500V 绝缘电阻表测量绝缘电阻，一般不小于 1000MΩ。

3）安装套管。套管的安装、起吊和竖立等应按照套管使用说明书要求进行。导杆式和穿缆式套管安装前的拆卸必须在制造厂现场服务人员的现场指导、监护下进行。

①“油−油”套管、电容式套管安装前先用 500V 绝缘电阻表测量套管末屏的绝缘电阻、$\tan\delta$和电容量，结果与套管出厂试验报告相比较，不应有较大误差。充油套管应无渗漏现象，油位指示正常，安装前取油样进行化验并做好记录。

② 套管的上、下绝缘套与金属法兰胶装部位的安装应牢固，且涂有性能良好的防水胶；瓷套外表面无裂纹、伤痕；硅橡胶外套套管外观不得有裂纹、损伤、变形；套管均压球内外、安装法兰密封面应擦拭干净，密封槽内挤入密封胶，将密封胶圈放入法兰槽内。

③ 穿缆式套管安装。器身引出线以及进入套管的引线不得有扭曲、打折，引线外包绝缘完好无破损和露铜，需加包绝缘时使用经过干燥处理的绝缘材料。器身引出线通过导索穿入套管，徐徐上拉至就位，如遇卡、阻不得硬拉，先查原因，调整好后再将引线端头拉出套管顶部，保持上拉引线直到套管法兰就位后停止。稍松牵引导索使引线端头可以上、下活动，对准引线端头的定位孔，插入圆柱销，拆除引导索，放好O形密封圈，拧紧定位螺母时确保密封良好。注意，引线端头定位的同时观察器身引出线的绝缘锥度是否进入套管均压球内，如未进入，必须调整引线长度重新安装，或调整引线锥度，再上拉引线至预定位置，检查均压球的电位连线是否可靠连接，拧紧连接安装法兰的螺栓。

④ 导电杆式套管安装。先将套管均压球拧下来套在器身引出线上，再用螺栓、蝶形弹簧将器身引出线的接线片与导电杆牢固地连接在一起，注意所有螺栓必须均匀拧紧。将均压球托起拧紧在套管的尾部，注意引出线的绝缘锥度必须进入套管均压球内，如果未进入，调整引线锥度，检查均压球的电位连线是否可靠连接。最后将套管就位，拧紧连接安装法兰的螺栓。

⑤ 充油套管头部小储油柜的油标应面向油箱外侧，便于运行人员观察套管油位。

⑥ 电容式套管的末屏应可靠接地。

⑦ 纯瓷套管导电杆的外包绝缘如有受潮，需在现场烘箱内以 95℃±5℃的温度连续干燥 24h 以上才能安装。

4）安装出线装置，适用于带出线装置的变压器。出线装置通常安装在套管升高座内，充油运输至现场。安装前通过取油样判断出线装置绝缘是否受潮。受潮的出线装置不能安装，必须经干燥处理后才能安装。检验合格的出线装置安装前先将其内部油放出，放油时充干燥空气；打开盖板检查内部绝缘整体状态，绝缘件组合有无松动、脱落，固定用绝缘螺栓有无松动或断裂等状况，以确保出线位置质量无误，清洁、无杂物。

将带出线装置的升高座尽快与油箱连接，升高座就位时观察出线装置与器身出线绝缘的插接配合，插接位置和深度应正确，无磕碰损坏；出线装置的均压管的电位连线与电位连接点可靠连接。升高座安装法兰面与油箱法兰面平行装配，检查升高座连接处的密封，间隙均匀无歪斜，确认升高座的水平度与垂直度，紧固连接螺栓。

5）安装分接开关。

① 正确安装有载分接开关的水平轴和垂直轴，确认操纵杆正确进入安装位置。

② 操作机构中的传动机构、电动机、传动齿轮和传动杆应固定牢固，连接位置正确，且操作灵活，无卡阻现象；传动机构的摩擦部分涂以适合当地气候条件的润滑脂。

③ 开关的触头及其连接线性能完好无损，接触良好，限流电阻完好无断裂现象。

④ 切换装置在极限位置时，其机械联锁与极限开关的电气联锁动作正确。

⑤ 检查开关动作程序，正反转偏差应严格按照制造厂分接开关使用说明书的要求执行。

⑥ 清洁有载开关油室，油室做密封试验，确定油室密封性良好后，同变压器本体同时真

空注油。

⑦ 有载开关滤油机的安装应严格按照制造厂家分接开关使用说明书的要求操作。

⑧ 检查开关三相指示位置是否一致，开关头部法兰密封件应良好，装好后使手柄转动灵活可靠，分接指示正确，检查合格后方可操动。

⑨ 安装有载开关顶盖上的注、放油管，末端安装阀门；将开关储油柜的呼吸管引至下部装上吸湿器，油封内注入清洁的变压器油。

6）导油管路按照装配图（或导油联管装配图）安装。每一个导油管路上都有编号，安装时应核对编号对应安装，不得随意改变或更换，同时安装的还有管路之间或管路端头的蝶阀或各种阀门。安装带有螺杆的波纹联管时，首先将波纹联管与导油联管两端的法兰拧紧，再锁死波纹联管螺杆两端的螺母。凡用户自行配制的管路，或在现场重新割、焊的管路，都应清洗干净，并用合格的变压器油冲洗。

7）安装冷却装置。

① 冷却装置安装前按使用说明书做好安装前的检查及准备工作，并做好气压或油压密封试验，结果符合下列要求：

a. 冷却器、强迫油循环风冷却器的密封试验持续 30min 无渗漏。

b. 强迫油循环水冷却器，密封试验持续 1h，水、油系统均无渗漏。

② 散热器、冷却器在制造厂已经过了内部冲洗，现场检查若密封良好，内部无锈蚀、雨水、油污等可不安排内部冲洗。若检查发现异常，安装前必须用合格的变压器油经滤油机循环将内部冲洗干净，冲洗后一定要将残油排尽。

③ 打开冷却器进、出口管接头运输用盖板和油泵运输盖板，检查内部是否清洁和有无锈蚀。检查蝶阀阀片和密封槽，应无油垢、锈迹和缺陷，蝶阀开启、关闭顺利，位置正确。

④ 冷却装置配有集中导油框架时，先将导油框架、框架支撑、导油联管、管路中的蝶阀与本体油箱组装、固定好，然后按编号依次吊装冷却装置。吊装冷却器使用双钩起吊，保持冷却器处于竖直和平衡状态，吊到安装位置连接冷却器固定支架，冷却器上、下管接头与导油框架的油管连接，同时安装油泵、油流继电器、固定拉螺杆等。

⑤ 风扇电动机及叶片安装牢固、转动灵活、无卡碰和阻滞现象。检查叶片无扭曲变形、重心平衡、与导风筒无刮碰等。风扇电动机的电源配线采用具有耐油性的绝缘导线，风机试转时转向应正确，无振动和过热现象。

⑥ 管路中的阀门应操作灵活，开闭位置正确，阀门及法兰连接处应密封良好。

⑦ 安装油泵密封应无渗漏油，油泵转向正确，转动时无异常噪声、振动或过热现象。

⑧ 油流继电器安装前经校验合格，动作可靠，安装密封良好。

⑨ 宽片散热器的安装分为集中安装和直接安装，安装方法同冷却器。吊装时保持散热器处于竖直状态和平衡，注意防止互相碰撞，如果安装困难不得强行安装，以免拉伤和损坏散热片引起渗漏油。散热器的风扇（如果有）最后安装，安装前检查风机的风叶不得与保护罩之间有刮擦，按照图纸规定的安装尺寸将风扇用固定连杆固定在散热器上。风机的电源配线采用户外型铠装绝缘导线，风机试转时转向应正确，无振动和过热现象。

⑩ 水冷却器在安装前应将外接油管路彻底除锈并清洗干净，安装后在油、水管表面做好

油管、水管的标识，注明流向。当水冷却装置停用时必须将冷却器和水管路中的水放尽。用户自行改制冷却器管路时，应征得制造厂家同意，以确保冷却效率。

8）安装储油柜。按照总装图或制造厂家提供的安装使用说明书安装储油柜。

① 储油柜安装前将内外表面清洗干净。

② 根据 GB 50148《电力装置安装工程电力变压器、油浸电抗器、互感器施工及验收规范》的要求，检查胶囊应完整无破损，胶囊密封充气压力为10kPa，胶囊在缓慢充气舒展开后，保持 30min 无明显失压和无漏气。胶囊装入储油柜长度方向与储油柜长轴保持时平行，不得扭曲；胶囊口装置储油柜体顶端，密封应良好，呼吸应畅通。胶囊漏气或不符合要求必须予以更换。

③ 安装管式油位管时，应注意使油管的指示与储油柜的真实油位相符；安装指针式油表时，应使浮球能沉浮自如，避免造成假油位；油位表的信号接点位置正确，接触良好，信号线绝缘无破损。

④ 安装储油柜柜脚和相关支架，将储油柜安装在柜脚上。

⑤ 安装联管、波纹联管、蝶阀、气体继电器、注油管、放油管、呼吸管以及各类阀门等。注意：气体继电器与油箱连接管路连接之间如果无真空蝶阀时，气体继电器需在本体真空注油结束后安装。

9）安装吸湿器。吸湿器在储油柜真空注油后安装，吸湿器与连接管之间保持良好的密封，吸湿器内加入新鲜的干燥剂，油封油位应在油面线以上。

10）安装分接开关。

① 确认操纵杆是否正确进入安装位置，检查三相指示位置是否一致，检查合格后方可操动；之后装上定位螺钉及防雨罩。

② 操作机构中的传动机构、电动机、传动齿轮和传动杆应固定牢固，连接位置正确，且操作灵活，无卡阻现象；传动机构的摩擦部分应涂以适合当地气候条件的润滑脂。

③ 开关的触头及其连接线应完好无损，接触良好，限流电阻应完好无断裂现象。

④ 切换装置在极限位置时，其机械联锁与极限开关的电气联锁动作应正确。

⑤ 应检查开关动作程序，正反转偏差应严格按照厂家使用说明书的要求执行。

⑥ 有载开关油室内应清洁，油室应做密封试验，确定油室密封性良好后，同主体同时真空注油。

⑦ 对有载分接开关的安装应注意水平轴和垂直轴的配装，检查开关头部法兰密封件是否保持良好状况，安装后应使手柄转动灵活可靠，分接指示正确。

⑧ 对于有载开关的滤油机安装，应严格按照生产厂家使用说明书要求操作。

11）安装气体继电器和速动油压继电器。

① 220～500kV 级变压器中气体继电器和速动油压继电器的安装后应符合 GB/T 6451《油浸式电力变压器技术参数和要求》的要求，并按气体继电器和速动油压继电器的使用说明书进行检验整定。

② 气体继电器应按照图纸要求安装；与管路连接时，从气体继电器侧开始螺栓不完全紧固，待全部装完后再从气体继电器侧开始逐一紧固。气体继电器顶盖上的标志箭头应指向储油柜。

③ 带集气盒的气体继电器，应将集气管路连接好，集气盒内应充满变压器油，密封应良好。

④ 气体继电器应具备防潮和防进水功能，并应加装防雨罩。

⑤ 电缆引线在接入气体继电器处应有滴水弯，进线孔应封堵严密。

⑥ 安装结束后，观察窗的挡板应处于打开位置。

12）安装压力释放阀。压力释放装置的安装方向应正确，阀盖和升高座内部应清洁，密封应良好，电接点应动作准确，绝缘良好，动作压力值应符合产品技术文件要求。压力释放阀的泄油罩与泄油管的连接应正确。

13）安装测温装置。

① 温度计安装前需校验合格，信号接点导通良好、动作正确；绕组温度计根据使用说明书的规定进行调整。

② 信号温度计根据设备厂家使用说明书进行整定，由运行单位认可。

③ 温度计测温部分安装在油箱顶盖上的温度计座，安装时温度计座内注入适量、干净的变压器油，密封后无渗油；闲置的温度计座应密封，不得进水。

④ 温度计的细金属软管不得压扁或硬弯折扭曲，弯曲半径不得小于100mm（或按其使用说明书规定）。

14）安装控制箱。

① 控制箱安装在产品控制线路安装图规定的位置，内、外清洁无锈蚀，箱门密封良好，内部驱潮装置工作正常。

② 冷却控制系统配备两路交流电源，一路电源故障时自动切换到另一路供电电源，且切换动作正确、可靠。

③ 控制回路接线排列整齐、清晰、美观，绝缘无损伤；接线用铜质或有电镀金属防锈层的螺栓紧固，并有防松装置；连接导线截面应符合设计要求，标识清晰。

④ 内部电气元件、转换开关各位置的命名与图纸相符，标识正确符合设计要求。

⑤ 控制回路、信号回路原理正确，符合GB 50171《电气装置安装工程　盘、柜及二次回路结线施工及验收规范》的有关规定。

⑥ 控制箱内部空气断路器、接触器动作应灵活，无卡涩、无异常声响，触头接触应紧密、可靠。

⑦ 保护电动机用热继电器的整定值为电动机额定电流的1.0～1.15倍。

⑧ 控制箱外壳接地应牢固、可靠。

15）按照产品外形图（总装图）安装运输拆卸下来的其他小组件、小部件和零件，具体要求参照产品安装使用说明书。

8. 真空注油、热油循环及静放

完成整体安装的产品应立即进入真空注油、热油循环及静放。产品在全密封条件下抽真空脱水、脱气。

（1）抽真空。

1）抽真空注意事项如下：

① 在抽真空时，必须将不能承受真空压力机械强度的附件与油箱隔离。

② 允许抽同样真空度要求的组、附件与本体油箱同时抽真空。

③ 真空泵或真空机组应有防止突然停止或因误操作而引起真空泵油倒灌的措施。

④ 油箱实施抽真空之前先对抽真空管道单独抽真空，查明真空系统本身实际能达到的真空度。若真空管道的真空度大于 10Pa，需检查管道是否泄漏或检修真空泵是否故障。

2）非全真空型储油柜不能与本体一起抽真空。产品在抽真空准备中，将储油柜与油箱本体管路中连接气体继电器在与油箱侧连接法兰处打开，油箱侧法兰用盖板和密封圈密封；打开其他组、附件与油箱连接有关的所有阀门，除储油柜和气体继电器以外，其他所有附件（包括冷却器）连同本体油箱一同抽真空。真空系统通过真空管路与箱顶部的阀门相连接。

3）真空储油柜抽真空可以与本体油箱一同抽真空。将储油柜与本体油箱管路中连接气体继电器用工装联管代替；打开所有组、附件与本体油箱连接有关的蝶阀和阀门；打开储油柜顶部隔膜袋联管处的真空阀门，使储油柜的油室与气室相连接，在储油柜与本体油箱一起抽真空时保护胶囊。真空系统通过真空管路与箱顶部的阀门或储油柜高点阀门相连接。

4）泄漏率测试。在对油箱抽真空的过程前，检查油箱本体密封、所有连接的密封有无明显泄漏，检查完成后开始测试泄漏率。当抽真空达到 133Pa 及以下时，关闭真空泵阀，等待 1h 后打开阀门读取第一次真空计读数，记为 P_1；读后关闭阀门，等待 30min 后再次打开阀门读取第二次读数，记为 P_2。计算泄漏率为

$$\Delta P=P_2-P_1\leqslant 3240/M \tag{2-56}$$

式中：ΔP 为压差；M 为变压器油重，t。

对于较大容量的产品可适当延长读取 P_2 数值的时间，$\Delta P\leqslant 3240/M$ 判定泄漏率合格。

5）连续抽真空。泄漏率合格后，起动真空泵对油箱进行连续抽真空，当油箱内真空小于 133Pa，开始计时。计时开始后真空泵继续运行，维持 133Pa 以下的真空。达到要求压力后，连续抽真空时间见表 2-32。

表 2-32　　达到压力连续抽真空时间

电压等级/kV	保持时间/h
220 及以下	24
330	36
500	48

注：保持时间的前提是，整体装配时器身总暴露时间应不超过 12h。如果超出 12h，每超过 8h，抽真空保持时间延长 12h。

（2）真空注油。满足表 2-32 的产品可以进入真空注油阶段。

真空注油的注意事项。

① 真空注油不宜在雨天或雾天进行。

② 真空注油前，变压器油箱、各侧套管、滤油机及油管道应可靠接地。

③ 不同牌号的绝缘油或同牌号的新油与旧油（产品运行用过）混合使用前必须按混油比

例做混油试验，取得满意结果后方可注入产品。新安装的变压器不建议使用混合油。

④ 胶囊式储油柜真空注油时储油柜上部胶囊安装口处的真空阀门仍然保持开启，注油结束应及时关闭该阀门。

⑤ 金属波纹式储油柜注油应按制造厂提供的安装使用说明书进行。

（3）注油过程。

1）安装全真空储油柜的产品，注油管路与油箱下部的注、放油阀连接，从油箱下部注入合格的绝缘油，注油速度不得超过 100L/min 的流量，注油时油的温度控制在 50～70℃，注油液面距离箱盖约 200～300mm 时暂停。关闭本体连接的抽真空阀门，将抽真空管路连接在储油柜下引的呼吸管阀门处。继续抽真空注油，注至储油柜正常油面时停止。关闭注油管路阀门，关闭呼吸管管路阀门及真空泵，关闭储油柜顶部胶囊与本体之间连通接的旁通阀门。将吸湿器安装在呼吸管口，慢慢打开呼吸管与吸湿器之间的阀门，缓慢解除真空，避免将干燥剂吸入储油柜或油箱内。

待变压器本体绝缘与环境温度相近后，关闭替代气体继电器的临时工装与本体和储油柜连接阀门，拆除临时工装，更换正式的气体继电器。开启继电器与变压器本体储油柜连接的阀门，从继电器放气塞放出气体。

2）安装非全真空储油柜的产品，注油管路与油箱下部的注、放油阀连接，从油箱下部注入合格的绝缘油，注油速度不得超过 100L/min 的流量，注油温度控制在 50～70℃，注油液面距离箱盖约 200～300mm 时暂停。关闭本体连接的抽真空阀门，停止并拆除真空机组。利用真空滤油机继续向产品内注油，直到产品油位接近装气体继电器的封板时将真空滤油机停下。安装气体继电器并与储油柜连通，从继电器放气塞放出气体。对本体及储油柜继续注油，注至储油柜正常油面时停止。

3）补油从高点注油，将本体、高位组件的空间填满，是对注油的补充。

① 关闭油箱下部的注油阀并拆下注油管，将注油管改接在储油柜的注油管上。关闭储油柜集气室的排气、排油阀门，打开储油柜顶上放气塞子和进油阀门，用真空滤油机通过储油柜向产品补充注油。

② 通过储油柜注油时防止放气塞被胶囊阻挡，如果有阻挡，可用非金属光滑圆头棍棒插入放气塞的孔中，轻轻拨动阻挡的胶囊。当放气塞有绝缘油溢出时，说明储油柜中（胶囊以外）的空气已排除干净，立即将放气塞旋紧，同时关闭进油阀，停止注油。

③ 补油结束，打开集气室的排气阀门、套管、气体继电器、储油柜、冷却器联管等组件上端的放气塞，放出各自上部积存的空气，放至放气塞有绝缘油溢出时立即关闭。

④ 将接放油管道接在储油柜底的放油阀上，打开放油阀放出储油柜中多余的油，当储油柜油表指示的油面与实测油温下所要求的油位面相符时，应关闭放油阀，停止放油。

（4）热油循环。完成真空注油立即对变压器本体实施热油循环。

1）连接热油循环管路，进油管与出油管按对角线连接，油流方向为下进上出；热油循环前先对循环油管路抽真空，将其中的空气抽干净。

2）热油循环时，当从油箱出来的油温度达到 60℃时开始计时，按总油量循环 4 次计算滤油机的工作时间。滤油机加热器的最高温度不超过 85℃，进入油箱的油温度不低于 75℃。

① 热油循环时间按下式计算，t≥4 倍变压器总油量（L）/滤油机每小时流量（L/h）。

② 330kV 及以上变压器热油循环时间不少于 48h。

3）冷却器内的油与变压器本体内的油同时进行热油循环。

4）热油循环结束后取油样做试验，达到投运前变压器油的技术指标热油循环可以结束，否则延长热油循环的时间直至油的技术指标符合要求。

（5）静放。热油循环结束后，产品即处于静放阶段，静放时间见表 2-33。产品静放期间，打开集气室的排油阀、升高座、散热器等处的所有放气塞，将残余气体放尽，放气后应及时关闭阀门和放气塞。

表 2-33　　静 放 时 间

电压等级/kV	时间/h
220，330	72
500	120

静放期间可以对产品整体包括气体继电器、胶囊式储油柜、散热设备等做密封性能试验。试验采用油柱或施加氮气在最高油面施以 0.03MPa 的压力，110～500kV 产品密封性能试验持续时间应为 24h 无渗漏。当产品技术文件另有要求时，按其要求进行密封性能试验。整体运输的变压器可不进行整体密封性能试验。

9. 试运行

产品完成交接试验，正式接入线路即可进行试运行。开启产品冷却系统，待冷却系统运转正常后产品再投入试运行。试运行产品根据系统情况带适量载荷，最大负荷不宜超过产品额定负荷。连续运行 24h 结束试运行，产品无异常。

10. 运行

产品经在试运行阶段没有异常情况发生，则认为该产品可以正式投入运行。

（1）冷却系统。

1）强迫油循环冷却系统的两路电源互为备用，如果两路电源全部停止供电或切除全部冷却器，产品在额定负载下允许继续运行 20min。如果油面温度仍未达到 75℃时，允许继续运行至油面温度上升到 75℃时停止；产品切除冷却器后的最长运行时间不得超过 1h。

2）变压器退出运行时不能马上断开冷却器电源，约 10～20min 后再断开冷却器电源；变压器重新投入运行时仍需先开冷却器。

3）投入冷却器组的台数应根据负荷和温度来确定，不应同时起动所有冷却器组，应逐组或分组起动，尤其对停运一段时间后再投入的冷却器。

4）勿将备用冷却器组和工作冷却器组全部投入运行；工作冷却器与备用冷却器应交替使用，交替备用，延长冷却器的使用寿命。

（2）分接开关的运行具体要求见《有载分接开关使用说明书》和《无励磁开关使用说明书》。

（3）储油柜及压力释放装置的运行具体要求见《储油柜使用说明书》和《压力释放装置使用说明书》。

11. 运行检查与维护

为了使变压器能够长期安全运行，尽早发现变压器本体及组件的早期事故苗头，对变压器的运行检查与维护是非常必要的。产品运行检查与维护周期取决于产品在供电系统中所处的重要性以及运行安装现场的环境和气候。

产品运行检查与维护是产品正常工作条件下必须进行的工作。运行单位可根据具体情况，结合多年的运行经验，制定各台产品的检查与维护方案。

（1）日常检查内容见表2-34。

表2-34　　日常检查内容

设备	检查项目	说明/方法	判断/措施
变压器本体	温度	（1）温度计指示 （2）绕组温度计指示 （3）电热偶的指示 （4）温度计内潮气冷凝	如果油温和油位之间的关系的偏差超过标准曲线，重点检查以下各项 （1）变压器油箱漏油 （2）油位计有故障 （3）温度计有故障 （4）如有潮气冷凝在油位计和温度计的刻度盘上，检查重点应找到结露的原因
	油位	（1）油位计的指示 （2）潮气在油位计上冷凝查标准曲线比较油温和油位之间的关系	
	漏油	检查套管法兰、阀门、冷却装置、油管路等密封情况	如果有油从密封处渗出，则重新紧固密封件，如果还漏则更换密封件
	有不正常噪声和振动	检查运行条件是否正常	如果不正常的噪声或振动是由于连接松动造成的，则重新紧固这些连接部位
冷却装置	有不正常噪声和振动	检查风扇和油泵的运行是否正常（在启动设备时应特别注意）	当排除其他原因，确认噪声是由冷却风扇和油泵发出的，请更换轴承
	漏油	检查各阀门、油泵等是否漏油	若油从密封处漏出，则重新紧固密封件，如果还漏更换密封件
	运转不正常	检查风扇和油泵是否在运转。 检查油流指示器运转是否正常	如果冷却器和油泵不运转，重点检查有可能的原因
	脏污附着	检查冷却器上的脏污附着位置	特别脏时要进行水冲或清洗
套管	漏油	检查套管密封是否漏油	如果漏油更换密封件
	套管上有裂纹、破损或脏污	检查外瓷件脏污附着、瓷件上有无裂纹或破损	如果仅为脏污，清洁瓷套管；如果瓷件裂纹或破损应及时更换备用套管
吸湿器	干燥度	检查干燥剂，确认干燥剂的颜色	如果干燥剂的颜色由蓝色变成浅紫色，及重新干燥或更换干燥剂
	油位	检查油盒的油位	如果油位低于正常油位，及时清洁油盒重新注入变压器油
压力释放阀	漏油	检查是否有油从封口喷出或漏出	若有很多油漏出，及时更换压力释放阀
开关滤油机	漏油	打开盖子检查净油机内是否有漏油	重新紧固漏油的部件
	运行情况	在每月一次的油净化时进行巡视，检查有无异常、噪声和振动	如果连接处松动，及时重新紧固
有载分接开关		按有载分接开关和操作机构的说明书进行检查	

异常情况及调查分析见表2–35。

表2–35　　异常情况及调查分析

异常情况	原因	实施	调查分析
气体聚集 气体继电器 第一阶段	内部放电，轻微故障	从气体继电器中抽出气体	气体色谱分析
油涌 气体继电器 第二阶段	内部放电，重故障	停运变压器	试验绝缘电阻、绕组电阻、电压比、励磁电流和气体分析
压力释放	内部放电	停运变压器	气体色谱分析
差动	内部放电，涌流	停运变压器	气体色谱分析
油温度高 第一阶段—报警 第二阶段—跳闸	过载，冷却器故障	降低变压器负载	核对变压器负载，检查冷却器运行情况
绕组温度高 第一阶段—报警 第二阶段—跳闸	过载，冷却器故障	降低变压器负载	核对变压器负载，检查冷却器运行情况
接地故障	内部接地故障， 外部接地故障	停运变压器	检查其他保护装置运行状态（气体继电器、压力释放阀等）
油位低	漏油	补注油	检查储油柜胶囊，检查油箱和油密封件
油不流动	油泵故障	停运变压器	检查油泵运行状况
电机不能驱动	电源故障， 电机故障		检查馈电线路，检修、更换电机

（2）定期检查。

定期检查需将产品暂时退出运行后进行，产品定期检查内容见表2–36。

表2–36　　产品定期检查内容

项目		周期	说明及方法	判断及措施	备注
绝缘电阻	绝缘电阻测量	2年或3年	（1）用2500V绝缘电阻表 （2）测量绕组对地的绝缘电阻 （3）此时实际测得的是绕组连同套管的绝缘电阻，若测值不在正常范围之内，可在大修或适当时候将绕组与套管脱开，单独测量绕组绝缘电阻	测量结果330kV及以下电压等级大于出厂试验值的70%；500kV电压等级不应小于出厂试验值的85%。每次测量值与上一次测量值比较应无显著差别；如果有明显差别需查明原因	

续表

项目		周期	说明及方法	判断及措施	备注
绝缘油	耐压	2年或3年	试验方法和装置见GB/T 507《绝缘油击穿电压测定法》和GB 264《石油产品酸值测定法》	220kV产品≥35kV 330kV产品≥45kV 500kV产品≥50kV	低于此值需对油进行处理
	酸值测定 mgKOH/g			≤0.1	高于此值需对油进行处理
	油中溶解气体分析	（1）新的或大修后的变压器产品至少在投运后（仅对330kV以上，120MVA容量及以上的升压变）1天、4天、10天、30天各做一次检测，若无异常，可转为定期检测 （2）运行中的变压器（330kV以上，240MVA容量及以上升压变）定期检测，周期为3个月一次 （3）运行中的变压器（220kV以上，120MVA容量及以上升压变）定期检测周期为6个月一次 （4）以后每年进行测量	（1）主要检出气体：O_2、N_2、H_2、CO、CO_2、CH_4、C_2H_2、C_2H_4、C_2H_6 （2）方法见GB/T 7252《变压器油中溶解气体分析和判断导则》 （3）建立分析档案	发现情况应缩短取样周期，密切监视气体增加速率，进行故障判断	变压器油中产生气体主要原因 （1）变压器油过热分解 （2）油中固体绝缘过热老化 （3）油中火花放电引起油分解
	含气量		方法见DL/T 423或DL/T 450、DL/T703	（1）交接试验或新投运小于1% （2）运行中小于或等于5%	
冷却器	冷却器组	1年	油泵、冷却风扇运行时轴承发出的噪声	对轴承按“易耗品更换标准”检查更换	
		1年或3年	检查冷却管和支架等的脏污、锈蚀情况	（1）每年至少用热水清洁冷却管一次 （2）每三年用热水彻底清洁冷却管并重新油漆支架、外壳等	
套管	一般	2年或3年	（1）外瓷件裂纹 （2）外瓷脏污（包括盐性成分） （3）漏油 （4）金属生锈 （5）油位变化 （6）油位计内潮气冷凝	检查左边项目是否处于正常状态	（1）如果套管脏污，先用中性清洗剂进行清洁，然后用清水冲洗干净并擦干 （2）当接线端头松动时进行紧固
附件	低压控制回路	2年或3年（当控制元件是控制分闸电路时，建议每年进行检查）	以下继电器的绝缘电阻 （1）保护继电器 （2）温度指示器 （3）油位计 （4）压力释放装置 用500V绝缘电阻表测量端子之间和端子绝缘对地绝缘电阻	测得绝缘电阻应大于2MΩ；用于分闸回路的继电器即使测得的绝缘电阻大于2MΩ，也要对其进行仔细检查，是否有潮气进入等	
			用500V绝缘电阻表测量冷却风扇、油泵等导线对地绝缘电阻	测得的对地绝缘电阻大于2MΩ	

续表

项目		周期	说明及方法	判断及措施	备注
附件	低压控制回路		检查接线盒、控制箱等是否有雨水进入，接线端子有无松动和生锈	(1) 如果雨水进入需重新密封 (2) 如果端子松动或生锈，则重新紧固或清洁	
	保护继电器、气体继电器和有载分接开关保护继电器	2 年或 3 年（如继电器是控制分闸回路时，建议每年检查）	(1) 检查是否漏油 (2) 检查气体继电器中的气体量 (3) 用继电器上的试验按钮检查继电器触头的动作情况	(1) 如果密封处漏油则重新紧固，如还漏油则更换密封件 (2) 如果触头的分合运转不灵活，应及时更换触头的操作机构	
	压力释放装置		检查有无喷油或漏油	漏油较严重应及时更换	
	油温指示器	2 年或 3 年	(1) 检查温度计内有无潮气冷凝 (2) 检查（校准）温度指示	(1) 检查有无潮气冷凝，指示是否正确，必要时用新的进行更换 (2) 检查比较温度计和热电偶的指示，差别应在 3℃之内	
	热电偶	2 年或 3 年	检查温度计指示	检查两个油温指示计的指示差别应在 3℃之内	
	绕组温度指示器	2 年或 3 年	(1) 检查指示计内有无潮气冷凝 (2) 检查温度计指示	(1) 判断措施和油温指示器相同 (2) 温度指示受负载情况的影响，应与以前的记录进行比较	必须通过接触进行检查，可在变压器停运时进行
	油位表	2 年或 3 年	(1) 检查指示盘内有无潮气冷凝 (2) 检查浮球和指针的动作情况 (3) 检查触头的动作情况	(1) 检查潮气冷凝情况和对测量的影响，必要时予以更换 (2) 检查浮球和指针的动作是否同步 (3) 检查触头的动作情况	检查触头的动作时应将储油柜中的油放掉
	油流指示器	2 年或 3 年	(1) 检查指示器内有无潮气冷凝 (2) 检查动作情况	(1) 同油位表 (2) 变压器退出运行及油泵停止运行时，检查油流指示器指示	

(3) 易耗品更换发现有任何不正常情况时，可根据表 2-37 更换易耗品。

表 2－37　　易耗品更换标准

部件		更换周期
油泵轴承	滚珠轴承型	产品使用 10 年以上的轴承中有一个发出不正常的噪声时或变压器退出运行时，应更换所有的油泵轴承
冷却风扇轴承	非润滑型	产品使用 10 年以上的冷却风扇中发出不正常的噪声时或变压器退出运行时，应更换所有风机的轴承
油密封件		产品运行或备用 15 年以上时，可根据产品具体密封状况判断是否更换所有的密封件
有载分接开关易耗品		根据有载分接开关和电动操作机构使用说明书的要求进行更换

2.5　750kV 变压器

750kV 电力变压器将 600～1000MW 级高效超超临界发电机组发出的电力送上 750kV 线路，自身具有强大容量和可靠性，与 500kV 变压器相比设计制造难度更大。通过自主研制 750kV 变压器，开展关键技术的科研攻关，国内掌握了超高压、大容量电力变压器的设计、制造核心技术，为研制特高压、大容量电力变压器奠定了坚实基础。

2.5.1　750kV 超高压自耦变压器

1. 整体结构

750kV 超高压自耦变压器的整体结构较之常规变压器有所不同，主要因电压等级高、单相容量大等原因使产品励磁方式、调压结构等方面有所变化。

（1）高压两柱串联、中压和低压两柱并联结构。750kV 单相自耦变压器绕组采用高压两柱串联、中压和低压两柱并联的结构，铁心为单相四柱式铁心，每柱容量为变压器总容量的二分之一。当采用中压绕组恒磁通调压时，主柱上串联绕组中的电流不会因变压器调压分接位置的变化而改变，变压器在最负、最正分接时的阻抗电压值非常接近，即阻抗波动不大，对电网电压的影响较小。高、中、低绕组各自一分为二，分别套在两个主铁心柱上，两柱的高压绕组采用串联接线，两柱的中、低压绕组采用并联接线；其中一个铁心旁柱作为调柱，励磁绕组和调压绕组套装其上，励磁绕组与主柱低压绕组并联连接，调压绕组串联连接在串联（高压）绕组末端和并联（中压）绕组首端。图 2－93 为 750kV 自耦变压器高压绕组串联结构绕组排列及连接接线原理图。

1）铁心。对于单相容量 700MVA 的变压器，为确保产品能够顺利运送到安装现场，运输宽度不超过铁路涵洞的运输界限，因此铁心选择了单相四柱式结构。单向四柱式结构，两个主柱、两个旁柱，其中一个旁柱作为调柱。两个主柱每柱容量为 350MVA，减小了铁心直径，两个旁柱降低了上、下铁轭的高度，为产品顺利运输创造了有利条件。铁心夹件采用板式结构，有利于高电压引线的绝缘。

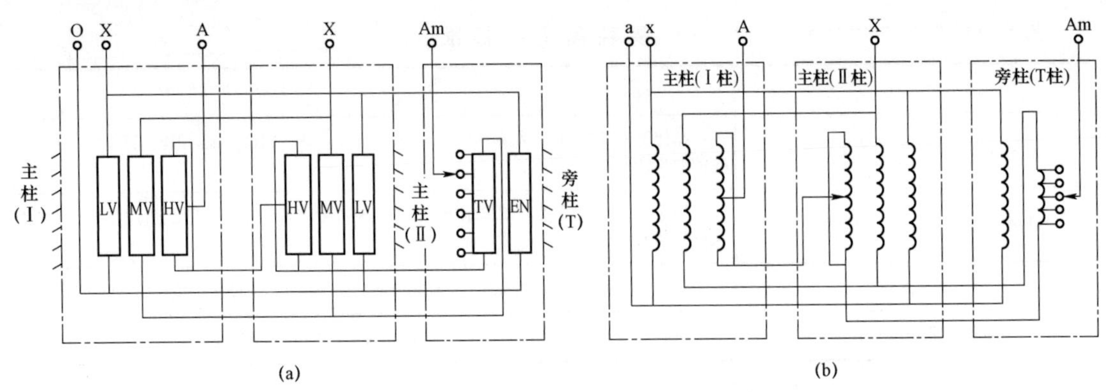

图 2-93 750kV 自耦变压器高压串联结构绕组排列及连接接线原理图

（a）绕组排列图；（b）绕组连接接线原理图

2）绕组和器身。为保证器身绝缘结构的安全可靠，同时减小调压时的阻抗波动，中间两个心柱分别套高、中、低压绕组，两个旁柱其中一个套低压励磁绕组和调压绕组。由于设置了独立的调柱，励磁绕组和调压绕组独立与主柱之外，主柱上的绕组安匝分布更加平衡，横向漏磁减小，降低了绕组附加损耗，有利于控制绕组温升和绕组热点温升，同时降低了不平衡安匝引起的绕组电动力。

主柱上，高压绕组为纠结式结构，中压绕组为纠结连续式结构，低压绕组为连续式结构；调柱上，励磁绕组为纠结连续式结构，调压绕组螺旋式。

为了降低变压器端部漏磁在夹件中产生的杂散损耗，避免发生局部过热，在器身上、下两端部分别设置了磁分路。这样可同时满足变压器损耗和运输外限及重量的要求。

图 2-94 为 750kV 单相自耦变压器两主柱高压绕组串联、中压绕组和低压绕组并联结构的器身示意图。

3）引线。高压绕组绝缘水平为 750kV，感应耐压为 AC 900kV，冲击水平为 1950kV；两个心柱上的高压绕组采用串联接线，为确保高压出线的安全可靠和较低的局部放电，高压引出线设有专门的出线装置。中压首端引线电压较高，为降低油中引线表面的场强，采用了均压屏蔽技术，以确保引线的表面场强有足够的裕度。

4）油箱。油箱采用桶形油箱，槽型加强筋纵向加强，以满足变压器运输外限尺寸的要求，降低变压器的运输重量，同时油箱应具有较高的机械强度。

5）调压方式及调压开关。采用中压线端恒磁通调压，主柱串联绕组电流不会随着变压器的分接位置而变化，变压器在最负、最正分接下的阻抗非常接近，阻抗波动不大，对电网的影响较小。调压开关采用无励磁分接开关并放置在旁柱外侧。

6）变压器采用凹型车公路运输或铁路运输。

（2）高压、低压、中压两柱并联结构。自耦变压器采用的高、中、低压均为双柱并联结构，除高压引线连接方式改变外，其他结构与采用高压两柱串联、低压和中压两柱并联的结构基本相同。750kV 自耦变压器高压绕组并联结构绕组排列及连接接线原理图如图 2-95 所示。

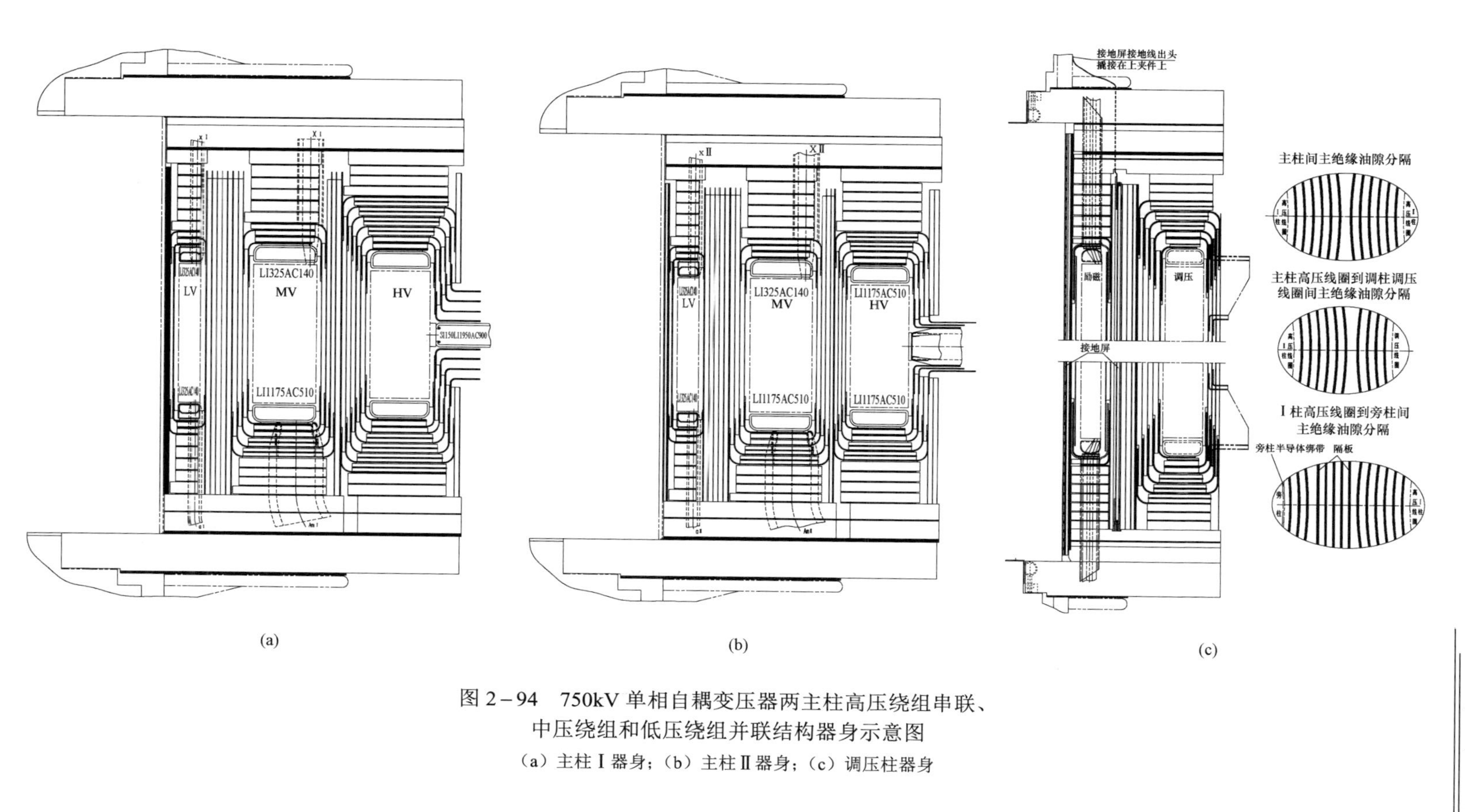

图2－94　750kV 单相自耦变压器两主柱高压绕组串联、中压绕组和低压绕组并联结构器身示意图

(a) 主柱Ⅰ器身；(b) 主柱Ⅱ器身；(c) 调压柱器身

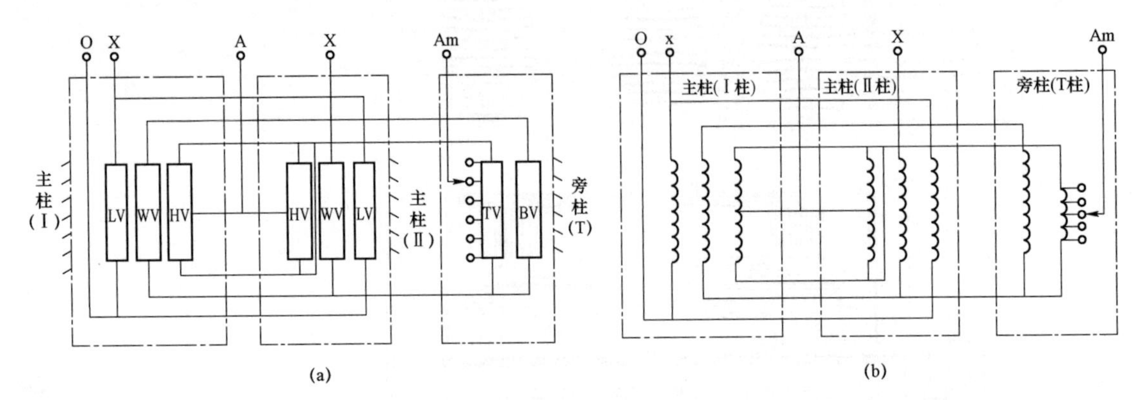

图 2－95 750kV 自耦变压器高压绕组并联结构绕组排列及连接接线原理图

（a）绕组排列图；（b）接线原理图

1）750kV 单相自耦变压器绕组采用高压、中压和低压两柱并联结构，铁心为单相四柱式铁心，每柱容量为变压器总容量的二分之一。电压调整采用中压绕组端部恒磁通调压，主柱上并联绕组中的电流不会因变压器调压分接位置的变化而改变，变压器在最负、最正分接时的阻抗电压值非常接近，即阻抗波动不大，对电网电压的影响较小。两柱高、中、低绕组各自一分为二且结构一样，分别套装在两个主铁心柱上，两柱的高压绕组、中压绕组和低压绕组都为并连接线。其中一个铁心旁柱作为调柱，励磁绕组和调压绕组套装其上，励磁绕组与主柱低压绕组并联连接，调压绕组串联连接在串联（高压）绕组末端和并联（中压）绕组首端。

750kV 单相自耦变压器两主柱高压绕组、中压绕组和低压绕组并联结构的器身示意图如图 2－96 所示。

2）高压绕组采用中部出线结构，中压绕组及低压绕组均采用端部出线。两柱高压绕组的 750kV 出线通过柱间连线装置完成并联，由一柱高压绕组引出通过高压出线装置引向套管，与 750kV 套管连接。

高压绕组尾部即末端出线在器身上、下两端，与中压绕组电位相同，通过柱间连线装置将两柱绕组并联后引向开关，中压绕组首端出线通过均压管引向开关。

3）变压器运输方式采用承载梁，由公路运输或铁路运输。

2. 测试项目及其要求

产品除了按照 GB 1094.1 规定的试验项目和要求进行试验外，按产品技术协议要求完成下列试验项目。

（1）绕组直流电阻不平衡率测量（例行试验）。对于连接成三相组的三台单相变压器，各相绕组彼此间的直流电阻不平衡率应小于或等于 2%。如果因导线材料线差异或引线结构差异等原因使三相绕组直流电阻不平衡率超过 2%，除在例行试验记录中记录实测值外，还应写明引起这一偏差的原因。使用单位应在同温度下进行测量，与例行试验实测值进行比较，其偏差应不大于 2%。

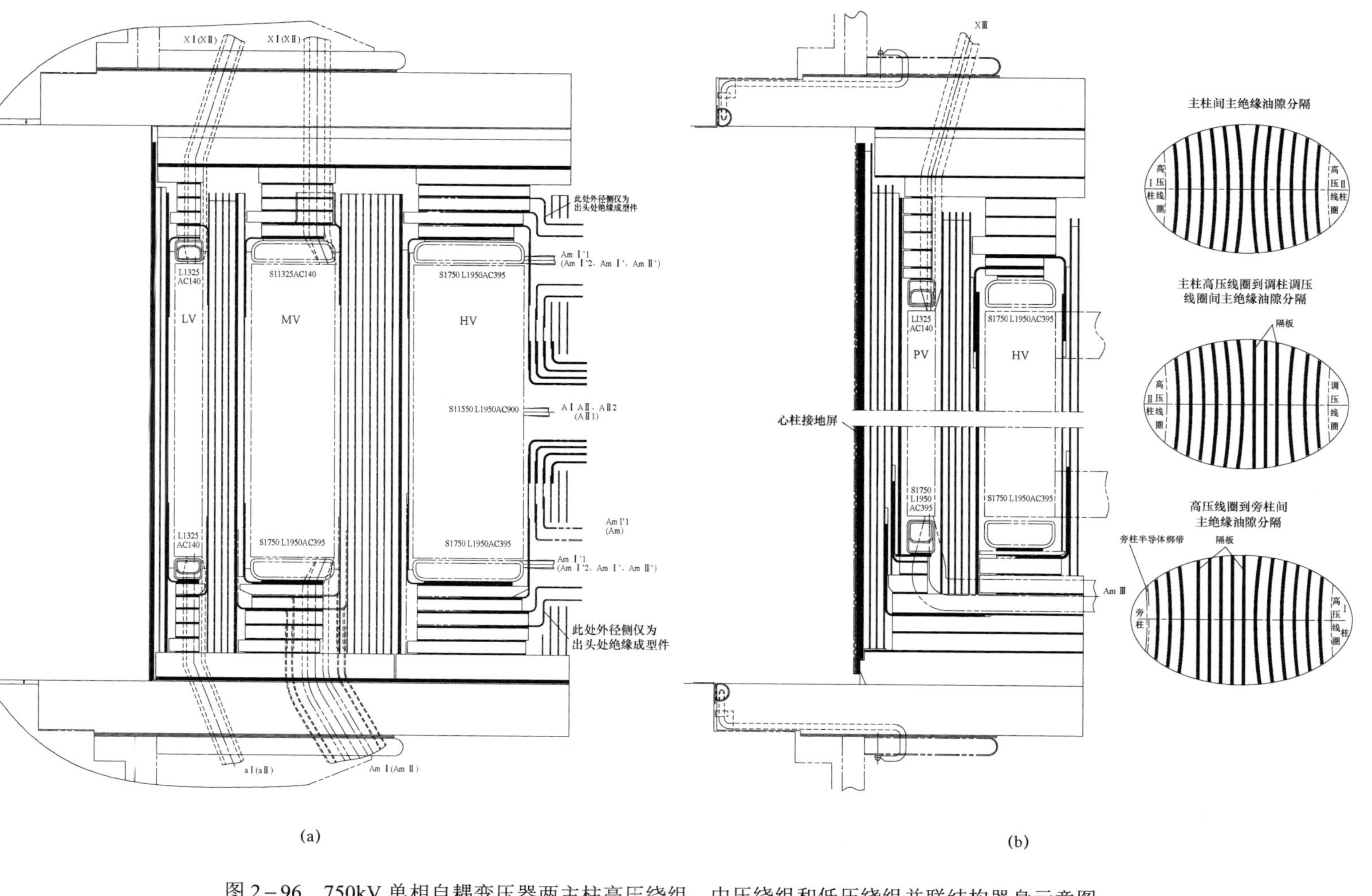

图 2-96　750kV 单相自耦变压器两主柱高压绕组、中压绕组和低压绕组并联结构器身示意图

（a）主柱Ⅰ、Ⅱ器身；（b）调压柱器身

（2）密封性能试验（例行试验）。变压器本体及储油柜应能承受在最高油面上施加 30kPa 静压力的油密封试验，试验时间持续 24h，不得有渗漏及损伤。

（3）温升试验（型式试验）或过电流（施加 1.1 倍额定电流，持续时间不少于 4h）的试验前后，应取油样进行气相色谱分析试验，试验结果应符合相关标准规定，烃类气体无明显变化。如有明显差异应比较、分析、判断产品有无过热故障的隐患。

（4）油纸绝缘套管中绝缘油试验（例行试验）。变压器结束全部试验并取得合格后，如果套管结构允许，应对 330kV 及以上电压等级的油纸绝缘电容式套管抽取油样进行试验，试验结果应符合相关标准的规定。

（5）极化指数或吸收比测量。变压器极化指数（R_{10min}/R_{1min}）和吸收比（R_{60}/R_{15}）的测量通常在 10～40℃温度下进行。其值：极化指数一般大于或等于 1.5，吸收比一般大于或等于 1.3。当极化指数或吸收比不满足要求但绝缘电阻值大于 10GΩ 时，试验结果可以被接受。

（6）绝缘电阻测量（例行试验）。变压器绝缘电阻测量通常在 10～40℃和相对湿度小于 85%时进行，当测量温度不同时，绝缘电阻按下式换算

$$R_2 = R_1 \times 1.5^{(t_1 - t_2)/10}$$

式中：R_1 为温度 t_1 时的绝缘电阻值；R_2 为温度 t_2 时的绝缘电阻值。

（7）介质损耗因数测量。变压器介质损耗因数 $\tan\delta$ 的测量通常在 10～40℃温度下进行。在 20～25℃及 10kV 电压下测量的 $\tan\delta$ 值应不大于 0.005，不同温度下的 $\tan\delta$ 值一般按下式换算

$$\tan\delta_2 = \tan\delta_1 \times 1.3^{(t_1 - t_2)/10}$$

式中：$\tan\delta_1$ 为温度 t_1 时的 $\tan\delta$ 值；$\tan\delta_2$ 为温度 t_2 时的 $\tan\delta$ 值。

（8）冷却油流系统负压测试（型式试验）。对强迫油循环变压器的冷却油流系统进行负压测试，监测冷却油流系统的进油端是否存在负压。测试时，通常在进油端的放气处安装真空压力表，在开启所有的油泵后，检测不应出现负压。

（9）长时间空载试验（特殊试验）。经使用单位与制造单位协商，可对变压器进行长时间空载试验。

（10）油流静电试验。经使用单位与制造单位协商，可对变压器进行油流静电试验。

（11）转动油泵时的局部放电测量（特殊试验）。经使用单位与制造单位协商，可对变压器进行转动油泵时的局部放电测量。

（12）声级测定（特殊试验）。声级测定应符合 GB/T 1094.10 的有关规定。

3. 标志、起吊、包装、运输和贮存

（1）变压器应有“当心触电”安全标志，运输、起吊标志及接线端子标志，标志图应符合相关标准的规定。

（2）变压器具有承受其总重量的起吊装置，变压器器身、油箱、储油柜、散热器或冷却器等都应有独立的起吊装置。

（3）变压器经过正常的铁路、公路及水路运输后，其内部结构件的相互位置不应改变，紧固件应不松动。

（4）变压器的组、部件（如套管、散热器或冷却器、放油阀和储油柜等）的安装位置应不妨碍变压器吊装及运输中的定位和紧固。

（5）不带油运输的变压器在运输前应进行密封试验，确保在充入干燥的气体（露点低于−40℃）时密封良好；运输中通过安装在油箱上的压力表监控其内部压力，配有及时补充干燥气体的装置。

（6）变压器运输到达现场，检查油箱内的气体压力为正压；在现场贮存期间监视压力表，必须保持油箱内干燥气体的正压。

（7）变压器本体及成套拆卸的大组件（如储油柜等）运输时可不装箱，但应保证在整个运输与贮存过程中不受损伤，不得进水和受潮。

（8）变压器运输本体安装三维冲撞记录仪，记录变压器承受的运输冲撞。

（9）在运输、贮存直至安装前保护变压器的所有组、部件（如套管、储油柜、阀门及散热器或冷却器等）不得损坏、遗失或受潮。

（10）成套拆卸的小组件和零件（如气体继电器、速动油压继电器、套管、测温装置及紧固件等）应包装运输，以保证经过运输、贮存直至安装前不丢失、不损坏和受潮。

2.5.2 750kV 发电机升压变压器

1. 结构与技术特点

750kV 超高压发电机升压变压器的整体结构与 750kV 超高压自耦变压器不同，不仅要考虑耐受高电压、高电场的绝缘，还要考虑低压大电流带来的散热和机械力。

（1）低压大电流。我国新一代 600MW 及以上超超临界大型发电机组，通过提高输出电压实现输出更大的容量，发电机出口电压在 20～27kV 之间。尽管如此，发电机的输出电流仍然在不断地提高，与之连接的发电机升压变压器低压绕组面临损耗、发热、电动力增大的严峻考核。以 660MW 发电机组为例，其输出电压为 23.5kV，在功率因数为 0.85 时发电机输出电流达到了 11 000A（相电流）/19 000A（线电流）。将发电机输出电压提高到 27kV，在相同的功率因数下发电机输出电流为 9570A（相电流）/16 540A（线电流），显然变压器的漏磁通量、杂散损耗、引线损耗等将都随之降低。当然发电机输出电压提高意味着对发电机定子绕组的绝缘要求提高了，增大发电机的尺寸和制造难度。低压大电流是大容量发电机升压变压器需要面对的一个重要问题。

（2）大电压比。发电机发出的电能通过输电线路输送到负荷中心，为了将电能输送到遥远的地方，还要降低输电线路中的损耗，就必须提高输送线路的电压。与 600MW 及以上容量发电机组配套的升压变压器，高压电压为 800kV 及以上电压等级。由此可见，发电机升压变压器的电压比为 22～27kV/800kV。如此大的电压比为升压变压器结构设计带来困难，如何抑制高压绕组对低压绕组传递的过电压，合理配置主、纵绝缘等已成为产品设计中不容忽视的问题。

（3）高阻抗。某些区域性的电网，由于其系统组成较为特殊，电网本身耐受短路的能力较差，为了提高系统耐受突发短路的能力，在系统规划时要求线路中的变压器具有较高的阻抗，要求的阻抗水平可达到20%～25%。较高的阻抗将给变压器的设计带来如杂散损耗增大、运输尺寸加大、温升升高、材料消耗增加等问题，需要在设计过程中予以注意。

（4）运输重量及运输外限尺寸。运输重量及运输外限尺寸是限制大容量发电机升压变压器设计的重要因素。在保证变压器可运输的前提下需要使变压器的损耗、绝缘性能、安全可靠性得到保证。因此在产品设计过程中，需要根据运输特点、损耗水平、阻抗等因素有针对性地选取变压器的结构形式，如选取双同心结构或其他结构，最终使产品性能满足技术协议的要求并顺利运输。

（5）冲击耐受能力及传递过电压。由于发电机升压变压器与超高压输电线路直接相连，输电线路及系统中的各种瞬态过电压都会传递到变压器上，因此要求发电机升压变压器具有承受较高瞬态过电压冲击能力和电气强度。耐受冲击能力是发电机升压变压器设计的重要内容，在产品电气设计中应格外重视。为改善冲击电压分布以及低压传递过电压等不利影响，需要在绝缘和结构上采取措施，比如器身采用双同心结构、调压绕组内置结构、双层式低压绕组等特殊结构。

（6）调压绕组及调压分接段的设置。为了适应电力系统运行时电压的波动，变压器需要根据电网电压的变化而进行电压调整，一般在发电机升压变压器高压侧设置有调压绕组，或在高压绕组中设置调压分接段。

国内运行的发电机升压变压器调压方式多为采用无励磁调压，其调压范围及调压级数为其高压侧额定电压的$\pm 2\times 2.5\%$。发电机升压变压器在实际运行中，将分接开关设定于某一分接位置，在一定的运行周期内往往不再调整，借助于发电机的自动电压调节器（AVR）来控制机组的输出电压和功率因数，使发电机升压变压器高压侧输出电压适应电网侧的电压变化及无功补偿。

这种工况下运行的发电机升压变压器，通常在其高压绕组靠近高压中性点位置处或中性点位置处设置调压分接段，用于固定运行期间高压侧电压的调整。借助高压绕组分接段实现电压调整，具有绕组排布紧凑、绝缘结构简单，无需单独设置调压绕组等优点。但是，这种调压方式在变压器运行于最负分接（对于调负不调整的变压器）或额定分接及最正分接（对于正负调压的变压器）时，变压器高压绕组的等效电抗高度将发生明显变化，引起变压器高低压绕组间的安匝平衡发生较大的变化，不平衡安匝的变化对变压器绕组导线辐向涡流损耗以及耐受突发短路的能力产生不利影响。当调压分接段设置于靠近高压绕组中性点位置时，对高压绕组承受冲击电压时的电压分布产生不利影响。因此，在高压绕组产品设计中，对调压分接段引起的不平衡安匝和冲击电压分布应予以高度重视。

应用于海外项目的发电机升压变压器往往采用有载调压的方式对高压绕组输出电压进行调整，该类型变压器的调压范围中至少有8个调压分接位置，其调压范围超过$\pm 5\%$，某些产品甚至达到$\pm 10\%$。由于调压范围扩大、调压级数增多，不适宜再将调压线段设置在高压绕组内，因此需要设置单独的调压绕组实现调压功能。在发电机升压变压器中设置独立的调压绕组，使变压器的绕组排布、器身绝缘结构变得更为复杂。由于高压绕组750kV采用中部出线，需要留出足够的绝缘距离，因此在调压的极限分接时对绕组安匝平衡、耐受冲击性能、承受短路能力等带来一定的影响。

在产品设计过程中，需要针对产品的不同要求及不同特点对调压绕组的形式、排布方式进行有针对性的选型，使得产品的安匝平衡、耐受冲击性能以及抗短路能力达到最优。

2. 单相发电机升压变压器结构

（1）铁心结构。单相发电机升压变压器的铁心结构有单相三柱式或单相四柱式结构，特大容量的产品可考虑采用单相五柱式结构。

为了降低大容量发电机升压变压器铁心片接缝间隙的损耗，防止发生局部过热，铁心片叠积采用全斜接缝，不叠上铁轭结构；为防止器身端部横向漏磁在铁心柱和拉板端部产生的损耗引发局部过热，铁心柱表面二级硅钢片和心柱拉板的中部均开隔磁长槽。铁心叠好后，通过铁轭夹件、心柱拉板、旁轭拉板以及铁心上支撑件、下垫脚等连接成框架，又经铁心绑带将铁心牢固地捆扎起来，构成一个刚性较强的刚体框架结构，提高了铁心的机械强度和稳定性。铁心下部与下节油箱通过定位钉可靠固定，上部通过支撑件与油箱顶部固定，可以保证整个变压器在运输及运行过程中铁心整体不发生位移。铁心片与夹件、油箱相绝缘，夹件与油箱相绝缘，分别通过接地装置从油箱下部引出，并连接至电站的接地网。

（2）绕组结构。高压绕组几乎都采用全纠结式结构、全插花纠结式结构或插花纠结（高压出线端区域）+普通纠结式（高压绕组靠近中性点区域）结构。导线为多根铜扁线并联或多根复合导线并联。

低压绕组为螺旋式结构，单层多螺旋结构或双层多螺旋结构。导线选用纸包或网包自粘换位导线多根并联。

独立调压绕组选用多螺旋式、纠结式、圆筒式结构，导线用自粘换位导线较多，或多根并联的复合导线。

（3）器身结构。容量较大的单相发电机升压变压器绕组排列方式主要有单同心结构与双同心结构两种类型。

单同心式结构具有绝缘结构简单、绝缘成型件用量少以及调压分接开关绝缘水平要求较低等特点，适用于阻抗小、运输限界要求较高，尤其是对运输高度限制较严的产品。

双同心结构的高压绕组分为内、外两部分，漏磁组也相应地分为两部分，因此降低了器身主漏磁通道中的漏磁通密度，可以解决大容量、高阻抗变压器带来的大漏磁引起的杂散损耗过大、金属结构件局部过热等问题。高压绕组分为两部分，还有利于降低变压器的高度，缓解运输对产品高度的限制。

（4）器身冷却。发电机升压变压器常用强迫油循环冷却方式，或为强迫油循环导向（ODAF）方式，或为强迫油循环非导向（OFAF）方式。两种冷却方式均能满足大容量发电机升压变压器运行时的冷却要求，但强迫油循环导向（ODAF）冷却方式具有更高的冷却效率。当变压器外形几何尺寸和重量满足运输要求，采用强迫油循环非导向（OFAF）的冷却方式，更适用于器身端部绝缘水平较高的大容量升压变压器，例如双同心结构的变压器。在做好油流带电控制的前提下，强迫油循环导向（ODAF）冷却方式更有利于缩小变压器的体积和重量。

最终，两种冷却方式的选用要结合产品具体特性，如绕组形式、绝缘结构、损耗限制、散热要求、冷却效率、油流带电控制、满足运输限界，以及工程具体需求等。

1）冷却效率。采用强迫油循环非导向（OFAF）冷却方式，需要在变压器绕组上、下端设置大尺寸的油道（40mm 以上）用于冷却油的进、出绕组的通道。采用强迫油循环导向（ODAF）冷却方式，则不需要在绕组上、下端设置大尺寸的油道。

端部绝缘水平较低的变压器，如单同心结构的发电机升压变压器，绕组端部与铁轭之间的绝缘距离相对较小，如果采用强迫油循环非导向（OFAF）的冷却方式，则需要增加绕组端部的尺寸用于布置冷却油油道。如此一来就会增加变压器的铁窗高度、变压器的整体高度和运输高度，同时，铁心材料的用量增多、空载损耗增加、变压器的重量和运输重量也相应增加。

采用强迫油循环导向（ODAF）冷却方式时，变压器不仅获得更高的冷却效率，更能有效地控制绕组和铁心的温升，而且可以降低产品重量和材料消耗。因此，强迫油循环导向（ODAF）冷却方式更适合于超、特高压、大容量发电机升压变压器。

2）油流带电控制。采用强迫油循环导向（ODAF）的冷却方式使产品获得较好的冷却效果，但是，不可忽视的问题是流速较快的绝缘油与绝缘件摩擦会产生大量的静电，绝缘表面聚集的静电电荷会影响绝缘中的电场分布和电场强度，破坏绝缘带电气强度，引起爬电或绝缘击穿事故。因此，需要采取措施避免在绝缘件表面产生油流带电或抑制油流带电。避免或抑制油流带电的措施需要从优选低流速油泵、控制进入器身油流速度、优化器身导油结构等几个方面着手。

① 选取冷却器，根据产品的损耗、运行方式，优化强油循环冷却器的容量、组数，保证在控制油流速度的同时使得变压器的冷却效率及温升得到保证。

② 增大器身进油口处的导油面积，既要保证进入变压器器身中的油量，又要平缓变压器油进入器身时的流速。避免将冷却油直接打入绕组，将变压器器身的进油通道设置在高、低压绕组之间主绝缘位置的下部，在此位置让变压器油沿圆周方向的空间均匀分配，再通均流板，合理分配进入高、低压绕组内部的油量。

③ 优化绕组导油结构，合理地分配曲折导油分区内的绕组线饼数和散热油道的总高度，使散热油在绕组内部得到控制，既不会出现油流过急，也不会出现油流过缓，保证平稳流动，带走绕组内部的热量。

④ 变压器油进入器身的绝缘导油管路要有足够的横截面积（或口径），器身下托板要有充裕的缓油空间，任何使油流速加快的狭小空间都必须避免，更不能将冷却油直接打入绕组。

采取以上措施能较好地控制进入绕组中的油量和油速，使器身、绕组内各部分都能得到有效的散热，不仅温升能够得到保证，而且可以有效地避免发生油流带电引起局部放电后绝缘损坏事故。

总之，采用单同心结构的变压器高压绕组末端具有较低的绝缘水平，绕组末端距上、下铁轭的距离较小，优先选用强迫油循环导向（ODAF）的冷却方式。采用双同心结构的产品高压HVⅠ绕组末端和HVⅡ绕组首端同电位，绝缘水平较高，HVⅠ绕组末端和HVⅡ绕组首端距离上、下铁轭的绝缘距离较大，强迫油循环导向（ODAF）及强迫油循环非导向（OFAF）的冷却方式均可满足产品对冷却及绝缘可靠性的要求。

（5）引线结构。超、特高压大容量发电机升压变压器的低压绕组多采用双层螺旋式结构，其引出线均在低压绕组的上端，大电流引线的长度大为缩短，可以降低大电流引线的电阻损耗。根据安培环路定理，一对电流大小相等、流向相反的大电流引线所产生的漏磁，在周边金属结构件中产生的涡流损耗最小，降低了绕组端部、铁轭、夹件等局部过热的风险。绕组出头原线与软紫铜箔接线片焊接，再与低压套管用螺栓连接，通过箱盖上的两只低电压、大电流套管引出。三台单相变压器低压引线在油箱外通过封闭母线连接为三角形接线后再与发电机输出封闭母线相连。

高压引线采用中部出线结构，绕组出头原线与引线之间通过先进的冷挤压或高频焊接工艺方法连接。为降低高压引线表面电场强度，要求高压引线的导线直径不能太小，或通过屏蔽技术加大高压引线的电极直径，外部包裹足够厚度的引线绝缘。高压引线所经过区域内附近的电极需要进行圆化处理，改善电极形状。高压出线可以直接以套管连接（直出式）从箱盖升高座引出，也可以通过专用出线装置由油箱壁中部引出。最好的引出方式建议采用油箱箱盖直接引出。

（6）油箱屏蔽结构。发电机升压变压器的漏磁比同容量自耦变压器大得多，引起的杂散损耗也较大，容易在油箱等金属结构件中出现局部过热。为了降低杂散损耗，防止变压器内部和油箱产生局部过热，在油箱壁上设置铜屏蔽、磁屏蔽或铜屏蔽与磁屏蔽结合的复合屏蔽。

铜屏蔽由薄铜板制作，具有阻磁的作用，在油箱内部平铺（或适形铺设）于箱壁、箱盖以及油箱底等漏磁集中或较大的区域，用特殊焊条焊接固定。利用漏磁通在铜板中感应的涡流产生一个反向磁通，使漏磁难以进入油箱壁、盖、底的钢板中，大大降低了油箱的杂散损耗，避免了油箱发生局部过热。由于铜的电阻率较低，因此漏磁通引起的涡流在铜板中产生的损耗比较小，不会引起铜板过热。具有良好适形性的铜屏蔽，很容易对箱壁、箱盖或箱底无缝隙全覆盖的铺设，具有铺设灵活简便、屏蔽效果好、运行噪声低以及重量轻等优点，在大容量、特大容量变压器中广泛应用。但是，相对于磁屏蔽，铜屏蔽的材料价格相对较高。

磁屏蔽主要以平铺方式铺设于油箱壁内侧，也可平铺在箱盖或箱底的油箱内表面。磁屏蔽具有较小的磁阻，为漏磁通提供了一个低磁阻的流通通道，避免了漏磁通进入金属部件产生涡流，增加损耗，引起局部过热。磁分路由硅钢片叠积成型的磁屏蔽呈块状，不具有适形性，因此不能大面积全覆盖式铺设，只能在漏磁比较集中的区域逐块排列地铺设，块与块之间是有间隙的，比如在大电流母线经过的箱壁上局部铺设的磁屏蔽就是独立的一块。在绕组垂直中心线对称垂直铺设（或水平的）的铺设磁屏蔽，覆盖高度一定要接近或超过上、下铁轭的水平中心线。磁屏蔽用事先焊接好的、可弯折金属卡片固定在箱壁、箱盖或箱底上；或者用螺栓和事先焊好的螺纹座将磁屏蔽固定在箱壁、箱盖或箱底上；或者将具有框架的磁屏蔽通过框架焊接在箱壁上、箱盖或箱底上。铺设磁屏蔽时一定要在每块磁屏蔽与箱壁，箱盖或箱底之间用铺设绝缘纸板进行绝缘，只允许通过一点与箱壁、箱盖或箱底连接接地。磁屏蔽具有较强的导磁特性，屏蔽效果好，引入漏磁在自身中产生的损耗很低，价格低廉，在大容量、特大容量变压器中应用较广。磁屏蔽吸引漏磁要求自身具有足够的横截面积，在漏磁较大的产品中磁屏蔽的厚度在30mm以上，因此其重量较重，运行时产生的噪声较大。

复合屏蔽集中了铜屏蔽和磁屏蔽的优点，互为补充更好地起到降低杂散损耗，防止油箱局部过热的作用。复合屏蔽有两种形式，一种是铜屏蔽与磁屏蔽的组合屏蔽，即在漏磁较大较集中的区域铺设磁屏蔽，比如铁窗绕组区域；在漏磁相对较小的区域和铺设形状不规则的区域铺设铜屏蔽，比如磁屏蔽的周边、箱底或箱盖的斜面，以及需要适形铺设屏蔽的区域。另一种是全复合屏蔽，即在钢板表面先铺设铜屏蔽，然后在铜屏蔽之上再铺设磁屏蔽，利用铜屏蔽的适形性大面积铺设，利用磁屏蔽引导漏磁的特性在漏磁较大、较集中的区域局部加强铺设磁屏蔽。一般单柱容量小于或等于240MVA的单相产品铺设单一的屏蔽或组合屏蔽就可以了，单柱容量特大的产品或三相大容量的产品采用全复合屏蔽结构效果更好。

（7）高压出线屏蔽结构。750kV 发电机升压变压器高压出线由箱盖直接引出时称为直出式结构，由箱壁中部引出的称为间接式出线结构。由于出线方式不同，对出线区域的屏蔽结构要求也不同。

1）直出式屏蔽。直出式屏蔽有两种，一种是从绕组端部出线直接从箱盖引出，这种出线方式在油箱的顶部，距离油箱壁比较远，因此不必考虑箱壁上的磁屏蔽。引线穿过箱盖时，由于电压比较高，电流相对低压要小得多，因此也不必考虑设置磁屏蔽，但对油箱盖开孔处的边缘和箱盖与高压升高座连接的接口要做圆滑处理，或设置针对高电场的静电屏蔽。另一种是高压绕组中部引出线直接向上引，再经箱盖开孔引出的直出式屏蔽结构，这种出线虽然经过油箱壁的部分区域，由于较远的引线绝缘距离，引线漏磁不会使油箱壁发生局部过热，因此不需考虑设置磁屏蔽；箱盖上开孔区域的处理与第一种情况相同。直出式的屏蔽结构虽然比较简单，但对绕组和器身端部的绝缘要求比较高，需要严格的电场计算、结构设计和工艺处理。

2）间接式出线方式的屏蔽。高电压、大容量变压器的体积较大，受运输限界尺寸的约束，以及绕组高度和端部绝缘水平的约束，高压绕组更多地采用中部出线方式，引向套管采用间接式出线方式。间接式出线需要在油箱壁上开孔，电压越高开孔直径越大，箱壁开孔影响油箱壁上铺设磁屏蔽，竖直安装或水平安装的磁屏蔽在油箱壁开孔处断开，连续的漏磁通道至此断开。绕组漏磁将从油箱开孔处穿过油箱，产生环流，增加损耗并引发油箱壁局部过热。为了解决这一问题，在油箱开孔处铺设磁屏蔽。

① 仍然保持竖直安装磁屏蔽，油箱开孔竖直安装磁分路示意图如图 2－97 所示。

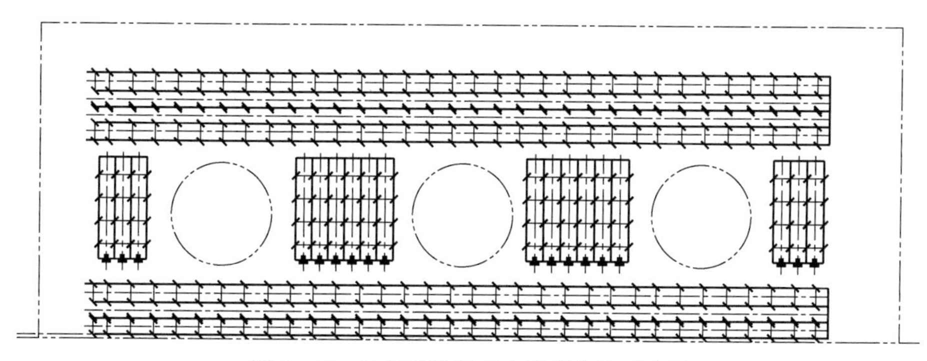

图2－97　油箱开孔竖直安装磁分路示意图

在油箱开孔处的磁屏蔽分成上、下两部分，具体要求：

a. 油箱开孔处铺设铜屏蔽，铜屏蔽深入到开孔外法兰的边缘，圆滑和屏蔽开孔处的棱角；利用铜屏蔽产生环流反作用进入开孔中的漏磁通，使这部分漏磁更多地进入旁边的磁屏蔽中。

b. 磁屏蔽临近开孔的边缘应采取静电屏蔽措施，不得有尖角毛刺。

c. 控制相邻的磁屏蔽间的间隙小于30mm。

d. 对直筒式油箱，上段磁屏蔽的上端沿不要低于上铁轭的水平中心线；对斜屋顶式油箱，如果上铁轭水平中心线高于竖直的油箱壁（如钟罩式油箱），则磁屏蔽的上端沿应尽可能地接近斜箱盖与箱壁的连接位置，斜箱盖用铜屏蔽保护。对直筒式油箱，下段磁屏蔽的下端沿不要高于下铁轭水平中心线；如果有下节油箱，则下磁分路的下端尽可能地向下延伸，遮挡住上、下节油箱箱沿的连接处；如果槽型下节油箱的立边是斜面，则斜面部分安装铜屏蔽进行保护，应尽量到达下铁轭中心线位置。

② 水平和竖直结合安装磁屏蔽，水平和竖直结合安装磁屏蔽示意图如图2－98所示。油箱壁开孔处的要求和处理方式与①中的具体要求相同。在出线孔上、下侧的磁屏蔽为水平安装，在出线孔左右侧的磁屏蔽为竖直安装，水平与竖直安装的磁屏蔽接口为阶梯式的接缝，接缝处的缝隙小于30mm；斜接缝为45°，斜接缝间隙小于30mm。

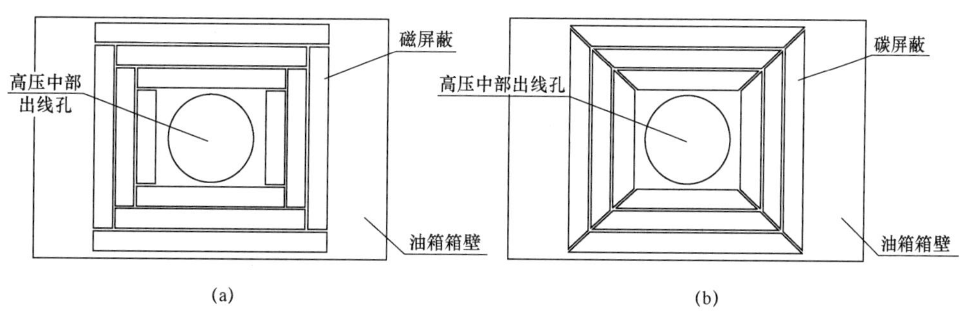

图2－98　水平和竖直结合安装磁屏蔽示意图

（a）直接口；（b）斜接口

3）间接式出线在箱壁开孔外有一节升高座，铺设铜屏蔽应尽可能地向内延伸，增大铺设面积，将其予以保护。油箱中部出线孔结构及屏蔽示意图如图2－99所示。

3. 三相发电机升压变压器

随着科学技术的进步，企业制造能力大大提高，产品可靠性大大提高、大型变压器的运输手段越来越先进，发电厂对三相一体大容量、特大容量发电机升压变压器待需求也越来越多。三相一体发电机升压变压器与单相发电机变压器组成的三相变压器组相比具有很多优势。比如，结构紧凑、三相引油箱内连接、损耗低、材料消耗少、占地面积小，安装维护方便、经济性好等特点。缺点是制造技术复杂，起吊和运输重量重，一般工厂不能制造。

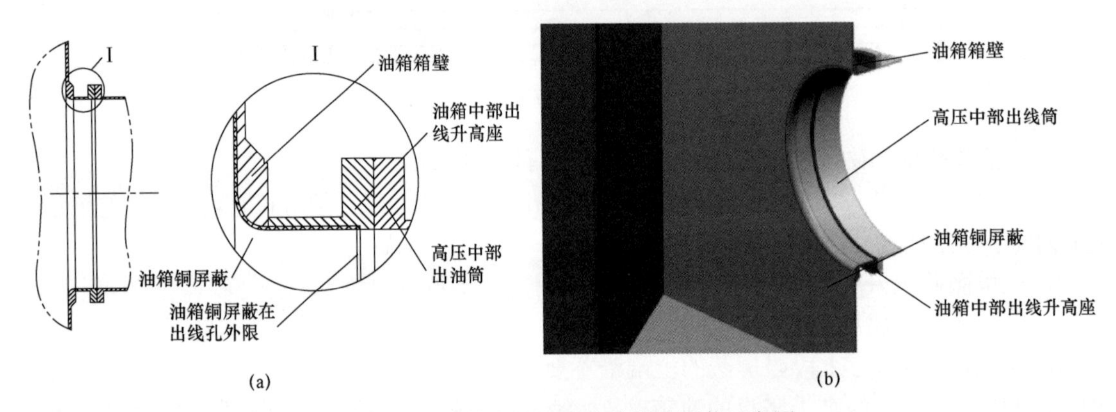

图 2-99 油箱中部出线孔结构及屏蔽示意图

(a) 油箱中部出线孔结构；(b) 油箱中部出线孔屏蔽

三相发电机升压变压器的内、外部大部分结构与单相发电机升压变压器基本相同，具体介绍不再赘述。

(1) 铁心结构。三相发电机升压变压器常采用的铁心是三相五柱式结构，铁心柱截面积与铁轭截面积之比主要有三种，发电机升压变压器三相五柱式铁心心柱柱截面积与铁轭截面积比例见表 2-38。设计人员可以根据产品性能、损耗要求、运输尺寸等选择合适的比例。

表 2-38 发电机升压变压器三相五柱式铁心心柱柱截面积与铁轭截面积比例

铁心结构	心柱	主轭	旁轭	空载损耗系数
三相五柱式	100%	58%	48%	1.15～1.17
		53%	47%	1.33
三相五柱式（分框结构）	100%	50%	50%	1.31

(2) 绕组结构及排列与单相变压器基本一致，参见单相发电机升压变压器部分的相关内容。为了降低大电流引线引起附加损耗和局部过热，同时方便大电流引线的连接，低压绕组多采用双层结构，将绕组引出头设置在同一端（上或下）。

(3) 器身结构大部分与单相变压器基本一致，但增加了相间主绝缘距离的要求，为了降低产品的尺寸和重量，中性点调压，设置单独的调压绕组，调压绕组安排在器身绕组排列的最外边，可以缩小主绝缘距离。

（4）引线结构。

1）低压引线。低压引线均由低压绕组上端部引出，缩短了连接低压大电流母线的长度，降低了大电流引线漏磁在变压器金属结构件中产生的杂散损耗。低压母线在变压器油箱内部连接为三角形，经紫铜箔软接线片与套管导电杆连接，箱盖上的三只低压大电流套管与封闭母线相连。

2）高压引线。高压引线主要采用间接式出线，条件允许（运输不受限）直出式结构更加简洁。间接式出线需要用出线装置进行保护，出线装置拆卸方便，可以单独运输。

3）调压引线。采用中性点跨接调压方式时，可以选用 3 台单相无载分接开关。选择单同心器身结构，调压位置设置在高压绕组中性点，电压调整只调负不调正，可以采用 1 台三相线性调压无载分接开关。

调压引线引向开关的途径可能会跨越其他相绕组，因此，需要考虑引线与绕组的绝缘距离和不同相引线之间的绝缘距离。

（5）油箱屏蔽。

1）油箱长轴两侧箱壁需要整体屏蔽，以及限制油箱宽度便于运输时，选择铜屏蔽，具体结构在单相发电机升压变压器章节里已有介绍。需要强调的是一定要处理好油箱壁开孔边缘的尖角毛刺，即圆滑电极形状，防止电场集中引发事故。

2）磁屏蔽的安装在单相发电机升压变压器章节里已有介绍。低压侧适合用同时屏蔽三相漏磁、水平安装通长磁屏蔽，或竖直安装的磁屏蔽；在高压侧如果安装水平布置通长的磁屏蔽时，位置在油箱壁三相高压出线开孔直径的上、下两侧高度上，三相高压出线开孔直径之间填充安装竖直磁屏蔽。

3）大容量三相发电机升压变压器采用组合式磁屏蔽或复合磁屏蔽（运输不受限）结构对漏磁的屏蔽效果更好。

2.5.3　750kV 级电力变压器的安装与维护

本节主要介绍 750kV 级电力变压器（包括无励磁调压和有载调压、自耦变压器）本体及附件的运输、检查验收、现场安装与贮存、运行与维护。

1. 要求

（1）变压器在起吊、运输、验收、贮存、安装及投入运行等过程中，须按产品使用说明书指导操作，避免发生意外，影响产品质量和可靠性，每一过程都要做好相关的记录。

（2）安装与使用部门应按照制造方所提供的各类出厂文件、产品使用说明书、各组件的使用说明书进行施工，若有疑问或不清楚之处，须直接与制造厂联系，以便妥善解决。

（3）产品使用说明书的内容为变压器安装、使用要求的通用部分，如果有未包含的内容，视具体产品情况，及时与制造厂联系获取，或参见产品补充说明书。若产品补充说明书中的内容与产品使用说明书中的要求不相符时，则以产品补充说明书为准。

2. 变压器本体的起吊、顶升

（1）不允许起吊充油后的本体，不允许起吊整体变压器。

（2）起吊设备、吊具及装卸地点的地基必须能承受变压器起吊重量。

（3）起吊前须检查箱沿螺栓紧固状态，防止起吊时箱沿变形引起不可修复的渗漏油。

（4）变压器安装伸出箱沿的可拆卸吊攀（见油箱粘贴标识），可利用这些吊攀起吊变压器本体。

（5）吊索与油箱铅垂线间的夹角应小于或等于 30°，否则应使用平衡梁起吊。起吊时必须同时使用规定的吊勾，钢丝绳系在专供整体起吊的吊攀上，几根吊绳长度应匹配，起吊时受力均匀，保持平衡，严防变压器本体倾斜、坠落、翻倒或引发其他碰撞事故。

（6）用液压千斤顶顶升变压器时，千斤顶应顶在油箱标识千斤顶专用底板正确位置上，为了保证变压器抬升或降低时的安全，四个（或多个）位置上的千斤顶严禁在四个（或多个）方向同时起落。允许在短轴方向的两点同时均匀地受力，在短轴两侧交替起落，每次交替起落行程高差不得超过 20mm，每个完整起落高度不得超过 120mm。受力之前应及时垫好枕木及垫板，制定防止千斤顶打滑或变压器本体闪动、偏移的措施。

（7）千斤顶使用前应检查千斤顶的行程要保持一致，防止变压器本体单点受力。

3. 变压器本体及附件的运输和装卸

变压器由制造厂到安装地点的运输方式可根据产品的外形尺寸、重量、运输路线沿途条件选择公路、铁路或水路运输。确定路线之前，需要对运输路径、沿途倒换运输工具（需要时）的装卸条件做充分的调查和了解，制定安全技术措施。

（1）选择铁路运输应遵循铁路部门的有关规定。

1）了解铁路沿途涵洞限界、桥梁承重、站台边距、高压馈线高度、信号设施是否有障碍等。

2）了解装卸货台承重、起吊能力及装卸方式等。

3）变压器装卸起吊时使用变压器本体承重吊攀，千斤顶顶升、下落时使用产品专用受力点。

4）变压器装载紧固采取防滑、防溜措施；运输过程中变压器本体允许倾斜角度长轴方向小于或等于 15°，短轴方向小于或等于 10°。

（2）选择水路运输时，应了解航道水上及水下障碍物分布、潮汛以及沿途横跨桥梁高度尺寸；掌握船舶运载能力与结构，验算载重时船舶的稳定性与吃水深度；调查码头的承重能力与起吊能力，必要时应进行验算或荷重试验；本体运输任一方向的倾斜角应小于或等于 15°。

（3）选择公路运输，须对运输路线沿途及两地装卸条件认真进行调查，制定相应的安全技术措施。

1）调查道路及其沿途桥梁、涵洞、沟道等的高度、宽度、坡度、倾斜度、转角及承重情况并应采取必要的措施。

2）调查沿途架空电力、通信线路以及高空障碍物的高度。

3）运输时的车速控制，高等级路面上不得超过 20km/h，一级路面上不得超过 15km/h，二级路面上不得超过 10km/h，其余路面不得超过 5km/h；运输中变压器的振动与颠簸不得超出正常状况下公路运输的有关规定。

4）变压器本体允许倾斜角度长轴方向小于或等于 15°，短轴方向小于或等于 10°。

（4）陆路运输采用滚杠机械拖运输，使用在油箱上的牵引吊攀牵引，着力点应在设备重心以下，路面倾斜角度小于或等于 15°，牵引速度不超过 2m/min。

（5）陆路短途运输采用轨道人工液压平移方案，着力点应在油箱下部加强筋上，路面倾斜角度小于或等于 15°，牵引速度不超过 1m/min。

（6）装卸变压器起吊时掌握产品重心平衡，为防止发生意外，设专人观察车辆平台的升降、站台与码头地基是否平整坚实、船只浮沉等情况。

（7）严禁溜放变压器，运输加速度限制：水平任意方向冲击加速度不大于 3g，垂直冲击加速度不大于 1.5g。

（8）套管运输方式应符合套管说明书的要求；运输包装完好，无渗油，瓷体应无损伤；运输时特别注意避免颠簸及冲撞，750kV 级套管不能承受大于 3g 的冲击力。

（9）运输 750kV 级出线装置，运输车辆上加装一台冲击记录仪，冲击记录仪应牢固安装在出线装置或包装箱上，任一方向上的运输加速度限制在不大于 3g。

（10）充油运输的变压器本体油箱内注入合格的变压器油，油面高度以不露出上铁轭为宜，油面以上无油区充入露点小于或等于－45℃干燥空气，保持正压力小于或等于 0.03MPa，检查油箱有无渗漏油和泄漏气（尤其是箱盖等处无油部位）。

凡带有载分接开关运输的变压器，须将有载分接开关内变压器油放至开关顶盖下 100～200mm，无油区域充入与变压器相同要求的干燥空气，用专用联通管将变压器油箱与开关油箱联通。

（11）充气运输的变压器本体油箱充入干燥空气。

1）充入的干燥空气露点不高于－45℃，本体内气体压力为 0.02～0.03MPa；每台变压器必须配有可以随时补气的纯净、干燥气体瓶；运输中始终保持油箱内部正压在 0.01～0.03MPa 范围内；观察压力表，监视气体压力接近 0.01MPa 时，应及时按要求补充合格的气体；关注所有密封不得泄漏气体。

2）充氮气运输的变压器在油箱人孔口旁边标注明显的充氮安全标识；瓶装氮气出口处气体露点小于或等于－45℃，气体纯度大于或等于 99.99%，含水量不大于 5×10^{-6}，注入变压器本体的气体压力为 0.02～0.03MPa；配备充足的备用氮气瓶，运输中始终保持油箱内部正压在 0.01～0.03MPa 范围内，观察气体压力接近 0.01MPa 时，应及时按要求补充合格的氮气，关注所有的密封不得泄漏氮气。

（12）拆卸的联管、升高座、测量装置、出线装置、储油柜、散热器（冷却器）、套管式电流互感器等均应密封运输，内部有绝缘零部件的必须充油或充气密封运输。

4. 验收

（1）变压器本体验收。

1）变压器运到现场后，收货人核实到货产品的型号是否与合同相符，卸车时应清点裸装大件和包装箱数，与运输部门办理交接手续。

2）妥善保管三维冲撞记录仪和运输过程中完整的冲撞记录，直到变压器本体就位，办理交接签证手续才可拆除冲撞记录仪并交还制造厂。

3）检查运输押运记录，了解运输中有无异常发生；检查冲击记录仪的记录，正常运输发生的三维方向冲撞值应在 3g 以下，如果发现有超出 3g 以上的记录时，需详细询问运输路途发生的异常，并于运输部门确认，详情及时通告制造厂。

4）开箱先拆开文件箱，按变压器“产品出厂文件目录”查对产品出厂文件、合格证书、现场用安装图纸、技术资料等，如果不完整应及时向制造厂询问或要求补充完整。

5）检查变压器本体与运输车的承载面间有无移位，固定用钢丝绳有无拉断，箱底限位件的焊缝有无崩裂，并做好记录；检查本体油箱有无损伤、变形、开裂等，如发现本体油箱有不正常现象，同时冲撞记录有异常记录，收货人应及时向承运人交涉，立即停止卸货，并将情况通知制造厂，及时妥善处理。

6）对于带油运输的变压器，应检查油箱箱盖或钟罩以及法兰密封有无渗漏油，有无锈蚀及机械损伤。

7）对于充气运输的变压器，变压器本体内压力应保持在0.01～0.03MPa范围内，现场办理交接签证时同时移交压力监视记录。

8）充油或充气运输的附件，检查装设的运输压力监视装置有无渗漏，盖板的连接螺栓是否齐全，紧固是否良好。

9）依据变压器的总装图、运输图，拆除其内部用于运输过程中起固定作用的固定支架及填充物，注意不要损坏其他零部件和引线。

（2）附件验收。

1）现场开箱应提前与制造厂联系，告知开箱检查时间，与制造厂共同进行开箱检查工作。

2）收货人应按“产品装箱一览表”检查是否与到货箱数相符，有无漏发、错发等现象。若发现到货箱数与“产品装箱一览表”不符，应立即与制造厂联系，查明原因，及时补发。

3）检查包装箱有无破损，做好记录；按各“分箱清单”核对箱内零件、部件、组件型号数量等是否与分箱清单相符，有无损坏、漏发等问题，做好记录，及时与运输单位和制造厂澄清并进行补发。

（3）如果合同规定有备品备件或附属设备时，应按制造厂“备品备件装箱单”检查验收，若有遗漏、损坏或错发，要求制造厂及时予以解决。

（4）上述各类检查验收过程中发现的损坏、缺失或不正常现象等，应做详细记录、进行现场拍照，经供需双方签字确认。照片、缺损件清单及检查记录副本应及时提供给制造厂及运输单位，以便迅速解决并查找原因。

（5）全部检查验收完成后，收货单位与制造厂签订接收证明一式二份，制造厂依据签收证明提供现场服务。

（6）需要回收的包装箱收货人应妥善保存，避免丢失和损坏，及时交给制造厂处理。

5. 变压器油的验收与保管

（1）由制造厂提供到现场的变压器油应有出厂检验报告和相关记录。现场检查变压器油的牌号是否与生产厂家提供的产品用变压器油牌号相同，不得将不同牌号的变压器油混合存放，以免发生意外。

（2）检查运油罐的密封和呼吸器的吸湿情况，并做好记录。

（3）用测量体积或称重的方法核实油的数量。

（4）抽取到货油样，依据 GB 2536《电工流体 变压器和开关用的未使用过的矿物变压器油》标准中规定进行检测，检测结果作为验收依据。

（5）未注入变压器的绝缘油应妥善保管。经滤油处理，投运前变压器油性能指标达到 GB 50148《电气装置安装工程 电力变压器、油浸电抗器、互感器施工及验收规范》和 GB 50150《电气装置安装工程 电气设备交接试验标准》的相关要求，投运前的变压器油指标见表 2－39。过滤的变压器油注入油罐时须防止混入潮气、杂质或污染物。

表 2－39　投运前的变压器油指标

序号	内　容	指　标
1	击穿电压/kV	≥70
2	介质损耗因数 tanδ（90℃）	≤0.005
3	油中含水量/（mg/L）	≤8
4	油中含气量（体积分数，%）	≤1
5	油中颗粒度	油中 5～100μm 的颗粒不多于 1000 个/100mL，不允许有大于 100μm 颗粒
6	新装油中溶解气体含量色谱分/（μL/L）	氢气≤10
		乙炔≤0.1
		总烃≤20

注：表中序号 4、序号 6 指标为 GB 50150《电气装置安装工程 电气设备交接试验标准》的规定，其他指标为 GB 50148《电气装置安装工程 电力变压器、油浸电抗器、互感器施工及验收规范》的规定。

（6）进口变压器油按相关国际标准或按合同规定标准进行验收保管。

（7）用户自行购置的变压器油或由炼油厂直接发来的变压器油，都须按技术协议要求检验和记录。

（8）使用密封清洁的专用油罐或容器存储变压器油，不同牌号的变压器油应分别贮存与保管，并做好标识。

（9）严禁在雨、雪、雾天进行倒罐滤油。

（10）变压器油对环境、安全和健康的影响及其防护措施。

1）变压器油可能对健康造成危害。

① 若长时间和重复接触变压器油，可能导致皮肤脱脂且并发生刺激性反应。

② 眼睛接触变压器油会引起发红肿和短暂疼痛。

③ 有口服毒性。

④ 吸入高温下产生的油蒸气或油雾会刺激人的呼吸道，个别体质会导致恶心、腹泻，甚至呕吐。

⑤ 吸入大量油蒸气会引起肺损伤，油蒸气浓度过高会引起呼吸困难等症状。

2）特殊环境下变压器油有燃爆特性。

① 在通常环境下变压器的理化特性状态稳定，当较高浓度的油蒸气与空气混合，可形成爆炸性混合气体，一旦遇到明火、高热，极易发生爆炸。

② 与氧化剂接触会发生氧化反应，严重时会引起燃烧。

③ 变压器油蒸气比空气重，能在较低处扩散到较远的地方，遇明火会引着回燃。

3）对环境污染危害。变压器油在自然状态下会缓慢生物降解，在自然环境中保留期间，存在污染地表水、土壤、大气和饮用水的风险。

4）急救措施。

① 眼睛若不慎接触变压器油时，应及时用大量的清水或生理盐水冲洗。

② 皮肤接触发生过敏反应时，应尽快脱下污染的衣物，用肥皂和流动的清水冲洗身体。

③ 不慎吸入变压器油蒸气，应迅速脱离现场至空气新鲜处自然缓解。

5）消防措施。一旦变压器油发生燃烧，应使用干粉、二氧化碳或泡沫灭火剂，尽可能将容器从火场移至空旷处，喷水保持容器冷却，直至安全。

6）泄漏应急处理。

① 发生变压器油大量泄漏时，应组织无关人员迅速撤离泄漏污染区至安全区域。

② 隔离泄漏区，切断火源，严格限制出入。

③ 进入泄漏现场的应急处理人员应佩戴自给正压式呼吸器，穿消防防护服。

④ 尽可能切断泄漏源，防止溢出的变压器油进入或蔓延到排水沟下、水道或土壤中。

⑤ 小量泄漏，应及时采用黏土、沙土或其他不燃材料进行吸附或吸收；大量泄漏时，应构筑围堤或挖坑收容。

⑥ 用泡沫覆盖，降低油蒸气灾害；用防爆泵将汇集的变压器油收集到槽车或专用容器内，回收或运至废物处理场所处置，同时及时通知当地环境保护部门。

7）防护措施及其他事项。

① 在皮肤反复接触变压器油的场合，工作人员应戴耐油保护手套（手套应为氯丁橡胶、腈、丙烯腈、丁二烯橡胶）和穿防护衣进行保护；佩戴安全防护镜防止飞溅的变压器油进入眼睛。

② 避免变压器油发生过热和遭遇明火，严禁与氧化剂、卤素、食用化学品等混装、混运及混合存放，装运变压器油的容器应密封，运输槽车应配接地链。

③ 废弃的变压器油应及时回收，不得随意燃烧处理环境污染；无特殊处理手段，不得重复利用。

6. 变压器本体移动就位

（1）将变压器本体移动到安装位置需用铰链或钢丝绳牵引，铰链或钢丝绳必须与本体油箱的牵引攀连接，牵引速度应小于或等于 2m/min。

（2）牵引到位的变压器本体，使用千斤顶顶升本体，抽出滚杠或滑轨，然后下落至基础上。

（3）使用千斤顶升或下落变压器本体时必须注意安全，4 个（或更多）千斤顶的行程要一致，防止主体意外单点受力。

（4）千斤顶须放置在油箱标志千斤顶专用底板处，使用时顶紧顶实，不得打滑；4 点千斤顶（或多点）必须同时均匀地受力，短轴两侧缓慢交替顶升或下落，保持本体平衡，防止失稳滑落；单次完整的顶升或下落的高度不得超过 120mm，不能一次行程完成本体顶升或下落时，可组织、协调多次顶升或下落直至就位。

（5）变压器本体使用油箱底小车就位。

① 变压器基础轨道应水平，与变压器轮距相一致，滚轮灵活转动，箱底每侧安装的滚轮应成一条直线。

② 按照千斤顶顶升或下落变压器的操作要求进行。

③ 先将变压器本体顶起至可安装小车的高度，垫好枕木或垫板，将变压器本体下落在垫实的枕木，安装箱底小车。

④ 箱底小车安装完成，小车轴间进行润滑，经检查无误，再次顶升变压器本体（约 20～30mm）脱离箱底下部枕木。

⑤ 经确认小车轨距与基础轨距准确配合后，拆除枕木或防落支撑，使千斤顶徐徐下落至小车安全落在轨道上。

⑥ 将变压器本体以小于或等于 2m/min 牵引速度移动到安装位置，按照安装小车相反的顺序拆除小车，将变压器平稳地落在安装基础上。

（6）无小车变压器安装就位后，油箱底脚或地板与基础的预埋件可靠连接。

（7）变压器本体就位时应注意套管中心与其相连接的封闭母线、GIS 等装置的中心线对齐，以满足后续安装需要。

（8）变压器油箱顶盖、联管已按照标准要求设置了聚气的坡度，故变压器在水平基础安装时无须另外倾斜。

（9）变压器箱底与基础之间设有减振垫、底座支架等装置时，在变压器本体就位前应提前将减振垫、底座支架等安放在基础上。

（10）油箱箱壁加强筋内填充沙子时，应按产品安装使用说明书进行操作。

7. 贮存及保管

变压器运到现场后应立即检查产品运输中是否受潮，在确认产品未受潮的情况下才能进行安装和投入运行。当产品在现场不能在 3 个月内实施安装时，必须在 1 个月之内完成产品未受潮判定和完善现场充气或注油贮存工作。产品未受潮的指标见表 2－40。

表 2－40　　产品未受潮的指标

序号	验证项目		指 标
1	气体压力（常温）/MPa		≥0.01
2	油样分析	耐压值/kV	≥55
3		含水量/（mg/L）	≤10

注：1. 充气运输的变压器所取分析油样是指油箱内的残油。

2. 耐压值是用标准试验油杯做的试验值。

如果实验数据与表 2-40 的三项数据中有一条不符合，则变压器不能继续充气或充油贮存，需要按表 2-41 产品最终未受潮的判断进一步对产品是否受潮做出判断，若确定产品受潮，则须经干燥处理达到要求后，再按要求完成充气或注油贮存。

表 2-41　　产品最终未受潮的判断

序号	判断内容
1	绝缘电阻值不应低于产品出厂试验值的 70%或不低于 10 000MΩ（20℃）
2	吸收比（R_{60}/R_{15}）与产品出厂值相比应无明显差别，在常温下不应小于 1.5
3	被测绕组的 tanδ值不宜大于产品出厂试验值的 130%
4	铁心绝缘电阻大于 10MΩ 或同出厂值

（1）充气运输产品的贮存。

1）充气运输产品，运到现场后应立即检查变压器本体内部的气体压力是否符合 0.01～0.03MPa 的要求。符合要求的产品允许继续充气短期贮存，但存放时间不得超过 3 个月；对于现场充气存储期超出 3 个月的产品，必须注油贮存。

变压器本体内部的气体压力不符合要求时，不能继续充气贮存，必须判断产品是否受潮后才能决定贮存方式。

2）产品充气存放应继续充与原气体相同的气体，气体露点应低于-45℃。装设压力检测装置，保持油箱内部压力为 0.01～0.03MPa。

3）充气贮存过程中，每天至少巡查产品压力两次，做好压力及补入气体量的记录。如果油箱内部压力降低很快，气体消耗量增大，说明油箱有泄漏问题，应及时查找漏气原因并予以处理，严防变压器器身受潮。

4）现场充气贮存期超出 3 个月的产品改为注油贮存时应按以下要求：

① 排尽箱底残油，严禁将未经处理合格的残油再充入变压器中使用。

② 注油从油箱下部注油阀门注入符合相关规定技术指标要求的变压器油，同时打开箱盖上的蝶阀排气。注意，注油排的是氮气时，任何人不得在排气孔附近停留。

③ 注油时需临时安装储油柜系统（包括吸湿器、油位表），将油面调整到稍高于储油柜正常油面位置，并按储油柜使用说明书排出储油柜中的空气。

④ 注油存放过程，必须有专人监控，如果吸湿器中硅胶颜色发生变化，须及时更换吸湿器。

⑤ 注油存放期间，必须将油箱的专用接地点与接地网牢靠连接。

⑥ 产品现场贮存每隔 10 天要对其外观进行检查，查看有无锈蚀、渗漏等现象；油箱等金属部件若有锈蚀，需及时进行清理、补漆；每隔 30 天要从本体油箱内抽取油样进行试验，其性能必须符合表 2-40 中要求，并做好记录。

（2）带油运输的变压器现场贮存。

1）带油运输的产品运到现场后从变压器本体取油样进行检验，其性能应符合表 2－40 的要求时允许注油贮存。

① 注油时需临时装上储油柜系统（包括吸湿器、油位表），将油面调整到稍高于储油柜正常油面位置，并按储油柜使用说明书排出储油柜中的空气。

② 从油箱上部抽真空至 100Pa 以下维持 24h 以后，注入符合表 2－39 要求的变压器油。注油至稍高于储油柜正常油面位置，打开储油柜的呼吸阀门，保证吸湿器正常工作。

③ 注油贮存将油箱的专用接地点与接地网牢靠连接，贮存过程必须有专人监控，如果吸湿器中硅胶颜色发生变化时，需及更换吸湿器。

④ 变压器现场贮存每隔 10 天要对其外观进行检查，查看油位是否正常、有无锈蚀、渗漏等；油箱等金属部件有锈蚀时，需及时进行清理、补漆；每隔 30 天要从变压器本体油箱内抽取油样进行试验，其性能必须符合表 2－40 中要求，并做好记录。

2）油样经检验不符合表 2－40 中要求不能注油贮存，也不能安装，继续按表 2－41 中的条件对产品做受潮判断，同时与制造厂联系。如果确定产品受潮，应立即与制造厂联系进行干燥处理，处理合格后按程序继续注油贮存。

3）对于带油运输到达现场 3 个月内不进行安装的变压器，在 1 个月内必须安装储油柜（包括有载调压开关储油柜和吸湿器），注入合格的变压器油至储油柜相应温度的油面高度。补充油必须从箱盖上或储油柜的蝶阀进油，避免空气进入器身。

4）若未能安装储油柜（不建议使用这种存放方式），注油后最终油位距箱顶约 200mm，油面以上无油区充入露点低于－45℃的干燥气体临时保存。充气时解除真空，充气压力至 0.02～0.03MPa；贮存期间，压力应维持在 0.01～0.03MPa。临时保存期限不宜超出 1 个月。

（3）储油柜、散热器、冷却器、导油联管、框架等组附件可以在户外贮存，放置地面平整并垫高防止水浸，必须有防雨、防尘、防污等密封措施，不能发生锈蚀和污秽污染。

（4）套管运输装卸和保存期间的存放应符合套管说明书的要求，贮存在干燥通风的室内立式支撑架上或水平垫高的地面上。电容式套管存放期超过 6 个月时，放置方式及倾斜角度按套管厂家提供的使用说明书要求执行。

（5）充油或充干燥气体贮存的出线装置、套管式电流互感器等，贮存在干燥通风的室内，水平地面垫高、垫平，竖直安放，不得倾斜或倒置放置，采取措施防止内部绝缘受潮。

（6）其他附件如测温装置、仪器仪表、控制柜、有载开关操作机构、小组件、导线、电缆、密封件、绝缘材料和在线监测等，保持原包装贮存在干燥通风的室内。

（7）充油贮存的组、附件同本体一样每隔 30 天抽取油样进行试验，其性能必须符合表 2－40 的要求，并做好记录。每隔 10 天要对其外观进行检查，发现渗漏、锈蚀时，应及时处理。

8. 现场安装

（1）变压器安装工作流程图如图 2－100 所示。

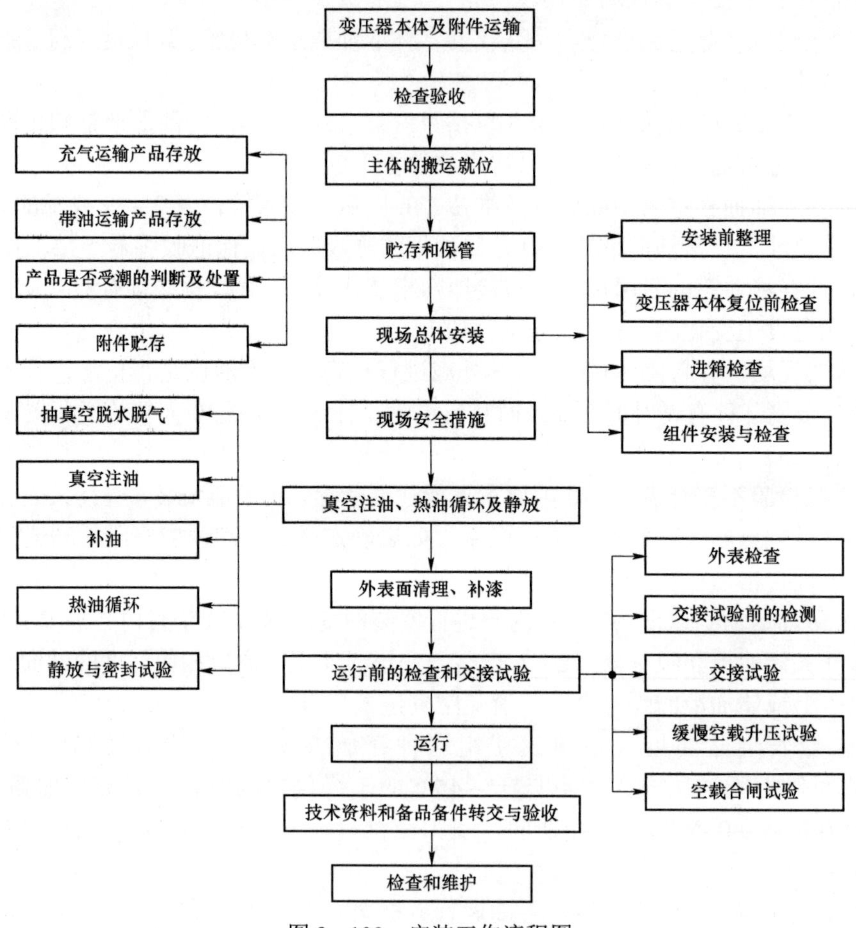

图 2－100　安装工作流程图

（2）现场安装安全要求。

1）认真制定安全措施，确保安装人员和设备的安全，安装现场和其他施工现场应有明显的分界标志。变压器安装人员和其他施工人员应互不干扰。

2）进入安装现场穿工作服和工作鞋，戴安全帽。

3）按高空作业的安全规定进行高空作业，应特别注意使用安全带，高空拆卸、装配零件时，必须不少于 2 人配合进行。

4）油箱内氧气含量少于 18%，不得进入作业。

5）起重和搬运按有关规定和产品说明书规定进行，防止在起重和搬运中设备损坏和人身受伤。

6）现场明火作业时必须有防范措施和灭火措施。

（3）安装变压器使用的主要设备和工具见表 2－42。

表 2-42　　安装变压器使用的主要设备和工具

类别	序号	名称	数量	规格及其说明
起重设备	1	起重机	1辆	25t以上
	2	起重葫芦	各1套	1～3t、5t各两台
	3	千斤顶及垫板	4只	不少于本体运输重量的一半
	4	枕木和木板	适量	
注油设备	1	真空滤油机组	1台	标称流量：12 000/18 000L/h，工作压力不大于50Pa，过滤精度1μm
	2	双级真空机组	1台	抽速不小于600L/s，残压低于5Pa
	3	真空计（电子式或指针式）	1台	3～700Pa
	4	真空表	1～2块	量程为：-0.1～0MPa
	5	干燥空气机或瓶装干燥空气	1台 若干瓶	干燥空气露点不高于-45℃
	6	储油罐	1套	根据油量确定，约为变压器总油量的1.2倍
	7	干湿温度计	1个	测空气湿度，RH0～100%
	8	抽真空用管及止回阀门	1套	
	9	耐真空透明注油管及阀	1套	接头法兰按总装图给出的阀门尺寸制作
登高设备	1	梯子	2架	5m，3m
	2	脚手架	若干副	
	3	升降车	1台	
	4	安全带	若干副	
消防用具		灭火器	若干个	防止发生意外
保洁器材	1	优质白色棉布、次棉布	适量	
	2	防水布和塑料布	适量	
	3	工作服	若干套	
	4	塑料或棉布内检外衣（绒衣）	若干套	绒衣冬天用
	5	高筒耐油靴	若干双	
一般工具	1	套管定位螺母扳手	1副	
	2	紧固螺栓扳手	1套	M10～M48
	3	手电筒	3个	小号1个、大号2个

续表

类别	序号	名称	数量	规格及其说明
一般工具	4	力矩扳手	1套	M8～M16，内部接线紧固螺栓用
	5	尼龙绳	3根	ϕ8mm×20m，绑扎用
	6	锉刀、布纱纸	适量	锉、磨
备用器材	1	气焊设备	1套	
	2	电焊设备	1套	
	3	过滤纸烘干箱	1台	
	4	高纯氮气	自定	有需要
	5	铜丝网	$2m^2$	30目/cm^2，制作硅胶袋用
	6	半透明尼龙管	1根	ϕ8mm×15m，用作变压器临时油位计
	7	刷子	2把	刷油漆用
	8	现场照明设备	1套	带有防护面罩
	9	筛子	1件	每平方厘米30目，筛硅胶用
	10	耐油橡胶板	若干块	
	11	空油桶	若干	
消耗材料	1	直纹白布带/电工皱纹纸带	各3盘	需烘干后使用
	2	密封胶	1kg	401胶
	3	绝缘纸板	适量	烘干
	4	硅胶	5kg	粗孔粗粒
	5	无水乙醇	2kg	清洁器皿用
测试设备	1	万用表	1块	MF368
	2	电子式含氧表	1块	量程为：0～30%
	3	绝缘电阻表	各1块	2500V/2500MΩ；500V/2000MΩ；1000V/2000MΩ

（4）安装前的清理。

1）对零部件的清洁要求，凡是与油接触的金属表面或瓷绝缘表面，均应采用不掉纤维的白布拭擦，直到白布上不见脏污颜色和杂质颗粒。

套管的导管、冷却器、散热器的框架、联管等与油接触的管道内表面，凡是看不见摸不着的地方，必须用无水乙醇沾湿的白布来回拉擦，直到白布上不见脏色。即使是出厂时已经干净且密封运输，到现场后也应进行拉擦，确保其内部洁净。

2）密封面、槽及密封材料的要求。

① 所有大小法兰的密封面或密封槽，在安放密封垫前，均应清除锈迹和其他沾污物；用布沾无水乙醇将密封面擦洗干净，直到白布上不见脏污颜色和杂质颗粒；仔细检查、处理每

一个法兰连接面，保持平整、光滑。

② 凡是在现场安装时使用或需更换新的密封垫、圈，不得有变形、扭曲、裂纹、毛刺、失效或不耐油等缺陷，擦拭干净备用。

③ 密封垫、圈的尺寸应与密封槽或密封面尺寸相配合，尺寸过大或过小的密封垫、圈都不能使用，圆截面胶棒密封圈在其搭接处搭接面应平整、光滑，粘接后的直径必须与密封胶棒直径相同，粘结口必须与密封槽平行放置并做标记，保证粘接口在平面上均匀受压。

④ 无密封槽的平面法兰用密封垫时，应先将密封胶涂在平法兰有效密封面上，再将环形密封垫粘在其上。当拧紧螺栓紧固以后发现密封垫未处于有效密封面上，应松开螺栓扶正。密封垫的压缩量应控制在正常1/3范围之内。

⑤ 紧固法兰时使用力矩扳手，在对角线方向交替逐步拧紧各个螺栓，最后再统一拧紧一次，以保证各个平行方向压紧度相同、适宜。

3）所有用螺栓连接的电气接头都要确保可靠的电接触。

① 连接处的接触表面应平整、擦净，不得有脏污、氧化膜等覆盖以及妨碍电接触的杂质存在。

② 连接片应平直，无毛刺、飞边。

③ 用力矩扳手拧紧螺栓，紧固螺栓配有蝶形垫圈，利用蝶形垫圈的压缩量，保持足够的压紧力，以确保连接可靠。螺栓紧固力矩值见表2－43。

表2－43　　螺栓紧固力矩值

螺纹规格	螺栓、螺母连接的最小施加扭矩/（N·m）	螺栓与钢板（开螺纹孔）连接的最小施加扭矩/（N·m）
M10	41	26.4
M12	71	46
M16	175	115
M20	355	224
M24	490	390

注：表中为碳钢或合金钢制造的螺栓、螺钉、螺柱及螺母的扭矩值。

（5）现场安装基本要求。

1）无特殊情况，750kV变压器不需要做现场吊心或吊罩检查。

2）内部检查应安排有经验的安装维护人员从油箱人孔进入油箱。

3）实施内部检查前首先检查油箱上压力表的压力是否正常，取油样检测是否符合相关要求，并判断产品是否受潮。

4）进入油箱内部检查注意事项。

① 凡遇雨、雪、风沙（4级以上）天气和相对湿度大于75%以上的天气，不能破坏油箱密封进行产品内部检查。

② 充氮运输的产品在氮气没有排净前，油箱内部空气含氧量低于18%时，严禁任何人进入油箱作业。

③ 进入油箱检查打开人孔或视察孔之前，须在人孔外部搭建临时防尘罩，所有油箱上打开盖板的地方都要有防止灰尘、异物落入油箱的保护措施。

④ 进行内检的人员必须事先明确要检查内容，明确逐项检查细则和保护措施。

⑤ 进入油箱的人员必须穿戴清洁的衣服、帽子和鞋袜；除所带工具外不得带任何其他金属物件；带入油箱的工具应有标记，严格执行登记、清点制度；工作结束出油箱时，必须检查和清点带进油箱的工具及数量，严防将工具遗忘在油箱中。

⑥ 从箱盖的阀门或充气接头处以 0.7～3m^3/min 的流量向油箱内充入干燥空气（露点不高于－45℃）。正常充气 30min 后才可打开人孔盖板，进入内部检查。

⑦ 工作期间必须持续向油箱内充入干燥空气，直到内部检查或当天工作完毕密封封盖为止。每天工作完毕保持变压器本体内部充入干燥空气的压力在 20kPa 左右，直到再次工作开始。

⑧ 器身在空气中暴露的时间要尽量缩短，从开始排氮注入干燥空气到密封油箱开始抽真空的最长时间不得超过 12h。

⑨ 内检过程中不得损坏绝缘，绕组出头线不得任意弯折，保持原安装位置，不允许攀爬踩踏引线和导线支架。

⑩ 严禁在油箱内更换灯泡和修理工具。

（6）油箱内部检查内容。

1）拆除变压器本体运输就位用的内部、外部临时支撑件。

2）检查铁心有无移位、变形。

3）检查器身有无移位，定位件、固定装置及压紧垫块是否松动。

4）检查绕组有无移位、松动及绝缘有无损伤、异物。

5）检查引线支撑、夹紧是否牢固，绝缘是否良好，引线有无移位、破损、下沉现象；检查引线间的绝缘距离。

6）检查铁心与铁心结构件间的绝缘是否良好（用 2500V 绝缘电阻表测量），是否存在多余接地点。检查铁心、夹件及调柱、静电屏和磁分路接地情况是否良好，测量有无悬浮。

7）检查所有连接的紧固件、锁紧，不允许有松动。

8）检查开关触头接触是否良好，触头位置是否正确，三相位置是否一致，是否在出厂整定位置。

9）最后清理油箱内部，清除残油、纸屑、污秽杂物等。

10）在进行内检的同时，允许进行出线装置和套管的装配工作。

（7）组件安装。一般组件的安装应在真空注油前完成。

1）组件安装基本要求。

① 清洁所有附件，去除内、外表面污迹。

② 与变压器直接接触的组件如冷却器、储油柜、导油管、升高座等，用合格的变压器油冲洗油管路内部，冲洗时不允许在管路中加设金属网，避免将金属丝或金属颗粒带入油箱内；冲洗完成后擦洗干净连接管接口。

③ 检查各连接法兰面、密封槽是否清洁，密封垫是否完整、光洁。

④ 按照总装配图（或导油管图）安装导油管路，认真核对导油管上编号配对连接，

不得随意变换连接位置，或变换连接方向，或自行配制管路。

⑤ 安装带有螺杆的波纹联管时，首先将波纹联管与导油联管两端的法兰连接拧紧，再锁死波纹联管螺杆两端的螺母。

⑥ 检测测量装置中的电流互感器的绝缘电阻、变比及极性，应与铭牌和技术条件相符合。

⑦ 更换与本体连接的法兰密封圈或密封垫。

⑧ 所有组件必须按照各自的安装使用说明书进行安装。

2）安装储油柜。

① 首先检查胶囊有无损坏和密封性能。对胶囊缓慢充气，待胶囊舒展开后认真查漏，如有泄漏点或破损应及时更换新的胶囊。

② 胶囊的长轴方向应与储油柜的长轴方向保持平行，不应有扭曲；胶囊口密封应良好，呼吸应畅通。

③ 安装好柜脚或支架，将储油柜安装就位。

④ 检查各连接法兰的密封槽是否清洁，密封垫是否服帖；安装联管、波纹联管、蝶阀、气体继电器、梯子等附件。

⑤ 安装管式油位表时，应注意使油表的指示与储油柜的真实油位相符；安装指针式油表时，应使浮球能沉浮自如，避免造成假油位；油位表的信号接点位置应正确，绝缘良好。

⑥ 吸湿器和气体继电器必须在产品真空注油结束后进行安装。

⑦ 波纹式储油柜的安装应按其使用说明书进行操作。

⑧ 如有接地连接要求，必须可靠接地。

3）安装冷却装置。

① 按冷却装置安装使用说明书做好安装前的检查及准备工作。

a. 打开冷却器的运输用盖板和油泵盖板，检查内部是否清洁和有无锈蚀。

b. 检查蝶阀阀片和密封槽不得有油垢、锈迹等缺陷，蝶阀的关闭和开启要符合相关要求。

② 冷却装置在制造厂内已经冲洗好并且密封管口运到现场，内部应无油污、雨水和锈蚀等，现场可不安排内部冲洗。如果发现异常，则应用合格的变压器油经滤油机循环将内部冲洗干净，排尽冲洗残油后才可进行安装，并与变压器油箱连接。

③ 冷却装置安装在框架上之前，先将油路框架与本体导油管连接并固定好，然后按编号逐一吊装冷却装置，同时安装油流继电器、固定冷却装置的拉螺杆等；冷却装置采用双钩平衡起吊，保持冷却装置直立状态，防止歪斜碰撞；冷却装置吊到安装位置，平衡后再与冷却器支架及油管装配；管口与阀门密封连接前预先确认阀门的开启状态和位置状态。

④ 风扇电动机及叶片应安装牢固、转动灵活、无卡阻；试转时应无异常振动和过热；叶片应无扭曲变形，安装正确，与导风筒无剐蹭，转向应正确；电动机的电源配线应采用具有耐油性的绝缘导线。

⑤ 油泵转向正确，转动时应无异常噪声、振动或过热现象；连接密封良好，无渗漏油或进气现象。

⑥ 管路中的阀门应操作灵活，开闭位置正确；阀门及法兰连接处应密封良好。

⑦ 油流继电器应事先校验合格，动作可靠、安装密封良好。

⑧ 导油管路安装应遵照产品总装配图（或导油联管装配图），按零件编号和安装标志进行安装，同时装上相关阀门和蝶阀；不得随意更改导油管上的编号，也不可更换安装导油管、蝶阀、支架和冷却器。

⑨ 电气元件和电气回路绝缘应试验合格。

4）安装气体继电器和速动油压继电器。

① 安装气体继电器和速动油压继电器应符合 JB/T 10780《750kV 油浸式电力变压器技术参数和要求》的要求，按气体继电器和速动油压继电器使用说明书中规定分别进行检验整定。

② 气体继电器按照图纸要求位置安装，顶盖上的箭头标志应指向储油柜。

③ 带集气盒的气体继电器将集气管路连接好，集气盒内充满合格的变压器油，密封应良好。

④ 气体继电器应安装防雨罩，以防止潮气和雨水进入。

⑤ 连接电缆引线时在接入气体继电器处留有滴水弯，对进线孔应封堵严密。

⑥ 安装结束前从观察窗确认气体继电器内部挡板应处于打开位置。

5）安装压力释压器。安装压力释放装置前应核对动作压力值是否符合产品技术要求，清洁阀盖和升高座内部；安装方向应正确，密封应良好，电接点动作准确，绝缘良好；安装导流管路。

6）安装吸湿器。安装吸湿器前应检查吸湿剂的干燥状态，更换已经吸潮变色的干燥剂；吸湿器与储油柜之间通过连接管路密封连接，油封油位应在规定的油面线以上。

7）安装测温装置。

① 安装温度计前应根据使用说明书的规定进行校验和调整，信号接点导通良好、动作正确，就地显示与远传显示符合产品技术文件规定；绕组温度计经校验合格后方可安装。

② 温度计根据设备厂家的规定进行整定，并应报运行单位认可。

③ 油箱顶盖上的温度计座内应注入适量的变压器油，注油高度应为温度计座的三分之二；温度计测温探头安装后密封性应良好，无渗油现象；闲置的温度计座应密封好，防止进水。

④ 安装温度计的信号传递细金属软管时，不得压扁或急剧弯折或扭曲金属软管，弯曲半径不得小于 150mm。

8）安装 750kV 套管时，应按照套管制造厂提供的安装使用说明书进行操作。

9）安装分接开关。

① 按分接开关使用说明书进行安装和验证试验。

② 安装分接开关的传动轴、伞齿轮、控制箱等所有开关附件。

③ 一位安装人员在油箱盖顶观察，另一位安装人员在地面操作，地面安装人员手动操作分接开关切换循环 2 周（从最大分接到最小分接，再回到最大分接，称为一周），以保证操作灵活、挡位一致。

④ 测试分接开关的分接位置与显示指示的位置是否一致、正确，保持各分接位置时接触良好。

⑤ 检查分接开关在各分接位置时绕组的直流电阻，与出厂值比较应无差异。

⑥ 分接开关安装试验完毕后，应调整到额定分接。

⑦ 严格按照生产厂家提供的分接开关使用说明书要求安装分接开关的滤油机。

10）安装控制箱。

① 冷却系统控制箱应有两路交流电源，自动互投转换传动时应正确、可靠。

② 控制回路连接导线截面应符合设计要求，引线绝缘无损伤，接线排列整齐、美观、标志清晰；接线连接采用铜质或有电镀金属防锈层的螺栓，紧固有防松装置。

③ 内部断路器、接触器的动作应灵活、无卡涩现象，触头接触应紧密、可靠，无异常声响。

④ 保护电动机用的热继电器的整定值应为电动机额定电流的1.0～1.15倍。

⑤ 内部元件及转换开关各位置的命名应正确并符合设计要求。

⑥ 控制和信号回路应正确，并应符合GB 50171《电气装置安装工程　盘、柜及二次回路结线施工及验收规范》的有关规定。

⑦ 控制箱应密封良好，控制箱内外应清洁无锈蚀，驱潮装置应正常工作。

⑧ 控制箱接地应牢固、可靠。

9. 真空注油、热油循环及静放

变压器在全密封条件下抽真空、脱水、脱气、真空注油、热油循环及静放。

（1）准备工作。

1）真空机组性能应符合下列规定。

① 选用真空泵加机械增压泵形式，极限真空应小于或等于0.5Pa。

② 真空泵抽空能力不小于600L/s。

③ 配有1～3个独立接口。

2）油处理设备包括真空滤油机、储油罐、输油管路、各种阀门。

① 真空滤油机的性能：过滤后变压器油的指标能达到击穿电压大于或等于75kV/2.5mm，含水量小于或等于5mg/L，含气量小于或等于0.1%（体积分数），过滤精度为0.5μm，油中颗粒度含量为500个/100mL。

② 清洗滤油机、贮存油罐和输油管路（包括阀门）。

③ 预先用真空滤油机将油箱中的残油抽到清洁的储油罐中；油箱中注入露点低于－45℃的干燥空气。

3）将要使用的变压器油经真空滤油机进行脱气、脱水和过滤处理，油质符合表2－40要求。

4）连接注油管路。注油管路全部为耐油透明钢丝软管，不得使用橡胶管，应用热油冲洗注油管路，以保证内部清洁。

5）抽真空和真空注油。真空注油系统连接原理图如图2－101所示。

（2）真空注油。

1）抽真空及真空注油应在无雨、无雪、无雾，相对湿度不大于75%的天气进行。

2）启动真空泵对变压器抽真空，抽真空到100Pa时测试泄漏率。

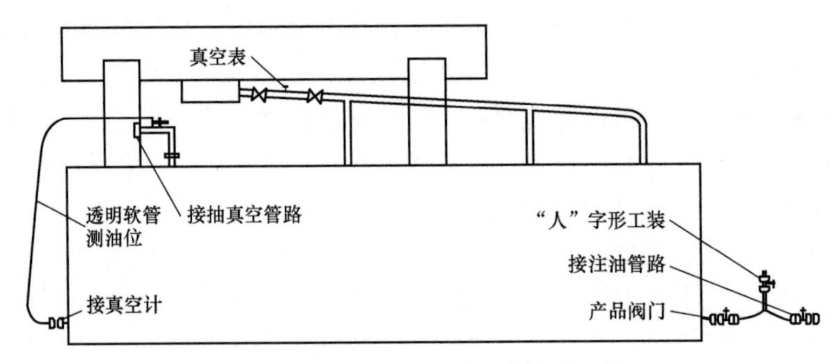

图2－101 真空注油系统连接原理图

泄漏率测试：当抽真空至100Pa时，关闭箱盖顶序号2真空阀门，关掉真空机组；1h后第一次记录真空计读数 P_1（采用电子式或指针式真空计），经过30min，第二次记录真空计读数 P_2；按公式 $\Delta P=P_2-P_1$ 计算泄漏率，$\Delta P\leqslant 3240/M$ 即判定泄漏率合格。

3）泄漏率测试合格后继续抽真空至25Pa以下，从25Pa开始计时至最终压力不大于13.3Pa为止，计时维持时间大于或等于48h。如果安装附件器身总的暴露时间不超过24h，但每天安装附件时间超过8h，则每超过8h，延长12h抽真空时间。

4）抽真空维持真空度符合要求才允许对产品进行真空注油。注油前必须拆除真空计，产品接地点及连接管道必须可靠接地，防止油流产生静电而引发安全和绝缘事故。

5）安装全真空储油柜可以与产品一起真空注油。连接注油管路，通过油箱下部阀门注入合格的变压器油。注油速度不宜大于100L/min，注油温度控制在50～70℃。注油至距离箱顶200～300mm时暂停，关闭本体抽真空连接阀门，将抽真空管路移至储油柜下部呼吸管阀门处，打开储油柜顶部旁通阀门，继续抽真空注油。一次注油至储油柜标准油位时停止。

6）关闭注油管路阀门，关闭呼吸管管路阀门及真空泵，最后关闭储油柜顶部旁通阀。安装吸湿器，将吸湿器连接阀门打开，缓慢解除真空。

7）待变压器油与环境温度相近后，关闭气体继电器工装与本体及储油柜连接阀门，拆除工装（拆除工装时有少量油放出），更换已校验合格的气体继电器，开启气体继电器与本体及储油柜连接的阀门，从气体继电器放气塞放出气体。

（3）热油循环。

1）真空注油完毕拆除真空管路，用热油循环管路将变压器与大流量滤油机连接起来，对变压器本体进行热油循环。热油循环方式为下进上出的连续热油循环。

2）热油循环应同时满足以下规定：热油流量为6～8m³/h，热油循环以变压器出油口的油温达到60～70℃开始计时，热油循环时间不少于48h，总循环油量不低于本体油量的3～4

倍。热油循环结束后，按要求对所有组附件、集气管进行放气。

3）除热油循环的时间要满足规定外，油样化验的结果也必须符合相关规定，否则应延长连续热油循环的时间，直到油质符合相关规定为止。

（4）静放和密封性试验。

1）停止热油循环，如储油柜的油面没有达到规定的高度，在真空状态下向储油柜补充合格的变压器油，直到油面略高于相应温度下储油柜正常的油面高度为止。

2）完成补油开始静放计时，静放时间不少于168h。

3）静放期间，从变压器的套管、升高座、冷却装置、气体继电器、压力释放装置等有关部位进行多次放气，直至残余气体排尽；储油柜放气按储油柜安装使用说明书进行操作。

4）关闭储油柜上方用以平衡隔膜袋内外压力的ϕ25mm阀门；安装储油柜配置的吸湿器，按吸湿器安装使用说明书更换硅胶，打开与吸湿器联通的ϕ25mm阀门。

5）静放期间可以对变压器整体连同附件做密封性试验。方法是安装油柱，利用油柱的压力检查变压器密封状态，或者向储油柜胶囊内充入干燥空气，维持20～25kPa的压力。密封试验持续时间应为24h，产品所有密封连接应无渗漏。当产品的技术文件有密封检查要求和方法时，应按其要求进行。

10. 投入运行前检查

（1）检查所有阀门指示位置是否正确。

（2）检查所有组件的安装是否正确，结构和密封处是否漏油。

（3）将各接地点可靠接地，检查是否有多余的接地点，如果有应马上排除。

（4）铁心和夹件的接地检测。铁心（硅钢片）和夹件的接地线分别由接地套管引至油箱下部接地，利用接地套管检测铁心和夹件的绝缘状况。测量时先接入表计再打开接地线，避免瞬时开路形成高压，测量后仍要恢复可靠接地。

（5）检查储油柜及套管等的油面是否合适，检查储油柜吸湿器是否通畅。

（6）二次电气线路的安装。

1）按出厂文件中《控制线路安装图》安装、调整控制回路。

2）采用强迫油循环风冷方式冷却的变压器，按出厂文件中《电气控制原理图》连接控制回路，并逐台起动风扇电动机和油泵，检查风扇电动机吹风方向及油泵油流方向。油流继电器指针动作灵敏、迅速则为正常，如油流继电器指针不动或出现抖动、反应迟钝，则表明潜油泵相序接反，应给予调整。

3）检查温度计座内是否注入了变压器油，然后安装温度计。通常变压器装有两只温度控制器，用以监测变压器油面温度，发出高温报警和控制变压器温升限值跳闸信号，可在总控制室内远方监控油面温度。装有一只绕组温度计，用以监视变压器绕组温升，发出报警和控制变压器温升限值跳闸信号。

4）检查气体继电器、压力释放阀、电流互感器等的保护、报警和控制回路是否正确。

（7）检查其他配套电气设备，应符合GB 50150《电气装置安装工程　电气设备交接试验标准》的有关规定。

（8）对变压器油的油质进行最后化验，应符合相关规定；测量各绕组的 tanδ值，与出厂值比较应无明显差异。

（9）变压器整体装配完毕检查合格后，应清除变压器上所有杂物及与变压器运行无关的临时装置，用清洗剂擦洗变压器表面运输及装配过程中沾染的油迹、泥迹，对漆膜损坏的部位进行补漆，油漆的牌号和颜色与制造厂用油漆的牌号和颜色一致。

11. 投入运行前的交接试验

（1）根据相关交接试验标准及技术协议规定的测试项目进行试验。

（2）系统调试时还需要对变压器进行其他高压试验项目应与制造厂协商。

（3）缓慢空载升压试验。

1）气体继电器信号触头接至电源跳闸回路，过电流保护时限整定为瞬时动作。

2）变压器接入电源后，缓慢空载升压到额定电压，维持 1h 应无异常现象。

3）继续将电压缓慢上升到 1.1 倍额定电压，维持 10min，无异常现象和响声，再缓慢降压。

4）如果现场不具备缓慢升压条件或不具备升压到 1.1 倍额定电压条件，可改为 1h 空载试验。此时如果油箱顶层油面温度不超过 42℃，可不投入任何冷却器。

（4）空载合闸试验（冷却器不投入运行）。

1）调整气体继电器，使信号触头接至报警回路，跳闸触头接至继电器保护跳闸回路，过电流保护调整到整定值。

2）所有引出的中性点必须大电流接地。

3）在额定电压下进行 3～5 次空载合闸冲击试验，每次间隔时间为 5min，监视励磁涌流冲击作用下继电保护装置的动作。

（5）交接试验结束后将气体继电器信号触头接至报警回路，调整过电流保护限值，拆除变压器的临时接地线。

（6）当环境温度过低时，以上试验项目应与制造厂协商是否可以进行。

12. 试运行

（1）首先将冷却系统开启，待冷却系统运转正常后再将产品投入试运行。

（2）试运行时变压器开始带电并带有一定的载荷，即按系统情况可供给的最大负荷。

（3）试运行连续运行 24h 后结束。

13. 运行

（1）变压器在试运行阶段如果没有异常情况发生，则认为变压器已正式投入运行。

1）强迫油循环风冷变压器的冷却器应在变压器投运前先运行 2h，然后停止 24h，利用变压器所有组、附件及管路上的放气塞放气，满足停止时间后拧紧放气塞。

2）在没有开动冷却器的情况下，不允许变压器带负载运行，也不允许长时间空载运行。

3）运行中如全部冷却器突然退出运行，变压器在额定负载下允许继续运行 20min。

4）低负载运行时，可以停运部分冷却装置，开动部分冷却装置允许带负载参见专用使用说明书。

5）运行中若储油柜的油位不合适，添加油和放油的方法见储油柜安装使用说明书。

（2）变压器运行中的监视。

1）变压器运行后经常查看油面温度、油位变化、储油柜有无冒油或油位下降的现象。

2）经常查看、视听变压器运行声音是否正常，有无爆裂等杂音和冷却系统运转是否正常。

3）运行中的绝缘油的品质检查。

① 周期要求：运行的第1个月，在运行后的1天、4天、10天、30天各取油样化验1次；运行的第2个月至第6个月，每一个月取油样化验1次；以后每3个月取油样化验1次。

② 运行中变压器油的最低性能要求见表2-44。

表2-44 运行中变压器油的最低性能要求

项目	指标
耐压/kV	≥60
含水量/（mg/L）	≤15
含气量（%）	≤2

③ 如果在产品运行初期变压器油品质下降很快，应分析原因并尽快采取措施。

4）产品运行中的其他监测项目按变压器运行规程。

（3）变压器运行异常的内部检查。

1）变压器投入运行后，变压器油的品质未下降到允许运行的最低标准（见表2-44）以及未发现其他异常情况，不需要对变压器进行内部检查。

2）若变压器油品质下降到允许运行的最低标准，应及时查明原因并进行滤油处理；若密封件失去弹性，发生较为严重渗漏，则必须更换密封件；若发现运行中的其他异常情况，应及时与制造厂联系，研究解决措施。

3）实施处理措施时，参照进入油箱内部检查注意事项和油箱内部检查内容。

4）内部检查要特别注意器身压紧装置是否有松动，端部绝缘有无松动。

14. 检查和维护

为了使变压器能够长期安全运行，应尽早发现变压器本体及组件的早期事故苗头，对变压器进行检查维护是非常必要的。检查维护周期取决于变压器在供电系统中所处的重要性以及安装现场的环境和气候。

变压器运行检查和维护是在正常工作条件下（满足电力部门运行及预试规定）须进行的工作。根据变压器出现异常情况或运行单位结合多年的运行经验，制定出自己的检查、维护方案和计划。

（1）产品日常检查内容见表2-45。

表 2－45　　产品日常检查内容

检查	项目	说明/方法	判断/措施
变压器本体	温度	（1）温度计指示 （2）绕组温度计指示 （3）电热偶指示 （4）温度计内潮气冷凝	如果油温和油位之间的关系的偏差超过标准曲线，重点检查以下各项 （1）变压器油箱漏油 （2）油位计有问题 （3）温度计有问题 （4）有潮气冷凝在油位计和温度计的刻度盘上，检查重点应找到结露的原因
	油位	（1）油位计指示 （2）潮气在油位计上冷凝，检查标准曲线比较油温和油位之间的关系	
	漏油	检查套管法兰、阀门、冷却装置、油管路等密封情况	如果有油从密封处渗出，则重新紧固密封件，如果还漏，则须更换密封件
	有不正常噪声和振动	检查运行条件是否正常	如果不正常噪声或振动是由于连接松动造成的，则重新紧固这些连接部位
冷却装置	有不正常噪声和振动	检查风扇和油泵的运行条件是否正常	当排除其他原因，确认噪声是由冷却风扇和油泵发出的，应更换轴承
	漏油	检查阀门、油泵等是否漏油	若油从密封处漏出，则重新紧固密封件，如果还漏，须更换密封件
	运转不正常	（1）检查风扇和油泵是否正常运转 （2）检查油流指示器是否正常运转	如果冷却器和油泵不运转，重点检查可能出现的原因
	脏污附着	检查冷却器上的脏污附着位置	特别脏时，要用水冲洗，否则会影响冷却效果
套管	漏油	检查套管密封是否漏油	如果漏油，更换密封件
	套管上有裂、破损或脏污	检查外瓷件脏污附着情况，检查瓷件上有无裂纹或破损	如果仅为脏污，清洁瓷套管；如果瓷件裂纹或破损，应及时更换备用套管
吸湿器	干燥度	检查干燥剂，确认干燥剂的颜色	如果干燥剂的颜色由蓝色变成浅紫色，应及时重新干燥或更换干燥剂
		检查油盒的油位	如果油位低于正常油位，应清洁油盒，重新注入变压器油
压力释放阀	漏油	检查是否有油从封口喷出或漏出	如果有很多油漏出，要重新更换压力释放阀
开关滤油机	漏油	检查滤油机内有无漏油	重新紧固漏油的部件
	运行情况	检查滤油机有无异常、噪声和振动	如果连接处松动，重新紧固
有载分接开关		按有载分接开关和操作机构的说明书进行检查	

（2）发现异常情况及处理见表 2－46。

表 2－46　　异常情况及处理

异常情况	原因	实施	调查分析
气体继电器：气体聚集（第一阶段）	内部放电 轻故障	从气体继电器中抽出气体	气体色谱分析
气体继电器：油涌（第二阶段）	内部放电 重故障	停运变压器	试验绝缘电阻、绕组电阻、电压比、励磁电流和气体分析
压力释放	内部放电	停运变压器	气体色谱分析
差动	内部放电涌流	停运变压器	气体色谱分析
油温度高 第一阶段：报警 第二阶段：跳闸	过载 冷却器故障	降低变压器负载	检查变压器负载和冷却器的运行情况
绕组温度高 第一阶段：报警 第二阶段：跳闸	过载 冷却器故障	降低变压器负载	检查变压器负载和冷却器的运行情况
接地故障	内部接地故障 外部接地故障	停运变压器	检查其他保护装置（气体继电器、压力释放阀等）运行情况
油位低	漏油	注油	检查储油柜隔膜，检查油箱和油密封件
油不流动	油泵故障	停运变压器	检查油泵运行情况
电机不能驱动	不供电 电机故障	—	检查馈电线路 检修或更换电机

（3）定期检查。定期检查需将产品暂时退出运行时进行，产品定期检查内容见表 2－47。

表 2－47　　产品定期检查内容

检查	项目	周期	说明/方法	判断/措施	备注
绝缘油	耐压	2 年或 3 年	试验方法和装置见 GB/T 507《绝缘油击穿电压测定法》和 GB/T 264《石油产品总酸值测定法》	≥60kV	如果低于此值，需对油进行处理
	酸值测定			≤0.1mg KOH/g	
	油中溶解气体分析	3 个月 1 次	（1）主要检出以下气体：O_2、N_2、H_2、CO、CO_2、CH_4、C_2H_2、C_2H_4、C_2H_6 （2）方法见 GB/T 7252《变压器油中溶解气体分析和判断导则》 （3）建立分析档案	发现情况应缩短取样周期并密切监视，增加速率故障判断见 GB/T 7252《变压器油中溶解气体分析和判断导则》	变压器油中产生气体主要有以下原因 （1）绝缘油过热分解 （2）油中固体绝缘过热 （3）火花放电引起油分解
	含气量		方法按 DL/T 423、DL/T 450 或 DL/T 703	≤2%	

续表

检查	项目	周期	说明/方法	判断/措施	备注
冷却器	冷却器组	1年	油泵和冷却风扇运行时，检查轴承发出的噪声	对轴承按易耗品更换标准进行检查和更换	
		1年或3年	检查冷却管和支架等的脏污、锈蚀情况	（1）每年至少用热水清洁冷却管1次 （2）每3年用热水彻底清洁冷却管并重新油漆支架、外壳等	
绝缘电阻	绝缘电阻测量（连套管）	2年或3年	（1）用2500V绝缘电阻表测量 （2）测量绕组对地绝缘电阻 （3）此时实际测得的是绕组连同套管的绝缘电阻，如果测量值不在正常的范围之内，可在大修或适当时候将绕组同套管脱开，单独测量绕组的绝缘电阻	测量结果同最近一次的测定值，应无显著差别，如有明显差别，需查明原因	
套管	一般	2年或3年	（1）裂纹 （2）脏污（包括盐性成分） （3）漏油 （4）连接的架空线 （5）生锈 （6）油位 （7）油位计内潮气冷凝	是否处于正常状态	（1）如果套管过于脏污，用中性清洗剂进行清洁，然后用清水冲洗擦干净 （2）当接线端头松动时进行紧固
附件	低压控制回路	2年或3年（当控制元件是控制分闸电路时，建议每年进行检查）	（1）保护继电器、温度指示器、油位计、压力释放装置的绝缘电阻 （2）用500V绝缘电阻表测量位于对地和端子之间的绝缘电阻	测得的绝缘电阻应不小于2MΩ，但对用于分闸回路的继电器，即使测得的绝缘电阻大于2MΩ，也要对其进行仔细检查	
			用500V绝缘电阻表在端子上测量冷却风扇、油泵等导线对地绝缘电阻	测得的对地绝缘电阻不低于2MΩ	
			检查接线盒、控制箱等有无雨水进入，接线端子是否有松动和生锈现象	（1）如果雨水进入，则重新密封 （2）如果端子出现松动和生锈，则重新紧固和清洁端子	
	保护继电器、气体继电器和有载分接开关保护继电器	2年或3年（如继电器是控制分闸回路时，建议每年进行检查）	（1）检查有无漏油，检查气体继电器中的气体量 （2）用继电器上的试验按钮检查继电器触头的动作情况	（1）如果密封处漏油则重新紧固，如还漏油则更换密封件 （2）如果触头的分合运转不灵活，要求更换触头的操作机构	
	压力释放装置		检查有无喷油和漏油现象	如果较严重，则更换压力释放装置	

2.6　组合式变压器

组合式变压器由三台单相变压器组合而成，使用于偏远山区或运输条件受限的变电站或发电厂，主要分布在我国南方地区，如贵州、云南、广西、四川等省。

组合式依据标准为 GB/T 23755《三相组合式电力变压器》三台单相变压器各自器身、油箱均为独立单元，通过油箱相间的管道等实现电气连接、油路连接、共用油系统等。三个单相变压器按照单相生产、组合试验、分体运输，在运行地点同一个基础上按要求重新组合装配成一台三相变压器，实现三相变压器的运行功能。

单个变压器单元与单相变压器本体结构完全相同，有独立的铁心磁路系统、器身和调压开关（如有），调压操作一般为三相联动。独立的器身在独立的油箱中，不存在三相绕组相间的绝缘问题。单个变压器的保护装置也与单相变压器相同，都设置压力释放阀、温度计、温度控制器等保护装置。三个单相变压器共用一个储油柜（一套油保护系统）、一个气体继电器、一个冷却系统和一个控制系统。三个油箱安装在一个公用基础框架上，之间用管道连接，三相绕组的电气连接线在连接管道中通过，三相共用冷却装置安装在同一个钢体框架上，坐落并固定在基础上。组合式变压器三相共用基础框架如图 2－102 所示。

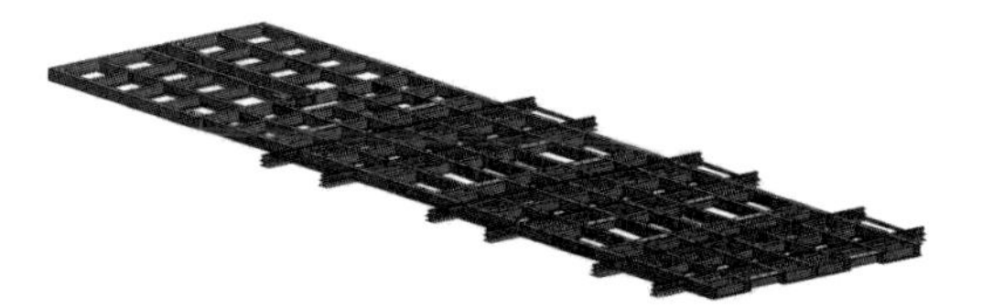

图 2－102　组合式变压器三相共用基础框架

相间连接管道通常采用波纹联管结构，方便三个单相油箱之间实现柔性连接，避免连接安装时留下的应力引起密封损坏，发生渗漏油。

与同容量三个单相变压器组成一台三相变压器比较，组合式变压器共用资源多、占地面积小、成本较低。由于低压引线已在变压器内部通过盒子连接，用户安装较为方便，低压出线相对简单，对封闭母线的布置安装要求比三台单相变压器简单得多，运行维护相对方便一些。

为了减少现场的工作量、工作难度、方便现场操作及以后的检修，组合式三相变压器的结构设计应从以下几方面考虑。

（1）各单元变压器的油路是相通的，低压引线和中性点引线采用专用的盒子在内部连接，盒子之间采用波纹管进行软连接，一来防止渗漏油，二来便于安装。

（2）为了解决各相单元变压器的替换配合，应保证所有单元变压器的对外接口一致。

（3）为了防止地基变化（如沉降）对单元变压器连接造成的损坏，将三个单元变压器固定在一个整体的基础框架上，构成一个坚固的整体，该基础框架由制造厂提供并在制造厂内进行整体预装。

（4）为了降低现场安装难度，严格控制变压器高压引出装置与 GIS 管筒的连接配合尺寸，应在现场与变压器进行整体预装。

（5）三个单相变压器的低压引线分别从各自的油箱盖上引出，在低压相间专用接线盒内连接成 D（或 Y）联结，在专用接线盒中，低压引线采用铜排连接，为便于调整安装时的偏差，相间铜排连接部位采用软连接。低压相间专用接线盒如图 2－103 所示。

（6）为了控制现场安装时间，防止器身受潮，以降低现场工作难度、减少安装工作量、缩短安装时间为目的，低压引线在制造企业组装好，固定在低压专用接线盒子内，密封好后整体运输，到现场后整体安装，不必再进行引线工作。

（7）低压引线通过封闭母线与发电机相连或者通过套管与架空线进行连接。

（8）三个单相变压器的高压和中性点通过套管引出，高压套管与电网对应相母线相连，三相中性点连接成一点后接地。

(a)　　(b)

图 2－103　低压相间专用接线盒

（a）整体外形；（b）内部连接示意图

组合式变压器的铁心、绕组、器身、高压引线及油箱的结构与单相变压器的结构完全相同并无差异。试验项目及要求与同电压等级三相电力变压器相同，三个单相变压器不单独进行试验考核。组合式变压器试验现场如图 2－104 所示。

组合式电力变压器的安装要点如下：

1）变压器就位前应用经纬仪测量基础平整度（±1.5mm），就位时必须按各相中心线位置就位，偏差不大于 1mm。

2）安装应符合下列要求：

① 首先安装组合式变压器的框架底座，其次安装单元变压器本体，连接相间波纹管，通过手孔接好连接引线。

② 安装变压器的框架底座不能悬空，不平处必须垫实，调整后与地基焊在一起。

③ 每个变压器单元本体移至底座上时，使用起重机就位或平移牵引就位。用起重机就位必须四点起吊，调整钢丝绳长度相同，密切注意起吊过程中应平衡、平稳，对准就位基线后缓慢落下。平移牵引就位时牵引绳拴在下节油箱专用牵引孔上，用千斤顶将变压器顶升，将滑轨放在变压器箱底下部，其上涂抹黄油润滑，牵引到位后，用千斤顶将变压器缓缓落在基础框架上，最后将变压器固定在基础框架上。

④ 使用千斤顶时，必须在规定的位置。

3）组合式变压器整体安装完成，必须对波纹管或相间连接管道进行密封检查；若需要进箱检查内部，应该分相进行，不可同时打开三相人孔。

安装组合式变压器的其他要求以及现场运维要求与相同电压等级三相电力变压器的要求一致。

图 2－104　组合式变压器试验现场

2.7　现场组装式变压器

现场组装式变压器又称为解体运输现场组装式变压器。

现场组合式变压器为偏远山区、运输条件受限、站用面积较小的变电站或发电厂安装大容量变压器提供了一个解决方案。然而，仍然有变电站建设在运输更加困难的崇山峻岭之中，需要安装的变压器电压更高、容量更大，即便采用单相变压器现场组合的方案，也因运输途中桥梁承重的限制、涵洞尺寸的限制、路面宽度与转弯半径的限制、穿越村落乡间小路的限制等，无法将单元变压器运送到现场进行组装；同时，在经济欠发达的山区，电站用地面积更加紧张，为了节约土地，要求变压器的占用面积更小。类似这些特殊需求，组合变压器无法满足电站建设的需求，而现场组装式变压器能够提供更好的解决方案，能够解决这些地区电力发展受限的问题，诸如我国的四川、西藏、云南、贵州等一些省和地区。

现场组装式变压器在制造企业内为整体制造、整机试验。通过例行试验、型式试验和特殊试验（如果有要求）后在运输之前进行拆解，化整为满足运输重量和外限尺寸的多个单元，进行防潮、防锈、防腐、密封、加固包装后运往现场。拆解部分主要为器身绝缘、绕组、铁心、引线等，制造运输用小型油箱，充油或充气运输至现场。在电站附近或站内（如果站内场地允许）搭建临时组装厂房，在组装厂房内完成变压器铁心装配、绕组组装（如果需要）、器身装配、引线装配、干燥处理、本体组装、真空注油、热油循环、静放等工艺过程和规定的现场试验，最终完成现场整机交付。

现场组装式变压器拆解后最大部件的重量一般不到变压器本体重量的 30%，最大限度地降低了运输重量，不仅降低了运输风险，提高了运输的安全性，而且节省了运输费用。现场组装组装式变压器与三台单相变压器组成的三相变压器相比，节省安装面积约 50%。

虽然现场组装式变压器能够解决偏远山区运输困难，但是其产品结构相对复杂，尤其是现场组装工序烦琐、操作困难，受当地环境和条件限制，需要复杂工艺措施来保证产品的质量和可靠性。

1. 现场组装式变压器的结构

现场组装式变压器的部件结构与同电压等级电力变压器基本相同，绕组、器身绝缘、引线、总装等制造工艺、装配要求也基本相同，主要区别在铁心和油箱的结构。

（1）铁心。现场组装式变压器的铁心体积大、重量重，是运输中的重点之一。为了实现铁心既方便分解，又便于重新组装，除了采用三相五柱式结构外，还将铁心分成四个独立的框形结构，如图 2－105 所示。

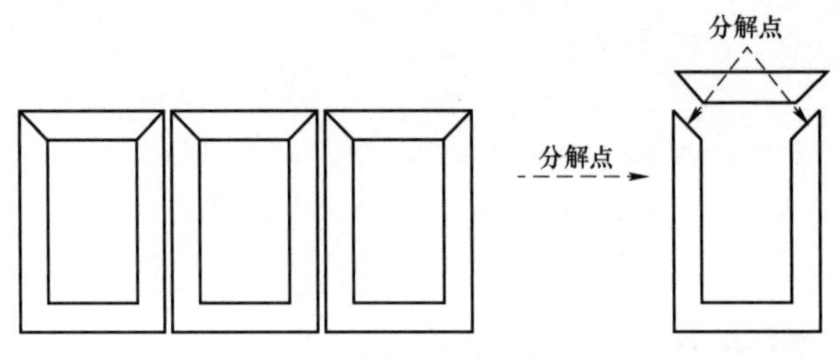

图 2－105 分框铁心

1）四框铁心在制造厂分框或整体叠制、捆扎，可以不叠上铁轭，分框铁心整体叠制如图 2－106 所示。单框铁心的分框下夹件和垫脚在单框铁心制造时一同安装固定，不再拆解，单框铁心结构如图 2－107 所示。

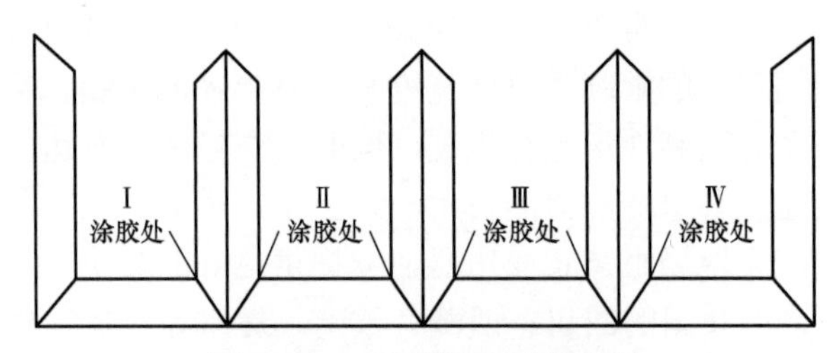

图 2－106 分框铁心整体叠制

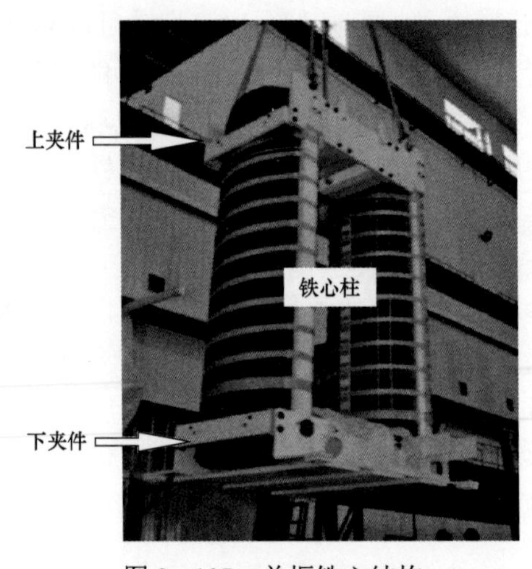

图 2－107 单框铁心结构

2）分框铁心在制造厂组装成三相铁心时，单框铁心按位置就位后三个主心柱需要临时捆扎成整体，便于套装绕组。

3）将三个独立的下夹件牢固连接成整体，起到三相一体下夹件的功能。

4）拆下定位和吊装单框铁心用的工装上夹件，在完成三相上铁轭插片后更换为三相一体的上夹件，将铁心夹紧固定成一体；妥善保管拆下的工装上夹件，以便后续拆解运输时继续使用。

5）连接四个单框铁心的接地等位线后由一根接地线接地。

6）夹件单独接地，便于检查绝缘和处理多点接地。

7）单框铁心制造和三相铁心组装有严格的公差要求。

（2）绕组组装与器身绝缘。绕组组装的目的，是方便现场安装，减少工作量，缩短装配时间，有利于保证产品质量，为绕组运输加固、包装提供便利。

高、中、低、调等绕组的结构与制造工艺与同类型变压器绕组相同，器身绝缘也是一样，与同类型变压器相同。在绕组组装过程中器身绝缘与绕组同时组装。

1）高、中、低、调等绕组组装时需要一个统一、坚固、可以起吊的托板。

2）按顺序放置绕组下部铁轭绝缘和绕组端绝缘。

3）按照由里到外的顺序逐一组装，最里面绕组通常都有硬纸筒做绕制骨架。

4）在套装每一个绕组前，先裹好与内绕组之间的主绝缘围屏纸筒，围屏纸筒裹制紧实，外径公差为±1mm。

5）套好全部绕组，整理绕组引出线、包好绝缘，按顺序放置绕组端绝缘和上铁轭绝缘并将绕组引出线按位置引出。

6）安放绕组压板，压紧定型后套入铁心柱。

（3）现场组装式变压器的引线要求便于安装和拆解，因此，三相引线之间的接续与连接均采用螺栓撬接结构，引线支架尽可能做成可以整体拆卸的框架式结构，可以整体运输，减少现场组装引线的工作量和缩短安装时间。

（4）现场组装式变压器的油箱选择钟罩式结构，方便现场安装起吊，同时下节油箱可以作为变压器组装的平台。

油箱是现场组装式变压器体积最大的部件，也是受运输限界约束的主要部件。为了解决油箱的运输难题，通常采取两种解决方案。

1）在安装现场附近制造油箱。在变压器安装现场附近、便于运输的地方寻找具有加工、起吊油箱能力的工厂制造油箱。如果找不到合适的工厂，可以选择在空地搭建临时的焊接厂房制造油箱，对临时厂房的要求：

① 临时焊接厂房设有可开启的顶盖，方便起重机起吊操作。

② 具有充足的电源、封闭的场地，应有良好的通风换气条件。

③ 地面经过硬化处理坚实平整，或临时铺钢板。

④ 制造场地对周围环境的影响满足当地环保的要求。

⑤ 配备安全防火设施。

2）多节结构油箱。多节结构油箱一般为三节，上节油箱（或箱盖）、中节油箱和下节油箱，如图 2－108 所示。三节油箱的连接均为螺栓撬接。

① 油箱整体具备足够的强度，不仅能够承受自身重量、附件重量外，还要求能够承受国家标准规定的强度试验载荷，以及真空注油时外部的大气压力。

② 作为变压器绝缘油的容器，所有法兰密封面和所有密封焊缝应具有良好的密封性。

③ 油箱制造流程包括：来料检查→下料、除锈→油箱箱沿钻孔→分片装焊各箱壁、矫形→上、中、下节油箱组立→配钻箱盖孔→清理、打磨→试漏、机械强度试验→表面处理及涂装。

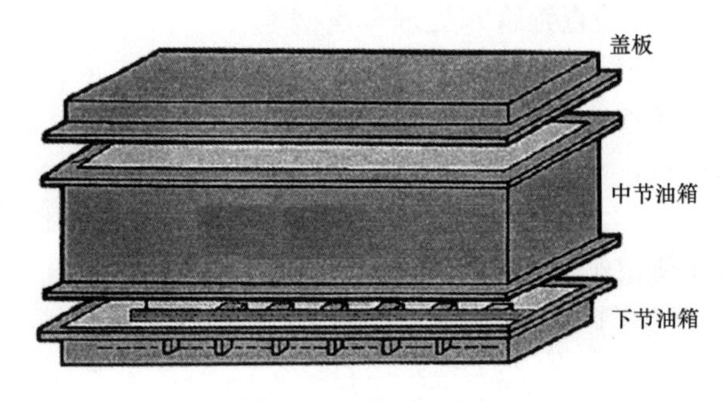

图 2－108 三节油箱

2. 拆解包装

现场组装式变压器在制造工厂内试验合格后需进行拆解包装和运输。主要拆解体的是变压器的铁心、器身和油箱三大部分，分接开关、引线（包括固定支架）以及部分端绝缘、隔板等也需要分别解体、包装和运输，现场组装式变压器拆解示意图如图 2－109 所示。

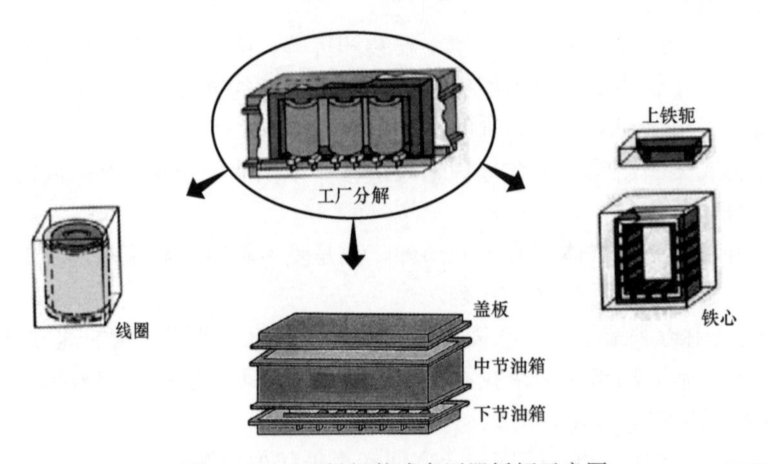

图 2－109 现场组装式变压器拆解示意图

（1）拆解包装顺序：引线、引线绝缘、引线框架、调压开关（如果有）的拆解和装箱→上铁轭的拆除及装箱→铁轭屏蔽、旁柱屏蔽和旁柱绝缘的拆解和装箱→相间隔板、副压圈、上端磁分路等的拆解和装箱→组装绕组的拆解和装箱→垫板和下磁分路等下端绝缘件的拆除和装箱→铁心框的拆解及装箱→油箱拆解，作为绝缘件、引线等的运输容器。

（2）拆解上铁轭用铁制运输箱运输。拔片和叠放铁轭铁心片时要认真、仔细，按顺序叠放，叠放前在板料架一端安装斜垫块作为靠山，将拔下的铁心片一端靠紧垫块，保证铁心片长度方向在板料架中心。拔完铁心片后，再将另一端斜垫块安装到位，使用压紧梁及橡胶垫压紧铁心片，注意压紧梁螺杆与铁心片端面使用阶梯垫块及橡皮垫垫实撑紧。将铁心片板料架吊入铁心片运输箱，上紧底脚螺栓，封箱后充入干燥空气至 20～30kPa，上铁轭运输装箱示意图如图 2－110 所示，按要求做好装箱标记待发运。

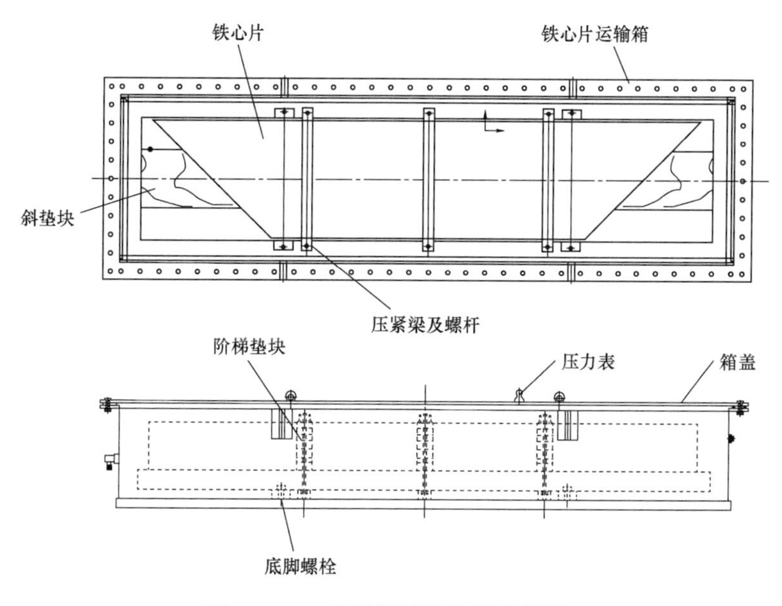

图 2－110　上铁轭运输装箱示意图

（3）铁轭屏蔽、旁柱屏蔽和旁柱绝缘拆解。将拆解下来到的铁轭屏蔽、旁柱屏蔽和旁柱绝缘等叠放整齐，采取保护措施后扎紧，及时装入、固定在专为运输制作的可密封的金属箱内，密封箱体。抽真空检测泄漏率，合格后继续抽空至 100Pa 以下，维持 12h 后充入干燥空气，箱内压力维持在 20～30kPa 之间保存待运。

（4）相间隔板、副压圈（包括上端磁分路）等上端绝缘件拆解、装箱的要求与铁轭屏蔽、旁柱屏蔽和旁柱绝缘拆解、装箱要求相同。

（5）组装绕组的拆解和装箱。

1）每相绕组必须整体拆解，独立加固、装箱。

2）用吊架将绕组整体起吊放置在运输工装下的托板上。

3）用撑紧模将绕组内径撑紧。

4）安装工装上压板，以及下托板与上压板之间的连接螺杆将绕组压紧。

5）将压紧实的组装绕组整体吊入金属运输箱内，密封箱盖，抽真空检测泄漏率，合格后继续抽真空到 100Pa 以下，维持 12h 后充入干燥空气，维持箱内干燥气体压力在 20～30kPa 之间，保存待运。

6）与整体组装分离的下绝缘垫板和下端绝缘件等拆解后单独装箱，装箱要求与上端绝缘件装箱要求相同。

7）注意：上端绝缘件和下端绝缘件必须分开装箱，避免相互混淆；所有运输箱都应标注详细的标识。

（6）铁心分框拆解与装箱。铁心按照分框进行拆解、分框加固、分框单独装箱，分框铁心运输装箱紧固示意图如图 2－111 所示。

1）打开下铁轭夹件分框间的连接件，安装分框工装上夹件。

2）用阶梯木垫块及 PET 绑带将铁心柱（主、旁柱）绑扎紧实。

3）用四块层压木板、四根钢梁将上、下夹件固定，将木板夹紧，再用螺杆将铁心框整体夹紧固定。

4）将绑扎好的单框铁心吊入运输箱的下节运输箱内，在下夹件主、旁柱位置和两端用螺栓前、后、左、右顶紧。

5）放好密封垫，罩上上节运输箱，用螺栓与下节运输箱连接好。

6）拧紧上节运输箱壁上的顶紧螺栓，将铁心框上端进行四个方向的定位，以确保铁心在运输中不变形、不移位。

7）对运输箱抽真空至 100Pa 以下，维持 12h 后充入干燥空气，维持箱内干燥气体压力在 20～30kPa 之间保存待运。

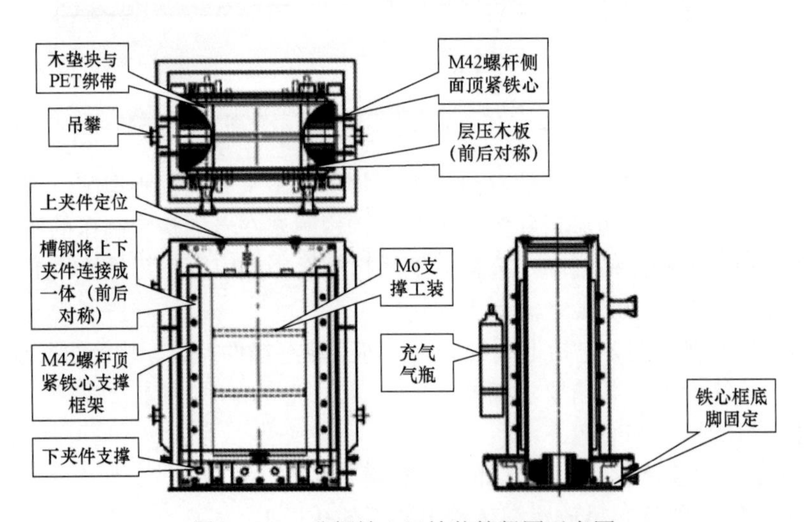

图 2－111　分框铁心运输装箱紧固示意图

（7）引线、调压开关整体拆解或运输示意图如图 2－112 所示，拆解后的引线和调压开关可以利用油箱或中、下节油箱运输。

（8）专用运输箱要有可靠的强度和良好的密封，其上配有压力检测表，绕组和铁心的运输箱还应配备充气装置，以备运输过程中因温度变化或其他原因使运输箱中的干燥气体压力下降时，自动向运输油箱内补充干燥气体。

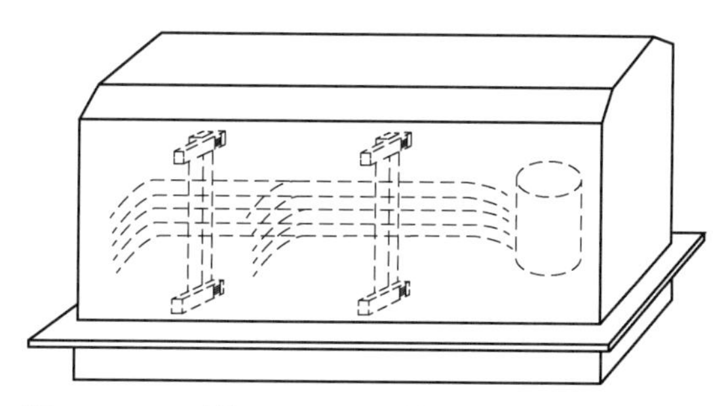

图 2－112　引线、调压开关整体拆解或运输示意图

3. 组装厂房

组装厂房为框架结构，便于组装、拆卸和运输，防尘组装厂房如图 2－113 所示。

图 2－113　防尘组装厂房

现场组装式变压器的产品质量、生产效率与现场的环境条件紧密相关，因此，对现场厂房的外形尺寸、电源配置、温湿度要求、洁净度要求以及厂房外物资堆放场地、运输道路均应做出规定。厂房内部尺寸要求宽度应不小于 10m，长度应大于 3 倍的油箱长度，高度应满足安装部件的吊高，通常不小于 16m。

现场组装厂房要求防雨、防尘，温湿度可控，控制降尘量不大于 20mg/（m^2·d），内部温度大于 5℃，小于 30℃，相对湿度小于 60%。厂房内配置行车吊重 50～75t，一对承重大于 3t 的轻型器身组装架，供电电源功率不小于 700kW，其中移动式汽相干燥设备要求总功率为 600kW。各种物资摆放之间至少留有 600mm 的安全距离。组装厂房内部布置示意图如图 2－114 所示。

厂房外部应具备物资存储和转运的堆场和道路。运输道路应满足平板车（13m）的转弯半径。

4. 产品组装

组装厂房内部布置示意图如图 2－114 所示，产品组装流程示意图如图 2－115 所示。

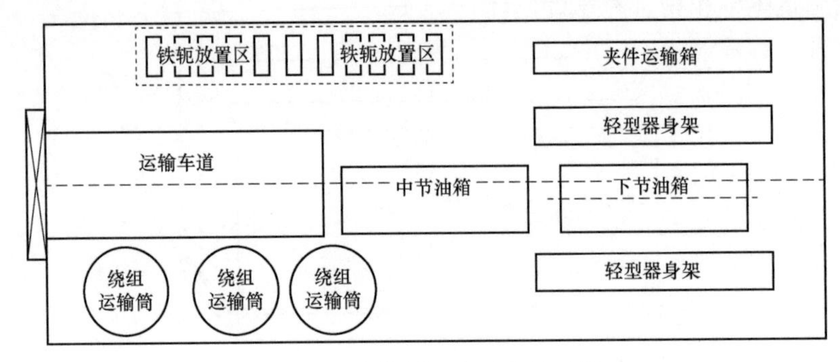

图 2－114 组装厂房内部布置示意图

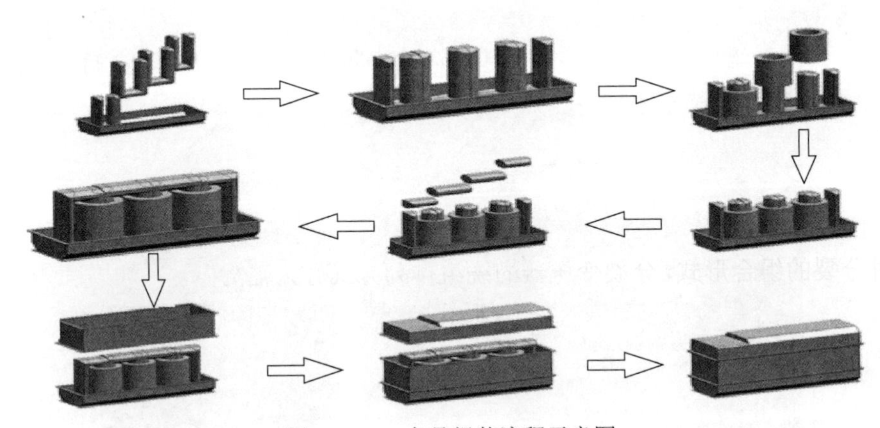

图 2－115 产品组装流程示意图

现场组装式变压器具体装配过程：

（1）将下节油箱沿轨道牵引进组装厂房，去掉运输用盖板，放置好垫脚绝缘等。

（2）将装有铁心框的运输油箱牵引进组装厂房，吊出单框铁心，在下节油箱中定位安装。

（3）按顺序依次将几个单框铁心全部定位安装，连接各框铁心的下夹件使之成为整体结构。

（4）拆除上铁轭工装夹件，将三个铁心主柱捆扎牢固。

（5）安放下铁轭垫板、下夹件护槽、端绝缘等部件，依次将各相绕组整体从运输箱中吊出，拆除紧固螺杆、压板、支撑和定位工装，套入对应相铁心柱。

（6）将铁心上铁轭依次插片恢复，装配上夹件等，压紧器身。

（7）装配调压开关、引线。

（8）安装上节油箱做油箱密封试验。变压器本体安装完毕后，对油箱抽真空检测泄漏率。对油箱做保温处理，利用油箱对器身实施汽相干燥处理。完成干燥处理工序，对变压器进行吊罩检查、器身整理。回罩油箱抽真空，真空注油，热油循环、静放、现场试验。

完成试验，对产品放油，拆下套管等大型附件，注入干燥空气，将变压器牵引到安装基础就位，安装附件，如储油柜、导油联管、冷却器、套管等，恢复二次引线，对油箱抽真空，真空注油，热油循环、静放、待投运。

现场安装操作程序及要求、产品运维及检查的要求与同电压等级电力变压器的安装与维护相同。

2.8　站用变压器与起动/备用变压器

站用变压器是为发电厂和变电站提供运行、操作、试验、检修、照明、生活等用电负荷的变压器，站（厂）用电的可靠性对保障电力系统的安全运行非常重要。一般情况下，站用变压器是从变电站主变压器三次侧绕组或发电机出口侧取电，为站（厂）内用电设备供电。

在电厂建设初期，起动/备用变压器通过向电网取电为电厂提供起动电源。电厂建成正式运行期间，起动/备用变压器转换身份，作为站用变压器的备用电源，当站用变压器退出运行时，由起动/备用变压器接续为电厂或变电站提供安全的用电负荷。

站用变压器和起动/备用变压器都具有提供双路电源的功能，因此，分裂变压器是站用变压器和起动/备用变压器的主要类型。分裂变压器，顾名思义是将同一个绕组做成两个独立的部分，与其他绕组配合可以独立运行或并联运行。绕组分裂通常采用低压绕组分裂或高、低压绕组同时分裂的组合形式，分裂变压器的绕组排列方式分为辐向分裂和轴向分裂两种结构，如图 2－116 所示。分裂的两部分绕组具有相同的容量、匝数和阻抗电压百分数。

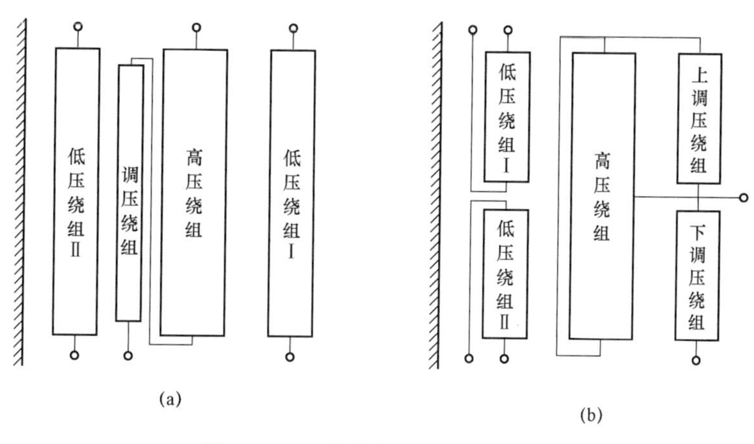

图 2－116　分裂变压器的绕组排列

（a）辐向分裂变压器；（b）轴向分裂变压器

（1）辐向分裂变压器的两个低压绕组分别位于高压绕组的内外径侧，高压绕组采用端部出线结构，如图 2－116a 所示。这种排列方式各绕组高度基本一致，安匝较为平衡，辐向漏磁所占比例很小，短路时的轴向电动力较小，承受短路能力较强。阻抗计算、短路力计算等均可按常规三绕组变压器计算方法进行计算，较为简单。

由于辐向分裂变压器的一个低压绕组设置在高压绕组的外侧，因此高压绕组为端部出线，电位较高的地方在绕组上端部，该处电场为不均匀电场，局部场强较为集中。对于高压绕组电压等级较高（330kV 及以上电压等级）的分裂变压器，为保证电气性能满足要求，高压绕组端部到铁心上铁轭的距离较大，高压绕组端部的绝缘结构也较为复杂，需布置多道成型角环以分隔油隙及阻隔爬电路径。高压绕组首端引线的出线装置装配时，需与器身中高压绕组首端引出线多层保护绝缘成型件进行对接，对制造工艺要求较高。

辐向分裂变压器器身中有两个较大的主漏磁通道，与只有一个主漏磁通道的常规双绕组变压器相比，辐向尺寸较大，消耗材料较多，重量重，体积大，占地面积较大。

（2）轴向分裂变压器是另一种结构的分裂变压器，绕组排列及接线方式如图 2－116b 所示。轴向分布变压器结构与双绕组变压器结构稍接近，自铁心向外依次为低压绕组、高压绕组、调压绕组，高压绕组采用中部出线结构，上下半相并联。与常规双绕组变压器不同的是，轴向分裂变压器将低压绕组分成两个相同低压绕组，每个低压绕组的容量为分裂变压器额定容量的一半。两个低压绕组沿器身轴向中心线上、下排列，对称于高压绕组横向中心线，各自与高压绕组的阻抗相等。两个低压绕组之间并无电的联系，首末端出线各自通过套管引出。

轴向分裂变压器的优点是结构紧凑，高压绕组首端为中部出线，电场较为均匀，器身、引线绝缘结构简单。但是与辐向分裂变压器相比，其抗短路能力略差，分裂系数较小。由于其两个低压绕组为轴向排列，在半穿越运行（一个低压绕组开路不参与运行）时短路的情况下，或全穿越运行（两个低压绕组和高压绕组均参与运行）一个低压绕组短路的情况下，上下绕组的短路电流分布不对称，存在较大的安匝不平衡率，产生较大的轴向电动力。而且，变压器的容量越大，轴向电动力也会越大。另外，高压绕组中的短路电流大部分集中在半相绕组中，使导线承受较大的短路电动力。因此，对于容量较大的分裂变压器，采用轴向分裂结构并不合适。容量较小的分裂变压器，采用轴向分裂结构需经过短路力校核，能够满足承受短路力要求时方可采用。

归纳辐向分裂变压器与轴向分裂变压器基本特点，辐向分裂变压器，一次和二次容量可以按规范书要求配置，分裂系数容易做到大于或等于 4；轴向安匝分布基本平衡，承受短路能力强；如有平衡绕组，布置起来亦很方便。轴向分裂变压器，一次绕组容量是一个低压绕组容量的两倍，运行时是与两个低压绕组的容量之和相等，分裂系数一般小于 3.5；运行工况决定了轴向安匝分布难以做到不平衡，承受短路能力差，需要特殊结构予以保证；如有平衡绕组，也需将其分为上下两个相等的部分。

在实际应用中，根据产品规范书中的要求，如电压等级、绝缘水平、分裂系数、抗短路要求等，选择适宜的辐向分裂或轴向分裂结构。

1. 站用变压器

站用变压器的绝缘水平较低，对突发短路故障的耐受要求却很高，一般采用辐向分裂结构形式。铁心为三相三柱式结构，器身正常的绕组排列由铁心向外为：铁心—低压内绕组—调压绕组—高压绕组—低压外绕组，其绕组排列方式如图 2－117 所示。

低压内绕组和低压外绕组均采用螺旋式结构，高压绕组采用连续式结构，调压绕组采用单层圆筒式结构，低压绕组和高压绕组的导线均采用纸包扁铜线，调压绕组的导线采用纸包换位导线。

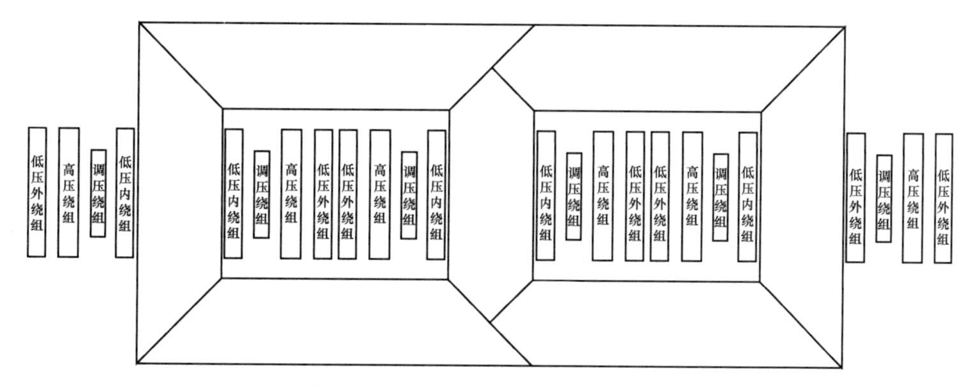

图 2－117　站用变压器绕组排列方式

低压内绕组和低压外绕组的引出线均由绕组上、下端部引出，在油箱内分别完成 Y 联结，各相首端引线和低压中性点引线经套管均由箱盖引出。三相高压绕组末端引线与调压绕组引线串联连接，然后在油箱内完成 D 联结，调压引线与调压开关连接，高压引线通过高压套管在箱盖引出，其绕组连接方式如图 2－118 所示。

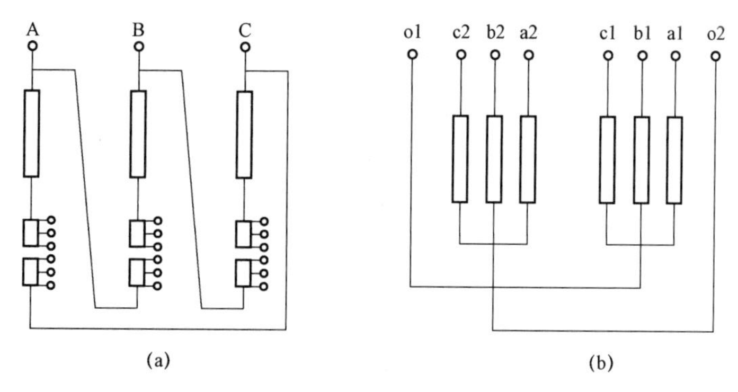

图 2－118　站用变压器绕组连接方式

（a）高压绕组连接方式；（b）低压绕组连接方式

2. 起动/备用变压器

起动/备用变压器高压侧端子直接与电网连接，电压等级最高达到 500kV 水平，是典型的电压等级高、容量小的产品。采用辐向分裂形式，高压绕组端部绝缘结构较为复杂，一般工厂难以制造。而且，辐向分裂结构的器身两个较大的主漏磁通道，与轴向分裂结构相比，体积大、材料消耗量较大，经济性较差。因此，可以采用轴向分裂的结构形式。

起动/备用变压器铁心采用三相三柱式结构，铁心上分别套有平衡绕组、低压Ⅰ绕组、低压Ⅱ绕组、高压绕组以及调压绕组，绕组在铁心上的排列如图 2－119 所示。

绕组常用结构，低压绕组为双层四螺旋式结构，平衡绕组为单层圆筒式结构，高压绕组为中部出线的纠结连续式结构，调压绕组为上下两路串联的单螺旋式结构。为提高绕组的承受短路的能力，平衡绕组和低压绕组多采用硬化铜自粘换位导线，高压绕组和调压绕组多选用纸包半硬铜扁线。

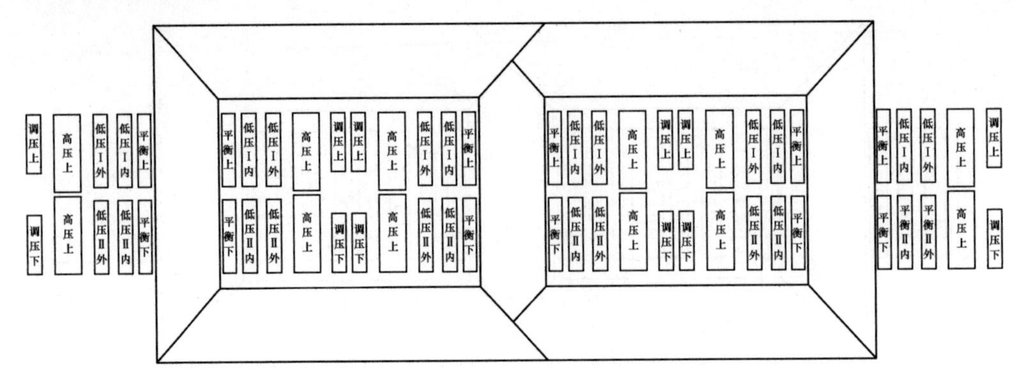

图 2－119 起动/备用变压器绕组排列

起动/备用变压器绕组连接方式如图 2－120～图 2－122 所示，其中平衡绕组的引线通过铜软绞线连接为开口三角形，开口引线各通过一个套管引出油箱外，在变压器运行时将两个套管的端子连接在一起，并可靠接地。

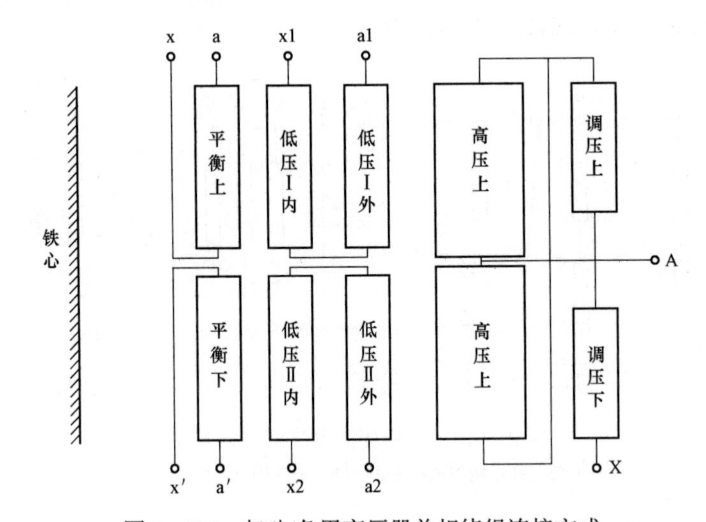

图 2－120 起动/备用变压器单相绕组连接方式

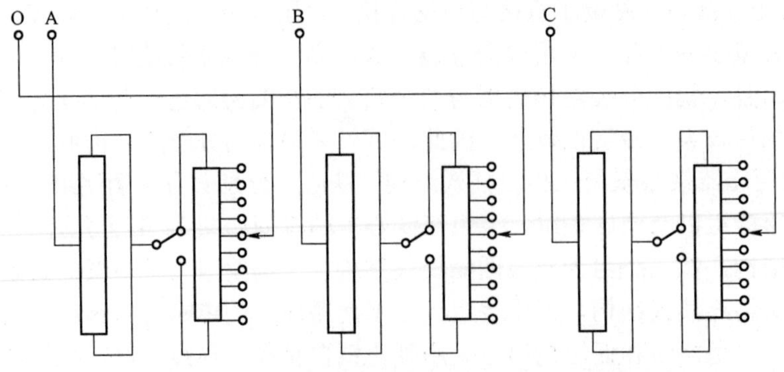

图 2－121 起动/备用变压器高压与调压绕组连接方式

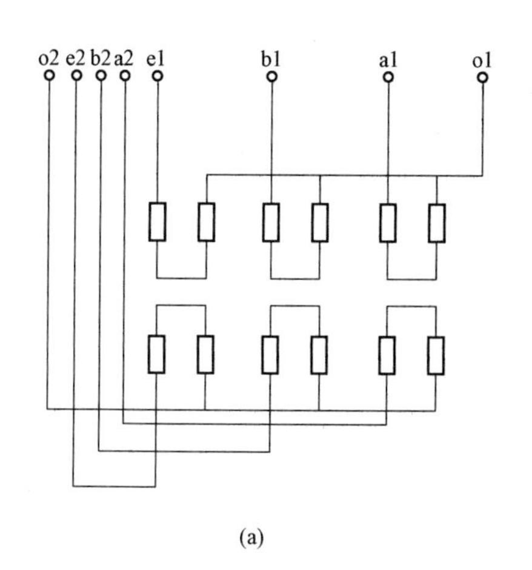

(a)

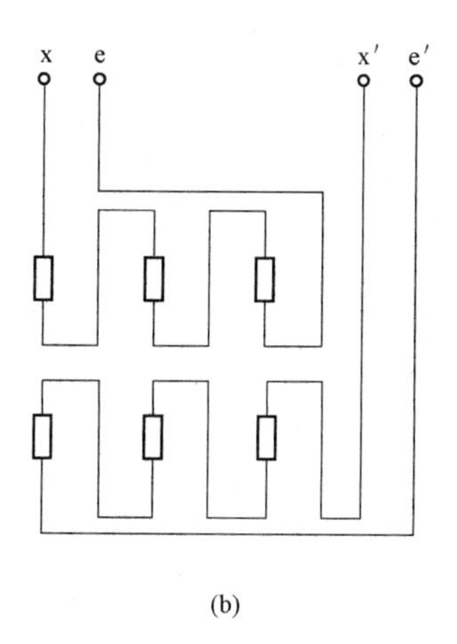

(b)

图 2－122　起动/备用变压器低压绕组、平衡绕组连接方式

（a）低压绕组连接方式；（b）平衡绕组连接方式

2.9　串联变压器

随着特高压交直流电网的快速发展，形成了特高压、500kV 和 220kV 的三级电磁环网，电网的潮流分布日趋复杂。当前电网运行中普遍存在潮流分布不合理、运行欠灵活等问题，影响电网的输电能力。因此，迫切需要一种新的技术手段对系统电压和潮流进行灵活动态的调节，以提高电网输电能力。

统一潮流控制器（UPFC）能够有效地解决电网运行中存在的潮流分布不合理、运行欠灵活等问题。该技术既能在电力系统稳态方面实现潮流优化调节，合理控制有功功率、无功功率，最大限度地提高线路的输送能力，实现优化运行，又能在动态方面通过快速无功吞吐，动态地支撑接入点的电压，提供系统电压稳定性。该技术解决了电网建设中潮流分配的问题，可实现对电网综合智能控制，是电力电子领域技术发展的革命性突破，也是柔性交流输电的制高点，具有里程碑意义。

串联变压器是统一潮流控制器（UPFC）的核心设备，对实现电网的综合智能控制具有十分重要的意义。串联变压器网侧绕组为全绝缘结构，首末端串联在交流线路中，绕组两端的电压降很低。阀侧绕组与 UPFC 换流阀相连接，其电压等级较网侧电压等级低，但两端额定电压比一次侧绕组两端额定电压高，也是全绝缘结构，阀侧绕组的抗短路能力和过负荷能力要求远高于常规电力变压器产品。

1. 串联变压器执行标准

GB 311.1《绝缘配合　第 1 部分：定义、原则和规则》

GB/T 1094.1《电力变压器　第 1 部分：总则》

GB/T 1094.2《电力变压器　第 2 部分：液浸式变压器的温升》

GB/T 1094.3《电力变压器　第 3 部分：绝缘水平、绝缘试验和外绝缘空气间隙》

GB/T 1094.4《电力变压器　第 4 部分：电力变压器和电抗器的雷电冲击和操作冲击试验

导则》

GB/T 1094.5《电力变压器　第 5 部分：承受短路的能力》

GB/T 1094.7《电力变压器　第 7 部分：油浸式电力变压器负载导则》

GB/T 1094.10《电力变压器　第 10 部分：声级测定》

GB 2536《电工流体　变压器和开关用的未使用过的矿物绝缘油》

GB/T 2900.15《电工术语》

GB/T 4109《交流电压高于 1000kV 的绝缘套管》

GB/T 5273《高压电器端子尺寸标准化》

GB/T 6451《油浸式电力变压器技术参数和要求》

GB/T 7595《运行中变压器油质量》

GB 50148《电气装置安装工程　电力变压器、油浸电抗器、互感器施工及验收规范》

GB 50150《电气装置安装工程　电气设备交接试验标准》

GB/T 13499《电力变压器应用导则》

GB/T 17468《电力变压器选用导则》

DL/T 596《电力设备预防性试验规程》

DL/T 572《电力变压器运行规程》

DL 1093《电力变压器绕组变形的电抗法检测判断导则》

DL 1094《电力变压器用绝缘油选用指南》

IEC 60815.1《污秽条件先用高压绝缘子的选择和尺寸　第 1 部分：定义、信息和通用原理》

IEC 60815.2《污秽条件先用高压绝缘子的选择和尺寸　第 2 部分：交流系统用陶瓷和玻璃绝缘子》

2. 连接方式

220kV 串联变压器多为三相结构，在电网中连接示意图如图 2－123 所示。

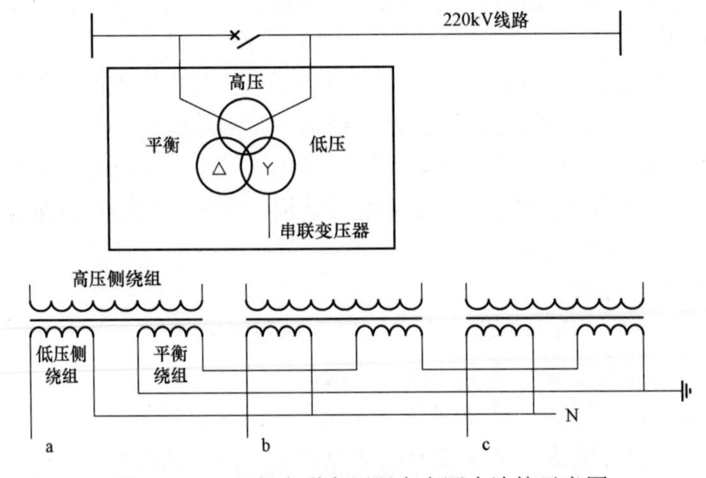

图 2－123　三相串联变压器在电网中连接示意图

500kV 串联变压器多为单相结构，在电网中连接示意图如图 2－124 所示。

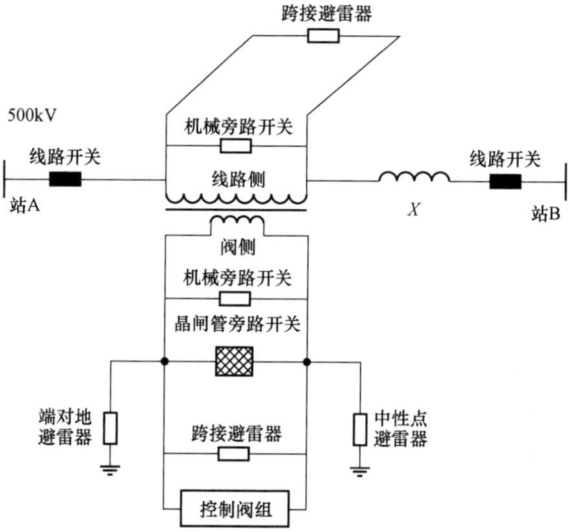

图 2－124　单相串联变压器在电网中连接示意图

（1）正常运行时的工作状态，线路开关合、串联变压器两侧快速旁路开关分位、晶闸管旁路开关闭锁，串联变压器网侧和阀侧绕组投入运行。

（2）热备用，线路开关合、串联变压器网侧旁路开关合、阀侧旁路开关分、晶闸管旁路开关闭锁，串联变压器网侧和阀侧绕组热备用。

（3）系统发生故障时，控制保护系统检测到故障发生，同时发出换流器闭锁、晶闸管旁路开关解锁、网侧和阀侧旁路开关合闸命令，阀侧晶闸管旁路开关快速动作将串联变压器阀侧短路保护换流器，网侧快速旁路开关及阀侧快速旁路开关 40～60ms 内合闸，网侧快速旁路开关代替晶闸管旁路开关承受短路电流，并将串联变压器及阀侧绕组从系统中隔离。

如果系统发生故障时若串联变压器两侧旁路保护设备（网侧旁路开关、阀侧旁路开关、阀侧晶闸管开关）拒动，变压器绕组将承受过电压及过电流，因此要求串联变压器网侧绕组能够承受 4（p.u.）过电压，持续 100ms，50kA 短路电流，持续 2s 的能力。系统设置的保护措施包括网侧：快速旁路开关、跨接避雷器，阀侧：晶闸管旁路开关、快速旁路开关、跨接避雷器、端对地避雷器，以及线路开关等。

3. 主要结构

（1）单相结构。

1）铁心为单相三柱式（1 主柱+2 旁柱）结构，全斜无孔。

2）绕组结构与电力变压器相同，导线选择半硬铜自粘换位导线，垫块撑条倒圆角。

3）器身中绕组排列由内到外为铁心、平衡绕组、阀侧绕组、网侧绕组。采用多绕组整体组装、恒压干燥工艺。

4）网侧绕组引线用软铜绞线从端部水平引出，阀侧绕组引线和平衡绕组引线在器身端部用无氧铜管或铜排连接。

5）油箱为筒式平箱盖焊死结构，在箱盖和箱壁上设有折板式槽型加强筋，油箱内壁设有铜屏蔽。

6）总装结构包括储油柜、套管、释压器、放油阀、注油阀、取油样装置、油面温度控制器、绕组温度控制器、水银温度计座和气体继电器，500kV 单相串联变压器外形图如图 2-125 所示。

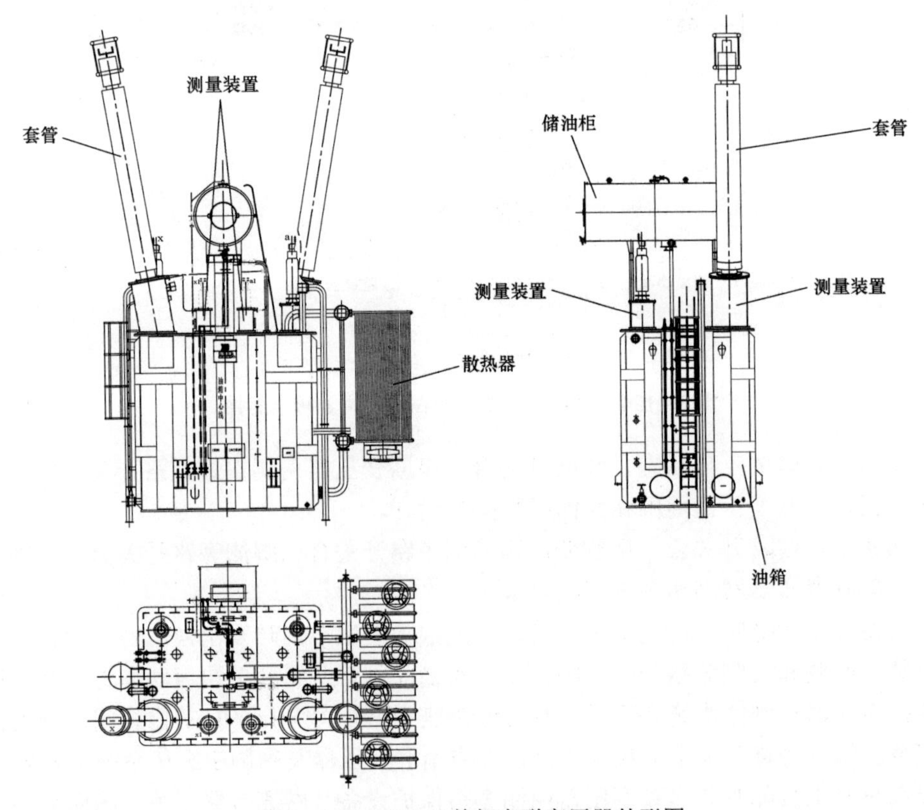

图 2-125　500kV 单相串联变压器外形图

（2）三相结构。

1）铁心为三相五柱式结构。

2）高压绕组为单螺旋式，低压绕组为双半螺旋式，平衡绕组为双半螺旋式，所有绕组采用半硬铜自粘换位导线。

3）器身绕组排列由里向外为铁心、平衡绕组、低压绕组、高压绕组。绕组与器身绝缘整体组装。

4）引线结构与单相串联变压器相似。

5）油箱采用钟罩式结构，油箱内壁铺设铜屏蔽，箱壁用槽形加强筋加强，油箱箱沿采用螺栓撬接结构。

6）总装结构。6 根高压套管分别倾斜布置在箱盖两侧；低压套管布置在箱盖一端，方便与外部避雷器配合连接；平衡套管外置在箱壁的升高座中，旁边布置有保护避雷器。变压器高压、低压、低压中性点套管均在箱盖引出，平衡套管在箱壁引出，胶囊式储油柜在油箱顶部放置，并配有胶囊泄漏监测装置。油箱下部设置 2 个放油阀，顶部设置 1 个滤油阀，中部设置 2 个取油样装置。配置 1 个油面温度控制器，1 个水银温度计座，1 个气体继电器等监测保护用组件。平衡绕组的三个端子全部引出，其中一个端子直接连接油箱接地，另外两个端子分别经避雷器接地，220kV 三相串联变压器外形图如图 2－126 所示。

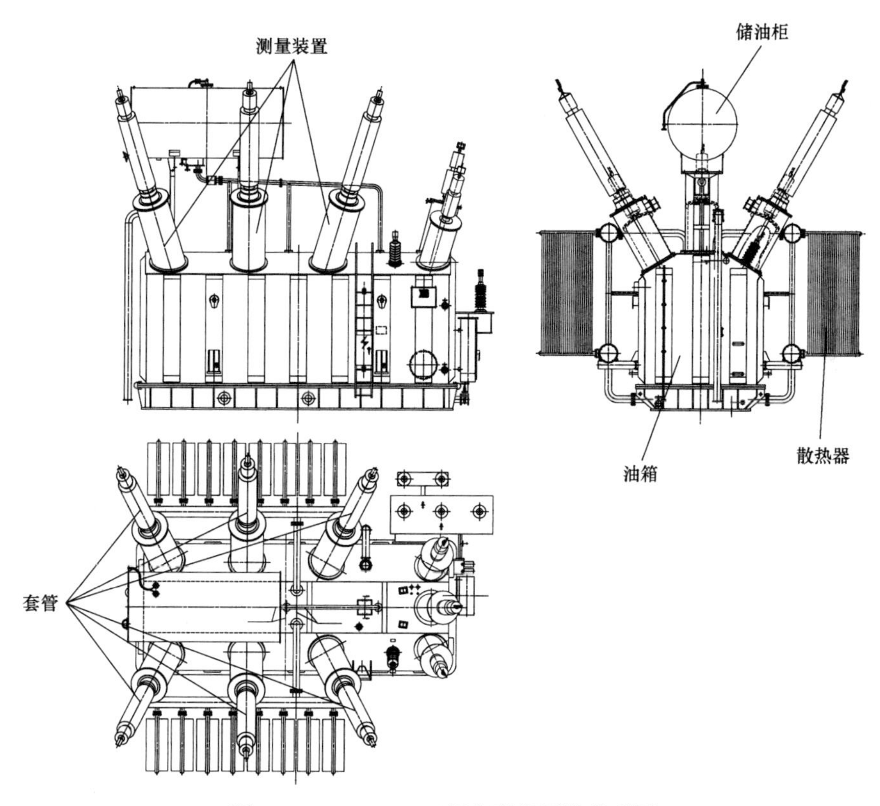

图 2－126　220kV 三相串联变压器外形图

4. 试验

（1）例行试验。

1）绕组对地及绕组间直流绝缘电阻测量。

2）吸收比测量。

3）极化指数测量。

4）铁心和夹件绝缘检查。

5）绕组对地和绕组间电容测量。

6）绝缘系统电容的介质损耗因数 $\tan\delta$ 测量。

7）绕组电阻测量。

8）电压比测量和联结组标号检定。

9）空载损耗和空载电流的测量。

10）短路阻抗和负载损耗的测量。

11）外施耐压试验。

12）网侧绕组端对地外施耐压试验同时局部放电测量。

13）阀侧端间短时、长时感应电压试验同时局部放电测量。

14）绝缘油试验以及油中溶解气体的测量。

15）压力密封试验。

16）内装电流互感器变比和极性试验。

17）操作冲击试验。

18）雷电冲击试验。

（2）型式试验。

1）温升试验。

2）声级测定。

（3）特殊试验。

1）短路承受能力测量。

2）空载电流谐波测量。

3）变压器空载励磁特性测量。

4）频率响应测量。

串联变压器的现场安装与运行维护的要求与相同电压等级电力变压器的要求相同。

2.10 移相变压器

移相变压器在国内市场几乎没有应用，因为中国电网是一个统一的电网，统一调度电力，执行相同的标准，不存在电压相角差的问题。而国外则不相同，尤其北美等国家和地区，它们的电网由数十家、数百家甚至数千家大大小小的独立电力公司组成，各电力公司的初始发电角各不相同，为了电网之间电力交换，增加电力供应的可靠性，调整不同相角高压电网之间的连接，需要使用一种只改变输入、输出电压相位，不改变电压幅值的变压器，这个变压器就是移相变压器（Phase－Shifting Transformer，PST）。

1. 移相变压器的原理及功能

移相变压器的第一个功能是使不同阻抗的两个系统中电流均匀分配，当不同阻抗的系统1与系统2并联输送电能时，由于两个系统的阻抗 Z 不同，每个系统内的电流也不等，如图2－127所示。将一台移相变压器接入到分支之一，就可以获得不断变化的电流分布，如图2－128所示。移相变压器接入系统中后，受较高或较低阻抗分支的影响，需要提前或延迟一个相位角。图 2－129a $Z_1<Z_2$，加入的移相变压器后，$I_1=I_2$，此时，$I_2Z_2>I_1Z_1$，移相变压器的ΔU 使 U_L 领先于 U_s，最后使两个系统的 U_L 相等。图2－129b $Z_1>Z_2$，无移相变压器时，$I_1<I_2$，加入移相变压器后，$I_1=I_2$，此时，$I_1Z_1>I_2Z_2$，移相变压器的ΔU 使 U_L 滞后于 U_S，最后使两个系统的 U_L 相等。可见，移相变压器可以使不同阻抗的两个系统中的电流均匀分配。

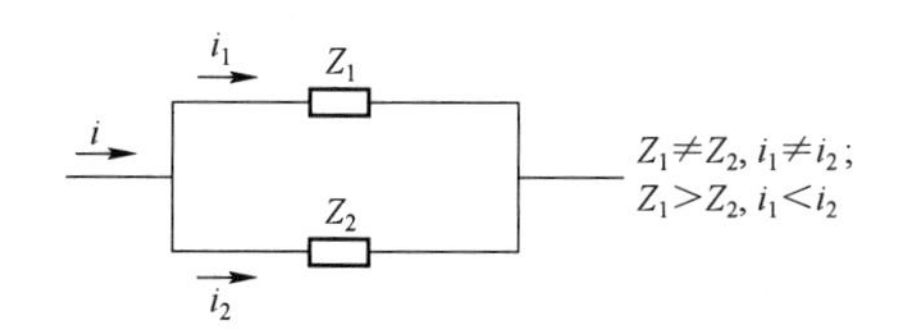

图 2-127　无移相变压器时两个并联系统

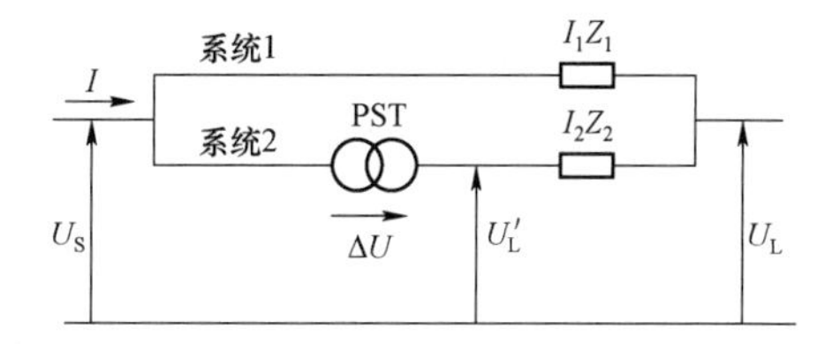

图 2-128　移相变压器接入一个分支的两个并联系统

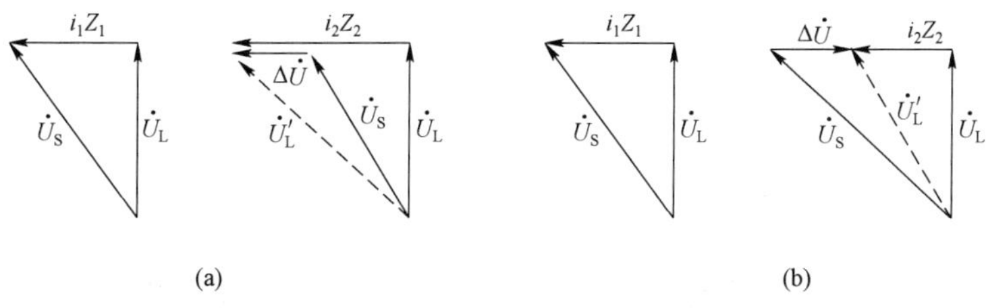

图 2-129　负载侧电压向量作超前或滞后调整时的相量图

(a) 领先角（U_L^*领先于 U_s）；(b) 滞后角（U_L^*滞后于 U_S）

移相变压器的第二个功能是控制一个系统内的功率潮流，如图 2-130 所示。利用移相变压器做领先相位控制时，可使有功功率潮流由系统 1 分流向系统 2 中。

影响移相变压器的主要因素有容许功率及相移角要求、额定电压、连接系统的短路水平、有载分接开关性能和运输限制。

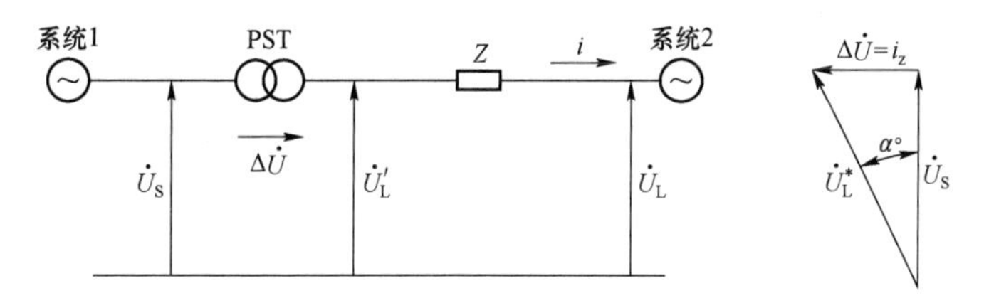

图 2-130　移相变压器控制领先相位移

U_L^*—两个系统间没有功率转换时的空载电压；U_L—有功率转换时的负载电压

2. 移相变压器的结构

移相变压器分为单铁心结构（直接调压）和双铁心结构（间接调压）两大类型，可根据需求按图 2-131 选择。图中 P_{max} 为最大额定通过容量，α 为最大相位移角，R 为最大调节容量。

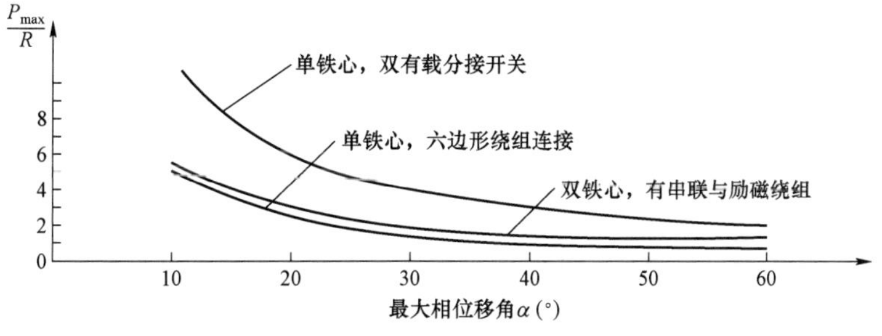

图 2-131　移相变压器铁心结构选择

（1）单铁心结构。单铁心结构的移相变压器通常容量比较小，整体结构不复杂，调压绕组与有载分接开关直接连接到线端。由于要耐受短路电流及过电压，有载开关的电压等级与电流直接由移相变压器容量决定。

1）单铁心对称结构每相有两个移相调压绕组调解移相角，有两个单相有载调压开关（对于低额定值可用一个双相有载调压开关）或两个三相有载调压开关，如图2－132所示。

2）单铁心不对称结构只使用了一个移相调压绕组调解移相角，有载分接开关减少一个，但电源电压与负载电压之比随着移相角的变化而变化，是影响功率流的另一个因素。单铁心不对称结构如图2－133所示。

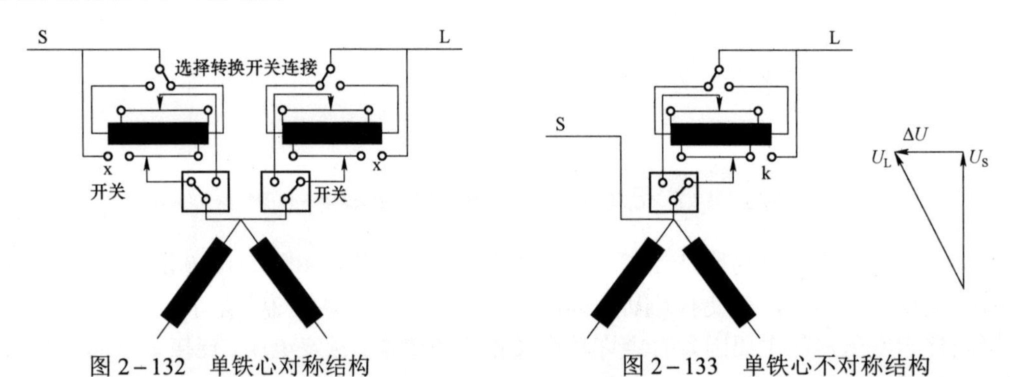

图2－132　单铁心对称结构

图2－133　单铁心不对称结构

移相变压器连接两个电压相位不同的供电系统，通常使用图2－134接线方式调整相位。即本相主绕组与异相的调压绕组相连接，使二次输出电压的相位发生改变，电压相位改变的方向与本相主绕组连接的异相调压绕组有关，电压相位改变的大小与主绕组和调压绕组的匝数比有关，有载调压开关变换挡位即改变了调压绕组的匝数。另外，改变有载调压开关中间位置的状态，也会使移相变压器从调压向移相状态变化。

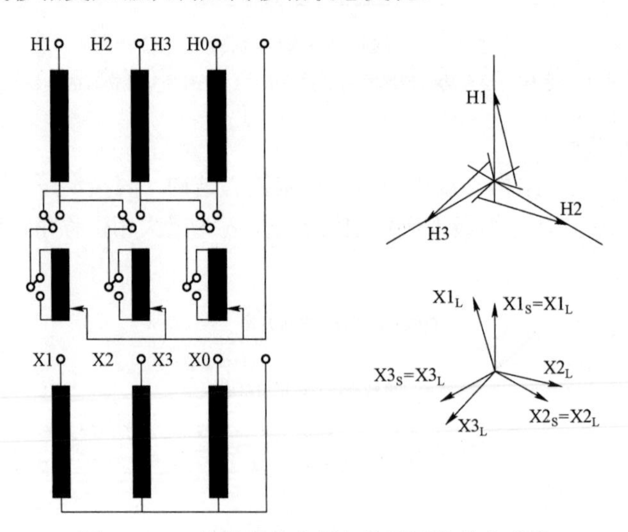

图2－134　连接两个电压相位不同的供电系统

（2）双铁心结构。双铁心结构移相变压器有两组器身，绕组连接和相位变化如图2－135所示。双铁心结构移相变压器的优点，可以灵活选择极电压及调压绕组的电流。双铁心结构

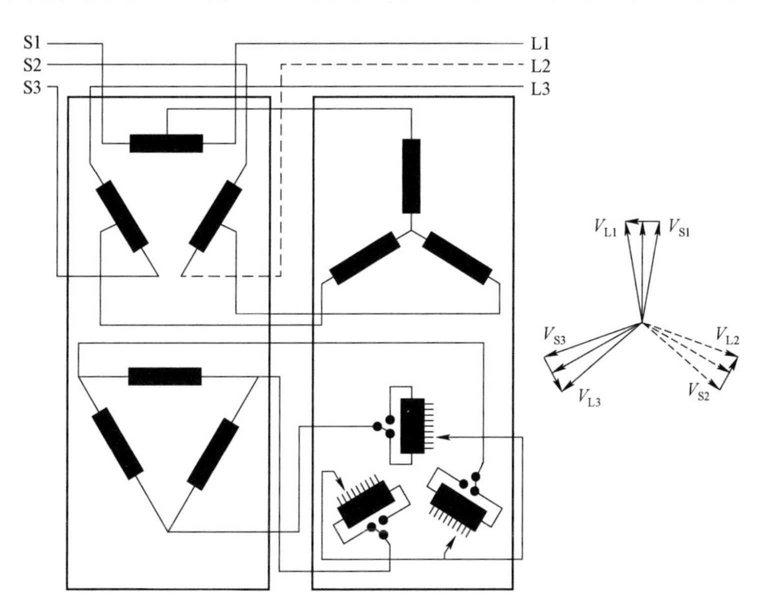

图2－135　双铁心结构移相变压器的绕组连接与相位变化

由一个串联变压器和一个主变压器组成，对于额定容量较小、电压等级较低的移相变压器，串联变压器和主变压器可以装在同一个油箱中；对于额定容量较大、电压等级较高的移相变压器，串联变压器和主变压器需要分别装在两个油箱中。

（3）90°移相增压变压器。90°移相增压变压器是一台调压变压器或自耦变压器与一台移相变压器的结合。移相变压器可以是单铁心或双铁心，移相变压器从电力变压器的调压侧获取电源，可以在四象限（振幅和相）关系中对输出电压进行调整，其连接示意图如图2－136所示。

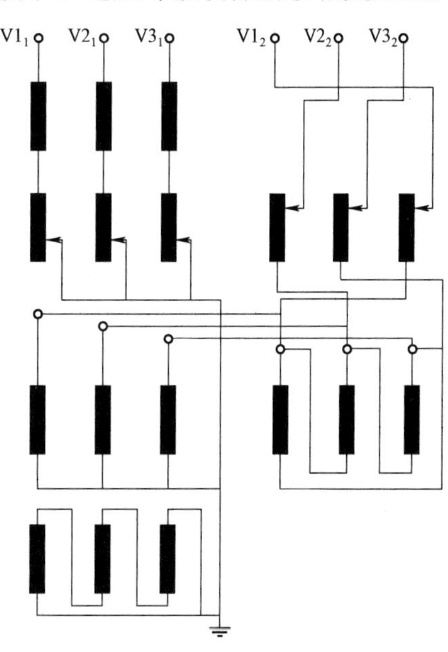

图2－136　90°移相增压变压器连接示意图

（4）两台或多台相同移相变压器的串联或并联。移相变压器串联时，其总相位移及总阻抗为各台移相变压器相位移与阻抗之和，当有一台移相变压器退出运行时，最大相位移只能保持为$(n-1)/n$，n为移相变压球的台数。

移相变压器并联时，其输出容量增加n倍，总相位移不变，阻抗降为$1/n$。

第3章　特高压变压器

3.1　特高压变压器概述

特高压交流输电技术是当今世界电压等级最高的交流输电技术，具有超远距离、超大容量、低损耗输电的特点。我国是世界上第一个建设1000kV电压等级交流特高压输电网络的国家。建设特高压输电网络是适应我国能源分布与负荷中心相距较远的地理环境，提高资源开发和利用效率，缓解能源输送压力，满足环境保护要求，促进我国电力技术发展的必然选择。特高压输电不仅能够大负荷、长距离输送电力，满足工农业生产和人民生活需要，有力地促进国家经济建设，还能够缓解500kV超高压电网在电力传输、分配、调节、销纳等方面的压力，降低系统短路电流和开关、断路器开断故障电流的难度，使我国巨大的电网系统结构更加合理，抗击风险能力更加坚强。

特高压变压器是特高压输电网络中的主机设备，由中国自主制造，具有自主知识产权，其高精尖的核心技术推动了输变电技术的快速发展和进步，大批特高压变压器投入运行，促进了输变电设备制造技术的提高。在特高压输变电技术领域，我国已经牢牢地掌握了话语权，成为行业的佼佼者。

3.1.1　特高压变压器总体结构

特高压变压器的电压等级、容量、体积、重量等都比其他电压等级的大型变压器要大得多，运输特别困难。除了需要解决运输问题之外，还需解决绝缘、调压、漏磁、承受短路能力、损耗、散热、振动噪声等问题。为了使特高压变压器能够顺利地设计、制造、运输和安全运行，在其结构上采取了不同于超高压、大容量变压器特殊结构。

1. 调压结构

特高压变压器调压的方式主要有两种，一种是在本体中设置调柱，另一种是设置单独的调压变压器。

在本体中设置调柱的优点是变压器整体性好、节省占地面积、空间利用率高、接线相对简单，减少现场投资和减轻现场工作量。但是，低压侧电压波动较大，调压系统的故障将直接影响变压器的安全运行，且维护检修较为困难。另外，容量为1000MVA的变压器，其调柱的容量不可小觑，无论采用中压励磁还是低压励磁都将带来绝缘、引线等的复杂性和制造难度。

设置单独的调压变压器，将变压器整体分为主体变压器与调压变压器两部分，即将调压部分从主体变压器中分离出去，优点是使特高压变压器主体瘦身了，绝缘结构相对简单，设计制造难度降低。为了解决电压调整引起主体变压器的电压波动，提高设备运行的安全性，在独立的调压变压器中增加了一台补偿变压器。调压变压器与补偿变压器共同为主变压器的中压电压和低压电压提供补偿。主变压器的调压绕组及调压引线转移到独立的调压补偿变压器后，不影响主变压器的独立运行，即在极端情况下，调压补偿变压器因调压或补偿系统故障被切除的情况下，主变压器仍然保持自己的特征独立工作，提高了特高压变压器运行的安全可靠性。此外，调压变压器与主变压器分开，各自具有独立的油箱，方便各自维护与检修。从运输的角度来看，主变压器与调压变压器分开更有利于安全可靠地运输，不仅沿途受限少，而且运输费用下降较多。

2. 调压方式

特高压变压器调压方式主要分为恒磁通调压和变磁通调压两种。

恒磁通调压，铁心中的磁通不随调压匝数的改变而变化，阻抗波动小，单独的调压绕组位置在中压出线端。特高压变压器中压绕组为500kV电压等级，绝缘水平相对较高，中压线端雷电入波时调压开关和调压绕组电位分布及电位梯度较高，需要更加复杂的绝缘结构来保证可靠性。500kV中压线端调压不仅绝缘结构复杂，而且调压开关难以选择。因此，特高压变压器选用中压线端调压方式是不现实的。图3－1为特高压变压器中压线端调压接线原理图。

变磁通调压，铁心中的磁通随调压匝数的变化而变化，调压线段设在所需电压调整的绕组中间或绕组末端（中性点）。调压线段可以设置在串联绕组（高压绕组）的末端，或者公共绕组（中压绕组）的末端，很显然，调压线段设置在特高压变压器的绕组中间显然不合适，绝缘问题、阻抗波动问题、安匝平衡以及机械强度等问题增加了设计制造难度。因此，采用中性点调压方案还是可行的。图3－2为特高压变压器中性点调压接线原理图。

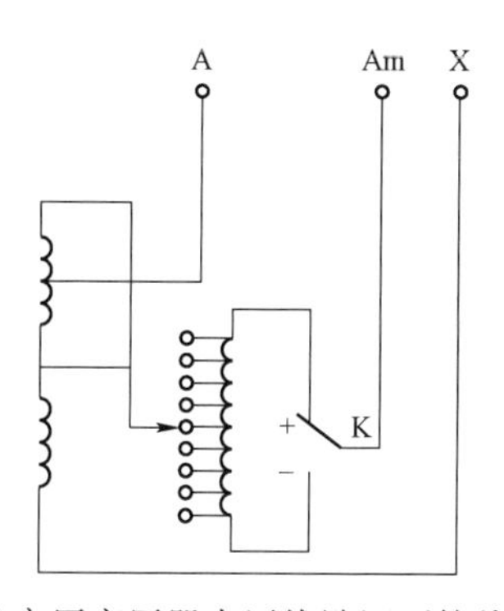

图3－1　特高压变压器中压线端调压接线原理图

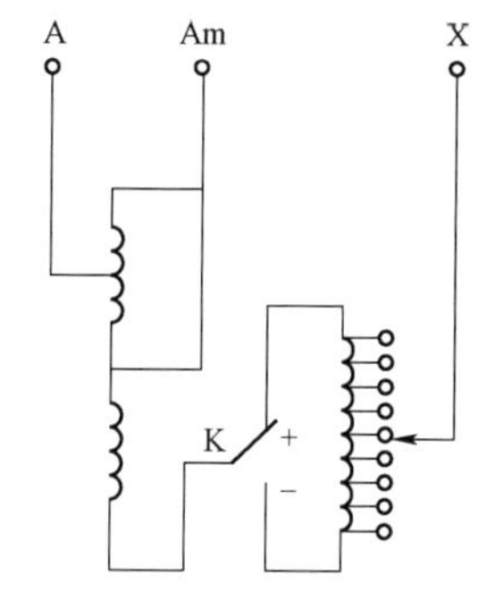

图3－2　特高压变压器中性点调压接线原理图

由图3－2接线原理图看出，中性点变磁通调压，当高压侧电网电压不变，调压开关在不同分接位置时不仅中压线端的电压、电流在改变，低压侧的电压同时也随着改变，不同分接时阻抗电压会有较大的波动。这些变化和波动给输电系统带来不利影响，危及电网和设备的安全运行。为了减少特高压变压器的电压波动，保证运行稳定性，需对中压侧和低压侧电压进行补偿，增加补偿功能使特高压变压器结构变得更加复杂。

为了保持特高压变压器具有电压调整功能，方便特高压电网的电压调节和稳定以及安全运行，同时又要使产品结构简单、可靠、便于制造，因此选择了中性点调压方式。为了增强特高压变压器的可靠性，采取分裂的方式，将调压部分从特高压变压器中移出，即设置单独的调压变压器与高压绕组中性点连接。单独的调压变压器（简称调变）容量小，电压等级和绝缘水平低，结构简单，容易设计制造。为了解决中压侧和低压侧电压波动和稳定性问题，在中性点调压变压器中增加了具有电压补偿功能的补偿变压器。因此，特高压变压器的中性点调压变压器又称为调压补偿变压器。补偿变压器与调压变压器一样容量很小，二者放置在同一个油箱中，对特高压变压器成本的影响很小。

（1）调压补偿变压器的励磁选择主体变压器（简称主体变）的中压绕组，图 3－3 为五柱式特高压变压器中压励磁接线原理图。

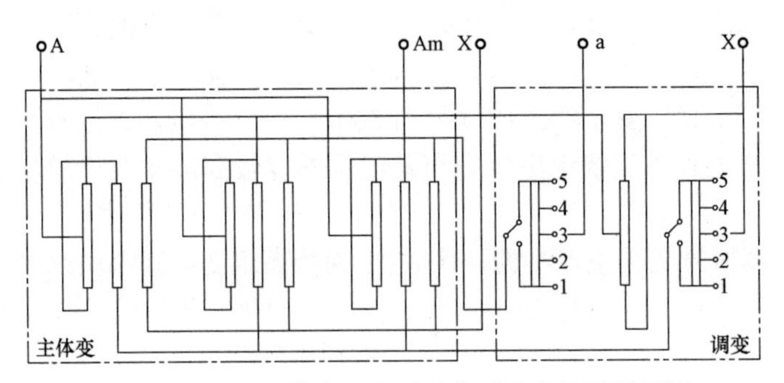

图 3－3　五柱式特高压变压器中压励磁接线原理图

（2）调压补偿变压器的励磁选择主体变压器的低压绕组，图 3－4 为五柱式特高压变压器低压励磁接线原理图。

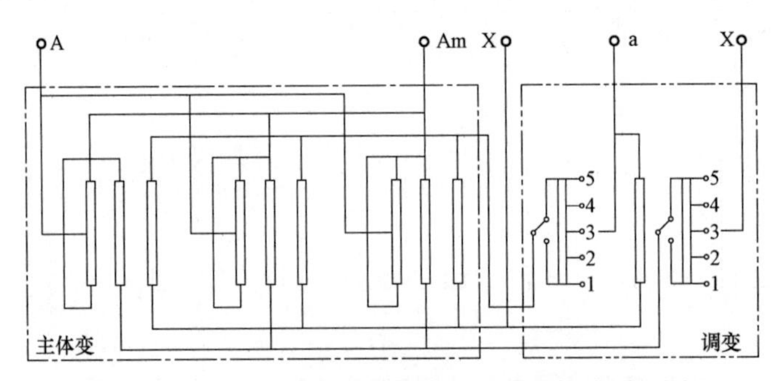

图 3－4　五柱式特高压变压器低压励磁接线原理图

比较图 3－3 和图 3－4 两种励磁方式，中压励磁方式比低压励磁方式解决阻抗波动情况略好一些。然而，问题是显而易见的，中压励磁电压为 500kV 等级，调压补偿变压器的绝缘水平就是 500kV 级水平。小容量变压器采用 500kV 绝缘水平的绝缘结构和出线装置，其结构将变得十分复杂，对制造工艺的要求很高。另外，500kV 级的外绝缘水平要求的套管外绝缘爬电距离、对地距离都很大，调压补偿变压器变得头重脚轻，可靠性差。产品容量与绝缘水平不匹配，无法将调压补偿变压器做得结构合理、紧凑。因此，从可靠性角度考虑，中性点调压补偿变压器不宜采用主变压器中压绕组提供励磁电源的方式。

采用主变压器低压绕组提供励磁电源的方式较好，可以避免中压励磁方式由 500kV 绝缘带来的弱点。但是，要保持中压励磁的优点，克服低压励磁中的不足，还需要对低压励磁方式做进一步地完善，即增加电压补偿功能。

（3）低压励磁方案中的电压补偿方式。图 3－5 为五柱式特高压变压器电压完全补偿接线原理图，图 3－6 为五柱式特高压变压器电压非完全补偿接线原理图。

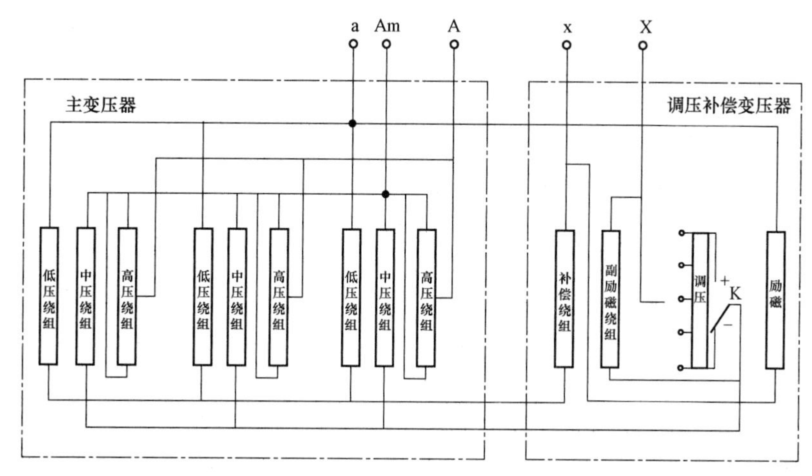

图 3－5　五柱式特高压变压器电压完全补偿接线原理图

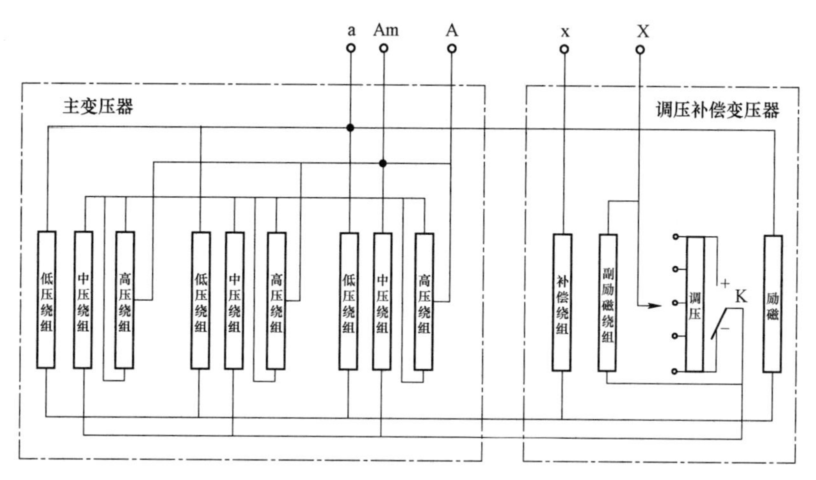

图 3－6　五柱式特高压变压器电压非完全补偿接线原理图

从原理上分析，图 3－5 和图 3－6 为两种电压补偿接线方式的调压变压器与补偿变压器，各自具有独立的磁路，但电气连接密不可分，调压变压器为补偿变压器提供励磁，对主变压器低压电压可进行补偿，调压变压器和补偿变压器结合都起到了对中压侧和低压侧电压补偿的作用，经计算，两种补偿方式引起电压和阻抗的波动水平基本相当。

分析图 3－5 和图 3－6 原理图，电压完全补偿接线方式的调压补偿变压器是恒磁通调压，电压非完全补偿接线方式的调压补偿变压器是变磁通调压，变磁通调压的变压器铁心较大，消耗的材料较多。另外，完全补偿的调压补偿变压器的励磁绕组匝数多，如遇雷电冲击，其抗冲击特性能要好一些。通过比较，选择完全补偿方式的调压补偿变压器，其性能、可靠性及经济性都比较好。

我国自主研制 1000kV、1000MVA 单相特高压无励磁调压自耦变压器和 1000kV、1000MVA 单相特高压有载调压自耦变压器均采用了具有电压完全补偿功能的中性点调压补偿变压器。

3. 铁心结构

特高压变压器的主变压器主铁心采取分柱结构，即将总容量分配在两个或三个主柱上。降低单柱容量，也就降低了主变压器的高度、宽度，虽然增加了长度，但是满足了运输限界的要求。主铁心心柱的数量增多，绕组数量也增多，器身绝缘和引线结构相对复杂一些，对绝缘设计、制造和工艺技术要求提高了。但是，我国的变压器制造技术和工艺水平，完全满足特高压巨型变压器生产的需要。

主变压器铁心采用单相五柱（或四柱）式结构，其中三个（或两个）主柱，两个旁柱。三主柱铁心的单柱容量为产品总容量的 1/3（333MVA），两主柱铁心的单柱容量为产品总容量的 1/2（500MVA）。

主柱为圆形截面，旁柱为椭圆形截面，上、下铁轭为 D 型截面，选用厚度为 0.27mm 的优质硅钢片叠积。为保证产品空载性能和噪声要求，柱与轭之间的搭接为多级接缝结构。夹件采用板式结构，通过钢拉带使两侧夹件与铁心片之间保持足够的压紧力。铁心柱两侧高强度拉板将上、下夹件连为一体，构成一个刚性较强的框架结构，保证铁心所需的机械强度和稳定性。铁心主柱和旁柱外径侧先用高强度专用绑带扎紧，再用半导体绑带绑扎，既提高了铁心刚度，又起到接地屏的作用，屏蔽了铁心圆边缘的棱角。铁心片和夹件一点接地，分别通过各自的专用接地装置连接到油箱壁上的接地盒中。上、下夹件上的高强度定位装置将铁心、器身牢固地固定在油箱箱底和油箱箱盖之间，防止产品运输受到冲击或遭遇地震加速度时器身不发生移位。

调压变压器和补偿变压器的铁心均采用正常变压器的单相两柱式结构。

4. 绕组结构

特高压绕组为多根导线并联的插花纠结式结构，导线选用硬化铜导线；中压绕组为多根导线并联的纠结连续式结构，导线选用硬化铜自粘换位导线；低压绕组为多根导线并联的连续式结构，导线选用硬化铜自粘换位导线。各绕组端部均设有改善端部电场静电板，减小了线饼间的电位梯度，使电位分布均匀，提高了绕组的绝缘性能。

调压变压器的励磁绕组采用纠结连续式结构，调压绕组选择纠结式结构；补偿变压器的励磁绕组采用双连续式结构，补偿绕组选择螺旋式结构。

5. 器身结构

主体变压器器身绕组排列见图 3－7 三主柱式器身绕组排列示意图。由铁心柱向外为低压绕组—中压绕组—高压绕组，三主柱的高压绕组、中压绕组、低压绕组均为并联连接。每柱的低、中、高压绕组先组装成一体，然后再整体套入铁心。各绕组间主绝缘结构采用薄纸筒小油隙结构，器身油路为非导向结构，但绕组分区设置折油板，冷却油曲折运动提高散热效率。在器身上端压板的上部和下端两托板的下部均装设有磁分路，引导漏磁进入铁轭，控制漏磁通分布降低杂散损耗。

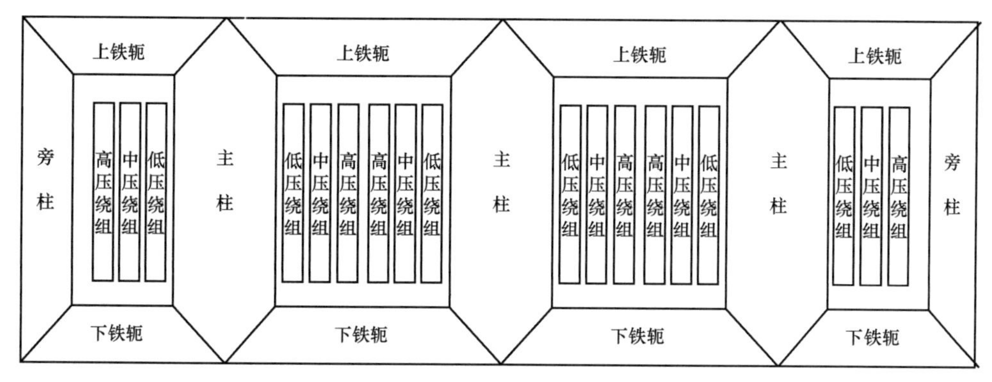

图 3－7　三主柱式器身绕组排列

高压绕组外部设置多层绝缘围屏分割油隙，柱间设置多层适形绝缘隔板分割油隙，箱壁铺设多层纸板分割油隙，这些措施消除了特高压电场中的大油隙，改善了特高压电场油隙的耐电强度，提高了绝缘强度和可靠性，减小绝缘距离使器身结构更加紧凑。

调压补偿变压器油箱中有两个独立的器身，一个是调压变压器器身，由调压变压器的铁心、调压励磁绕组和调压绕组构成；另一个是补偿变压器的器身，由补偿变压器铁心、补偿绕组和副调压绕组构成；调压变压器与补偿变压器之间的电连接在油箱内按照原理图连接，器身绝缘结构和绕组散热结构与正常的 110kV 变压器相同，散热为不导向强油循环结构。图 3－8 为调压变压器器身示意图，图 3－9 为补偿变压器器身示意图。

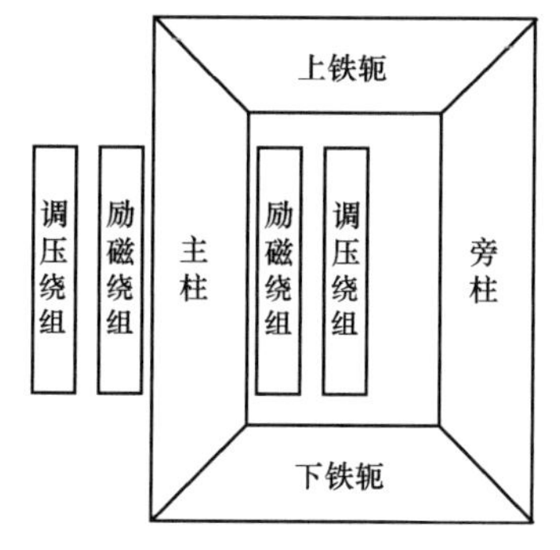

图 3－8　调压变压器器身示意图

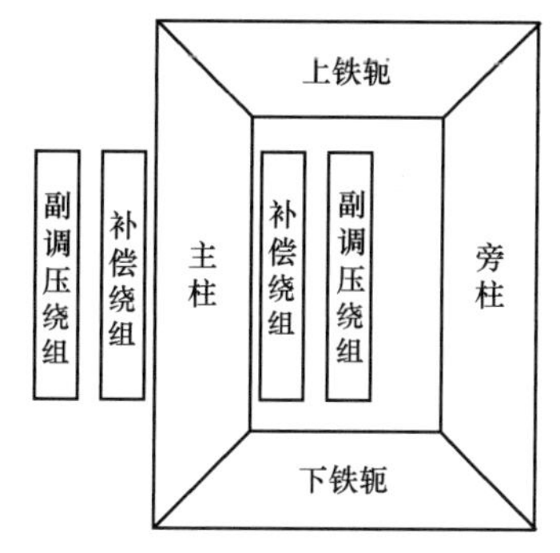

图 3－9　补偿变压器器身示意图

6. 引线结构

特高压绕组为中部出线结构，中压绕组和低压绕组均为端部出线结构。图 3－10 为三主柱式特高压变压器特高压侧引线示意图，图 3－11 为双主柱式特高压变压器特高压侧引线示意图。

高压绕组的末端引线分别由绕组上、下端部水平引出，在柱间完成并联连接（俗称手拉手连接），安置在保护均压管内（柱间连线装置）。特高压绕组首端引线由高压绕组中部引，也在柱间连线装置中并联连接。

完成各柱并联连接的特高、中、低压引线，特高压引线由其中一柱的高压绕组中部引向特高压升高座，经 1000kV 特高压出线装置与特高压套管连接引出油箱。

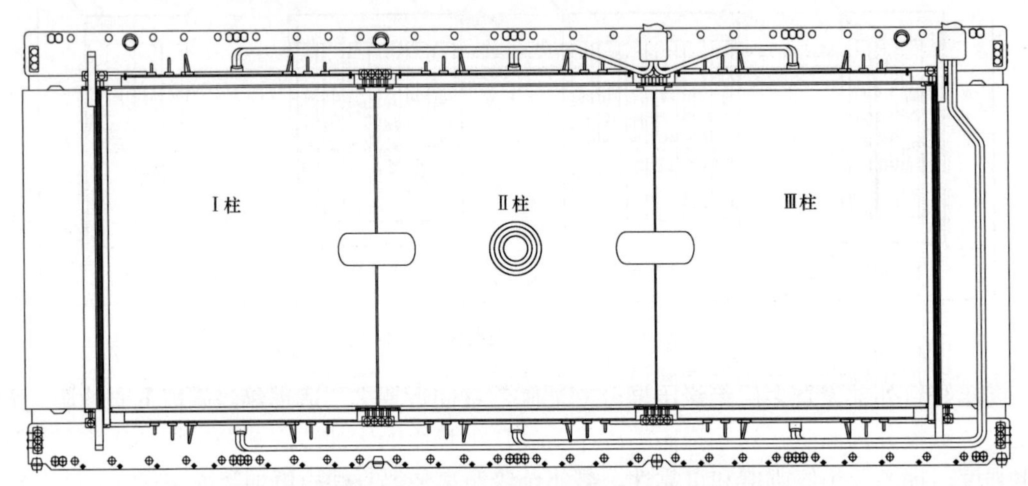

图 3-10 三主柱式特高压变压器特高压侧引线示意图

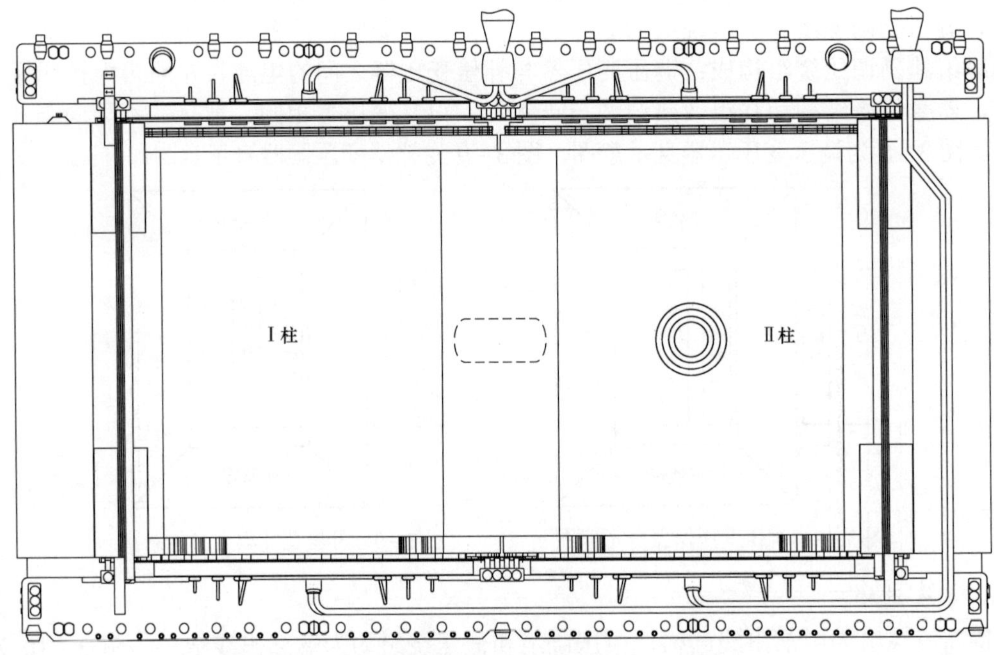

图 3-11 双主柱式特高压变压器特高压侧引线示意图

各柱特高压绕组末端并联后的引线，再经上下引线将两端的 500kV 引线通过柱间连线装置并联连接，然后，与中压绕组首端 500kV 引出线连接，共同引向中压升高座，经出线装置与中压套管连接引出油箱。图 3-12 为三主柱式特高压变压器中压侧引线示意图，图 3-13 为双主柱式特高压变压器中压侧引线示意图。所有 500kV 引线由均压管保护，均压管加大了电极直径，降低了引线表面电场强度，均压管外包绝缘提高了绝缘强度，缩小了绝缘距离，使器身更加紧凑。

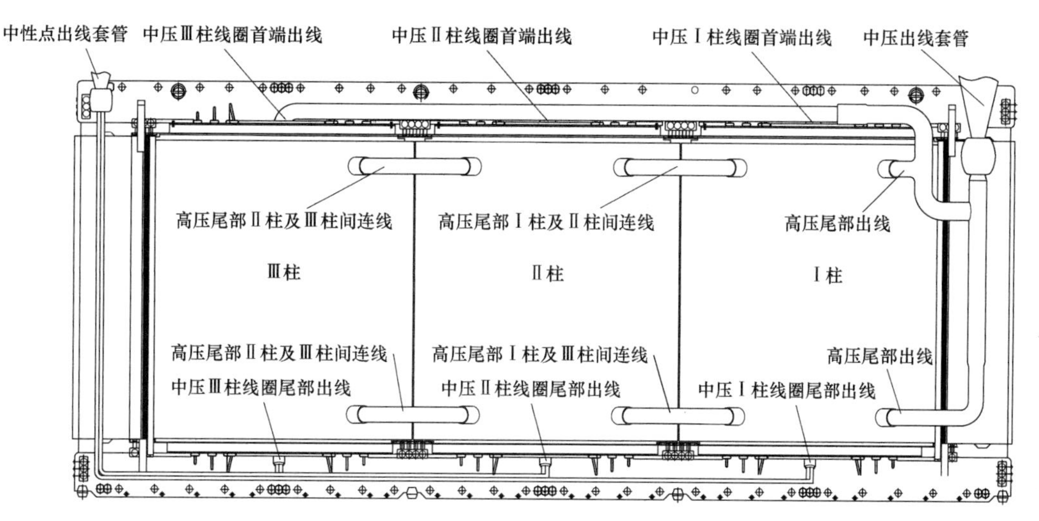

图 3－12　三主柱式特高压变压器中压侧引线示意图

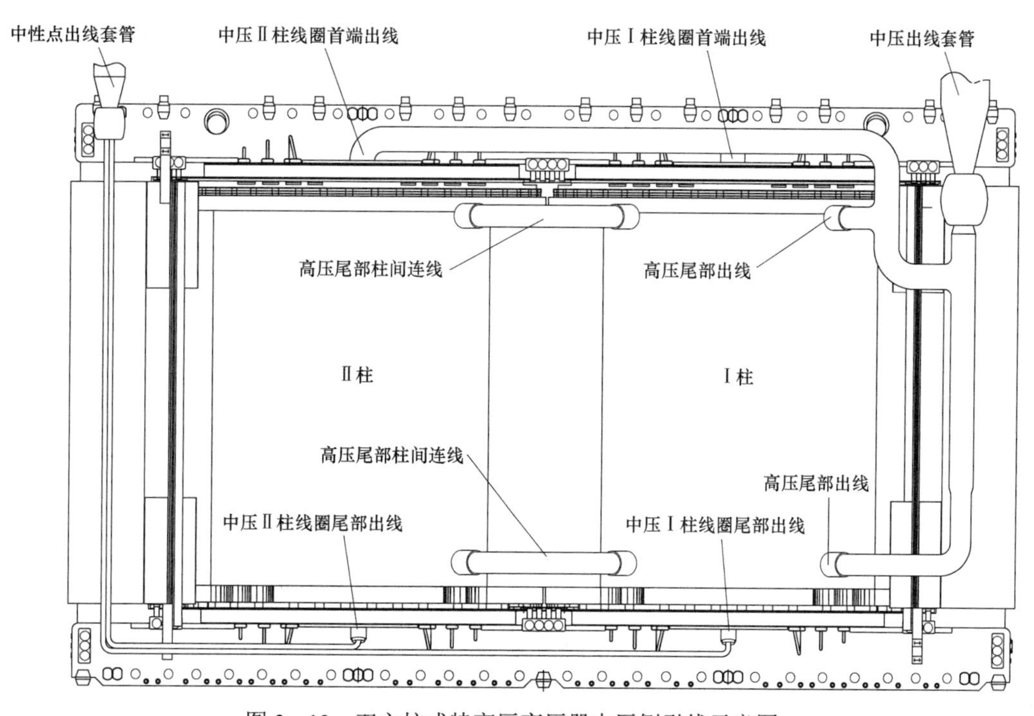

图 3－13　双主柱式特高压变压器中压侧引线示意图

特高压绕组、中压绕组的中性点引线由中性点套管引出，低压引线由低压套管引出。调压补偿变压器的引线与 110kV 变压器引线绝缘要求相同。

7. 油箱结构

主体变压器变油箱采用桶式平箱盖结构，分为箱盖和油箱两部分，连接部位位于油箱整体的上端。箱壁和箱底均为平板式结构。油箱壁、箱盖和箱底采用高强度钢板，保证油箱整体强度。为充分利用运输限界的高度，产品运输采用“侧承梁”式运输方式，箱底采用高强度厚钢板，油箱底距离路面或铁轨高度要大于或等于100mm。运输装置承载支板和槽形加强筋选用高强度钢板，焊接在油箱壁两侧。油箱壁上设有人孔，安装现场无需吊罩便可进入油箱内部进行检查。器身定位装置焊接在箱底和箱盖的内表面，油箱整体加强分布合理，结构紧凑，油箱内侧设铜屏蔽，减少杂散损耗和防止油箱局部过热。油箱与附件整体抽真空，可承受真空压力13.3Pa，油箱承受正压120kPa的机械强度试验，保证不渗漏、无永久变形。

8. 总装结构

我国自主研制的ODFPS－1000000/1000单相自耦特高压变压器有两种结构，既试验示范工程确定的五柱式（三主柱两旁柱）铁心结构和紧随其后科研创新成果——四柱式（两主柱两旁柱）铁心结构。四柱式铁心结构比五柱式铁心具有明显的优势，体现在：单柱容量由333MVA提高到500MVA，减轻了铁心用量，更好地控制了端部漏磁，降低了空载和负载损耗，简化了特高压绝缘结构，降低了特高压绝缘制造难度，使结构紧凑、节省材料、体积小、重量轻、方便运输等。

四柱式ODFPS－1000000/1000单相自耦特高压变压器采用外置式调压补偿变压器，即主变压器和调压补偿变压器各自具有独立的油箱。分箱布置结构提高设备运行的安全性，方便运输，极端情况下可将调压补偿变压器与主变压器分开，主变压器仍能单独运行。图3－14为四柱式特高压变压器整体接线原理图。

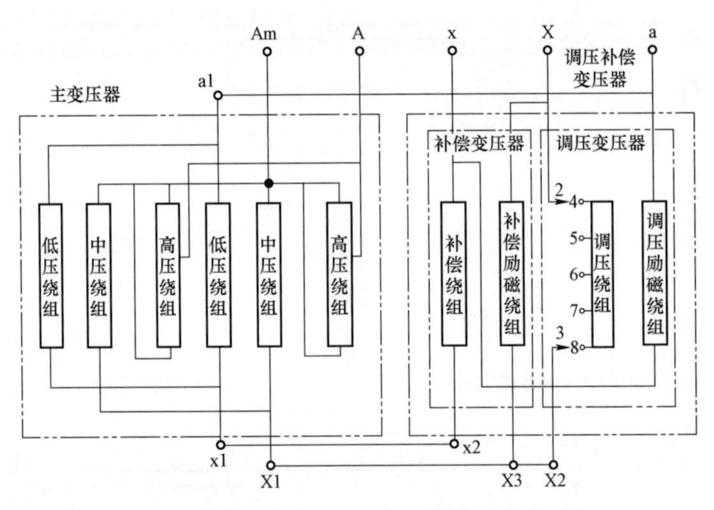

图3－14　四柱式特高压变压器整体接线原理图

特高压套管由油箱中部经出线装置、升高座引出，中压、中性点和低压套管从箱盖上垂直引出。

主变压器装有可抽真空胶囊式储油柜一个，储油柜采用磁针式油位计，由柜脚直接固定于主变压器本体上，储油柜的所有阀门引至下部便于操作的位置，并有引下的油位计便于观察。选用8组400kW强油风冷却器，其中1组备用，保证产品有良好的散热能力。冷却器直接固定于主变压器本体上，不需要另设基础支撑，可方便现场安装。冷却器进出油口配有真空蝶阀，可方便冷却器的拆卸。主变压器配置2～3个压力释放阀；装有油面温度计、绕组温度计；储油柜与油箱连接的油管路中装有气体继电器、速动油压继电器；箱壁装有油中气体在线监测仪，铁心及夹件接地电流在线监测装置等保护组件。储油柜引下的显示表头、绕组温控器表头、油面温控器表头均放置在单独设置的带有玻璃视察窗的防护盒内，既便于观察也起到防雨保护表头的作用。

调压补偿变压器有独立的可抽真空胶囊式储油柜一个，储油柜采用指针式油位计，方便油位数据的读取和整定等操作，储油柜的放油阀和注油阀也引至本体下部便于操作的位置。共采用 9 组片宽 520mm 散热器，散热器与本体连接处配有真空蝶阀，方便散热器的拆卸和更换。储油柜和散热器均直接固定在变压器本体上，便于和本体一起进行抽真空。其他配置与正常的 110kV 电力变压器（有载或无励磁）相同。

主变压器与调压补偿变压器之间采用架空线连接，低压架空线采用 LGJQT－1400/135 特轻型铝合金导线，中性点架空线采用 LGJ－630/55 钢芯铝绞线，与套管连接采用专用压缩型双导线设备线夹连接。架空线由两根导线组成，在合适位置采用双分裂间隔棒分开，低压之间的架空线用 FZSW8－145/8 棒形支柱复合绝缘子支撑，减小了套管端子的受力。主变压器和调压补偿变压器之间设置有 1 只扶梯，方便操作人员在主变压器和调压补偿变压器之间行走。图 3－15 为主体变压器与调压补偿变压器安装布置与外部电气连接示意图。

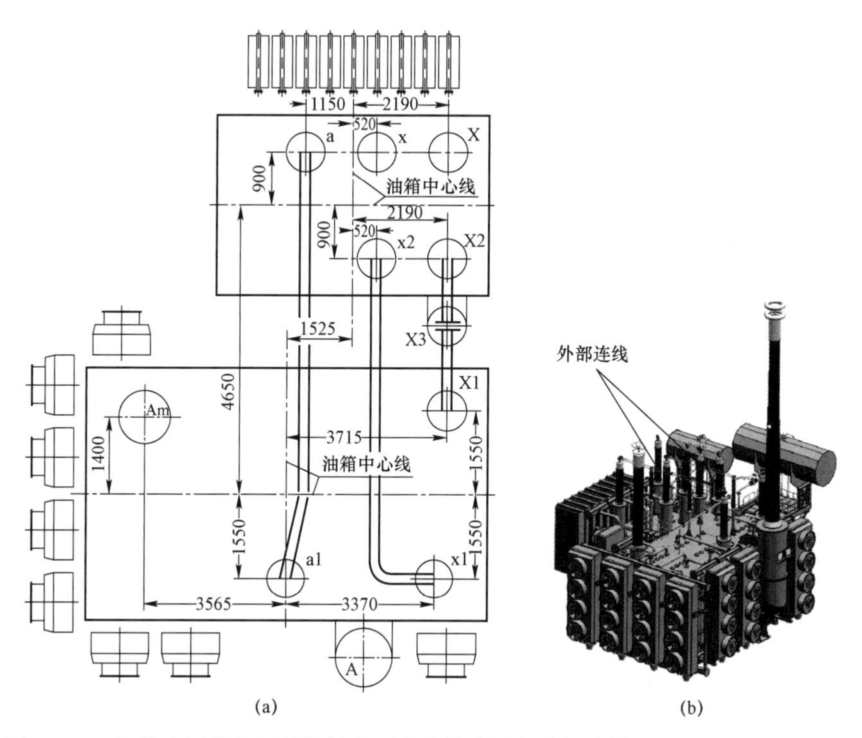

(a)　　(b)

图 3－15　主体变压器与调压补偿变压器安装布置与电气连接示意图（单位：mm）

（a）整体安装布置；（b）整体之间电气连接

由于主变压器和调压补偿变压器的冷却系统、油路系统各自独立，且冷却装置和储油柜等结构件均直接固定在各自变压器本体上，因此千斤顶固定板直接焊接在油箱箱壁上可以保证变压器箱底及千斤顶具有足够的强度，满足装载、安装以及快速换相的需要。

3.1.2 特高压变压器贮存

特高压变压器经长途运输抵达现场，需要对产品的绝缘状况做出判断，尤其是对不能及时安装、需要现场贮存一段时间的产品，更需要先做绝缘状态判断，再做现场贮存准备。

1. 产品受潮检验

（1）产品未受潮的初步判定。变压器运到现场后立即检查产品运输中是否受潮，在确认产品未受潮的情况下，才能进行后续的安装和投入运行。产品是否受潮需对油箱内的气体压力和油样进行试验分析，判定标准见表 3－1 产品未受潮的初步判定。

表 3－1　　产品未受潮的初步验证判定

序号	验证项目		指标
1	气体压力（常温）/MPa		≥0.01
2	油样分析	耐压值/kV	≥50
3		含水量/（mg/L）	≤15

注：1. 充气运输的变压器的油样分析是指残油化验。
2. 耐压值是指用标准试验油杯试验。

如果表 3－1 中的三项指标有一项不符合要求，则充气运输的变压器不能充气贮存，需要进一步做产品受潮判定。

（2）产品未受潮最终判定。产品未受潮最终的判定需验证绕组对地、铁心对地之间对绝缘电阻，测试方法及标准见表 3－2 产品最终未受潮判定指标。

表 3－2　　产品最终未受潮的判断

判断内容		指标
绝缘电阻 R_{60} 不小于出厂值的（用 2500V 绝缘电阻表测量）		85%
吸收比 R_{60}/R_{15} 不小于（当 R_{60}>3000MΩ时，吸收比可不作考核要求）		85%
介质损耗因数 tanδ 不大于出厂值 （20℃时 tanδ 不大于 0.5%，可不与出厂值做比较）	同温度时	120%

（3）产品受潮处理。经测试，若产品不满足表 3－1 的要求，则表明产品可能受潮，产品不能实施安装，必须及时与制造厂联系进行干燥处理。若结果符合表 3－1 的要求，则证明产品没有受潮，可以进入现场安装程序。如因现场其他原因产品不能及时安装时，则需及时采用适宜的保护措施现场贮存。

2. 产品现场贮存

（1）充气贮存。

1）对于充气运输的产品运到现场后应立即检查本体内部的气体压力是否符合 0.01～

0.03MPa 的要求。

2）充气压力符合 0.01～0.03MPa 的要求时，允许保持继续充气短期贮存。短期贮存期间需要每天监视、记录气体压力值，贮存时间不允许超过 3 个月。如果预计现场贮存时间超过 3 个月，则必须产品短期贮存 1 个月内要求进行注油存放。

3）如果本体油箱充气压力不满足 0.01～0.03MPa 的要求时，产品不能继续充气贮存，需要做是否受潮判定。

4）充气贮存必须有压力监视装置，对气体与压力要求如下：

① 充干燥空气，瓶装干燥空气出口处气体露点小于或等于－45℃，本体内气体压力为 0.02～0.03MPa。

② 充氮气，瓶装氮气出口处气体露点小于或等于－45℃，含氮量不小于 99.999%，含水量不大于 5×10^{-6}，本体内气体压力 0.02～0.03MPa。

5）贮存期间每天至少巡查 2 次，对油箱内压力及补入的气体量做好记录；如油箱压力降低很快、气体消耗量增大现象，说明油箱密封有泄漏现象，应及时检查处理，严防变压器器身受潮。

（2）注油贮存。充气运输的产品到达现场后，如果要求不能充气贮存或 3 个月内不能安装的产品，需要按照产品长期保管要求实施注油贮存。

1）检查油箱整体密封状态，发现渗漏及时处理。将油箱内的残油取样做击穿电压和含水量试验，对产品内部绝缘状态做出初步判断，油样化验结果应符合表 3－3 变压器油指标要求。不符合要求的残油应从油箱内抽出，经过过滤合格后方可重新使用。

表 3－3　　变压器油指标要求

<table>
<tr><th>序号</th><th colspan="2">内容</th><th>指标</th></tr>
<tr><td>1</td><td colspan="2">击穿电压/kV</td><td>≥70</td></tr>
<tr><td>2</td><td colspan="2">油中含水量/（mg/L）</td><td>≤8</td></tr>
<tr><td>3</td><td colspan="2">油中含气量（体积分数）（%）</td><td>≤0.8</td></tr>
<tr><td>4</td><td colspan="2">油中颗粒度限值</td><td>油中 5～100μm 的颗粒不多于 1000 个/100mL，不允许有大于 100μm 颗粒</td></tr>
<tr><td rowspan="3">5</td><td rowspan="3">油中溶解气体含量色谱分析/（μL/L）</td><td>氢气</td><td>≤10</td></tr>
<tr><td>乙炔</td><td>油中无溶解乙炔气体</td></tr>
<tr><td>总烃</td><td>≤20</td></tr>
</table>

注：其他性能应符合 GB/T 7595《运行中变压器油质量标准》的规定。

2）注油前，有条件时应装上储油柜系统（包括吸湿器、油位表）。从油箱下部抽真空至 100Pa 以下维持 24h 以后，注入符合表 3－3 要求的变压器油。注油至稍高于储油柜正常油面位置，并打开储油柜的呼吸阀门，保证吸湿器正常工作。若未能安装储油柜（不建议使用这种存放方式），注油后最终油位距箱顶约 200mm，油面以上无油区充入露点低于－45℃的干燥空气，解除真空后压力应维持在 0.01～0.03MPa。

3）产品注油贮存期间，必须有专人监控，每天至少巡视一次。当吸湿器中硅胶颜色发生变化，应立即进行吸湿器更换。每隔十天要对变压器外观进行一次检查，检查有无渗油、油位是否正常、外表有无锈蚀等，发现问题要及时处理。

4）注油排氮气时，任何人不得在排气孔处停留。

5）注油存放期间应将油箱的专用接地点与接地网连接牢靠。

（3）组件贮存。

1）储油柜、散热器、冷却器、导油联管、框架等存放，应有密封、防雨、防尘、防污措施，不允许出现锈蚀和污秽。

2）套管装卸和保存期间运输的存放应符合套管说明书的要求。电容式套管存放期超过六个月时，放置方式及倾斜角度按套管厂家提供的使用说明书要求执行。

3）套管与附件（如测温装置、出线装置、仪器仪表、小组件、在线监测、温度控制器、继电器、接线箱、控制柜、有载开关操作机构、导线、电缆、密封件和绝缘材料等）都必须放在干燥、通风的室内。

4）充油套管式电流互感器和出线装置要带油存放，而且不允许露天存放，严防内部绝缘件受潮。套管式电流互感器不允许倾斜或倒置存放；本体、冷却装置等，其底部应垫高、垫平，不得水淹。

5）冷却装置等附件，其底部应垫高、垫平，不得水浸；浸油运输的附件应保持浸油保管，密封应良好；套管装卸和存放应符合产品技术文件要求。

6）组件在存放期间，应经常检查组件贮存状态有无受潮、有无锈蚀、有无破损等，油位是否正常等。

3.1.3 特高压变压器的安装与维护

1. 要求

（1）变压器在起吊、运输、验收、贮存、安装及投入运行等过程中，须按产品使用说明书指导操作，避免发生意外，影响产品质量和可靠性，每一过程都要做好相关的记录。

（2）安装与使用部门应按照制造方所提供的各类出厂文件、产品使用说明书、各组件的使用说明书进行施工，若有疑问或不清楚之处，须直接与制造厂联系，以便妥善解决。

（3）产品使用说明书的内容为变压器安装、使用要求的通用部分，如果有未包含的内容，视具体产品情况，及时与制造厂联系获取，或参见产品补充说明书。若产品补充说明书中的内容与产品使用说明书中的要求不相符时，则以产品补充说明书为准。

2. 变压器起吊与顶升

（1）变压器充油后不允许整体起吊主体变压器（含附件）总重。若遇特殊情况一定要整体起吊主体变压器时，应将钢丝绳系在专供整体起吊的吊攀上。

（2）起吊设备、吊具及装卸地点的地基必须能承受主体变压器的起吊重量（即运输重量）。

（3）起吊前须将所有的箱沿螺栓拧紧，防止起吊时箱沿变形引起不可修复的渗漏油。

（4）若变压器装有伸出箱沿的可拆卸吊攀（见油箱粘贴标识），可利用这些吊攀起吊变压器本体。

（5）吊索与主变压器油箱铅垂线间的夹角不大于 30°，否则应使用平衡梁起吊；起吊时必须同时使用规定的吊攀，几根吊绳长度应匹配，起吊时受力均匀，保持平衡，严防变压器本体倾斜、坠落、翻倒或引发其他碰撞事故。

（6）使用千斤顶顶升本体变压器，应事先明确顶升的重量为主变压器总重还是其他状态下的重量；选择的千斤顶应有足够的承重裕度，检查每个千斤顶的行程必须保持一致，防止顶升或降落主变压器时出现单点受力。注意：不可以同时顶升主变压器和调压补偿变压器。

（7）用液压千斤顶顶升本体变压器时，千斤顶应顶在油箱标识千斤顶专用底板处正确位置上，为了保证主变压器顶升和降落过程的安全，严禁在 4 个（或多个）位置上的千斤顶在 4 个（或多个）方向同时起落，允许在短轴方向的两点处同时均匀地受力顶升或降落，兼顾其他千斤顶顶受力以及保持主变压器的平衡和稳定，每次顶升或降落的距离不得超过 40mm（多个位置）或 120mm（4 个位置），依次操作短轴两侧其他千斤顶成对交替顶升或降落。

（8）在千斤顶顶升期间应及时在油箱底与地面之间加垫适宜高度的枕木或垫板，防止主变压器突然坠落或失稳。

（9）在千斤顶降落前预先按降落高度将枕木或垫板放置在有箱底部的地面上，防止主变压器滑落或倾斜失稳。

（10）在操作主变压器顶升或降落时一定要做好防护措施，防止千斤顶打滑、防止主变压器闪动、偏移和各种可能发生的意外。

3. 主变压器及附件的运输和装卸

（1）主变压器由制造厂运输到安装地点前，必须对运输路径及两地的装卸条件做充分地调查和了解，制定的安全技术措施应遵守下列规定：

1）当铁路运输时，应按铁道部门的有关规定进行。

2）整个运输过程（含铁路、公路、船舶）中，变压器允许倾斜角度长轴不大于 15°，短轴不大于 10°；变压器装卸及就位应使用产品设计专用受力点，并应采取防滑、防溜措施，牵引力速度不应超过 2m/min。

3）公路运输时，应将车速控制在高等级路面上不得超过 20km/h，一级路面上不得超过 15km/h，二级路面上不得超过 10km/h，其余路面上不得超过 5km/h 范围内。

4）公路运输或人工液压平移中，变压器的振动与颠簸不得超过公路正常运输时的状况。

5）当利用机械牵引变压器时，牵引的着力点应在设备重心以下，倾斜角度不大于 15°。

6）人工平移载运变压器时速度不超过 2m/min。

7）装卸变压器定站台、码头地基必须坚实平整；考虑起吊时会有重心不平衡的情况，应设专人观测车辆平台的升降或船舶的浮沉情况，防止发生意外。

8）运输前套管包装应完好，无渗油，瓷体应无损伤。运输中应特别注意避免颠簸及冲撞，1000kV 级特高压套管不宜承受大于或等于 $3g$ 的冲击力，运输方式应符合套管说明书的要求。

9）运输加速度限制：纵向加速度及横向加速度均不大于 3g；严禁溜放、冲击主变压器。

10）1000kV 特高压出线装置应在运输车辆上加装冲击记录仪，冲击记录仪应牢固安装在出线装置或包装箱上；运输加速度限制：纵向加速度及横向加速度均不大于 3g。

（2）为保护主变压器内部器身及组附件不受潮，主变压器采用充油或充气运输。

1）充油运输。主变压器油箱内注入合格的变压器油，油面高度以不露出上铁轭为宜，油面以上无油区充入露点小于或等于－45℃干燥空气，保持正压力小于或等于 0.03MPa，检查油箱有无渗漏油和泄漏气（尤其是箱盖等处无油部位）。

带有载分接开关运输的调压补偿变压器，须将有载分接开关内的变压器油放至开关顶盖下 100～200mm，无油区域充入与变压器本体内相同要求的干燥空气，用专用连通管将变压器油箱与开关油箱连通。

2）充气运输的主变压器油箱充入干燥空气。

① 充入的干燥空气露点不高于－45℃，本体内气体压力为 0.02～0.03MPa；每台变压器必须配有可以随时补气的纯净、干燥气体瓶；运输中始终保持油箱内部正压在 0.01～0.03MPa 范围内；观察压力表，监视气体压力接近 0.01MPa 时应及时按要求补充合格的气体；关注所有密封不得泄漏气体。

② 充氮气运输的主变压器在油箱人孔口旁边标注明显的充氮安全标识；瓶装氮气出口处气体露点小于或等于－45℃，气体纯度大于或等于 99.99%，含水量不大于 5×10^{-6}，注入油箱的气体压力为 0.02～0.03MPa；运输中配备充足的备用氮气瓶，始终保持油箱内部正压在 0.01～0.03MPa 范围内，观察气体压力接近 0.01MPa 时应及时按要求补充合格的氮气，关注所有的密封不得泄漏氮气。

（3）拆卸的联管，升高座、测量装置、出线装置、储油柜、散热器（冷却器）、套管式电流互感器等均应密封运输，内部有绝缘零部件的必须充油或充气密封运输。

4. 检查验收

（1）主变压器验收。

1）变压器运到现场，收货人核实到货产品的型号是否与合同相符，卸车清点裸装大件和包装箱数，与运输部门办理交接手续。

2）妥善保管三维冲撞记录仪和运输过程中完整的冲撞记录，直到主变压器就位，办理交接签证手续才可拆除冲撞记录仪并交还制造厂。

3）检查运输押运记录，了解运输中有无异常发生；检查冲击记录仪的记录，正常运输发生的三维方向冲撞值应在 3g 以下，如果发现有超出 3g 以上的记录时，需详细询问运输路途发生的异常，并于运输部门确认，详情及时通告制造厂。

4）开箱先拆开文件箱，按变压器“产品出厂文件目录”查对产品出厂文件、合格证书、现场用安装图纸、技术资料等，如不完整应及时向制造厂询问或要求补充完整。

5）检查主变压器承重肩座与轿式承载框架之间有无移位，限位件的焊缝有无崩裂，固定用钢丝绳有无拉断并做好记录；检查主油箱有无撞击痕迹、变形损伤、焊缝开裂等现象；如发现主油箱有不正常现象，同时冲撞记录有异常记录，收货人应停止卸货，与承运人交涉了解运输途中发生的情况，将情况通知制造厂以便及时妥善处理。

6）对带油运输的主变压器，检查油箱箱盖或钟罩以及法兰密封有无渗漏油，有无锈蚀及机械损伤。

7）对充气运输的主变压器，检查油箱内压力应保持在0.01～0.03MPa范围内，现场办理交接签证时同时移交压力监视记录。

8）依据主变压器总装图、运输图，拆除其内部用于运输过程中起固定作用的固定支架及填充物，注意不要损坏其他零部件和引线。

9）充油或充气运输的附件，检查装设的运输压力监视装置有无渗漏，盖板的连接螺栓是否齐全，紧固是否良好。

（2）附件检查验收。

1）现场开箱应提前与制造厂联系，告知开箱检查时间，与制造厂共同进行开箱检查工作。

2）收货人应按“产品装箱一览表”检查到货箱数是否相符合，有无漏发、错发等现象。若有问题，应立即与制造厂联系，查明原因妥善处理，及时补发缺少或损坏的零部件。

3）检查包装箱有无破损并做好记录；按各“分箱清单”核对箱内零件、部件、组件型号数量等是否与分箱清单相符，有无损坏、漏发等，做好记录，及时与运输单位和制造厂澄清、补发。

4）上述各类检查验收过程中发现的损坏、缺失或不正常现象等，做详细记录、进行现场拍照，经供需双方签字确认。照片、缺损件清单及检查记录副本应及时提供给制造厂及运输单位，以便迅速解决并查找原因。

5）全部检查验收完成后，收货单位与制造厂签收接收证明一式二份，制造厂依据签收证明提供现场服务。

6）组、附件检查验收后，收货单位应选择合适的地点保存并对其安全和完好负责，不得丢失或损坏。制造厂需要回收的包装箱及装用设施等，收货人应妥善保存，及时通知制造厂收回；如需使用应通知制造厂，避免丢失和损坏。

5. 变压器油的验收与保管

（1）由制造厂提供到现场的变压器油应有出厂检验报告和相关记录；现场检查变压器油的牌号是否与生产厂家提供的产品用变压器油牌号相同，不得将不同牌号的变压器油混合存放，以免发生意外。

（2）检查运油罐的密封和呼吸器的吸湿情况，并做好记录。

（3）用测量体积或称重的方法核实油的数量。

（4）抽取到货油样，依据GB 2536《电工流体变压器和开关用的未使用过的矿物变压器油》标准中规定进行检测，检测结果作为验收依据。

（5）未注入变压器的绝缘油应妥善保管。经滤油处理，投运前变压器油性能指标见表3－4特高压变压器投运前的变压器油指标要求，满足GB/T 50832《1000kV系统电气装置安装工程电气设备交接试验标准》和GB 50835《1000kV电力变压器、油浸电抗器、互感器施工及验收规范》的规定。

表 3-4　特高压变压器投运前的变压器油指标

序号	内容		指标
1	击穿电压/kV		≥70
2	介质损耗因数 tanδ（90℃，%）		≤0.5
3	油中含水量/（mg/L）		≤8
4	油中含气量（体积分数，%）		≤0.8
5	油中颗粒度限值		油中 5～100μm 的颗粒不多于 1000 个/100mL，不允许有大于 100μm 颗粒
6	油中溶解气体含量色谱分析/（μL/L）	氢气	≤10
		乙炔	油中无溶解乙炔气体
		总烃	≤20

注：其他性能指标应符合 GB/T 7595《运行中变压器油质量标准》的规定。

（6）进口变压器油按相关国际标准或按合同规定标准进行验收。

（7）由制造厂检验后运到现场的变压器油制造厂应提供检验记录；若由炼油厂直接发到安装现场的变压器油或由业主自行采购的商品油，都须按技术协议要求进行检验并有记录。

（8）使用密封清洁的专用油罐或容器存储变压器油，不同牌号的变压器油应分别贮存与保管，并做好标识，不允许混装。

（9）变压器油过滤注入油罐前须清理滤油机和连接管路，防止混入杂质或污染；滤油注油系统需密封，防止吸入潮气；严禁在雨、雪、雾天进行滤油倒罐操作。

（10）变压器油对环境、安全和健康的影响及其防护措施。

1）变压器油可能对健康造成危害。变压器油若长时间和重复与皮肤接触，可能导致脱脂并发生刺激反应；眼睛接触，会引起发红和短暂疼痛；有口服毒性；吸入高温下产生的油蒸汽或雾会刺激呼吸道，并导致恶心甚至呕吐和腹泻，大量油蒸气吸入肺中时，会引起肺损伤，如浓度过高，几分钟即可引起呼吸困难等缺氧症状。

2）特殊环境下变压器油有燃爆特性。变压器油在通常环境下状态稳定，但遇明火、高热时，油蒸气与空气可形成爆炸性混合物，极易发生爆炸。与氧化剂能发生反应或引起燃烧。油蒸气比空气重，能在较低处扩散到相当远的地方，遇明火会引着回燃。

3）对环境污染危害。变压器油在自然状态下会缓慢生物降解，在自然环境中保留期间，存在污染地表水、土壤、大气和饮用水的风险。

4）急救措施。眼睛若不慎接触，应用大量的清水或生理盐水冲洗；如果皮肤不慎接触，应尽快脱下污染的衣物，用肥皂和流动的清水冲洗身体；若不慎吸入，应迅速脱离现场至空气新鲜处自然缓解。

5）消防措施。一旦变压器油发生燃烧，应使用干粉、二氧化碳或泡沫灭火剂，尽可能地将容器从火场移至空旷处，喷水保持容器冷却，直至安全。

6）泄漏应急处理。迅速撤离泄漏污染区人员至安全区域，并进行隔离，严格限制出入，切断火源。建议应急处理人员佩戴自给正压式呼吸器，穿消防防护服。尽可能切断泄漏源，防止溢出的变压器油进入或蔓延到排水沟、水道和土壤中。小量泄漏，应及时采用黏土、沙、土或其他不燃材料吸附或吸收。大量泄漏时，应构筑围堤或挖坑收容；用泡沫覆盖，降低蒸汽灾害；用防爆泵转移至槽车或专用收集器内，回收或运至废物处理场所处置，同时，还应及时通知当地环境保护部门。

7）防护措施及其他事项。

① 如有皮肤反复接触变压器油的场合，工作人员应戴耐油保护手套（材料应为氯丁橡胶、腈、丙烯腈、丁二烯橡胶）和穿防护衣进行保护；佩戴安全防护镜避免飞溅的变压器油进入眼睛。

② 避免变压器油发生过热和遭遇明火，严禁与氧化剂、卤素、食用化学品等混装、混运及混合存放，装运变压器油的容器应密封，运输槽车应配有接地链。

③ 废弃的变压器油应及时回收，不得随意燃烧处理，以免污染环境；无特殊处理手段，不得重复利用。

6. 主变压器的就位

（1）主变压器移动到安装位置的牵引。牵引钢丝绳必须挂在主体油箱的专用牵引攀上，机械牵引的速度不得超过 5km/h，人工平移的速度不超过 2m/min，主变压器的振动与颠簸不得超过公路正常运输时的状况。

（2）机械牵引的着力点应在主体变压器重心以下，倾斜角度不大于 15°。

（3）装卸主变压器时应设专人观察重心不平衡情况，监护变压器防止发生意外。

（4）千斤顶顶升或下落主体变压器。

1）选择液压千斤顶的吨位和台数应与主变压器的重量相符，并留有足够的裕度；检查每个千斤顶的行程必须保持一致，防止顶升或下落主变压器时出现单点受力。

2）千斤顶的着力点对准油箱上专为千斤顶着力点加强垫板。

3）严禁 4 个（或多个）位置上的千斤顶在 4 个（或多个）方向同时起落，允许在短轴方向的两点处同时均匀地受力顶升或下落，兼顾其他千斤顶受力以及保持主变压器的平衡和稳定，每次顶升或下落的距离不得超过 40mm（多个位置）或 120mm（4 个位置），依次操作短轴两侧其他千斤顶成对交替顶升或下落将主体变压器就位在基础；在千斤顶顶升后下落操作期间，应及时在油箱底与地面之间加垫适宜高度的枕木或垫板，防止本体变压器突然坠落或失稳；操作主变压器顶升或下落时一定要做好防护措施，防止千斤顶打滑、主变压器闪动、偏移和各种可能发生的意外。

（5）在斜坡上移动主变压器时斜坡角度不大于 10°，斜坡长度不大于 10m，移动操作时必须有防滑措施。

（6）变压器油箱顶盖、联管已有符合标准要求的坡度，因此变压器安装基础应保持水平，不需要倾斜安装；主变压器就位前安装基础已经预埋了连接构件，主变压器箱底与连接构件必须可靠连接。

（7）有特殊要求时，在主变压器与基础之间可以加装减振垫板等。

（8）若油箱箱壁加强筋的空腔内有填装沙子的要求时，需按专用部分的使用说明书操作。

7. 贮存及保管

特高压变压器的现场贮存和保管见章节 3.1.2 中的内容。

8. 现场整体安装

（1）变压器安装工作流程图如图 3-16 所示。

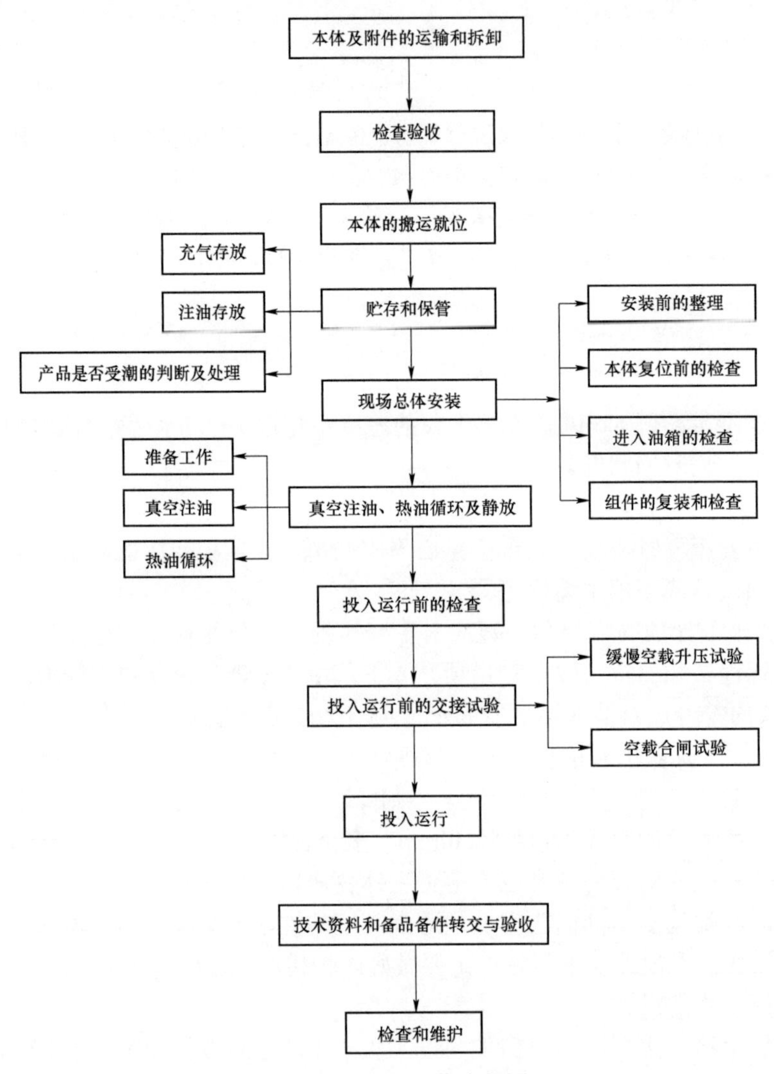

图 3-16　安装工作流程图

（2）现场安装需要准备的主要设备和工具见表 3-5。

表 3-5　　安装用的主要设备和工具

类别	序号	名称	数量	规格及其说明
起重设备	1	起重机	3 台	25t 以上
	2	起重葫芦	各 1 套	1～3t、5t 各 2 台
	3	千斤顶及垫板	4 只	不少于本体运输重量的一半
	4	枕木和木板	适量	

续表

类别	序号	名称	数量	规格及其说明
注油设备	5	真空滤油机组	1台	净油能力：大于9000L/h，工作压力不大于100Pa
	6	双级真空机组	1台	抽速不小于1500L/min，残压低于13.3Pa
	7	真空计（电子式或指针式真空计）	1台	1～1000Pa
	8	真空表	1～2块	－0.1～0MPa
	9	干燥空气机 或瓶装干燥空气	1台 若干瓶	干燥空气露点不高于－45℃
	10	储油罐	1套	根据油量确定，约为变压器总油量的1.2倍
	11	干湿温度计	1个	测空气湿度，RH 0～100%
	12	抽真空用管及止回阀阀门	1套	
	13	耐真空透明注油管及阀门	1套	
登高设备	14	梯子	2架	5m，3m
	15	脚手架	若干副	
	16	升降车	1台	
	17	安全带	若干副	
消防用具	18	灭火器	若干个	防止发生意外
保洁器材	19	优质白色棉布、次棉布	适量	
	20	防水布和塑料布	适量	
	21	工作服	若干套	
	22	塑料或棉布内检外衣（绒衣）	若干套	绒衣冬天用
	23	高筒耐油靴	若干双	
一般工具	24	套管定位螺母扳手	1副	
	25	紧固螺栓扳手	1套	M10～M48
	26	手电筒	3个	小号1个、大号2个
	27	力矩扳手	1套	M8～M16，内部接线紧固螺栓用
	28	尼龙绳	3根	ϕ8mm×20m，绑扎用
	29	锉刀、布纱纸	适量	锉、磨
消耗材料	30	直纹白布带/电工皱纹纸带	各3盘	需烘干后使用
	31	密封胶	1kg	401胶
	32	绝缘纸板	适量	烘干
	33	硅胶	5kg	粗孔粗粒
	34	无水乙醇	2kg	清洁器皿用

续表

类别	序号	名称	数量	规格及其说明
备用器材	35	气焊设备	1 套	
	36	电焊设备	1 套	
	37	过滤纸烘干箱	1 台	
	38	高纯氮气	自定	有需要
	39	铜丝网	$2m^2$	30 目/cm^2，制作硅胶袋用
	40	半透明尼龙管	1 根	ϕ8mm×15m，用作变压器临时油位计
	41	刷子	2 把	刷油漆用
	42	现场照明设备	1 套	载有防护面罩
	43	筛子	1 件	30 目/cm^2，筛硅胶用
	44	耐油橡胶板	若干块	
	45	空油桶	若干	
测试设备	46	万用表	1 块	MF368
	47	电子式含氧表	1 块	量程：0～30%
	48	绝缘电阻表	各 1 块	2500V/2500MΩ；500V/2000MΩ；1000V/2000MΩ

（3）现场安装安全要求。

1）认真制定安全措施，确保安装人员和设备的安全，安装现场和其他施工现场应有明显的分界标志。变压器安装人员和其他施工人员互不干扰。

2）进入安装现场穿工作服、工作鞋，戴安全帽。

3）按高空作业的安全规定进行高空作业，特别注意使用安全带，高空拆卸、装配零件，必须不少于 2 人配合进行。

4）油箱内氧气含量少于18%，不得进入作业。

5）起重和搬运按有关规定和产品说明书规定进行，防止在起重和搬运中设备损坏和人身受伤。

6）现场明火作业必须有防范措施和灭火措施。

（4）安装前的整理。

1）清洁零部件的要求。

① 与变压器油接触的金属表面或瓷绝缘表面，使用不掉纤维的白布拭擦，直到白布上无脏污颜色和杂质颗粒。

② 套管的导管、冷却器或散热器的导油框架、导油联管等与变压器油的内表面，凡是看不见摸不着的地方，必须用无水乙醇沾湿的白布来回拉擦，直到白布上不见油污和杂质颗粒。即便是出厂时制造厂已经擦拭干净且密封运输到现场，也应重新拉擦确保内部清洁。

2）密封面的要求。

① 仔细地检查和清理所有密封面，所有法兰连接面应平整、光滑；法兰的密封面或密封

槽在安放密封垫前均应清除锈迹、油漆和其他沾污物，并用布沾无水乙醇将密封面擦洗干净，直到白布上不见油污和杂质颗粒，避免在连接处发生渗漏。

② 所有在现场安装的密封垫圈，凡存在变形、扭曲、裂纹、毛刺、失效、不耐油等缺陷，一律不能使用。密封垫应擦拭干净，安装位置应正确。

③ 密封垫圈的尺寸应与密封槽和密封面尺寸相配合，尺寸过大或过小的密封垫圈都不能使用，而应另配合适的密封垫圈。圆密封圈其搭接处直径必须与密封圈直径相同，搭接面平放在密封槽内并做标记。应确保在整个圆周面或平面上均匀受压。

④ 对于无密封槽的法兰，密封垫必须用密封胶粘在有效的密封面上。如果在螺栓紧固以后发现密封垫未处于有效密封面上，应松开螺栓扶正。密封圈的压缩量应控制在正常的1/3范围之内。

3）紧固法兰连接用力矩扳手紧固，取对角线方向交替、逐步拧紧每个螺栓，最后统一再紧一次，保证密封圈（垫）压紧度相同、适宜。

4）所有用螺栓紧固的电气连接，连接头（片）和固定连接面必须可靠接触。

① 电连接的连接头（片）的接触表面和固定连接面应擦拭干净，不得有脏污、氧化膜或漆膜等妨碍电接触的覆盖和杂质存在。

② 接头的连接片应平直，无毛刺、飞边。

③ 紧固螺栓配有蝶形垫圈，利用蝶形垫圈的压缩量，保持电连接面有足够的压紧力；用力矩扳手紧固螺栓，保证压力合理，接触可靠。

④ 表3－6为力矩扳手紧固不同规格螺栓的扭矩值。

表3－6　　不同规格螺栓的紧固力矩值

螺纹规格	螺栓螺母连接时 施加最小扭矩/（N·m）	螺栓与钢板（开螺纹孔）连接时 施加最小扭矩/（N·m）
M10	41	26.4
M12	71	46
M16	175	115
M20	355	224
M24	490	390

注：表中为碳钢或合金钢制造的螺栓、螺钉、螺柱及螺母的扭矩值。

（5）主变压器复装前的准备。

1）主变压器不需要吊芯或吊罩检查，但工作人员需从人孔进入油箱进行内部检查，尤其是运输时冲击记录仪有异常记录，更需要仔细地完成内部检查。

2）进入油箱进行内部检查的要求与注意事项。

① 开展油箱内部检查前，首先检查油箱内部压力是否符合0.01～0.03MPa要求，测量铁心、夹件绝缘电阻与出厂值进行比较，按表3－1中数据要求判断器身是否受潮。

② 凡雨、雪、雾、刮风（4级以上）天气和相对湿度75%以上的天气不能进行内检。

③ 进出油箱的人孔的外部必须搭建临时防尘罩，设专人守候，便与进箱人员进行联系。

油箱上所有打开盖板的地方都要有防止灰尘、异物进入油箱的措施。

④ 充氮运输的产品应抽真空排氮，至真空残压小于1000Pa时，用露点低于－45℃的干燥空气解除真空。在氮气没有排净前及内部含氧量低于18%时，任何人不得进入作业；在实施内部检查整个过程中，必须持续不断地向油箱内补充纯净干燥空气，保持油箱内部的含氧量不低于18%。

⑤ 排放油箱内部的变压器油时，要从箱盖的阀门或充气接头以0.7～3m³/min的流速向油箱内充入干燥空气（露点低于－45℃）；排油完毕后仍要以0.2m³/min左右的流速持续向油箱内注入干燥空气，经不少于30min后（通过压力表观测油箱内压力应小于0.003MPa），方可打开人孔盖板，允许工作人员进入油箱进行内部检查。保持持续不断的向油箱内注入新鲜的干燥空气，直到内部检查工作结束，工作人员全部退出油箱，再用盖板及密封圈（垫）密封所有的孔、洞，油箱内部干燥空气的压力达到20kPa左右为止。

⑥ 进行内部检查的人员必须事先明确要检查的细则，逐项检查。进入油箱进行内部检查的工作人员必须穿清洁的衣服和鞋袜，除必须带入油箱的工具外，不得携带任何其他金属物件进入油箱；带入油箱的工具应有标记并严格执行登记、清点制度；工作完成后必须将所有工具带出油箱并清点核查工具的种类及数量，严防工具遗忘在器身上或油箱中；工作人员出油箱的同时，将油箱底部清理干净，带出油箱内部所有杂物、碎屑。

⑦ 油箱内部检查器身暴露在空气中的时间要尽量缩短，从开始向油箱内注入干燥空气，至内部检查完成、封闭油箱、开始抽真空的时间，最长时间不得超过8h/d。若有特殊情况，器身暴露于空气的时间超出8h，首先应记录在案，包括温度、湿度、时间、进入油箱的人数等；然后采取加强真空或延长真空时间的方法进行补救。主变压器在整个安装过程中（含组、附件安装）器身暴露在空气中总的累计时间不得超过40h。特殊情况需要延长总时间，应与制造厂协商，制定特殊工艺保障措施后方可实施。

⑧ 严禁在油箱内更换航灯、电筒的灯泡或修理工具。

⑨ 检查器身时不得任意攀爬引线支架、踩踏引线或出线绝缘等；不得损坏任何绝缘；不得随意弯折绕组出头引线；不得解开绝缘包裹、遮挡和覆盖；不得松开各种连接。

（6）进入油箱的检查内容:

1）拆除主变压器运输、就位时的内部临时加固、支撑件。

2）检查铁心有无移位、变形。

3）检查器身有无移位，定位件、固定装置及压紧垫块是否松动。

4）检查绕组有无移位、松动及绝缘有无损伤、异物。

5）检查引线支撑、夹紧是否牢固，绝缘是否良好，引线有无移位、破损、下沉现象。检查引线绝缘距离。

6）检查铁心与铁心结构件间的绝缘是否良好（用2500V绝缘电阻表测量），是否存在多余接地点。检查铁心、夹件及调柱、静电屏和磁分路接地情况是否良好，测量有无悬浮。

7）检查所有连接的紧固件是否松动。

8）绕组及围屏应无明显的位移，围屏外边的绑带应无松动。

9）检查开关接触是否良好，单相并联触头位置是否一致，是否在出厂整定位置。

10）清理油箱内部所有结构件表面应无尘污，清除残油、纸屑、污秽杂物等。

11）应根据器身检查结果确定运输是否正常，并应做好记录。

12）器身检查结束，应抽真空并补充干燥空气直到内部压力达到 0.01～0.03MPa。

13）在进行内部检查的同时，允许进行出线装置和套管的装配工作。

9. 组件的复装和检查

（1）组件安装时的现场安装安全要求、安装前的整理要求、复装前的准备要求等与主变压器的要求相同。冷却装置、储油柜等不需在露空状态下安装的附件应先行安装完成；在安装过程中不得扳动或打开主体油箱上的任一阀门或密封板。

（2）一般组件、部件（如冷却装置、储油柜、压力释放阀等）的复装都应在真空注油前完成。须严格清理所有附件，擦洗干净管口，必要时用合格的油冲洗与变压器直接接触的组件，如冷却器、储油柜、导油管、升高座等，冲洗时不允许在管路中加设金属网，以免带入油箱内。

（3）检查各连接法兰面、密封槽是否清洁，密封垫是否完整、光洁；与主变压器连接的法兰密封面更换新的密封圈。

（4）导油管路应按照总装配图（或导油管图）进行安装。注意核对导油管上编号对应安装，不得随意更换，同时装上相关阀门和蝶阀。带有螺杆的波纹联管安装，首先将波纹联管与导油联管两端的法兰拧紧，再锁死波纹联管螺杆两端的螺母。

（5）检测套管型电流互感器的绝缘电阻、电流比、极性、引线标识等是否与铭牌和技术条件相符合。

（6）各组件的复装应符合各自的安装使用要求。

1）储油柜安装。

① 首先检查储油柜胶囊有无破损，对胶囊缓慢充气，舒展开后检查有无漏气现象，如有漏气则需更换新的胶囊；安装胶囊时，其长轴方向应与储油柜长轴方向保持平行，不能有扭曲；胶囊口的密封形态保持良好，没有扭曲、歪斜，呼吸畅通。

② 安装储油柜的柜脚或支架，然后将储油柜安装就位，再安装储油柜的观察梯子。

③ 安装储油柜通油联管、波纹联管、蝶阀、气体继电器等附件，但吸湿器和气体继电器必须在主体变压器真空注油结束后安装，气体继电器在通油联管的位置可先用标准工装代替。

④ 气体继电器在安装前需要检查是否符合其使用说明书中的技术性能要求。

⑤ 检查储油柜的油路中各连接法兰密封面（槽）是否平整、光滑、清洁，连接时先将密封圈（垫）安装伏贴后再连接联管、蝶阀、气体继电器、防雨罩等附件。

⑥ 安装管式油位计时应注意使油管的指示与储油柜的真实油位相符；安装指针式油表时应使浮球在油中沉浮自如，无卡滞现象，避免造成假油位，油位表的信号接点位置应正确，绝缘良好。

⑦ 波纹式储油柜的安装应参照厂家提供的安装使用说明书进行操作。

⑧ 如有接地连接要求，最后安装接地板并可靠接地。

2）冷却装置的安装。

① 冷却装置在安装前应按使用说明书做好安装前的检查及准备工作。

② 打开冷却器的运输用盖板和油泵盖板，检查内部是否清洁和有无锈蚀。检查蝶阀阀片和密封槽不得有油垢、锈迹、缺陷，蝶阀关闭和开启要符合要求。

③ 冷却装置在制造厂已经过了内部冲洗，密封后运往现场。如果运到现场的冷却器有厂家提供的清洗合格证书，且密封良好，经检查其内部无油污、雨水、锈蚀和其他异常，现场可不安排对冷却装置进行内部冲洗。否则，在冷却装置安装前，必须用合格的绝缘油经滤油机循环将其内部冲洗干净并将残油排尽。

④ 冷却装置安装在导油框架上之前，应先将安装、支撑冷却器的导油框架与主变压器油箱导油管连接并固定好。然后，按编号吊装冷却装置，安装油流继电器、蝶阀、油泵等。吊装冷却装置时注意，必须使用双钩起吊法起吊，保持竖直状态和重心平衡，避免碰撞。装好接口蝶阀（阀门）密封圈、完成密封连接。蝶门（阀门）的开启位置应预先检查合格。

⑤ 风扇电动机及叶片安装牢固、转动灵活、无卡阻；试转时转向正确、无振动、无异常噪声、无过热；叶片无扭曲变形、不与导风筒碰擦等；与冷却装置和导油管路连接密封应良好，无渗漏油或进气现象；电动机的电源配线采用具有耐油性的绝缘导线并连接牢固可靠。

⑥ 管路中的各类阀门操作灵活，开、闭位置正确，阀门及法兰连接处应密封良好。

⑦ 油流继电器应校验合格，连接密封良好、动作可靠。

⑧ 导油管路按照总装配图（或导油联管装配图）进行安装。按导油管上的编号、零件编号、安装标志对应安装，不得随意改变连接编号和标记，同时安装的还有相关阀门和蝶阀等。

⑨ 电气元件和回路绝缘试验应经试验检验合格。

3）气体继电器和速动油压继电器的安装。

① 安装气体继电器和速动油压继电器应符合 JB/T 10780《750kV 油浸式电力变压器技术参数和要求》的要求，按气体继电器和速动油压继电器使用说明书中规定分别进行检验整定。

② 气体继电器按照图纸要求位置安装，顶盖上的箭头标志应指向储油柜。

③ 带集气盒的气体继电器将集气管路连接好，集气盒内充满合格的变压器油，密封应良好。

④ 为气体继电器安装防雨罩，防止潮气和雨水进入。

⑤ 连接电缆引线在接入气体继电器处留有滴水弯，进线孔应封堵严密。

⑥ 安装结束前，从观察窗确认气体继电器内部挡板应处于打开位置。

4）压力释放装置安装前应检查、核对动作压力值是否符合产品技术文件要求，阀盖和升高座内部是否清洁，安装方向是否正确，密封是否良好，电接点动作是否准确，绝缘是否良好；安装导流管路内是否清洁。

5）吸湿器安装前检查吸湿剂的干燥状态，更换已经吸潮变色干燥剂；吸湿器与储油柜之间连接管路密封状态，油封油位在规定的油面线以上。

6）测温装置的安装。

① 温度计安装前必须校验合格，信号接点动作应正确，导通良好，就地与远传显示应符合产品技术文件规定；绕组温度计根据使用说明书的规定进行调整。

② 温度计根据设备厂家的规定进行整定，并报运行单位认可。

③ 顶盖上的温度计座内注入适量的变压器油，注油高度为温度计座的 2/3，温度计安装密封良好，无渗油现象；闲置的温度计座需要密封，防止雨水进入。

④ 温度计的细金属软管不得有压扁或急剧扭曲，弯曲半径不得小于 150mm（或按其使用说明书规定）。

7）1000kV 套管的安装应符合套管厂家提供的安装使用说明书的要求。

8）分接开关的安装和检查。

① 按分接开关使用说明书安装好开关本体、传动轴、伞齿轮、控制箱等所有开关附件。

② 一位操作人员在油箱盖顶，另一位操作人员在地面操作开关控制箱底手动摇柄，从最大分接摇到最小分接，再由最小分接摇回到最大分接，共两个循环，保证每个挡位动作正确、一致。

③ 通过测试电压比，检查分接开关指示的分接位置是否正确，以及在各分接位置时的接触是否良好。

④ 检查分接开关在各分接位置时的绕组直流电阻与出厂值比较应无差异。

⑤ 开关安装试验完毕后应调整到额定分接位置。

⑥ 分接开关配置的滤油机按照生产厂家使用说明书要求安装、调试。

9）控制箱的安装和检查。

① 冷却系统控制箱配有两路交流电源，自动互投，传动正确、可靠。

② 控制回路接线排列整齐、清晰、美观，绝缘无损伤；接线采用铜质或有电镀金属防锈层的螺栓紧固，且具有防松装置；连接导线截面应符合设计要求、标志清晰。

③ 控制箱内部断路器、接触器动作灵活无卡涩，触头接触紧密、可靠，无异常声响。

④ 保护电动机用的热继电器的整定值为电动机额定电流的 1.0～1.15 倍。

⑤ 内部元件及转换开关各位置的命名正确并符合设计要求。

⑥ 控制箱接地牢固、可靠。

⑦ 控制箱密封良好，箱内外应清洁无锈蚀，驱潮装置工作正常。

⑧ 控制和信号回路连接正确，并符合 GB 50171《电气装置安装工程盘、柜及二次回路结线施工及验收规范》的有关规定。

10）铁心接地套管、温度计和温控器、封环、塞子、释压器、字母标牌等可同时安装。

10. 真空注油、热油循环及静放

（1）准备工作。

1）真空机组性能符合下列规定：

① 选择真空泵加机械增压泵形式，极限真空小于或等于 0.5Pa。

② 真空泵抽速不小于 600L/s。

③ 宜有 1～3 个独立接口。

2）器身检查前排放变压器油时，用真空滤油机将变压器油抽到已准备好的储油罐内，贮存变压器油的油罐和油管路必须预先清洗。

变压器油处理设备包括储油罐、真空滤油机（过滤能力应达到击穿电压大于或等于 75kV/2.5mm，含水量小于或等于 5mg/L，含气量小于或等于 0.1%，过滤精度为 0.5μm，油中颗粒度含量 500 个/100mL)、干燥空气发生器(露点比高于－45℃)、二级真空机组等。

3）将准备使用的变压器油经真空滤油机进行脱气、脱水和过滤处理，保证油质符合相关标准。

4）连接的注油管路全部为耐油透明钢丝软管，不得使用橡胶管，注油管使用前用热油冲洗，保证管路内部清洁。

5）抽真空和真空注油的管路连接见图 3－17 所示的真空注油的管路连接。

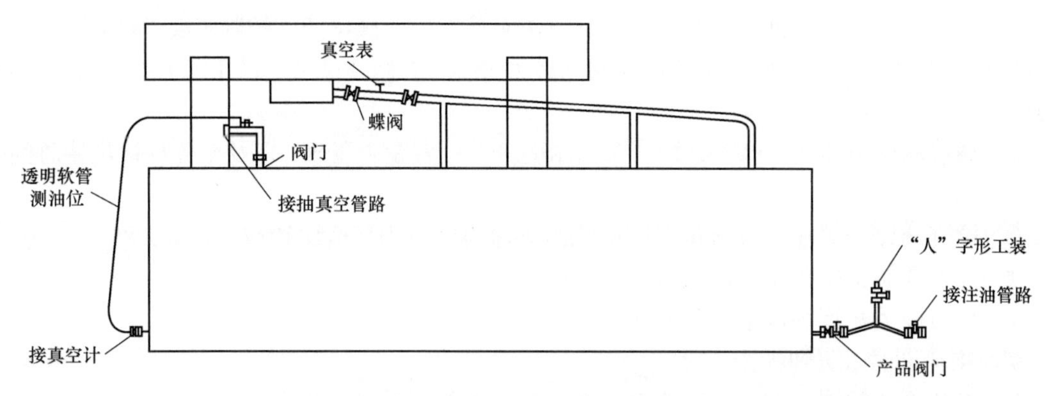

图 3－17 真空注油的管路连接

真空机组就位，在箱顶阀门处安装抽真空的工装，将真空机组的抽真空管与工装连接，装上真空计（电子式或指针式真空计），抽真空的标准满足真空注油的要求。注油前拆除真空计，接好油位显示透明软管，关闭变压器油箱与储油柜之间的蝶阀，打开变压器油箱与冷却器组之间的蝶阀及油箱盖上的阀门。

（2）真空注油。

1）抽真空及注油应在无雨、无雪、无雾，相对湿度不大于 75%的天气进行。

2）启动真空泵对本体进行抽真空：抽真空到 100Pa，进行泄漏率测试。泄漏率测试方法：当主体油箱抽真空至 100Pa 时，关闭箱盖阀门真空机组停止抽气；1h 后记录真空计读数 P_1（采用电子式或指针式真空计），再过 30min，记录读数 P_2。计算压差$\Delta P=P_2-P_1\leqslant 3240/M$（式中：$\Delta P$ 为压差，Pa；M 为变压器油重，t），即判定泄漏率合格。

3）泄漏率测试合格，继续抽真空至 25Pa 以下（从 25Pa 开始计时，最终真空压力不大于 13.3Pa），计时维持 48h。计时维持 48h 的条件是每天装附件时间不大于 8h，器身暴露于大气的总安装时间不超过 24h；如果超出条件，每超过 8h，需要延长 12h 抽真空时间。

4）真空注油前，对绝缘油进行脱气和过滤处理，达到要求后方可注入主变压器中。注意：真空注油前，设备各接地点及连接管道必须可靠接地。

5）安装全真空储油柜的产品按如下过程进行注油。

连接注油管路，当主变压器油箱真空度达到要求后，通过油箱下部阀门注入合格的变压器油；注油速度不宜大于 100L/min，注油温度控制在 50～70℃，注至距离箱盖 200～300mm 时暂停；关闭变压器主体抽真空连接阀门，将抽真空管路移至储油柜下部呼吸管阀门处，打开储油柜顶部旁通阀门，继续抽真空注油，一次注油至储油柜标准油位时停止；关闭注油管路阀门，关闭呼吸管管路阀门及真空泵，再关闭储油柜顶部胶囊与储油柜本体之间连接的旁通阀。

注油结束后及时安装吸湿器，将吸湿器连接阀门打开，缓慢解除真空。待变压器油与环境温度相近后，关闭替代气体继电器的工装与油箱和储油柜通油管上连接阀门，拆除替代工装（拆除工装时有少量油放出），装上已校验合格的气体继电器。开启继电器与油箱和储油柜连接的阀门，从继电器放气塞放出气体。

二次控制线路在注油结束后安装。

（3）热油循环。主变压器注油完毕后，拆掉真空管路，换上热油循环管路，开始热油循环操作。热油循环的方法：

1）热油从主变压器油箱下部位置最低的注（放）油管口进入，从箱盖上的管口出来返回滤油机。进、出油口呈对角位置，不能集中在油箱的某一侧。在环境温度较低时，为加强热油循环的效果，有时使用2台滤油机分别从主体油箱长轴两侧的下部进油口输入热油，在油箱盖靠近中心线附近出油的方式操作。

2）热油循环是连续加热和循环的过程，工作期间不宜中途停止；当取样油品检测指标达到要求时方可停止热油循环操作，关闭油箱上的阀门，拆除油管路。

3）选择适宜的滤油机完成热油循环工作，其中加热能力为使滤油机出口油的温度始终保持在80～110℃，热油流量为6～8m^3/h。

4）当主变压器箱盖上的出口油温达到60～70℃时开始计时，热油循环时间不应少于48h，总循环油量不少于主变压器总油量的3～4倍。

5）热油循环除了时间要求外，最终判断标准也是结束热油循环的标准，即抽取的油样化验结果必须符合表3-2的规定；若不符合，则应继续进行热油循环，直至抽取的油样化验结果达到表3-2中的规定为止。

6）热油循环结束后，按要求对所有集气管进行排放气。

（4）补油、静放与密封性试验。

1）停止加热后，如果储油柜显示的油位高度不够，应在真空状态下按储油柜安装使用说明书要求及时向储油柜补油，直到储油柜显示的油位略高于相应温度下的正常油位为止。

2）完成补油开始进入静放计时，静放时间不少于168h。

3）静放期间，定时从变压器的套管、升高座、冷却装置、气体继电器、压力释放装置等的排气口进行多次排放气，直至残余气体排尽（储油柜按储油柜安装使用说明书放气）。

4）关闭储油柜上方用以平衡隔膜袋内外压力的ϕ25mm阀门，先按吸湿器安装使用说明书要求更换硅胶，再安装吸湿器，最后打开连通呼吸管与吸湿器之间的ϕ25mm阀门。

5）静放期间，同时对变压器、连接气体继电器、胶囊式储油柜、散热装置等进行密封性试验，试验采用油柱或充干燥空气的方法。油柱中油位高度应高于储油柜油位2m左右；干燥气充入储油柜胶囊，压力为20～25kPa。密封试验持续时间应为24h，检查变压器所有连接、组附件无渗漏。如果产品技术文件对密封试验有其他要求时，应按其要求进行。

11. 投入运行前的检查

（1）检查所有阀门指示位置是否正确。

（2）检查所有组件的安装是否正确，检查所有密封是否漏油。

（3）检查各接地点连接是否可靠，排除多余的接地点。

（4）铁心和夹件分别由各自独立的接地装置引至油箱下部接地，利用接地装置分别检测铁心和夹件的绝缘情况；测量时先接入表计后再打开接地线，避免瞬时开路形成高压对工作人员造成伤害；测量结束后立即恢复铁心或夹件的可靠接地。

（5）检查储油柜及套管等的油面是否合适，检查储油柜吸湿器是否通畅。

（6）二次电气线路的安装。

1）按出厂文件中《控制线路安装图》安装、调试控制回路。

2）按出厂文件中《电气控制原理图》连接强迫油循环风冷却系统的控制电路。逐个启动风扇电机和油泵，检查风扇电机吹风方向和油泵油流方向是否正确，若不正确，可通过改变电源接线相序予以纠正；检查油流继电器指针动作是否灵敏和迅速，若油流继电器指针不动、抖动或反应迟钝，则表明潜油泵电源线连接相序接反，应给予调整。

3）检查温度计座内是否注入合格的绝缘油，密封是否可靠。主变压器箱盖上装有两只温度控制器，一只温度控制器用来监视变压器油面温度，具有测温探头，发送油温报警信号和控制油温限值跳闸信号，正确连接信号线，以便运行人员在总控制室内远程监控特高压变压器的油面温度；另一只温度控制器是绕组温度计，用来监视变压器绕组温升，发送绕组高温报警和控制绕组温升限值的跳闸信号，正确连接信号线，以便运行人员在总控制室内远程监控特高压变压器的绕组温度。

4）连接气体继电器、压力释放阀、油位表、电流互感器组件等的保护、报警、控制信号连线。

5）按 GB 50150《电气装置安装工程　电气设备交接试验标准》的有关要求检查所有组件、配件的电气连接。

（7）分别对本变压器和调压补偿变压器的油样进行最后检验，其检验结果应符合表 3－2 的规定，测量各绕组的 $\tan\delta$值，与出厂值比较应无明显差异。

（8）变压器外表面清理及补漆。拆除变压器上所有杂物及与变压器运行无关的临时装置，用清洗剂擦洗变压器表面，清除运输及装配过程中沾染的油迹、泥迹，对漆膜损坏的部位进行补漆，补漆使用油漆的牌号、颜色应与制造厂使用的一致。

12. 特高压变压器投入运行前的交接试验

根据相关交接试验标准及技术协议规定的测试项目进行试验。系统调试时若对变压器进行超出技术协议规定的其他高压试验应与制造厂协商。

（1）缓慢空载升压试验。

1）气体继电器信号触头接至电源跳闸回路，过电流保护时限整定为瞬时动作。

2）变压器接入电源后，缓慢空载升压到额定电压，维持 1h 应无异常现象。

3）继续缓慢升压到 1.1 倍额定电压，维持 10min，应无异常现象和响声，再缓慢降压。

4）如现场不具备缓慢升压条件或不具备升压到 1.1 倍额定电压条件，可改为 1h 空载试验。此时如油箱顶层油面温度不超过 42℃，可不投入任何冷却器。

（2）空载合闸试验（冷却器不投入运行）。

1）调整气体继电器，使信号触头接至报警回路，跳闸触头接至继电器保护跳闸回路。过电流保护调整到整定值。

2）所有绕组中性点引出线必须按大电流引线接地。

3）在额定电压下进行 3～5 次空载合闸电流冲击试验，每次间隔时间为 5min，监视励磁涌流冲击作用下继电保护装置的动作。

4）试验结束后，将气体继电器信号触头接至报警回路，调整过电流保护限值，拆除变压器的临时接地连线。

5）试运行。

① 首先将冷却系统开启，待冷却系统运转正常后再投入试运行。

② 试运行时，变压器开始带电并应带一定载荷（即按系统情况可供给的最大负荷）。

③ 连续运行 24h 后结束试运行。

6）当环境温度过低时，以上试验项目应与制造厂协商是否可以进行。

13. 运行

（1）投入运行。经过试运行的特高压变压器，如果没有异常情况发生，则认为变压器可以正式投入运行。

（2）强迫油循环风冷变压器。

1）强迫油循环风冷却应在变压器投运前运行 2h，然后停止 24h。利用变压器所有组件、附件及管路上的放气塞放气，满足停止时间后拧紧密封放气塞。

2）在没有开动冷却器情况下不允许特高压变压器带负载运行，也不允许长时间空载运行。

3）运行中如果全部冷却器突然退出运行，在额定负载下允许特高压变压器再运行 20min。

4）低负载运行时，可以停止运行部分冷却装置，开动部分冷却装置与允许带负载运行的配置见专用部分的使用说明书。

（3）运行中储油柜添加油和放油的方法见储油柜安装使用说明书。

（4）变压器运行中的监视。

1）特高压变压器投运初期，经常查看油面温度、油位变化、储油柜有无冒油或油位下降的现象。

2）经常查看、视听变压器运行声音是否正常，有无爆裂等杂音，冷却系统运转是否正常。

3）运行中的油样检查。

① 周期要求：投运的第一个月，1 天、4 天、10 天、30 天各取油样化验一次；投运的第二个月至第六个月，每一个月取油样化验一次；以后每三个月取油样化验一次。

② 允许运行的油质最低标准见表 3－7 允许运行的变压器油的最低标准。如果运行初期变压器油的品质下降很快，应当及时分析原因，尽快采取措施。

表 3-7　　允许运行的变压器油的最低标准

项目	指标
耐压/kV	≥60
含水量/（mg/L）	≤15
含气量（%）	≤2

（5）运行中其他监测项目，按特高压变压器运行规程的规定。

（6）特高压变压器运行中的内部检查。

1）变压器投入运行后，如果变压器油的性能未下降到允许运行的最低标准或发现其他异常情况，可不必对变压器进行内部检查。

2）若变压器油性能下降到允许运行的最低标准，必须进行滤油处理，同时分析原因，检查密封状态是否存在严重渗漏。如有渗漏必须更换密封件，若在运行中发现有其他异常情况，应及时与制造厂联系，研究处理措施。

3）实施处理措施时，变压器的内部检查应参照内部检查要求和内部检查内容操作。

4）进行内部检查时要特别关注器身压紧装置是否有松动。

14. 技术资料和备品备件转交与验收

（1）验收制造厂的产品使用说明书、试验记录、产品合格证及安装图纸等技术文件的原件。

（2）接收安装记录（包括进箱检查和附件检查记录）、调整试验记录和变压器油试验报告等。

（3）接收备品备件移交清单。

（4）其他文件，如订货技术协议、变更设计的技术文件及重要会议纪要等。

（5）接收除合同规定的项目备品备件以外的其他物品，包括专用工具、运输用盖板等。

（6）双方完成清点和交接后应在设备交接清单上签字确认。

15. 检查和维护

为了使特高压变压器能够长期安全运行，及早发现变压器本体及组件的早期事故苗头，对变压器进行检查维护是非常必要的。检查维护周期取决于特高压变压器在输电系统中所处的重要性及安装现场的环境和气候。

以下介绍的特高压变压器检查和维护的项目是在正常工作条件下（满足特高压系统运行及预试规定）进行的必要的检查和维护，同时也是变压器出现异常情况的处理方法。运行部门可根据具体情况结合多年的运行经验，制订出自己的检查、维护方案和计划。

（1）日常检查。

1）正常日检查项目见表 3-8 正常检查内容。

表3-8　　正常检查内容

检查	项目	说明/方法	判断/措施
变压器主体	（1）温度	（1）温度计指示 （2）绕组温度计指示 （3）热电偶的指示 （4）温度计内潮气冷凝	（1）如果油温和油位之间的关系的偏差超过标准曲线，重点检查以下各项 1）变压器油箱漏油 2）油位计有问题 3）温度计有问题 （2）万一有潮气冷凝在油位计和温度计的刻度盘上，检查重点应找到结露的原因
	（2）油位	（1）油位计的指示 （2）潮气在油位计上冷凝，查标准曲线比较油温和油位之间的关系	
	（3）漏油	检查套管法兰、阀门、冷却装置、油管路等密封情况	如果有油从密封处渗出，则重新紧固密封件，如果还漏则更换密封件
	（4）有不正常噪声和振动	检查运行条件是否正常	如果不正常的噪声或振动是由于连接松动造成的，则重新紧固这些连接部位
冷却装置	（1）有不正常噪声和振动	检查冷却风扇和油泵的运行条件是否正常（在启动设备时应特别注意）	当排除其他原因，确认噪声是由冷却风扇和油泵发出的，请更换轴承
	（2）漏油	检查冷却器阀门、油泵等是否漏油	若油从密封处漏出，则重新紧固密封件，如果还漏需更换密封件
	（3）运转不正常	（1）检查冷却风扇和油泵是否确实在运转 （2）检查油流指示器运转是否正常	如果冷却器和油泵不运转，重点检查有可能的原因
	（4）脏污附着	检查冷却器上的脏污附着位置	特别脏时要进行清洗，否则要影响冷却效果
套管	（1）漏油	检查套管是否漏油	如果漏油更换密封件
	（2）套管上有裂纹、破损或脏污	检查脏污附着处的瓷件上有无裂纹	如果套管脏污，清洁瓷套管
吸湿器	干燥度	（1）检查干燥剂，确认干燥剂的颜色 （2）检查油盒的油位	（1）如果干燥剂的颜色由蓝色变成浅紫色要重新干燥或更换 （2）如果油位低于正常油位，清洁油盒，重新注入变压器油
压力释放阀	漏油	检查是否有油从封口喷出或漏出	如果有很多油漏出要重新更换压力释放阀
滤油机	（1）漏油	打开盖子检查净油机内是否有漏油	重新紧固漏油的部件
	（2）运行情况	在每月一次的油净化时进行巡视，检查有无异常、噪声和振动	如果连接处松动，重新紧固
有载分接开关		按有载分接开关和操作机构的说明书进行检查	

2）出现异常情况按表3-9日检异常情况处理。

表3-9　　日检异常情况处理

异常情况	原因	实施	调查分析
气体继电器：气体聚集（第一阶段）	内部放电 轻故障	从气体继电器中抽出气体	气体色谱分析

续表

异常情况	原因	实施	调查分析
气体继电器：油涌（第二阶段）	内部放电 重故障	停运变压器	试验绝缘电阻、绕组电阻、电压比、励磁电流和气体分析
压力释放	内部放电	停运变压器	气体色谱分析
差动	内部放电涌流	停运变压器	气体色谱分析
油温度高 第一阶段：报警 第二阶段：跳闸	过载 冷却器故障	减小变压器负载	检查变压器负载和冷却器运行情况
绕组温度高 第一阶段：报警 第二阶段：跳闸	过载 冷却器故障	减小变压器负载	检查变压器负载和冷却器运行情况
接地故障	内部接地故障 外部接地故障	停运变压器	检查其他保护装置运行（气体继电器、压力释放阀等）
油位低	漏油	注油	检查储油柜隔膜，检查油箱和油密封件
油不流动	油泵故障	停运变压器	检查油泵运行
电机不能驱动	不供电 电机故障		检查馈电线路 检修、更换电机

（2）定期检查。除了日常检查外，在变压器暂时退出运行时，应按表 3－10 定期检查内容进行检查。

表 3－10　　定期检查内容

检查	项目	周期	说明/方法	判断/措施	备注
绝缘电阻	绝缘电阻测量（连套管）	2 年或 3 年	（1）用 2500V 绝缘电阻表 （2）测量绕组对地的绝缘电阻 （3）此时实际上测得的是绕组连同套管的绝缘电阻，如果测得的值不在正常的范围之内，可在大修或适当时候把绕组同套管脱开，单独测量绕组的绝缘电阻	测量结果的判断见有关运行规定；无论如何测量，结果同最近一次的测定值应无显著差别，如有明显差别，需查明原因	
绝缘油	耐压	2 年或 3 年	试验方法和装置见 GB/T 507《绝缘油击穿电压测定法》和 GB/T 264《石油产品酸值测定法》	＞60kV	如果低于此值需对油进行处理
	酸值测定			≤0.1mgKOH/g	如果高于此值需对油进行处理
	油中溶解气体分析	3 个月一次	（1）主要检出以下气体：O_2、N_2、H_2、CO、CO_2、CH_4、C_2H_2、C_2H_4、C_2H_6 （2）方法见 GB 7252《变压器油中溶解气体分析和判断导则》 （3）建立分析档案	发现情况应缩短取样周期并密切监视增加速率故障判断见 GB 7252《变压器油中溶解气体分析和判断导则》	变压器油中产生气体主要有以下原因 （1）绝缘油过热分解 （2）油中固体绝缘介质过热 （3）火花放电引起油分解
	含气量		方法见 DL/T 423、DL/T 450、DL/T 703	≤2%	

续表

检查	项目	周期	说明/方法	判断/措施	备注
冷却器	冷却器组	1 年	油泵和冷却风扇运行时，检查轴承发出的噪声	对轴承按“易耗品更换标准”进行检查更换	
		1 年或 3 年	检查冷却管和支架等的脏污、锈蚀情况	（1）每年至少用热水清洁冷却管一次 （2）每三年用热水彻底清洁冷却管并重新油漆支架、外壳等	
套管	一般	2 年或 3 年	（1）裂纹 （2）脏污（包括盐性成分） （3）漏油 （4）连接的架空线 （5）生锈 （6）油位 （7）油位计内潮气冷凝	检查左边项目是否处于正常状态	（1）如果套管过于脏污用中性清洗剂进行清洁，然后用清水冲洗干净再擦干 （2）当接线端头松动时进行紧固
附件	（1）低压控制回路	2 年或 3 年；（当控制元件是控制分闸电路时，建议每年进行检查）	以下继电器等的绝缘电阻 （1）保护继电器 （2）温度指示器 （3）油位计 （4）压力释放装置 用 500V 绝缘电阻表测量位于对地和端子之间的绝缘电阻	测得的绝缘电阻应不小于 2MΩ，但对用于分闸回路的继电器，即使测得的绝缘电阻大于 2MΩ，也要对其进行仔细检查，如潮气进入等	
			用 500V 绝缘电阻表在端子上测量冷却风扇、油泵等导线对地绝缘电阻	测得的对地绝缘电阻不低于 2MΩ	
			检查接线盒、控制箱等 （1）雨水进入 （2）接线端子松动和生锈	（1）如果雨水进入则重新密封 （2）如果端子松动和生锈，则重新紧固和清洁	
	（2）保护继电器、气体继电器和有载分接开关保护继电器	2 或 3 年（如继电器是控制分闸回路时，建议每年检查）	（1）检查以下各项 1）漏油 2）气体继电器中的气体量 （2）用继电器上的试验按钮检查继电器触头的动作情况	（1）如果密封处漏油则重新紧固，如果还漏油则更换密封件 （2）如果触头的分合运转不灵活，要求更换触头的操作机构	
	（3）压力释放装置	1 年或 3 年	检查以下各项 （1）有无喷油 （2）漏油	如果漏油较严重则更换装置	

3.2　特高压发电机升压变压器总体结构

特高压发电机升压变压器是 660MW、1000MW 级大型电源项目发电厂连接特高压输电线路的主要设备，融汇了变压器设计、制造金字塔顶端的核心技术。将特高压电力直接送入特高压输电线路并接入电网，增加了输送容量，减少了中间升压环节，节约了工程建设的投资，降低了损耗和碳排放，节省了土地资源，延长了电力输送距离，对发挥特高压输电优势、建设坚强特高压电网、促进能源基地集约开发和能源资源优化配置具有重大战略意义。

特高压升压变压器的电压等级、容量、体积、重量等都比其他电压等级的大型变压器要大得多，与特高压自耦变压器不同的是升压变压器的低压绕组容量是全容量，通过低压绕组的电流极大，因此低压绕组一般采用双层结构。对于适配1000MW机组的更大容量的特高压升压变压器来说，还会采用单相四柱结构来有效控制漏磁密度、局部过热、运输尺寸等问题。

1. 铁心结构

铁心整体为单相四柱式结构，铁轭为椭圆形轭，铁心片材料选用0.27mm厚优质硅钢片。为保证特高压发电机升压变压器的空载特性和噪声水平，铁心叠片采用多级接缝。夹件为板式结构，通过支撑件使两侧夹件与铁心片之间有足够的压紧力，拉板将上下夹件连为一体，构成一个刚性较强的框架结构，提高铁心的机械强度和稳定性。铁心下夹件通过定位装置与箱底固定，上部通过顶紧装置与箱盖固定，保证运输途中器身不发生位移。铁心分别与夹件、油箱绝缘，夹件与油箱绝缘，铁心和夹件各自独立地接地线，通过箱盖上的接地套管引出油箱，再经接地引线及支柱绝缘子引至油箱下部，最终连接至电厂的接地网。图3－18为铁心片叠积示意图。

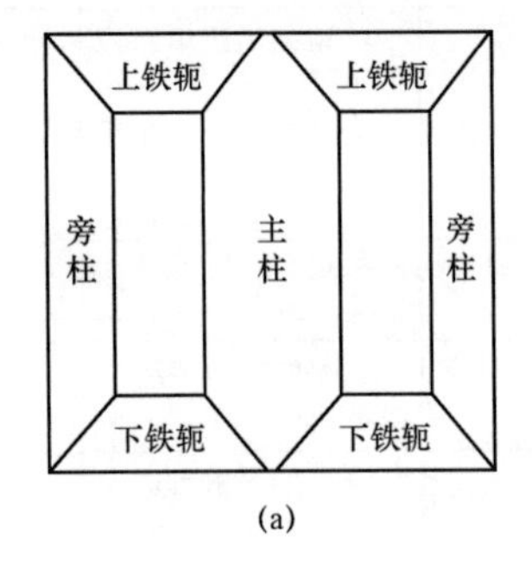

(a)

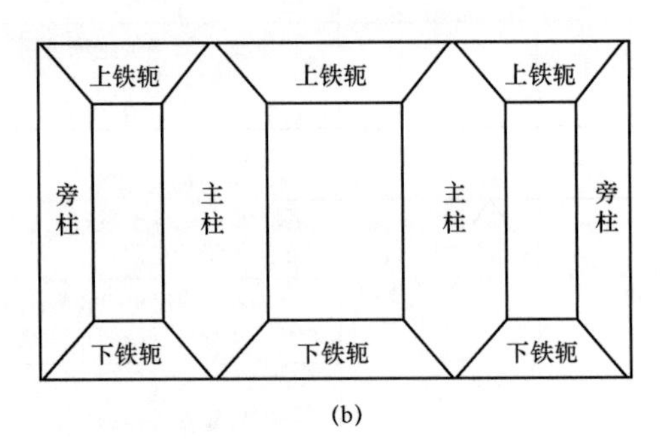

(b)

图3－18 铁心片叠积示意

（a）单相三柱式铁心；（b）单相四柱式铁心

2. 绕组结构

绕组从铁心向外依次为低压绕组、高压绕组。低压绕组采用网格型半硬铜自粘换位导线绕制的双层螺旋式结构；高压绕组为纠结连续式，导线为半硬铜复合导线。

高压绕组为1000kV级的分级绝缘水平，采用了纠结－连续式结构，高压入波侧采用纠结段合理分配绕组电容分布，加强绕组抗击雷电冲击电压的能力，末端中性点侧采用换位导线绕制的连续段，可有效降低绕组涡流损耗。

低压绕组因为通过电流极大，其绕组截面通常需要6～8根由多根小线组成的换位导线构成。按常规螺旋式结构低压绕组的高度很高，使特高压变压器运输受限，同时解决大电流绕组的温升相对困难。因此，低压绕组采用了双层螺旋式结构。双层螺旋式绕组结构是近年来为大容量发电机变压器研发的新型绕组结构如图3－19所示，其结构特点：

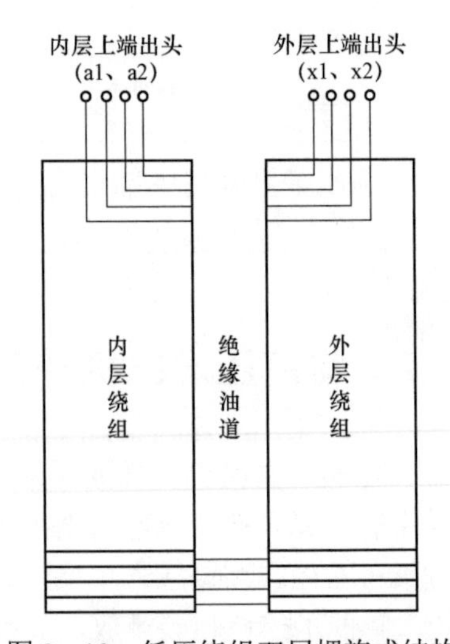

图3－19 低压绕组双层螺旋式结构

（1）低压绕组分为内、外两层布置，降低绕组高度，有利于运输。

（2）内、外两层绕组间由绝缘油道隔开，增加了散热通道，提高绕组散热能力，有利于降低绕组温升。

（3）绕组首、末端出头布置在器身上端，电流方向相反，大电流引线的漏磁小、有利于防治绕组端部金属构件局部过热和降低杂散损耗。

（4）绕组采用单根大尺寸网格捆绑型自粘缩醛漆包换位导线绕制，更有利于绕组散热。

（5）绕组升层换位处采用特制的斜端圈，内、外两层间相互配合，确保两层绕组的电抗中心在同一高度上。

3. 器身结构

器身采用整体组装结构，恒压干燥处理。压钉采用弹簧压钉，压板采用绝缘纸板，保证了绝缘性能和整体机械强度。

器身绝缘结构采用薄纸筒、小油隙结构。根据程序计算，合理分配油道和油路的大小及流向，有效控制了油流带电现象和死油区的产生；并按绝缘材料的特性对器身绝缘结构进行合理布置，消除电场集中现象，控制最大电场强度，将局部放电降至最低。

绕组排列方式为铁心→低压绕组→高压绕组结构，绕组在铁心上的排列示意图如图3－20所示。

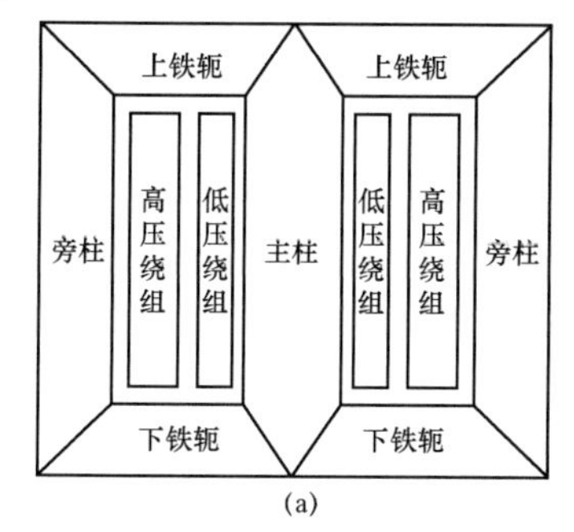

(a)

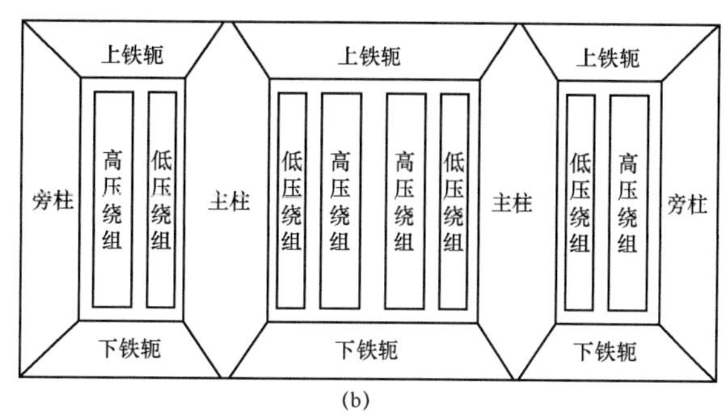

(b)

图3－20　绕组在铁心上的排列示意图

（a）单相三柱铁心；（b）单相四柱铁心

4. 引线结构

高压绕组采用中部出线，高压首端通过出线装置引至高压套管。

低压出线为端部出线方式，采用铜排连接，铜排与低压套管之间的连接采用软连接。采用单相开关，布置在远离高压绕组的旁柱位置；低压升高座内壁带有铜屏蔽。引线示意图如图3－21所示。

5. 油箱结构

油箱采用平箱盖桶式结构，采用优质高强度钢板制成，并在油箱内侧加装铜屏蔽及磁屏蔽，以减少杂散损耗和防止油箱等结构件局部过热。利用计算机对油箱结构进行机械强度计算分析，从而保证了油箱整体的机械强度。油箱可承受住真空残压力为13.3Pa和正压力为120kPa的机械强度试验，避免出现不允许的永久变形。

6. 总装结构

变压器高压套管通过出线装置从油箱侧壁引出，低压套管及中性点套管由箱盖引出。变压器本体装有胶囊式储油柜；使用 4 组强油循环风冷却器；冷却设备进、出油口配有真空蝶阀，可方便冷却器的拆装。

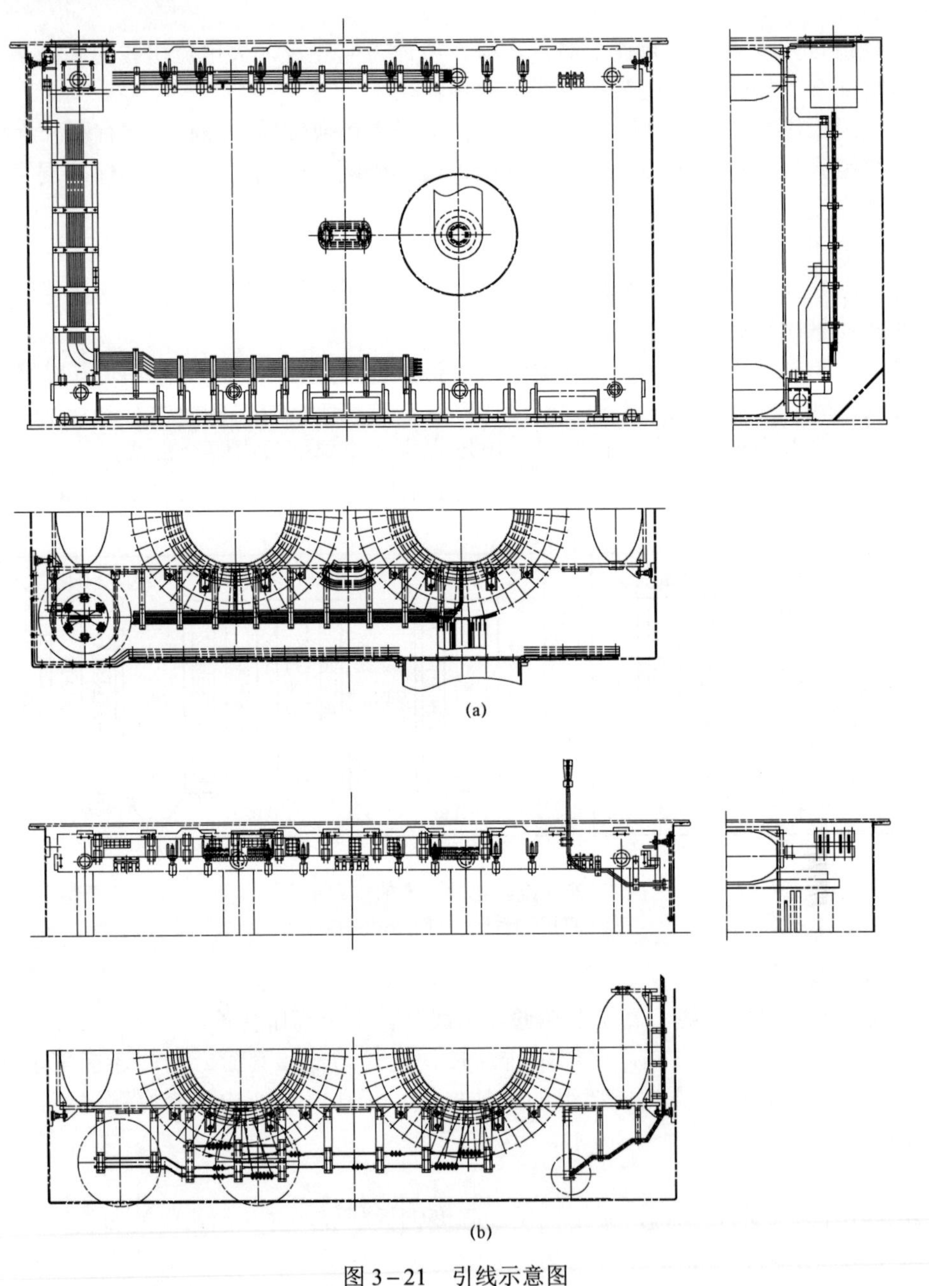

图 3-21 引线示意图
（a）高压引线；（b）低压引线

变压器还设置有压力释放阀、油面温度控制器、气体继电器、在线监测系统等监测保护用组件，保证产品安全运行。

第4章　换流变压器

4.1　换流变压器概述

直流输电系统与交流输电系统比较有很多优势，比如线路走廊较窄，线路损耗率低；线路稳态运行时没有电容电流，线路不需要无功补偿，对通信系统干扰小；可实现输电线路两端交流系统的隔离和非同步连接；正负极可分两期建设，建成一期工程可先投入单极运行，二期工程建成后再双极运行；在长距离输电，也可背靠背（没有直流线路）运行；跨海输电可通过海底电缆输电连接，建设和运行更为经济；直流输电线路还可以用作联络线路，以限制系统短路容量增大及提高运行可靠性和灵活性。因此，超高压、特高压直流输电工程更适合于远距离、大容量、高效率地输送电力，在电力系统中的应用越来越广。

自1987年我国自主研制建设的第一个直流工程——舟山直流输电工程投入运行，至今已有数十个直流工程相继投入运行。直流输电的电压等级由±100kV发展到±1100kV，接入的交流电网从110kV发展到1000kV，交、直流电压等级都跨入到特高压等级，成为世界唯一的以特高压直流输电方式远距离、大功率输送电能的国家，掌握了直流输电的核心技术，引领世界直流输电技术的发展。

柔性直流输电技术是21世纪初发展起来的一种新型直流输电技术，其核心是采用以全控型器件（如GTO和IGBT等）组成的电压源换流器（VSC）进行换流。这种换流器功能强、体积小，可减少换流站的设备、简化换流站的结构，故又称为轻型直流输电。

直流输电系统中与换流器连接的变压器称为换流变压器。换流变压器是交、直流输电系统的关键设备之一，是连接交流系统和直流系统的桥梁。送端换流站（整流站）的换流变压器，将交流系统中的电能通过换流装置转换为直流电能送入直流输电系统，利用高压直流输电线路传输至受端换流站（逆变站），受端换流站装置将直流输电系统中的电能转换为交流电能，通过换流变压器传输到交流电网。图4－1所示为直流输电系统接线示意图。

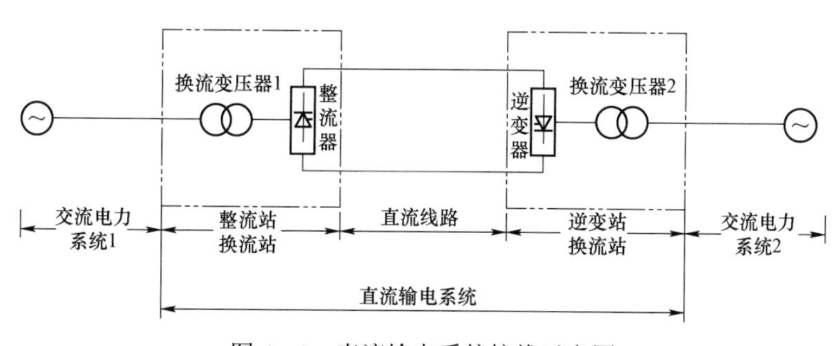

图4－1　直流输电系统接线示意图

1. 换流变压器在直流输电系统中的主要功能

（1）提供相位角差为 30° 的交流电压以降低网路的低次谐波，特别是 5 次和 7 次谐波。

（2）作为直流输电系统两端换流站交流系统电压、电流的交换设备。

（3）换流变压器的阻抗可以增加交流系统的阻抗，有限制系统的短路电流和抑制换相过程中阀的峰值电流升高的作用。

（4）与换流站中和其他设备共用实现交流网路与直流网路的联络。

（5）通过换流变压器可以实现对交流系统和直流系统电压较大范围的分挡调节。

2. 换流变压器与电力变压器的区别

由于换流变压器（阀侧绕组）在整流回路的电气连接位置及换流变压器的负载特性与普通的电力变压器不同，使得换流变压器在绝缘结构、电磁回路的设计上比普通的电力变压器更复杂，例如磁路、电气回路中都包含有直流分量、直流偏磁、高次谐波电流，阀侧绕组主、纵绝缘同时承受交、直流电压、极性反转电压等的作用；大范围的调压和有载调压开关频繁操作等也是电力变压器所没有的问题；产品生产对环境的要求、设备的要求、操作者的要求，以及质量控制的要求大大提高；除承受交流变压器的试验考核外，还要经受直流试验项目的严格考核。

4.2　换流变压器的标准和分类

1. 标准

换流变压器涉及的主要标准：

GB 1094.1《电力变压器　第 1 部分：总则》

GB 1094.2《电力变压器　第 2 部分：液浸式变压器的温升》

GB/T 1094.3《电力变压器　第 3 部分：绝缘水平、绝缘试验和外绝缘空气间隙》

GB/T 1094.4《电力变压器　第 4 部分：电力变压器和电抗器的雷电冲击和操作冲击试验导则》

GB 1094.5《电力变压器　第 5 部分：承受短路的能力》

GB/T 1094.7《电力变压器　第 7 部分：油浸式电力变压器负载导则》

GB/T 13499《电力变压器应用导则》

GB/T 1094.10《电力变压器　第 10 部分：声级测定》

GB/T 1094.101《电力变压器　第 10.1 部分：声级测定　应用导则》

GB/T 18494.2《变流变压器　第 2 部分：高压直流输电用换流变压器》

GB/T 20838《高压直流输电用油浸式换流变压器技术参数和要求》

GB/T 25082《800kV 直流输电用油浸式换流变压器技术参数和要求》

GB 10230.1《分接开关　第 1 部分：性能要求和试验方法》

GB/T 10230.2《分接开关　第 2 部分：应用导则》

GB 20840.1《互感器　第 1 部分：通用技术要求》

GB 20840.2《互感器　第 2 部分：电流互感器的补充技术要求》

GB/T 4109《交流电压高于 1000V 的绝缘套管》

GB/T 22674《直流系统用套管》

GB 5273《高压电器端子尺寸标准化》

GB/T 26218《污秽条件下使用的高压绝缘子的选择和尺寸确定》

GB 2536《电工流体　变压器和开关并用的未使用过的矿物绝缘油》

GB/T 7595《运行中变压器油质量》

GB/T 16927.1《高压试验技术　第 1 部分：一般定义及试验要求》

GB/T 16927.2《高压试验技术　第 2 部分：测量系统》

GB/T 7354《高电压试验技术　局部放电测量》

GB 11604《高压电器设备无线电干扰测试方法》

GB 50150《电气装置安装工程　电气设备交接试验标准》

GB/T 14549《电能质量　公用电网谐波》

GB/T 17468《电力变压器选用导则》

GB 311.1《绝缘配合　第 1 部分：定义、原则和规则》

GB/T 311.2《绝缘配合　第 2 部分：使用导则》

GB/T 2900.94《电工术语　互感器》

GB/T 2900.95《电工术语　变压器、调压器和电抗器》

GB/T 6451《油浸式电力变压器技术参数和要求》

GB/T 19264.3《电气压纸板和薄纸板　第 3 部分：压纸板》

GB/T 13912《金属覆盖层　钢铁制件热浸镀锌层　技术要求及试验方法》

GB/T 17742《中国地震烈度表》

GB 50776《±800kV 及以下换流站换流变压器施工及验收规范》

GB/T 1.1《标准化工作导则　第 1 部分：标准化文件的结构和起草规则》

GB/T 22065《压力式六氟化硫气体密度控制器》

GB/T 11287《电气继电器　第 21 部分：量度继电器和保护装置的振动、冲击、碰撞和地震试验　第 1 篇：振动试验（正弦）》

IEC 60076－1《电力变压器　第 1 部分：概述》

IEC 60076－2《电力变压器　第 2 部分：温升》

IEC 60076－3《电力变压器　第 3 部分：绝缘水平、电介质试验和空气中的外间隙》

IEC 60076－5《电力变压器　第 5 部分：承受短路的能力》

IEC 60551《变压器和电抗器的声级测定》

IEC 61378－2《变流变压器　第 2 部分：高压直流用换流变压器》

IEC 60214《有载分接开关》

IEC 60137《用于高于 1000V 交流电压的绝缘套管》

IEC 60044－1《互感器　第 1 部分：电流互感器》

IEC 60044－6《仪用互感器　保护性电流互感器的暂态性能的要求》

IEC 60567《充油电气设备中气体和油的取样以及游离气体和溶解气体的分析导则》

IEC 60296《变压器和开关设备用未使用过的矿物绝缘油规范》
IEC 62199《直流系统用套管》
IEC 60599《使用中的浸渍矿物油的电气设备　溶解和游离气体分析结果解释的导则》
IEC 60815《污秽条件下使用的高压绝缘子的选择和尺寸确定》
IEC 61462《空心复合绝缘子》
IEEE 693《变电站抗震设计推荐规程》
JB/T 8315《变压器用强迫油循环风冷却器》
JB/T 10549《SF_6气体密度继电器和密度表　通用技术条件》
JB/T 3837《变压器类产品型号编制方法》
JB/T 5347《变压器用片式散热器》
JB/T 6302《变压器用油面温控器》
JB/T 7065《变压器用压力释放阀》
JB/T 7631《变压器用电子温控器》
JB/T 8315《变压器用强迫油循环风冷却器》
JB/T 8450《变压器用绕组温控器》
JB/T 9647《变压器用气体继电器》
JB/T 10430《变压器用速动油压继电器》
JB/T 6484《变压器用储油柜》
DL/T 264《油浸式电力变压器（电抗器）现场密封性试验导则》
DL/T 363《超、特高压电力变压器（电抗器）设备监造导则》
DL/T 586《电力设备监造技术导则》
DL/T 620《交流电气装置的过电压保护和绝缘配合》
DL/T 572《电力变压器运行规程》
DL/T 596《电力设备预防性试验规程》
DL/T 272《220kV～750kV 油浸式电力变压器使用条件》
DL/T 273《±800kV 特高压直流设备预防性试验规程》
DL/T 274《±800kV 高压直流设备交接试验》
DL/T 377《高压直流设备验收试验》
Q/CSG 10001《变电站安健环设施标准》
Q/CSG 114002《电力设备预防性试验规程》
Q/CSG 1206007《电力设备检修试验规程》
DL/T 5222《导体和电器选择设计技术规定》
DL/T 1096《变压器油中颗粒度限值》

2. 换流变压器分类

换流变压器的结构主要有三相三绕组、三相双绕组、单相双绕组和单相三绕组四种基本

形式。不同结构形式的换流变压器与阀桥的连接见图4－2换流变压器与阀桥连接示意图。

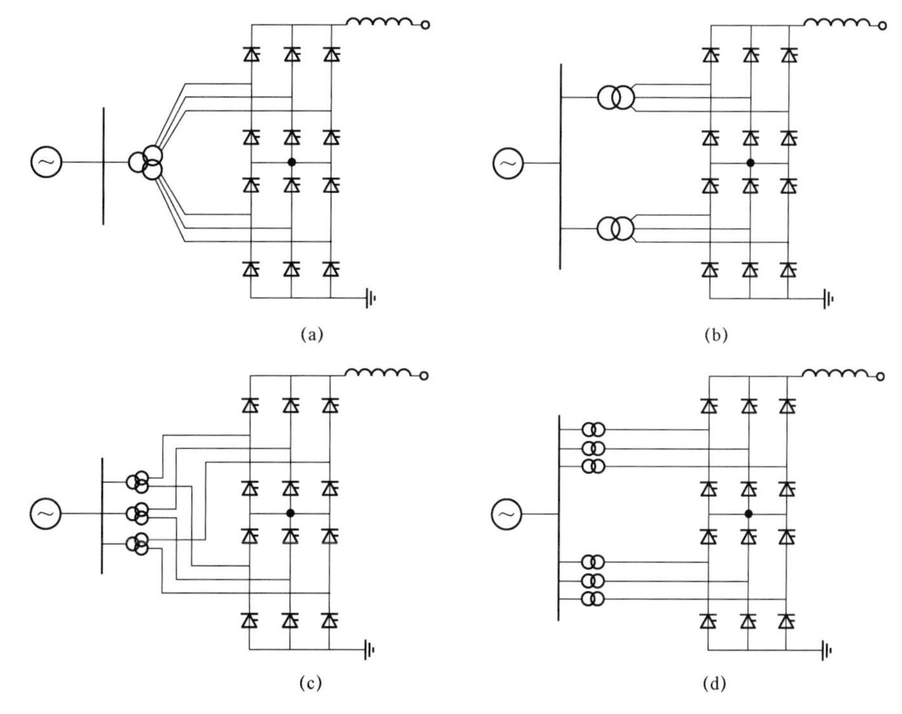

图4－2　换流变压器与阀桥连接
（a）三相三绕组；（b）单相三绕组；（c）三相双绕组；（d）单相双绕组

不同结构形式的换流变压器，其内部结构及外形也不相同。

选择何种结构形式的换流变压器，由工程设计根据输送容量、输送距离、电压等级、系统设计、换流站布置、运输条件等因素，综合考虑确定换流变压器的容量、网侧额定电压、阀侧额定电压、绝缘水平、单（三）相、绕组数等技术要求。

三相三绕组换流变压器网侧绕组Y联结，两组阀侧绕组一组Y联结、另一组D联结，一台就可以接入12脉动整流系统，通常应用在电压等级比较低，容量比较小的直流输电系统中，比如向近海岛屿供电。

高压直流输电工程，系统直流电压小于或等于±200kV，输送功率小于或等于600MW，网侧交流电压小于220kV，且运输条件允许的情况下，选用三相双绕组换流变压器较为合适，不仅可以减少换流站中换流变压器的台数和占地面积，降低换流站换流变压器的投资，同时，还可降低换流站内换流变压器总的损耗，特别是空载损耗，提高输电效率。由两个6脉动桥式整流装置组成一套12脉动整流系统，采用两台三相双绕组变压器，其中一台绕组联结组为YY联结，另一台绕组联结组为YD联结，两台阀侧输出电压彼此保持30°的相位差。

超高压大容量输电工程，系统直流电压大于或等于±400kV，输送功率大于1000MW，网侧电压大于或等于330kV，通常换流变压器采用单相结构。单相换流变压器又分双绕组或三绕组两种结构形式。对于12脉动换流单元，在运输条件允许时应尽量采用单相三绕组换流变压器，这样投入运行和备用的换流变压器台数都减少，经济上更为合理。单相三绕组换流变压器有一个网侧绕组和两个阀侧绕组，三台单相三绕组换流变压器的阀侧绕组由阀侧套管引出，分别连接成Y联结组和D联结组，然后与换流阀桥连接。单相三绕组换流变压器的两个阀侧绕组具有相同的容量和运行参数（如阻抗），线电压相位差为30°。

对于输送容量更大的直流线路，系统直流电压大于或等于±500kV，输送功率大于3000MW，换流变压器多采用单相双绕组结构，每一个12脉动换流单元需要六台单相换流变压器，其中三台阀侧绕组连接成Y联结组，三台阀侧绕组接成D联结组。六台单相换流变压器具有相同的容量和运行参数（如阻抗），两组换流变压器阀侧线电压相位差为30°。

可见，在输送容量相同时，单相三绕组换流变压器的容量是单相双绕组换流变压器容量的2倍，其运输重量约为单相双绕组换流变压器的1.6倍。因此，在选用换流变的结构形式时要充分考虑换流变压器的运输条件、运输费用及换流变压器的总成本，同时也要考虑选择单相三绕组结构其阀侧引线在高电压、大容量换流变压器实现的困难。

换流变压器的内部结构和普通电力变压器类似，包括铁心、绕组、器身及引线四个主要部分，外部由油箱和必要的组件（如网侧套管、阀侧套管、储油柜、冷却装置、测量装置、控制和保护仪表等）组成。

4.3 换流变压器工作特性

1. 换流变压器的主要功能

换流变压器连接在换流桥与交流系统之间，架起交流系统与直流系统连接的桥梁。换流变压器与换流阀结合，将交流系统中的电能传送到直流系统中，也可以将直流系统中的电能传递到交流系统中，实现交流系统和直流系统的能量转换。换流变压器与换流阀桥共同组成交、直流系统之间的换流单元，主要功能包括：

（1）作为直流输电系统两端换流站交流系统电压、电流的交换设备。

（2）与换流中的其他设备共用实现交流网路与直流网路的联络。

（3）换流变压器的阻抗可以增加交流系统的阻抗，有限制系统的短路电流和抑制换相过程中阀的峰值电流升高的作用。

（4）提供相位角差为30°的交流电压以降低网路的低次谐波，特别是5次和7次谐波。

（5）通过换流变压器可以实现对交流和直流系统电压较大范围的分挡调节。

2. 工作特性

换流变压器与换流器相连，换流器工作特性产生的非线性直接影响换流变压器的工作特性，因此，换流变压器的漏抗、谐波、直流偏磁、绝缘、有载调压和试验等方面与电力变压器相比具有不同的特点。

（1）换流阀元件受通流面积的影响在大电流换流时需要多组并联，因此对其额定电流有较高的要求，但过负荷能力是有限的。为了限制换流阀的故障电流，因此要求换流变压器的阻抗比一般电力变压器要大一些，一般为15%～21%。随着换流阀的额定电流及其承受涌流电流能力的提高，换流变压器的阻抗应该按照自身的容量和绝缘水平的要求合理选择，尽可能地降低。除了控制阻抗，换流变压器的其他参数也应合理地配置，比如加强绝缘、降低局放水平、降低损耗和温升、抑制谐波、控制三相阻抗偏差不大于 2%、降低噪声和振动等。

（2）换流阀工作期间，在换流变压器阀侧绕组电流中产生直流电压和电流分量，直流系统接地极的入地电流也会在交流侧绕组电流中产生直流电流分量，两类直流电流都会使换流变压器铁心产生直流偏磁现象。过大的直流偏磁电流超出换流变压器的耐受能力，使铁心磁饱和，导致换流变压器损耗、温升、噪声、振动等明显增加。

3. 换流变压器与整流系统连接

（1）±500kV 超高压直流输电工程采用桥式整流电路，两级整流串联连接构成 12 脉动整流。换流变压器与桥式整流电气接线原理图如图 4－3 所示。与每个 12 脉动整流桥相连的有 6 台换流变压器，其中 3 台换流变压器的阀侧绕组连接成星形联结，另外 3 台的阀侧绕组连接成三角形联结，各组换流变压器的网侧绕组均为星形联结。

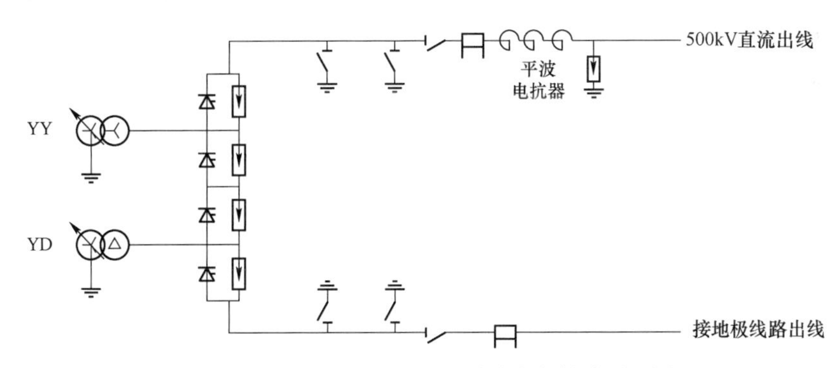

图 4－3　换流变压器与桥式整流电气接线原理图

（2）±800kV 特高压直流输电工程采用双桥式整流电路，四级整流串联连接构成 12 脉动整流。换流变压器与桥式整流电气接线如图 4－4 所示换流变压器与桥式整流电气接线原理图。与每个 12 脉动整流桥相连接的 6 台换流变压器，其中 3 台换流变压器的阀侧绕组连接成星形，另外 3 台的阀侧绕组连接成三角形，各组换流变压器的网侧绕组均为星形联结。与 ±500kV 直流系统相比，±800kV 直流系统在四级整流串联中的高电位 12 脉动桥连接的 6 台换流变压器称为高端换流变压器，例如阀侧±800kV 和±600kV 换流变压器；低电位 12 脉动桥连接的 6 台换流变压器称为低端换流变压器，例如阀侧±400kV 和±200kV 换流变压器；±800kV 和±400kV 换流变压器的阀侧绕组为星形联结，±600kV 和±200kV 换流变压器的阀侧绕组为三角形联结。

（3）直流输电工程用换流变压器的阀侧绕组（包括阀侧引线）除承受正常交流电压外，还需承受直流电压的作用，当直流系统发生故障或直流系统送电时，还将承受直流电压极性反转的作用。因此，换流变压器在出厂前要经受直流耐压试验（一般为 2h）和极性反转试验（一般为 90min 负极性、－90min 正极性、－45min 负极性）的严格考核。为满足承受直流电压的作用安全运行，换流变压器的绝缘结构比交流变压器的绝缘结构复杂，固体绝缘用量较多。

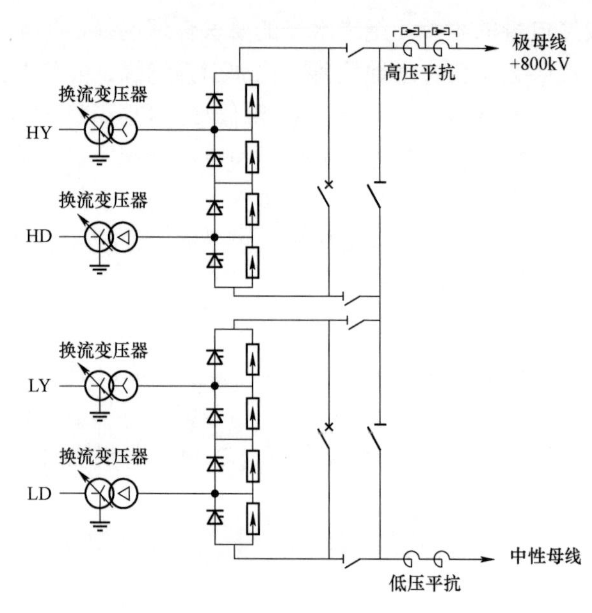

图 4-4 换流变压器与桥式整流电气接线

（4）换流变压器需要考虑系统谐波电流对变压器损耗、温升、噪声等性能参数的影响。

4. 柔性直流输电用换流变压器

柔性直流输电是一种基于电压源变换器、自开关器件和脉宽调制（PWM）的新一代直流输电技术。该技术具有向无源网络供电、无换相故障、换相站间无通信、易于构建多终端直流系统等优点。与常规高压直流输电技术不同，柔性高压直流输电采用先进的电压源型换流器（VSC）和全控器件，最大的特点是使用了关断装置（通常是 IGBT）和高频调制技术，是常规直流输电技术的换代升级。与交流输电和常规直流输电相比，柔性直流输电在传输能量的同时还能灵活地调节与之相连的交流系统电压，具有可控性好、运行方式灵活、适用场合多等显著优点，在孤岛供电、城市配电网的增容改造等方面具有较强的技术优势。

柔性输电用换流变压器的电气性能和参数，如绝缘结构、阻抗、空载损耗、负载损耗、温升等的要求与普通电力变压器相同。不同之处在于需要考虑短时（1min）直流耐压对变压器绝缘的影响。柔性直流输电系统接线原理如图 4-5 所示。

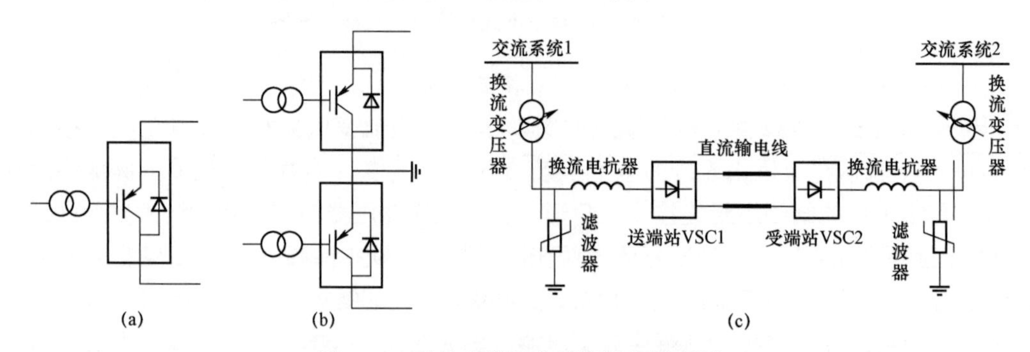

图 4-5 柔性直流输电系统接线原理图

（a）单极接线；（b）双极接线；（c）对称单极系统接线

图 4-5 c 中，两个电压源换流器 VSC1 和 VSC2 分别用作整流器和逆变器，主要部件包括全控换流桥、直流侧电容器；全控换流桥的每个桥臂均由多个绝缘栅双极晶体管 IGBT 或门极可关断晶体管 GTO 等可关断器件组成，可以满足一定技术条件下的容量需求；直流侧电容为换流器提供电压支撑，直流电压的稳定是整个换流器可靠工作的保证；交流侧换流变压器和换流电抗器起到 VSC 与交流系统间能量交换纽带和滤波作用；交流侧滤波器的作用是滤

除交流侧谐波。系统中的换流变压器除了承受正常交流电压外，当发生直流单极极线接地故障时，阀侧绕组还将承受对地过电压的直流偏置分量（以具体系统直流电压为准，如±160kV、±300kV 等）冲击，一般持续时间不超过 100ms（考核时间一般为 1min），因此，柔性直流换流站中的换流变压器不承受极性反转电压，也不需要进行直流极性反转试验的考核，器身绝缘中的固体绝缘用量比常规直流输电用换流变压器相对要少，结构更加简单。柔性直流输电一般采用地下或海底电缆输送电力，对周围环境产生的影响很小。

5. 绝缘特性

换流变压器内部的绝缘种类可以区分为主绝缘和纵绝缘。主绝缘包括：网侧绕组和阀侧绕组之间的主通道网侧绕组和阀侧绕组对油箱的绝缘、各个绕组对铁心柱及上下铁轭或旁轭之间的绝缘（当换流变压器为三相结构时还包括相间绝缘）、阀侧和网侧出线装置对油箱和铁心等地电位金属件之间的绝缘、阀侧和网侧出线装置对非同相绕组之间的绝缘、有载分接开关对油箱或旁轭的地电位及开关中非同相绕组的电极触头之间的绝缘。

纵绝缘包括各个绕组本身线匝与线匝之间的匝绝缘、各个绕组本身线段与线段之间的段间绝缘、有载开关同柱触头之间及同柱分接引线之间的绝缘。

换流变压器阀侧绕组与换流阀连接，阀侧绕组端子上的电位取决于某任一时刻所有导通阀的电位组合，换流器换相所产生的非线性始终影响换流变压器。

由两个 6 脉动换流器串联获得一个 12 脉动换流器，以接地端为参考点，接在第一个 6 脉动换流器的换流变压器阀侧绕组的直流电压被抬高 $0.25U_d$（U_d 为 12 脉动换流器的直流电压），向上接在第二个 6 脉动换流器的换流变压器阀侧绕组直流电压被抬高 $0.75U_d$，可见换流变压器的阀侧绕组（包括阀侧引线）除承受正常交流电压产生的应力外，还承受直流电压产生的应力。另外，受直流全压起动以及极性反转的影响，使得换流变压器的绝缘结构远比普通电力变压器复杂。表 4-1 中比较了换流变压器和普通电力变压器所受电压作用的差异。

表 4-1　换流变压器和普通电力变压器所受电压作用的差异

设备	交流工作电压	工频过电压	雷电冲击电压	操作冲击电压	直流电压	极性反转电压
电力变压器	√	√	√	√	—	—
换流变压器（阀侧绕组）	√	√	√	√	√	√

运行中的换流变压器网侧绕组、调压绕组、网侧引线、调压引线承受的是交流电压，出厂试验时要经过交流耐压的考核。工频交流电压下电场分布情况主要受材料介电常数的影响。

直流电压下的电场分布与交流电压下的电场分布相比有很大不同，不仅与绝缘结构有关，最主要的是与绝缘材料的电阻率大小有关。换流变压器内绝缘材料主要包括变压器油、油浸绝缘纸、油浸绝缘纸板。这些材料的电阻率会受到湿度、温度、直流电压时间、电压高低、电场强度等因素的影响。

下面用一个简单的绝缘模型说明换流变压器阀侧绕组主绝缘中的直流电场的分布，如图 4－6 所示。

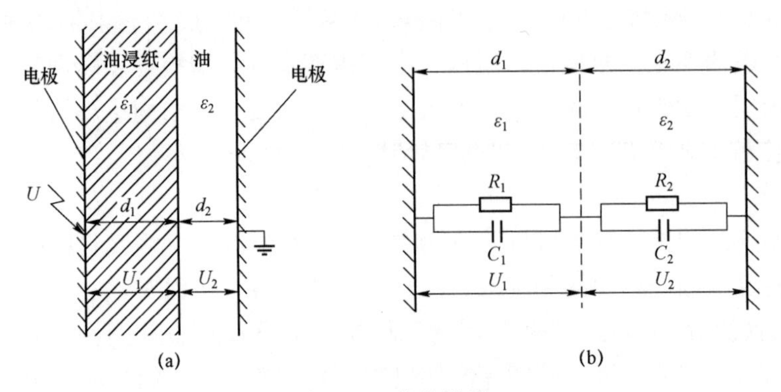

图 4－6　绝缘模型

（a）油纸绝缘模型；（b）油纸绝缘模型等效电路图

U_1—作用在油浸纸上的交流电压降；U_2—作用在绝缘油上的交流电压降；ε_1—绝缘纸板的介电常数，$\varepsilon_1 \approx 4$；ε_2—油的介电常数，$\varepsilon_2 \approx 2.2$；$d_1$—油浸纸的厚度；$d_2$—绝缘油隙的厚度；$R_1$—油浸纸的等效电阻；$R_2$—绝缘油隙的等效电阻；$C_1$—油浸纸的等效电容；$C_2$—绝缘油隙的等效电容

通常绝缘纸板的电阻率 ρ_1 远远大于绝缘油的电阻率 ρ_2，$\rho_1 \geqslant 100\rho_2$，绝缘油和绝缘纸板接触表面的电场为一等位面，根据图 4－6 b 等效电路图，在交流电压 U_c 作用下的电位分布为

$$U_1 = \frac{\varepsilon_2 d_1}{\varepsilon_1 d_2 + \varepsilon_2 d_1} U_c \tag{4-1}$$

$$U_2 = \frac{\varepsilon_2 d_2}{\varepsilon_1 d_2 + \varepsilon_2 d_1} U_c \tag{4-2}$$

在直流电压 U_0 作用下的电位分布

$$U_1' = \frac{\rho_1 d_1}{\rho_1 d_1 + \rho_2 d_2} U_0 \tag{4-3}$$

$$U_2' = \frac{\rho_2 d_2}{\rho_1 d_1 + \rho_2 d_2} U_0 \tag{4-4}$$

式中：U_c 为施加油纸绝缘模型上的交流电压；U_1' 为作用在油浸绝缘纸板上的直流电压；U_2' 为作用在绝缘油上的直流电压；U_0 为施加在复合模型上的直流电压。

在直流电压的作用下绝缘介质内的电场呈阻性分布，即绝缘介质分担的直流电压多少与其电阻率 ρ 成正比，与电导率成反比。由于纸板的绝缘电阻远远大于绝缘油的绝缘电阻，因此，在直流电压的作用下几乎所有的直流电压都由绝缘纸板承担，而绝缘油只承担极小部分。

在交流电场作用下绝缘介质内的电场呈容性分布，即绝缘介质分担的交流电压多少与其介电常数 ε 成正比，由于绝缘油的介电常数约为绝缘纸板的介电常数的 2 倍，因此，在交流电场作用下，绝缘油承担的交流电压约为绝缘纸板的 2 倍。可见，直流场分布取决于绝缘材料的电阻，交流电场的分布取决于绝缘材料的介电常数。

换流变压器的网侧绕组与交流系统连接，而阀侧绕组与换流阀连接，正常工作时，换流变压器的主、纵绝缘承受交流和直流电场的共同作用，这种交、直流共存的电场又称之为交、直流复合电场。复合电场的存在是换流变压器绝缘结构有别于电力变压器结构的主要原因。

当直流电压由正极性转变为负极性时，换流变压器绝缘中原来稳定的正极性直流电场产生一个瞬间变化，在这个过渡过程中，既要考虑交流电场容性分布的变化，也要考虑直流电场瞬间叠加和电阻性分布。这一工况出现在直流输电系统发生接地故障时，引起直流输电系统的极性迅速地反转，换流变压器内部绝缘中的电位分布随之发生变化，图 4－7 反映了换流变压器油—纸绝缘在极性反转时的电压分配关系。在发生极性反转前，作用在绝缘纸板和绝缘油的电压由交流电压 U_{AC} 和直流电压 $-U_{Tn}^{1}$ 复合而成，即如图中所示的电压 $-U_{Tn}^{1}$。

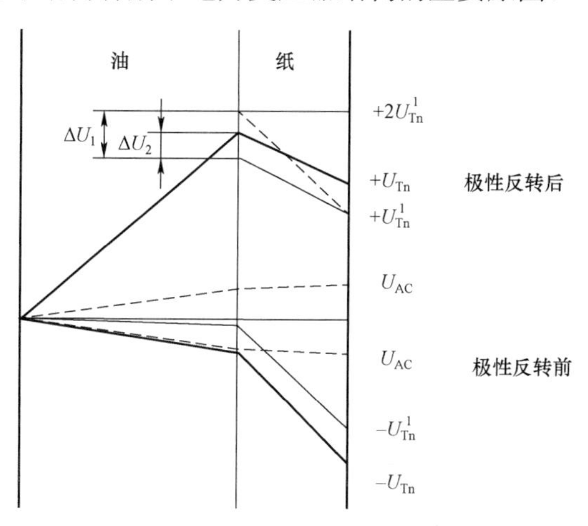

图 4－7　极性反转时的电压分配

当发生极性反转时，在油—纸绝缘系统上叠加一个相当于全电压变化的容性电场，它的总阶跃电压为 $+U_{Tn}^{1}$，由图 4－7 中也可看到，在直流稳态电压作用下几乎不担电场的油隙此时要承受一个幅值为 $2U_{Tn}^{1}-\Delta U_1+\Delta U_2$ 的复合电压。与雷电和操作电压相比，该复合电压下降较慢，在绝缘系统内形成一个危险的电应力。换流变压器极性反转电压 U_{Tn}^{1} 的计算公式为

$$U_{Tn}^{1}=2U_{Tn}^{1}-\Delta U_1+\Delta U_2=2U_{Tn}^{1}\left(1-\frac{1}{1+\dfrac{\varepsilon_p d_0}{\varepsilon_0 d_p}}\right)+U_{AC}\frac{1}{1+\dfrac{\varepsilon_0 d_p}{\varepsilon_p d_0}} \tag{4-5}$$

考虑极性反转电压作用主要有两方面：一是换流变压器在正常运行时直流系统发生故障时产生极性反转电压；二是考核换流变压器的绝缘试验中有耐受极性反转电压试验项目。根据 IEC 61378－2 中的规定，换流变压器极性反转试验电压为

$$U_{pr}=1.25[(N-0.5)U_{dm}+0.35U_{vm}] \tag{4-6}$$

式中：N 为换流变压器连接 6 脉动换流器与直流线路中性点之间所串连的六脉波换流器的个数；U_{dm} 为阀桥的最高直流电压；U_{vm} 为换流变压器阀侧绕组的最大相间交流工作电压。

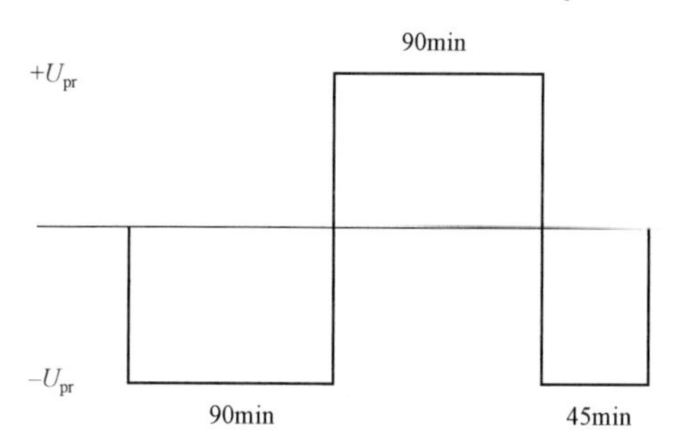

图 4－8　极性反转试验的加压顺序及时间

换流变压器极性反转试验时，油温应在 20±10℃范围内，其加压顺序及时间如图 4－8 所示。

换流变压器阀侧绕组的雷电冲击耐受电压水平和操作冲击耐受电压水平由系统保护水平决定；

长时工频耐受电压水平、长时直流耐受电压水平根据 IEC 61378－2 中规定。

直流外施工频耐受电压水平

$$U_{dc}=1.5[(N-0.5)U_{dmax}+0.7U_{v0max}] \tag{4-7}$$

交流外施工频耐受电压水平

$$U_{AC}=\frac{1.5}{\sqrt{2}}\left[(N-0.5)U_{dmax}+\frac{\sqrt{2}}{\sqrt{3}}\right]U_{vomax} \tag{4-8}$$

式中：N 为从地电位起的 6 脉动换流器的数量；U_{dmax} 为与换流变压器连接的 6 脉动换流器的最高连续直流电压；U_{v0max} 为阀侧绕组最高连续空载相电压，有效值。

工程中换流变压器的交流、直流、极性反转电场的分析与计算；绝缘结构的绕组之间、绕组对地、绕组端部以及引线间、引线对地等部位的电场计算多采用有限元法。通过程序计算、分析不同绝缘介质内的交流、直流、极性反转电场分布和场强，绝缘件表面爬电场强，绝缘结构的电压梯度等，确定绝缘结构中使用的绝缘材料允许的最大场强。

6. 负载电流与损耗

换流装置的工作方式使换流变压器阀侧绕组中的电流波形不再是正弦波，在理想条件下是一系列等时间间隔、交替出现的正、负脉冲波。一个脉波数为 P 的换流装置，在换流变压器的阀侧绕组中产生 $n=kP\pm1$ 次的谐波，k 是任意正整数。一个 6 脉波双桥换流器的阀侧绕组线电流（不计换相角时）用傅里叶级数的三角函数展开为

$$I_a=\frac{2\sqrt{3}}{\pi}I_d\left(\cos\theta-\frac{1}{5}\cos5\theta+\frac{1}{7}\cos7\theta-\frac{1}{11}\cos11\theta+\frac{1}{13}\cos13\theta-\frac{1}{17}\cos17\theta+\frac{1}{19}\cos19\theta-\cdots\right) \tag{4-9}$$

由式（4－9）得到理想条件下的电流中没有三次谐波和三次整数倍谐波。基波电流的有效值为

$$I_1=0.78I_d\ (\gamma=0)$$

n 次谐波电流的有效值为

$$I_n=I_1/n\ (\gamma=0)$$

考虑换相角后阀侧电流中的谐波成分与不考虑换相角的基本情况相同，但其交流电流的幅值和有效值将有所减少。谐波电流的存在影响换流变压器的损耗，电流在换流变压器中产生的损耗分为绕组中的电阻损耗 I_m^2R、绕组中的涡流损耗 P_{WE1}、金属结构件中的附加损耗 P_{SE1} 和各次谐波下的谐波损耗四个部分。其中绕组中的涡流损耗 P_{WE1} 与电流及频率的关系为 $P_{WE1}\propto I_m^2f_m^2$；金属结构件中的附加损耗 P_{SE1} 与电流及频率的关系为 $P_{SE1}\propto I_m^2f_m^{0.8}$。

虽然谐波电流在换流变压器的电流占比不大，但在绕组中产生的涡流损耗不可忽视，处理不当将导致绕组温升过高，使绕组绝缘加剧老化，降低绝缘性能，在高电压下发生绝缘击穿。

高次谐波电流产生漏磁会使变压器的杂散损耗增大，引起金属部件和油箱产生局部过热，谐波磁通还将引起的磁致伸缩噪声增大。所以换流变压器的损耗、温升、噪声都比电力变压器大，因此需要认真对待谐波电流引起的损耗，采取隔磁、引磁、散热措施，合理安排散热和隔声降噪措施，保障换流变压器能安全可靠的运行。

（1）换流变压器负载损耗可分为三部分，即绕组直流电阻损耗 $I_{\mathrm{m}}^2 R$ 、绕组中的 P_{WE1}、金属构件中的附加损耗 P_{SE1}，IEEE 1158 推荐了两个换流变压器负载损耗的计算方法。

1）测量换流变压器在不同频率谐波下的有效电阻，分别计算各次谐波电流与各次谐波电流的电阻损耗。通常计算至 49 次谐波电流的电阻损耗，49 次之后的谐波电流分量很小，产生的损耗可以忽略不计。换流变压器总的负载损耗为

$$L_{\mathrm{oad}} - L_{\mathrm{oss}} = \sum_{n=1}^{n=49} I_n^2 R_n \tag{4-10}$$

式中：R_n 为各次谐波下的有效电阻值，Ω；I_n 为各次谐波的电流值，A；n 为谐波的次数。

该方法计算结果比较接近实际情况，但精度取决于测量技术和测量仪表。此外，这一方法在设计时无法提供可靠的损耗值，只能作为换流变损耗测量的计算。

2）在式（4－10）计算结果的基础上总结出的换流变负载损耗的估算方法

$$P = \frac{1}{I_{\mathrm{r}}^2} \sum_{n=1}^{n=49} (k_n I_n^2) P_n \tag{4-11}$$

式中：I_{r} 为阀侧额定电流；I_n 为折算到阀侧谐波电流；P_n 为基波下的负载损耗值；n 为谐波次数；k_n 为不同谐波相对基波电阻的电阻率。

表 4－2 为换流变压器不同谐波频率的相对电阻率。

表 4－2　　换流变压器不同谐波频率的相对电阻率

谐波次数 n	相对电阻率 k_n	谐波次数 n	相对电阻率 k_n
1	1.00	29	41.10
5	4.24	31	49.50
7	7.09	35	55.50
11	9.14	37	59.80
13	12.10	41	75.5
17	22.30	43	85.5
19	24.60	47	94
23	26.20	49	98.2
25	28.40		

（2）IEC 61378－2 中推荐的换流变压器负载损耗计算方法是 GB/T 18492.2 等效采用的计算公式为

$$P_1 = P_{\mathrm{r}} + P_{\mathrm{w1}} + P_{\mathrm{s1}} \tag{4-12}$$

式中：P_1 为换流变压器基波下的负载损耗；P_{r} 为基波电流下的直流电阻损耗，$P_{\mathrm{r}} = RI_{\mathrm{r}}^2$；$R$ 为绕组的直流电阻（75℃）；I_{r} 为额定正弦电流；P_{w1} 为正弦 AC 电流下，绕组中的涡流损耗；P_{s1} 为正弦交流电流下，金属结构件中的附加损耗。

各次谐波下的负载损耗为

$$P_n = RI_n^2 + \left(\frac{I_n}{I_r}\right)^2 \left(\frac{f_n}{f_1}\right)^2 P_{w1} + \left(\frac{I_n}{I_r}\right)^{0.8} P_{s1} \tag{4-13}$$

总的负载损耗为

$$P = \sum_{n=1}^{n=49} P_n = F_{r1}P_r + F_{w1}P_{w1} + F_{s1}P_{s1} \tag{4-14}$$

式中：$F_{r1} = \sum_{n=1}^{n=49}\left(\frac{I_n}{I_r}\right)^2$；$F_{w1} = \sum_{n=1}^{n=49}\left[\left(\frac{I_n}{I_r}\right)^2\left(\frac{f_n}{f_1}\right)^2\right]$；$F_{s1} = \sum_{n=1}^{n=49}\left[\left(\frac{I_n}{I_r}\right)^2\left(\frac{f_n}{f_1}\right)^{0.8}\right]$；$f_n$为 n 次谐波的频率；f_1为基波的频率。

上述几种简化计算换流变压器负载损耗的方法，其结果的差别不会很大，均能够满足变压器油及绕组平均温升计算的要求，但用来计算换流变压器绕组的热点温升就不恰当了，最好的方法是采用有限元程序准确计算绕组各线饼的损耗，以此为据准确计算绕组各处的温升值。

7. 温升与散热

换流变压器的温升主要考虑顶层油温升、绕组平均温升、绕组热点温升、铁心热点温升、引线温升等。解决各种温升的方法除了在器身结构上加强散热通道的设计、改善散热环境等，重要的是合理分配冷却油流的流量，比如分配、控制网侧、阀侧绕组内及其首、末端绝缘件中的油流及流速，使器身、绕组各部分都能得到均匀的散热。

换流变压器采用 ODAF 或 OFAF 冷却方式。从整个产品在变电站占地面积看，两种冷却方式的变压器占地面积基本相同，没有明显的区别。从运行的角度来说，ODAF 冷却方式允许的产品不带冷却器运行时间很短，当变压器在冷却器故障及控制部分故障时必须很快脱离负荷，否则绕组内部温升将上升较快，从而影响产品的绝缘性能。采用 OFAF 冷却方式的变压器在上述故障时由于变压器绕组是通过自然油循环进行冷却的，因此其抗故障能力较前者高很多，允许降负荷不带冷却器运行时间较长。从绝缘性能来说，ODAF 冷却方式的变压器在冷却时，变压器油通过油泵直接送到绕组等高电压、高场强区，其流速较高，容易产生油流带电，从而影响产品的绝缘性能和绝缘寿命。采用 OFAF 冷却方式的变压器由于绕组冷却是通过自然油循环完成的，器身内油流流速通常比导向冷却方式下油流流速低得多，不会发生由于油流带电而造成产品局放增加或放电故障。在长期运行过程中，发生电腐蚀的概率要小得多。绕组中设有内外挡油圈，控制绕组中的温度场分布，使绕组能够有效散热，提高绝缘抗热老化性能，保证换流变压器长期运行的可靠性。ODAF 冷却方式的主要优点是导向油流能够提高冷却效果，降低热点温度，但油箱和器身结构较为复杂。而采用 OFAF 冷却方式的产品，油箱及器身结构相对简单。

OFAF 冷却方式有两大优点：① 即使在不投入冷却设备的情况下，变压器也可在额定功率下运行 45～60min，不会产生过热损害；② 绕组中的油是由于绕组发热使油在绕组中自然流动，控制了绕组中水平油道里的油流速度，绕组中的油流速度只有约 0.05m/s，在绕组两端绝缘结构的进出油位置，油流速度约为 0.1m/s，较缓的油流速度使 OFAF 冷却方式的冷却效率比 ODAF 冷却方式有所降低。如何选择冷却方式与换流变压器的容量、电压等级、绕组组合、运输限界等密切相关，尤其是遵循技术协议的要求。

8. 噪声与振动

换流变压器的噪声源于铁心、绕组、油箱（包括磁屏蔽等）及冷却装置的振动产生的，铁心、绕组、油箱（包括磁屏蔽等）产生的噪声称为换流变压器的本体噪声，本体噪声加上附件（冷却装置等）噪声称之为换流变压器的整体噪声。

变压器本体噪声的大小主要取决于硅钢片磁致伸缩引起铁心振动产生的噪声，铁心的振动通过器身垫脚和变压器油传递给油箱，使油箱壁（包括磁屏蔽等）振动而产生噪声。冷却装置的噪声主要来源于运行中的潜油泵与冷却风扇。本体噪声和冷却装置的噪声合成后，形成了变压器的噪声以声波的形式通过空气向四周传播。

换流变压器的噪声与电力变压器的噪声相比不同之处在本体噪声部分。换流变压器运行时阀侧电流中含有直流分量和高次谐波电流，直流电流引起铁心不对称饱和，俗称直流偏磁。直流偏磁电流引起铁心周期性饱和，硅钢片的磁致伸缩引起铁心振动加剧，发出强烈的低频噪声，这个低频频率只有正常励磁情况下的电力变压器噪声频率的一半，通过这个低频噪声可以判断换流变压器发生了直流偏磁。

负载电流产生的漏磁引起绕组和油箱（包括磁屏蔽等）的振动和噪声，电力变压器在额定状态下工作铁心磁密为1.5～1.8T，绕组漏磁引起的振动比硅钢片磁致伸缩引起的铁心振动要小很多，可以忽略，见图4－9中虚线框部分。但换流变压器在负载运行时绕组中有谐波电流通过，会引起换流变压器绕组在高频下振动。将谐波电流分解为不同频率的正弦波电流，次数越高谐波电流的幅值越低，虽然各次谐波电流的幅值不同，但谐波电流引起的噪声与谐波的频率的平方成正比关系。因此，换流变压器在负载运行下绕组产生的噪声不可忽视。为了分析绕组在交变磁场中的机械力引起其幅向倍频振动，这里只考虑有一对绕组的情形。

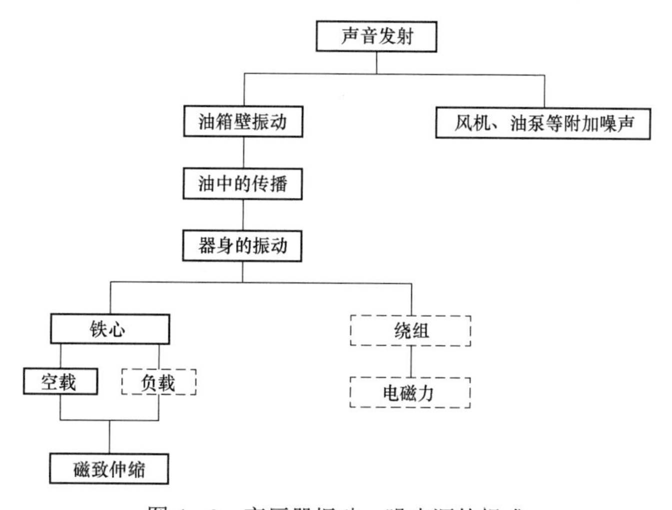

图4－9 变压器振动、噪声源的组成

将谐波电流分解为不同频率下的正弦波电流，认为换流变压器绕组的噪声是由不同频率正弦波电流引起的幅向倍频振动产生。用计算普通电力变压器绕组噪声方法计算不同频率谐波电流产生的振动和噪声，合成后即可得到谐波电流引起的噪声。

换流变压器的噪声与其结构、使用的材料和制造工艺都有关系，且存在较大的分散性。直流偏磁下的噪声计算是在模型试验的基础上总结出来的近似计算方法，经验公式为

$$L_{DC}=\left(\frac{I_{DC}}{I_u}\right)^{k_1}k_2 \qquad (\text{dB（A）}) \tag{4-15}$$

式中：L_{DC}为换流变压器在负载情况下因直流偏磁电流引起的噪声功率增加值；I_{DC}为换流变压器主绕组中的直流电流值，A；I_u为换流变压器主绕组中励磁电流值，A；k_1、k_2为根据试验测试确定的常数，对不同结构形式的换流变压器其取值不同。

很显然，铁心直流偏磁和高次谐波电流是引起换流变压器本体噪声增加的主要原因。

换流变压器油箱的固有频率与低频噪声的频率接近时容易发生共振，一旦发生机械共振，油箱的振幅增大，噪声也增加。因此，换流变压器油箱要合理选择箱壁钢板厚度和加强铁的形状、数量、位置、焊缝高度等，提高油箱整体刚度。同时，核算油箱的固有频率，避开换流变压器的振动频率，防止共振引起振动和噪声增加对换流变压器造成伤害。

变压器绕组和铁心在电应力作用下也产生振动，振动经过变压器油和固定支撑结构传递到油箱。油箱振动的频谱与电磁频率和器身固有振动特性有关，主要振动频率为 100Hz 的倍数。电应力的频率为电压电流频率的 2 倍，对于基频为 50Hz 的电压和电流，振动频谱的基础理论是 100Hz。因此，防止发生共振，换流变压器的固有振动频率一定要避开电应力的频率。

9. 电压调整

为了补偿交流电网电压的变化，使换流阀触发角和关断角工作在既安全又经济的电压范围内，特别是当直流系统需要降压运行，直流电压变化范围高达20%～30%时，仍能够满足大范围调整系统电压需要，提高直流系统的供电质量和可靠性，换流变压器必须配置调压范围大、可以连续操作的有载调压开关。

满足大范围连续调整电压的有载调压开关调节电压主要任务有：保持换流变压器阀侧空载电压恒定；保持控制角（触发角或关断角）在一定范围；提供降压运行所需要的阀侧电压。

（1）保持换流变压器阀侧空载电压恒定。有载调压开关改变换流变压器主绕组与调压绕组分接头的连接位置，调节由于交流电网电压波动引起的换流变压器阀侧空载电压的变化。正常的交流电网电压波动变化较小，要求有载分接开关调节的分接范围也较小，此外，直流负荷变化所产生的直流电压变化可通过调节换流阀控制角的方法进行补偿。

（2）换流变压器正常运行于较小的控制角范围之内，直流电压的变化主要由换流变压器的有载调压调节补偿。这种方式吸收的无功少，运行经济，阀的应力较小，阀阻尼回路损耗较小，交直流谐波分量也较小。为保证换流器控制角（触发角或关断角）在一定范围之内，有载调压开关操作较频繁，而且要求调节电压的范围较大。

（3）直流架空线路的绝缘性能受大气环境影响很大，直流电自身具有吸附尘埃的作用，因此，直流架空线中的绝缘子污秽严重，尤其是干旱少雨、沙尘较重的地区，由于气象及污

秽等原因降低了系统的绝缘性能，甚至产发非永久性接地故障。为保证直流输电系统安全运行和提高直流系统的可用率，需要换流变压器较大调压范围与换流器控制角相配合，较大范围降低运行中的直流电压，在这种运行方式下要求有载调压的正向调节范围较大。

兼顾到直流系统运行的安全性和经济性，除了要求有载分接开关的调压范围在 20%～30%，还要求每挡调节电压为网侧额定电压的 1%～2%，与换流桥触发控制联合工作，既可做到阀侧输出电压无调节死区，又可避免有载调压开关频繁往返操作。

10. 过负荷运行

换流变压器运行过程中往往会遇到过负荷运行，过负荷容量的大小和允许运行的时间取决于换流变压器在该时间段内的运行状态。如果换流变压器技术条件中明确规定了过负荷运行的容量和时间，表明该换流变压器已具备过负荷的能力。正常的过负荷能力和条件是不损害换流变压器正常使用寿命的。

正常运行的变压器寿命是由绝缘材料的老化程度决定的，影响绝缘材料老化的主要因素是与绝缘材料接触的导电金属材料和变压器油的温度，因为在较高温度的环境中，油中的含氧气量和含水量会加速绝缘材料的老化。换流变压器过负荷运行时，绕组、铁心、变压器油的温升高于正常运行时的温度，因此，其过负荷能力主要取决绕组热点温度，绕组的平均温度、变压器油的温度、环境温度等。

正常运行中换流变压器短时过负荷运行受负荷波动、环境温度变化和投入冷却容量的影响，其绕组热点温度和其他部分的温度是变化的，最高温度和最低温度差距较大。它一段时间运行在额定容量之下运行或小负荷运行，而另一段时间过负荷运行，最大负荷运行时的最高温度与最小负荷运行时的最小温度相互补偿，保证换流变压器的预期寿命。但是过负荷运行不能以牺牲变压器正常预期寿命为原则，必须遵循在某个运行温度下满足过负荷、过负荷容量、允许过负荷运行时间，以及绕组、油面温度的要求。GB/T 1094.7《电力变压器　第 7 部分：油浸式电力变压器负载导则》中，规定了变压器在不同类型负载下，允许的过电流倍数，可供换流变压器过负荷运行参考。同样换流变压器使用的交、直流套管、有载分接开关，以及某些测量仪器，主附件等也能承受相对应的过电流。

直流过负荷通常是指直流电流高于其额定值，其过负荷能力是指其直流电流高于其额定值的大小和持续时间的长短。影响换流变压器过负荷能力的主要因素取决于直流电流的大小，在过负荷情况下，需要考虑可接受的设备预期寿命降低、备用冷却设备的投入，以及高出或低于所规定的运行环境温度。

换流变压器过负荷能力根据系统运行的要求有以下几种情况：

（1）连续过负荷。连续过负荷能力是指直流电流高于其额定电流，且可以连续运行的能力。连续过负荷通常是在直流系统一极发生故障停止运行、电网负荷或供电电源出现超出计划水平时发生，此时投入全部冷却装置（含备用冷却装置）加强散热能力，换流变压器应能长时间连续运行，绕组、铁心等热点温度不超出规定的数值。

当换流变压器运行在最高环境温度下，冷却装置（含备用冷却装置）中有不能正常工作的情况时，换流变压器能长时间运行的最大负荷，也是一种过负荷运行状态。

（2）短时过负荷。短时过负荷是指在一定时间内，直流电流高于额定电流的能力。通常选择 2h 为短时过负荷持续时间，短时过负荷额定值为直流电流额定值的 1.1 倍。

（3）暂时过负荷。暂时过负荷是为了满足直流输电的快速控制来提高系统暂态稳定的要求，在数秒内直流电流高于额定值的能力。当交流系统发生大扰动时，需要直流输电快速提高其输送容量来满足交流系统稳定运行的要求，或利用直流输电的调制来阻尼交流系统的低频振荡。暂时过负荷的持续时间一般为 3～10s，对于常规的换流变压器，3s 过负荷能力可达到额定直流电流的 2.5 倍，5s 过负荷能力可达到额定直流电流的 2.25 倍，10s 过负荷能力可达到额定直流电流的 1.5 倍。

4.4 换流变压器的产品结构

1. 铁心

换流变压器铁心为心式结构，与电力变压器一样有三相三柱式、三相五柱式、单相四柱式和单相五柱式等。高电压、大容量的换流变压器通常采用单相四柱式和单相五柱式结构，采用铁心主柱“分裂”式结构可以有效降低产品运输高度，解决大型、特大型换流变压器的运输问题。为降低空载损耗、空载电流以及空载噪声，铁心材料选用冷轧取向高导磁硅钢片，激光照射和等离子蚀刻的低损耗硅钢片。铁心片的叠装与普通电力变压器相同，有时也采用复杂的多级接缝铁心。

换流变压器在运行时绕组中存在直流偏磁电流，铁心会出现饱和现象，很小的直流偏磁电流（通常只有几个安培）也会导致铁心中损耗、温升和噪声的大幅度升高。因此，换流变压器的铁心需要建立良好的散热环境，提高铁心冷却效果，同时夹持牢固，提高整体刚度，通过减振措施降低铁心的噪声水平。

2. 绕组

换流变压器绕组包括网侧绕组、阀侧绕组和调压绕组三部分。网侧绕组通过交流套管与交流系统连接，其电压等级从 35kV 到 1000kV，绕组形式和结构与相同电压等级的电力变压器的绕组基本相同，主要有纠结式、纠结连续式、内屏蔽式等几种。

网侧电压较高的换流变压器要求的调压范围很大，调压绕组的设计与普通变压器有所差别。一是调压级数多，二是并绕导线根数也比较多，因此需要设计成一个独立的绕组，与网侧绕组末端相连。当网侧首端施加冲击电压时，调压绕组内冲击电压梯度较大，调压绕组匝间绝缘厚度及对相邻绕组或接地面距离均要较大。为限制调压绕组内匝间电压梯度，减小调压绕组的主绝缘距离，常在调压绕组上并联非线性电阻来限制调压绕组的级间电压。

阀侧绕组的设计比普通电力变压器绕组更有特殊性，需重点考虑的技术问题较多。

一是特殊的绝缘要求，换流变压器阀侧绕组额定的交流电压不是很高，比如连接±800kV 换流器的阀侧绕组，其绕组两端的交流额定电压差一般在 200kV 左右，最高不超过 300kV。但是，阀侧绕组的直流电压为±800kV，绝缘水平要求很高，其交流试验中施加的交流外施耐受电压、雷电冲击电压、操作冲击电压等电压水平，超出相同电压等级交流绕组一个电压等级的交流试验电压水平。例如±800kV 换流变器阀侧绕组的交流试验电压水平，比 1000kV

特高压绕组的绝缘水平还要高一些。由于阀侧绕组首末端的绝缘水平相同，即为全绝缘，在进行雷电冲击试验时，首末两端均要分别进行冲击试验；当绕组进行操作冲击试验时，绕组首末端出头要同时进行试验。因此，阀侧绕组的结构形式选择和绝缘设计比同电压等级的交流绕组要复杂。

二是谐波电流的影响。在实际运行时，换流变绕组中流过大量谐波电流，会产生较大的附加损耗。因此，在选择绕组的导线时，要注意选择较小规格的导线，降低绕组导线中的涡流损耗，并合理控制导线的电流密度，以便防止绕组中产生局部过热。

阀侧绕组的形式根据不同的设计可以有多种选择，纠结连续式和全纠结式对于较高绝缘水平的绕组来说是很好的选择。通过采用先进的焊接工艺，绕组纠结段的焊接质量得到提高，工作量有所减少。另外采用特殊换位导线绕制的内屏蔽式绕组和采用多根扁导线绕制的螺旋式绕组都在实际产品中得到应用，也使阀侧绕组的制造更加简单容易。

3. 器身绝缘

换流变压器的器身中各绕组的排列位置对其绝缘和整体的经济性影响很大，特别是高压和超、特高压直流输电系统使用的换流变压器。绕组的排列位置主要取决于绕组的绝缘水平，同时兼顾损耗、阻抗电压、散热和运输等多方面的要求。常见的绕组排列形式有“铁心—阀侧绕组—网侧绕组—调压绕组”（见图 4－10）和“铁心—调压绕组—网侧绕组—阀侧绕组”（见图 4－11）。

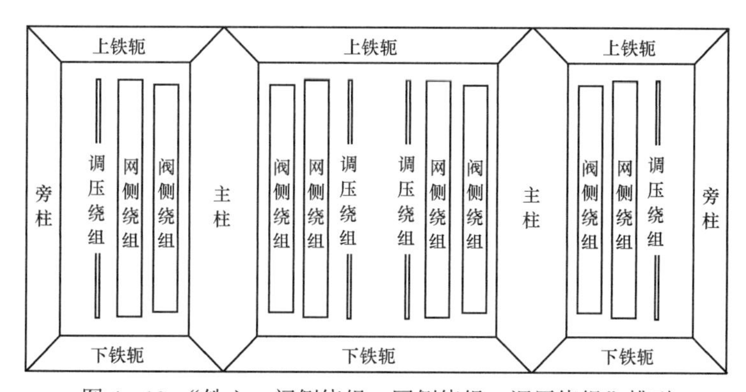

图 4－10　“铁心—阀侧绕组—网侧绕组—调压绕组”排列

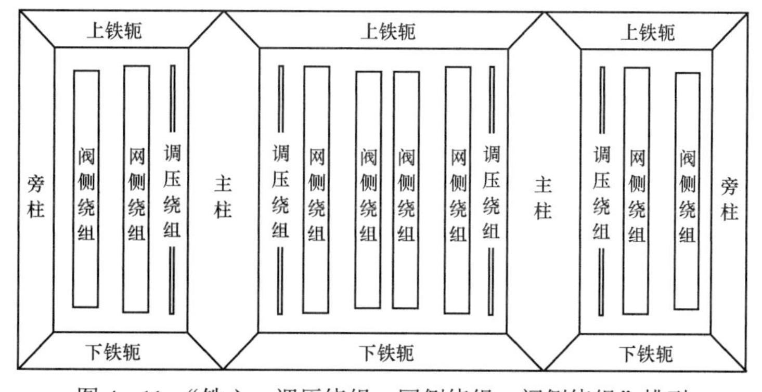

图 4－11　“铁心—调压绕组—网侧绕组—阀侧绕组”排列

换流变压器阀侧绕组的绝缘水平较低，网侧绝缘水平较高时，选择“铁心—阀侧绕组—网侧绕组—调压绕组”排列方式不仅器身绝缘安全可靠，而且整体结构合理，比较经济。这种绕组排列方式与电力变压器器身低压绕组在内侧、高压绕组在外侧的排列方式基本相同。比如直流背靠背联网工程中用的换流变压器，超、特高压直流输电用低端换流变压器，阀侧直流电压为±400kV、±200kV 级以下，交流（网侧）电压较高为 500kV、750kV 级以上，阀侧绕组放置在内侧是合理的。

换流变压器阀侧绕组的绝缘水平高于网侧绕组的绝缘水平时，选择“铁心—调压绕组—网侧绕组—阀侧绕组”排列方式比较合理，这种绕组排列方式在电力变压器中不曾出现。比如在±800kV 直流工程中所用高端换流变压器，网侧电压为 500kV，阀侧直流电压为±600kV 和±800kV 级以上，将网侧绕组放在阀侧绕组内侧使器身总体绝缘结构较为简单，阀侧绕组引出线结构相对简单，容易保证绝缘要求和制造。虽然网侧绕组的绝缘水平也很高，主绝缘距离比低压绕组在内要大，负载损耗有所增加，但是相对于绝缘水平要求更高的阀侧绕组放在内侧来说，主绝缘结构更加合理，是安全可靠和经济的。如果网侧电压等级相对较低，比如为 220kV 或 330kV，网侧绕组、调压绕组和铁心之间的绝缘距离相对减小一些，总的负载损耗会降低。

运行中的换流变压器器身，主绝缘承受交、直流复合电压的共同作用。因此验证主绝缘的可靠性必须分别承受交流系列试验电压和直流系列试验电压的严格考核。前面已经讲述了绝缘材料在交、直流电场下的特性，因此换流变压器器身主绝缘结构既要具备能够承受交流电场绝缘强度的能力，也要具备能够承受直流电场绝缘强度的能力。承担交直流复合电场的特性使换流变压器的器身绝缘与电力变压器产品大不相同，调压和网侧绕组的主、纵绝缘与电力变压器相同；阀侧绕组的主、纵绝缘中固体绝缘所占比例大大增加，既要能够承受各种交流试验电压的考验，又要能够承受直流试验电压的考验，尤其是要求固体绝缘能够承受极性反转时正、负极性直流电压叠加的作用。

对于容量不大，交、直流电压等级较低的三相三绕组结构的换流变压器，由于绝缘水平较低，对绕组排列形式没有太多的限值，甚至可以采用电力变压器的器身结构。

4. 引线

换流变压器引线与电力变压器有相似之处，也有其特殊的要求。对于网侧引线和调压引线，其绝缘要求和结构与电力变压器基本相同。阀侧引线的绝缘要求与阀侧绕组一样，除了考虑交流试验电压要求之外，重点是长时直流耐压试验和极性反转试验下的绝缘强度，保证在交流和直流试验电压作用下引线绝缘有足够电气强度和安全裕度，不击穿、无局放。

绝缘水平较低的阀侧引线常用软铜绞线外包绝缘直接引出，外包绝缘厚度按直流试验电压校核，无须特殊处理。绝缘水平较高的阀侧引线用铜软绞线引出时需要外套金属屏蔽管，以此增加电极直径，在金属屏蔽管的外部再包裹较厚的绝缘覆盖，降低引线表面和油中的电场强度。当阀侧电流比较大时，可用多根铜绞线并联载流，每根铜绞线外均需包裹绝缘，然后按要求统包绝缘。有屏蔽管保护的多根并联铜绞线，除了单根铜绞线包裹绝缘外不需要再统包绝缘。

阀侧引线与阀侧套管的连接部位是换流变压器引线绝缘的重点，因为阀侧引线与阀侧套管连接处的交、直流电场分布最为复杂，需要独立的出线装置进行保护，这个出线装置的绝缘结构与阀侧套管尾部的电场分布的配合密不可分。

5. 总装

换流变压器多采用桶式油箱，网侧和网侧中性点套管从箱盖引出，单相三绕组换流变压器受箱壁尺寸及套管对地距离限制，四根阀侧套管中两根从油箱长轴方向一端的箱壁斜出，另两根套管在箱盖上通过升高座斜出伸向阀厅；单相双绕组换流变压器的两根阀侧套管从油箱长轴方向一端的箱壁斜出伸向阀厅；特高压阀侧引线为满足阀侧套管对地绝缘距离的要求，在箱盖顶部通过升高座引向阀厅。

带有 BOX－IN 的换流变压器，为满足散热要求，冷却器安装在 BOX－IN 外。其他组附件的安装如有载分接开关、储油柜等与电力变压器相同。

6. 套管与出线装置

换流变压器网侧套管没有特殊要求时选择同电压等级电力变压器交流套管即可。阀侧套管由于同时承受交、直流电压复合电场的作用，因此需要选择专用的直流套管。在直流电压作用下，直流套管复合绝缘中的直流电场呈阻性分布，复合绝缘材料的电阻率受温度、湿度的影响，使其承担电场强度的能力不同，因此，阀侧直流套管的设计制造技术难度比交流套管高。交流套管不能直接用作直流套管，若要使用除了提高电压等级之外，必须校核绝缘强度和严格的试验验证。

换流变压器的阀侧套管直接插入阀厅与换流器母线连接，阀厅内的防火等级很高，不允许有油污进入阀厅。因此，避免套管绝缘油泄漏到阀厅内，阀侧直流套管不推荐使用油纸电容式结构，多选用 SF_6 气体绝缘、硅橡胶外套结构或干式结构的套管。

直流套管的绝缘水平高于换流变压器的绝缘水平，雷电冲击电压水平和操作冲击电压水平是换流变压器雷电冲击电压水平和操作冲击电压水平的 110%，其交流工频耐受电压水平、直流长时耐受电压水平、直流极性反转电压水平是换流变压器交流工频耐受电压水平、直流长时耐受电压水平、直流极性反转电压水平的 115%。直流套管的绝缘试验验证必须单独进行，绝缘试验时，油中部分需要配置与换流变压器内部完全相同的出线装置，经试验验证符合要求的直流套管才可以使用在换流变压器上。不能用换流变压器绝缘试验的电压水平来验证直流套管。

在换流站控制系统中，需要从阀侧套管上取得一个电压信号，因此，直流套管均需配备一个电压抽头，在选择直流套管时必须注意是否具有电压抽头。

网侧套管出线装置与同电压等级电力变压器套管出线装置相同。阀侧套管出线装置在升高座和油箱内保护阀侧套管尾端油中部分，同时还要与阀侧引线的绝缘进行连接，二者往往嵌套在一起，因此需要特殊设计。需要指出的是阀侧套管不能单独进行直流绝缘试验，必须与出线装置结合在一起进行试验，而且套管试验用出线装置与换流变压器阀侧出线用出线装置结构一样。试验用出线装置事先安装在试验油缸内，阀侧套管尾部插入出线装置并安装在油缸顶部法兰上。

不同电压等级和容量的换流变压器阀侧绝缘结构的差异很大，阀侧套管的型号、套管末端电极形状、接线方式、阀侧引线绝缘结构等影响阀侧出线装置的结构。因此，阀侧出线装置是专为特定的换流变压器结合其使用的阀侧套管制作的。阀侧出线装置的结构形式有如下两种：

（1）绝缘纸板和波纹纸板组合结构。出线装置由高强度电工压纸板（简称绝缘纸板）和波纹纸板交替包裹而成，绝缘纸板的厚度为2～3mm。绝缘纸板的层数按照阀侧套管的绝缘水平、每层绝缘纸板厚度、分割油隙的宽度经电场校核计算确定。每层绝缘纸板围成绝缘筒的长度，按照阀侧套管尾部电极极板的电场强度校核计算确定。整个出线装置用绝缘螺杆撬接在圆形法兰支架上，然后整体安装在阀侧套管升高座内，由六角螺栓固定。为保持出线装置与阀侧升高座的同心度，出线装置绝缘结构的中部安装了由成型角环和绝缘纸圈组成的腰箍，支撑在阀侧升高座筒壁内径侧，避免运输和运行中绝缘结构的晃动和移位，保证出线装置的安全。

（2）绝缘成型件和撑条组合结构。绝缘成型件和撑条组合结构的出线装置如图4－12所示。出线装置由高强度绝缘纸板交替包裹绝缘撑条而成，绝缘撑条分割油隙，作用与波纹纸板相同。通过绝缘支架固定在阀侧升高座筒壁内，出线装置和筒壁之间的缝隙用撑条撑紧，使出线装置与升高座成为一个整体，避免运输和运行中绝缘结构晃动。

出线装置在换流变压器厂家已经与阀侧升高座安装成一个整体，必须整体拆卸和安装，未经制造厂家同意、没有专业安装人员在场，不允将出线装置从阀侧升高座中拆出。运输时升高座内充入合格的变压器油，密封运输。现场安装时必须由制造厂家专业人员指导或制造厂家现场服务人员安装。

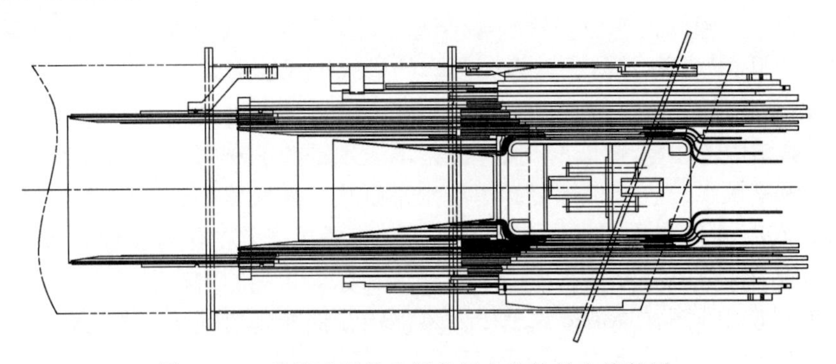

图4－12 绝缘成型件和撑条组合结构的出线装置

4.5 换流变压器的验收与贮存

4.5.1 换流变压器现场验收

1. 换流变压器运抵现场的接收验收

（1）收货人核实到货的换流变压器的型号是否与合同相符。卸车前先清点裸装大件和包装箱数，与运输部门办理交接手续。

（2）检查安装在换流变压器上的三维冲撞记录仪的运输记录，三维方向的冲击加速度均应在 3*g* 以下，妥善保管冲撞记录仪和冲撞记录单。冲撞记录仪及时交还制造厂，冲撞记录单留做存档资料。

（3）检查押运记录，了解有无异常情况。

（4）开启文件箱，按“产品出厂文件目录”核对产品出厂文件、合格证书是否齐全，图纸、技术资料是否完整。

（5）在本体卸车前，检查本体与运输车之间有无明显移位、碰撞、变形等现象，固定用钢丝绳有无拉断现象，运输承载肩座的定位件焊缝有无崩裂等，做好记录；检查变压器本体有无损伤、变形、焊缝有无裂痕等，做好记录；测量铁心对地及铁心对夹件和夹件对地的绝缘电阻，做好记录。如果发现变压器本体有不正常现象，冲撞记录有异常记录，收货人应及时向承运人交涉，暂停卸载换流变压器，将情况及时通知制造厂，等待后续工作意见。

（6）换流变压器本体无锈蚀及机械损伤，密封应良好，附件齐全且包装完好。

（7）依据换流变压器的总装图、运输图，拆除用于运输过程中起固定作用的固定支架及填充物，注意不要损坏其他零部件和引线。

（8）油箱箱盖或钟罩法兰及封板的连接螺栓应齐全，紧固应良好，应无渗漏；充气体运输的附件应无气体泄漏，装设压力监视装置工作正常。

（9）油箱内气体压力保持在 0.01～0.03MPa 范围内；现场办理交接签证并移交压力监视记录。

（10）充油套管的油位应正常，无渗油，瓷体应无损伤；充气套管的压力值应符合产品技术规定。

（11）检查情况正常办理交接签证。

2. 附件开箱检查验收

（1）现场开箱应提前与制造厂和运输单位联系，告知开箱检查时间，共同进行开箱检查工作。

（2）收货人按《产品装箱一览表》检查到货箱数是否相符合，有无漏发、错发等现象。若有问题，应立即与制造厂联系，以便妥善处理。

（3）检查附件包装箱有无破损，做好记录。按各分箱清单查对箱内零件、部件、组件是否与之相符；检查附件有无损坏、漏装现象，并做好记录。如果有问题应及时与运输单位和制造厂联系。

（4）套管包装箱完好，无破损；冲击记录以记录数据正常，无超过 3*g* 的冲击加速度记录；充油套管的油位应正常，无渗油，瓷体应无损伤；充气套管的压力值应符合产品技术规定。

（5）如果合同规定有备品、备件或附属设备时，应按制造厂《备品备件一览表》查收备品、备件或附属设备是否齐全、有无损坏。

上述检查验收过程中发现的损坏、缺失及其他不正常现象，需做详细记录，并进行现场拍照，经供需双方签字确认。照片、缺损件清单及检查记录副本应及时提供给制造厂及运输单位，以便迅速查找原因并解决。

经开箱检查验收后办理签收手续。签收证明一式二份，制造厂依据签收证明提供现场服务。

（7）本体和附件包装箱应选择合适的地点保存。收货人应对其安全和完好负责，如有丢失和损坏应承担责任。

3. 变压器油的验收与保管

（1）检查换流变压器专用绝缘油（俗称直流油）的牌号是否与生产厂家提供的绝缘油牌号相同，未经许可不允许与其他不同牌号的绝缘油混合使用和存放，以免发生意外。

（2）检查运油罐的密封和呼吸器的吸湿情况，并做好记录。

（3）用测量体积或称重的方法核实绝缘油的数量。

（4）专用绝缘油到现场后应抽样验收。

1）验收标准按 GB 2536《电工流体　变压器和开关用的未使用过的矿物绝缘油》中的要求。

2）经处理后注入的国产换流变压器专用油的验收须符合 GB 50776《±800kV 及以下换流站换流变压器施工及验收规范》、GB 50150《电气装置安装工程　电气设备交接试验标准》，以及 GB 50148《电气装置安装工程　电力变压器、油浸电抗器、互感器施工及验收规范》的相关要求，其主要性能指标见表 4－3。

表 4－3　　投运前的变压器油指标

序号	内容		指标	
			±500kV 级及以下	±600kV～±800kV
1	击穿电压/kV		≥60	≥70
2	介质损耗因数 tanδ（90℃，%）		≤0.5	≤0.5
3	含水量/（mg/L）		≤10	≤8
4	油中含气量（体积分数，%）		<1	<1
5	颗粒度		油中 5～100μm 的颗粒不多于 2000 个/100mL，不允许有大于 100μm 颗粒	油中 5～100μm 的颗粒不多于 1000 个/100mL，不允许有大于 100μm 颗粒
6	新装油中溶解气体含量/（μL/L）	氢气	≤10	
		乙炔	≤0.1	
		总烃	≤20	

（5）进口换流变压器用绝缘油按相关国际标准或按合同规定标准进行验收。

（6）运到现场的换流变压器用绝缘油，若在制造厂做过全分析并有检查记录，只需取样进行简化分析。若为炼油厂直接运抵的绝缘油或使用者自行购置的商品绝缘油或有疑义绝缘油，都必须做全分析。

（7）换流变压器用油的存储应使用密封清洁的专用油罐或容器，不同牌号的绝缘油必须分别贮存与保管，并做好标识。

（8）严禁在雨、雪、雾天进行倒罐滤油。换流变压器用绝缘油过滤注入油罐时，须采取必要的措施进行防护，防止混入杂质、潮气或被雾霾空气污染。

4.5.2　换流变压器贮存

换流变压器经长途运输抵达现场，需要对产品的绝缘状况做出判断，尤其是对不能及时安装、需要现场贮存一段时间的产品，更需要先做绝缘状态判断，再做现场贮存准备。

1. 受潮检验

（1）未受潮的初步判定。换流变压器运到现场后立即检查产品运输中是否受潮，只有在确认未受潮的情况下，才能进行后续的安装和投入运行。换流变压器是否受潮需对油箱内的气体压力和油样进行试验分析，判定标准见表 4－4 产品未受潮的初步验证判定。

表 4－4　　产品未受潮的初步验证判定

序号	验证项目		指标
1	气体压力（常温）/MPa		≥0.01
2	油样分析	耐压值/kV	≥50
3		含水量/（mg/L）	≤15

注：1. 充气运输的换流变压器的油样分析是指残油化验。
2. 耐压值是指用标准试验油杯试验。

表 4－4 中的三项指标有一项不符合要求，则充气运输的变压器不能充气贮存，需要进一步做产品受潮判定。

（2）未受潮最终判定。换流变压器未受潮最终的判定需验证绕组对地、铁心对地之间的绝缘电阻，测试方法及标准见表 4－5 最终未受潮判定指标。

表 4－5　　最终未受潮判定指标

判断内容		指标
绝缘电阻 $R60$ 不小于出厂值的（用 2500V 绝缘电阻表测量）		85%
吸收比 $R60/R15$ 不小于（当 $R60$＞3000MΩ 时，吸收比可不作考核要求）		85%
介质损耗因数 $\tan\delta$ 不大于出厂值（20℃时 $\tan\delta \leqslant 0.5\%$，可不与出厂值做比较）	同温度时	120%

（3）受潮处理。经测试，若换流变压器不满足表 4－5 的要求，则表明内部已经受潮，不能实施安装，必须及时与制造厂联系进行干燥处理。若结果符合表 4－5 的要求，则证明产品没有受潮，可以进入现场安装程序。若现场因其他原因不能及时安装时，则需及时采用适宜的保护措施后再现场贮存。

2. 产品现场贮存

（1）充气贮存。

1）充气运输的换流变压器运到现场后应立即检查本体内部的气体压力是否符合 0.01～

0.03MPa 的要求。符合气体压力要求时，允许在保持气体压力的条件下做短期贮存。

2）短期贮存期间需要每天监视、记录气体压力值，贮存时间不允许超过 3 个月。如果预计现场贮存时间超过 3 个月，则必须在换流变压器短期贮存 1 个月内按要求进行注油贮存。

3）如果本体油箱充气压力不满足 0.01～0.03MPa 的要求时，不能继续充气贮存，需做是否受潮判定。

4）持续充气贮存必须有压力监视装置。对气体与压力要求：

① 充干燥空气，瓶装干燥空气出口处气体露点小于或等于－45℃，本体内气体压力为 0.02～0.03MPa。

② 充氮气，瓶装氮气出口处气体露点小于或等于－45℃，含氮量不小于 99.999%，含水量不大于 5×10^{-6}，本体内气体压力为 0.02～0.03MPa。

5）贮存期间每天至少巡查 2 次，对油箱内压力及补入的气体量做好记录；如出现油箱压力降低很快，气体消耗量增大现象，说明油箱密封有泄漏情况，应及时检查处理，严防变压器器身受潮。

（2）注油贮存。充气运输的产品到达现场后，如果现场要求不能充气贮存或 3 个月内不能安装的产品，则需要按照产品长期保管要求实施注油贮存。

1）检查油箱整体密封状态，发现渗漏及时处理。将油箱内的残油取样做击穿电压和含水量试验，对产品内部绝缘状态做出初步判断，油样化验结果应符合表 4－6 变压器油指标要求。不符合要求的残油应从油箱内抽出，经过过滤合格后方可重新使用。

表 4－6　　油箱残油指标要求

<table>
<tr><th>序号</th><th colspan="2">内容</th><th>指标</th></tr>
<tr><td>1</td><td colspan="2">击穿电压/kV</td><td>≥70</td></tr>
<tr><td>2</td><td colspan="2">油中含水量/（mg/L）</td><td>≤8</td></tr>
<tr><td>3</td><td colspan="2">油中含气量（体积分数，%）</td><td>≤0.8</td></tr>
<tr><td>4</td><td colspan="2">油中粒度限值</td><td>油中 5～100μm 的颗粒不多于 1000 个/100mL，
不允许有大于 100μm 颗粒</td></tr>
<tr><td rowspan="3">5</td><td rowspan="3">油中溶解气体含量色谱分析/（μL/L）</td><td>氢气</td><td>≤10</td></tr>
<tr><td>乙炔</td><td>油中无溶解乙炔气体</td></tr>
<tr><td>总烃</td><td>≤20</td></tr>
</table>

注：其他性能应符合 GB/T 7595《运行中变压器油质量》的规定。

2）注油前，有条件时应装上储油柜系统（包括吸湿器、油位表）。从油箱下部抽真空至 100Pa 以下维持 24h 以后，注入符合表 4－3 要求的变压器油。注油至稍高于储油柜正常油面位置，并打开储油柜的呼吸阀门，保证吸湿器正常工作。若未能安装储油柜，注油后最终油位距箱顶约 200mm，油面以上无油区充入露点低于－45℃的干燥空气，解除真空后压力应维持在 0.01～0.03MPa。

3）换流变压器注油贮存期间，必须有专人监控，每天至少巡视一次。当吸湿器中硅胶颜色发生变化，应立即进行吸湿器更换。每隔 10 天要对变压器外观进行一次检查，检查有无渗油、油位是否正常、外表有无锈蚀等，发现问题要及时处理。每隔 30 天要从本体内抽取油样进行试验，其性能要求符合表 4－6 规定，并做好记录。

4）注油排氮气时，任何人不得在排气孔处停留。

5）注油存放期间应将油箱的专用接地点与接地网连接牢靠。

（3）组件贮存。

1）储油柜、散热器、冷却器、导油联管、框架等存放，应有密封、防雨、防尘、防污措施，不允许出现锈蚀和污秽。

2）套管装卸和保存期间的存放应符合套管说明书的要求。电容式套管存放期超过 6 个月时，放置方式及倾斜角度按套管厂家提供的使用说明书要求执行。

3）套管与附件（如测温装置、出线装置、仪器仪表、小组件、在线监测、温度控制器、继电器、接线箱、控制柜、有载开关操作机构、导线、电缆、密封件和绝缘材料等）都必须放在干燥、通风的室内。

4）充油套管式电流互感器和出线装置要带油存放，而且不允许露天存放，严防内部绝缘件受潮。套管式电流互感器不允许倾斜或倒置存放；本体、冷却装置等，其底部应垫高、垫平，不得水淹。

5）冷却装置等附件，其底部应垫高、垫平，不得水浸；浸油运输的附件应保持浸油保管，密封应良好；套管装卸和存放应符合产品技术文件要求。

6）组件在存放期间，应经常检查组件贮存状态有无受潮、有无锈蚀、有无破损、油位是否正常等。

7）充油保管的组附件应检查有无渗漏，油位是否正常，外表有无锈蚀，每 6 个月检查一次油的绝缘强度。

8）充气保管的组附件应检查气体压力，至少 1 周检查 1 次，并做好记录。

4.6　换流变压器的安装

1. 要求

（1）换流变压器在起吊、运输、验收、贮存、安装及投入运行等过程中须按产品使用说明书指导操作，避免发生意外影响产品质量和可靠性，每一过程都要做好相关的记录。

（2）安装与使用部门应按照制造方所提供的各类出厂文件、产品使用说明书、各组件的使用说明书进行施工。若有疑问或不清楚之处，直接与制造厂联系，以便妥善解决。

（3）产品说明书通常对换流变压器的安装、使用通用部分提出要求，若有未涵盖的内容，应及时与制造厂联系获取，或参见产品补充说明书。若产品补充说明书中的内容与产品使用说明书中的要求不相符，则以产品补充说明书为准。

2. 换流变压器本体起吊、顶升

（1）起吊设备、吊具及装卸地点的地基，必须能承受换流变压器起吊重量（即运输重量）。

（2）起吊前须将所有的箱沿螺栓撬紧（封焊结构除外），以防箱沿变形。

（3）吊索与铅垂线间的夹角不大于 30°。否则应使用平衡梁起吊。起吊换流变压器时，必须使用规定的专供本体起吊用吊拌，起吊用绳长度应匹配，使吊拌同时均匀受力，严防换流变压器本体翻倒。

（4）使用千斤顶顶升换流变压器本体，应事先明确顶升的重量为换流变压器本体总重还是其他状态下的重量；选择的千斤顶应有足够的承重裕度，检查每个千斤顶的行程必须保持一致，防止顶升或降落换流变压器本体时出现单点受力。

（5）用液压千斤顶顶升换流变压器本体时，千斤顶应顶在油箱标识千斤顶专用底板处正确位置上，为了保证换流变压器本体顶升和降落过程的安全，严禁在四个（或多个）位置上的千斤顶在四个（或多个）方向同时起落，允许在短轴方向的两点处同时均匀地受力顶升或降落，兼顾其他千斤顶受力以及保持本体变压器的平衡和稳定，每次顶升或降落的距离不得超过 40mm（多个位置）或 120mm（四个位置），依次操作短轴两侧其他千斤顶成对交替顶升或降落。

（6）在千斤顶顶升期间应及时在油箱底与地面之间加垫适宜高度的枕木或垫板，防止换流变压器本体突然坠落或失稳。

（7）在千斤顶降落前预先按降落高度将枕木或垫板放置在有箱底部的地面上，防止换流变压器本体滑落或倾斜失稳。

（8）操作换流变压器本体顶升或降落时一定要做好防护措施，防止千斤顶打滑、防止换流变压器本体闪动、偏移和各种可能发生的意外。

3. 换流变压器本体的搬运就位

（1）在换流站内移动换流变压器主要靠牵引，牵引前首先清理移运轨道，检查、检测、验收轨道系统，轨距开距与平整度误差符合换流变压器移动技术规范的要求。移运小车在运输轨道上空载行走顺畅无卡阻。

（2）利用滚轮小车就位换流变压器本体。首先去掉滚轮小车的限位装置，给滚轮轴间注入润滑油，将滚轮小车先安装在换流变压器本体油箱箱底上。安装滚轮小车的方法：

1）在换流变压器本体短轴方向一侧两点用千斤顶同步顶升，每次顶升换流变压器本体的高度约 35mm，观察换流变压器本体的倾斜角不能大于 10°，在换流变压器本体箱底与地面之间用宽 250mm、高 30mm 厚的木板垫两点垫高，以防止千斤顶失稳。

2）在换流变压器短轴方向的另一侧按照相同的方法顶升换流变压器并垫好木垫板。

3）按相同的方法逐次交替顶升换流变压器本体并垫好木垫板，当千斤顶顶升行程达到 150mm 时停止顶升，用枕木替换木垫板。

4）顶升换流变压器的高度直到满足本体滚轮小车的安装高度为止。将滚轮小车安装在换流变压器箱底并固牢。

5）换流变压器安装基础必须平整，基础上的轨道应水平，轨距与轮距配合良好。确认两者配合准确后，拆除防落支撑，松千斤顶或吊索，平稳地徐徐下落换流变压器，使滚轮进入轨道。

6）牵引换流变压器进入安装位置，速度不超过 2m/min。

（3）换流变压器就位后按安装专用滚轮小车的相反过程拆除专用滚轮小车，将换流变压器平稳地落在基础上，与基础的预埋件可靠连接。

（4）自带滚轮小车的换流变压器，安装小车时必须保持前后小车的滚轮在一条直线，小车的滚轮转动灵活。换流变压器就位后，如果无需拆除小车，必须将滚轮限位并可靠固定。

（5）换流变压器就位时，注意检查阀侧套管伸入阀厅的接线端中心与阀厅内连接母线位置对正，满足安装需要。

（6）注意：用千斤顶顶升或下落换流变压器本体时，千斤顶必须顶在油箱上专用的千斤顶底座上。

4.6.1　现场安装

换流变压器总体安装需要准备的主要设备和工具见表 4－7。

表 4－7　　总体安装主要设备和工具

类别	序号	名称	数量	规格及其说明
起重设备	1	起重机	各 1 辆	12t、25t 及以上
	2	吊装机具（包括专用吊具）	1 套	
	3	千斤顶及垫板	4 只	不少于本体运输重量的一半
	4	枕木和木板	适量	
注油设备	5	高真空滤油机	2 台	净油能力为 9000～12 000L/h，运行真空不大于 67Pa，真空度不大于 13.5Pa
	6	真空泵	2 台	真空泵能力大于 4000L/min，持续运行真空残压不大于 13Pa，机械增压能力大于 2500m³/h
	7	压力式滤油机	1 台	
	8	真空计（电子式或指针式）	2 台	1～1000Pa
	9	真空表	2 块	量程为：－0.1～0MPa
	10	干燥空气发生器	1 台	干燥空气露点低于－60℃以下
	11	储油罐	1 套	根据油量确定，约为变压器总油量的 1.2 倍
	12	干湿温度计	21 个	测空气湿度，RH 0～100%
	13	耐真空耐油透明注油管及阀	1 套	接头法兰按总装图给出的阀门尺寸配做
登高	14	梯子	2 架	5m，3m
	15	移动脚手架	2 组	6m
	16	升降车	1 台	大于 12m
	17	安全带	若干副	
消防	18	灭火器若干	若干个	防止发生意外
保洁器材	19	优质白色棉布、次棉布	适量	
	20	防水布和塑料布	适量	
	21	工作服	若干套	
	22	塑料或棉布内检外衣（绒衣）	若干套	绒衣冬天用
	23	高筒耐油靴	若干双	

续表

类别	序号	名称	数量	规格及其说明
一般工具	24	套管定位螺母扳手及内六角扳手	1 副	
	25	紧固螺栓扳手	1 套	M6～M48
	26	手电筒	3 个	小号 1 个、大号 2 个
	27	力矩扳手	1 套	M8～M16，内部接线紧固螺栓用
	28	尼龙绳	3 根	ϕ8mm×20m，绑扎用
	29	锉刀、布砂纸	适量	锉、磨
消耗材料	30	直纹白布带、电工皱纹纸带	各 3 盘	需烘干后使用
	31	密封胶	1kg	401 胶
	32	绝缘纸板	适量	烘干
	33	硅胶	5kg	粗孔粗粒
	34	无水乙醇	2kg	清洁器皿用
备用器材	35	气焊设备	1 套	
	36	电焊设备	1 套	
	37	过滤纸烘干箱	1 台	
	38	铜丝网	$2m^2$	30 目/cm^2，制作硅胶袋用
	39	半透明尼龙管	1 根	ϕ8mm×15m，用作变压器临时油位计
	40	刷子	2 把	刷油漆用
	41	现场照明设备	1 套	带有防护面罩
	42	筛子	1 件	30 目/cm^2，筛硅胶用
	43	耐油橡胶板	若干块	
	44	空油桶	若干	
测试设备	45	万用表	1 块	MF368
	46	绝缘电阻表	各 1 块	2500V/2500MΩ；500V/2000MΩ；1000V/2000MΩ
	47	电子式含氧表	1 块	量程为 0～30%

1. 安装前要求

换流变压器安装前本体、储油罐、滤油机等均应可靠接地。

（1）零部件清洁要求。

1）凡是与油接触的金属表面或瓷绝缘表面，均应采用不掉纤维的白布拭擦，直到白布上不见脏污颜色和杂质颗粒（简称不见脏色）。

2）套管的导管、冷却器、散热器的框架、联管等与油接触的管道内表面，凡是看不见摸不着的地方，必须用钢丝系白布球来回拉擦，直到白布上不见脏色。即使出厂时是干净的，密封运输到现场后，也应进行拉擦，以确保其是洁净的。

（2）对密封面的要求。

1）仔细检查、处理好每一个密封面。法兰连接面平整、清洁，法兰的密封面或密封槽，在安放密封垫前，均应清除锈迹和其他污物，用无水乙醇沾湿的白布反复擦拭，直到白布上不见脏色，确保密封面光滑平整。

2）所有在现场安装时需要使用的密封圈、垫必须更换为全新的密封圈、垫，凡存在变形、扭曲、裂纹、毛刺、失效、不耐油等缺陷密封圈、垫一律不能使用。将擦拭干净的密封垫安装在正确位置上。

3）密封圈、垫的尺寸应与密封槽和密封面尺寸相配合，尺寸过大或过小或不适合的密封圈、垫都不能使用，应另配合适的密封圈、垫。圆截面的密封圈的搭接处直径必须与密封圈直径相同，并确保在整个圆周面或平面上受压均匀。

4）无密封槽的法兰，密封垫必须用密封胶粘在有效的密封面上。如果在螺栓紧固以后发现密封垫偏斜或未处于有效密的封面上，应松开螺栓扶正重新紧固。密封圈的压缩量应控制在其厚度的 1/3 范围之内。

（3）紧固力的要求。紧固法兰密封使用力矩扳手，紧固力矩值见表 4－8。取对角线方向交替、逐步拧紧各个螺栓，保持相同的力矩，最后统一紧一次。

表 4－8　　紧固力矩值

螺纹规格	螺栓螺母连接时施加的最小扭矩/（N·m）	螺栓与钢板（开螺纹孔）连接时施加的最小扭矩/（N·m）
M10	41	26.4
M12	71	46
M16	175	115
M20	355	224
M24	490	390

注：表中为碳钢或合金钢制造的螺栓、螺钉、螺柱及螺母的扭矩值。

（4）电位连接要求。所有电位连接接头的紧固螺栓，都要确保电接触可靠。

1）电位连接片的接触表面应擦净，不得有脏污，金属氧化膜等防护覆盖及妨碍电接触的杂质全部除掉。

2）电位连接片应平直，无毛刺、飞边，与连接线连接可靠（焊接或冷挤压）。

3）紧固螺栓配有强度较高度平垫圈和蝶形垫圈。利用蝶形垫圈的压缩量，用紧固力矩扳手拧紧各个螺栓，保持压紧力和可靠的点位接触。

2. 换流变压器本体复装前的检查

如果产品技术文件中明确规定了换流变压器运抵现场后不允许吊罩检查内部，则换流变压器在现场不允许吊罩检查。虽然规定了不需要吊罩或吊心检查，但是，换流变压器在现场需专业人员从油箱人孔进入进行内部检查，尤其是有记录数据证明换流变压器在运输过程中受到严重冲击或振动，三维冲击加速度大于规定值，或对冲撞仪记录持有怀疑时，或用户有要求时，均应由制造企业专业技术人员实施进入油箱检查器身内部的工作。

（1）进入油箱内部检查时的注意事项。

1）在打开人孔或视察孔检查器身前，须在孔外部搭建临时防尘罩。

2）凡雨、雪、雾、刮风（4 级以上）天气和相对湿度大于 80%以上的天气不能进行内部检查。

3）进行内部检查前，检查压力表并测量绝缘电阻，按表 4－4 的规定判断器身是否受潮。

4）放油（或残油）时要从箱盖的阀门或充气接头以 0.7～3m^3/min 的流量向油箱内充入干燥空气（露点低于－45℃）。放油完毕后要以 0.2m^3/min 左右的流量继续向油箱内充入干燥空气，30min 后通过压力表观测油箱内压力，如果压力大于或等于 0.003MPa，可以打开人孔盖板，专业人员进入油箱内部检查器身，持续充入干燥空气直到内部检查完毕封上盖板为止。

5）进入油箱的工作人员必须穿清洁的衣服和鞋袜，除所带必须的工具外不得带入任何其他金属物件。带入油箱内的工具应有标记，严格执行登记、清点制度，防止遗忘油箱中。

6）进入油箱内部的工作人员不宜超过 3 人，每人明确自己所要检查的内容、要求和注意事项，逐项进行检查并传递信息，由油箱外部工作（或监护）人员记录。

7）油箱上所有打开盖板的地方都要有防止灰尘、异物进入油箱的防护措施。

8）器身在空气中暴露的时间要尽量缩短，从器身暴露于空气中开始到开始抽真空，每天最长暴露时间不得超过 8h，工作时间累计不超过 24h。

9）严禁在油箱内更换灯泡、修理工具。

10）内部检查过程中不得损坏器身绝缘；绕组出头线不得任意弯折，保持原安装位置；不得在导线支架上攀爬，不允许踩踏、损坏引线和引线外包绝缘。

11）油箱内部空气的含氧量未达到18%及以上时任何人不得进入油箱内部作业。每天工作完毕（未超过 8h）向本体油箱内充入干燥空气，保持 20kPa 左右。

（2）进入油箱的检查内容。为了缩短现场安装时间，在进入箱检查时可同步进行油箱内部的安装工作。

1）拆除变压器本体运输用内部定位部件、外部临时支撑件，经过清点后做好记录。

2）检查铁心有无变形，铁心片有无窜片或移位；检查铁心对油箱和夹件、夹件对油箱的绝缘；检查铁心拉板、铁轭拉带的绝缘与紧固，做好记录。

3）检查器身有无移位，定位件、固定装置及压紧垫块是否松动。

4）检查绕组有无移位、松动，绝缘有无损伤或异物，各绕组应排列整齐，间隙均匀，油路无堵塞；绝缘围屏绑扎牢固；引出线绝缘包扎良好，无破损、拧弯现象；引出线的裸露部分无尖角或毛刺，焊接良好；调压引线与有载开关的连接正确、牢靠；绝缘屏障完好，固定牢固无松动。

5）检查引线支撑、夹紧是否牢固，绝缘是否良好，引线有无移位、破损、下沉现象，检查引线绝缘距离符合绝缘水平的要求。

6）检查铁心与铁心结构件间的绝缘是否良好（用 2500V 绝缘电阻表测量），检查铁心、夹件及静电屏和磁分路接地情况是否良好，不允许有多点接地。

7）检查所有连接的紧固状态，不得有松动。

8）检查开关接触是否良好，触头位置与指示是否一致，是否是出厂时的整定位置。

9）检查强迫油循环管路与下轭绝缘接口部位的密封应保持完好。

10）检查油箱底及各部位无油泥、水滴和金属屑末等杂物。

11）工作人员在退出油箱前的最后工作是清理油箱内部的杂质、碎屑，清除残油将油箱底擦干净。

12）在进行内部检查的同时允许安装出线装置和套管。

（3）组件复装和检查。

1）一般组件、部件（如冷却器、储油柜、压力释放阀等）的复装都应在真空注油前完成。须严格清理所有附件，擦洗干净管口，必要时用合格的油冲洗与变压器直接接触的组件，如冷却器、储油柜、导油管、升高座等，冲洗时不允许在管路中加设金属网，以免带入油箱内。

2）检查各连接法兰面、密封槽是否清洁，密封垫是否完好。与本体连接的法兰密封面宜更换新的密封垫。

3）导油管路应按照总装配图（或导油管图）进行，按导油管上编号对应安装，不得随意更换，同时装上相关阀门和蝶阀。带有螺杆的波纹联管在安装过程中，首先将波纹联管与导油联管两端的法兰拧紧，再锁死波纹联管螺杆两端的螺母。

4）测量套管式电流互感器的绝缘电阻、变比及极性是否与铭牌和技术条件相符合。

5）各组件的复装应符合各自的安装使用说明书和下列要求：

① 储油柜安装按照产品技术文件或生产厂家的安装使用说明书的要求进行检查、安装。首先检查胶囊密封良好，然后安装好支架，将储油柜安装就位。再安装联管、波纹联管、蝶阀、气体继电器、梯子等附件。

a. 储油柜安装前应将其中的残油放净。

b. 储油柜安装前应进行检查并擦洗干净。胶囊式储油柜中的胶囊应完好无损，胶囊经缓慢充气胀开后检查应无漏气现象；胶囊长度方向与储油柜长轴平行，安装时不应有扭偏；保持胶囊口的密封良好，呼吸通畅；检查连杆浮球沉浮是否自如，检查油位表指针是否灵活。

c. 气体继电器安装前应按要求校验合格。气体继电器顶盖上标记的箭头应符合产品技术要求，与连通管的连接应密封良好；集气盒内密封应良好，充满绝缘油；气体继电器安装防雨罩，防止雨水和潮气进入内部；电缆引线在接入气体继电器处配制滴水弯，进线孔处封堵严密；两侧油管路的倾斜角度应符合产品技术文件规定。

d. 导气管清洁干净，连接处应密封良好。

e. 压力释放装置的安装方向应符合产品技术文件规定；阀盖和升高座内部清洁、密封良好，电接点动作准确，绝缘应良好。

f. 安装好柜脚后，将储油柜安装就位。

g. 检查各连接法兰面、密封槽是否清洁，密封垫是否伏贴。检查无误再安装联管、蝶阀、气体继电器、防雨罩、释压器升高座、释压器及附件。

h. 注意吸湿器及气体继电器在真空注油结束后安装。

② 冷却装置的安装。

a. 冷却装置在安装前应按使用说明书的要求做好安装前的检查及准备工作。打开冷却器管口运输用盖板和油泵盖板，检查内部是否清洁和有无锈蚀。检查蝶阀阀片和密封槽不得有油垢、锈迹、缺陷，蝶阀关闭和开启要符合要求。冷却装置在安装前应按制造厂规定的压力值用气压或油压做密封试验，要求冷却器、强迫油循环风冷却器持续 30min 无渗漏；强迫油循环水冷却器的水、油系统应分别做密封试验，持续 1h 无渗漏。

b. 冷却装置在制造厂内已经过了冲洗且运到现场后密封良好，内部无锈蚀、雨水、油污等，现场可不安排内部冲洗。否则，安装前应用合格的绝缘油经滤油机循环将内部冲洗干净，并将残油排尽。

c. 冷却装置安装在框架上时，应先将油路框架与本体导油管连接固定好，然后按编号吊装冷却装置，安装油流继电器。

d. 风扇电动机及叶片安装牢固、转动灵活、无卡阻；试转时转向正确、无振动和过热；叶片无扭曲变形或与风筒碰擦等现象；电动机的电源配线采用具有耐油性的绝缘导线。

e. 油泵转向正确，转动时应无异常噪声、振动或过热现象；其密封良好，无渗漏油或进气现象。

f. 管路中的阀门操作灵活，开闭位置正确；阀门及法兰连接处应密封良好。

g. 油流继电器应校验合格，密封良好，动作可靠。

h. 导油管路按照总装配图（或导油联管装配图）安装，同时安装相关阀门和蝶阀。按零件编号和安装标志对应安装，导油管上编号不得随意更换；安装油管，蝶阀、支架和冷却器。吊装冷却器时，必须使用双钩起吊法来使之处于直立状态，然后吊到安装位置，与冷却器支架及油管装配。

i. 电气元件和回路绝缘试验应合格。

③ 速动油压继电器的安装按照速动油压继电器使用说明书中的规定。速动油压继电器安装符合 GB/T 6451《油浸式电力变压器技术参数和要求》中的要求。

④ 安装压力释放装置的方向应正确；阀盖和升高座内部应清洁，密封应良好，电接点应动作准确，绝缘应良好。动作压力值应符合产品技术文件要求。

⑤ 吸湿器的安装与储油柜间的连接管密封应良好，管道应通畅；吸湿剂应干燥，颜色应正常，油封油位应与油面线等高。

⑥ 测温装置的安装。

a. 温度计安装前应经校验合格，信号接点导通良好、动作正确；绕组温度计根据使用说明书的规定进行调整。

b. 温度计根据设备厂家的使用说明书进行整定并报运行单位认可。

c. 箱盖上的温度计座内应注入适量的变压器油，注油高度应为温度计座的 2/3，温度计座密封性应良好，无渗油，闲置的温度计座应密封，不得进水。

d. 膨胀式温度计的细金属软管不得有压扁或急剧扭曲，弯曲半径不得小于 150mm（或按其使用说明书规定）。

⑦ 升高座及测量装置的安装。

a. 升高座（测量装置）内接线螺栓和用来固定的垫块应紧固，其电流互感器的变比、极性、排列应符合设计要求，出线端子对外壳应绝缘良好，其接线螺栓和固定件的垫块应紧固，端子板应密封良好，无渗、漏油现象。

b. 安装升高座（测量装置）时，升高座的安装面应与箱盖的安装面平行接触，盘好变压器上的引出线，拆卸上盖板，以便套管的安装。

c. 电流互感器和升高座的中心线保持一致。

d. 阀侧升高座（测量装置）的安装。阀侧升高座（测量装置）有一定的倾角，在安装时用钢丝绳和吊带拴在升高座顶部的两个吊孔上，在升高座足部的吊孔上拴一个手拉链条葫芦，另一端钩挂在吊孔上。在安装过程中，用手拉链条葫芦调整升高座的倾斜角度准确安装。

e. 按照图纸要求的角度安装。首先调整升高座和测量装置的安装角度，再将升高座、测量装置与均压球中心线调为同轴状态。安装时，测量装置向油箱内移动的同时缓慢向下移动，始终保持测量装置与均压球同轴。注意不要碰撞、挤压均压球。升高座、测量装置到位后，拧紧紧固件。

f. 阀侧出线装置安装应符合产品技术文件的规定。

⑧ 套管的安装应符合套管厂家提供的安装使用说明书的要求。

⑨ 分接开关的安装和检查。

a. 安装好开关、传动轴、伞齿轮、控制箱等所有开关附件后，需有一人在箱顶，另一人在下部手动操作 2 周（从最大分接到最小分接，再回到最大分接，称为 1 周），保证挡位一致。注意：其余如铁心接地套管、温度计和温控器及封环、塞子、释压器、字母标牌等可同时安装。二次控制线路在注油结束后操作。

b. 开关保护继电器管路和水平夹角需保持 2° 以上。

c. 测试开关指示的分接位置是否正确（一般测变比确定）。

d. 检查开关在各分接位置时的接触是否良好。

e. 检查开关在各分接位置时绕组的直流电阻，与出厂值比较应无差异。

f. 按开关使用说明书进行安装和其他试验。

g. 开关安装试验完毕后应调整到额定分接。

h. 有载开关及其滤油机安装应严格按照生产厂家使用说明书要求操作。

⑩ 控制箱的安装和检查。

a. 冷却系统控制箱应有两路交流电源，自动互投传动应正确、可靠。

b. 控制回路接线应排列整齐、清晰、美观，绝缘无损伤；接线应采用铜质或有电镀金属防锈层的螺栓紧固，并配有防松装置；连接导线截面应符合设计要求、标志清晰。

c. 控制箱接地应牢固、可靠。

d. 控制箱内部断路器、接触器动作灵活无卡涩，触头接触紧密、可靠，无异常声响。

e. 保护电动机用的热继电器的整定值应为电动机额定电流的 1.0～1.15 倍。

f. 控制箱内部元件及转换开关各位置的命名应正确并符合设计要求。

g. 控制箱应密封，控制箱内外应清洁无锈蚀，驱潮装置工作应正常。

h. 控制和信号回路安装正确，符合 GB 50171《电气装置安装工程　盘、柜及二次回路结线施工及验收规范》的有关规定。

4.6.2 真空注油、热油循环及静放

1. 准备工作

（1）油处理设备包括储油罐、真空滤油机（过滤精度0.5μm，油中颗粒度含量10 000个/升）、干燥空气发生器、二级真空机组等。贮存油的油罐和油管路必须预先清洗。

（2）器身检查前已经用真空滤油机将油箱内的残抽到准备好的油罐内。将准备注入换流变压器的专用直流油用真空滤油机进行脱气、脱水和过滤处理，保证油的品质符合表4－6的要求。

（3）连接注油管路。管路全部为耐油透明钢丝软管，不得使用橡胶管。用滤油机加热油冲洗管路，保证内部清洁。

（4）连接抽真空和注油的管路，抽真空和真空注油管路连接示意图如图4－13所示。图中滤油机的进口用输油管与换流变压器油箱顶部带放气的法兰工装相连，滤油的出油口用输油管与换流变压器油箱下部“人”字形工装相连，油流方向为下进上出。

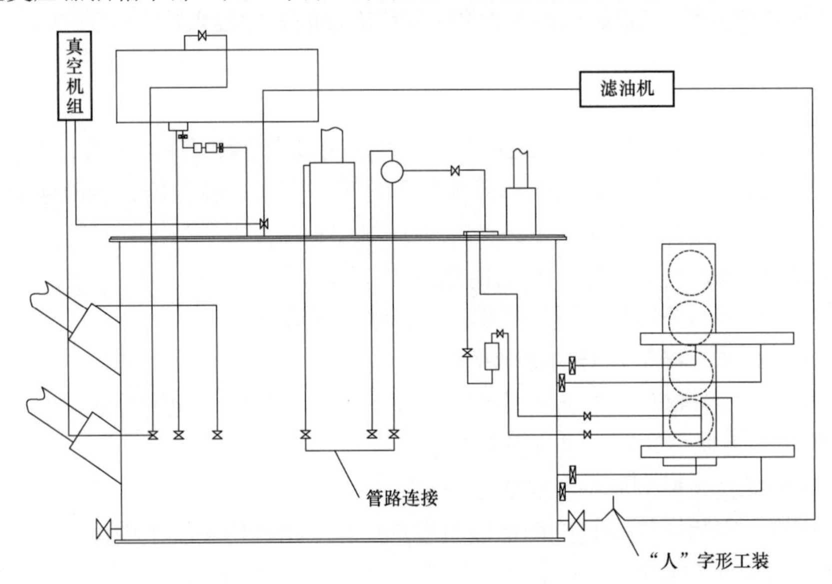

图4－13 抽真空和真空注油管路连接

（5）启动真空泵对本体进行抽真空，抽至100Pa时开始测试泄漏率。

2. 真空注油

（1）抽真空及注油应在无雨、无雪、无雾，相对湿度不大于80%的天气进行。

（2）泄漏率测试。当抽真空至100Pa时，关闭箱盖蝶阀并关掉真空机组，等待1h记录真空计（电子式或真空式）第一个读数p_1，再过30min测得第二个读数p_2，则$\Delta p=p_2-p_1\leqslant 3240/M$，即判定泄漏率合格。式中：$\Delta p$为压差；$M$为变压器油重，t。

（3）泄漏率测试合格，继续抽真空至25Pa以下（从25Pa开始计时，最终真空压力不大于13.3Pa），计时维持48h。计时维持48h的条件是每天安装附件时间不大于8h，器身暴露于大气的总安装时间不超过24h；如果超出条件，每超过8h，需要延长12h抽真空时间。

（4）抽真空满足要求后允许真空注油。真空注油前，对绝缘油进行脱气和过滤处理，达到要求后方可注入主体变压器中。注意：真空注油前，设备各接地点及连接管道必须可靠接地。

（5）本体安装全真空储油柜的产品按如下过程进行注油。连接注油管路，当本体真空度达到要求后，通过油箱下部阀门注入合格的变压器油；注油速度不宜大于 100L/min，注油温度控制在 50～70℃，注至油面距离箱盖 200～300mm 时暂停；关闭本体抽真空连接阀门，将抽真空管路移至储油柜下部呼吸管阀门处，打开储油柜顶部旁通阀门，继续抽真空注油，一次注油至储油柜标准油位时停止；关闭注油管路阀门，关闭呼吸管管路阀门及真空泵，再关闭储油柜顶部旁通阀（储油柜胶囊与换流变压器本体隔绝连通）。

注油结束后及时安装吸湿器，将吸湿器连接阀门打开，缓慢解除真空。待变压器油与环境温度相近后，关闭替代气体继电器的工装与油箱和储油柜通油管上连接阀门，拆除替代气体继电器工装（拆除工装时有少量油放出），装上已校验合格的气体继电器。开启继电器与油箱和储油柜连接的阀门，从继电器放气塞放出气体。

二次控制线路在注油结束后安装。

3. 热油循环

（1）注油完毕后，拆掉真空管路，换上热油循环管路。对换流变压器本体进行热油循环，循环方式为连续的下进上出，热油循环结束的要求是专用直流油油品达到表 4－6 中的规定。

（2）热油循环的计时从换流变压器出口油温达到 60～70℃时开始，持续时间不少于 72h，油速不宜大于 100L/min；还可以按照按本体总油量循环 3～4 次来计算持续时间。热油循环结束后，关闭注油阀门，静置 72h 后开启变压器所有组件、附件及管路的放气阀多次排气。每次排气当有油从排气口溢出时立即关闭放气阀。

4. 补油及静放

（1）热油循环结束后换流变压器进入静放阶段。此时如果储油柜内的油面高度不够时，在真空状态下按储油柜安装使用说明书向储油柜内补充符合相关标准规定的专用直流油，补油至储油柜内油面略高于相应温度指示的正常油面为止。开始计时静放，时间不少于 96h。静放期间仍需从换流变压器的套管顶部、升高座顶部、储油柜顶部、冷却装置顶部、联管、压力释放装置等部位进行多次排气。

（2）关闭储油柜上方用以平衡胶囊内外压力的ϕ25mm 阀门，安装储油柜的吸湿器，按照吸湿器的安装使用说明书更换硅胶，并打开联通的ϕ25mm 阀门。

（3）静放期间同时对变压器连同气体继电器及胶囊式储油柜进行密封性试验。密封试验采用油柱或向储油柜胶囊内充入干燥空气，压力为 20～25kPa，密封试验持续时间应为 24h 无渗漏。若技术文件有特殊要求，则按其要求进行密封试验。

4.6.3 投入运行前的检查与交接试验

1. 投运前的检查

（1）检查所有阀门指示位置是否正确。

（2）检查所有组件的安装是否正确，是否漏油。检查所有密封处是否漏油。

（3）将各接地点接地。检查接地是否可靠，是否有多余的接地点。

（4）铁心、夹件接地检测。铁心片和夹件分别由接地套管引至油箱下部接地，可利用接地套管检测铁心片和夹件的绝缘情况。测量时先接入表计后再打开接地线，避免瞬时开路形成高压，测量后仍要可靠接地。

（5）检查储油柜及套管等的油面是否合适。检查储油柜吸湿器是否通畅。

（6）电气线路的安装。

1）按出厂文件中《控制线路安装图》设置控制回路。

2）强迫油循环风冷的换流变压器，按出厂文件中《电气控制原理图》连接控制回路，逐台启动风扇电机和油泵，检查风扇电机吹风方向及油泵油流方向。油流继电器指针动作灵敏、迅速则为正常。如油流继电器指针不动或出现抖动、反应迟钝，则表明潜油泵相序接反，应给予调整。

3）给温度计座内注入合格的绝缘油后安装温度计。换流变压器装有两只油面温度控制器，用以监视变压器油面温度，提供油温升超限值的报警或跳闸信号，可在总控制室内远程监控油面温度。装有一只绕组温度计，用以监视变压器绕组温升，提供高温报警和控制绕组温升超限值的跳闸信号。

4）检查气体继电器、压力释放阀、油位表、电流互感器等的保护、报警和控制回路接线是否正确。

（7）按 GB 50150《电气装置安装工程　电气设备交接试验标准》的有关规定检查其他配套电气设备。

（8）检测换流变压器专用直流油的油品质，投运前最后其化验结果应符合相关标准的规定。测量各绕组的 $\tan\delta$值，与出厂值比较应无明显差异。

（9）油箱及附件外表面清理及补漆。清除油箱和附件上的所有杂物及与换流变压器运行无关的临时装置，用清洗剂擦洗表面的污迹，对漆膜损坏的部位补漆，油漆的牌号及颜色与工厂喷涂用油漆一致。

2. 投入运行前的交接试验

（1）根据相关交接试验标准及技术协议规定的测试项目进行试验。

（2）系统调试时若对换流变压器进行其他高压试验应与制造厂协商。

（3）缓慢空载升压试验。

1）试验前气体继电器信号触头接至电源跳闸回路，过电流保护时限整定为瞬时动作。

2）换流变压器接入电源后，缓慢空载升压到额定电压，维持 1h 无异常。

3）继续将电压缓慢上升到 1.1 倍额定电压，维持 10min 无异常现象和响声，维持时间到缓慢降压结束试验。

4）如果现场不具备缓慢升压条件或不具备升压到 1.1 倍额定电压条件，可改为 1h 空载试验。此时检测油箱顶层油面温度不超过 42℃，否则需投入冷却器。

（4）空载合闸试验（冷却器不投入运行）。

1）试验前将气体继电器信号触头接至报警回路，跳闸触头接至继电器跳闸回路。

2）所有引出的中性点必须大电流接地。

3）在额定电压下进行 3～5 次空载合闸冲击试验，每次间隔时间为 5min，监视励磁涌流冲击作用下继电保护装置的动作。

（5）拆除变压器的临时接地线。

（6）试运行。

1）首先开启冷却系统，待冷却系统运转正常后再投入试运行。

2）试运行时，变压器开始带电和一定载荷，视系统情况，供给负荷最大不超过换流变压器的额定容量。

3）连续运行 24h 结束试运行。

（7）若环境温度过低，是否可以实施上述试验项目应与制造厂协商。

4.7　换流变压器的运行与维护

1. 投入运行

换流变压器经过试运行且未出现任何异常情况，即可正式投入运行。

（1）采用强迫油循环风冷的换流变压器在正式投运前应先运行 2h，然后停止 24h，利用变压器所有组件、附件及管路上的放气塞放气，放气后拧紧放气塞。

（2）在没有开动冷却器的情况下不允许换流变压器带负载运行，也不允许长时间空载运行。

（3）正常运行中，如果遇特殊情况全部冷却器突然退出运行，换流变压器在额定负载下允许再运行 20min（如技术协议有特殊要求时按技术协议规定执行）。

（4）换流变压器在低负荷运行时可以停运部分冷却装置，换流变压器的负荷与冷却装置投入数的关系（曲线或表）见产品使用说明书或技术文件。

（5）运行中储油柜添加油和放油的方法见储油柜安装使用说明书。

2. 运行初期的监护

（1）定时查看换流变压器油面温度、储油柜油位、储油柜有无冒油或油位下降的现象。

（2）定时查看、监听换流变压器运行声音是否正常，有无爆裂等杂音，冷却系统运转是否正常，有无异响。

（3）运行中的油样检查周期要求。

1）运行的第一个月，在运行后的第 1 天、第 4 天、第 10 天、第 30 天各取油样化验一次。

2）运行的第二个月至第六个月，每一个月取油样化验一次。

3）六个月之后每三个月取油样化验一次。

（4）取油样色谱分析允许运行的油品质最低标准见表 4－9，如果运行初期油质下降很快，应分析原因，并尽快采取措施。

（5）运行中其他监测项目按换流变压器运行规程规定。

（6）运行后的内部检查。

1）换流变压器投入运行后，如专用直流油的油品质未下降到表 4－9 允许运行的最低标准，也未发现其他异常情况，不需要对换流变压器进行内检。

表 4-9　　　　允许运行的油品质最低标准

项目	指标	
	±500kV 级及以下	±600kV～±800kV
耐压/kV	≥50	≥60
含水量/（mg/L）	≤15	≤15
含气量（%）	≤3	≤2

2）如专用直流油的油品质下降到允许运行的最低标准，则应及时进行滤油处理。检查密封件是否失效、是否有严重渗漏，及时更换失效的换密封件和封堵渗漏。若发现运行中有其他异常情况，应及时与制造厂联系，研究处理措施。

3）实施处理措施时，换流变压器内部检查按 4.6.1 中规定的注意事项和检查内容。

4）内部检查中要特别注意器身压紧装置是否有松动。

3. 正常运行期内的检查和维护

为保证换流变压器能够长期安全运行，尽早发现换流变压器及组件的早期事故苗头，定期对换流变压器进行检查和维护是非常必要的。检查维护周期由直流输电系统运行计划、负荷周期，以及现场环境和气候决定。同时，换流变压器的运行状况、发现异常情况也决定了换流变压器是否需要检查和维护。运行单位可根据多年的运行经验，结合具体情况制订检查和维护计划及方案。

（1）日常检查内容见表 4-10。

表 4-10　　　　正 常 日 检 内 容

检查部位	检查周期	检查项目	说明/方法	判断/措施
变压器主体	1～3个月	温度	（1）温度计指示 （2）绕组温度计指示 （3）热电偶的指示 （4）温度计内潮气冷凝	（1）如果油温和油位之间的关系偏差超过标准曲线，重点检查以下各项 1）变压器油箱漏油 2）油位计有问题 3）温度计有问题 （2）万一有潮气冷凝在油位计和温度计的刻度盘上，检查重点应找到结露的原因
		油位	（1）油位计的指示 （2）潮气在油位计上冷凝，查标准曲线比较油温和油位之间的关系	
		漏油	检查套管法兰、阀门、冷却装置、油管路等密封情况	如果有油从密封处渗出，则重新紧固密封件，如果还漏油则更换密封件
		有不正常噪声和振动	检查运行条件是否正常	如果不正常的噪声或振动是由于连接松动造成的，则重新紧固这些连接部位
冷却装置	1～3个月	有不正常噪声和振动	检查冷却风扇和油泵的运行条件是否正常（在启动设备时应特别注意）	当排除其他原因，确认噪声是由冷却风扇和油泵发出的，请更换轴承
		漏油	检查冷却器阀门、油泵等是否漏油	若油从密封处漏出，则重新紧固密封件，如果还漏油则更换密封件
		运转不正常	（1）检查冷却风扇和油泵是否确实在运转 （2）检查油流指示器运转是否正常	如果冷却器和油泵不运转，检查轴承或风扇是否有问题
		脏污附着	检查冷却器上的脏污附着位置	特别脏时要进行清洗，否则要影响冷却效果

续表

检查部位	检查周期	检查项目	说明/方法	判断/措施
套管	1～3个月	漏油	检查套管是否漏油	如果漏油更换密封件
		套管上有裂纹、破损或脏污	检查脏污附着处的瓷件上有无裂纹	如果套管脏污，清洁瓷套管
吸湿器	1～3个月	干燥度	（1）检查干燥剂，确认干燥剂的颜色	如果干燥剂的颜色由蓝色变成浅紫色，要重新干燥或更换
			（2）检查油盒的油位	如果油位低于正常油位，清洁油盒，重新注入变压器油
压力释放阀	1～3个月	漏油	检查是否有油从封口喷出或漏出	如果有很多油漏出要重新更换压力释放阀
滤油机	1～3个月	漏油	打开盖子检查净油机内是否有漏油	重新紧固漏油的部件
		运行情况	在每月一次的油净化时进行巡视，检查有无异常、噪声和振动	如果连接处松动，重新紧固
有载分接开关			按有载分接开关和操作机构的说明书进行检查	

（2）发现异常情况检查分析见表4－11。

表4－11　　异常情况的检查与分析

异常情况	原因	实施	调查分析
气体继电器：气体聚集（第一阶段）	内部放电 轻故障	从气体继电器中抽出气体	气体色谱分析
气体继电器：油涌（第二阶段）	内部放电 重故障	停运变压器	试验绝缘电阻、绕组电阻、电压比、励磁电流和气体分析
压力释放	内部放电	停运变压器	气体色谱分析
差动	内部放电涌流	停运变压器	气体色谱分析
油温度高 第一阶段：报警 第二阶段：跳闸	过载 冷却器故障	减低变压器负载	检查变压器负载和冷却器运行情况
绕组温度高 第一阶段：报警 第二阶段：跳闸	过载 冷却器故障	减低变压器负载	检查变压器负载和冷却器运行情况
接地故障	内部接地故障 外部接地故障	停运变压器	检查其他保护装置运行（气体继电器、压力释放阀等）
油位低	漏油	注油	检查储油柜隔膜，检查油箱和油密封件
油不流动	油泵故障	停运变压器	检查油泵运行
电机不能驱动	不供电 电机故障		检查馈电线路 检修、更换电机

（3）定期检查内容见表 4－12。

表 4－12　　定期检查内容

检查部位	检查周期	检查项目	检查方法	判断及措施	备注
绝缘电阻	2 年或 3 年	绝缘电阻测量（连套管）	（1）用 2500V 绝缘电阻表 （2）测量绕组对地的绝缘电阻 （3）此时实际上测得的是绕组连同套管的绝缘电阻，如果测得的值不在正常的范围之内，可在大修或适当时候把绕组同套管脱开，单独测量绕组的绝缘电阻	测量结果的判断（见表 4－5）；无论如何测量，结果同最近一次的测定值应无显著差别，如有明显差别，需查明原因	
绝缘油	2 年或 3 年	耐压	试验方法和装置见 GB/T 507《绝缘油　击穿电压测定法》	≥50kV	如果低于此值需对油进行处理
		酸值测定（以 KOH 计）	GB/T 264《石油产品酸值测定法》	≤0.1mg/g	如果高于此值需对油进行处理
	3 个月一次	油中溶解气体分析	（1）主要检出以下气体：O_2、N_2、H_2、CO、CO_2、CH_4、C_2H_2、C_2H_4、C_2H_6 （2）方法按 GB/T 17623《绝缘油中溶解气体组分含量的气相色谱测定法》或 DL/T 722《变压器油中溶解气体分析和判断导则》中的有关要求 （3）建立分析档案	发现情况应缩短取样周期并密切监视增加速率，进行故障判断	变压器油中产生气体主要有以下原因 （1）绝缘油过热分解 （2）油中固体绝缘介质过热 （3）火花放电引起油分解 （4）火花放电引起固体绝缘分解
		含气量（体积分数）	方法按 DL/T 423 或《绝缘油中含气量测定方法　真空压差法》或 DL/T 703《绝缘油中含气量的气相色谱测定法》	≤3%	
冷却器	1 年	冷却器组	油泵和冷却风扇运行时，检查轴承发出的噪声	对轴承按“易耗品更换标准”进行检查更换	
	1 年或 3 年		检查冷却管和支架等的脏污、锈蚀情况	（1）每年至少用热水清洁冷却管一次 （2）每三年用热水彻底清洁冷却管并重新油漆支架、外壳等	
套管	2 年或 3 年	一般	（1）裂纹 （2）脏污（包括盐性成分） （3）漏油 （4）连接的架空线 （5）生锈 （6）油位 （7）油位计内潮气冷凝	检查左边项目是否处于正常状态	（1）如果套管过于脏污用中性清洗剂进行清洁，然后用清水冲洗干净再擦干 （2）当接线端头松动时进行紧固
附件	2 年或 3 年（当控制元件是控制分闸电路时，建议每年进行检查）	低压控制回路	以下继电器等的绝缘电阻 （1）保护继电器 （2）温度指示器 （3）油位计 （4）压力释放装置 用 500V 绝缘电阻表测量位于对地和端子之间的绝缘电阻	测得的绝缘电阻应不小于 2MΩ，但对用于分闸回路的继电器，即使测得的绝缘电阻大于 2MΩ，也要对其进行仔细检查，如潮气进入等	

续表

检查部位	检查周期	检查项目	检查方法	判断及措施	备注
附件	2 年或 3 年（当控制元件是控制分闸电路时，建议每年进行检查）	低压控制回路	用 500V 绝缘电阻表在端子上测量冷却风扇、油泵等导线对地绝缘电阻	测得的对地绝缘电阻不低于 2MΩ	
			（1）检查接线盒、控制箱等 （2）雨水进入 （3）接线端子松动和生锈	（1）如果雨水进入则重新密封 （2）如果端子松动和生锈，则重新紧固和清洁	
	2 年或 3 年（如继电器是控制分闸回路时，建议每年检查）	保护继电器、气体继电器和有载分接开关保护继电器	（1）检查以下各项 1）漏油 2）气体继电器中的气体量 （2）用继电器上的试验按钮检查继电器触头的动作情况	（1）如果密封处漏油则重新紧固，如还漏油则更换密封件 （2）如果触头的分合运转不灵活，要求更换触头的操作机构	
	1 年或 3 年	压力释放装置	检查以下各项 （1）有无喷油 （2）漏油	如果较严重则更换	

第5章 电 抗 器

5.1 电抗器概述

电抗器自身具有较大的电感，在电网中为输变电系统提供感性阻抗和感性电流，具有无功补偿、限制工频过电压、限制短路电流、平流（平波）、滤波、阻尼、移相等作用，是电力系统中常用的、重要的电气设备。

只有电感绕组、磁路没有铁磁材料的电抗器称为空心式电抗器；绕组内心主磁路由硅钢片圆饼和间隙构成，外磁路由硅钢片叠制的电抗器称为铁心式电抗器；被外磁路包围的空心电感绕组构成的电抗器称为壳式（或外铁式）电抗器。以空气作为散热介质的电抗器称为干式电抗器；由绝缘液体作为散热介质的电抗器称为油浸式电抗器。空心电抗器磁路由非铁磁材料（例如空气、变压器油等）构成，其磁导率 $\mu\approx1$，感抗线性度高基本是常数，不随电压和电感电流的变化而变化。铁心式电抗器的磁路中的导磁材料的磁导率 μ 值很高，大大提高了电感绕组的电抗值，但气隙（或油隙）所占比例较小，在铁磁材料未饱和之前电抗值呈线性特征，铁磁材料饱和后电抗值呈非线性特性，电压与电流之间无线性关系，电抗值降低快，电流成倍增长，铁心饱和导致损耗剧增，铁心和绕组过热，振动噪声增大，危及电抗器和系统的安全运行。

5.2 电抗器的用途与分类

电抗器的用途十分广泛，按用途来分类主要分为并联电抗器、限流电抗器、中性点接地电抗器、功率控制电抗器、起动电抗器、串联电抗器、阻尼电抗器、滤波电抗器、放电电抗器、接地电抗器、消弧线圈、平波电抗器以及其他用途的电抗器等。

（1）并联电抗器，并联电抗器并联在输变电系统相与地之间（单相）或相与中性点之间（三相），用以补偿线路、供电系统中的容性电流，限制线路末端的工频过电压。

（2）限流电抗器，限流电抗器串联在输变电系统中，用以限制系统中非正常状态下的过电流和故障时的短路电流。

（3）中性点接地电抗器，中性点接地电抗器串联在变电站中的变压器、并联电抗器等设备的中性点与接地网地之间，用以限制非正常运行状态下设备经中性点的入地电流，以及系统或设备发生接地故障时的线对地的短路电流。

（4）功率控制电抗器，功率控制电抗器串联在电力系统中，用以控制功率的传输。

（5）起动电抗器，起动电抗器与电动机串联连接，用以限值电动机起动时的涌流。

（6）串联电抗器，串联电抗器串联在电炉变压器与电弧炉变压器之间，用以提高金属熔融工作效率和减少电力系统的电压波动，用以限制炉料熔化塌陷时的短路电流。

（7）阻尼电抗器，阻尼电抗器与并联电容器串联连接，用以限制电容器合闸时的涌流，限制近区发生故障或邻近电容器切换时产生的外界涌流，或供电容器组的消谐，避免在电力系统中与其他设备发生谐振。

（8）滤波电抗器，滤波电抗器与电容器串联连接或并联连接，用以滤除电力系统中有害的高次谐波，或为通信和控制信号（脉动信号）提供通道。

（9）放电电抗器，放电电抗器并联在高压电力系统串联电容器组的旁路/放电回路中，以释放串联电容器组的过电压或过电流，起到保护串联电容器组的作用。

（10）接地电抗器，接地电抗器的作用与中性点接地电抗器的作用相同，连接到设备中性点与接地网之间，为设备中性点提供一个直接接地或经小阻抗接地的运行方式。

（11）消弧线圈，消弧线圈连接在设备或系统中性点与接地网之间，用以补偿单相接地故障（谐振接地系统）时的相对地的容性电流。

（12）平波电抗器，平波电抗器串联在直流输线线路的两端，为直流电流中的纹波电流分量提供大的阻抗，拉平纹波电流，平滑直流电流，提高直流输电的质量，还可以限制直流系统中的暂态过电流。

5.3　电抗器的标准与型号

5.3.1　标准

电抗器涉及的主要标准：

GB 311.1《绝缘配合　第 1 部分：定义、原则和规则》

GB 311.2《绝缘配合　第 2 部分：使用导则》

GB 1094.1《电力变压器　第 1 部分：总则》

GB 1094.2《电力变压器　第 2 部分：液浸式变压器的温升》

GB/T 1094.3《电力变压器　第 3 部分：绝缘水平、绝缘试验和外绝缘空气间隙》

GB/T 1094.4《电力变压器　第 4 部分：电力变压器和电抗器的雷电冲击和操作冲击试验导则》

GB/T 1094.5《电力变压器　第 5 部分：承受短路的能力》

GB/T 1094.6《电力变压器　第 6 部分：电抗器》

GB/T 1094.7《电力变压器　第 7 部分：油浸式电力变压器负载导则》

GB/T 1094.10《电力变压器　第 10 部分：声级测定》

GB 1094.11《电力变压器　第 11 部分：干式变压器》

GB/T 4109《交流电压高于 1000V 的绝缘套管》

GB/T 4797.7《电工电子产品环境条件分类　自然环境条件　地震振动和冲击》

GB/T 7354《高电压试验技术　局部放电测量》

GB/T 13499《电力变压器应用导则》

GB/T 16927.1《高电压试验技术　第1部分：一般定义及试验要求》
GB/T 17211《干式电力变压器负载导则》
GB/T 20836《高压直流输电用油浸式平波电抗器》
GB/T 20837《高压直流输电用油浸式平波电抗器技术参数和要求》
GB/T 25092《高压直流输电用干式空心平波电抗器》
JB/T 5895《污秽地区绝缘子使用导则》
IEC/TR 60943《特殊终端中电气设备部件用关于允许温度升高的指南》
JBT 3837《变压器类产品型号编制方法》

5.3.2 型号

电抗器产品型号字母排列顺序及含义规定见表5－1。

表5－1　　电抗器产品型号字母排列顺序及含义

序号	分类	涵　义	代表字母
1	型式	“并”联电“抗”器	BK
		“串”联电“抗”器	CK
		“轭”留式饱和电“抗”器	EK
		“分”裂电“抗”器	FK
		“滤”波电“抗”器（调谐电抗器）	LK
		混“凝”土电“抗”器	NK
		中性点“接”地电“抗”器	JK
		“起”动电“抗”器	QK
		“自”饱和电“抗”器	ZK
		“调”幅电“抗”器	TK
		“限”流电“抗”器	XK
		“换相”电抗器	HX
		试“验”用电“抗”器	YK
		平“衡”电“抗”器	HK
		接“地”变压器（中性点耦合器）	DK
		“平”波电“抗”器	PK
		“功”率因数补偿电“抗”器	GK
		“消弧”线圈	XH
2	相数	“单”相	D
		“三”相	S

续表

序号	分类	涵　义	代表字母
3	绕组外绝缘介质	变压器油	—
		空气（“干”式）	G
		“成”型固体	C
4	冷却装置种类	自然循环冷却装置	—
		“风”冷却装置	F
		“水”冷却装置	S
5	油循环方式	自然循环	—
		强“迫”循环	P
6	结构特征	铁心	—
		“空”心	K
		“空”心磁“屏”蔽	KP
		“半”心	B
		“半”心磁“屏”蔽	BP
7	绕组导线材质	铜线	—
		“铝”线	L
8	特性	一般型	—
		自“动”跟踪	D
		有“载”调压	Z
		交流“无”极可“调”节	WT
		交流“有”极可“调”节	YT
		直流“无”极可“调”节	WT
		其他可调节	T

示例 1：BKS－20000/35 表示三相、空气循环自冷、油浸式、铁心式、铜导线、额定容量 20000kvar、系统标称电压为 35kV 的并联电抗器。

示例 2：BKDFPYT－30000/500 表示单相、交流有极可调节、油浸式、风冷、强迫油循环、额定容量为 30000kvar、系统标称电压为 500kV 的可控并联电抗器。

示例 3：CKDGKL－500/66－6 表示单相、干式、空心、自冷、铝导线、额定容量为 500kvar、系统标称电压为 66kV、电抗率为 6%的串联电抗器。

示例 4：XKDGKL－10－1000－4 表示单相、干式、空心、铝导线、系统标称电压为 10kV、额定电流为 1000A、电抗率为 4%的限流电抗器。

5.4　并联电抗器

并联电抗器是指并联连接在电力系统上的电抗器，它主要用来补偿电容电流，抑制轻载时端电压的升高。通常中小容量的并联电抗器采用空心式结构，而大容量的并联电抗器较多地采用铁心式结构。

5.4.1　主要特性

1. 温升与散热

并联电抗器具有向电网提供感性无功容量的特点，随输入电压的升高而增大，随电压的降低而下降。并联电抗器在额定电压下投入运行即达到满负荷运行，如果电网无停运，并联电抗器即长期满负荷运行。长期运行考核并联电抗器的温升比变压器要严峻得多，不仅满负荷运行产生的损耗，而且大量的漏磁在铁心、绕组中产生的附加损耗，在金属结构件、油箱中产生涡流损耗，使并联电抗器的温升高，还会引起局部过热。因此，并联电抗器的散热是保证产品安全运行的重要环节。

2. 冷却方式

（1）并联电抗器的冷却方式由四位字母进行标识。

① 第一个字母（代表内部冷却介质）。

O——矿物油或燃点不大于300℃的合成绝缘液体；

K——燃点大于300℃的绝缘液体；

L——燃点不可测出的绝缘液体。

② 第二个字母（代表内部冷却介质的循环方式）。

N——流经冷却设备和绕组内部的液体流动是自然的热对流循环；

F——冷却设备中的液体流动是强迫循环，且至少在主要绕组内部的液体流动是强迫导向循环；

D——冷却设备中的液体流动是强迫循环，且至少是绕组内部的液体流动是强迫导向循环。

③ 第三个字母（代表外部冷却介质）。

A——空气；

W——水。

④ 第四个字母（代表外部冷却介质的循环方式）。

N——自然对流；

F——强迫循环（风扇、泵等）。

（2）并联电抗器具有多种冷却方式。一台并联电抗器可规定有几种不同的冷却方式时，在说明书和铭牌上应给出不同冷却方式下的容量值，以便在采用某一冷却方式及所规定的容量下运行时，并联电抗器温升不会超过限值，见 GB 1094.1。在最大冷却能力下的容量值，是并联电抗器运行规定的最大容量（额定或1.1倍额定电压下长期运行的容量），不同的冷却方式按冷却能力增大的次序排列。

并联电抗器分为自然空气自然冷却（Oil Natural Air Natural，ONAN）和风扇自然空气强制冷却（Oil Natural Air Forced，ONAF）两种冷却方式，冷却设备装有风扇，在大负载时，风扇可投入运行。此时并联电抗器内部冷却液体始终按热对流方式自然循环。

两种冷却方式对用户的使用特殊要求。比如，现场运行温度较低时，用户采用为ONAN冷却方式；现场运行温度较高时，用户采用ONAF冷却方式。灵活的冷却方式可以提高并联电抗器的运行寿命和降低运行噪声（ONAN状态下）。

3. 振动和噪声

振动和噪声是一对孪生兄弟，振动大，噪声也大，噪声始终伴随着振动。变压器磁路与并联电抗器的磁路结构不同，因此引起并联电抗器振动的主要原因与引起变压器振动的原因有所不同。变压器的磁路是均匀、连续的，振动主要是由硅钢片的磁致伸缩引起的。而并联电抗器的主磁路却是被多个气隙分隔成段，每个气隙两端的铁心饼形成一对磁极，形成不连续的磁路。因此，引起并联电抗器振动的原因除了硅钢片的磁致伸缩引起的铁心振动外，主要振动源来自不连续主磁路中的间隙。并联电抗器绕组产生的主磁通，通过铁心主柱高导磁材料制成的铁心饼和低磁导率的气隙垫块时，铁心饼之间产生麦克斯韦尔力，在麦克斯韦尔力作用下气隙垫块发生伸缩引起铁心饼振动，这是电抗器整体产生振动的主要原因。综上所述，铁心是并联电抗器主要振动源和噪声源。并联电抗器本体结构简图如图5-1所示。

并联电抗器振动与噪声产生的主要原因如下。

（1）磁滞伸缩。并联电抗器铁心由带气隙垫块的心柱及铁轭外框组成，铁轭外框由高导磁材料硅钢片叠成，铁轭外框在高磁场的作用下，硅钢片材料磁滞伸缩引起铁轭外框的振动，并联电抗器本体结构简图如图5-2所示。

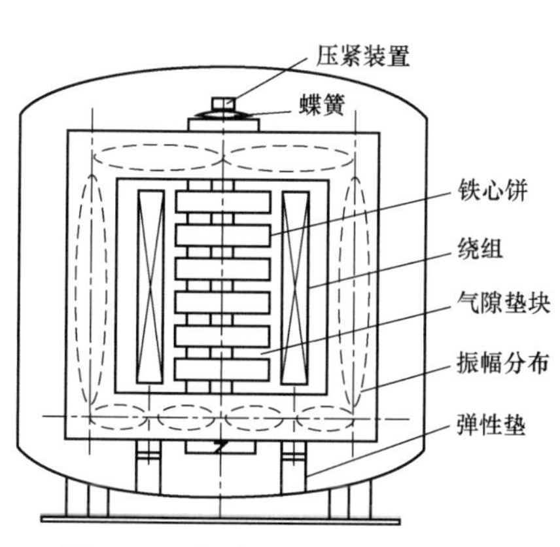

图5-1 并联电抗器本体结构简图

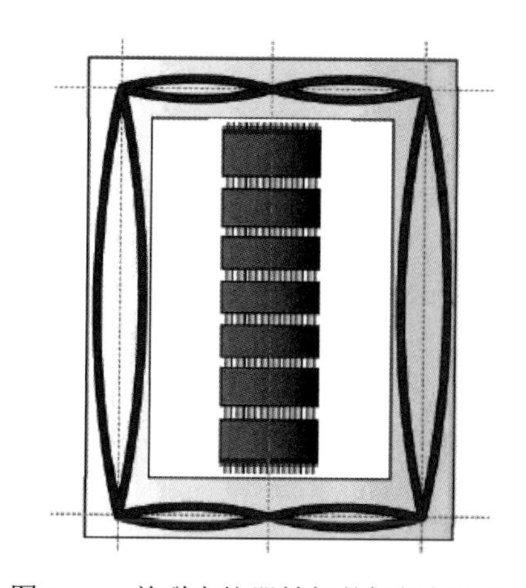
图5-2 并联电抗器铁轭外框振幅示意图

磁滞伸缩是指物质在交变的磁场中，由于磁化在磁化方向发生伸长或缩短而引起的弹性变形。磁化状态的改变，导致物质分子的尺寸在各方向发生变化。我们知道物质有热胀冷缩的现象，除了加热外，磁场和电场也会导致物体尺寸的伸长或缩短。铁磁性物质在外磁场作用下，其尺寸伸长（或缩短）的反应较强，当去掉外磁场后，又恢复到原来的长度，这种现象称为磁滞伸缩现象。磁滞伸缩现象可用磁滞伸缩系数 γ 来描述。

$$\gamma=\frac{L_H-L_0}{L_0}$$

式中：L_0 为原来长度；L_H 为物质在外磁场作用下伸长（或缩短）后的长度。

通常，铁磁性物质的 γ 很小，约为百万分之一。

（2）铁心柱铁饼间的电磁力。并联电抗器在向电网提供无功功率时，在一个周波内始而吸收无功能量以磁能方式贮存于铁心中，继而又将无功能量释放返送电网，共进行两次。

1）铁饼之间的气隙和电磁场的关系。并联电抗器是大电感设备，其电感值的大小与铁磁材料密切相关。当铁心的导磁材料在磁场中发生磁饱，使电抗器的电感值下降，铁心饱和程度越深，电感值下降越多。为了保持并联电抗器的铁心磁化特性的线性度，在允许的过电压条件下不饱和，铁心柱用铁饼和弹性模数极高间隙垫块分割连续的主磁路，间隙垫块形成的间隙增加了主磁路的磁阻。铁心主磁路铁心饼与间隙结构示意图如图 5－3 所示。

2）铁饼间的磁吸引力。并联电抗器铁心柱的磁路是分段的，间隙中的磁通密度除因边缘效应略有扩散外（扩散的主磁通仍然回到铁心饼），基本与铁心饼中的磁通数值相同。间隙中的 $\mu_r\approx1$，与磁路中串联的铁心饼共同贮存磁场能量。由于间隙的存在，相邻铁心饼之间在磁场作用下产生强大的吸引力，引起铁心产生额外、大大超过磁滞伸缩引起的振动和噪声。

由铁心片竖直排列叠制的铁心饼，其弹性模量小于水平放置硅钢片本身的弹性模量，应变 E 值受叠制铁心饼的铁心片紧固方式的影响在一定范围内波动，间隙垫块的弹性模量小于铁心饼的弹性模量，因此，并联电抗器的铁心振动与铁心饼和间隙垫块所承受的压紧力有关。

铁心饼在交变磁场的作用下，铁心饼之间，铁心饼与铁轭之间存在相互作用的吸引力，吸引力的大小随着磁场大小的变化而改变。在一个周波内，磁通上升到一个峰值，相对于磁滞伸缩同样产生一个峰值，当磁通过零点时，磁滞伸缩也归于零点。如此往复，当磁通变化的频率为 50Hz 时，磁致伸缩的频率就是 100Hz，为电流频率的两倍，由磁致的伸缩引起的铁心振动频率也是 100Hz 的振动。铁心饼的磁极在一个周波内发生两次变化，铁心饼之间的吸引力由小到大、再由大到小往复两次，因此，由铁心饼之间的吸引力、铁心饼与铁轭之间的吸引力产生的振动频率也是 100Hz。由此可见，并联电抗器的振动源来自铁心，整体振动频率是 100Hz。相邻铁心饼的异性磁极如图 5－4 所示。

振动大意味着噪声大，铁饼之间的吸引力使其与间隙垫块之间发生碰撞，碰撞产生了噪声。由于间隙垫块的弹性模量小于铁心饼的弹性模量，因此，铁心饼的压紧力取决于间隙垫块所能承受的压紧力，间隙垫块的弹性模量是决定并联电抗器振动的主要因素之一。

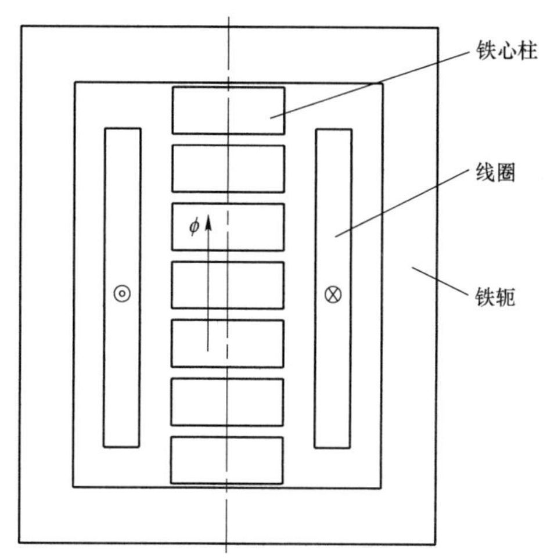

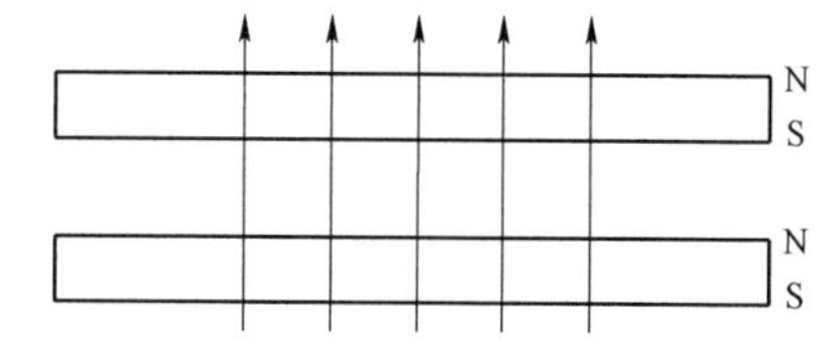

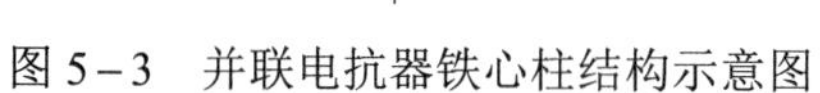
图 5－3 并联电抗器铁心柱结构示意图

图 5－4 相邻铁心饼的异性磁极

铁心式并联电抗器因铁心的存在，比空心电抗器的噪声要大得多。

4. 过电压运行

并联电抗器并联在电网中满负荷运行。在输电线路的首、末端，线路电压受各种因素的影响会超出额定电压值，当并联电抗器的端电压超出额定电压时，会引起并联电抗器的损耗、振动、噪声、过热增加。因此，要求并联电抗器具有一定的耐受过电压运行的能力。铁心式并联电抗器在额定频率下的过电压能力见表 5－2。

表 5－2　铁心式并联电抗器在额定频率下的过电压能力

过电压倍数	1.05	1.1	1.2	1.25	1.3	1.4	1.5
从额定运行状态下转换允许过电压运行时间	连续	60min	20min	10min	3min	20s	8s

5. 主要技术参数

并联电抗器主要技术参数包含以下内容：

（1）额定电压 U_r：额定频率下，在三相电抗器绕组的线端之间或在单相电抗器绕组的端子之间施加的电压。用单相电抗器连接成星形电抗器组时，单相电抗器的额定电压用分数表示，其分子表示线对线电压，分母为 $\sqrt{3}$，例如 $U_r = \dfrac{330}{\sqrt{3}}\text{kV}$。

（2）最高运行电压 U_{max}：在额定频率下，电抗器能够长期工作的最高电压。U_{max} 不同于 U_r，但在特殊情况下，可能会相同。

（3）额定容量 S_r：在额定电压和额定频率下，并联电抗器的无功功率。如果电抗器的电抗可调，除非另有规定，额定容量指最大无功功率。如果电抗器有分接，额定容量指匝数最少的分接位置。

（4）额定电流 I_r：由额定容量和额定电压推导出的电抗器线电流。用单相电抗器连接成三相三角形电抗器组时，单相电抗器的额定电流用分数表示，其分子相应于线电流，分母为

$\sqrt{3}$，例如$I_r = \frac{500}{\sqrt{3}}$A。对于静止无功补偿，具有电流相位控制的电抗器，如无另行规定，额定电流指满负载电流，该电流是正弦波。

（5）额定电抗$X_r(L_r)$：用欧姆/相表示的额定电压和频率下的电抗，它是由额定容量和额定电压导出的。对电流相位控制的电抗器，应标出额定电感$L_r = X_r / (2\pi f_r)$。

（6）三相星形联结电抗器的零序电抗X_0：额定频率下的每相电抗值，等于三相星形联结绕组各线端并在一起时，线端与中性点之间测得的电抗值乘以3所得的值。比率X_0 / X_r取决于电抗器的设计。

（7）三相电抗器的互电抗X_m。

（8）并联电抗器的线性度：如技术协议无另行规定，并联电抗器在U_{max}范围内应该是线性的，偏差应符合标准或技术条件的规定。此外，也可规定在U_r或U_{max}时的最大谐波电流与基波的百分比。

（9）温升：在最高运行电压下的温升限值应符合GB 1094.2和GB 1094.11的要求。对于油浸式并联电抗器温升限值按照表5－3要求；特殊运行条件下推荐的温升限值修正值见表5－4。

表5－3　温　升　限　值

要求	温升限值/K
顶层绝缘液体	60
绕组平均（用电阻法测量） ON及OF冷却方式 OD冷却方式	 65 70
绕组热点	78

表5－4　特殊运行条件下推荐的温升限值修正值

环境温度/℃			温升限值修正值/K[①]
年平均	月平均	最高	
15	25	35	+5
20	30	40	0
25	35	45	−5
30	40	50	−10
25	45	55	−15

① 表示相对于表5－3的值。

（10）绝缘水平：绝缘水平应符合GB 1094.3规定的绝缘要求，包括：

1）线端的标准雷电全波和截波冲击耐受电压。

2）中性点端子的标准雷电全波冲击耐受电压。

3）线端的标准外施耐受电压。

4）中性点端子的标准外施耐受电压，对于全绝缘，其电压值与线端电压相同。

5）线端的标准短时感应耐受电压。

6）带有局部放电测量的长时感应电压。

7）电压等级在330kV及以上的，标准操作冲击耐压。

（11）声级：在额定电压下，声级水平（声压级）应不超过75dB（A），并应按GB/T 1094.10的规定进行换算，给出声功率级。

（12）磁化特性：在电抗器磁化特性曲线上，1.5倍额定电压及以下应基本为线性，即1.5倍额定电压下电抗值不低于1.0倍额定电压下电抗值的95%，1.4倍额定电压和1.7倍额定电压两点连线的斜率不应低于线性部分斜率的50%，即$\left(\dfrac{U_{1.7}-U_{1.4}}{I_{1.7}-I_{1.4}}\right)\Big/\left(\dfrac{U_{1.5}}{I_{1.5}}\right)\geqslant 50\%$。

（13）振动：电抗器在额定电压、额定电流、额定频率和允许的谐波电流分量下的最大振动水平（幅值）应不大于100μm（峰－峰）。

（14）允许的谐波电流分量：当对电抗器施加正弦波形的额定电压时，电抗器允许的3次谐波电流分量峰值不应超过基波电流分量峰值的30%。

5.4.2 主要结构

并联电抗器的结构形式主要有心式和壳式两种。一般认为心式并联电抗器的磁化特性只宜做到在1.5倍额定电压下保持线性，而壳式并联电抗器的磁化特性能够在大于1.5倍额定电压下保持为线性。这两种结构的并联电抗器均能满足电力系统无功补偿的要求。

并联电抗器的励磁特性在1.5倍额定电压下保持线性的要求足以满足电网的需求，因此，并联电抗器结构多采用心式铁心结构。

1. 铁心结构

铁心是并联电抗器的重要部件，由硅钢片、铁心饼、间隙垫块和夹紧、紧固装置组成，构成并联电抗器的磁路和刚性骨架。并联电抗器铁心主要有4种结构，单相三柱式结构、三相三柱式结构、三相五柱式结构和三相品字形结构。不同结构的铁心适用范围见表5－5。并联电抗器铁心结构形式的选择，主要根据产品容量、电压等级等参数，或根据用户要求。一般情况下，66kV及以下电压等级、60 000kvar以下容量的并联电抗器多选择三相一体品字形铁心结构；电压小于220kV、容量大于60 000kvar以上的三相一体并联电抗器，多选择三相三柱式或三相五柱式铁心结构；电压等级在330～500kV小容量的三相并联电抗器，多选择三相五柱式铁心结构；500kV及以上电压等级、容量大于40 000kvar的并联电抗器多选择单相三柱式铁心结构；750～1000kV并联电抗器多选择单相三柱或单相四柱式铁心结构。

表5－5　铁心结构形式及适用范围

序号	结构形式	适用范围	
	基本结构	电压等级	相数
1	单主柱两旁轭	＞66kV	单相
2	品字形	≤66kV	三相
3	三相三柱	66～220kV	三相
4	三相五柱	330～500kV	三相
5	单相四柱	≥750kV	单相

单相三柱式铁心结构示意图如图 5-5 所示；三相品字形铁心结构示意图如图 5-6 所示；三相三柱式铁心结构示意图如图 5-7 所示；三相五柱式铁心结构示意图如图 5-8 所示；单相四柱式铁心结构示意图如图 5-9 所示。

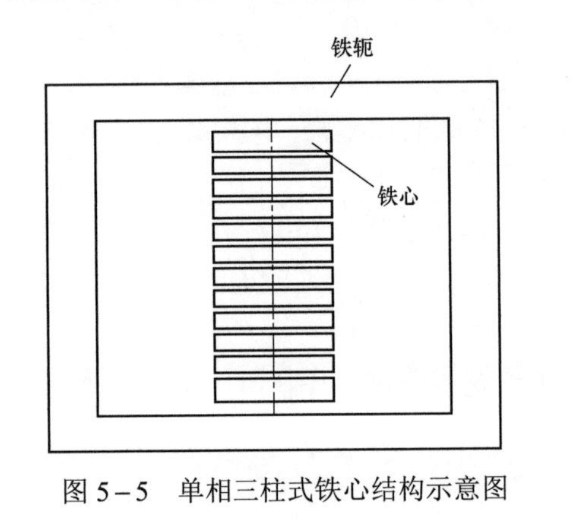

图 5-5 单相三柱式铁心结构示意图

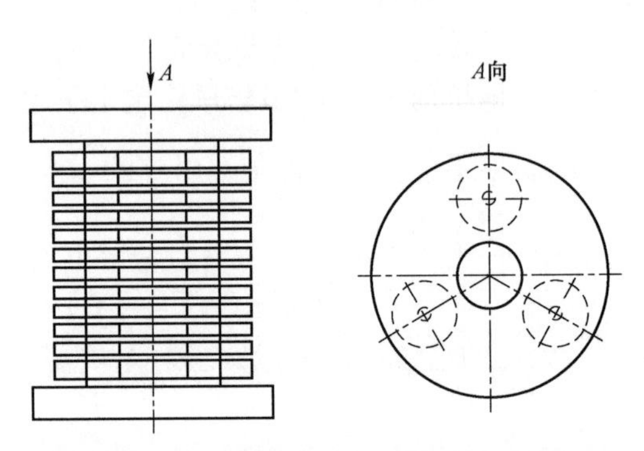

图 5-6 三相品字形铁心结构示意图

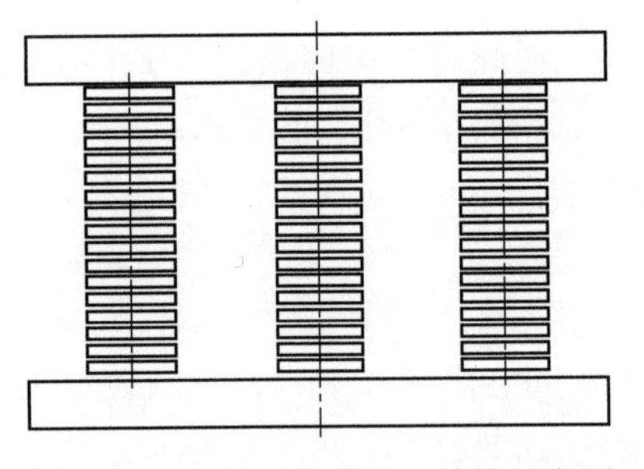

图 5-7 三相三柱式铁心结构示意图

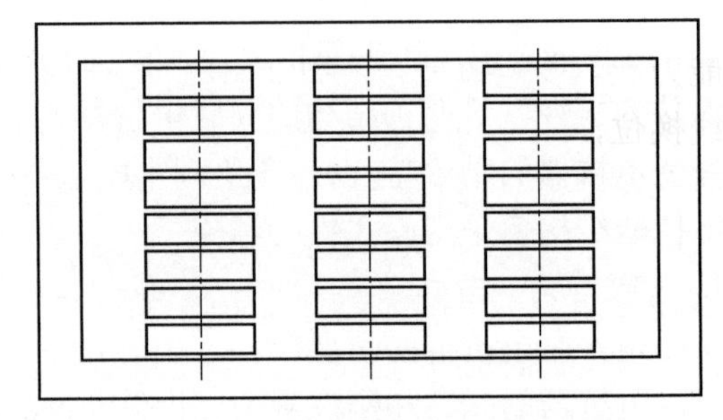

图 5-8 三相五柱式铁心结构示意图

2. 绕组结构

绕组是并联电抗器的核心部件，输入和输出电能的电气回路是由铜导线绕制并配合各种绝缘件组成的。绕组应具有足够的电气强度、耐热能力和机械强度，其性能和质量的好坏反映并联电抗器性能及品质的优劣，决定了能否保证安全可靠的运行。

并联电抗器绕组形式分为层式绕组和饼式绕组。线匝沿绕组轴向按绕制并按层排列的称为层式绕组；线匝沿绕组辐向绕成线饼后再沿轴向排列的称为饼式绕组。两种绕组都广泛地应用在并联电抗器的设计中，根据产品特点和具体结构选择和确定，图 5-10 给出了并联电抗器的绕组类型。

（1）层式结构绕组。较大容量的并联电抗器采用多层层式（圆筒式）绕组，通常选择用多根单导线或复合导线并联绕制，也可选用单根或多根换位导线并联绕制，绕制和支撑绕组的骨架是电工压纸板制作的绝缘纸筒。较小容量的并联电抗器常采用扁导线或复合导线，单根或多根导线并联绕制成单层或多层圆筒式绕组，绕制和支撑绕组的骨架多为酚醛绝缘纸筒。大容量层数较多的圆筒式绕组，为了获得较好的冷却效果，满足绕组温升的要求，多在绕组层间设竖直的冷却油道。电压等级较高的绕组，线层的端部可设均压环，以提高绕组端部绝缘强度；层间电

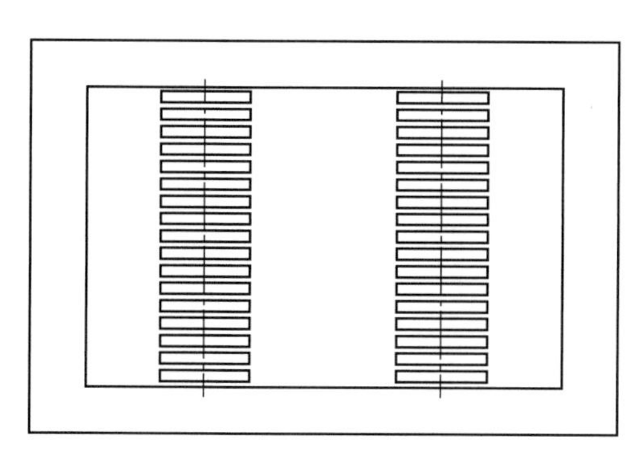

图 5－9　单相四柱式铁心结构示意图

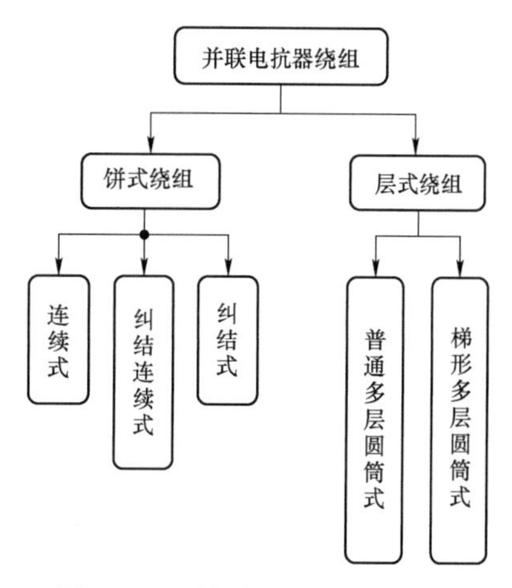

图 5－10　并联电抗器的绕组类型

位差较大，为满足层间绝缘的要求，可以在绕组层间裹制电缆纸来提高层间绝缘强度，裹制厚度由绕组温升计算确定。此外，在绕组的最外侧首端出线层设置静电屏，提高绕组耐受冲击电压能力和器身整体绝缘性能。多根导线并绕的圆筒式绕组导线换位，并联电抗器与变压器是相同的，单层绕组根据漏磁分割区在绕组中部换位；多层绕组通常在绕组层间导线升层的位置换位。层式绕组散热效果好，耐冲击性能强，绕制方便。多层圆筒式绕组示意图如图 5－11 所示。

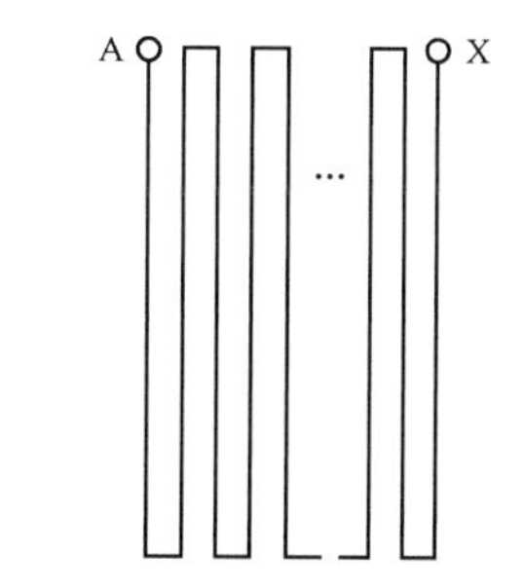

图 5－11　多层圆筒式绕组示意图

（2）饼式结构绕组。并联电抗器采用饼式绕组，导线的选择和使用比较灵活，可采用单根铜扁线、复合导线或换位导线来绕制。根据电压等级，绕组形式分为中部进线和端部进线两种，端部进线的绕组在进线端可设置静电板，线饼间电位差较大时部分线饼可设置绝缘小角环。并联电抗器常用饼式绕组形式有连续式、纠结连续式和纠结式。下面分别说明每种绕组的特征：

1）连续式绕组。连续式绕组由铜扁线、复合导线、换位导线单根或并联进行绕制。单根导线绕制连续式绕组十分简单，图 5－12 为单根导线连续式绕组线匝、线饼排列及导线换饼 S 弯展开示意图。

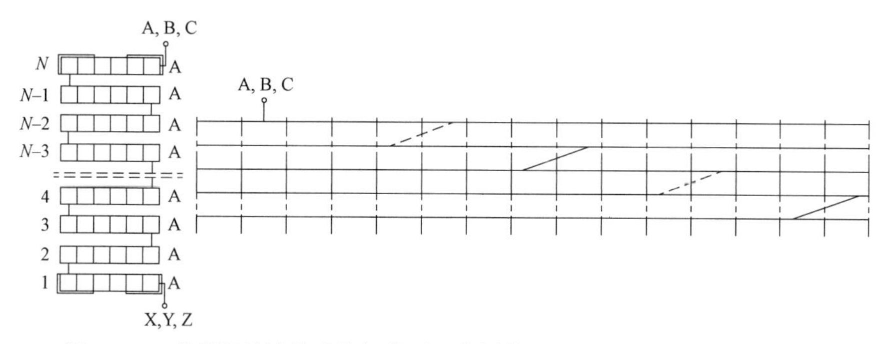

图 5－12　单根导线连续式绕组线匝、线饼排列及导线换饼S弯展开示意图

多根导线并联绕制连续式绕组线饼，并联导线在绕组内侧反饼向正饼过渡处和绕组外侧正饼向反饼过渡处换位，线饼与线饼之间由绝缘垫块隔开构成绕组冷却的油隙。正饼的线匝按由外向内的顺序排列，反饼的线匝按由内向外的顺序排列。

连续式绕组绕制简单，机械强度高，散热性好，但其耐受雷电冲击电压的特性较差，因此，多在110kV及以下电压等级的产品中采用。

2）纠结式绕组。纠结式绕组由单根或多根扁线或复合导线并联绕制。纠结方式有普通纠结、普通插花纠结、多根导线插花纠结、多根插花纠结+普通纠结、单臂纠等。绕组纠结方式的选择，主要依据绕组冲击电压水平和纵绝缘技术要求，同时兼顾企业的工艺水平和制造能力。

普通纠结式绕组也称为（1+1）纠结、（2+2）纠结、（3+3）纠结等。（1+1）纠结用两根导线同时绕制，通过连线和纠线实现反饼和正饼的串联，虽然两根导线一起绕制，但不是并联的关系，（1+1）纠结实际就是单根线绕组。以此类推，（2+2）纠结由4根导线同时绕制，是两根导线并联的绕组。（3+3）纠结由6根导线同时绕制，是三根导线并联的绕组。

多根插花纠结式绕组适用于高电压等级且并联根数多的绕组，比如4×（1+1）插花纠结式、6×（1+1）插花纠结式或8×（1+1）插花纠结式等。多根插花纠结式绕组耐受冲击特性非常好，但绕制复杂，非一般企业能够制作。以4×（1+1）插花纠结式绕组为例，其结构及绕制展开图如图5－13所示。

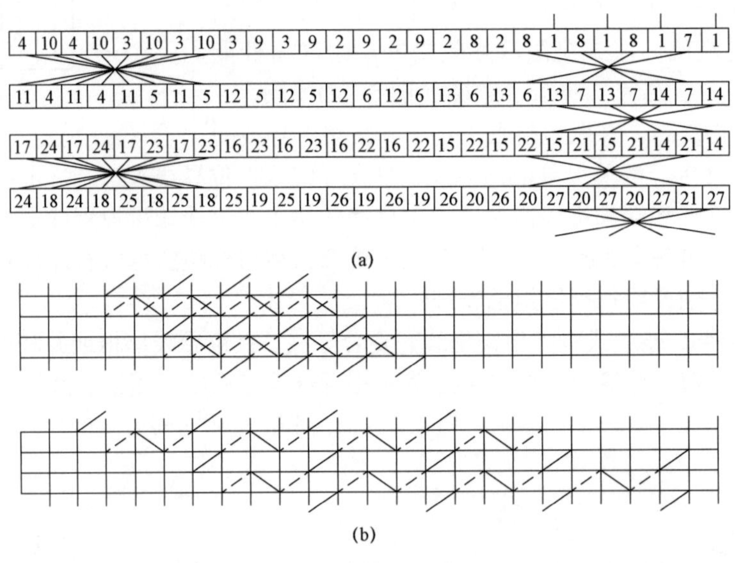

图5－13　4×（1+1）插花纠结式的绕组及绕制展开图

3）纠结连续式绕组。纠结连续式绕组是由一部分纠结式线饼和一部分连续式线饼串联组合而成，纠结式线段在绕组的首端，约占总线饼数的1/5～1/3，连续式线段在绕组的中部至末端，由单根或多根并联导线、复合导线绕制。纠结式线饼匝间电压差大，线饼的纵向电容大，可以改善绕组内雷电冲击电压的起始分布，以提高抗雷电冲击电压的能力。为了减小内油道表面产生的轴向电场的电位差，纠结式绕组推荐采用奇数根纠结。辐向导线根数为奇数根时，首端线饼采用第一根进线，如图 5－14a 所示；辐向导线根数为偶数根如图 5－14b 所示。纠结连续式绕组绕制 S 弯展开示意图如图 5－15 所示。连续式线饼不需承受过高的冲击电压，饼间电位梯度相对较小，与纠结线段一样具有较好的机械强度，同时连续式线饼匝绝缘相对较薄，绕制简单，成本较低。

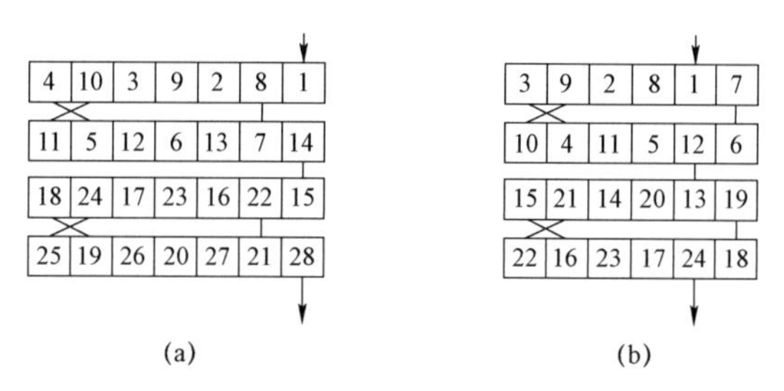

图 5－14 纠结连续式绕组纠结段进线方式

（a）奇数匝进线方式（推荐）；（b）偶数匝进线方式

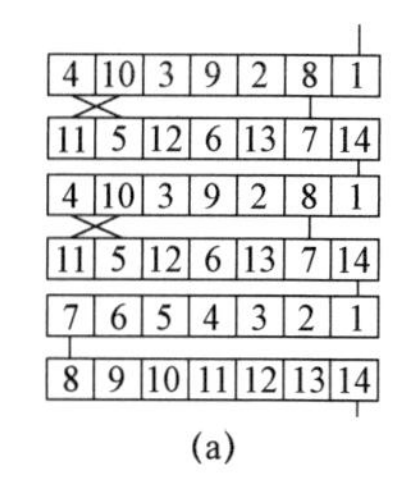

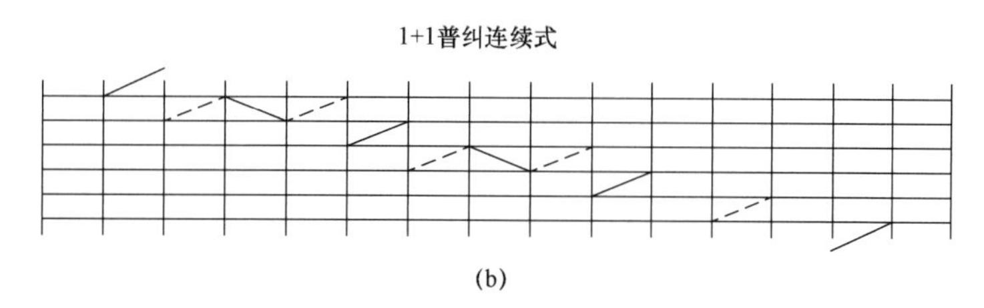

图 5－15 纠结连续式绕组绕制 S 弯展开示意图

（a）纠结连续式线饼；（b）绕组绕制 S 弯展开

3. 器身结构

器身集铁心、绕组、引线为一体。器身绝缘主要是指主绝缘，包括绕组对铁心、绕组对引线、绕组对油箱（接地电极）等的绝缘。器身绝缘主要由电工压纸板绝缘筒、撑条、垫块、纸圈、端圈和绝缘成型件等组成，起到绝缘、机械支撑和提供散热通道的作用，其性能优劣直接影响并联电抗器整体的安全性和可靠性。

油浸式电抗器的器身绝缘材料的耐热等级为 A 级。根据绕组结构不同，器身结构可分为两大类，即层式绕组器身结构和饼式绕组器身结构；也可按绕组首、末端的绝缘水平分为分级式绝缘和全绝缘结构形式。

绕组采用层式结构的并联电抗器，66kV及以下电压等级的绕组和器身均为全绝缘结构；110kV及以上电压等级的绕组和器身通常为分级绝缘结构，绕组首端引出线部位适当加装绝缘成型件，如角环、端部出线成型件、绝缘挡板、副绝缘等。

绕组采用饼式结构的并联电抗器，器身绝缘结构因绕组出线方式、铁心结构的不同略有区别。110kV及以下电压等级的饼式绕组多采用端部出线的结构，很少选择中部出线结构；220kV及以上电压等级的饼式绕组多采用中部出线结构，很少选择端部出线结构。饼式绕组的器身结构虽然因电压等级差异使主绝缘距离、绝缘分割和绝缘厚度不同，但是器身绝缘的基本框架是相同的。器身自铁心向外依次有撑条、接地屏、油隙分割（撑条和纸筒相间）、绕组、撑条、外围屏、相间绝缘隔板、旁轭绝缘与屏蔽等；上、下端绝缘包括静电板（端部出线）、铁轭绝缘、有磁分路（若有）、下部托板（上部压板）、铁轭绝缘挡板等。端部出线饼式绕组结构器身示意如图 5－16 所示。

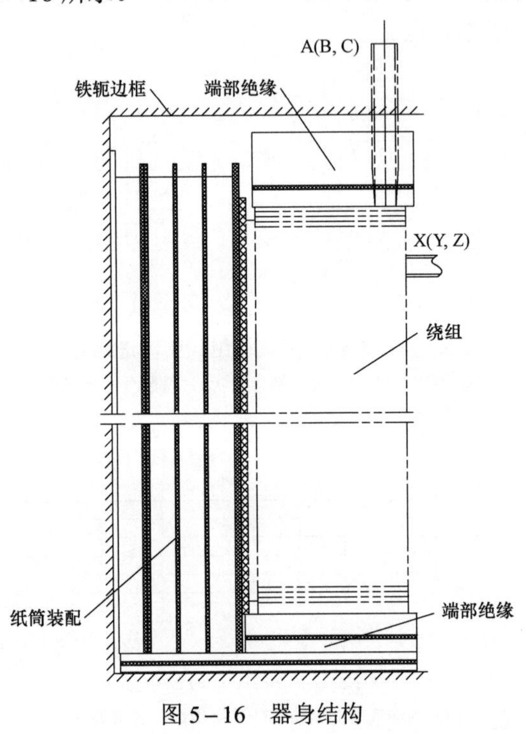

图 5－16　器身结构

安装铁心与绕组之间的主绝缘，绕组套入铁心柱，安装器身上部主绝缘和上铁轭，整理绕组引出线安装附绝缘、压紧铁心柱和绕组，连接好等电位线等，完成器身装配并清洁器身。

4. 引线结构

并联电抗器引线包括绕组出线与套管连接的引线（首、末端）、并联绕组（大容量）间的引线、三相绕组间的引线、与开关相连（可控电抗器）的引线和抽能绕组引线等。

引线在器身装配完成、铁心绕组已经压紧后进行，是电抗器内部装配的最后一个环节。电抗器的引线主要考虑电气性能、机械强度和温升限值三方面性能。引线结构涉及器身整体布置，重点为确定引线对其他带电部位和对接地部件的绝缘距离、引线载体的确定（软铜绞线、铜管、铜棒、铜排等）、导线截面与绝缘厚度的确定、引线走向排列、引线抗振及固定方式的确定（包括引线支架材料的选择）、引线电场及温升的计算与核算等。

并联电抗器每相只有一个绕组，其引线与变压器引线相比要简单得多，主要是绕组引出线与套管的连接，根据套管载流结构的区别，分为穿缆式和导杆式。

（1）穿缆式套管引线。穿缆式套管绕制电容屏的导管没有承载电流的功能，穿缆式套管引线使用软铜绞线，由绕组端部引出头到套管上端部是一根完整的引线。引线未进入套部分在油箱内按绝缘水平要求包绝缘、配出线装置等，穿入套管部分外包1～2mm薄绝缘，从套管尾部进入导管，在套管顶端与套管载流部件紧固连接。如果引线太长，可以在引线中部断开，当安装引线时用专用接头连接起来，引线断口连接头的位置设在套管导管内，连接后也要包好薄绝缘。穿缆式引线结构示意图如图5－17所示。产品运输时，拆除套管，引线盘好并牢固固定在油箱内。穿缆式引线的长度在制造厂已配制好，现场安装方便，是并联电抗器引线常选结构。

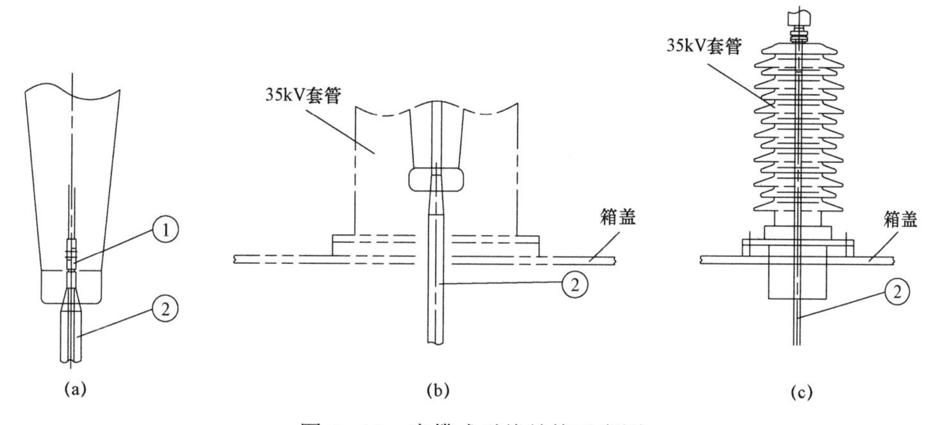

图5－17　穿缆式引线结构示意图

(a) 110kV及以上穿缆式套管尾部接线；(b) 66kV穿缆式套管尾部接线；(c) 35kV穿缆式套管尾部接线

①—接线头；②—软铜绞线

（2）导杆式套管引线。导杆式套管载流体是导电杆，绕组引线软铜绞线端部焊有接线头，与套管导电杆尾部用螺栓螺母紧固连接。软铜绞线与套管连接前需先配制长度，焊接接线头，接线头开孔尺寸与套管尾部接线端的开孔尺寸相同，引线在油箱内按绝缘水平要求包绝缘、配出线装置等。引线与导杆式套管连接时，油箱壁或引线升高座上需开人孔或手孔，方便现场引线安装的操作和观察。引线与导杆式套管连接示意图如图5－18所示。

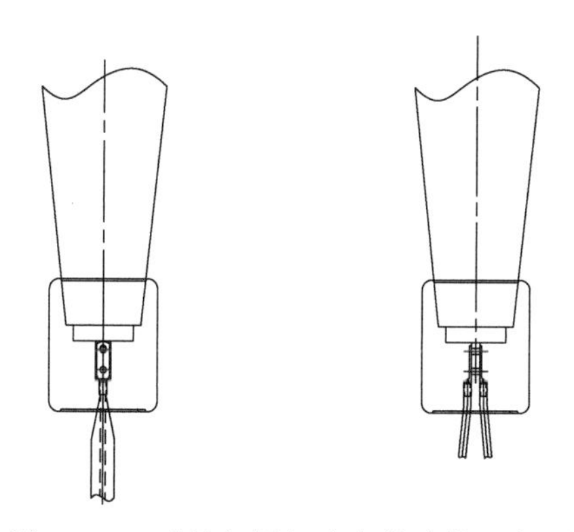

图5－18　引线与导杆式套管连接示意图

5. 油箱结构

油箱是并联电抗器器身的外壳、盛装绝缘油的容器、安装电抗器外部结构件的平台，同时具有小部分散热能力。油箱由箱壁、箱盖、箱底、箱沿、加强筋、起吊装置、顶起装置（千斤顶用）、牵引装置、固定板、法兰、管接头及各种组件安装支架和油路接口等组成。

并联电抗器的油箱结构形式主要有钟罩式油箱和桶式油箱，根据油箱箱盖的结构又可分为拱顶油箱（含球顶）和平顶油箱。油箱的选取主要根据并联电抗器的电压等级、产品容量、单相或三相以及用户特殊要求等。

（1）钟罩式油箱分为上节油箱和下节油箱，钟罩式油箱示意图如图 5－19 所示。钟罩式油箱的最大特点是方便产品现场吊罩检查，不需要大吨位的起吊设备。

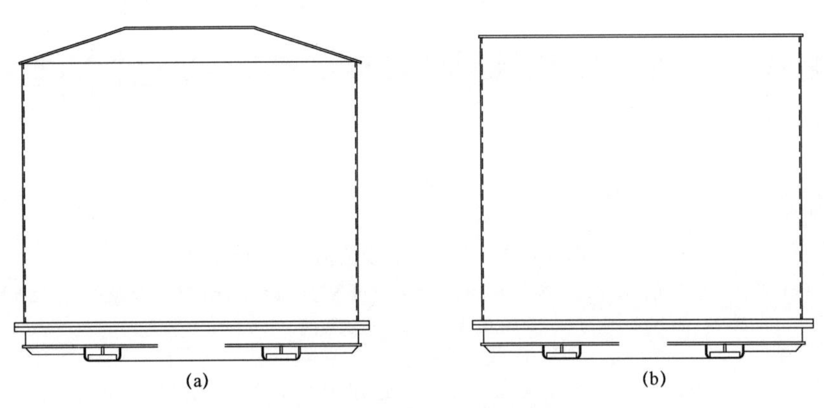

图 5－19　钟罩式油箱示意图

（a）上节油箱拱顶结构；（b）上节油箱平顶结构

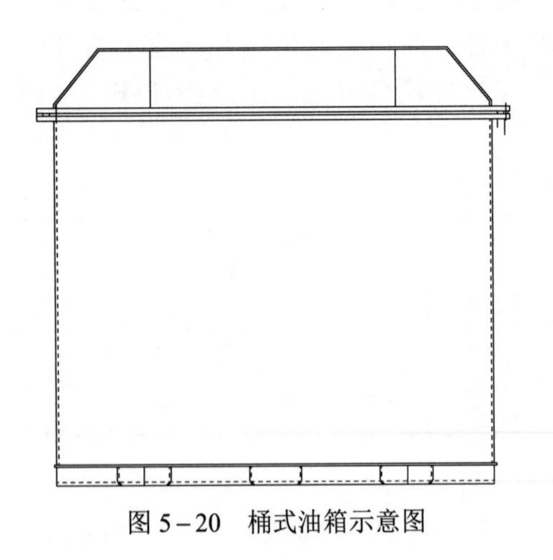

图 5－20　桶式油箱示意图

（2）桶式（槽式）油箱结构的箱盖分为两种：一种是拱顶结构箱盖，能够适应运输隧道拱对高度的限制，适用于容量较大的产品；另一种是平顶结构箱盖，适用于较小容量的单相或三相产品，不仅满足运输界限的要求，而且产品可以做成器身连箱盖结构，方便现场检修。桶式油箱示意图如图 5－20 所示。

（3）大型桶式油箱平顶箱盖适用于大容量和特高压并联电抗器产品，如图 5－21 所示。

6. 总装结构

并联电抗器油箱内部与外部的电连接，以及油箱外部组、附件安装统称为总装。总装的依据包括总装配图、散热器装配图、储油柜装配图、测量装置装配图、控制线路安装图和套管安装图等。

图 5－21　大型桶式平顶箱盖油箱示意图

（1）总装内容。

1）安装器身地脚绝缘，将器身装入油箱，完成器身的定位及紧固。

2）安装储油柜柜脚与柜体，并安装冷却装置、所有油管路、蝶阀、阀门和气体继电器等。

3）安装电流互感器的测量装置、出线装置和套管等。

4）安装在线测量装置、测温装置、释压器和排油管等。

5）先将铁心、夹件引出油箱的接地线与接地套管相连接，再将油箱外部接地线固定在小瓷柱上引至油箱下部。

6）油路连接及油箱密封用密封垫、螺栓、螺母、垫圈、弹簧垫圈的连接相牢固。

7）真空注油、热油循环、静放待试。

（2）外绝缘距离。套管与套管之间、套管对地（包括组附件）的外绝缘净距离的要求必须满足 GB 1094.3 的规定。套管之间以及套管对地的外绝缘净距离见表 5－6，表中数据是外绝缘的最小距离，并未考虑制造及装配的误差，实际应用时应结合实际的工艺及制造水平适当放大距离。

表 5－6　　　　套管之间以及套管对地外绝缘最小净距离

绝缘等级/kV	外绝缘最小净距离/mm	
	相对地（国家标准）	相间（国家标准）
750	5800	6700
500	3700	4200
330	2700	3100
220	1900	2250
110	880	880
66	630	630
35	340	340
20	225	225

续表

绝缘等级/kV	外绝缘最小净距离/mm	
	相对地（国家标准）	相间（国家标准）
10	125	125
6.3	90	90

注：1. 国家标准指 GB 1094.3 中规定的数据。

2. 海拔超过 1000m 时，按照每超出 100m 空气距离增加 1%进行修正。

3. 根据 GB/T 26218 的规定，外绝缘距离按照户外污秽等级要求对外绝缘爬电距离进行修正。

4. 出口产品的外绝缘距离，按产品实际绝缘水平参照 IEC 60076－3 及当地相关标准选取和确定。

5.4.3 验收与贮存

试验合格后的电抗器，经过长途或短途运输才能到达安装现场。由于电抗器运输常常受到运输界限、装卸和运输车载重量的限制，因此需要拆卸组、附件。拆卸时需要注意保持电抗器本体及所拆组、附件良好的密封。

1. 检查验收

（1）到货验收。

1）收货人按订货合同验证产品的型号、规格和数量。

2）应检查三维冲撞记录仪的记录，要求运输方向加速度小于 3g，横向加速度不大于 3g，垂直加速度不大于 1.5g，电抗器本体无明显位移。记录单应妥善保管以便办理交接签证手续。

3）检查本体及所有附件应齐全、无锈蚀、无机械损伤、密封应良好，并做好记录。若发现问题，应及时与制造厂和运输部门联系，并要求运输部门提供运输记录，以便共同查明原因，妥善处理。

4）套管包装应完好，无渗漏，瓷体无损伤；油箱箱盖的连接螺栓应齐全，紧固良好，无渗漏；充油或充干燥气体运输的附件应密封无渗漏，并装有监视压力表。

5）带油运输的电抗器检查密封情况，有无密封不严、渗漏油现象，做好记录。充干燥气体运输的电抗器，油箱内应为正压，其压力为 0.01～0.03MPa，现场应办理交接签证并移交压力监视记录。

（2）附件开箱检查验收。

1）业主、施工单位、监理人员根据现场实际情况提前 3～5 天以书面形式通知制造厂技术服务部门和运输单位到现场共同开箱检查、验收并办理签收手续。

2）打开文件资料箱，查对出厂文件、合格证及其他技术资料是否齐全。

3）按产品装箱一览表查对到货箱数是否相符合，有无漏发、错发现象，并按分箱清单查对各箱内零件、部件、组件是否与之相符，检查附件有无损坏、漏装现象，并做好记录。气体继电器、绕组温控器、油面温控器、速动油压继电器等需要校验并提前整定，应单独装箱存放，若有问题应及时与制造厂和运输部门联系。

（3）对于验收不符合的处置。在上述检查、验收过程中发现本体或部件有损坏、缺失及其他不正常现象，需做详细记录并进行现场拍照，经供需双方签字确认。照片、缺损件清单及检查记录副本应及时提供给制造厂及运输部门，以便迅速查找原因并解决。

（4）电抗器油的验收、保管与处理。

1）检查电抗器油的牌号是否与本产品用油牌号相同，不得与其他不同牌号的绝缘油混合使用和存放，以免发生意外。

2）检查运输油罐的密封和呼吸器的吸湿情况，并做好记录。

3）用测量体积或称重的方法核实油的数量。

4）电抗器油到达现场后应进行抽样验收，验收标准按 GB 2536《电工流体　电抗器和开关用的未使用过的矿物绝缘油》要求进行。电抗器油必须经净化处理才能注入电抗器内。经处理后，投运前电抗器油性能指标应达到现行 GB 50150《电气装置安装工程　电气设备交接试验标准》的相关要求，其主要性能指标见表 5－7。

表 5－7　　投运前的电抗器油性能指标

序号	项目		指标
1	击穿电压/kV	500kV	≥60
		330kV	≥50
		66～220kV	≥40
		35kV 及以下	≥35
2	介质损耗因数 tanδ（90℃，%）	注入电气设备前	≤0.5
		注入电气设备后	≤0.7
3	含水量/（mg/L）	330～500kV	≤10
		220kV	≤15
		≤110kV 及以下	≤20
4	油中含气量（体积分数，%）	330～500kV	≤1.0
5	新装油中溶解气体含量色谱分析/（μL/L）	氢气	≤10
		乙炔	≤0.1
		总烃	≤20
6	电抗器油中颗粒度限值	500kV	投运前（热油循环后）100mL 油中大于 5μm 的颗粒数≤2000 个

5）进口电抗器油按相关国际标准验收或按合同规定指标进行验收。

6）运到现场的电抗器油，若在制造厂做过全分析，并有检查记录，只需取样进行简化分析。若为炼油厂直接来油或使用者自行购置的商品油或有疑义时，须做全面分析。

7）一般情况下应尽量使用制造厂提供的电抗器油，如需补充其他来源的绝缘油，需经混油试验，其性能符合 GB/T 14542《变压器油维护管理导则》中的规定后，方可混合使用，否则严禁使用。

8）电抗器油应分别贮存与保管，并应有明显的牌号标识。关于电抗器油对环境、安全和健康的影响说明及其防护措施详见 GB/T 14542。

9）到达现场的电抗器油首次抽取，宜使用压力式滤油机进行粗过滤。经过粗过滤的电抗器油应采用真空滤油机进行处理。现场油处理过程中所有油处理设备、电抗器本体、电源箱应与接地网可靠连接。电抗器油的其他处理要求按 GB 50148《电气装置安装工程　电力变压器、油浸电抗器、互感器施工及验收规范》的规定执行。

10）严禁在雨、雪、雾天进行倒罐滤油。电抗器油过滤注入油罐时，须防止混入杂质、进入潮气、被空气污染。

2. 现场贮存及保管

（1）初步检查。电抗器运到现场后检查产品运输中是否受潮，产品未受潮的初步验证见表 5－8。在确认产品未受潮的情况下，才允许进行安装。如果电抗器在 3 个月内不能安装，应在产品到达现场 1 个月内做好充气或充油贮存保管工作。

表 5－8　　产品未受潮的初步验证

序号	项目		带油运输					充气运输	
			35kV 及以下	66～110kV	220kV	330kV	500kV	≤330kV	500kV
1	气体压力（常温）/MPa		—	—	—	—	—	0.01～0.03	
2	油样分析	耐压值/kV	≥30	≥35	≥35	≥45	≥50	≥30	≥40
3		含水量/（mg/L）	≤35	≤35	≤25	≤15	≤15	≤30	≤30

注：1. 充气运输的电抗器的油样分析是指抽取油箱底部的残油化验。
2. 耐压值是指用标准试验油杯试验。

（2）充气运输电抗器的存放。

1）充气存放。

① 充气运输到现场的电抗器，检查油箱内的气体压力和残油的绝缘强度应符合表 5－8 中的规定，在此条件下允许继续充气短期存放，保持充入的气体露点小于－45℃，维持压力在 0.02～0.03MPa 之间，但存放时间不得超过 3 个月。如果预计存放期超过 3 个月，则应改为充油贮存。

② 检查油箱内的气体压力和残油的绝缘强度，对于不符合表 5－8 中的规定的产品，不能继续充气存放，应立即与制造厂联系进行妥善处理。

③ 充气存放期间必须有压力监视装置，气体压力应保持在 0.01～0.03MPa，气体的露点应低于－45℃。

④ 充气存放过程中，每天至少巡查两次，对油箱内压力及气体的补入量做好记录。如果压力降低很快，气体消耗量增大，说明有泄漏现象，应及时检查处理，严防器身受潮。

2）注油排气存放。注油排气存放的工作程序和要求如下：

① 检查油箱内的气体压力和残油的绝缘强度应符合表 5－8 中的规定。

② 排尽箱底残油，严禁残油再充入电抗器中使用。

③ 临时装上储油柜系统（包括吸湿器、油位表），应按储油柜使用说明书排出储油柜中的空气。

④ 保持油箱密封状态良好。

⑤ 注油排气时打开箱顶上的蝶阀（应注意防止潮湿空气、水及杂物落入油箱内），为防止意外发生，排氮气时任何人不得在排气孔处停留。

⑥ 排气的同时从油箱下部注油阀门注入符合表 5－7 要求的变压器油，注至油面稍高于储油柜正常油面位置。

⑦ 注油存放过程中每隔 10 天要对电抗器外观进行 1 次检查，发现漏油现象要及时处理，每隔 30 天要从本体内抽取油样进行试验，其性能必须符合表 5－7 要求，做好检查及检测记录。

（3）带油运输电抗器的存放。

1）电抗器到达现场后，从本体中取油样进行检验，其性能是否符合表 5－8 要求，如果符合表 5－8 中规定，则可保持油箱内气体压力暂时存放，通常时间不超出 1 个月；若油样检验后不符合表 5－8 的要求，按表 5－8 判断产品是否受潮并与制造厂联系，不能继续进行后续工作。

2）电抗器到达现场后，如果预计存放期将超出 3 个月或 3 个月内不进行安装，必须在 1 个月内装上储油柜系统（包括吸湿器、油位表），按储油柜使用说明书排出储油柜中的空气，补充合格的变压器油至储油柜相应温度的油面高度。补充注油必须从箱盖上或储油柜的蝶阀进油，以避免空气进入器身。

3）如果不能及时安装储油柜系统（包括吸湿器、油位表），则应将油箱上部无油区抽真空，重新充入露点低于－45℃的干燥气体，保持油箱内气体压力为 0.01～0.03MPa，定期进行监测、检查并做好记录。

4）受现场贮存条件的限制，对既不能满足充气贮存要求，又不能满足注油存放要求的电抗器，应及时与制造厂联系妥善解决。

（4）现场贮存与保管。

1）组、附件在现场应按其性能、特点进行保管，必须具有防止雨、雪及腐蚀性气体直接侵入的措施。

2）散热器（冷却器）、连通管、安全气道等应密封，电抗器本体、冷却装置等的底部需垫高、垫平，不得水浸。

3）套管与测量仪表、温度控制器、气体继电器、接线箱、控制柜、导线、电缆、密封件和绝缘材料等必须放置在通风、干燥的室内。

4）电容式套管存放期超过 6 个月时，必须把套管端头抬高与水平夹角不小于 15°，或从包装箱取出垂直存放，并在两头用塑料布包封。

5）存放充油或充干燥气体的套管式电流互感器应采取防护措施，以防止内部绝缘受潮。

套管式电流互感器不得倾斜或倒置存放。

6）浸油运输的附件应继续保持密封、浸油保管。

7）保管期间应经常或定期进行检查。充油保管的电抗器每隔 10 天对其外观进行一次检查，包括检查有无渗漏油，油位是否正常，外表有无锈蚀；每隔 30 天从电抗器内抽取油样进行试验，其性能必须符合表 5-7 要求；充气保管的应每天检查气体压力。所有检查都应有签字确认的详细记录。

（5）验收后的要求。电抗器及附件经检查验收后及时办理签收手续，签收证明一式两份，制造厂依据签收证明提供现场技术服务。电抗器本体和附件包装箱宜选择合适的地点保存，收货人应对其安全和完好性负责。

5.4.4 安装与调试

1. 电抗器本体搬运就位

（1）电抗器本体搬运到安装位置的注意事项。

1）起吊设备、吊具及装卸地点地基，必须能承受电抗器的起吊重量（即运输重量）。

2）起吊前须将所有的箱沿螺栓拧紧，以防止箱沿变形。

3）在规定起吊点起吊电抗器时，应使吊攀同时受力，每根吊绳长度应匹配，受力应均等，吊绳与铅垂线间的夹角不大于 30°，否则应采用吊梁起吊。电抗器整体起吊时，应将吊绳系在专供整体起吊的吊攀上。

4）在将电抗器本体搬运到安装位置过程中，根据需要将钢丝绳挂在油箱下部的牵引孔上牵引。电抗器本体基础平面的平整度为±3mm 以内。

5）必要时在主体的位置用千斤顶进行抬高或降低时，千斤顶应放在油箱的千斤顶支架下，为了保证电抗器的安全，严禁单个或千斤顶数量不足时工作。允许在短轴方向的两点处同时均匀地受力，在短轴两侧交替起落，每一次的起落高度不得超过 50mm。受力之前应及时垫好枕木及垫板，并做好防止千斤顶打滑、失压、防止电抗器振动的措施。注意：千斤顶使用前应检查千斤顶的行程要保持一致，以防止电抗器主体单点受力。

（2）利用油箱底的小车在轨道上将电抗器本体就位或退出时，需先去掉限位装置，给承载小车轴间加润滑剂，牵引速度不超过 2m/min。

（3）基础的轨道应水平，轨距与轮距配合良好，经确认两者配合准确后，拆除防落支撑，松开千斤顶或吊索，让电抗器徐徐下落，滚轮进入轨道。

（4）电抗器箱底安装滚轮后同侧滚轮应成一条直线，否则需进行调整；滚轮转动灵活无异响、无卡滞现象；本体牵引到位后，用千斤顶支撑拆除滚轮，然后下落本体就位。

（5）电抗器安装基础应保持水平，电抗器箱底与基础的预埋件应可靠连接。

（6）本体就位时应注意使套管中心线与其相连的封闭母线、GIS 等装置的位置对应，满足安装要求；电抗器箱底的加强支架应全部落实在电抗器基础平面上，不能悬空。

（7）电抗器油箱顶盖、联管已按标准要求设置了坡度，故电抗器在基础平面上水平安装不需要倾斜；对特殊结构就位前应事先放置好垫板，如加装减振垫板等。

2. 整体安装

（1）安装现场安全措施。

1）认真制定安全措施，确保安装人员和设备的安全，安装现场和其他施工现场应有明显的分界标志。电抗器安装人员和其他施工人员互不干扰。

2）按高空作业的安全规定进行高空作业时，应特别注意使用安全带和安全帽。

3）油箱内氧气含量少于18%时，不得进入作业。

4）起重和搬运时应按有关规定和产品说明书进行，防止在起重和搬运中设备损坏和人身受伤。

5）现场明火作业时必须有防范措施和灭火措施。

6）高电压试验应有试验方案，并在方案中明确安全措施。

7）高空拆卸、装配零件必须不少于2人配合进行。

（2）安装前的准备工作。

1）技术准备。按照出厂技术资料、技术文件，了解电抗器及组件结构和工作原理，掌握安装使用说明书中的安装要求，制定安装程序、施工方案和安全措施。

2）测量套管式电流互感器的绝缘电阻、电流比、极性和直流电阻是否与铭牌及技术文件相符合。

3）参照各组件的使用说明书，测试、检验各组件性能指标，使之能满足电抗器的运行要求，做好安装前的各项准备工作。

4）应严格清洁所有附件，保证其内部干净，没有污物，严禁对未清洁的附件进行安装。

5）用无水乙醇对连接法兰密封面进行擦拭，保证其清洁，检查密封面应干净、平整、无损伤；检查密封垫应完好，无变形、裂纹等缺陷；确认联管等部件编号正确。

6）紧固法兰时，用力矩扳手对角线方向交替拧紧各个螺栓，最后再统一紧固一次，以保证压紧度相同、适宜。紧固力矩推荐值见表5－9。

表5－9　紧固力矩推荐值

螺纹规格	螺栓螺母连接时施加的最小扭矩/（N·m）	螺栓与钢板（开螺纹孔）连接时施加的最小扭矩/（N·m）
M10	41	26.4
M12	71	46
M16	175	115
M20	355	224
M24	490	390

7）准备好起吊装置、抽真空装置、滤油机、工具、照明安全灯等。

8）安装用的主要设备和工具见表5－10。

表 5-10　安装用的主要设备和工具

类别	序号	名称	数量	规格及其说明
起重设备	1	起重机	1台	根据产品重量选择
	2	起重葫芦	各1套	1～3t、5t各2台
	3	千斤顶及垫板	4只	不少于电抗器本体运输重量的一半
	4	枕木和木板	适量	
注油设备	5	真空滤油机组	1台	净油能力不小于6000L/h，工作压力不大于100Pa
	6	二级真空机组	1台	抽速不小于100L/s，残压低于5Pa
	7	电子式或指针式真空计	1台	3～700Pa
	8	真空表	1～2块	1Pa、10Pa、100Pa
	9	干燥空气机 或瓶装干燥空气	1台 若干瓶	干燥空气露点低于-45℃以下
	10	储油罐	1套	根据油量确定，约为变压器总油量的1.2倍
	11	干湿温度计	1个	测空气湿度，RH 0～100%
	12	抽真空用管及止回阀门	1套	
	13	耐真空透明注油管及阀	1套	接头法兰按阀门尺寸配做
登高设备	14	梯子	2架	5m、3m
	15	脚手架	若干副	
	16	升降车	1台	
	17	安全带	若干副	
消防用具	18	灭火器	若干个	防止发生意外
保洁器材	19	优质白色棉布、次棉布	适量	
	20	防水布和塑料布	适量	
	21	工作服	若干套	
	22	塑料或棉布外衣（绒衣）	若干套	绒衣冬天用
	23	高筒耐油靴	若干双	
一般工具	24	套管定位螺母扳手	1副	
	25	紧固螺栓扳手	1套	M10～M48
	26	手电筒	3个	小号1个、大号2个
	27	力矩扳手	1套	M8～M16，内部接线紧固螺栓用
	28	尼龙绳	3根	ϕ8mm×20m，绑扎用
	29	锉刀、布纱纸	适量	挫、磨
消耗材料	30	直纹白布带、电工皱纹纸带	各3盘	需烘干后使用
	31	密封胶	1kg	401胶
	32	绝缘纸板	适量	烘干

续表

类别	序号	名称	数量	规格及其说明
消耗材料	33	硅胶	5kg	粗孔粗粒
	34	无水乙醇	2kg	清洁器皿用
备用器材	35	气焊设备	1 套	
	36	电焊设备	1 套	
	37	过滤纸烘干箱	1 台	
	38	高纯氮气	自定	有需要
	39	铜丝网	$2m^2$	30 目/cm^2，制作硅胶袋用
	40	半透明尼龙管	1 根	ϕ8mm×15m，用作变压器临时油位计
	41	刷子	2 把	刷油漆用
	42	现场照明设备	1 套	带有防护面罩
	43	筛子	1 件	$30cm^2$，筛硅胶用
	44	耐油橡胶板	若干块	
	45	空油桶	若干	
测试设备	46	万用表	1 块	MF368
	47	含氧量测量表	1 块	
	48	绝缘电阻表	各 1 块	2500V/2500MΩ；500V/2000MΩ；1000V/2000MΩ

（3）器身检查在产品就位后进行。器身检查分为不吊罩直接进入油箱内检查和吊罩检查两种方式。满足下列条件之一时安装现场可不吊罩，但必须进箱检查：

1）制造厂规定可不进行器身吊罩检查的，或在技术协议中已明确规定的。

2）就地生产仅做短途运输，且业主事先参加了制造厂的器身总装，质量符合要求，且在运输过程中进行了有效的监督，无紧急制动、剧烈振动、冲击或严重颠簸等不良现象，确认运输过程无异常的。

（4）进行器身检查时必须符合以下规定：

1）凡遇雨、雪、风沙（风力达 4 级以上）的天气和相对湿度 75%以上的天气，不得进行器身检查。

2）对于充氮运输的产品，在没有排氮前，任何人不得进入油箱作业，当油箱内的含氧量未达到 18%以上时，人员不得进入。

3）操作人员进入油箱内部检查器身的整个过程中，必须向油箱内持续补充露点低于－45℃的干燥空气，保持含氧量不得低于 18%，相对湿度不应大于 20%；补充干燥空气的速率，应控制在 $1.5m^3/h$ 左右。

（5）现场不吊罩检查（通过人孔进箱检查）。

1）在打开人孔或视察孔检查器身前，场地四周应清洁并设有防尘措施。

2）进行内检的操作人员每次不宜超过 3 人，操作人员应明确进入油箱检查的内容、要求及注意事项。

3）进入油箱检查和接线操作工作内容及要求见表 5－11。

表 5－11　　进入油箱检查和接线操作工作内容及要求

序号	工作要点	工作内容及要求	
		充气运输和贮存	注油运输和贮存
1	准备好合格的变压器油及清洁的输油管	（1）油性能指标同表 5－7 的要求 （2）真空滤油机滤油时，加热脱水缸中油，温度控制在 65℃±5℃范围内 （3）输油管用耐油透明钢丝软管，内部必须清洁，无异物	（1）从电抗器本体中取油样化验，性能应符合表 5－2 要求 （2）输油管用耐油透明钢丝软管，内部必须清洁，无异物
2	清洁电抗器附件	（1）将本体、所有管路及附件（包括套管）外表面的油污、尘土等清理干净 （2）检查电抗器油管路（如与散热器、储油柜连接的管路等）各种升高座内表面是否清洁，用干净的白布擦至布表面不出现明显的油污及杂物为止 （3）检查合格的管路及附件，用塑料布临时密封备用	
3	检查油箱内气体压力	检查电抗器油箱内的气体压力应为 0.01～0.03MPa	—
4	检查油箱底部残油	使用靠近箱底的放油塞子将残油放入单独的容器中，油样化验应符合表 5－7 要求，这些油未经处理不准重新注入电抗器	—
5	用干燥空气置换油	（1）准备好清洁的储油罐，干燥空气从储油柜上部阀门注入，并应达到下列要求：露点低于－45℃，且保证油箱内部微正压，压力为 0.005～0.010MPa （2）为了避免油箱出现异常情况，应打开储油柜上的放气塞 （3）将干燥、清洁、过筛后的硅胶装入硅胶罐中，将硅胶罐上端管路与油箱顶盖上的蝶阀连接，然后将蝶阀打开。硅胶罐的滤网应完好，严防硅胶进入油箱 （4）连接充气及拉油管路和滤油装置，通过油箱下部的放油阀将电抗器内的油全部经油过滤装置放入储油罐，使产品边充气边拉油 （5）周围环境温度不宜低于 0℃，器身温度不宜低于环境温度；当器身温度低于环境温度时，应对器身加热，使其温度高于环境温度 10℃	
6	内部检查 内部接线	（1）进入油箱时，油箱内空气的相对湿度不大于 20% （2）内部检查和内部接线的过程中，要持续吹入露点低于－45℃、流量维持在 1.5m³/min 左右的干燥空气 （3）进入油箱内的人员所携工具，应进行编号登记，严禁将尘土、杂物带入油箱内 （4）整个内部作业过程中，人孔处要有防尘措施，并设专人守候进行信息传递 （5）依据电抗器总装图、拆卸运输图，拆下各零部件相应位置的安装盖板，拆除用于运输过程中起固定作用的固定支架及填充物，注意不要损坏其他零部件和引线 （6）按照产品说明书的规定进行器身有无移位、引线支架有无松动、绝缘件有无脱落和（或）断裂，测量铁心对地、夹件对地、铁心对夹件绝缘电阻（用 2500V 绝缘电阻表），测量旁轭屏蔽的接地系统是否良好，并做好记录 （7）作业完毕后，作业人员确认油箱内无杂物后即可按编号校对工具，然后封好人孔盖板 （8）露空作业时间的控制如图 5－22 所示	

（6）现场吊罩检查（需同制造厂家协商）。

1）为避免产品受潮，应遵循如下原则：

① 吊罩检查应在晴天无风沙的情况下进行，环境温度不宜低于 0℃，相对湿度不得高于 75%，器身温度须高于环境温度。当器身温度低于环境温度时，应将器身加热，使其温度高

于环境温度 10℃左右。

② 安装场地四周应清洁，有防尘措施和紧急防雨雪措施；在破坏产品密封进行检查时，器身在空气中停留的时间应尽可能缩短。夜间禁止任何作业。

③ 器身暴露空气中的时间要求：空气相对湿度不大于 50%时，不得超过 24h；空气相对湿度为 50%～60%时，不得超过 20h；空气相对湿度为 60%～70%时，不得超过 16h；空气相对湿度为 70%～75%时，不得超过 12h。器身露空总时间是吊罩检查时间与产品复装时露空时间合计后的时间，按图 5－22 进行时间管理。若预计总露空时间要超过规定时间时，应进行严格的等效露空时间控制和处理，具体由制造厂派人指导。

④ 露空时间计算：充油的应从开始放油算起，到开始抽真空时为止；充气的从开启任何一盖板、油塞时算起，到开始抽真空时为止。

⑤ 遇到特殊情况或露空时间超过规定时，应及时采取相应紧急保护措施，并进行绝缘监视保证绝缘不能受潮，否则停止作业。

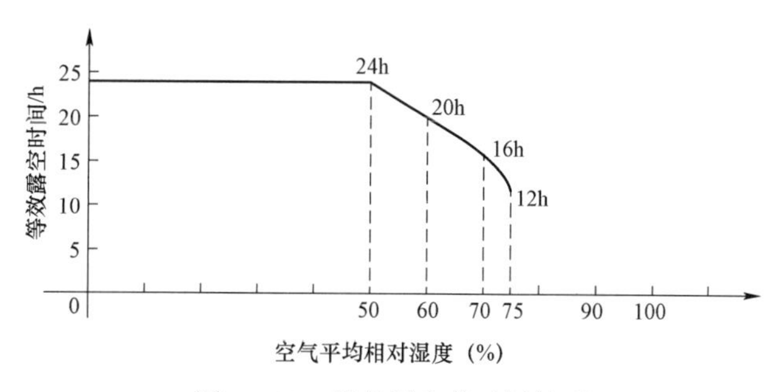

图 5－22 器身露空总时间管理

注意：a. 从打开电抗器人孔，操作人员进行油箱进行内部检查、内部接线等操作或吊罩检查开始，为避免器身吸收潮气，器身露空时间必须控制在图 5－22 所示的范围内。

b. 操作人员在油箱内作业时，须不断吹入干燥空气，保持油箱内的空气相对湿度不大于 20%。

c. 当油箱内部工作停止或完成或吊罩结束上节油箱安装后，应立刻封闭人孔或其他通口，及时抽真空或充入干燥空气保存。

d. 在现场吊罩检查、接线过程中，器身完全在绝缘油中浸没时间、过程中间封闭油箱并抽真空保持真空度在 133.3Pa 以下的时间，或油箱内充满露点低于－45℃干燥空气，并维持正压 0.01MPa 的时间，不计入器身露空总时间内。

e. 吊罩检查完成后，依据产品露空时间对产品抽真空，注入干燥空气直到内部压力达到 0.01～0.03MPa。

f. 现场吊罩过程中，因某种原因使器身露空时间超过图 5－22 规定的范围，可按等效露空时间进行控制，即在吊罩作业的中途封闭油箱，以抽真空方式的予以增强处理，具体由可制造厂派出的安装技术指导员进行指导。

2）吊罩检查的准备工作及注意事项。

① 准备好足够的合格的变压器油。

② 准备好起吊装置、抽真空装置、滤油机、工具等，并做好人员分工，所用工具及设备必须完好、清洁，对其使用情况由专人进行编号登记，确保无异物掉入油箱内。

③ 本体放油，将干燥、清洁、过筛后的硅胶装入硅胶罐中，将硅胶罐上端管路与油箱顶盖上的蝶阀连接，将蝶阀打开，放油管路连接油箱下部的阀门，将油放尽。充气的电抗器需将残油排放干净。硅胶罐的滤网应完好，严防硅胶进入油箱。

④ 上节油箱起吊前，应参照拆卸运输图，打开油箱中间升高座的盖板，拆除其中的运输固定装置，注意小心拆除固定装置的螺栓，防止螺母掉入电抗器本体中，具体要求见总装配图，并做好标识。如果不再运输，不必再装运输固定装置。

⑤ 起吊上节油箱时，应使各吊攀同时受力，吊绳与铅垂线间的夹角不宜大于30°，必要时采用控制吊梁平衡起吊。起吊过程中应注意防止箱壁与器身有碰撞或卡住等不正常现象。

⑥ 上节油箱吊起后应放置在水平敷设的枕木或木板上，以防止箱沿密封面碰伤或污染。选择油箱放置地点时，要考虑既不妨碍下道工序的操作，又要便于回装时起吊。

⑦ 器身检查用梯子及带有尖角的物品，不得搭靠在引线、绝缘件及导线夹上，不允许在导线支架及引线上攀登。

⑧ 绕组引出线不得任意弯折，必须保持在原安装位置上。

⑨ 使用于电抗器内部的绝缘材料必须预先进行干燥处理，干燥温度在95℃±5℃连续24h。

⑩ 充氮的电抗器需吊罩检查时，必须让器身在空气中暴露15min以上，待氮气充分扩散后再进行作业。

3）吊罩器身检查的主要内容。

① 检查铁心有无位移、变形。拆开垫脚屏蔽板和垫脚接地线，用绝缘电阻表检查垫脚和夹件，垫脚和铁心间的绝缘是否良好，检查铁心垫脚和下节油箱间的绝缘、减振橡皮有无移位和脱落，检查固定垫脚的螺栓和螺母有无松动、绝缘管是否完好。若发现绝缘有问题，应及时解决，如果绝缘良好，则恢复接地线和垫脚屏蔽板。

② 检查器身有无明显位移、变形，器身端圈、垫块是否有松动位移，层间有无异物堵塞油路。

③ 检查接地屏引线，上、下铁轭屏蔽板引线，旁轭屏蔽板引线，铁心底脚屏蔽板引线的接地情况是否良好。

④ 检查所有紧固件、胶木锁紧螺母和支架夹紧螺栓是否锁紧牢固。

⑤ 检查油箱内壁及箱壁屏蔽装置有无杂物、污物等，并擦洗干净。

⑥ 检查引线绝缘是否完好，引线位置是否正确。

4）器身检查的试验。

① 测量铁心接地应是通路，拆开接地片后测量铁心对地绝缘电阻应不小于500MΩ（2500V绝缘电阻表），同时检查铁心接地片是否牢靠。

② 测量绕组绝缘电阻，检查吸收比。绝缘有异常时，应及时与制造厂家联系，以便妥善处理。

③ 必要时测量绕组直流电阻。

5）其他要求。

① 器身内部安装、连接记录应完整。

② 器身检查完毕后，必须用合格的电抗器油进行冲洗，并清洁油箱底部，不得有遗留杂物及残油。冲洗器身时，不得触及引出线端头裸露部分。对所发现的故障和缺陷均应妥善处理并记录存档备查。

③ 器身检查并试验完毕后，应尽快将上节油箱回装。回装时一定要把上下箱沿的密封面擦拭干净，更换箱沿密封条，将其摆正，并用专用工具夹好，然后平稳地放下油箱，均匀地拧紧每一个箱沿螺栓。

（7）主体及附件安装。

1）主体安装应符合下列要求：

① 电抗器安装基础应水平，本体与基础预埋件应可靠连接。

② 在规定的位置使用千斤顶。

③ 主体安装前的准备工作见表 5－12。

表 5－12　　主体安装前的准备工作

步骤	工作要点	工作内容及要求
1	准备好合格的电抗器油及清洁的输油管	（1）电抗器油性能指标应符合表 5－7 要求 （2）用真空滤油机滤油时，加热脱水缸中油的温度，控制在 65℃±5℃范围内 （3）输油管用耐油透明钢丝软管，内部必须清洁、无异物
2	清洁电抗器附件	（1）将本体、所有管路及附件（包括所有规格的套管）外表面的油污、尘土等杂物清理干净 （2）检查电抗器油管路、各种升高座内表面是否清洁，用干净白布擦至表面不得出现明显的油污及杂物为止 （3）检查合格的管路及附件，用塑料布临时密封备用
3	产品安装	（1）对套管升高座的密封件装配进行确认 （2）法兰按对接标志进行装配 （3）对升高座的水平度、垂直度进行确认 （4）对储油柜、联管、套管等附件进行装配并确认 （5）各密封部位连接处的间隙均匀 （6）在进行附件装配时，应尽可能做到边拆盖板边装附件，以减少装配孔长时间开启，降低电抗器吸潮量，并防止尘埃进入电抗器内部

④ 电抗器本体露空安装附件应符合下列规定：

a. 工作环境相对湿度应小于 80%，在安装过程中应向箱体内持续补充露点低于－45℃的干燥空气，补充干燥空气的速率应控制在 1.5m^3/h 左右；当工作环境湿度大于 85%时，不允许作业。

b. 无特殊情况油箱人孔、手孔每次只允许打开一处，并用塑料薄膜覆盖，连续露空时间不宜超过 8h，累计露空时间不宜超过 24h，油箱内空气的相对湿度不大于 20%。每天工作结束封闭油箱，按要求抽真空、补充干燥空气，气体压力达到 0.01～0.03MPa。

c. 冷却装置、储油柜等不需在露空状态安装的附件应先行安装完成，且在安装过程中不得扳动或打开本体油箱的任一阀门或密封。

2）密封处理应符合下列要求：

① 密封垫圈应无扭曲、变形、裂纹及毛刺，密封垫（圈）应与法兰面尺寸相匹配。

② 法兰连接面应平整、清洁；密封垫应擦拭干净，安装位置应正确。在整个圆周面上应均匀受压。橡胶密封垫的压缩量不宜超过其厚度的1/3。

③ 法兰螺栓应按对角线位置依次均匀紧固，紧固后的法兰间隙应均匀。

3）升高座的安装应符合下列要求：

① 升高座安装前应先做电流互感器的试验；电流互感器出线端子板应绝缘良好，其接线螺栓和用来固定的垫块应紧固，端子板应密封良好，无渗漏油现象。

② 安装升高座时，应使电流互感器铭牌位置朝向油箱外侧；升高座法兰面必须与本体法兰面平行就位；放气塞位置应在升高座最高处。另外，应盘好电抗器引出线，以便安装套管。

③ 套管型电流互感器试验，测量互感器分接头的变化，检验出线端子标志。用2500V绝缘电阻表测量绝缘电阻，应不小于1000MΩ（20℃）。

4）导油管路应按照总装配图和导油管路编号安装，不得随意更换。管路中的阀门应操作灵活，开闭位置正确；阀门及法兰连接处应密封良好。所有导气管应清拭干净，其连接处应密封严密。带有螺杆的波纹联管在安装过程中，首先将波纹联管与导油联管两端的法兰拧紧，再锁死波纹联管螺杆两端的螺母。

5）散热器安装应符合下列要求：

① 散热器在制造厂内已经过了冲洗且运到现场后密封良好，内部无锈蚀、雨水、油污等。若检查发现异常，安装前应使用合格的电抗器油经滤油机循环将内部冲洗干净，并将残油排尽。

② 安装散热器时，应防止散热器相互碰撞，并不得采用硬力安装，以免拉伤散热器，造成渗漏油。

③ 散热器在安装时，应把单组散热器用螺杆先固定住而不拧紧螺母，调整好散热器之间的距离，用扁钢把相邻散热器连接好，再拧紧固定螺母。

④ 散热器安装完毕后应随本体同时进行真空注油。

6）储油柜安装应符合下列要求：

① 储油柜安装前，应仔细阅读储油柜安装使用说明书，并严格按说明书规定的安装程序进行安装。

② 安装前应将储油柜内、外壁清洗干净。

③ 储油柜中的胶囊应完整无破损；胶囊在缓慢充气胀开后检查应无破损，充入10kPa压力的干燥空气，维持30min，无漏气现象。波纹管式储油柜现场可不做密封试验。

④ 胶囊沿长度方向应与储油柜长轴保持平行，不应有扭曲；胶囊口的密封应良好，呼吸应畅通。

⑤ 油位表动作应灵活，油位表或油位管的指示必须与储油柜的真实油位相符，不得出现假油位。油位表的信号接点位置应正确，绝缘良好。

⑥ 储油柜安装就位后，再安装与之相连的联管、波纹联管、蝶阀、气体继电器、梯子等附件。应注意的是，吸湿器及气体继电器应在真空注油结束后安装。

⑦ 波纹管式储油柜的安装按厂家的使用说明书进行操作。

7）吸湿器的安装应符合下列要求：吸湿器与储油柜间的连接管密封应良好，吸湿器油杯运输密封胶垫应去掉，吸湿器阀门应处于开启状态；吸湿剂应干燥；管道应通畅；油封油位应在油面线上。

8）套管安装应符合下列要求：

① 套管安装前应进行下列检查：

a. 瓷套表面应无裂纹、伤痕。

b. 套管、法兰颈部及均压球内外壁和瓷件外套应清洗干净。

c. 套管应经试验合格。

d. 充油套管应无渗漏现象，油位指示正常。

e. 油箱内在运输过程中起固定作用的引线临时支架需拆除掉，详见拆卸运输图。

② 引出线根部和进入套管引线头根部不得硬拉、扭曲、打折，引出线外包绝缘应完好。

③ 当采用穿缆式套管时，套管引出线的绝缘锥度应进入套管的均压球内，其引出端头与套管连接处应擦拭干净，接触紧密，确保连接良好，防止接触电阻过大而引起导电杆过热。

④ 套管顶部的密封垫应安装正确，连接引线时注意不应使顶部结构松扣，密封良好，防止进水受潮。

⑤ 当采用导电杆式套管时，套管接近安装位置时，先进行导电杆与引线的连接工作，此时应先将均压球从套管上拧下来，套在引线上，用螺栓及蝶形弹簧垫圈将引线与导电杆连接。注意所有螺栓必须均匀拧紧，再将均压球托起，拧紧在套管的尾部，引出线的绝缘锥度应进入套管均压球内（见装配图），最后将套管就位并拧紧套管安装螺栓。

⑥ 充油套管的油表应面向外侧，以便观察套管油位，检查套管末屏应接地良好。

⑦ 套管起吊、安装，应按照套管安装使用说明书有关规定进行。具体吊装尺寸参考总装配图中的套管吊高图。对于导杆式、穿缆式套管在现场安装前对其拆卸时，必须经现场服务人员确认，且在场的情况下进行。同时应注意在拆套管时，必须拿掉固定引线接头的销子，确定连接线和套管上下再无牵连时，方可缓慢起吊套管本体，防止套管起吊时拉伤内部引线。

9）气体继电器和速动油压继电器的安装应符合下列要求：

① 气体继电器和速动油压继电器安装前应经检验合格，安装后应符合相关标准的要求，并按气体继电器和速动油压继电器使用说明书中的规定进行校验整定。

② 气体继电器应水平安装，其顶盖上箭头标志应指向储油柜，连接密封严密。

③ 带集气盒的气体继电器，应将集气管路连接好，注完油后应保证集气管路畅通。集气盒内应充满电抗器油，且密封严密。

④ 电缆引线在接入气体继电器处应有滴水弯，进线孔封堵应严密。

⑤ 观察窗的挡板应处于打开位置。

10）释压器的安装应符合下列要求：释压器的安装方向应正确；阀盖和升高座内部应清洁，密封应良好，电接点应动作准确，其绝缘性能、动作压力值应符合产品技术文件要求。

11）测温装置应符合下列要求：

① 温度计安装前应进行校验合格，信号接点应动作正确，导通良好；绕组温度计应根据使用说明书和产品的线油温差进行调整，电抗器的线油温差一般为15K左右，油面温度计的温度整定值一般为90℃报警，100℃跳闸。绕组温度计达到105℃为第一阶段报警，115℃为第二阶段报警。

② 顶盖上的温度计座内应注入电抗器油，注油高度应为温度计座的2/3，密封性应良好，无渗油现象；闲置的塞座应密封，不得进水。

③ 膨胀式温度计的毛细管不得有压扁或急剧扭曲，弯曲半径不得小于150mm。

12）控制箱的检查安装应符合下列规定：

① 控制回路接线应排列整齐、清晰、美观，绝缘无损；接线应采用铜质或有电镀金属防锈层的螺栓紧固，且应有防松装置；连接导线截面应符合相关设计要求、标志清晰。

② 控制箱接地应牢固、可靠。内部断路器、接触器动作应灵活无卡涩，触头接触紧密、可靠，无异常声响。

③ 控制箱应密封，控制箱内外应清洁无锈蚀，驱潮装置应正常工作。

④ 控制和信号回路应正常工作，并应符合GB 50171《电气装置安装工程盘、柜及二次回路结线施工及验收规范》的有关规定。

13）安装过程中应注意以下事项：

① 油箱顶部若有上部定位件，应进行检查并按技术要求进行定位和密封。

② 对于上端有放气塞的组件（如套管、气体继电器和储油柜等），在注油后应打开上部放气塞，将积存的空气放出，有油溢出时应立即关闭。

③ 凡用户自行配制的管路，或在现场重新割、焊的管路，都应清洗干净，并用合格的电抗器油冲洗。

④ 用户自行改制冷却管路时，应征得制造厂家同意，以确保冷却效率。

⑤ 各温度计座内应注入适量的电抗器油。

⑥ 电抗器管道、阀门的安装及序号排列应按电抗器总装图及阀门安装图。

3. 真空注油、热油循环及静放

（1）抽真空脱水脱气。

1）不允许在雨天、雪天、雾天以及相对湿度大于75%的天气下进行抽真空。抽真空和真空注油管路连接示意图如图5－23所示。输油管为耐油透明钢丝软管，不得使用橡胶管，使用前必须用热油冲洗，以保证管路内部清洁。

真空机组就位，在箱顶蝶阀（序号②）处安装抽真空专用联管，将真空机组的抽真空管连接在专用联管上，在油箱下部阀门处安装真空计。

2）整体抽真空对储油柜的要求。

① 主体安装非全真空储油柜抽真空：断开气体继电器、储油柜与本体的连接，打开各附件、组件同本体的所有阀门，使除储油柜和气体继电器以外的所有附件（包括散热器）连同电抗器主体一同抽真空。

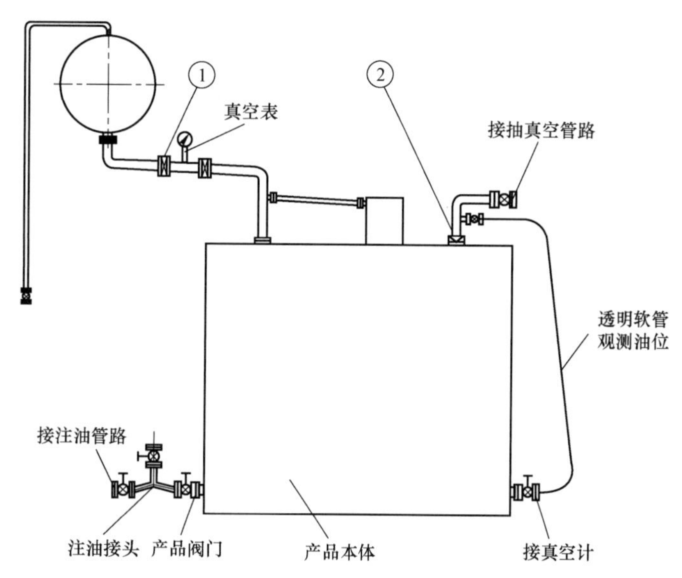

图 5－23　抽真空和真空注油管路连接

①—储油柜联管蝶阀；②—箱盖蝶阀

② 主体安装全真空储油柜抽真空：全部附件安装完后，打开各附件、组件同本体的所有阀门；打开储油柜顶部隔膜袋联管处的真空阀门与主体油箱连通，使储油柜能够连同主体一起抽真空，但是储油柜连接主体油箱管路中的气体继电器一定要用临时工装联管代替。

3）完成管路的连接后，启动真空泵开始对电抗器整体进行抽真空。抽真空初期阶段，先对油箱及连接管的密封状态进行泄漏率试验检测。

当真空度达到 133Pa 以下时关闭泵阀，等待 1h 后读取第一次真空计读数 P_1，读后关闭阀门；等待 30min 后，再打开阀门读取第二次读数 P_2，按下式计算 P_2 与 P_1 的差值

$$P_2-P_1\leqslant 3240/M$$

式中：P_1 为第一次真空计读数，Pa；P_2 为第二次真空计读数，Pa；M 为电抗器主体油量，t。

P_2 与 P_1 的差值满足小于或等于 3240/M 要求电抗器整体密封状态满足抽真空要求，否则，检查电抗器各个连接的密封，更换有缺陷的密封圈、垫，紧固螺栓，然后重新进行泄漏率测试直至合格。

4）泄漏率测试合格后，启动真空泵对油箱进行连续抽真空，当油箱内真空度达到小于或等于 133Pa 时开始计时，计时期间始终维持油箱内真空压度小于或等于 133Pa，维持时间见表 5－13。

表 5－13　　连续小于或等于 133Pa 的维持时间

电压等级/kV	保持时间/h
220 及以下	24

续表

电压等级/kV	保持时间/h
330	36
500	48

根据油箱内部检查和总装配器身暴露在空气中的时间管理（见图5－22），每天暴露时间不大于8h，总暴露时间不超过24h，每超过8h延长抽真空时间12h。

对于750kV并联电抗器泄漏率测试合格后，启动真空泵对油箱进行连续抽真空，当油箱内真空度小于或等于25Pa时开始计时，维持48h，计时期间始终维持油箱内真空度大于13.3Pa，小于或等于25Pa。

抽真空时应监视并记录油箱的变形情况，其最大值不得超过壁厚最大值的2倍。

5）抽真空的注意事项。

① 电抗器整体抽真空时必须将不能承受真空下机械强度的附件与油箱隔离；对允许抽同样真空度的部件，与主体油箱同时抽真空。

② 真空泵或真空机组需配置防止突然停机或因误操作而引起真空泵油倒灌的措施。

③ 在对电抗器整体抽真空之前，事先对抽真空管路和真空机组进行单独抽真空试验，明确获得真空系统本身实际能达到的真空度；若真空系统本身的真空度大于10Pa，应检查系统泄漏的原因，修复管道、密封件或真空机组。

（2）真空注油。

1）满足真空脱水脱气要求后方可注油。注油前拆除真空计，接好油位显示透明软管，注油全过程应保持电抗器油箱内的真空状态。合格的变压器油从油箱下部注油阀注入，一次注油至储油柜的标准油位，注油的温度控制在50～70℃之间，注油速度不宜大于100L/min。

2）不同牌号的电抗器油或同牌号的新油与运行过的油混合使用前，必须做混油试验。新安装的电抗器不宜使用混合油。

3）注油过程：关闭本体与储油柜的蝶阀（序号①），打开本体与散热器组间的蝶阀及箱盖蝶阀（序号②）。

① 对安装全真空储油柜的电抗器的注油。在真空状态下注油至距离箱顶200～300mm时暂停，关闭主体油箱与抽真空系统连接阀门，将抽真空管路移至储油柜下部呼吸管阀门处连接，继续抽真空注油，一次注油至储油柜标准油位时停止，先关闭注油管路阀门、呼吸管管路阀门及真空泵，再关闭储油柜顶部真空阀门（胶囊与本体隔绝连通）。安装吸湿器，装好后将吸湿器连接阀门慢慢打开，缓慢解除真空。待电抗器油与环境温度相近后，关闭气体替代气体继电器的工装联管前、后连接阀门，拆除临时替代气体继电器工装联管（拆除时有少量油放出），装上已校验合格的气体继电器，之后打开与气体继电器连接的阀门，使本体与储油柜连通，打开气体继电器的放气塞，将其中的气体放出。

② 对安装非全真空储油柜的电抗器的注油。在真空状态下注油至距离箱顶200～300mm时，关闭主体油箱抽真空连接阀门，停止并拆除真空机组；通过真空滤油机（需经过真空脱

气罐）继续向本体内注油，直到油位接近装气体继电器的盖板时，将真空滤油机关闭。安装气体继电器，并与储油柜连通，从继电器放气塞放出气体，继续对本体及储油柜注油至油位曲线要求的刻度为止。

4）真空注油的注意事项。

① 波纹储油柜应参考厂家提供的安装使用说明书进行安装。

② 真空注油不宜在雨天、雪天、雾天以及相对湿度大于 75%的天气下进行。

③ 真空注油前，电抗器主体油箱、各套管、滤油机及油管道均要求可靠接地。

④ 对储油柜进行抽真空时，应保证储油柜上部的真空阀门处于开启状态，注油结束时应及时关闭该阀门。

（3）热油循环。

1）真空注油后，主体油箱的变压器油经下进上出的方式连续进行热油循环，最终使油的品质达到标准规定的要求。通常热油循环持续时间不少于 48h。热油循环前，先对油管抽真空，将油管路中的空气抽干净。

2）热油循环时，油箱主体出油口处的油温达到 60～65℃开始计时，循环流量控制在 6～8m³/h，总循环时间保证不少于 48h，或总循环油量不低于电抗器总油的 3～4 倍。当环境温度全天平均低于 15℃时，应对油箱采取保温措施。

3）热油循环可在真空注油至储油柜的额定油位后的状态下进行，此时电抗器不再抽真空。

4）在热油循环 48h 以后，取油样做试验。如果达到表 5－7 所规定的指标，循环可以停止，否则应将延长热油循环的时间直至油品合格。

5）热油循环后应及时拨出电抗器各个位置的放气塞放出油箱内的气体。

（4）补油及静放。

1）如果储油柜油面高度不够时，在真空状态下按储油柜安装使用说明书向储油柜补油（油质符合表 5－7 的规定），直到油面略高于相应温度的储油柜正常油面为止。注油时应排放本体及附件中的空气。

2）热油循环结束后，电抗器即处于静放阶段，静放时间见表 5－14。在电抗器静放期间，应从电抗器的套管、升高座、冷却装置、气体继电器及压力释放装置等有关部位进行多次放气，并启动潜油泵，直至残余气体排尽，调整油位至相应环境温度时的位置。

表 5－14　　静放时间表

电压等级/kV	时间/h
≤220	≥48
330，500	≥72
750	≥96

3）在静放时对电抗器连同气体继电器、胶囊式储油柜及散热器等进行整体密封试验，可采用干燥气体，在油箱顶部加压 0.03MPa，持续 24h，电抗器整体应无渗漏。当产品技术文

件有要求时，应按其要求进行。整体运输的电抗器可不进行整体密封试验。

（5）其他组件安装。

1）安装测温仪表等小组件。

2）电气线路的安装。按照控制线路图，先安装控制箱，然后安装全部托线槽，再将互感器接线盒、气体继电器、释压器及各类温度计与电缆线连接好，并将电缆用线扣固定在油箱顶部、箱壁上的托线槽内，用线槽盖盖好，并上紧螺钉。未进托线槽的裸露电缆，要求外加保护用不锈钢金属软管。安装要求应符合 GB 50171《电气装置安装工程盘、柜及二次回路接线施工及验收规范》的有关规定。

3）温度计座内装入电抗器油，按总装配图上的位置装好。

4）所有安装在电抗器外表面的组件及附件、铭牌等都应紧固牢靠，以避免产生不应有的噪声和振动。

5.4.5　投运前试验

1. 交接试验前的检查

（1）检查本体、散热器及所有附件应无缺陷。

（2）油漆应完整，相别标志正确；电抗器顶盖上应无遗留杂物；清扫套管；事故排油设施应完好，消防设施齐全。

（3）储油柜、冷却装置等油系统上的阀门均应打开，特别是释压器、气体继电器、吸湿器的阀门必须处于开启状态。

（4）检查接地系统是否正确、可靠。检查电流互感器的接线是否正确，不接负载的电流互感器是否已短接接地，严禁开路运行；各温度仪表的指示差别在测量误差范围之内。

（5）储油柜和充油套管油位应正常；吸湿器内变色硅胶颜色应正常，运输帽已拆除；油杯中的电抗器油应清洁、油位符合要求。

（6）所有的电气连接应正确无误，电气试验应合格；所有控制、保护和信号系统运行应可靠，指示位置正确，整定值应符合要求；操作及联动试验应正常。

（7）电流互感器二次闭合回路和接地端头的连接应正确。

（8）气体继电器安装方向正确无误，充油正常，气体排尽。

（9）检查外部空气绝缘距离。检查各电压等级套管之间及套管对地间的空气绝缘距离是否符合有关标准的规定。

（10）测量绕组连同套管的直流电阻，与同温度下出厂实测数值比较应无明显差别。

（11）取本体电抗器油进行试验（必要时包括套管电抗器油试验），其性能应符合国家标准的规定。

（12）测量电抗器的绝缘性能，应符合 GB 50150《电气装置安装工程电气设备交接试验标准》规定，要求如下：

1）绕组绝缘电阻值（与出厂试验同温度时）不低于产品出厂试验值的70%或不低于10 000MΩ（20℃）。

2）吸收比（R_{60}/R_{15}）与产品出厂值相比应无明显差别，在常温下不应小于 1.3；当 $R_{60}>$

3000MΩ（20℃）时，吸收比可不做考核要求。

3）极化指数测得值与产品出厂值相比应无明显差别，在常温下不应低于 1.5。当 $R_{60}>$ 10 000MΩ（20℃）时，极化指数可不做考核要求。

4）介质损耗因数 $\tan\delta$：被测绕组的 $\tan\delta$ 值不宜大于产品出厂试验值的 120%；所测值温度 20℃时如果小于 0.5%，可不与出厂值比较。

5）测量铁心、夹件接地套管对地的绝缘电阻，其值不小于 500MΩ，测完后接地线应重新接好。测量铁心对夹件的绝缘电阻，其值应不小于 500MΩ。

（13）事故排油设施应完好，消防设施应齐全。

2. 交接试验

交接试验前的检测项目均符合要求后方可以下试验：

（1）具备条件时，可进行耐压试验，试验电压值可按相应标准或技术协议。

（2）额定电压下冲击合闸试验：在额定电压下，对变电站及线路的并联电抗器连同线路进行冲击合闸试验，应进行 5 次，第一次受电后，持续时间不应小于 10min，后续受电持续时间不应小于 5min，应无异常现象。

（3）带电后，本体及附件所有焊接面和连接面，不应有渗油现象。

（4）按国家标准或技术协议进行的其他试验项目，以及系统调试时所进行的其他高压试验应另行协商。

（5）试验结束后应拆除电抗器的临时接地线。

3. 试运行

（1）散热器工作正常后才能投入试运行。

（2）连续运行 24h 后试运行结束。

5.4.6　运行与维护

1. 运行

（1）电抗器经过试运行阶段且没有任何异常情况发生，则认为电抗器已正式投入运行。

（2）运行中储油柜添加油或放油的方法见储油柜安装使用说明书。

（3）电抗器运行中的监视。

1）在初始运行阶段，经常查看油面温度、油位变化、储油柜有无冒油或油位下降的现象。

2）经常查看、视听电抗器运行声音是否正常，有无爆裂等杂音。

3）电抗器至少应在投运后 1 天（仅对电压 330kV 及以上的电抗器）、4 天、10 天、30 天，各取油样进行化验与色谱分析。化验结果都正常以后，即按运行规程进行正常色谱监测。

4）运行中的其他监测项目按相关运行规程。

（4）各组件的运行维护详见各自安装使用说明书。

2. 技术资料和备品备件的转交与验收

（1）制造厂的产品安装使用说明书、试验记录、产品合格证及安装图纸等技术文件。

（2）安装记录（包括进箱检查和附件检查记录）、调整试验记录和电抗器油试验报告等。

（3）备品备件移交清单。

（4）其他文件：订货技术协议、变更设计的技术文件及重要会议纪要等。

（5）备品备件除合同规定的项目以外，还应包括专用工具、运输用盖板等。

（6）双方清点和交接后应在设备交接清单上签字。

3. 检查和维护

（1）为了使电抗器能够长期安全运行，尽早发现电抗器主体及组件的早期事故苗头，对电抗器进行检查维护是非常必要的。

（2）检查维护周期取决于电抗器在供电系统中所处的重要性和运行环境、安装现场的环境和气候，以及历年运行和预防性试验等情况。表 5-15 所给出的检查维护项目是电抗器在正常工作条件下应进行的例行检查与处理，表 5-16 给出了电抗器出现异常情况检查。运行部门可根据具体情况结合多年的运行经验，制定出自己的检查、维护方案和计划。

（3）除了例行检查外，运行中的电抗器还应按表 5-17 的内容和要求进行定期检查与处理。

（4）未包含部分可参照 DL/T 572《电力电抗器运行规程》和 DL/T 573《电力电抗器检修导则》，以及其他相关标准规定。

表 5-15　　例行检查与处理

检查部位	检查周期	检查项目	检查内容及方法	判断及措施
电抗器本体	1～3 个月	温度	（1）温度计指示 （2）绕组温度计指示 （3）温度计表盘内有无潮气冷凝	（1）如果油温和油位之间的关系的偏差超过标准曲线，重点检查以下各项 1）电抗器油箱漏油 2）油位计有问题 3）温度计有问题 4）隔膜破损 5）内部局部过热，进一步检查油色谱 6）要时可用红外测温进一步检查 （2）如有潮气冷凝在油位计和温度计的刻度盘上，重点查找结露的原因
		油位	（1）油位计的指示 （2）油位计表盘内有无潮气冷凝 （3）对照标准曲线查油温和油位之间的关系	
		渗漏油	（1）检查套管法兰、阀门、散热装置、油管路等密封情况 （2）检查焊缝质量	（1）如果有油从密封处渗出，则重新紧固密封件，如果还漏则更换密封件 （2）如焊缝渗漏应进行补焊，若焊缝面积较大或时间较长，则应带油在持续真空下（油面上抽真空）由生产厂家专业人员进行补焊
		压力释放阀	（1）检查本体压力释放阀渗漏情况 （2）检查本体压力释放阀是否动作过	（1）如果压力释放阀渗漏油，重点检查以下各项 1）储油柜呼吸器是否堵 2）油位是否过高 3）油温及负荷是否正常 4）压力释放阀的弹簧、密封是否失效，如失效应予以更换 （2）如压力释放阀动作过，除检查上述项目外，应检查 1）二次回路是否受潮 2）储油柜中是否有空气 3）气体继电器与储油柜间的阀门是否开启 4）联系生产厂家，结合油色谱分析数据，综合分析判断

续表

检查部位	检查周期	检查项目	检查内容及方法	判断及措施
电抗器本体	1～3 个月	有无不正常的噪声和振动	检查运行条件是否正常	（1）如果不正常的噪声或振动是由于连接松动造成的，则重新紧固这些连接部位 （2）检查噪声和振动是否与负荷电流有关，若有则是由于铁心柱或绕组松动造成的
散热装置	1～3 个月	渗漏油	检查散热装阀门等是否渗漏	按组检查渗漏情况，若有从密封处漏出，则重新紧固密封件或更换
		脏污附着	检查散热器上脏污附着位置及程度	特别脏时要进行精洗，否则要影响散热效果
套管	1～3 个月	渗漏油	检查套管是否渗漏油	（1）如果漏油，应更换密封件 （2）检查端子受力情况
		套管上有裂纹、放电、破损或脏污	（1）检查脏污附着处的瓷件上有无裂纹 （2）检查硅橡胶增爬裙或 RTV 有无放电痕迹	（1）如果套管脏污，应清洁瓷套管，有裂纹应及时更换 （2）如有放电痕迹，应予以更换并处理
		过热	红外测温	（1）内部过热，应更换 （2）接头过热，应予以处理
		套管瓷套根部	检查有无放电现象	如果有放电现象，应除锈，并涂以半导体绝缘漆
		油位	油位计的指示	（1）如油位有突变（上升或下降），应重点检查套管与本体是否渗漏 （2）油色变黑或浑浊，应重点检查油色谱和微水含量，是否放电或进水受潮
吸湿器	1～3 个月	干燥度	（1）检查干燥剂，确认干燥剂的颜色 （2）检查油盒的油位	（1）如果干燥剂的颜色由蓝色变成浅紫色或红色，要重新干燥或更换。对白色干燥剂，应认真观察或换品种 （2）如果油位低于正常油位，清洁油盒，重新注入电抗器油，但油位不宜过高，否则可能吸油到干燥剂中使之降低作用
		呼吸	检查呼吸是否正常	油盒中随着负荷或油温的变化会有气泡产生，如无气泡产生，则说明有堵塞现象，应及时处理
气体继电器	1～3 个月	渗漏油	检查密封情况	如果有渗漏油现象，应更换密封件或紧固处理
		气体	检查气体集聚含量	如果有气体，应取气样进行色谱分析 （1）若氧和氮含量较高，则可能为渗漏所致，应重点检查密封情况 （2）若属放电或过热性质，应进一步跟踪检查分析
端子箱及控制箱	3～6 个月	（1）密封性 （2）接触 （3）完整性	（1）检查雨水是否进入 （2）检查接线端子是否松动和锈蚀 （3）检查电气元件的完整性	（1）如果雨水进入，应重新密封 （2）如果端子松动和生锈，应重新紧固和清洁 （3）如果电气元件有损坏，应进行更换

表 5－16　　异常情况检查

异常情况	原因	实施	调查分析
气体聚集气体继电器第一阶段	内部放电轻故障	从气体继电器中抽出气体	气体色谱分析
油涌气体继电器第二阶段	内部放电重故障	停运电抗器	试验绝缘电阻、绕组电阻、励磁电流和气体分析
压力释放	内部放电	停运电抗器	气体色谱分析
差动	内部放电涌流	停运电抗器	气体色谱分析
油温度高 第一阶段：报警 第二阶段：跳闸	阀门打开不完全或温度设定不当	检查散热器阀门开启情况或加强冷却	检查散热器阀门是否完全，打开散热器，检查是否正常
绕组温度高 第一阶段：报警 第二阶段：报警	过载或温度设定不当	减低电抗器负载，检查设定	检查电抗器负载，检查设定
接地故障	内部接地故障 外部接地故障	停运电抗器	检查其他保护装置运行（气体继电器、压力释放阀等）
油位低	漏油	注油	检查储油柜隔膜、油箱和油密封件

表 5－17　　定期检查与处理

检查部位	检查周期	检查项目	检查方法	判断及措施
绝缘状况	1～3 年	绝缘电阻测量（连套管）	（1）用 2500V、5000V 绝缘电阻表测量绕组对地或对其他绕组的绝缘电阻、吸收比和极化指数 （2）此时实际上测得的是绕组连同套管的绝缘电阻，如果测得的值不在正常范围之内，可在大修或适当时候把绕组同套管脱开，单独测量绕组的绝缘电阻	测量结果同最近一次的测定值应无显著差别，如有应查明原因
绝缘油	1～3 年	油质	检查有无杂质	绝缘油应透明、无杂质或悬浮物
		耐压	试验方法和装置见 GB/T 507《绝缘油击穿电压测定法》	电压等级： 35kV 及以下：≥30kV 66～220kV：≥35kV 330kV 时：≥45kV 500kV 时：≥50kV 如果低于此值需对油进行处理
		酸值测定（以KOH计）	试验方法见 GB/T 264《石油产品酸值测定法》	≤0.1mg/g 如果高于此值需对油进行处理
	（1）电压 330kV 及以上的 3 个月 1 次 （2）电压 220kV 及以上的 6 个月 1 次	油中溶解气体分析	（1）主要检出以下气体：O_2、N_2、H_2、CO、CO_2、CH_4、C_2H_2、C_2H_4、C_2H_6 （2）方法按 GB/T 17623《绝缘油中溶解气体组分含量的气相色谱测定法》及 DL/T 722 中的有关要求 （3）建立分析档案	发现异常情况应缩短取样周期并密切监视增加速率，进行故障判断 电抗器油中产生气体主要有以下原因 （1）绝缘油过热分解 （2）油中固体绝缘介质过热

续表

检查部位	检查周期	检查项目	检查方法	判断及措施
绝缘油	（3）电压66kV及以上的1年1次 （4）其他自定	油中溶解气体分析	方法按DL/T 423《绝缘油中含气量测定方法真空压差法》或DL/T 703《绝缘油中含气量的气相色谱测定法》	（3）火花放电引起油分解 （4）火花放电引起固体绝缘分解
	（1）投运后24h取油样分析 （2）以后每年进行测量	含气量（体积分数）		（1）交接试验或新投运，330～500kV：≤1.0% （2）运行中：≤5%
套管	2～3年	一般	（1）裂纹 （2）脏污（包括盐性成分） （3）漏油 （4）连接的架空线 （5）生锈 （6）油位 （7）放电 （8）过热 （9）油位计内潮气冷凝	检查左边项目是否处于正常状态 （1）如果套管积污严重，用中性清洗剂进行清洁，然后用清水冲洗干净再擦干 （2）当接线端头松动时进行紧固 （3）若套管爬距不够，可加装硅橡胶辅助伞裙，或涂防污闪涂料（如RTV）等措施
散热器	1～3年	清洁	检查散热片和支架等的脏污、锈蚀情况	（1）每年至少用高压水清洁散热片一次 （2）每三年用高压水彻底清洁散热片，重新油漆支架、外壳等
组部件	一般2～3年；（当控制元件是控制分闸电路时，建议每年进行检查）	低压控制回路	（1）以下继电器等的绝缘电阻 1）保护继电器 2）温度指示器 3）油位计 4）压力释放阀，用500V绝缘电阻表测量端子对地和端子之间的绝缘电阻 （2）检查接线盒、控制箱等雨水是否进入；接线端子是否松动和生锈	（1）测得的绝缘电阻应不小于2MΩ，但对用于分闸回路的继电器，即使测得的绝缘电阻大于2MΩ，也要对其进行仔细检查，如潮气进入等 （2）如果雨水进入，应重新密封；如果端子松动和生锈，则重新紧固和清洁
	2～3年（如继电器是控制分闸回路时，建议每年检查）	保护继电器、气体继电器	（1）检查以下各项 1）漏油 2）气体继电器中的气体量 （2）用继电器上的试验按钮检查继电器触头的动作情况	（1）如果密封处漏油则重新紧固，如还漏油则更换密封件 （2）如果触头的分合运转不灵活应更换触头的操作机构
	1～3年	压力释放装置	检查以下各项 （1）有无喷油 （2）漏油 （3）弹簧压力	如果缺陷较严重则更换
组部件	2～3年	油温指示器	（1）检查温度计内有无潮气冷凝 （2）检查（校准）温度指示	（1）检查有无潮气冷凝及指示是否正确，必要时更换 （2）比较温度计和热电偶指示，差值应在3℃之内

续表

检查部位	检查周期	检查项目	检查方法	判断及措施
组部件	2～3年	绕组温度指示器	（1）检查指示计内有无潮气冷凝 （2）检查温度指示	（1）判断措施与油温指示器相同 （2）作为温度指示，受负载的影响，应与历史记录进行比较 （3）当需进行接触检查时，可在产品停运时进行
	2～3年	油位表	（1）检查指示计内有无潮气冷凝 （2）检查以下各项 1）浮球和指针的动作情况 2）触头的动作情况 （3）用透明软管检查假油位	（1）检查潮气冷凝情况和对测量的影响，必要时予以更换 （2）检查浮球和指针的动作是否同步以及触头的动作情况 （3）当放掉油时，应检查触头的动作情况 （4）应无假油位形现象

5.4.7　检测与故障诊断

电抗器故障检测技术是准确诊断故障的主要技术手段，依据DL/T 596《电力设备预防性试验规程》规定的试验项目及试验顺序，主要包括油中气体的油色谱分析、直流电阻检测、绝缘电阻及吸收比、极化指数检测、绝缘介质损失角正切检测、油质检测、局部放电检测及绝缘耐压试验等。电抗器故障基本检测项目及特点见表5－18。

表5－18　电抗器故障基本检测项目及特点

序号	检测项目	可能发现的故障类型				
		整体故障	由电极间桥路构成的贯穿性放电故障	局部故障	磨损与污闪故障	电气强度降低
1	油色谱分析	受潮、过热、老化故障	高温、火花放电	较严重局部放电	沿面放电	放电故障
2	直流电阻	线径、材质不良	分接开关不良	接头焊接不良	分接开关触头不良	不能发现
3	绝缘电阻及泄漏电流	受潮等贯穿性缺陷	随试验电压升高引起电流的变化能发现	不能发现	不能发现	配合其他试验判断
	吸收比	发现受潮程度灵敏	灵敏度不高	灵敏度不高	灵敏度不高	不能发现
	极化指数	发现受潮程度灵敏	能发现	灵敏度不高	灵敏度不高	不能发现
4	$\tan\delta$	能发现受潮及离子性缺陷	大体积试品不灵敏	大体积试品不灵敏	能发现	配合其他试验判断
5	局部放电	能发现游离变化	不能发现	能发现电晕或火花放电	能发现沿面放电	能发现
6	油质	能发现	不能发现	不能发现	能发现	能发现
7	绝缘耐压试验	能发现	有一定有效性	有效性不高	有效性不高	能发现

由表 5－18 可知，在电抗器故障诊断中，应综合各种有效的检测方法和手段，对得到的各种检测结果进行综合分析和评判。因为，不可能具有一种包罗万象的检测方法，也不可能存在一种面面俱到的检测仪器，只有通过各种有效的途径和利用各种有效的技术手段，包括离线检测、在线检测、电气检测、化学检测、超声波检测、红外成像检测等，只要是有效的手段和方法，在适用条件下都能够相互补充、验证、综合分析和判断，得到较好的故障诊断效果。

5.5　限流电抗器

限流电抗器安装在线路的出线端或母线之间（见图 5－24），其作用是当线路或母线间发生故障时，将线路或母线间的短路电流限制在断路器开断能力容许的范围内，使其他电气设备能够承受动、热稳定的考验，以及使母线电压不致突然下降过低。为了保证限流电抗器电抗值的线性度，限流电抗器通常为空心式结构。

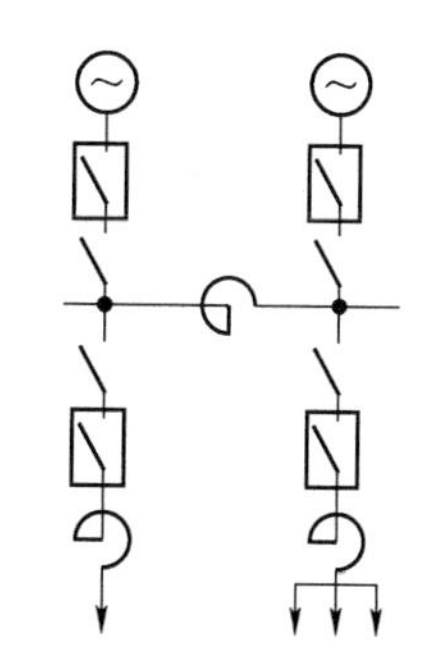

图 5－24　限流电抗器在电网中的连接位置

对于 10kV 以下、150～3000A 的限流电抗器，通常由混凝土在空心绕组内做骨架，所谓空心式是指绕组中间没有铁心，俗称水泥电抗器。绕组用电缆绕好后，在模板中浇注混凝土，使电缆、支柱形成牢固的整体。限流电抗器结构简单，成本低，运行可靠，维护方便。限流电抗器属于户内型设备。

400A 以上的限流电抗器，其绕组由两根以上电缆线组成并联支路，为使并联支路的导线中电流均匀分配，并联支路必须换位，绕组并联支路的换位如图 5－25 所示。

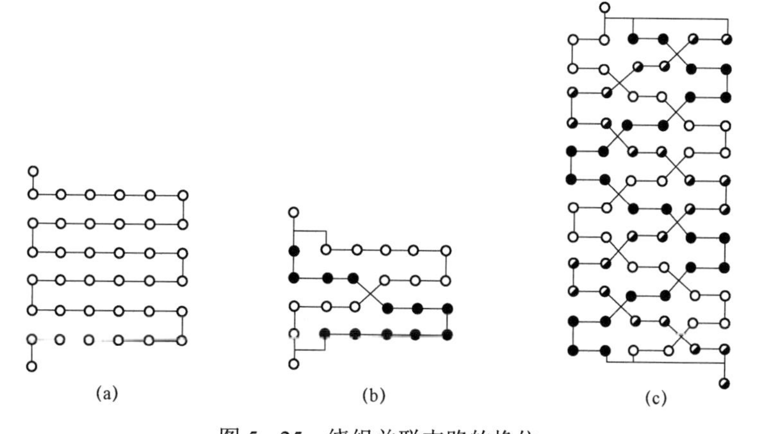

图 5－25　绕组并联支路的换位

（a）单根绕制；（b）两根并联绕制；（c）三根并联绕制

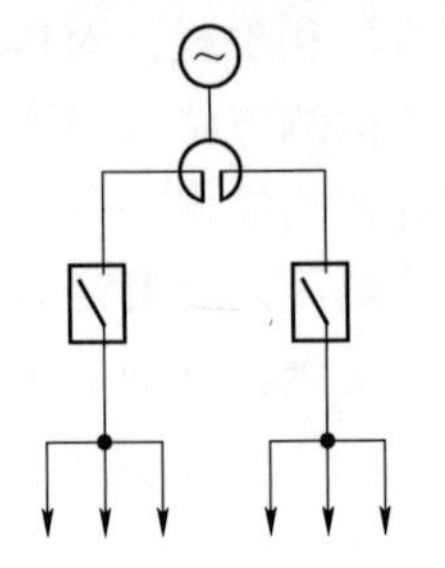

图 5-26 分裂电抗器接线图

限流电抗器一般用 DKL 型铝电缆绕制，电缆绝缘为每边包电缆纸 0.72mm，再绕包棉纱编织带或玻璃布带做护套。1000A 以上大电流限流电抗器绕组用的电缆，为减少涡流损耗，每股绞线外包电缆纸互相绝缘，外部统一再包棉纱编织带或玻璃布带作护套。目前包封式绝缘干式空心限流电抗器已发展成户外型产品。

带中间抽头的限流电抗器称为分裂电抗器。中间抽出的端子接电源，首、末两端（又称两臂）接负载，其接线如图 5-26 所示。分裂电抗器的两臂绕组绕向相同，正常工作时两臂（即两支路）工作电流方向相反，由于互感的影响，每臂的有效电感很小，电抗引起的电压降不大。当其中一臂所接线路发生短路故障时，该臂绕组电流突然急剧增大，而另一臂绕组的电流却变化不大，对发生故障臂绕组的互感影响可以忽略。当故障电流通过故障臂绕组时，绕组有效电抗增大，起到限制短路电流的作用。

空心限流电抗器的磁通在空气中成回路，因此安装场所的屋顶、墙壁和地面如果有钢、铁等有导磁材料存在，故障时较大的磁通在闭合的金属回路中将产生环流，在金属构件中产生涡流，环流和涡流引起发热易损坏建筑。在安装限流电抗器时，对屋顶、四壁和地面应保持一定的距离，通常以绕组外径 D 为基准，绕组顶面到屋顶距离大于 D，绕组辐向外表面到四壁的距离大于 $1.5D$，绕组低面到地面距离大于 D。

5.6 消弧线圈

10～66kV 在中性点不直接接地系统中，变压器的中性点通常经过消弧线圈接地。它的作用是：当三相线路的一相发生接地故障时提供感性电流，抵消故障产生的容性电流，从而消除因电容电流存在而引起故障点的电弧持续，避免故障范围扩大，提高电力系统供电的可靠性。大容量发电机定子绕组对地电容很大，通常也要求在中性点接消弧线圈。发生单相接地故障时的电流分布如图 5-27 所示。

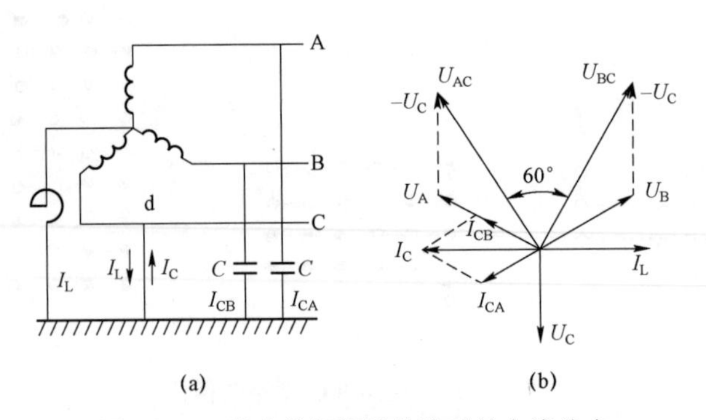

图 5-27 发生单相接地故障时的电流分布

在图 5－27 中，当 d 点发生单相弧光接地后，A、B 两相线对地电位即上升为线电压，对地电容中流经的电容电流为

$$I_{CA}=I_{CB}=3\times 2\pi fCU_{\phi}$$

故障点 d 的电容电流

$$I_C=I_{CA}+I_{CB} \qquad I_C=3\times 2\pi fCU_{\phi}$$

通常通过消弧线圈的电流 I_L 稍大于 I_C，消弧线圈的容抗稍小于 $\frac{1}{3}\times 2\pi fC$（过补偿）。单相接地以后，变压器中性点的电压上升为 U_{ϕ}，故消弧线圈的容量为

$$S=U_{\phi}I_L\times 10^{-3} \qquad \text{(kvar)}$$

对地电容随线路长短而变化，故消弧线圈通常都带有无励磁调换的分接头，35kV 及以下有 5 个分接头，最大电抗与最小电抗之比为 2:1。

消弧线圈的试验电压与相同电压等级的电力变压器一样。绕组为全绝缘，但接地端对地只要求 25kV、1min 工频耐压试验。

35kV 及以下消弧线圈允许连续工作时间见表 5－19。

表 5－19　　35kV 及以下消弧线圈允许连续工作时间

分接位置	1	2	3	4	5
允许连续工作时间/h	长期	长期	8	4	2

注：第一分接电抗最大，电流最小，其余各分接电流按等差（或等比）级数增加。

消弧线圈通常带一个 100V 左右的辅助绕组，供信号和控制用，另外，在接地端串联电流互感器。

60kV 级消弧线圈还带有一个二次绕组，接到一个可以短时工作的电阻，接通电阻可以增加接地故障中的有功分量，便于经由继电保护查找故障点。

因为消弧线圈只有在系统发生接地故障时短时工作，因此对温升的规定如下：

（1）长期工作的分接位置下的温升为 80K。

（2）2h 连续工作的分接位置下的温升为 100K。

（3）30min 工作的二次绕组的温升为 120K。

5.7　平波电抗器的功能与结构

平波电抗器是直流输电系统中的关键设备之一，连接在换流阀与支流线路之间。主要功能是限制直流系统发生事故时直流电流的上升，抑制直流输电线路直流电流中高次谐波所导致的电流波动，为高次谐波电流提供高阻抗，拉平纹波，提高直流电流的质量，降低线路损耗，减少高次谐波对邻近高频通信系统的干扰；防止直流低负荷时直流电流间断以及由此引

起的过电压；抑制线路电容和换流站直流端容性设备通过换流阀的放电电流；抑制从直流线路侧入侵到换流站的过电压，起到稳定直流输电系统的作用。单极直流输电系统示意图如图 5－28 所示。

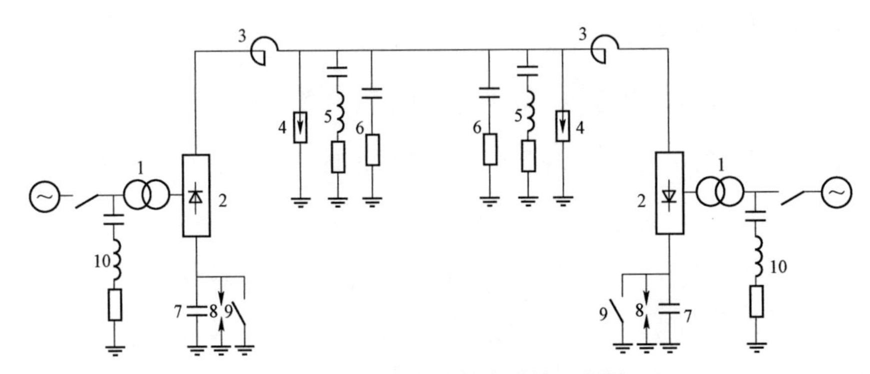

图 5－28　单极直流输电系统示意图

1—换流变压器；2—换流装置；3—平波电抗器；4—避雷器；5—直流滤波器；
6—线路用阻尼器；7—过电压吸收电容；8—保护间隙；9—隔离开关；10—交流滤波器

由于特殊的运行工况，平波电抗器在电磁特性、损耗、电感、电场分布等方面与并联电抗器有很大的差别，不仅要求有较大的电感量，还要求感抗具有较高的线性度。由于平波电抗器主要工作在直流电场下，其磁路、主绝缘结构、出线装置等与并联电抗器相比有很大差异；直流电流中的高次谐波，使得平波电抗器可以降低噪声和附加损耗，并消除局部过热问题。

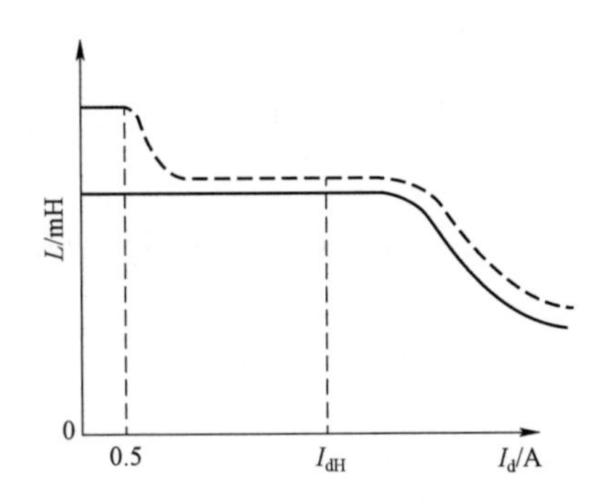

图 5－29　平波电抗器励磁特性曲线

图中 I_{dH} 为平波电抗器额定直流电流。

为了防止直流系统在小电流时发生断流现象，希望平波电抗器具有较大的电感值；在正常额定电流时，又不希望平波电抗器的电感值太大，因此要求平波电抗器具有非线性励磁特性，如图 5－29 所示，这种要求对以前采用汞弧整流的设备尤为重要。随着科学技术的发展，整流元件采用了晶闸管，晶闸管特性对平波电抗器的电感值和线性度要求发生了改变，不需要过多地考虑感抗值的非线性和线性度，只要在平波电抗器在额定直流电流以下为线性，大于额定直流电流以后的电感可以小一些，如图 5－29 中的实线所示。

对平波电抗器励磁特性线性度的要求，一般在 1.05 倍额定直流电流及以下电感值基本保持不变；在 1.2 倍额定直流电流时，电感值不小于 80% 额定值即可。

平波电抗器的结构形式主要有以下三种，可以根据直流工作电压、等效容量的大小来选择。

1）具有带气隙的心柱结构，这种结构适应性大，灵活性高，是目前普遍采用的形式。

2）具有磁屏蔽的空心结构，这种结构适用于电感量不太大的产品。

3）全空心结构（干式），这种结构适用范围更广，几乎没有电压等级和容量的限制。

用于高电压直流输电用的平波电抗器，电压高、等效容量大，油浸式带间隙铁心的平波电抗器体积小、占地面积小、绝缘性能好，但是噪声和振动比较大；干式平波电抗器为空心结构，体积较大，但用铝线绕制重量较轻，由支柱绝缘子支撑，电感量较大时可以采取两个以上绕组串联。还有一种类似壳式外铁心的油浸式空心平波电抗器，用于电压较低、容量较小的直流输电系统中，或用于传动和牵引等工业直流供电系统中。

平波电抗器的冷却方式，油浸式多采用强油风冷散热方式；干式空心式多为自然冷却方式，特大容量的干式空心平波电抗器常在下部增加风扇成风冷散热形式。

平波电抗器的绝缘要求与换流变压器相似，主要考虑直流电场分布的影响，兼顾考虑交流电场分布的影响。在设计主绝缘结构时，要同时考虑交、直流电场的共同作用与影响才能满足绝缘强度的要求，才能保证产品的可靠运行。

5.8　滤波电抗器

滤波电抗器主要作用是在交流或直流系统中过滤各次谐波电流，尤其是在具有谐波源的输变电系统中，使电源电流接近正弦波。滤波电抗器与滤波电容器串联或并联，组成谐振滤波器，对某一特定频率的谐波呈现很低的阻抗。一套滤波装置包括多组滤波器，分别对不同频率的谐波构成对地通道（相当于对特征谐波短路）。

根据滤波电抗器的具体特性，滤波电抗器可以做成铁心式或空心式、油浸式或干式，其中干式空心铝线绕包式滤波电抗器应用较多。在直流输电线路两端的换流站中，交流场安装交流滤波装置，直流场安装的各次谐波滤波器不仅数量多，而且电压等级高、滤波容量大。干式滤波电抗器重量轻、价格低、环保效果好于油浸式产品，适于户外安装。

5.9　中性点电抗器

1. 中性点电抗器的作用

中性点电抗器为电抗器的一种，通常在中性点有效接地系统中，变压器和并联电抗器的中性点通过一个阻抗值不大的电抗器接地，这个小电抗值由中性点电抗器提供。

中性点接地电抗器主要作用是补偿线路相间及对地电容，以加速潜供电流的自动熄灭，便于实现单相快速重合闸，消除系统单相接地故障时所产生的潜供电流。

一般要求中性点电抗器的额定连续电流为 10～30A，10s 最大电流为 100～300A。对于比较薄弱的输变电网（线路长，网架单薄，比如西北 330kV 输变电网），单相接地故障时所产生的潜供电流比较大，有时也要求中性点接地电抗器的额定连续电流为 100～130A，10s 最大电流 300A。三相输变电系统在正常运行状况下，中性点接地电抗器绕组中没有电流通过。

中性点接地电抗器的绝缘等级基本上有 5 种，即 35kV、66kV、110kV、154kV 和 170kV。中性点接地电抗器连续等效容量范围较大，从几百千乏到几千千乏。

中性点电抗器通常做成油浸、空心、带电屏蔽或磁屏蔽结构。容量小于1000kvar的中性点电抗器通常采用空心绕组、电屏蔽结构，如图5－30所示。容量大于1000kvar的中性点电抗器通常采用空心绕组、磁屏蔽结构，如图5－31所示。

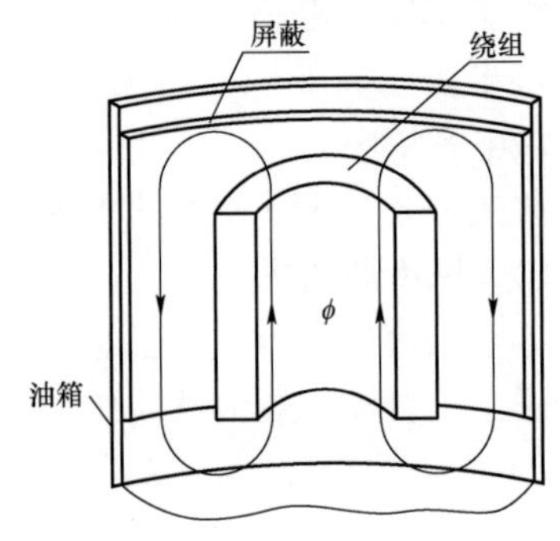

图5－30　空心绕组、电屏蔽结构
（容量范围10kvar～1Mvar）

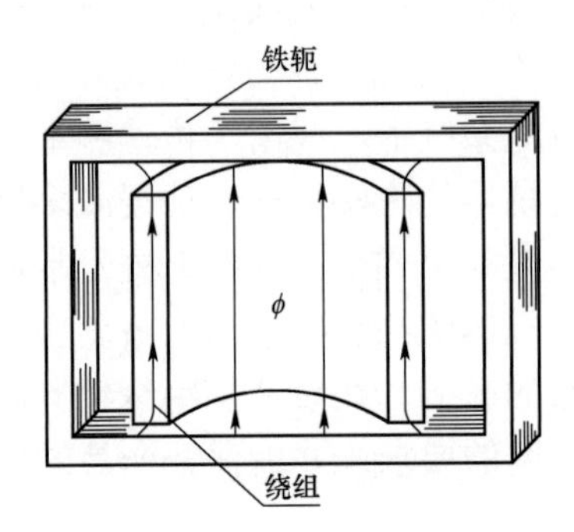

图5－31　空心绕组、磁屏蔽结构
（容量范围1～10Mvar）

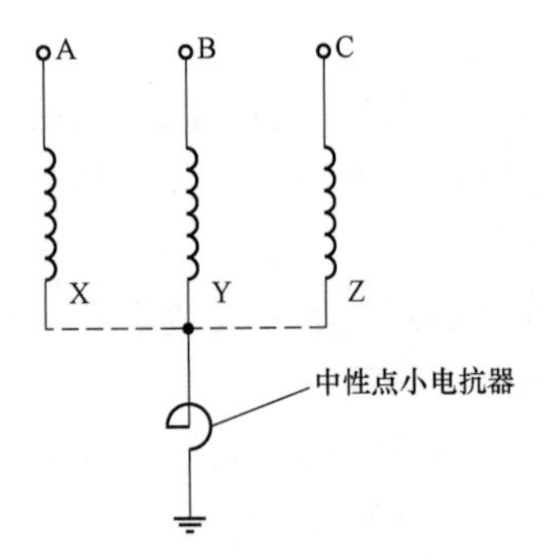

图5－32　中性点电抗器接线位置

2. 中性点电抗器在系统中的接线位置

在超、特高压输电系统中，中性点电抗器通常连接在主变压器或并联电抗器中性点与大地之间，当系统发生单相接地故障时限制线对地电流；当主设备三相不对称运行时限制流经中性点的零序电流，中性点电抗器接线位置如图5－32所示。

3. 油浸式中性点电抗器结构

油浸式中性点电抗器由绕组、器身、引线和油箱组成。

（1）绕组。绕组由铜导线进行绕制、配合各种绝缘件组成。

中性点电抗器的绕组一般为连续饼式或纠结连续饼式绕组结构，具有良好的电气性能；合理设计油路结构，良好的冷却效果可以防止绕组温升过高。在绕组端部放置静电板，提高绕组端部的纵向电容，改善在冲击波作用下首端几个线饼的电位分布，降低饼间电位梯度。

（2）器身。器身是中性点电抗器的心脏，由外铁心（如果有）、绕组、首末端引线、绝缘零部件等组成，结构比较简单。器身主绝缘包括上下端部绝缘端圈、绝缘托板与压板、绝缘垫板、垫脚、角环、围屏等。器身压紧采用多根特殊钢螺杆拉紧。

（3）引线。引线由绝缘支架、导线夹、软铜绞线、紧固件等组成，出头处用软铜绞线与绕组的首末端出头连接，并引至套管接线处。

（4）油箱。中性点电抗器的油箱形式比较固定，通常采用圆形油箱，结构强度高、紧凑，采用器身连箱盖式结构，能承受真空和正压，无永久变形和损坏。油箱上应提供压力释放阀安装升高座用安装接口。箱盖上应预留储油柜下联管接口法兰及柜脚安装底板，法兰与底板位置需要与储油柜联管配合。箱盖上预留一个油面温控器传感器安装用温度计底座的安装塞座和一个水银温度计座安装接口。若技术协议有特殊要求，可根据技术协议要求预留对应数量的温控器安装接口。箱壁上放置屏蔽装置，有效吸收漏磁，降低损耗，避免油箱壁局部过热。

（5）总装。中性点电抗器一般采用油浸自冷式结构，储油柜通过倾斜的导油管路和油箱相连接，油路上设有气体继电器和金属波纹管相连接，高压套管的升高座上也有管路和主油管相连接，保证油箱、升高座内的气体都能收集到气体继电器中。

中性点电抗器的基础分为条形基础、整体基础和轨道（带小车）三种类型，一般情况下，选用哪种基础类型由设计院来确定，电抗器制造厂家只需要提供箱底轮廓尺寸、本体固定位置、端子箱引出线位置、接地位置和基础承重分布位置。

中性点电抗器与基础固定方式可分为本体与预埋钢板焊接、本体与基础通过预埋地脚螺栓固定、采用小车三种类型，具体根据技术协议或用户要求，若无特殊要求，推荐采用本体与基础通过预埋地脚螺栓固定的方式。

5.10 抽能电抗器

（1）功能与结构。抽能电抗器顾名思义，能够从正常工作的电抗器中抽出电能，为其他工作提供电力。

抽能电抗器是并联电抗器家族中的重要成员。作为超高压、远距离交流输电网络中的重要设备，适合安装在偏远山区、无低压电源的开关站。与普通并联电抗器一样，主要用来补偿长线上的充电电流，削弱电容效应，限制工频电压升高，起到消除同步发电机带空载长线时产生的自励磁现象。同时，从中抽取部分电能，像变压器一样为开关站提供工作和生活电源，解决开关站无低压供电电源的困难。

（2）基本原理。在电力系统中，普通并联电抗器作为感性元件来补偿输电线路的容性无功，而且只有一个绕组，不能输出有功功率。抽能电抗器是在普通电抗器的磁路上设置抽能绕组来实现抽取电能。

在普通电抗器的磁路上设置抽能绕组，作用犹如变压器的二次绕组，当电抗器绕组产生的磁通穿过抽能绕组时，在抽能绕组中产生感应电动势，若抽能绕组带有负载，则抽能绕组将输出有功功率。

抽能电抗器与普通电抗器相比增加了抽能绕组，当电抗器绕组通以交流电产生的磁通穿过抽能绕组，抽能绕组感应出电动势，在负载回路中流过感应电流。抽能绕组中的电流产生一个交变磁动势也作用在电抗器的铁心磁路上，改变了原有的磁动势平衡状态，使主磁通发生变化，电抗绕组的感应电动势也随之改变，电动势的变化改变了已有的平衡，电感绕组中的电流也随之改变，直到电路和磁路达到新的平衡为止。这一过程，与变压器负载运行时的电磁物理现象类似。因此，把电抗器的电感绕组视为一次绕组、抽能绕组视为二次绕组，并联电抗器中抽能部分便可看作一台特殊的变压器。

（3）等效电路。普通电抗器绕组流过电流时产生的磁通包括主磁通和漏磁通两部分，因此在普通电抗器的等效电路中，通常只有两个参数，一个是用来等效主磁通所产生的电感 L_M，称为主电感；另一个则是用来等效漏磁通所产生的电感 L_σ，称为漏电感。而抽能电抗器不仅有并联电抗器的电磁特性，而且还有变压器的电磁特性，其等效电路比普通铁心电抗器要复杂，与普通变压器的“T”形等效电路类似。考虑到等效电阻 r 远远小于等效电抗 X_L，因此通常忽略不计，只计及 X_L。这样，在等效电路中就有三个重要参数，即励磁电抗 X_m、一次漏电抗 X_1 和抽能漏电抗 X_2'（折算到一次）。抽能电抗器“T”形等效电路如图 5-33 所示。

（4）抽能绕组的放置位置。抽能绕组虽然发挥了变压器的功能，但是抽能绕组不能和变压器一样紧密地耦合在一起（同心位置），也不能抽出等同的电能。为了实现从电抗器中抽出有功功率而又不影响并联电抗器输出感性无功，通常将抽能绕组设置在电抗器铁心的上轭、旁轭或铁心柱上、下两端（与电抗绕组同轴），抽能绕组放置位置如图 5-34 所示。

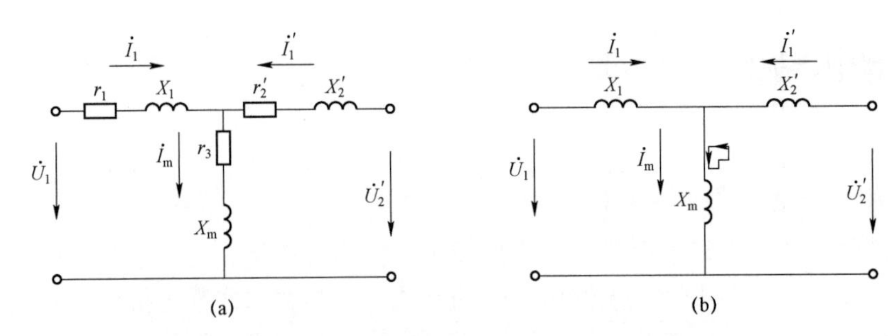

图 5-33 抽能电抗器的“T”形等效电路

（a）“T”形等效电路；（b）“T”形近似等效电路

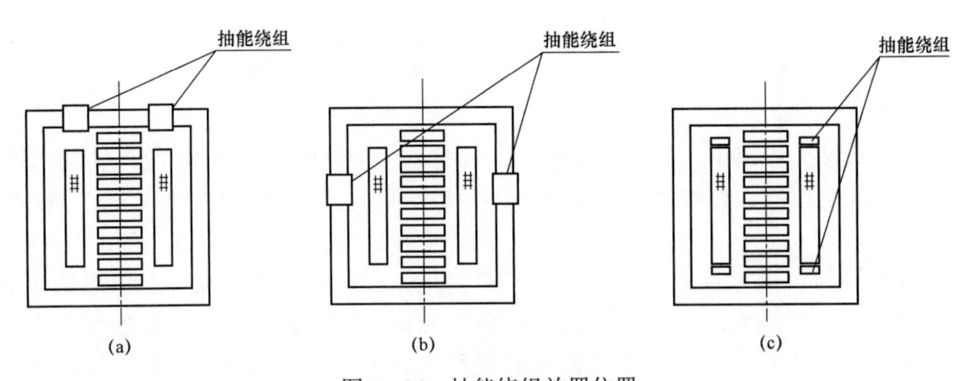

图 5-34 抽能绕组放置位置

（a）放置在上轭；（b）放置在旁轭；（c）放置在铁心柱上、下两端

并联电抗器铁心柱中的气隙使主磁路的磁阻很大，当电感绕组通过工作电流时就会产生大量的漏磁通，漏磁通通过铁心上、下轭、旁轭及油箱壁磁屏蔽等构成回路。漏磁沿电感绕组的高度分布极不均匀，使得铁轭、旁轭、沿心柱轴向高度不同位置的磁通量值大不相同。因此，抽能绕组放置在磁路中不同位置上所获得的励磁磁通差异较大，所感应的每匝电动势不同。

正是电抗绕组和抽能绕组之间的耦合系数很小，因此不能用电力变压器的设计方法来设计抽能电抗器的抽能绕组，需要用软件对磁场进行三维数值计算和分析，才能较精确地计算抽能绕组自感以及抽能绕组与电抗绕组之间的互感等参数，最终确定抽能绕组的输出电压、电流和功率。抽能绕组提供的容量越小，对并联电抗器输出感性无功的能力影响就越小。

（5）接线原理。单相并联电抗器适于做抽能电抗器，三相并联电抗器抽能相对困难，主要是关乎磁路、磁通的分析，计算十分复杂，如果抽能绕组位置选择不当，抽出的三相电压和电流差异很大，甚至不能使用。由三台单相抽能电抗器组成三相电抗器组，三相抽能绕组 Y 联结。从抽能电抗器中抽出的电能不能直接使用，需要经过一台小型有载调压变压器对电压进行调整，才能稳定地为开关站提供可靠的站用电源，一般配套 3 相 Yyn12 或 Dyn11 接线的供电变压器。

抽能电抗器运行中不允许抽能绕组出口短路，一旦发生抽能绕组出口短路，强大的短路电流将烧毁弱小的抽能绕组，同时危及电抗器的安全运行。因此，抽能绕组引出线采用封闭插头电缆出线，与供电变压器之间设有开关（断路器）和过电压保护设备，供电变压器低压侧设有总断路器、低压引出线和低压配电屏，抽能电抗器接线图如图 5－35 所示。通常供电变压器由抽能电抗器制造厂配套提供，安装在抽能电抗器附近。

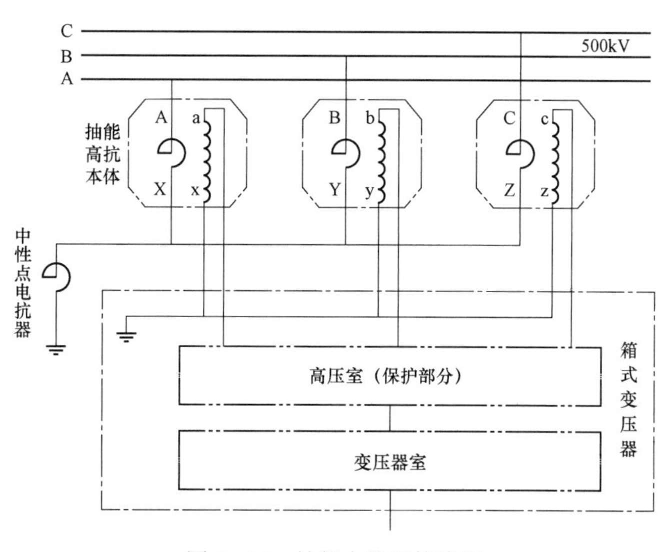

图 5－35 抽能电抗器接线图

抽能电抗器抽能容量与电抗器的结构和供能变压器所允许的电压调整率等因素有关，抽能电抗器的抽能容量需要用户和电抗器制造厂协商。通常抽能电抗器的抽能容量不宜超过电抗器额定容量的 0.5%，抽能绕组提供的电压一般为 10kV 级或者 6kV 级。

抽能电抗器的试验项目除了与同电压等级的并联电抗器相同外，附加抽能部分的试验项目和要求与配电变压器相同。

5.11 可控电抗器

随着超高压和特高压电网建设和发展，输电线路距离越来越长，为了限制长线的工频和操作过电压，补充感性无功等需要，为输电线路配置了大量并联电抗器。并联电抗器的容量与施加其上的电压有关，一旦投入电网即满负荷运行，不能根据需要而调节容量。因此，当输电线路输送功率接近自然功率或输送更大的功率时，会引起系统电压降低，影响电网安全运行和输送电能的质量，限制了线路输送能力。为了提高输电线路的输送容量和输送效率，希望输电线路上的并联电抗器的容量能够根据需要进行调节，为此，应运而生地出现了可控电抗器。

（1）可控电抗器的作用。

1）调整线路无功补偿和抑制工频过电压对投入并联电抗器容量需求之间的矛盾。

2）提高线路输送能力，减低系统的线路损耗。

3）灵活高效地满足线路无功调节的需要。

4）抑制潜供电流和恢复过电压。

5）灵活的无功调节手段，避免了电容器组的频繁投切。

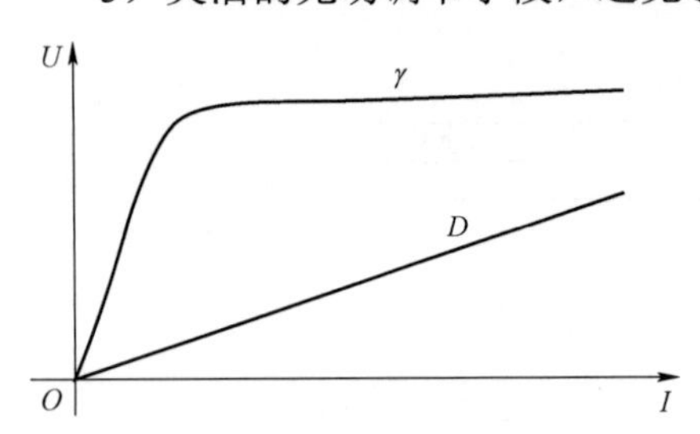

图 5-36 铁心特性磁化曲线
U—电压，kV；I—电流，A；
γ—正常磁化曲线；D—线性磁化曲线

（2）基本原理。并联电抗器的铁心工作在铁心磁化曲线的线性区域，其磁化曲线如图 5-36 所示。在磁化曲线γ的线性区域，并联电抗器绕组施加的电压与电流成正比变化，当铁心工作在磁化曲线拐点之后非线性区域，绕组上施加的电压与电流变化不再呈线性关系。在磁化曲线的线性区域，电压很小的变化使电流成倍增长，感性无功随之成倍增长。由此可见，改变并联电抗器铁心中的磁通能够改变并联电抗器的容量，控制铁心中的磁通即可以调节并联电抗器的容量。根据这一原理，研制了可控电抗器。

在曲线γ的非线性区，电流越大说明感抗越小，铁心处于饱和状态，饱和深度增大直至完全饱和，此时磁通几乎全部离开铁心柱在铁心柱与绕组之间的空间里，铁磁材料已经不再影响电抗器的电抗值，铁心电抗器如同空心电抗器一样，磁化曲线如图 5-36 中 D 所示。磁化特性曲线γ和 D 之间的范围就是影响电抗器磁通和电抗器绕组电流的范围。换句话说，铁心电抗器的电感调节控制主要是通过改变铁心的磁阻的方式来达到的。

铁心磁通量的磁阻从

$$R_{\mathrm{m}} = L_{\mathrm{c}} / \mu S_{\mathrm{c}}$$

变化到

$$R_{\max} = L_{\mathrm{c}} / \mu_{\mathrm{o}} S_{\mathrm{mo}}$$

式中：L_c 为铁心长度；S_c 为心柱的横截面积；μ 为心柱的磁导率；S_{mo} 为铁心柱挤压出来的磁通横截面积；μ_o 为真空中的磁导率。

（3）分类。可控电抗器按照调节电感方式可分为直流可控电抗器和交流可控电抗器两类。

1）直流可控电抗器。直流可控电抗器通过改变控制绕组中的直流电流，控制电抗器铁心柱的饱和程度，从而改变电感绕组的感抗，实现控制无功电流的大小。直流可控电抗器的结构形式有很多种，其中具有应用前景的为裂心式和磁阀式两种可控电抗器。图 5－37 为裂心式可控电抗器的原理图，图 5－38 为磁阀式可控电抗器的原理图。

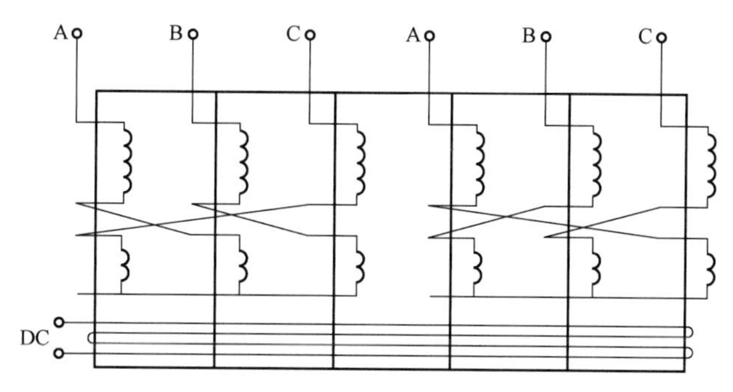

图 5－37　裂心式可控电抗器原理图

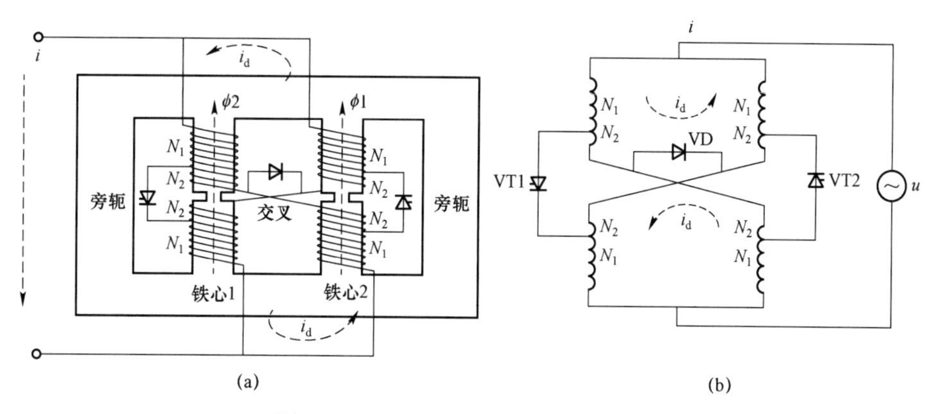

图 5－38　磁阀式可控电抗器的原理图

（a）结构原理；（b）电路原理

图 5－37 和图 5－38 两种结构的直流可控电抗器的工作原理是一致的，都是用直流电流控制铁心柱磁饱和度来达到平滑调节电感值的目的。

裂心式可控电抗器需配置单独的直流电源，其工作绕组和控制绕组是单独分开的，裂心式可控电抗器的铁心截面积大小一样。

磁阀式可控电抗器则是利用自身绕组交叉接线与晶闸管整流装置组合，获得直流电流控制铁心柱中的磁通，无须独立的直流电源，根据需要调节晶闸管导通角的大小即可改变直流控制电流的大小。磁阀式可控电抗器的铁心柱有一段截面积非常小，很小的直流电流可以控制其饱和度，利用铁心局部饱和改变整个铁心柱的磁化特性，具有“磁阀”的性征。因此，磁阀式可控电抗器较之裂心式可控电抗器具有结构简单、紧凑、损耗低、噪声小、自身产生谐波小的特点。

裂心式和磁阀式两种基于铁心磁饱和原理的可控电抗器在正常运行中不可避免地会产生较多谐波，而且谐波分量超出国家标准要求，危及电网的安全运行。为保证电网的安全运行，需要为直流可控电抗器配置附加的滤波装置。以直流控制主磁路饱和度的方法，因磁通中直流分量的磁滞惯性很大使其控制容量的响应时间较长。与交流可控电抗器相比，直流可控电抗器的振动、噪声都较大，不利于环保，目前在电网中不再使用。

2）交流可控电抗器。交流可控电抗器是根据变压器原理研制的，具有连续的磁路、一次绕组和二次绕组，所不同的是这台变压器的阻抗几乎接近100%，也就是说，当变压器的二次绕组发生短路时，一次绕组中流动的短路电流量值上等于变压器的额定电流，这个额定电流完全成为励磁电流。众所周知，变压器励磁阻抗中的电阻分量非常小，忽略不计则变压器励磁阻抗就是一个大感抗，因此变压器的励磁电流就是一个感性电流，一次绕组将这个感性电流源源不断地输入到电网中，发挥了并联电抗器的功能。

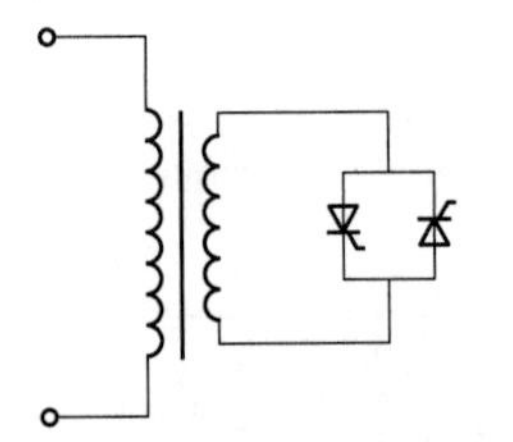

图 5－39　高阻抗变压器型可控原理

将变压器的二次绕组与晶闸管组并联连接，通过控制晶闸管组双向导通的触发角，控制二次电流的大小。由于变压器遵循电磁感应原理，始终保持磁动势平衡，一次侧绕组电流随二次侧绕组电流变化大小，而一次侧电压与电网电压一致，因此，控制电流的变化实现了调节感性容量的目的，这就是交流可控电抗器的功能原理。交流可控电抗器又称为高阻抗变压器型可控电抗器。其可控原理如图 5－39 所示。

交流可控电抗器分为交流无级可控电抗器和交流有级可控电抗器两种。

① 交流无级可控电抗器。交流无级可控电抗器通过控制晶闸管组的触发角可以实现容量从 0～100%连续平滑调节，其接线原理如图 5－40 所示。

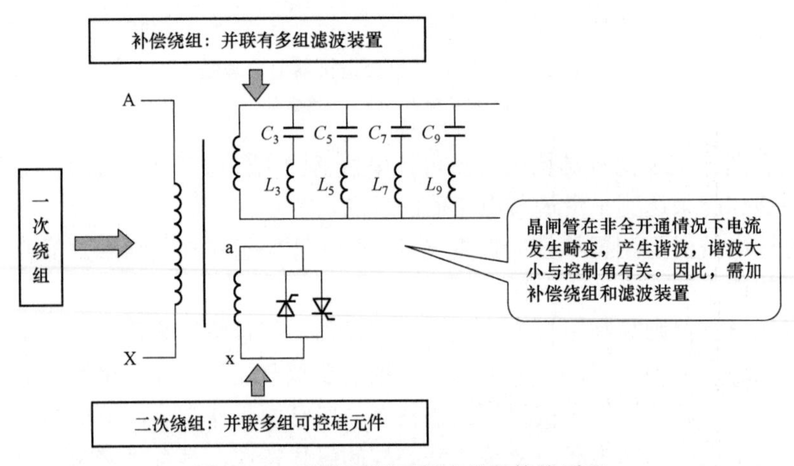

图 5－40　交流无级可控电抗器接线原理

从图 5-40 中可以看到，控制晶闸管的导通角，改变二次绕组的电流，即可以改变电抗器输出的无功功率。关闭晶闸管，无级可控电抗器工作在变压器的空载状态；晶闸管的触发角全开，无级可控电抗器工作在变压器的短路状态；晶闸管触发角在其他角度时，无级可控电抗器工作在变压器不同容量下。

由于晶闸管触发角连续的变化，无级交流可控电抗器的电流中含有大量的谐波。因此，交流无级可控电抗器同直流可控电抗器一样，需要配置大量的滤波装置滤掉谐波电流，以保证电网安全运行。此外，长期工作的晶闸管组需要单独配置冷却装置，因此，交流无级可控电抗器与直流可控电抗器一样工程造价很高。

② 交流有级可控电抗器。交流有级可控电抗器根据系统需要可以分级调节无功补偿容量。交流有级可控电抗器的接线原理如图 5-41 所示。

从交流有级可控电抗器的接线原理图中可以看到，电抗器的一次绕组直接并联在网路上，二次绕组串接分级电抗 X_{K1}、X_{K2}、X_{K3}；每个分级电抗分别并联有断路器 QF1、QF2、QF3 和晶闸管装置 VTK1、VTK2、VTK3；断路器与晶闸管组之间设置了隔离开关 QS1、QS2、QS3。

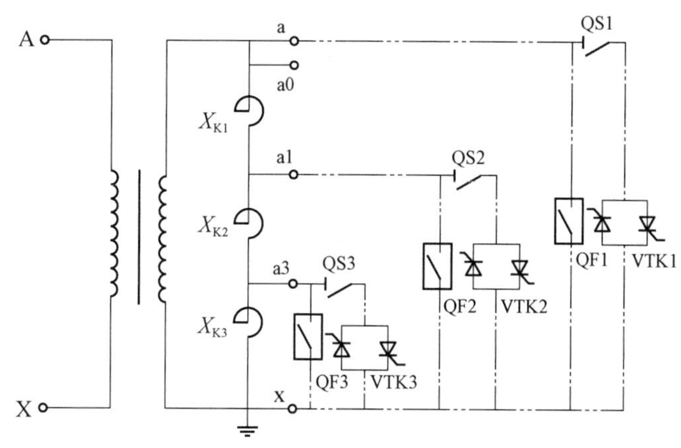

图 5-41　交流有级可控电抗器的接线原理

X_{K1}、X_{K2}、X_{K3}—分级电抗器；QF1、QF2、QF3—断路器；VTK1、VTK2、VTK3—晶闸管装置；QS1、QS2、QS3—隔离开关

高阻抗变压器的二次侧串接的分级小电抗器相当于交流可控电抗器的负载。与每组分级小电抗器并联的断路器和晶闸管装置是一组并联的电子和机械开关，晶闸管装置相当于一个电力电子开关，要么全开、要么全关，工作在完全导通或完全闭锁两种状态；断路器就是一个机械开关，当晶闸管装置导通时断路器开路，当断路器闭合时晶闸管装置关断。两者的作用：当容量切换时利用晶闸管装置开断大电感电流，起到帮助断路器开断时熄弧的作用；在正常工作状态下断路器承载工作电流，而晶闸管装置被隔离开关断开。

交流有级可控电抗器的工作逻辑示例：

初始状态（未通入运行），隔离开关 QS1、QS2、QS3 开路；断路器 QF1、QF2、QF3 开路；晶闸管装置 VTK1、VTK2、VTK3 未工作；分级电抗器 X_{K1}、X_{K2}、X_{K3} 并联在高阻抗变压球的二次侧。

当电网需要可控电抗器 100%补偿容量时，断路器 QF1 闭合，可控电抗器投入运行。

当电网需要可控电抗器 75%补偿容量时，隔离开关 QS1 闭合→晶闸管装置 VTK1 开始工作→断路器 QF1 开断→断路器 QF2 闭合→晶闸管装置 VTK1 停止工作→隔离开关 QS1 打开。

同样当电网需要可控电抗器 50%补偿容量时，隔离开关 QS2 闭合→晶闸管装置 VTK2 开始工作→断路器 QF2 开断→断路器 QF3 闭合→晶闸管装置 VTK2 停止工作→隔离开关 QS2 打开。

以此类推调整到 25%的容量。

当电网需要可控电抗器 75%向 100%的补偿容量调整时，由 75%运行状态直接闭合断路器 QF1→闭合隔离开关 QS2→晶闸管装置 VTK2 开始工作→断路器 QF2 开断→晶闸管装置 VTK2 停止工作→隔离开关 QS2 打开。

③ 交流有级可控电抗器的优点。

分级容量可根据系统补偿需要设定，选择 25%、50%、75%、100%容量或补偿需要的其他容量。

晶闸管装置工作在全开通或全闭锁两种极限状态，电流波形不发生畸变，无谐波，不需设置独立的补偿绕组和增加滤波装置。

晶闸管响应速度快，响应时间短，可实现无功的快速调节。

若阀控系统出现故障退出控制，可以同操作无载调压变压器一样手动调节断路器的开断状态，调整可控电抗器的容量；也可以将可控电抗作为固定式并联电抗器使用，都能够实现无功补偿安全运行。

晶闸管装置作时间很短，不需要配置专用冷却设备，造价和运行成本都很低。

可控电抗器的铁心不会出现饱和现象，因此，振动和噪声较小。

可控电抗器的保护配置同变压器和电抗器一样，可以在现场安装，运行维护简单。

④ 交流可控电抗器的试验。

可以分别对高阻抗变压器和分级电抗器进行独立试验。

高阻抗变压球试验同相同电压等级的变压器；分级电抗器试验同相同电压等级的电抗器。

整体试验需要与控制装置（晶闸管装置、断路器、隔离开关等）联合试验。

参 考 文 献

[1]《中国电机工业发展史》编写组. 中国电机工业发展史：百年回顾与展望［M］. 北京：机械工业出版社，2011.

[2]《中国电器工业发展史》编辑委员会. 中国电器工业发展史［M］. 北京：机械工业出版社，1989.

[3] 中国电工技术学会. 中国电工技术发展四十年［M］. 北京：机械工业出版社，1990.

[4] 戴庆忠. 电机史话［M］. 北京：清华大学出版社，2016.

[5] 谢毓城. 电力变压器手册［M］. 北京：机械工业出版社，2003.

[6]《电力变压器手册》编写组. 电力变压器手册［M］. 沈阳：辽宁科学技术出版社，1990.

[7] 刘传彝. 电力变压器设计计算方法与实践［M］. 沈阳：辽宁科学技术出版社，2002.

[8] 关志成，朱英浩，周小谦，等. 输变电工程［M］. 北京：中国电力出版社，2010.

[9] 保定天威保变电气股份有限公司. 变压器试验技术［M］. 北京：机械工业出版社，2003.

[10] 操敦奎. 变压器油中气体分析诊断与故障检查［M］. 北京：中国电力出版社，2005.

[11] 操敦奎，徐维宗，阮国方. 变压器运行维护与故障分析处理［M］. 北京：中国电力出版社，2008.

[12] 张光明，段志勇. 电气设备运行维护故障处理［M］. 2 版. 北京：中国水利水电出版社，2013.

[13] S.V. 库卡尼（S.V.Kulkarni）. 变压器工程：设计、技术与诊断［M］. 2 版. 陈玉柱，译. 北京：机械工业出版社，2016.

[14] Martin J.Heathcote. 变压器实用技术大全［M］. 13 版. 王晓莺，译. 北京：机械工业出版社，2008.

[15] 周浩. 特高压交直流输电［M］. 杭州：浙江大学出版社，2017.

[16] 刘敢峰. 变压器检修［M］. 北京：中国水利水电出版社，2005.

索　　引